"十二五"普通高等教育本科国家级规划教材

离散数学

古天龙 常 亮 编著

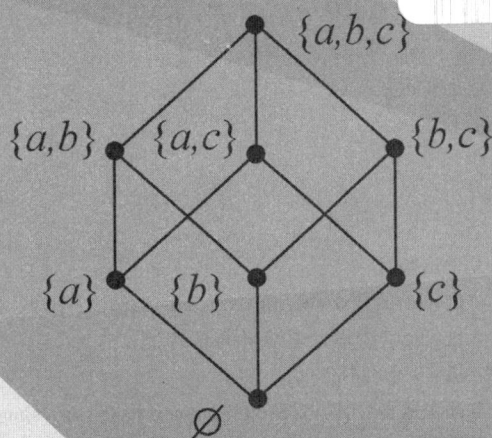

清华大学出版社

北 京

内 容 简 介

离散数学又称离散结构,是研究离散对象的模型、性质及操作的一门学科,是现代数学的一个重要组成部分,是计算机科学与技术的理论基础。本书依据 ACM 和 IEEE-CS 发布的 CC2005 教程,以及教育部高等学校计算机科学与技术教学指导委员会制订的计算机科学与技术专业规范,着力使内容和知识体系的设计达到理论与实际结合、抽象与直观统一、局部与整体协调。全书共 9 章,主要内容包括集合、关系、函数、命题逻辑、谓词逻辑、半群和群、环和域、格和布尔代数、图、树等。

本书体系严谨、结构新颖、内容翔实,可作为高等院校计算机及相关专业本科生、研究生"离散数学"课程的教材,也可作为从事计算机及相关领域研究和应用开发人员的参考用书。

图书在版编目(CIP)数据

离散数学/古天龙,常亮编著.--北京:清华大学出版社,2012.7(2023.1 重印)
(21 世纪高等学校规划教材·计算机科学与技术)
ISBN 978-7-302-28820-6

Ⅰ. ①离… Ⅱ. ①古… ②常… Ⅲ. ①离散数学—高等学校—教材 Ⅳ. ①O158

中国版本图书馆 CIP 数据核字(2012)第 101936 号

责任编辑:郑寅堃　张为民
封面设计:迷底书装
责任校对:焦丽丽
责任印制:刘海龙

出版发行:清华大学出版社
　　　　　网　　　址:http://www.tup.com.cn,http://www.wqbook.com
　　　　　地　　　址:北京清华大学学研大厦 A 座　　　　　邮　　编:100084
　　　　　社 总 机:010-83470000　　　　　　　　　　　　邮　　购:010-62786544
　　　　　投稿与读者服务:010-62776969,c-service@tup.tsinghua.edu.cn
　　　　　质量反馈:010-62772015,zhiliang@tup.tsinghua.edu.cn
　　　　　课件下载:http://www.tup.com.cn,010-62795954
印 装 者:北京国马印刷厂
经　　销:全国新华书店
开　　本:185mm×260mm　　　印　张:23.5　　　　　　字　数:571 千字
版　　次:2012 年 7 月第 1 版　　　　　　　　　　印　次:2023 年 1 月第 14 次印刷
印　　数:22501～24500
定　　价:59.00 元

产品编号:044080-03

出 版 说 明

　　随着我国改革开放的进一步深化,高等教育也得到了快速发展,各地高校紧密结合地方经济建设发展需要,科学运用市场调节机制,加大了使用信息科学等现代科学技术提升、改造传统学科专业的投入力度,通过教育改革合理调整和配置了教育资源,优化了传统学科专业,积极为地方经济建设输送人才,为我国经济社会的快速、健康和可持续发展以及高等教育自身的改革发展做出了巨大贡献。但是,高等教育质量还需要进一步提高以适应经济社会发展的需要,不少高校的专业设置和结构不尽合理,教师队伍整体素质亟待提高,人才培养模式、教学内容和方法需要进一步转变,学生的实践能力和创新精神亟待加强。

　　教育部一直十分重视高等教育质量工作。2007 年 1 月,教育部下发了《关于实施高等学校本科教学质量与教学改革工程的意见》,计划实施"高等学校本科教学质量与教学改革工程"(简称"质量工程"),通过专业结构调整、课程教材建设、实践教学改革、教学团队建设等多项内容,进一步深化高等学校教学改革,提高人才培养的能力和水平,更好地满足经济社会发展对高素质人才的需要。在贯彻和落实教育部"质量工程"的过程中,各地高校发挥师资力量强、办学经验丰富、教学资源充裕等优势,对其特色专业及特色课程(群)加以规划、整理和总结,更新教学内容、改革课程体系,建设了一大批内容新、体系新、方法新、手段新的特色课程。在此基础上,经教育部相关教学指导委员会专家的指导和建议,清华大学出版社在多个领域精选各高校的特色课程,分别规划出版系列教材,以配合"质量工程"的实施,满足各高校教学质量和教学改革的需要。

　　为了深入贯彻落实教育部《关于加强高等学校本科教学工作,提高教学质量的若干意见》精神,紧密配合教育部已经启动的"高等学校教学质量与教学改革工程精品课程建设工作",在有关专家、教授的倡议和有关部门的大力支持下,我们组织并成立了"清华大学出版社教材编审委员会"(以下简称"编委会"),旨在配合教育部制定精品课程教材的出版规划,讨论并实施精品课程教材的编写与出版工作。"编委会"成员皆来自全国各类高等学校教学与科研第一线的骨干教师,其中许多教师为各校相关院、系主管教学的院长或系主任。

　　按照教育部的要求,"编委会"一致认为,精品课程的建设工作从开始就要坚持高标准、严要求,处于一个比较高的起点上。精品课程教材应该能够反映各高校教学改革与课程建设的需要,要有特色风格、有创新性(新体系、新内容、新手段、新思路,教材的内容体系有较高的科学创新、技术创新和理念创新的含量)、先进性(对原有的学科体系有实质性的改革和发展,顺应并符合 21 世纪教学发展的规律,代表并引领课程发展的趋势和方向)、示范性(教材所体现的课程体系具有较广泛的辐射性和示范性)和一定的前瞻性。教材由个人申报或各校推荐(通过所在高校的"编委会"成员推荐),经"编委会"认真评审,最后由清华大学出版社审定出版。

目前,针对计算机类和电子信息类相关专业成立了两个"编委会",即"清华大学出版社计算机教材编审委员会"和"清华大学出版社电子信息教材编审委员会"。推出的特色精品教材包括:

(1) 21世纪高等学校规划教材·计算机应用——高等学校各类专业,特别是非计算机专业的计算机应用类教材。

(2) 21世纪高等学校规划教材·计算机科学与技术——高等学校计算机相关专业的教材。

(3) 21世纪高等学校规划教材·电子信息——高等学校电子信息相关专业的教材。

(4) 21世纪高等学校规划教材·软件工程——高等学校软件工程相关专业的教材。

(5) 21世纪高等学校规划教材·信息管理与信息系统。

(6) 21世纪高等学校规划教材·财经管理与应用。

(7) 21世纪高等学校规划教材·电子商务。

(8) 21世纪高等学校规划教材·物联网。

清华大学出版社经过三十多年的努力,在教材尤其是计算机和电子信息类专业教材出版方面树立了权威品牌,为我国的高等教育事业做出了重要贡献。清华版教材形成了技术准确、内容严谨的独特风格,这种风格将延续并反映在特色精品教材的建设中。

清华大学出版社教材编审委员会
联系人:魏江江
E-mail:weijj@tup.tsinghua.edu.cn

前 言

　　离散数学(discrete mathematics)又称离散结构(discrete structure),是以离散变量特征的对象为主要目标,研究其模型、性质及操作的一个数学分支。从人类社会历史的发展过程来看,18世纪以前的数学主要讨论整数、整数的比(有理数),甚至把几何图形也看作是由很多孤立的"原子"组成的。因而,那时的数学被看作是研究离散的或离散化了的数量关系的科学,基本上属于离散数学的范畴。此后,随着数学理论的不断发展(不可通约线段的发现,对无限概念的深入探讨),加之天文学、物理学中遇到的物体运动等相关问题的需求推动,出现了连续数量的实数概念以及处理连续数量关系的微积分学。20世纪80年代后,随着计算机日益渗透到现代社会的各个方面,工业革命时代以微积分为代表的连续数学占主流的地位逐渐发生了变化,离散数学又重新受到高度的重视。

　　离散数学与计算机科学二者之间有着相辅相成的关系。一方面,离散数学是计算机科学与技术的理论基础,为计算机及其应用的诞生和发展提供了必要的理论支撑。例如,图灵(Alan Mathison Turing,1912—1954)针对可计算所建立的图灵机是计算机的理论模型,这个理念导致了计算机的诞生;布尔(George Boole,1800—1864)的逻辑代数是计算机硬件分析与设计的基础;谓词逻辑演算为人工智能学科提供了一种重要的知识表示和推理方法;代数系统的域为信息安全提供了一种重要的椭圆曲线密码体制,代数系统的格是计算机硬件和软件模型检验验证的理论基础。另一方面,数字电子计算机是一个离散结构,它只能处理离散的或离散化了的数量关系。随着计算机科学的迅猛发展,在计算技术、计算机软硬件和计算机应用等各个领域中提出了许多有关离散变量为特征的理论问题,迫切需要适当的数学工具来描述和深化,从而,使得人们重新认识到离散变量对象的研究意义,重新重视讨论离散数量关系的数学分支,并取得新的发展。离散数学也因此作为一门学科应运而生,并成为现代数学的一个重要组成部分。

　　离散数学在计算机科学与技术及相关领域有着广泛的应用。它是计算机科学与技术及相关专业的一门核心基础课程,是许多其他后续课程,如数字电路、程序设计语言、数据结构、操作系统、编译原理、软件工程、人工智能、数据库系统、算法设计与分析、计算机网络、密码学、运筹学等必不可少的先行课程。通过离散数学的学习,不但可以掌握处理离散结构的描述工具和研究方法,为后续课程的学习创造条件,而且可以提高学生的抽象思维、逻辑推理和归纳构造能力,为将来参与创新性的研究和开发工作打下坚实的基础。

　　离散数学是数理逻辑、集合论、关系论、函数论、组合学、数论、代数结构、图论等汇集起来的一门综合学科。它跨越了数学的诸多分支,并与整个计算机科学紧密联系,所涉及的概念和方法,采用的符号和工具都远远超出其他任一门学科,所以不少读者会对这门课程或多或少产生畏惧、厌倦情绪。鉴于上述情况,我们根据多年来对离散数学的研究与教学实践的经验总结,从学生的学习情况及相关专业人员的自学特点出发编写了本书。在编写过程中,我们以"够用"为主,重点突出,并配合丰富的例题进行讲解,以达到内容翔实而结构清晰,语言严谨而通俗易懂。同时,在课程的内容和知识体系的设计上,依据 ACM 和 IEEE-CS 发布的 CC2005 教程,以及教育部高等学校计算机科学与技术教学指导委员会制订的计算机科学与技术专业规范,着力达到理论与实际结合、抽象与直观统一、局部与整体协调。全书共分四篇,第一篇为集合论,包括集合、关系、函数;第二篇为数理逻辑,包括命题逻辑、谓词逻辑;第三篇为抽象代数,包括代数系统的基本概念与性质、半群和群、环和域、格和布尔代数;第四篇为图论基础,包括图的基本概念、赋权图、欧拉图、哈密顿图、二部图、平面图、树等。

本书在撰写过程中参阅了国内外大量的离散数学书籍和相关文献资料,从中汲取了许多好的思想,摘取了不少有用的素材,对此向相关作者表示感谢。徐周波、孟瑜、危前进、陈光喜等参与了书稿的讨论及部分文字整理,在此一并表示感谢。

限于作者水平,书中错误和疏漏之处在所难免,恳请广大读者批评指正。

作　者

2012 年 4 月

目 录

第1篇 集 合 论

第2篇 数 理 逻 辑

第3篇 抽 象 代 数

第4篇　图论基础

第1篇

集合论

集合论是德国著名数学家康托尔(Georg Cantor,1845—1918)于19世纪末创立的。17世纪,数学中出现了一门新的分支:微积分。在之后的一二百年中,这个学科获得了飞速发展并结出了丰硕成果。19世纪初,微积分相关的许多迫切问题得到解决后,出现了一场重建数学基础的运动。在这场运动中,康托尔意识到:微积分本质上是一种"无限数学",以注数学基础中的许多问题都与无限集合有关,那么无限集合的本质是什么?它是否具备有限集合所具有的性质?基于此,康托尔探讨了前人从未碰过的实数点集,开辟了集合论研究的先河。

康托尔对集合(set)所下的定义是:把若干确定的有区别的(不论是具体的或抽象的)事物合并起来,看作一个整体,就称为一个集合,其中各事物称为该集合的元素。人们把康托尔于1873年12月7日给戴德金(Julius W. R. Dedekind,1831—1916)的信中最早提出集合论思想的那一天定为集合论的诞生日。经历了20多年后,到20世纪初集合论才得到数学家们的赞同,并最终获得了世界公认。康托尔的集合论的建立,不仅是数学发展史上一座高耸的里程碑,甚至还是人类思维发展史上的一座里程碑。它标志着人类经过几千年的努力,终于基本上弄清了无限的性质,找到了制服无限"妖怪"的法宝。苏联著名数学家柯尔莫戈洛夫(Andrey Nikolaevich Kolmogorov,1903—1987)指出:"康托尔的不朽功绩在于向无限冒险迈进"。德国数学大师希尔伯特(David Hilbert,1862—1943)赞扬康托尔的理论是"数学思想最惊人的产物,在纯粹理性的范畴中人类活动最美的表现之一"。

1900年前后,数学家们普遍乐观地认为借助集合论的概念,从算术公理系统出发,便可以建造起整个数学的大厦。在1900年第二次国际数学大会上,著名数学家庞加莱(Jules Henri Poincaré,1854—1912)就曾兴高采烈地宣布:"……数学已被算术化了。今天,我们可以说绝对的严格已经达到了"。正当康托尔的思想逐渐被人接受,并成功地把集合论应用到许多其他数学领域,大家认为数学的"绝对严格性"有了保证的时候,一系列完全没有想到的逻辑矛盾,在集合论的边缘被发现了。1903年英国哲学家兼数学家罗素(Bertrand A. W. Russell,1872—1970)提出了一个著名的罗素悖论(paradox):"一个以具有某一特征的个体r为元素的集合R,集合R中的元素由非个体自身r的所有个体组成。现在问个体r是否属于集合R?如果个体r属于集合R,则集合R应满足R的定义,因此个体r不应属于R;另一方面,如果个体r不属于集合R,则集合R不满足R的定义,因此个体r应属于集合R。这样,不论何种情况都存在着矛盾。"

罗素悖论可以通过如下理发师悖论得到直观理解。在某个城市中有一位理发师,他的广告词是这样写的:"本人的理发技艺十分高超,誉满全城。我将为本城所有不给自己刮脸的人刮脸,我也只给这些人刮脸。我对各位表示热诚欢迎!"来找他刮脸的人络绎不绝,自然都是那些不给自己刮脸的人。可是,有一天,这位理发师从镜子里看见自己的胡子长长了,他本能地抓起了剃刀,你们看他能不能给他自己刮脸呢?如果他不给自己刮脸,他就属于"不给自己刮脸的人",他就该给自己刮脸;而如果他给自己刮脸,他又属于"给自己刮脸的人",他就不该给自己刮脸。如果每个人对应一个集合,这个集合的元素被定义成这个人刮脸的对象。那么,理发师宣称:他的元素,都是城里不属于自身的那些集合,并且城里所有不属于自身的集合都属于他。那么他是否属于他自己？这样就由理发师悖论得到了罗素悖论。反过来的变换也是成立的。

　　罗素悖论一提出就在当时的数学界与逻辑学界引起了极大震动。不久，集合论存在漏洞的消息迅速传遍了数学界。著名逻辑学家弗雷格(Ludwig Gottlob Frege,1848—1925)在他的关于算术的基础理论完稿付印时，收到了罗素关于这一悖论的信。他立刻发现，自己忙了很久得出的一系列结果却被这条悖论搅得一团糟。他只能在自己的著作《算术基础法则》的末尾写道："一个科学家所碰到的最倒霉的事，莫过于是在他的工作即将完成时却发现所做的工作的基础崩溃了。"罗素悖论仅涉及"集合"与"属于"两个最基本的概念，它是如此简单明了，以至于根本没有留下为集合论漏洞辩解的余地。罗素悖论发表之后，接着又发现一系列悖论(后来归入所谓语义悖论)：理查德悖论、培里悖论、格瑞林和纳尔逊悖论等。绝对严密的数学陷入了自相矛盾之中。这就是数学史上著名的第三次数学危机。

　　危机产生后，众多数学家纷纷提出了自己的解决方案，希望能够对康托尔的集合论进行改造，并通过对集合定义加以限制来排除悖论，为此需要建立新的原则："这些原则必须足够狭窄，以保证排除一切矛盾；另一方面又必须充分广阔，使康托尔集合论中一切有价值的内容得以保存下来"。在这一原则基础上，策梅洛(Ernst Ferdinand Zermelo,1871—1953)于1908年提出了第一个公理化集合论体系。弗兰克尔(Abraham Adolf Fraenkel,1891—1965)将该公理系统改进成为无矛盾的集合论公理系统，简称为ZF公理系统(Zermelo-Fraenkel Axioms)。公理化集合系统的建立，使得原本直观的集合概念建立在严格的公理基础之上，成功排除了集合论中出现的悖论，形成了集合论发展的第二个阶段：公理化集合论。与此相对应，在1908年以前由康托尔创立的集合论被称为朴素(古典)集合论。公理化集合论是对朴素集合论的严格处理。它保留了朴素集合论的有价值的成果，并消除了其可能存在的悖论，从而比较圆满地解决了第三次数学危机。

　　关系(relation)理论最早出现在豪斯多夫(Felix Hausdorff,1868—1942)于1914年出版的《集论》的序型理论中。等价关系概念的发展历程难以追溯。然而，这个概念的核心思想可以在拉格朗日(Joseph Louis Lagrange,1735—1813)和高斯(Carl Gauss,1777—1885)的工作中发现，他们定义了整数集上的同余关系。类似的思想在皮亚诺(Giuseppe Peano,1858—1932)1889年的著作《几何原理》中也出现过。

　　莱布尼茨(Gottfried Wilhelm von Leibniz,1646—1716)于1692年首先使用了函数(function)这个词，他用函数表示那些用来描述曲线的代数关系的量。1748年，欧拉(Leonhard Euler,1707—1783)在他的《无穷小分析引论》中写到："一个变量的函数是一个解析表达式，它由该变量以任何方式组成……"。我们正是从欧拉和克莱罗(Alexis Claude Clairaut,1713—1765)的著作中，继承了$f(x)$的记号，并一直沿用至今。1837年，狄利克雷(Peter Gaustav Lejeune Dirichlet,1805—1859)对变量、函数和$f(x)$中自变量与因变量之间的对应关系等给出了更为严谨的表述。这个定义不依赖于某个代数关系，而是考虑到更抽象的关系，以定义实体间的联系。基于狄利克雷的工作，布尔巴基(Nicolas Bourbaki)数学小组于20世纪30年代在现代集合论中把函数定义为笛卡儿(Rene Descartes,1596—1650)积的子集。

　　20世纪以来的研究表明，不仅微积分的基础——实数理论奠定在集合论的基础上，而且各种复杂的数学概念都可以用"集合"概念定义出来，而各种数学理论又都可以"嵌入"集合论之内。因此，集合论就成了全部数学的基础，而且有力地促进了各个数学分支的发展。现代数学几乎所有的分支都会用到集合这个概念。

　　计算机科学及其应用的研究与集合论有着极其密切的关系。集合不仅可以用来表示数及其运算，更可以用于非数值信息的表示和处理，如数据的增加、删除、修改、排序，以及数据间关系的描述。有些很难用传统的数值计算来处理的问题，可以用集合运算得到方便处理。集合论在程序语言、数据结构、编译原理、数据库与知识库、形式语言和人工智能等领域中都得到了广泛的应用，并且还得到了发展，如扎德(Lotfi A. Zadeh,1921—　　)的模糊集(fuzzy set)理论和帕夫拉克(Zdzislaw Pawlak,1926—2006)的粗糙集(rough set)理论等。

第1章

集合

1.1 集合的概念及表示

1.1.1 基本概念

集合作为数学中的基本概念,如同几何中的点、线、面等概念一样,是不能用其他概念精确定义的原始概念。集合是什么呢?下面是由康托尔首先给出的经典定义。

定义 1.1 集合就是由人们直观上或思想上能够明确区分的一些对象所构成的一个整体。集合里含有的对象或客体称为集合的**元素**(elements)或**成员**(members),集合是指总体,而元素是指组成总体的个体。

在日常生活和科学实践中经常会遇到各种各样的集合。例如,下列这些都可构成集合:

① 计算机学院的全体学生;

② 教室中的课桌;

③ 所有门电路;

④ 程序语言 Pascal 的全部数据类型;

⑤ 一个人的思想观点;

⑥ 张三同学所有选修的课程;

⑦ 计算机键盘上的所有符号;

⑧ 一个汉字的所有笔画;

⑨ 坐标平面上所有的点;

⑩ 离散数学课程中的所有概念。

可以看到,集合元素所表示的事物可以是具体的,如学生、课桌等,也可以是抽象的,如概念、观点、数据类型等。集合的元素可以是任意的,例如,一个汉堡、一张桌子、一个字母、一双鞋子、离散数学及漓江可以组成一个集合,尽管这样的集合可能没有人关心,但是的确符合集合的概念,是可以接受的。

集合的元素又必须是确定的和可区分的。例如,"授课的中年教师"这样的客体就不能组成集合,这是因为"中年"是一个界定不清的概念,教师到底是什么年纪才算中年呢? 这个概念并不能明确界定集合的元素,所以不能构成集合。

一般用大写字母 $A,B,C,\cdots$ 表示集合,用小写字母 $a,b,c,\cdots$ 表示集合的元素。

定义 1.2 一个集合中的元素个数称为集合的**基数**(cardinality)。集合 A 的基数用

$|A|$ 或 card(A) 表示。

例如，一个汉堡、一张桌子、一个字母、一双鞋子、离散数学及漓江组成的集合的元素个数是 6，所以，这个集合的基数就是 6。

定义 1.3 如果组成一个集合的元素个数是有限的，则称该集合为**有限集合**(finite set)，简称为**有限集**，否则称为**无限集合**(infinite set)，简称为**无限集**。

例如，英语字母组成的集合就是有限集，实数组成的集合就是无限集。

1.1.2 集合的表示

表示一个集合的主要方法有如下 3 种。

1. 枚举法

枚举法列出集合的全体元素，元素之间用逗号隔开括起来。例如：$A=\{1,2,3,4,5\}$，$B=\{3,2,1,4,5\}$，$C=\{a,b,c,d\}$，$D=\{a,c,d,d,b,a,c\}$。

一般来说，各元素出现的先后次序并不重要，所以集合 A 和 B 相同，集合 A 和 B 的基数分别为 card(A) 和 card(B)，有 card$(A)=$card$(B)=5$。一般地，集合中的元素可以以任意先后次序出现，称为集合元素的**无次序性**。

集合中元素如果有重复（即多次出现），是没有意义的，所以，集合 C 和 D 是相同的，即，card$(C)=$card$(D)=4$。一般地，如果没有特别说明，集合中元素的重复出现和单次出现表示的含义相同，这个称为集合元素的**互异性**。

定义 1.4 如果集合 P 和 Q 由完全相同的元素组成，则称这**两个集合相等**，记为 $P=Q$。否则，称这**两个集合不相等**，记为 $P\neq Q$。

例如，上面的集合 C 和 D 就是两个相等的集合，即 $C=D$；集合 A 和 C 就是两个不相等的集合，即 $A\neq C$。

当集合的元素数目较少，可以将所有的元素都列举出来。但是，当集合中的元素个数很多，甚至集合是无限集时，就不可能将集合的元素一一列举出来，这时可以只列出部分元素，而没有列出的元素则由已有的元素及其前后关系确定。但是，要注意列出的元素要足够多，否则会难以根据前后关系确定其他元素。从计算机角度看，枚举法是一种"静态"表示法，如果同时将所有的"数据"都输入到计算机中去，将占据大量的"内存"。

例 1.1 下面是枚举法给出的集合的例子。

① $A=\{1,3,5,7,\cdots\}$；
② $B=\{2,4,6,8,\cdots,100\}$；
③ $P=\{a+1,a+2,a+3,\cdots,a+999\}$；
④ $Q=\{a,A,b,B,c,C,\cdots,Z\}$。

解释 ① 集合 A 由所有正奇数组成，是一个无限集；
② 集合 B 由 2 到 100 之间的 50 个偶数组成，是一个有限集，集合的基数为 card$(B)=50$；
③ 集合 P 由 $a+1$ 到 $a+999$ 的表达式组成，是一个有限集，集合的基数为 card$(P)=999$；
④ 集合 Q 由大、小写英文字母组成，是一个有限集，集合的基数为 card$(Q)=52$。

2．描述法

描述法通过刻画集合中元素所具备的某种特性来表示集合，通常用符号 $P(x)$ 表示不同对象 x 所具有的性质或属性 P，又称为属性表示法。可表示为 $A=\{x\mid P(x)\}$，即集合 A 是由满足特性 P 的全体 x 组成。

例 1.2 下面是描述法给出的集合的例子。

① $A=\{x\mid x$ 是"discrete structure"中的所有英文字母$\}$；

② $B=\{x\mid x$ 是偶数，且 $x\geqslant100\}$；

③ $P=\{x\mid x$ 是整数，且 $x^2+1=0\}$；

④ $Q=\{x\mid x$ 是计算机科学与技术专业的本科必修课程$\}$。

解释 ① A 由"discrete structure"中的英文字母 d,i,s,c,r,e,t,e,s,t,r,u,c,t,u,r 和 e 组成，但根据集合元素的互异性，不同字母为 d,i,s,c,r,e,t 和 u，所以，$A=\{$d,i,s,c,r,e,t,u$\}$，它是一个有限集合，集合的基数为 card(A)=8；

② B 由大于等于 100 的偶数组成，是一个无限集；

③ 没有任何整数满足 $x^2+1=0$，所以 P 中没有元素，集合的基数为 card(P)=0；

④ Q 由"高等数学"、"大学物理"、"数字逻辑"、"离散数学"、"编译原理"、"操作系统"、"软件工程"、"计算机组成原理"等组成，是一个有限集。

描述法的特点是便于对具有复杂特性的集合尤其是由无穷多个元素组成的无限集进行表示。从计算机角度看，描述法是一种"动态"表示法，计算机在处理"数据"时，不用占据大量的"内存"。

注意：对于给定的属性 P 和任意的元素 x，x 或者满足 P 或者不满足 P。描述法是通过限定对象或客体是否在某一集体里来表示集合。一个给定的对象或客体是否在某一集合里，这是集合论中的一个基本问题。元素与集合的关系是集合的一类基本关系，称为属于关系或成员关系。

定义 1.5 一个对象 a 是集合 A 的元素，记为 $a\in A$，读作"a **属于集合** A"；如果一个对象 a 不是集合 A 的元素，记为 $a\notin A$，读作"a **不属于集合** A"。

对于给定集合 A 和元素 a，或者 $a\in A$，或者 $a\notin A$，二者必居其一并且仅居其一，称为集合元素的**确定性**。

例如，对于例 1.1 中集合 A 和 B，9 是集合 A 中的元素，所以 9 属于集合 A，记为 $9\in A$；9 不是集合 B 中的元素，所以 9 不属于集合 B，记为 $9\notin B$。

再如，对于例 1.2 中集合 A，d 是集合 A 中的元素，所以 d 属于集合 A，记为 $d\in A$；a 不是集合 A 中的元素，所以 a 不属于集合 A，记为 $a\notin A$。

3．图形法

图形法利用平面上点的对应元素的封闭区域对集合进行图解表示，一般地，用平面上的方形或圆形表示一个集合，又称为文氏图（Venn Diagrams）法。图 1.1 就是集合 A,B,C 和 D 的图形表示。

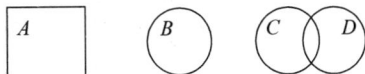

图 1.1 集合的图形表示

1.2　特殊集合

1.2.1　子集合

数是重要的研究对象,各种特殊性质的数组成了不同的特殊集合。对于一些常用的特定的数集合,一般约定用特定字母来表示。例如,$\mathbf{N}$ 代表自然数集合,$\mathbf{Z}$ 代表整数集合,$\mathbf{Q}$ 代表有理数集合,$\mathbf{R}$ 代表实数集合,等等。

$$\mathbf{N} = \{0,1,2,3,4,5,\cdots\}$$
$$\mathbf{Z} = \{\cdots,-3,-2,-1,0,1,2,3,\cdots\}$$
$$\mathbf{Q} = \{b/a \mid a,b \in \mathbf{Z}, 且\ a \neq 0\}$$
$$\mathbf{R} = \{x \mid x\ 是实数\}$$

定义 1.6　没有任何元素的集合称为**空集合**(empty set),简称为**空集**,一般用 $\varnothing$ 表示。

例如,集合 $P=\{x \mid x\ 是整数,且\ x^2+1=0\}$ 就是一个空集合,$P=\varnothing$。

与此相对应,在以集合作为模型研究问题时,都有一个相对固定的范围,由该范围内所有元素组成的集合,称为**全集合**(universal set),简称为**全集**,一般用 U 表示。

例 1.3　下面是一些空集和全集的例子。

① $A=\{x \mid x=y^2, y \in \mathbf{R}\ 且\ x<0\}$ 中没有满足性质要求的元素,是一个空集;

② 在学校人事管理系统中,全体教职员工是全集;

③ 在立体几何中,全集由空间的全体点组成。

定义 1.7　对于两个集合 A 和 B,如果集合 B 的每个元素都是 A 的元素,则称 B 是 A 的**子集合**(subset),简称为**子集**,这时也称 B 被 A **包含**(inclusion),或者 B 包含于 A,或者 A 包含 B,记作 $B \subseteq A$ 或 $A \supseteq B$,称“$\subseteq$”为**包含于**,“$\supseteq$”为**包含**。

显然,空集 $\varnothing$ 是任意集合 A 的子集,即 $\varnothing \subseteq A$;任意集合 A 是它自身的子集,即 $A \subseteq A$;任意集合 A 是全集的子集,即 $A \subseteq U$。

定理 1.1　对于任意两个集合 A 和 B,$A \subseteq B$ 且 $B \subseteq A$,当且仅当 $A=B$。

证明　(必要性)用反证法。假定在 $A \subseteq B$ 且 $B \subseteq A$ 的情况下,$A \neq B$。那么,要么存在 $x \in A$ 且 $x \notin B$,要么存在 $x \in B$ 且 $x \notin A$,因此,要么 $A \subseteq B$ 不成立,要么 $B \subseteq A$ 不成立。矛盾,所以,如果 $A \subseteq B$ 且 $B \subseteq A$,则 $A=B$。

(充分性)对于任意 $x \in A$,由于 $A=B$,因此 $x \in B$,所以,$A \subseteq B$。对于任意 $x \in B$,由于 $A=B$,因此 $x \in A$,所以,$B \subseteq A$。

综上述知,对于任意两个集合 A 和 B,$A \subseteq B$ 且 $B \subseteq A$,当且仅当 $A=B$。证毕。

定义 1.8　对于两个集合 A 和 B,如果 $B \subseteq A$ 且 $A \neq B$,则称 B 是 A 的**真子集合**(proper subset),简称为**真子集**,这时也称 B 被 A **真包含**(properly inclusion),或者 B 真包含于 A,或者 A 真包含 B,记作 $B \subset A$ 或 $A \supset B$。称“$\subset$”为**真包含于**,“$\supset$”为**真包含**。否则,称 B 不是 A 的真子集,也称 B 不被 A 真包含,记作 $B \not\subset A$。

例 1.4　分析如下各组集合中存在的关系。

① $A=\{a,b,c,d\}$,$B=\{a,b,c\}$,$C=\{b,d\}$,$D=\{\{d,b\},a,c\}$;

② $A=\varnothing$, $B=\{\varnothing\}$, $C=\{\varnothing,\{\varnothing\}\}$;

③ $A=\{x\mid x=y^2, y\in \mathbf{Z}$ 且 $x<5\}$, $B=\{x\mid x=y+1, y\in \mathbf{N}$ 且 $x<5\}$。

解 ① 集合 B,C 中的每个元素都是集合 A 中的元素。所以,集合 B,C 都是集合 A 的子集,且是集合 A 的真子集,即 $B\subseteq A$, $C\subseteq A$ 且 $B\subset A$, $C\subset A$;集合 C 是集合 D 的元素,所以,$C\in D$。但是,集合 C 不是集合 D 的子集。

② 集合 A 是空集,因此集合 A 既是集合 B,C 中的元素,又是集合 B,C 的子集,所以,$A\in B$, $A\in C$, $A\subseteq B$, $A\subseteq C$, $A\subset B$, $A\subset C$;集合 B 中的元素是集合 C 中的元素,且集合 B 是集合 C 中的元素,所以,集合 B 是集合 C 的子集,且是集合 C 的真子集,即既有 $B\subseteq C$ 且 $B\subset C$,又有 $B\in C$。

③ 集合 A 由元素 $0,1,4$ 组成,集合 B 由元素 $1,2,3,4$ 组成。集合 A 中元素 0 不在集合 B 中,所以,集合 A 不是集合 B 的子集。

1.2.2 幂集合

定义 1.9 对于任意集合 A,由 A 的所有不同子集为元素组成的集合称为集合 A 的**幂集合**(power set),简称为**幂集**,记作为 $P(A)$ 或 2^A。

例 1.5 计算下列集合的幂集。

① $A=\{a,c\}$;

② $B=\{b,\{d\}\}$;

③ $C=\{\varnothing,\{\varnothing\}\}$。

解 ① 集合 $A=\{a,c\}$ 的子集合有 $\varnothing$, $\{a\}$, $\{c\}$ 和 $\{a,c\}$,所以 $P(A)=\{\varnothing,\{a\},\{c\},\{a,c\}\}$;

② 集合 $B=\{b,\{d\}\}$ 的子集合有 $\varnothing$, $\{b\}$, $\{\{d\}\}$ 和 $\{b,\{d\}\}$,所以 $P(B)=\{\varnothing,\{b\},\{\{d\}\},\{b,\{d\}\}\}$;

③ 集合 $C=\{\varnothing,\{\varnothing\}\}$ 的子集合有 $\varnothing$, $\{\varnothing\}$, $\{\{\varnothing\}\}$ 和 $\{\varnothing,\{\varnothing\}\}$,所以 $P(C)=\{\varnothing,\{\varnothing\},\{\{\varnothing\}\},\{\varnothing,\{\varnothing\}\}\}$。

1.2.3 补集合

定义 1.10 对于任意集合 A 和全集 U,由所有属于全集 U 但不属于集合 A 的元素组成的集合称为集合 A 的**补集合**(complement),简称为**补集**,记作为 $\sim A$ 或 $\overline{A}$。

显然,全集的补集是空集,空集的补集是全集,即 $\sim U=\varnothing$, $\sim\varnothing=U$。

例 1.6 求下列集合的补集。

① $A=\{a,c,d,f,w,u,y\}$,全集为所有英文小写字母组成的集合;

② 自然数集 $\mathbf{N}$,全集为 $\mathbf{Z}$。

解 ① $\sim A=\{b,e,g,h,i,j,k,l,m,n,o,p,q,r,s,t,v,x,z\}$;

② $\sim \mathbf{N}=\{-1,-2,-3,-4,-5,\cdots\}$。

1.3 集合的运算

1.3.1 基本运算

集合作为一种数学对象,可以以多种不同方式进行结合。类似于在初等数学中,我们不仅学习了"数",而且还学习了"数"的各种运算。集合的不同结合方式,就是集合的运算,或者集合上的操作(operation)。

定义 1.11 对于集合 A 和 B,A 和 B 的**并集**(union)是由 A 和 B 中所有元素组成的集合,记作为 $A \cup B$,称"$\cup$"为**并运算**(union operation)。并集可形式化表示为

$$A \cup B = \{x \mid x \in A \text{ 或者 } x \in B\}$$

定义 1.12 对于集合 A 和 B,A 和 B 的**交集**(intersection)是由 A 和 B 中的共有元素组成的集合,记作为 $A \cap B$,称"$\cap$"为**交运算**(intersection operation)。交集可形式化表示为

$$A \cap B = \{x \mid x \in A \text{ 且 } x \in B\}$$

定义 1.13 对于集合 A 和 B,A 和 B 的**差集**(subtraction)是由属于 A 但不属于 B 的元素组成的集合,记作为 $A - B$,称"$-$"为**差运算**(subtraction operation)。差集可形式化表示为

$$A - B = \{x \mid x \in A \text{ 且 } x \notin B\}$$

定义 1.14 对于全集 U 和集合 A,U 和 A 的差集 $U - A$ 称为集合 A 的**补集**(complement),记作 $\sim A$ 或 $\overline{A}$,又称"$\sim$"为**补运算**(complement operation)。补集可形式化表示为

$$\sim A = U - A = \{x \mid x \in U \text{ 且 } x \notin A\}$$

定义 1.15 对于集合 A 和 B,A 和 B 的**对称差集**(sysmmetric difference)是由 A 和 B 中所有非共有元素组成的集合,记作为 $A \oplus B$,称"$\oplus$"为**对称差运算**(sysmmetric difference operation)。对称差集可形式化表示为

$$A \oplus B = \{x \mid x \in A \text{ 且 } x \notin B, \text{或者 } x \in B \text{ 且 } x \notin A\}$$

集合的并运算、交运算、差运算、补运算和对称差运算,可以通过图 1.2 中的文氏图得到直观理解。

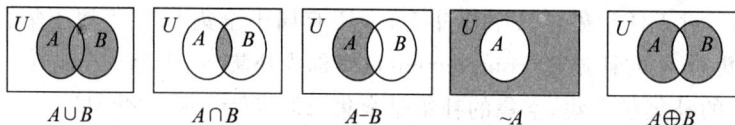

图 1.2 集合运算的图形表示

例 1.7 求下列集合 A 和 B 的并集、交集、差集、补集和对称差集。

① $A = \{a, c, d, f, u, y\}$,$B = \{b, c, d, e, f, u, z\}$,全集为所有英文小写字母集合;

② $A = \mathbf{N}$,$B = \mathbf{Z}$,全集 $U = \mathbf{Z}$;

③ $A = \{1, 3, 5, 8\}$,$B = \{2, 3, 4, 5\}$,全集 $U = \{x \mid x \text{ 为自然数,且 } x < 10\}$。

解 ① $A \cup B = B \cup A = \{a, b, c, d, e, f, u, y, z\}$

$A \cap B = B \cap A = \{c,d,f,u\}$

$A - B = \{a,y\}$

$B - A = \{b,e,z\}$

$\sim A = \{b,e,g,h,i,j,k,l,m,n,o,p,q,r,s,t,v,w,x,z\}$

$\sim B = \{a,g,h,i,j,k,l,m,n,o,p,q,r,s,t,v,w,x,y\}$

$A \oplus B = B \oplus A = \{a,b,e,y,z\}$

② $A \cup B = B \cup A = \mathbf{Z}$

$A \cap B = B \cap A = \mathbf{N}$

$A - B = \varnothing$

$B - A = \{-1,-2,-3,-4,-5,\cdots\}$

$\sim A = \{-1,-2,-3,-4,-5,\cdots\}$

$\sim B = \varnothing$

$A \oplus B = B \oplus A = \{-1,-2,-3,-4,-5,\cdots\}$

③ $A \cup B = B \cup A = \{1,2,3,4,5,8\}$

$A \cap B = B \cap A = \{3,5\}$

$A - B = \{1,8\}$

$B - A = \{2,4\}$

$\sim A = \{0,2,4,6,7,9\}$

$\sim B = \{0,1,6,7,8,9\}$

$A \oplus B = B \oplus A = \{1,2,4,8\}$

集合的并、交等运算可以推广到多个或无穷多个集合上。设 $A_1, A_2, A_3, \cdots, A_n$ 为 n 个集合,它们的并集简记为 $\bigcup\limits_{i=1}^{n} A_i$,即

$$\bigcup_{i=1}^{n} A_i = A_1 \cup A_2 \cup A_3 \cup \cdots \cup A_n$$

它们的交集简记为 $\bigcap\limits_{i=1}^{n} A_i$,即

$$\bigcap_{i=1}^{n} A_i = A_1 \cap A_2 \cap A_3 \cap \cdots \cap A_n$$

1.3.2　运算的性质

根据集合运算的定义,可以得到集合运算的许多性质,这些性质又称为集合运算的基本恒等式。对于集合 A,B 和 C,以及全集 U,可以列写出如下一些主要性质:

① 幂等律: $A \cup A = A, A \cap A = A$。

② 交换律: $A \cup B = B \cup A, A \cap B = B \cap A$。

③ 结合律: $(A \cup B) \cup C = A \cup (B \cup C), (A \cap B) \cap C = A \cap (B \cap C)$。

④ 分配律: $A \cup (B \cap C) = (A \cup B) \cap (A \cup C), A \cap (B \cup C) = (A \cap B) \cup (A \cap C)$。

⑤ 吸收律: $A \cup (A \cap B) = A, A \cap (A \cup B) = A$。

⑥ 零律: $A \cup U = U, A \cap \varnothing = \varnothing$。

⑦ 同一律：$A \cup \varnothing = A, A \cap U = A$。

⑧ 排中律：$A \cup \sim A = U$。

⑨ 矛盾律：$A \cap \sim A = \varnothing$。

⑩ 否定律：$\sim(\sim A) = A$。

⑪ 补交转换律：$A - B = A \cap \sim B$。

⑫ 德摩根律：

$\sim(A \cup B) = \sim A \cap \sim B, \sim(A \cap B) = \sim A \cup \sim B$；

$A - (B \cup C) = (A - B) \cap (A - C), A - (B \cap C) = (A - B) \cup (A - C)$。

上述性质都可用文氏图得到方便分析和直观理解。利用上述性质，可以推演出各种新的集合等式或包含式。

例 1.8　对于集合 A 和 B，证明 $A \oplus B = (A - B) \cup (B - A)$。

证明　对于任意 $x \in A \oplus B$，根据对称差集的定义知 $x \in A$ 且 $x \notin B$，或者 $x \in B$ 且 $x \notin A$；又根据差集的定义知 $x \in A - B$，或者 $x \in B - A$；再根据并集的定义知 $x \in (A - B) \cup (B - A)$。由此，$A \oplus B \subseteq (A - B) \cup (B - A)$。

对于任意 $x \in (A - B) \cup (B - A)$，根据并集的定义知 $x \in A - B$，或者 $x \in B - A$；又根据差集的定义知 $x \in A$ 且 $x \notin B$，或者 $x \in B$ 且 $x \notin A$；再根据对称差集的定义知 $x \in A \oplus B$。由此，$(A - B) \cup (B - A) \subseteq A \oplus B$。

综上述知，$A \oplus B = (A - B) \cup (B - A)$。证毕。

例 1.9　对于集合 A, B 和 C，证明：如果 $A \oplus B = A \oplus C$，则 $B = C$。

证明　对于任意 $x \in B$，分两种情形讨论。

情形一：$x \in A$。由 $x \in A$ 及交集的定义，$x \in A \cap B$。从而，由对称差集的定义知 $x \notin A \oplus B$，那么由已知条件得到 $x \notin A \oplus C$。假定 $x \notin C$，那么由差集的定义知 $x \in A - C$；进而，由 $A \oplus C = (A - C) \cup (C - A)$ 知 $x \in A \oplus C$。矛盾。所以有 $x \in C$。故 $B \subseteq C$。

情形二：$x \notin A$。由 $x \in B$ 及差集的定义，$x \in B - A$。由 $A \oplus B = (A - B) \cup (B - A)$ 知 $x \in A \oplus B$，那么由已知条件得到 $x \in A \oplus C$。再由 $A \oplus C = (A - C) \cup (C - A)$ 知 $x \in A - C$ 或 $x \in C - A$。由于 $x \notin A$，于是 $x \notin A - C$。由此得 $x \in C - A$。进而得 $x \in C$。故 $B \subseteq C$。

同理，可证得 $C \subseteq B$。

综上述知，如果 $A \oplus B = A \oplus C$，则 $B = C$。证毕。

例 1.10　已知 $A \cup B = A \cup C, A \cap B = A \cap C$，求证 $B = C$。

证明　
$$\begin{aligned}
B &= B \cap (A \cup B) &&\text{（吸收律）}\\
&= B \cap (A \cup C) &&\text{（已知条件）}\\
&= (B \cap A) \cup (B \cap C) &&\text{（分配律）}\\
&= (A \cap B) \cup (B \cap C) &&\text{（交换律）}\\
&= (A \cap C) \cup (B \cap C) &&\text{（已知条件）}\\
&= (A \cup B) \cap C &&\text{（分配律）}\\
&= (A \cup C) \cap C = C &&\text{（已知条件、吸收律）}
\end{aligned}$$

证毕。

例 1.11　试证明 $P(A - B) \subseteq (P(A) - P(B)) \cup \{\varnothing\}$。

证明　对于任意 $x \in P(A - B)$，如果 $x = \varnothing$，显然 $x \in (P(A) - P(B)) \cup \{\varnothing\}$；如果 $x \neq$

$\varnothing$,根据幂集定义,$x\subseteq A-B$。从而,$x\subseteq A$ 且 x 中的任何元素不是 B 的元素。那么,x 不是 B 的子集合。因此,$x\in P(A)$ 且 $x\notin P(B)$。所以,$x\in(P(A)-P(B))$。故 $P(A-B)\subseteq (P(A)-P(B))\bigcup\{\varnothing\}$。证毕。

例 1.12 试证明如下集合恒等式。

$$A\bigcup(B\bigcap C\bigcap D)=(A\bigcup B)\bigcap(A\bigcup C)\bigcap(A\bigcup D)$$
$$A\bigcap(B\bigcup C\bigcup D)=(A\bigcap B)\bigcup(A\bigcap C)\bigcup(A\bigcap D)$$

证明

$$
\begin{aligned}
A\bigcup(B\bigcap C\bigcap D)&=A\bigcup((B\bigcap C)\bigcap D) &&\text{(结合律)}\\
&=(A\bigcup(B\bigcap C))\bigcap(A\bigcup D) &&\text{(分配律)}\\
&=((A\bigcup B)\bigcap(A\bigcup C))\bigcap(A\bigcup D) &&\text{(分配律)}\\
&=(A\bigcup B)\bigcap(A\bigcup C)\bigcap(A\bigcup D) &&\text{(结合律)}\\
A\bigcap(B\bigcup C\bigcup D)&=A\bigcap((B\bigcup C)\bigcup D) &&\text{(结合律)}\\
&=(A\bigcap(B\bigcup C))\bigcup(A\bigcap D) &&\text{(分配律)}\\
&=((A\bigcap B)\bigcup(A\bigcap C))\bigcup(A\bigcap D) &&\text{(分配律)}\\
&=(A\bigcap B)\bigcup(A\bigcap C)\bigcup(A\bigcap D) &&\text{(结合律)}
\end{aligned}
$$

证毕。

1.4 计数问题

1.4.1 基本计数原理

整个数学和计算机科学及其应用中存在着大量的计数问题,我们既需要计算某个算法用到的操作数来研究算法的时间复杂性,也需要计算某项工程实施中不同的方案总数。下面首先讨论两个基本的计数原理。

加法原理 假定 $A_1,A_2,A_3,\cdots,A_t$ 为 t 个集合,第 i 个集合 A_i 有 n_i 个元素,即 $|A_i|=n_i$。如果为两两不相交集合,即 $A_i\bigcap A_j=\varnothing(i\neq j)$,则从这些集合中选择一个元素的方式总数为

$$n_1+n_2+n_3+\cdots+n_t$$

即

$$|(A_1\bigcup A_2\bigcup A_3\bigcup\cdots\bigcup A_t)|=|A_1|+|A_2|+|A_3|+\cdots+|A_t|$$

如果一项任务有 $T_1,T_2,T_3,\cdots,T_t$ 种模式,并分别有 $n_1,n_2,n_3,\cdots,n_t$ 种完成的方式,任何两种方式都不能同时做,那么利用加法原理,可以得到完成该项任务的方式数是 $n_1+n_2+n_3+\cdots+n_t$。

例 1.13 假定要选一位计算机专业的教师或计算机专业的学生作为学校教代会的代表。如果有 32 位计算机专业的教师和 90 位计算机专业的学生,那么这个代表有多少种不同选择?

解 计算机专业教师集合含有 32 个元素,计算机专业学生集合含有 90 个元素。根据加法原理,挑选这个代表的可能方式为

$$32+90=122(\text{种})$$

例 1.14 一个学生可以从三张表中的一张表来选择一个计算机课题。这三张表分别

有 23,15 和 19 个可能的课题。那么被选择的课题可能有多少种?

解 这个学生有 23 种方式从第一个表中选择课题,有 15 种方式从第二个表中选择课题,有 19 种方式从第三个表中选择课题。因此,选择课题的方式为

$$23 + 15 + 19 = 57(种)$$

乘法原理 如果一个任务需要 t 步来完成,第 1 步有 n_1 个不同的实现方案,第 2 步有 n_2 个不同的实现方案,……第 t 步有 n_t 个不同的实现方案。那么完成此项任务可选择的实现方案总数为 $n_1 \times n_2 \times n_3 \times \cdots \times n_t$。

例 1.15 在一幅数字图像中,若每一个像素点用 8 位二进制数字进行编码,每一个像素点有多少种不同取值?

解 对像素用 8 位二进制数字进行编码可分为 8 个步骤:选择第一位,选择第二位,……选择第八位。每一个位有两种选择,所以,根据乘法原理,每一个像素的取值方式为

$$2 \times 2 \times 2 \times 2 \times 2 \times 2 \times 2 \times 2 = 256(种)$$

例 1.16 1990 年出现了一种名叫 Melissa 的病毒,它通过以含恶意宏的字处理文档为附件的电子邮件传播,利用侵吞系统资源的方法来破坏计算机系统。当字处理文档被打开时,宏从用户的地址本中找出前 50 个地址,并将病毒转发给这些地址的用户。用户接收到这些被转发的附件并将字处理文档打开后,病毒会自动继续转发,不断重复扩散。病毒非常快速地转发邮件,将被转发的邮件临时存储在某个磁盘上,当磁盘占满后,系统将会死锁甚至崩溃。问经过 4 次转发后,共有多少个接收者。

解 当第一个病毒转发 50 个地址后,每一个接收到病毒的地址又将病毒转发给 50 个地址,根据乘法原理,第二次增加了 $50 \times 50 = 2500$ 个接收者;每个接收者又将转发给 50 个地址,再根据乘法原理,增加了 $50 \times 50 \times 50 = 125\,000$ 个接收者;再经过一个转发者,又增加了 $50 \times 50 \times 50 \times 50 = 6\,250\,000$ 个接收者。所以经过 4 次转发,共发送了

$$6\,250\,000 + 125\,000 + 2500 + 50 + 1 = 6\,377\,551(次)$$

即经过 4 次转发后共有 6 377 551 个接收者。

1.4.2 排列与组合

加法原理解决了集合中选择一个元素的计数问题。事实上,许多问题归结为从集合中有序或无序选择若干个元素的计数。这就是下面讨论的排列问题和组合问题。

定义 1.16 从含有 n 个不同元素的集合 A 中有序选取的 r 个元素称为 A 的一个 **r 排列**(arrangement),不同排列的总数记为 $P(n,r)$。如果 $r=n$,则称这个排列为 A 的一个**全排列**,简称为 A 的**排列**。

例 1.17 从含有 3 个不同元素的集合 S 中有序选取 2 个元素的排列总数。

解 确定含 2 个元素的一个排列分为 2 个步骤:选定第一个元素和第二个元素。第一个元素有 3 种选法;当第一个元素选定后,第二个元素有 2 种选法。

根据乘法原理,共有 $3 \times 2 = 6$ 个排列。如果将这 3 个元素记为 X, Y 和 Z,则 6 个排列为

$$XY, XZ, YX, YZ, ZY, ZX$$

定理 1.2 对满足 $r \leqslant n$ 的正整数 n 和 r 有

$$P(n,r) = n \times (n-1) \times (n-2) \times \cdots \times (n-(r-1)) = n! / (n-r)!$$

证明 确定 r 个元素的一个排列依次分为 r 个步骤：选定第一个元素，选定第二个元素，……选定第 r 个元素。第一个元素有 n 种选法，当第一个元素选定后，第二个元素有 $(n-1)$ 种选法，……选定第 $(r-1)$ 个元素后，第 r 个元素有 $(n-(r-1))$ 种选法。

根据乘法原理，共有 $n\times(n-1)\times\cdots\times(n-(r-1))$ 个排列。证毕。

推论 n 个不同元素的排列共有 $n!$ 种，其中

$$n! = n\times(n-1)\times(n-2)\times\cdots\times 2\times 1$$

例 1.18 字母 A，B，C，D，E 和 F 组成的排列中，有多少含有 DEF 的字符串？三个字母 D，E 和 F 相连的有多少种？

解 为了保证将字母 D，E 和 F 有序地排列在一起，可将 DEF 看成一个对象，则 A，B，C，D，E 和 F 的排列可看作是 A，B，C 和 DEF 这 4 个对象的排列。根据定理 1.2 的推论，满足条件的排列即为 4 个对象 A，B，C 和 DEF 的全排列，共有 $4!=24$ 种。

根据题意，只要 D，E 和 F 3 个字母相连即可，并不要求按照 D，E 和 F 的顺序。因此，首先要做 D，E 和 F 3 个字母的全排列，然后将排好的结果看成一个元素与剩下的元素做全排列。根据定理 1.2 的推论，第一步有 $3!=6$ 种排列，第二步有 $4!=24$ 种排列。又根据乘法原理，满足条件的排列总数有 $6\times 24=144$ 种。

定义 1.17 从含有 n 个不同元素的集合 A 中无序选取的 r 个元素称为 A 的一个 r 组合（combination），不同组合的总数记为 $C(n,r)$。

定理 1.3 对满足 $0 < r \leqslant n$ 的正整数 n 和 r 有
$$C(n,r) = P(n,r)/r! = n!/(r! \cdot (n-r)!)$$

证明 先从 n 个不同元素中选出 r 个元素，有 $C(n,r)$ 种选法。再把每一种选法选出的 r 个元素做全排列，有 $r!$ 种排法。根据乘法原理，n 个元素的 r 排列数为
$$P(n,r) = r! \cdot C(n,r)$$
即
$$C(n,r) = P(n,r)/r!$$
证毕。

例 1.19 设平面上有 25 个点，其中任何 3 点都不共线，平面上可确定多少条直线和多少个三角形？

解 由于任何 2 点可唯一确定一条直线，任何 3 点可唯一确定一个三角形，因此，可确定的直线的条数为
$$C(25,2) = P(25,2)/2! = 25!/(2! \cdot 23!) = 300$$
可确定的三角形的个数为
$$C(25,3) = P(25,3)/3! = 25!/(3! \cdot 22!) = 2300$$

1.4.3 容斥原理

有限集交与并的计数问题是计算机科学及其应用中遇到的许多问题的抽象计算模型。这类问题的处理需要下面介绍的**容斥原理**（the principle of inclusion-exclusion）。

定理 1.4（容斥原理） 设有限集合 A 和 B，它们的基数分别为 $|A|$ 和 $|B|$，则 $A \cup B$ 的基数为

$$|A \cup B| = |A| + |B| - |A \cap B|$$

证明　由集合运算的文氏图(见图 1.2)可以看出
$$A \cup B = (A-B) \cup (A \cap B) \cup (B-A)$$
$$A = (A-B) \cup (A \cap B)$$
$$B = (A \cap B) \cup (B-A)$$

同时,集合$(A-B)$,$(A \cap B)$和$(B-A)$之间都不含有相同元素,所以
$$|A \cup B| = |A-B| + |A \cap B| + |B-A|$$
$$|A| = |A-B| + |A \cap B|$$
$$|B| = |A \cap B| + |B-A|$$

由上面三个式子,得出
$$|A \cup B| = |A| + |B| - |A \cap B|$$

证毕。

对于三个集合的情形,有如下类似结论。

定理 1.5　对于有限集合 A、B 和 C,$A \cup B \cup C$ 的基数为
$$|A \cup B \cup C| = (|A| + |B| + |C|) - (|A \cap B| + |A \cap C| + |B \cap C|)$$
$$+ |A \cap B \cap C|$$

证明　根据集合的运算性质和定理 1.4,有如下推导
$$
\begin{aligned}
|A \cup B \cup C| &= |(A \cup B) \cup C| && \text{(结合律)} \\
&= |A \cup B| + |C| - |(A \cup B) \cap C| && \text{(定理 1.4)} \\
&= |A \cup B| + |C| - |(A \cap C) \cup (B \cap C)| && \text{(交换律、分配律)} \\
&= |A| + |B| - |A \cap B| + |C| - (|A \cap C| + |B \cap C| \\
&\quad - |(A \cap C) \cap (B \cap C)|) && \text{(定理 1.4)} \\
&= |A| + |B| + |C| - (|A \cap B| + |A \cap C| + |B \cap C|) \\
&\quad + |A \cap B \cap C| && \text{(结合律、交换律、幂等律)}
\end{aligned}
$$

证毕。

例 1.20　求 1~500 之间能被 3,5,7 任一数整除的整数的个数。

解　设 1~500 之间分别能被 3,5,7 整除的整数集合为 A,B 和 C,用 $[x]$ 表示不大于 x 的最大整数,那么
$$|A| = [500/3] = 166 \quad |B| = [500/5] = 100 \quad |C| = [500/7] = 71$$
$$|A \cap B| = [500/(3 \times 5)] = 33 \quad |A \cap C| = [500/(3 \times 7)] = 23$$
$$|B \cap C| = [500/(5 \times 7)] = 14$$
$$|A \cap B \cap C| = [500/(3 \times 5 \times 7)] = 4$$

根据定理 1.5,得到
$$
\begin{aligned}
|A \cup B \cup C| &= (|A| + |B| + |C|) - (|A \cap B| + |A \cap C| + |B \cap C|) + |A \cap B \cap C| \\
&= 166 + 100 + 71 - (33 + 23 + 14) + 4 = 271
\end{aligned}
$$

例 1.21　对 100 名技术人员的调查结果表明,有 32 人学过日语,20 人学过法语,45 人学过英语。并且,有 15 人既学过日语又学过英语,7 人既学过日语又学过法语,10 人既学过法语又学过英语。30 人没学过这 3 门语言的任何一种。根据以上提供的数据回答以下问题:3 种语言都学过的人数为多少? 只学过日语,只学过法语,只学过英语的人数各为多少? 至少学过以上 3 种语言中的两种语言的人数为多少? 只学过日语和法语,只学过日语

和英语,只学过法语和英语的人数各为多少?

解 设 $A=\{x\,|\,x$ 学过日语$\},B=\{x\,|\,x$ 学过法语$\},C=\{x\,|\,x$ 学过英语$\}$,由题设条件可知:

$$|A|=32 \quad |B|=20 \quad |C|=45$$
$$|A\cap B|=7 \quad |A\cap C|=15 \quad |B\cap C|=10$$
$$|A\cup B\cup C|=100-30=70$$

根据定理 1.5,得出
$$|A\cup B\cup C|=(|A|+|B|+|C|)-(|A\cap B|+|A\cap C|+|B\cap C|)+|A\cap B\cap C|$$
即
$$70=(32+20+45)-(7+15+10)+|A\cap B\cap C|$$

所以,3 种语言都学过的人数为
$$|A\cap B\cap C|=70-(32+20+45)+(7+15+10)=5$$

求解只学过日语的人数时,可以将 A 看成全集,$A\cap B,A\cap C$ 和 $A\cap B\cap C$ 都是 A 的子集,$A\cap B\cap C$ 是 $A\cap B,A\cap C$ 的子集,所以,只学过日语的人数为
$$|A|-(|A\cap B|+|A\cap C|)+|A\cap B\cap C|=32-(15+7)+5=15$$
同理,只学过法语的人数为
$$|B|-(|B\cap A|+|B\cap C|)+|A\cap B\cap C|=20-(7+10)+5=8$$
只学过英语的人数为
$$|C|-(|C\cap A|+|C\cap B|)+|A\cap B\cap C|=45-(15+10)+5=25$$

计算至少学过两种语言的人数,可以对 $A\cap B,A\cap C$ 和 $B\cap C$ 使用定理 1.5,即
$$|(A\cap B)\cup(A\cap C)\cup(B\cap C)|$$
$$=|A\cap B|+|A\cap C|+|B\cap C|-(|(A\cap B)\cap(A\cap C)|$$
$$+|(A\cap B)\cap(B\cap C)|+|(A\cap C)\cap(B\cap C)|)+|A\cap B\cap C|$$
$$=|A\cap B|+|A\cap C|+|B\cap C|-3|(A\cap B\cap C)|+|A\cap B\cap C|$$
$$=7+15+10-3\times 5+5=22$$

由于 $A\cap B\cap C$ 是 $A\cap B,A\cap C$ 和 $B\cap C$ 的子集。所以只学过日语和法语、日语和英语、法语和英语的人数分别为
$$|A\cap B|-|(A\cap B\cap C)|=7-5=2$$
$$|A\cap C|-|(A\cap B\cap C)|=15-5=10$$
$$|B\cap C|-|(A\cap B\cap C)|=10-5=5$$

容斥原理可以推广到 n 个有限集的情形。

定理 1.6 对于 n 个有限集合 $A_1,A_2,A_3,\cdots,A_n$,有
$$|A_1\cup A_2\cup A_3\cup\cdots\cup A_n|$$
$$=\sum_{i=1}^n|A_i|-\sum_{i\neq j}|A_i\cap A_j|+\sum_{i\neq j\neq k}|A_i\cap A_j\cap A_k|+\cdots$$
$$+(-1)^{n+1}|A_1\cap A_2\cap A_3\cap\cdots\cap A_n|$$

例 1.22 计算机科学与技术专业 2010 级共有 24 名同学参加各种球类体育活动。参加篮球、排球、网球、足球的人数分别为 13,5,10 和 9,其中,同时参加篮球和排球活动的人数为 2 人,同时参加篮球和网球、篮球和足球、网球和足球活动的人数均为 4 人,参加排球活

动的同学既不参加网球又不参加足球活动。只参加一种体育活动的同学人数为多少？同时参加篮球、网球和足球活动的同学人数为多少？

解 设 A,B,C 和 D 分别为参加篮球、排球、网球和足球活动同学组成的集合,已知条件是

$$|A|=13 \quad |B|=5 \quad |C|=10 \quad |D|=9$$
$$|A\cap B|=2 \quad |A\cap C|=|A\cap D|=|C\cap D|=4 \quad |B\cap C|=|B\cap D|=0$$
$$|A\cap B\cap C|=|A\cap B\cap D|=|B\cap C\cap D|=0$$
$$|A\cap B\cap C\cap D|=0 \quad |A\cup B\cup C\cup D|=24$$

根据定理 1.6,得

$$
\begin{aligned}
|A\cup B\cup C\cup D|=&(|A|+|B|+|C|+|D|)-(|A\cap B|+|A\cap C|+|A\cap D|\\
&+|B\cap C|+|B\cap D|+|C\cap D|)\\
&+(|A\cap B\cap C|+|A\cap B\cap D|+|B\cap C\cap D|\\
&+|A\cap C\cap D|)-|A\cap B\cap C\cap D|
\end{aligned}
$$

将已知条件带入上式,可得

$$24=(13+5+10+9)-(2+4+4+4+0+0)+(0+0+0+|A\cap C\cap D|)-0$$

从而得到 $|A\cap C\cap D|=1$,即同时参加篮球、网球和足球的同学为 1 人。

求只参加篮球活动的同学人数时,可以将 A 看成全集,$A\cap(B\cup C\cup D)$ 是参加了排球、网球和足球中一项以上活动且参加篮球活动的同学组成的集合,只参加篮球活动的同学人数为

$$
\begin{aligned}
&|A|-|A\cap(B\cup C\cup D)|\\
=&|A|-|(A\cap B)\cup(A\cap C)\cup(A\cap D)|\\
=&|A|-((|A\cap B|+|A\cap C|+|A\cap D|)\\
&-(|(A\cap B)\cap(A\cap C)|+|(A\cap B)\cap(A\cap D)|\\
&+|(A\cap C)\cap(A\cap D)|)+|(A\cap B)\cap(A\cap C)\cap(A\cap D)|)\\
=&|A|-((|A\cap B|+|A\cap C|+|A\cap D|)\\
&-(|(A\cap B\cap C)|+|(A\cap B\cap D)|\\
&+|(A\cap C\cap D)|)+|(A\cap B\cap C\cap D)|)\\
=&13-((2+4+4)-(0+0+1)+0)=4
\end{aligned}
$$

同理,可求得只参加排球活动的同学人数为

$$
\begin{aligned}
&|B|-|B\cap(A\cup C\cup D)|\\
=&|B|-((|B\cap A|+|B\cap C|+|B\cap D|)-(|(B\cap A\cap C)|\\
&+|(B\cap A\cap D)|+|(B\cap C\cap D)|)+|(A\cap B\cap C\cap D)|)\\
=&5-((2+0+0)-(0+0+0)+0)=3
\end{aligned}
$$

只参加网球活动的同学人数为

$$
\begin{aligned}
&|C|-|C\cap(A\cup B\cup D)|\\
=&|C|-((|C\cap A|+|C\cap B|+|C\cap D|)-(|(C\cap A\cap B)|\\
&+|(C\cap A\cap D)|+|(C\cap B\cap D)|)+|(A\cap B\cap C\cap D)|)\\
=&10-((4+0+4)-(0+1+0)+0)=3
\end{aligned}
$$

只参加足球活动的同学人数为

$$| D | - | D \cap (A \cup B \cup C) |$$
$$= | D | - ((| D \cap A | + | D \cap B | + | D \cap C |) - (| (D \cap A \cap B) |$$
$$+ | (D \cap A \cap C) | + | (D \cap B \cap C) |) + | (A \cap B \cap C \cap D) |)$$
$$= 9 - ((4 + 0 + 4) - (0 + 1 + 0) + 0) = 2$$

1.5 集合的应用

计算机通信中信息的有效合理编码是保障信息正确传输的前提。纠错码(error correcting code)是在传输过程中发生错误后能在接收端自行发现并进行纠正的码。为使一种码具有纠错能力,须对原码字增加多余的码元,以扩大码字之间的差别,即把原码字按某种规则变成有一定剩余度的码字。码字到达接收端后,可以根据是否满足编码规则以判定有无错误。当不能满足时,按规定规则确定错误所在位置并予以纠正。

我们假定要传输的信息为 0,1 序列,传输过程中出现的差错为 0 和 1 的倒置,即 0 误错为 1,或者 1 误错为 0。传输设备按 l 字长分组传输,且每次传输的最大差错数已知。

如果原始信息按字长 l 分组传输,那么,传输过程中信息的误错将直接影响到接收信息的可靠性。为了使得信息得到既经济又准确的传输,原始信息需要按 $m(m < l)$ 字长分组,每一传输字中有 $(l-m)$ 个附加位,以便存在传输差错时甄别出正确的传输字。$(l-m)$ 个附加位的确定方式就叫做编码(coding)。从接收到的字复原出原来传送的正确字就叫做译码或解码(decoding)。m/l 称为编码的效率。

扩展汉明码(extended Hamming codes)是一种传统的纠错编码方法,下面从集合理论的角度进行阐述。假定传输系统每次可传输 15 位字长,每次传输最大差错数为 1。我们可以将信息按 11 位字长分组。图 1.3 给出了 10110001100 的编码情况。横线上方各列给出了集合 $\{a,b,c,d\}$ 的 15 个非空子集,其中竖线右侧各列为含有 1 个元素的集合。横线下方列出了各集合对应的 0 或 1。

a	a	a	a		a	a	a			a				
b	b	b		b	b			b	b		b			
c	c		c	c		c		c		c		c		
d		d	d	d			d	d					d	
1	0	1	1	0	0	0	1	1	0	0	0	1	1	0

图 1.3 纠错编码

子集 $\{a\}$ 对应的附加位是基于如下原理构造的。包含子集 $\{a\}$ 的所有子集 $\{a,b,c,d\}$,$\{a,b,c\}$,$\{a,b,d\}$,$\{a,c,d\}$,$\{a,b\}$,$\{a,c\}$,$\{a,d\}$ 所对应的字位有 4 个"1"。将子集 $\{a\}$ 对应的附加位规定为"0",这样包含子集 $\{a\}$ 的所有子集对应的"1"的总数为偶数。

类似地,包含子集 $\{b\}$ 的所有子集 $\{a,b,c,d\}$,$\{a,b,c\}$,$\{a,b,d\}$,$\{b,c,d\}$,$\{a,b\}$,$\{b,c\}$,$\{b,d\}$ 所对应的字位有 3 个"1"。将子集 $\{b\}$ 对应的附加位规定为"1",就可保证包含子集 $\{b\}$ 的所有子集对应的"1"的总数为偶数。

包含子集$\{c\}$的所有子集$\{a,b,c,d\}$,$\{a,b,c\}$,$\{a,c,d\}$,$\{b,c,d\}$,$\{a,c\}$,$\{b,c\}$,$\{c,d\}$所对应的字位有 3 个"1"。将子集$\{c\}$对应的附加位规定为"1",就可保证包含子集$\{c\}$的所有子集对应的"1"的总数为偶数。

包含子集$\{d\}$的所有子集$\{a,b,c,d\}$,$\{a,b,d\}$,$\{a,c,d\}$,$\{b,c,d\}$,$\{a,d\}$,$\{b,d\}$,$\{c,d\}$所对应的字位有 4 个"1"。将子集$\{d\}$对应的附加位规定为"0",就可保证包含子集$\{d\}$的所有子集对应的"1"的总数为偶数。

图 1.4 所示为接收端收到字 101100111000110 的情形,包含子集$\{a\}$、$\{b\}$、$\{c\}$和$\{d\}$的所有子集所对应的"1"的总数分别为 5,4,5 和 4。那么,传输必定有误错。子集$\{a\}$和$\{c\}$对应的字位受到了干扰。由于至多有 1 位存在误错,所以,误错必然出现在子集$\{a,c\}$。这样所传输的字可得到纠错,对子集$\{a,c\}$所对应的字位进行 1 和 0 倒置,得到纠错后正确的字为 10110001100。

a	a	a	a		a	a	a		a					
b	b	b		b	b		b	b		b				
c	c		c		c			c			c			
	d	d	d		d		d	d				d		
1	0	1	1	0	0	1	1	1	0	0	0	1	1	0

图 1.4　存在差错的传输

扩展汉明码不能纠错多传输误错,例如,$\{a,b\}$和$\{a\}$对应字位同时出现误错与$\{b\}$对应字位出现误错具有同样的效果。下面分析如何用集合理论来解决此问题。

假定传输系统每次可传输 15 位字长,每次传输最大误错数为 3。可以将信息按 5 位字长分组。图 1.5 给出了传输字 10110 的编码情况。表中第 5 列之后用竖线分开,该竖线的左侧各列的子集合至少含有 3 个元素。横线上方各列给出了集合$\{a,b,c,d\}$的 15 个非空子集。横线下方列出了各集合对应的 0 或 1。

a	a	a	a		a	a	a		a					
b	b	b		b	b		b	b		b				
c	c		c	c		c		c			c			
	d	d	d		d		d	d				d		
1	0	1	1	0	0	0	0	1	1	0	0	0	1	1	0

图 1.5　多差错的纠错编码

子集$\{a,b\}$对应的附加位应保证包含子集$\{a,b\}$的所有子集对应的"1"的总数为偶数。包含子集$\{a,b\}$的子集为$\{a,b,c,d\}$,$\{a,b,c\}$,$\{a,b,d\}$,所对应的字位有 2 个"1"。将子集$\{a,b\}$对应的附加位规定为"0",这样包含子集$\{a,b\}$的所有子集对应的"1"的总数为偶数。

类似地,包含子集$\{a,c\}$的所有子集$\{a,b,c,d\}$,$\{a,b,c\}$,$\{a,c,d\}$所对应的字位有 2 个"1"。将子集$\{a,c\}$对应的附加位规定为"0",就可保证包含子集$\{a,c\}$的所有子集对应的"1"的总数为偶数。包含子集$\{a,d\}$的所有子集$\{a,b,c,d\}$,$\{a,b,d\}$,$\{a,c,d\}$所对应的字位有 3 个"1"。将子集$\{a,d\}$对应的附加位规定为"1",就可保证包含子集$\{a,d\}$的所有子集对应的

"1"的总数为偶数。包含子集$\{b,c\}$的所有子集$\{a,b,c,d\}$,$\{a,b,c\}$,$\{b,c,d\}$所对应的字位有 1 个"1"。将子集$\{b,c\}$对应的附加位规定为"1",就可保证包含子集$\{b,c\}$的所有子集对应的"1"的总数为偶数。包含子集$\{b,d\}$的所有子集$\{a,b,c,d\}$,$\{a,b,d\}$,$\{b,c,d\}$所对应的字位有 2 个"1"。将子集$\{b,d\}$对应的附加位规定为"0",就可保证包含子集$\{b,d\}$的所有子集对应的"1"的总数为偶数。包含子集$\{c,d\}$的所有子集$\{a,b,c,d\}$,$\{a,c,d\}$,$\{b,c,d\}$所对应的字位有 2 个"1"。将子集$\{c,d\}$对应的附加位规定为"0",就可保证包含子集$\{c,d\}$的所有子集对应的"1"的总数为偶数。

图 1.6 所示为接收端收到字 101001011000111 的情形。奇偶校验的结果发现$\{a,b\}$,$\{a,c\}$,$\{a,d\}$,$\{c,d\}$,$\{b\}$和$\{c\}$都违反了偶数规定。

a	a	a	a		a	a	a				a			
b	b	b		b	b			b	b			b		
c	c		c	c		c		c		c			c	
d		d	d	d			d		d	d				d
1	0	1	0	0	1	0	1	1	0	0	0	1	1	1

图 1.6 存在多差错的传输

设$\{a,b,c,d\}$的子集P,Q和R所对应的字位有差错,显然,$\{a,b\}$,$\{a,c\}$,$\{a,d\}$,$\{c,d\}$,$\{b\}$和$\{c\}$分别是子集P,Q和R中奇数个(1 个或 3 个)集合的子集,因为只有奇数个 0 或 1 的倒置,才能使原来是奇数个"1"子集变为偶数个"1";$\{b,c\}$,$\{b,d\}$,$\{a\}$和$\{d\}$分别是子集P,Q和R中偶数个(0 个或 2 个)集合的子集,因为只有偶数个 0 或 1 的倒置,才能保持原来是偶数个"1"子集仍为偶数个"1"。

考察集合$\{a,d\}$,如果$\{a,d\}$是子集P,Q和R的子集,那么P,Q和R可能具有$\{a,b,c,d\}$,$\{a,b,d\}$,$\{a,c,d\}$或$\{a,d\}$中的 3 个,对相应的子集所对应的字位进行 0 或 1 倒置后依然违反偶数规定。例如,假定P,Q和R的形式为$\{a,b,c,d\}$,$\{a,b,d\}$和$\{a,c,d\}$,那么对P,Q和R的对应的字位进行 0 或 1 倒置后,$\{a,b\}$,$\{a,c\}$,$\{c,d\}$,$\{b\}$和$\{c\}$依然违反偶数规定。同理,可分析P,Q和R其他形式的情形。所以,$\{a,d\}$是子集P,Q和R中 1 个集合的子集。

不妨设$\{a,d\}$是子集P的子集。P的可能形式为$\{a,b,c,d\}$或$\{a,b,d\}$或$\{a,c,d\}$或$\{a,d\}$。为了保持$\{a\}$和$\{d\}$的偶数规定,相应地,Q应包含$\{a\}$且R应包含$\{d\}$。

考察集合$\{b,c\}$,如果$\{b,c\}$是子集P,Q和R中的两个的子集,那么P,Q和R可能具有$\{a,b,c,d\}$,$\{a,b,c\}$,$\{b,c,d\}$或$\{b,c\}$中的两个,对相应的子集所对应的字位进行 0 或 1 倒置后依然违反偶数规定。例如,假定P,Q和R的可能形式为$\{a,b,c,d\}$,$\{a,b,c\}$和$\{d\}$,那么对P,Q和R的对应的字位进行 0 或 1 倒置后,$\{a,b\}$,$\{a,c\}$,$\{b\}$和$\{c\}$依然违反偶数规定,并且使得$\{b,d\}$违反偶数规定。同理,可分析其他情形。所以,$\{b,c\}$是子集P,Q和R中的 0 个集合的子集,即$\{b,c\}$不是子集P,Q或R的子集。由此,P不可能为$\{a,b,c,d\}$。

类似地,可分析得出,$\{b\}$和$\{c\}$分别是子集P,Q和R中 1 个集合的子集。如果P为$\{a,b,d\}$,那么R应包含$\{b,d\}$,以保证$\{b,d\}$满足偶数规定,这样就不满足$\{b\}$是子集P,Q和R中 1 个集合的子集。由此,P不可能为$\{a,b,d\}$。

如果 P 为 $\{a,c,d\}$，那么对 P 的对应的字位进行 0 或 1 倒置后，子集 $\{a,c\}$、$\{a,d\}$、$\{c,d\}$ 和 $\{c\}$ 满足了偶数规定。为了保证 $\{a,b\}$ 满足偶数规定，$\{b\}$ 必须包含于 Q 且 $\{b\}$ 不包含于 R。

由此，P,Q 和 R 的可能形式为 $\{a,c,d\}$、$\{a,b\}$ 和 $\{d\}$。对 $\{a,c,d\}$、$\{a,b\}$ 和 $\{d\}$ 所对应的字位进行 0 或 1 的倒置，所有子集对应的字位满足偶数规则。所以，纠错后的原始信息为 101100011000110。

上述多差错情形的纠错编码称为扩展里德-米勒码(extended Reed-Muller codes)。分析过程存在相当程度上的试凑性。下面进一步介绍可以唯一甄别差错并进行纠错译码的集合理论基础。

为了便于对奇偶校验位干扰(parity disturbance)的描述，对于集合 S 和正整数 t，用 S^t 表示集合 S 的所有元素数目不超过 t 的非空子集组成的集合。例如，对于 $S=\{a,b,c,d\}$，那么 $S^2=\{\{a\},\{b\},\{c\},\{d\},\{a,b\},\{a,c\},\{a,d\},\{b,c\},\{b,d\},\{c,d\}\}$。

回顾前面介绍过的集合对称差集的定义，知道 $A\oplus B$ 中的元素仅属于 A 或 B。一般地，$A_1\oplus A_2\oplus\cdots\oplus A_k$ 中元素由在 $A_1,A_2,\cdots,A_k$ 中奇数次出现的元素组成。

对于图 1.6 给出的差错编码情形，有
$$\{a,c,d\}^2 \oplus \{a,b\}^2 \oplus \{d\}^2$$
$$=\{\{a\},\{c\},\{d\},\{a,c\},\{a,d\},\{c,d\}\} \oplus \{\{a\},\{b\},\{a,b\}\} \oplus \{\{d\}\}$$
$$=\{\{b\},\{c\},\{a,b\},\{a,c\},\{a,d\},\{c,d\}\}$$

在扩展里德-米勒码中，如果传输差错出现在子集 $A_1,A_2,\cdots,A_r$，那么就会产生奇偶校验位干扰。特别地，如果 D 是一个基数为 n 的集合的子集且 D 的基数至多为 t，那么，存在关于 D 的奇偶校验干扰当且仅当 D 属于 $A_1^t\oplus A_2^t\oplus\cdots\oplus A_r^t$。

纠错码的译码问题是：在已知 D 的条件下，确定 A_i。因此，关键在于子集 A_i 的唯一可确定性。

利用反证法，假定存在两种不同的差错出现子集 $A_1,A_2,\cdots,A_r$ 和 $B_1,B_2,\cdots,B_s$，可以证明 $A_1^t\oplus A_2^t\oplus\cdots\oplus A_r^t\oplus B_1^t\oplus B_2^t\oplus\cdots\oplus B_s^t=\varnothing$。由此，子集 A_i 是唯一可确定的。

习题

1. 用枚举法写出下列集合。
① 英语句子"I am a student"中的英文字母；
② 大于 5 小于 13 的所有偶数；
③ 本学期所修的所有课程；
④ 计算机学院所开设的本科专业；
⑤ 20 的所有因数；
⑥ 小于 20 的 6 的正倍数。

2. 用描述法写出下列集合。
① 全体奇数；
② 所有实数集上一元二次方程的解组成的集合；

③ 能被 5 整除的整数集合；

④ 平面直角坐标系中单位圆内的点集；

⑤ 二进制数；

⑥ 8 进制数。

3. 判断下列集合哪些是相等的，设全集为 **Z**。

① $A=\{x \mid x$ 是偶数或奇数$\}$；　　　② $B=\{x \mid y\in \mathbf{Z}$ 且 $x=2y\}$；

③ $C=\{1,2,3\}$；　　　④ $D=\{0,1,-1,2,-2,3,-3,4,-4,\cdots\}$；

⑤ $E=\{2x \mid x\in \mathbf{Z}\}$；　　　⑥ $F=\{3,3,2,1,2\}$；

⑦ $G=\{x \mid x^3-6x^2-7x-6=0\}$；　　　⑧ $H=\{x \mid x^3-6x^2+11x-6=0\}$。

4. 求下列集合的基数。

① "proper set"中的英文字母；　　　② 大于 5 小于 13 的所有偶数；

③ $\{\{2,3\}\}$；　　　④ 小于 20 的 6 的正倍数；

⑤ $\{x \mid x=2$ 或 $x=3$ 或 $x=4$ 或 $x=5\}$；　　　⑥ 20 的所有因数；

⑦ $\{\varnothing,a,\{a\}\}$；　　　⑧ $\{\{\varnothing,2\},\{2\}\}$；

⑨ $\{\{1,2\},\{2,1,1\},\{2,1,2,1\}\}$；　　　⑩ $\{\{1,\{2,3\}\}\}$。

5. 分析下列各集合是否是其他集合的子集或真子集。

① $A=\{x \mid x\in \mathbf{Z}$ 且 $1<x<5\}$；　　　② $B=\{2,3\}$；

③ $C=\{x \mid x^2-5x+6=0\}$；　　　④ $D=\{\{2,3\}\}$；

⑤ $E=\{2\}$；　　　⑥ $F=\{x \mid x=1$ 或 $x=3$ 或 $x=5$ 或 $x=7\}$；

⑦ $G=\{2x \mid 1\leqslant x\leqslant 3\}$；　　　⑧ $H=\{x \mid x\in \mathbf{Z}$ 且 $x^2+x+1=0\}$。

6. 求下列集合的幂集。

① $\{3,6,9\}$；　　　② $\{x \mid x=1$ 或 $x=3$ 或 $x=6\}$；

③ $\{\{1,3\}\}$；　　　④ 小于 20 的 5 的正倍数；

⑤ "set"中的英文字母；　　　⑥ $\{1,\{2\}\}$；

⑦ $\{\varnothing,a\}$；　　　⑧ $\{\{\varnothing,2\},\{2\}\}$；

⑨ $\{\{1,2\},\{2\}\}$；　　　⑩ $\{\{1,\{1,2\}\}\}$。

7. 设 $A=\varnothing, B=\{a\}$，求 $P(A),P(P(A)),P(P(P(A))),P(B),P(P(B)),P(P(P(B)))$。

8. 简要说明$\{2\}$与$\{\{2\}\}$的区别，列出它们的元素与子集。

9. 简要说明$\{\varnothing\}$与$\{\{\varnothing\}\}$的区别，列出它们的元素与子集。

10. 如果集合 A 和 B 具有相同的幂集合，能肯定 $A=B$ 吗？

11. 如果集合 A 和 B 分别满足下列条件，能得出 A 和 B 的之间有什么联系？

① $A\cup B=A$；　　　② $A\cap B=A$；

③ $A-B=A$；　　　④ $A\cap B=A-B$；

⑤ $A-B=B-A$；　　　⑥ $A\oplus B=A$。

12. 如果集合 A,B 和 C 分别满足下述条件，能断定 $A=B$ 吗？

① $A\cup C=B\cup C$；　　　② $A\cap C=B\cap C$。

13. 对于集合 A，证明下列各式。

① $A\cup \varnothing=A$；　　　② $A\cap \varnothing=\varnothing$；

③ $A\cup A=A$；　　　④ $A\cap A=A$；

⑤ $A-\varnothing=A$；   ⑥ $A\cup U=U$；

⑦ $A\cap U=A$；   ⑧ $\varnothing-A=\varnothing$。

14. 对于集合 A、B 和 C，证明或反驳下列断言。

① 如果 $A\notin B$ 且 $B\in C$，那么 $A\in C$；

② 如果 $A\notin B$ 且 $B\notin C$，那么 $A\notin C$；

③ 如果 $A\in B$ 且 $B\notin C$，那么 $A\notin C$；

④ 如果 $A\subset B$ 且 $B\notin C$，那么 $A\notin C$；

⑤ 如果 $A\in B$ 且 $B\subset C$，那么 $A\in C$；

⑥ 如果 $A\in B$ 且 $B\in C$，那么有可能 $A\in C$；

⑦ 如果 $A\subseteq B$ 且 $B\subseteq C$，那么 $A\subseteq C$；

⑧ 有可能 $A\subseteq B$ 且 $A\in B$。

15. 设全集 $U=\{1,2,3,4,5\}$，集合 $A=\{1,4\}$，$B=\{1,2,5\}$，$C=\{2,4\}$，确定下列集合。

① $A\cap(\sim B)$；   ② $(A\cap B)\cup(\sim C)$；   ③ $(A\cap B)\cup(A\cap C)$；

④ $\sim(A\cup B)$；   ⑤ $(\sim A)\cap(\sim B)$；   ⑥ $\sim(C\cap B)$；

⑦ $A\oplus B$；   ⑧ $A\oplus B\oplus C$；   ⑨ $P(A)\cup P(C)$。

16. 对于集合 A，B 和 C，如果 $A\oplus C=B\oplus C$，是否必定有 $A=B$？

17. 设集合 A，B 均为 U 的子集，判断下列结论的正确性。

① $A\subseteq B$ 当且仅当 $A\cup B=B$；   ② $A\subseteq B$ 当且仅当 $A\cup B=A$；

③ $A\subseteq B$ 当且仅当 $A\cap B=B$；   ④ $A\subseteq B$ 当且仅当 $A\cap B=A$；

⑤ $A\subseteq B$ 当且仅当 $A\cup(B-A)=B$；   ⑥ $A\subseteq B$ 当且仅当 $(A-B)\cap A=A$。

18. 对任意集合 A，B 和 C，证明下列各式。

① $((A\cup C)-(B\cup C))\subseteq(A-B)$；   ② $(A-(B\cup C))=((A-B)-C)$；

③ $(A-(B\cup C))=((A-C)-B)$；   ④ $((A-C)\cap(B\cup C))=((A\cap B)-C)$；

⑤ $P(A)\cup P(B)\subseteq P(A\cup B)$；   ⑥ $P(A)\cap P(B)=P(A\cap B)$。

19. 对任意集合 A，B 和 C，证明下列各式。

① $A\oplus A\oplus B=B$；   ② $(A-B)\oplus C=A\cup B$；

③ $(A\oplus B)\cap C=(A\cap C)\oplus(B\cap C)$；   ④ $(A\oplus B)-C=(A-C)\oplus(B-C)$；

⑤ $A\cup B=A\oplus(B\oplus(A\cap B))$；   ⑥ $A\oplus(B\oplus C)=(A\oplus B)\oplus C$。

20. 画出下列集合的文氏图。

① $A\cap(\sim B)$；   ② $(A\cap B)\cup(\sim C)$；   ③ $(A\cap B)\cup(A\cap C)$；

④ $\sim(A\cup B)$；   ⑤ $(\sim A)\cap(\sim B)$；   ⑥ $\sim(C\cap B)$；

⑦ $A\cap(B\cup\sim C)$；   ⑧ $A\oplus B\oplus C$；   ⑨ $A\oplus(B-C)$。

21. 用集合表达式表示图 1.7 中各阴影部分。

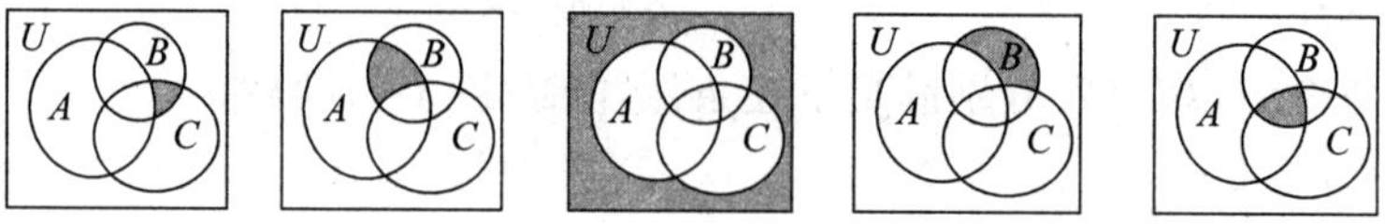

图 1.7   集合运算的图形表示

22. 计算机网络实验室的身份卡密码由 2 个英文字母后跟 2 个数字所组成,问可能存在多少种不同密码?

23. 在一次心理试验中,1 个人要将 1 个正方形、1 个圆、1 个三角形和 1 个五边形排成 1 行,问有多少种不同排法?

24. 不包含 4 个连续的 1 的 6 位二进制字符串有多少个?

25. 有 3 个白球、2 个红球和 2 个黄球排成 1 列,若黄球不相邻,红球也不相邻,则有多少种不同排列法?

26. 某计算机厂商推出不同样式主机,有 5 种可选的机箱颜色、6 种不同的机箱形状、2 种不同主板配置、3 种不同光驱配置和 3 种不同多媒体接口,问用户有多少种可能的选择。

27. 某班有 25 个学生,其中 14 人会打篮球,12 人会打排球,6 人会打篮球和排球,5 人会打篮球和网球,还有 2 人会打这 3 种球。已知 6 个人会打网球,并且这 6 个人都会打篮球或排球,求该班同学中不会打球的人数。

28. 在由 a,b,c 和 d 共 4 个字符构成的 n 位符号串中,求 a,b 和 c 至少出现一次的符号串的数目。

29. 求 1～1000 之间不能被 5,6 和 8 中任一数整除的整数个数。

30. 假设在"离散数学"课程的第一次考试中有 14 个学生得优,第二次考试中 18 个学生得优。如果 22 个学生在第一次或第二次考试得优,问有多少学生两次考试都得优。

第2章

关系

2.1 关系的概念及表示

2.1.1 序偶与笛卡儿积

在现实世界中,许多事物都是按照一定联系成对或成组出现的,例如:上下,大小,父子,师生,平面上一个点的坐标,中国的首都是北京,等等。为此,我们给出下面的定义。

定义 2.1 由两个元素 x 和 y 按照一定的次序排列成的二元组称为一个**有序对**或**序偶**(ordered couple),记作$<x,y>$,其中,x 称为序偶的**第一元素**或**前元素**,y 称为序偶的第二**元素**或**后元素**。

例如,可以用序偶$<1,2>$,$<0,0>$,$<-1,20>$等来表示平面直角坐标系中的点;也可以用序偶$<x,y>$来抽象地表示事物所处的方位,x 在 y 的左边,若实例为$<$校长,主任$>$,则表示校长在主任的左边;还可以用序偶$<x,y>$表示师生关系,x 是 y 的老师,若实例为$<$王奇,刘一$>$,则表示王奇是刘一的老师。

值得注意的是,序偶是一个合成的整体元素,序偶成员与该序偶本身之间没有隶属关系。在一个序偶中,如果两个元素不相同,那么它们是不能交换次序的,称为序偶元素的**有次序性**,简称为**有序性**。

例如,平面直角坐标系中$<1,2>$和$<2,1>$就表示不同的两个点;如果用序偶$<x,y>$表示 x 的学分绩排名在 y 之前,实例$<$张三,李四$>$表示张三排名在李四之前,实例$<$李四,张三$>$则表示李四排名在张三之前,这里$<$张三,李四$>$和$<$李四,张三$>$就表示了不同的含义。

序偶与集合有差异的一方面是:在集合中强调的是集合元素之间的无序性,而在序偶中强调的是两个元素之间的有序性。

定义 2.2 对于序偶$<a,b>$和$<c,d>$,如果 $a=c$ 且 $b=d$,则称这**两个序偶相等**,记为$<a,b>=<c,d>$;否则,称这**两个序偶不相等**,记为$<a,b>\neq<c,d>$。

例 2.1 已知$<x+2,4>$和$<5,2x+y>$相等,求 x 和 y。

解 由序偶相等的定义有

$$x+2=5$$
$$2x+y=4$$

由此解得 $x=3,y=-2$。

定义 2.3 由 n 个元素 $a_1, a_2, a_3, \cdots, a_n$ 按照一定次序组成的 n 元组称为 **n 元序偶**(ordered n-tuple),记为 $<a_1, a_2, a_3, \cdots, a_n>$。

例如,可以用三元序偶 $<1,2,3>, <0,8,0>, <-1,2,0>$ 等来表示空间三维坐标系中的点,可以用五元序偶 $<$姓名,职称,年龄,职务,工资$>$ 来抽象地表示某人的人事档案信息,可以用六元序偶 $<$年,月,日,时,分,秒$>$ 表示具体的时间。

定义 2.4 对于 n 元序偶 $<a_1, a_2, a_3, \cdots, a_n>$ 和 $<b_1, b_2, b_3, \cdots, b_n>$,如果 $a_i = b_i (i = 1, 2, 3, \cdots, n)$,那么称这两个 **$n$ 元序偶相等**,记为 $<a_1, a_2, a_3, \cdots, a_n> = <b_1, b_2, b_3, \cdots, b_n>$;否则,称这两个 **$n$ 元序偶不相等**,记为 $<a_1, a_2, a_3, \cdots, a_n> \neq <b_1, b_2, b_3, \cdots, b_n>$。

定义 2.5 对于集合 A 和 B,以 A 中元素为第一元素,B 中元素为第二元素组成序偶,所有这样的序偶组成的集合称为 A 和 B 的**笛卡儿积**(Cartesian product),记作 $A \times B$,形式化表示为

$$A \times B = \{<x,y> \mid x \in A, y \in B\}$$

例 2.2 设 $A = \{a\}, B = \{b,c\}, C = \varnothing, D = \{1,2\}$,列写出笛卡儿积 $A \times B, B \times A, A \times C, C \times A, A \times (B \times D)$ 和 $(A \times B) \times D$ 中的元素。

解 $A \times B = \{<a,b>, <a,c>\}$

$B \times A = \{<b,a>, <c,a>\}$

$A \times C = C \times A = \varnothing$

$B \times D = \{<b,1>, <c,1>, <b,2>, <c,2>\}$

$A \times (B \times D) = \{<a,<b,1>>, <a,<c,1>>, <a,<b,2>>, <a,<c,2>>\}$

$(A \times B) \times D = \{<<a,b>,1>, <<a,b>,2>, <<a,c>,1>, <<a,c>,2>\}$

由例 2.2 可以看出如下笛卡儿积的运算性质:

(1) 对于任意集合 A 和 B,不一定有 $A \times B = B \times A$,即笛卡儿积不满足交换律。

(2) 如果集合 A 或 B 为空集,那么 $A \times B$ 为空集。

(3) 对于任意集合 A, B 和 C,不一定有 $A \times (B \times C) = (A \times B) \times C$,即笛卡儿积不满足结合律。

(4) 对于任意集合 A, B 和 C,笛卡儿积满足如下对并和交的分配律:

① $A \times (B \cup C) = (A \times B) \cup (A \times C)$;

② $(B \cup C) \times A = (B \times A) \cup (C \times A)$;

③ $A \times (B \cap C) = (A \times B) \cap (A \times C)$;

④ $(B \cap C) \times A = (B \times A) \cap (C \times A)$。

定理 2.1 对于任意集合 A, B, C 和 D,如果 $A \subseteq C$ 且 $B \subseteq D$,那么 $A \times B \subseteq C \times D$。

证明 对于任意 $<x,y> \in A \times B$,那么 $x \in A$ 且 $y \in B$。由于 $A \subseteq C$ 且 $B \subseteq D$,故 $x \in C$ 且 $y \in D$,进而,$<x,y> \in C \times D$。所以 $A \times B \subseteq C \times D$。证毕。

定理 2.1 的逆命题不成立,可分以下情况讨论。

① 当 $A = B = \varnothing$ 时,显然有 $A \subseteq C$ 且 $B \subseteq D$ 成立。

② 当 $A \neq \varnothing$ 且 $B \neq \varnothing$ 时,对于任意 $x \in A$,由于 $B \neq \varnothing$,必然存在 $y \in B$,因此有 $x \in A$ 且 $y \in B$,使得 $<x,y> \in A \times B$。又由于 $A \times B \subseteq C \times D$,故 $<x,y> \in C \times D$,由此 $x \in C$ 且 $y \in D$,从而证明了 $A \subseteq C$。同理,可证 $B \subseteq D$。

③ 当 $A = \varnothing$ 而 $B \neq \varnothing$ 时,有 $A \subseteq C$ 成立,但不一定有 $B \subseteq D$ 成立。可以列举如下反例:

对于集合 $A=\varnothing,B=\{1\},C=\{3\}$ 和 $D=\{4\}$,有 $A\times B=\varnothing$ 和 $C\times D=\{<3,4>\}$,显然 $A\times B\subseteq C\times D$,但是 $B\not\subseteq D$。

④ 当 $A\neq\varnothing$ 而 $B=\varnothing$ 时,有 $B\subseteq D$ 成立,但不一定有 $A\subseteq C$ 成立。反例略。

定义 2.6 对于 n 个集合 $A_1,A_2,A_3,\cdots,A_n$,集合

$A_1\times A_2\times A_3\times\cdots\times A_n=\{<a_1,a_2,a_3,\cdots,a_n>\mid a_i\in A_i(i=1,2,3,\cdots,n)\}$

称为集合 $A_1,A_2,A_3,\cdots,A_n$ 的笛卡儿积。

定理 2.2 对于有限集合 $A_1,A_2,A_3,\cdots,A_n$,有

$$\mid A_1\times A_2\times A_3\times\cdots\times A_n\mid=\mid A_1\mid\times\mid A_2\mid\times\mid A_3\mid\times\cdots\times\mid A_n\mid$$

证明 根据 n 个集合笛卡儿积的定义和乘法原理可以得证。

例 2.3 对于 $A=\{a,b\},B=\{x,y\},C=\{0,1\}$,列写出笛卡儿积 $A\times B\times C,B\times A\times C,A\times C\times B,A\times(B\times C)$ 和 $(A\times B)\times C$ 中的元素。

解 $A\times B\times C=\{<a,x,0>,<a,x,1>,<a,y,0>,<a,y,1>,<b,x,0>,<b,x,1>,<b,y,0>,<b,y,1>\}$

$B\times A\times C=\{<x,a,0>,<x,a,1>,<x,b,0>,<x,b,1>,<y,a,0>,<y,a,1>,<y,b,0>,<y,b,1>\}$

$A\times C\times B=\{<a,0,x>,<a,1,x>,<a,0,y>,<a,1,y>,<b,0,x>,<b,1,x>,<b,0,y>,<b,1,y>\}$

$A\times(B\times C)=\{<a,<x,0>>,<a,<x,1>>,<a,<y,0>>,<a,<y,1>>,<b,<x,0>>,<b,<x,1>>,<b,<y,0>>,<b,<y,1>>\}$

$(A\times B)\times C=\{<<a,x>,0>,<<a,x>,1>,<<a,y>,0>,<<a,y>,1>,<<b,x>,0>,<<b,x>,1>,<<b,y>,0>,<<b,y>,1>\}$

2.1.2 关系的定义

关系是客观世界存在的普遍现象,它描述了事物之间存在的某种联系,如人类集合中的夫妻关系、父子关系、同乡关系、同学关系等。在数学中数之间的大于、小于、等于关系,变量之间的函数关系,直线的垂直、平行关系等。

定义 2.7 如果一个集合的全体元素都是序偶,则称这个集合为一个**二元关系**,简称为**关系**(relation),记作 R。对于某个二元关系 R,如果 $<x,y>\in R$,则称 x 与 y 以 R 相关,记作 xRy;如果 $<x,y>\notin R$,则称 x 与 y 不以 R 相关,记作 $x\cancel{R}y$。

例 2.4 对于 $R_1=\{<1,2>,<a,b>\}$ 和 $R_2=\{<1,2>,a,b\}$,R_1 是一个关系,而 R_2 不是一个关系,只是一个集合,除非 a 和 b 定义为序偶。根据上面的记法可以列写 $1R_12$,$aR_1b,1\cancel{R_1}a,1\cancel{R_1}b$ 等。

二元关系表示了两个个体之间的联系。对于三个或三个以上个体之间的联系,需要用到多元关系。若无特别强调,关系一般都是指二元关系。根据笛卡儿积定义,关系还可以有如下定义。

定义 2.8 设 A 和 B 为任意集合,则称 $A\times B$ 的任一子集 R 为从 A 到 B 的一个**二元关系**,简称为**关系**。特别地,当 $A=B$ 时,称 R 为 A 上的一个关系。

例 2.5 对于 $A=\{0,1\}$ 和 $B=\{1,2,3\},R_1=\{<0,2>\},R_2=A\times B,R_3=\varnothing$ 和 $R_4=$

$\{<0,1>,<1,1>\}$ 都是从 A 到 B 的关系,而 R_3 和 R_4 同时也是 A 上的关系。

如果集合 A 的基数为 m,集合 B 的基数为 n,那么集合 $A\times B$ 的基数为 $m\cdot n$,集合 $A\times B$ 共有 $2^{m\cdot n}$ 个不同的子集,所以,从 A 到 B 的关系有 $2^{m\cdot n}$ 个,每个关系都是 $P(A\times B)$ 的元素。集合 A 上的关系有 $2^{m\cdot m}$ 个,每个关系都是 $P(A\times A)$ 的元素。例如,$|A|=3$,那么 A 上的关系有 $2^{3\cdot 3}=512$ 个。

例 2.6 对于 $A=\{a,b\}$ 和 $B=\{0,1\}$,试写出 A 到 B 的所有不同关系和 A 上的所有不同关系。

解 由 $A=\{a,b\}$ 和 $B=\{0,1\}$ 知 $A\times B=\{<a,0>,<a,1>,<b,0>,<b,1>\}$,于是,$A$ 到 B 的所有不同关系如下:

0 个元素:$\varnothing$。

1 个元素:$\{<a,0>\},\{<a,1>\},\{<b,0>\},\{<b,1>\}$。

2 个元素:$\{<a,0>,<a,1>\},\{<a,0>,<b,0>\},\{<a,0>,<b,1>\},\{<a,1>,<b,0>\},\{<a,1>,<b,1>\},\{<b,0>,<b,1>\}$。

3 个元素:$\{<a,0>,<a,1>,<b,0>\},\{<a,0>,<a,1>,<b,1>\},\{<a,0>,<b,0>,<b,1>\},\{<a,1>,<b,0>,<b,1>\}$。

4 个元素:$\{<a,0>,<a,1>,<b,0>,<b,1>\}$。

由 $A=\{a,b\}$ 知 $A\times A=\{<a,a>,<a,b>,<b,a>,<b,b>\}$,于是,$A$ 上的所有不同关系如下:

0 个元素:$\varnothing$。

1 个元素:$\{<a,a>\},\{<a,b>\},\{<b,a>\},\{<b,b>\}$。

2 个元素:$\{<a,a>,<a,b>\},\{<a,a>,<b,a>\},\{<a,a>,<b,b>\},\{<a,b>,<b,a>\},\{<a,b>,<b,b>\},\{<b,a>,<b,b>\}$。

3 个元素:$\{<a,a>,<a,b>,<b,a>\},\{<a,a>,<a,b>,<b,b>\},\{<a,b>,<b,a>,<b,b>\},\{<a,a>,<b,a>,<b,b>\}$。

4 个元素:$\{<a,a>,<a,b>,<b,a>,<b,b>\}$。

定义 2.9 对于任意集合 A,空集 $\varnothing$ 称为 A 上的**空关系**;关系 $E_A=\{<x,y>|x\in A,y\in A\}$ 称为 A 上的**全域关系**;关系 $I_A=\{<x,x>|x\in A\}$ 称为 A 上的**恒等关系**。

例 2.7 对于 $A=\{1,2,3\}$,试写出 A 上的全域关系和恒等关系。

解 A 上的全域关系为 $E_A=\{<1,1>,<1,2>,<1,3>,<2,1>,<2,2>,<2,3>,<3,1>,<3,2>,<3,3>\}$;$A$ 上的恒等关系为 $I_A=\{<1,1>,<2,2>,<3,3>\}$。

定义 2.10 关系 R 中所有序偶的第一元素组成的集合称为 R 的**定义域**(domain)或**前域**,记为 dom R;R 中所有序偶的第二元素组成的集合称为 R 的**值域**(range)或**后域**,记为 ran R;R 的定义域和值域的并集称为 R 的**域**(field),记为 fld R。形式化分别表示为

$$\text{dom } R=\{x\,|\,存在\ y\ 满足\ <x,y>\in R\}$$
$$\text{ran } R=\{x\,|\,存在\ y\ 满足\ <y,x>\in R\}$$
$$\text{fld } R=\text{dom } R\bigcup \text{ran } R$$

例 2.8 对于 $R=\{<1,2>,<1,3>,<2,4>,<4,3>\}$,试求 dom R,ran R 和 fld R。

解 根据定义 2.10,有

$$\text{dom } R=\{1,2,4\}$$

$$\text{ran } R = \{2,3,4\}$$
$$\text{fld } R = \text{dom } R \bigcup \text{ran } R = \{1,2,3,4\}$$

定义 2.11　对于 n 个非空集合 $A_1,A_2,A_3,\cdots,A_n$，笛卡儿积 $A_1\times A_2\times A_3\times\cdots\times A_n$ 的任意子集称为依赖于 $A_1\times A_2\times A_3\times\cdots\times A_n$ 的 **n 元关系**（n-ary relation）。

例 2.9　对于集合 $A=\{a,b\}$，$B=\{x,y\}$，$C=\{0,1\}$ 和 $D=\{2,1\}$，$R_1=\{<a,x,0,2>,$ $<a,x,1,1>,<a,y,0,2>,<a,y,1,1>\}$ 是依赖于 $A\times B\times C\times D$ 的 4 元关系，$R_2=\{<x,$ $a,0>,<x,b,1>,<y,a,0>,<y,a,1>,<y,b,1>\}$ 是依赖于 $B\times A\times C$ 的 3 元关系。

2.1.3　关系的表示

关系的表示主要有如下三种方法。

1. 集合法

由于关系是一种集合，因此集合的两种基本表示方法——枚举法和描述法都可以用到关系的表示中。关系的枚举法表示是：列出关系中的序偶，序偶之间用逗号隔开并用花括号括起来。关系的描述法表示是：通过刻画关系中序偶所具备的某种特性来表示，通常用符号 $P(x)$ 表示不同对象 x 所具有的性质或属性 P。

例 2.10　设 $A=\{1,2,3,4\}$，下面是以描述法表示的 A 上的各种关系，试用枚举法表示这些关系。

① $R=\{<x,y>\mid x/y$ 是素数，$x\in A,y\in A\}$；

② $R=\{<x,y>\mid (x-y)^2\in A,x\in A,y\in A\}$；

③ $R=\{<x,y>\mid x\neq y,x\in A,y\in A\}$；

④ $R=\{<x,y>\mid x$ 是 y 的倍数，$x\in A,y\in A\}$；

⑤ $R=\{<x,y>\mid x\leqslant y,x\in A,y\in A\}$；

⑥ $R=\{<x,y>\mid x=y^2,x\in A,y\in A\}$。

解　① $R=\{<2,1>,<3,1>,<4,2>\}$；

② $R=\{<2,1>,<3,2>,<4,3>,<3,1>,<4,2>,<2,4>,<1,3>,<3,4>,$ $<2,3>,<1,2>\}$；

③ $R=\{<1,2>,<1,3>,<1,4>,<2,3>,<2,4>,<3,4>,<4,3>,<4,2>,$ $<3,2>,<4,1>,<3,1>,<2,1>\}$；

④ $R=\{<4,4>,<4,2>,<4,1>,<3,3>,<3,1>,<2,2>,<2,1>,<1,1>\}$；

⑤ $R=\{<1,2>,<1,3>,<1,4>,<2,3>,<2,4>,<3,4>,<1,1>,<2,2>,$ $<3,3>,<4,4>\}$；

⑥ $R=\{<1,1>,<4,2>\}$。

2. 关系图

关系是一些序偶组成的集合，一个序偶可以表示为前、后元素分别为两个端点的线段，关系中的所有序偶的这种线段表示所构成的图称为关系 R 的**关系图**（relation graph）。

对于从 A 到 B 的关系 R，设 $A=\{a_1,a_2,a_3,\cdots,a_n\}$ 和 $B=\{b_1,b_2,b_3,\cdots,b_m\}$，那么对应的关系图有如下规定：

① A 中元素 $a_1, a_2, a_3, \cdots, a_n$ 和 B 中元素 $b_1, b_2, b_3, \cdots, b_m$ 为图的结点或端点;

② 对于序偶 $<a_i, b_j> \in R$,画一条从 a_i 到 b_j 的有向弧或有向线段。

对于 A 上的关系 R,设 $A = \{a_1, a_2, a_3, \cdots, a_n\}$,那么对应的关系图有如下规定:

① A 中元素 $a_1, a_2, a_3, \cdots, a_n$ 为图的结点;

② 对于序偶 $<a_i, a_j> \in R$,画一条从 a_i 到 a_j 的有向弧。

例 2.11 试用关系图表示下列关系。

① 集合 $A = \{2, 3, 4\}$ 到 $B = \{3, 4, 5, 6\}$ 的关系 $R_1 = \{<2, 4>, <3, 3>, <3, 6>, <4, 4>\}$;

② 集合 $A = \{1, 2, 3, 4\}$ 上的关系 $R_2 = \{<1, 1>, <2, 2>, <3, 3>, <4, 4>, <1, 2>, <1, 3>, <2, 4>, <3, 4>\}$。

解 关系 R_1 和 R_2 的关系图如图 2.1 所示。

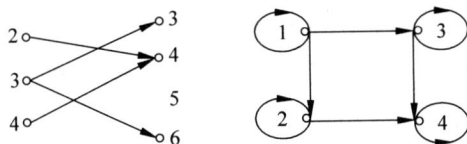

图 2.1 关系的关系图

例 2.12 给出集合 $A = \{a, b, c\}$ 上的全域关系和恒等关系的关系图。

解 集合 A 上的全域关系 E_A 和恒等关系 I_A 的关系图如图 2.2 所示。

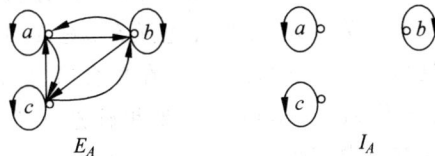

图 2.2 全域关系和恒等关系的关系图

3. 关系矩阵

关系图表示法十分形象、直观,给人一目了然之感。但是,当关系非常复杂时,尤其当含有元素较多时,该表示方法则十分不便,同时也不利于计算机处理。为此,引入一种新的关系表示法——关系矩阵表示法。

对于从 A 到 B 的关系 R,设 $A = \{a_1, a_2, a_3, \cdots, a_n\}$ 和 $B = \{b_1, b_2, b_3, \cdots, b_m\}$,以 A 中元素 $a_1, a_2, a_3, \cdots, a_n$ 为行序标、以 B 中元素 $b_1, b_2, b_3, \cdots, b_m$ 为列序标的矩阵 $\boldsymbol{M}_R = (r_{ij})_{n \times m}$ 称为关系 R 的**关系矩阵**(relation matrix),其中

$$r_{ij} = \begin{cases} 1 & <a_i, b_j> \in R \\ 0 & <a_i, b_j> \notin R \end{cases}$$

对于 A 上的关系 R,设 $A = \{a_1, a_2, a_3, \cdots, a_n\}$,以 A 中元素 $a_1, a_2, a_3, \cdots, a_n$ 为行、列序标的矩阵 $M_R = (r_{ij})_{n \times n}$ 称为关系 R 的**关系矩阵**,其中

$$r_{ij} = \begin{cases} 1 & <a_i, a_j> \in R \\ 0 & <a_i, a_j> \notin R \end{cases}$$

例 2.13 试写出例 2.11 中关系 R_1 和 R_2 的关系矩阵。

解   关系 R_1 和 R_2 的关系矩阵分别为如下矩阵 M_1 和 M_2。

$$M_1 = \begin{bmatrix} 0 & 1 & 0 & 0 \\ 1 & 0 & 0 & 1 \\ 0 & 1 & 0 & 0 \end{bmatrix} \qquad M_2 = \begin{bmatrix} 1 & 1 & 1 & 0 \\ 0 & 1 & 0 & 1 \\ 0 & 0 & 1 & 1 \\ 0 & 0 & 0 & 1 \end{bmatrix}$$

例 2.14   给出集合 $A=\{a,b,c\}$ 上的全域关系和恒等关系的关系矩阵。

解   集合 A 上的全域关系 E_A 和恒等关系 I_A 的关系矩阵为如下矩阵 M_{E_A} 和 M_{I_A}。

$$M_{E_A} = \begin{bmatrix} 1 & 1 & 1 \\ 1 & 1 & 1 \\ 1 & 1 & 1 \end{bmatrix} \qquad M_{I_A} = \begin{bmatrix} 1 & 0 & 0 \\ 0 & 1 & 0 \\ 0 & 0 & 1 \end{bmatrix}$$

2.2 关系的性质

2.2.1 性质的定义

集合 A 上的关系 R 是笛卡儿积 $A \times A$ 的子集,这类关系往往在实际中关注更多且应用更广。事实上,对于集合 A 到集合 B 的关系 R,通过令 $A \cup B$ 为关系 R 的前域和后域,就可以将 R 转换为集合 $A \cup B$ 上的关系。集合 A 上的关系 R 具有如下一些性质。

定义 2.12   对于集合 A 上的关系 R,如果任意元素 $x \in A$,都有 $<x,x> \in R$,那么称集合 A 上的关系 R 具有**自反性**(reflexivity),或者 R 在集合 A 上是**自反的**(reflexive)。具有自反性的关系称为**自反关系**(reflexive relation)。如果任意元素 $x \in A$,都有 $<x,x> \notin R$,那么称集合 A 上的关系 R 具有**反自反性**(anti-reflexivity),或者 R 在集合 A 上是**反自反的**(anti-reflexive)。具有反自反性的关系称为**反自反关系**(anti-reflexive relation)。

例 2.15   考虑集合 $A=\{1,2,3,4\}$ 上的如下关系。

$R_1 = \{<1,1>, <1,2>, <2,1>, <2,2>, <3,4>, <4,1>, <4,4>\}$

$R_2 = \{<1,1>, <1,2>, <2,1>\}$

$R_3 = \{<1,1>, <1,2>, <1,4>, <2,1>, <2,2>,$
$\qquad <3,3>, <4,1>, <4,4>\}$

$R_4 = \{<2,1>, <3,1>, <3,2>, <4,1>, <4,2>, <4,3>\}$

$R_5 = \{<1,1>, <1,2>, <1,3>, <1,4>, <2,2>, <2,3>,$
$\qquad <2,4>, <3,3>, <3,4>, <4,4>\}$

$R_6 = \{<3,4>\}$

其中,哪些是自反的? 哪些是反自反的?

解   关系 R_3 和 R_5 是自反的,因为它们都含有了形如 $<x,x>$ 的序偶,即 $<1,1>$, $<2,2>$,$<3,3>$ 和 $<4,4>$。关系 R_1 含有序偶 $<1,1>$,$<2,2>$ 和 $<4,4>$,但不含有序偶 $<3,3>$,所以,关系 R_1 不是自反的。关系 R_2 含有序偶 $<1,1>$,但不含有序偶 $<2,2>$,$<3,3>$ 和 $<4,4>$,所以,关系 R_2 不是自反的。关系 R_4 和 R_6 不含有任何形如 $<x,x>$ 的序偶,所以,关系 R_4 和 R_6 不是自反的。

关系 R_4 和 R_6 是反自反的,因为它们不含有任何形如 $<x,x>$ 的序偶。其他关系不是反自反的,因为它们含有某些形如 $<x,x>$ 的序偶。

例 2.16 用关系矩阵和关系图表示例 2.15 中的关系,并分析其中自反性、反自反性的特征。

解 例 2.15 中关系 R_1,R_2,R_3,R_4 和 R_5 的关系矩阵分别为如下矩阵 $\boldsymbol{M}_1,\boldsymbol{M}_2,\boldsymbol{M}_3,\boldsymbol{M}_4$ 和 $\boldsymbol{M}_5$。从这些关系矩阵中可以看出:自反关系 R_3 和 R_5 的关系矩阵的主对角线元素全为 1,反自反关系 R_4 和 R_6 的关系矩阵的主对角线元素全为 0。

$$\boldsymbol{M}_1 = \begin{bmatrix} 1 & 1 & 0 & 0 \\ 1 & 1 & 0 & 0 \\ 0 & 0 & 0 & 1 \\ 1 & 0 & 0 & 1 \end{bmatrix} \quad \boldsymbol{M}_2 = \begin{bmatrix} 1 & 1 & 0 & 0 \\ 1 & 0 & 0 & 0 \\ 0 & 0 & 0 & 0 \\ 0 & 0 & 0 & 0 \end{bmatrix} \quad \boldsymbol{M}_3 = \begin{bmatrix} 1 & 1 & 0 & 1 \\ 1 & 1 & 0 & 0 \\ 0 & 0 & 1 & 0 \\ 1 & 0 & 0 & 1 \end{bmatrix}$$

$$\boldsymbol{M}_4 = \begin{bmatrix} 0 & 0 & 0 & 0 \\ 1 & 0 & 0 & 0 \\ 1 & 1 & 0 & 0 \\ 1 & 1 & 1 & 0 \end{bmatrix} \quad \boldsymbol{M}_5 = \begin{bmatrix} 1 & 1 & 1 & 1 \\ 0 & 1 & 1 & 1 \\ 0 & 0 & 1 & 1 \\ 0 & 0 & 0 & 1 \end{bmatrix} \quad \boldsymbol{M}_6 = \begin{bmatrix} 0 & 0 & 0 & 0 \\ 0 & 0 & 0 & 0 \\ 0 & 0 & 0 & 0 \\ 0 & 0 & 0 & 1 \end{bmatrix}$$

例 2.15 中关系的关系图如图 2.3 所示。从这些关系图中可以看出:自反关系 R_3 和 R_5 的关系图中每个结点都有自环,反自反关系 R_4 和 R_6 的关系图中每个结点都没有自环。

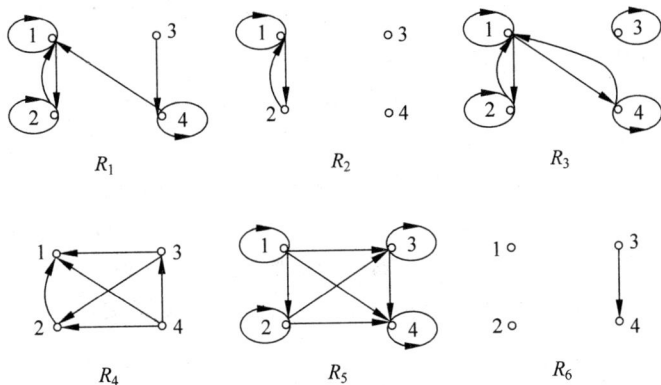

图 2.3 关系的关系图

同时,可以发现:如果非空集合上的某个关系 R_i 是自反的,那么该关系一定不是反自反的;如果某个关系 R_i 不是自反的,那么该关系不一定就是反自反的。换言之,存在既不是自反的也不是反自反的关系。

例 2.17 计算集合 $A=\{a,b\}$ 上所具有的自反关系的个数。

解 由 $A=\{a,b\}$ 知,$A\times A=\{<a,a>,<b,b>,<a,b>,<b,a>\}$。根据自反性定义,所有具有自反性的关系至少含有 $<a,a>$ 和 $<b,b>$ 两个元素。因此,计算 A 上所有具有自反性的关系的个数就相当于计算集合 $\{<a,b>,<b,a>\}$ 的所有不同子集的个数,而集合 $\{<a,b>,<b,a>\}$ 的所有不同子集的个数就等于的 0 组合、1 组合和 2 组合的个数之和,即

$$C(2,0)+C(2,1)+C(2,2)=1+2+1=4$$

定义 2.13 设 R 为集合 A 上的关系,对于任意元素 $x\in A$ 和 $y\in A$,如果 $<x,y>\in R$,那么 $<y,x>\in R$,则称集合 A 上的关系 R 具有**对称性**(symmetry),或者 R 在集合 A 上是

对称的。对于任意元素 $x \in A$ 和 $y \in A$，如果仅当 $x = y$ 时，$<x,y> \in R$ 且 $<y,x> \in R$，则称集合 A 上的关系 R 具有**反对称性**(antisymmetry)，或者 R 在集合 A 上是**反对称的**。

　　对上述定义的进一步理解就是，集合 A 上的关系 R 是对称的，当且仅当如果集合 A 中元素 x 与 y 以 R 相关，则 y 与 x 就以 R 相关。集合 A 上的关系 R 是反对称的，当且仅当不存在由集合 A 中不同元素 x 与 y 构成的序偶，使得 x 与 y 以 R 相关并且 y 与 x 也以 R 相关。对称与反对称概念不是对立的，因为一个关系可以同时具有这两种性质或者同时不具有这两种性质。

　　例 2.18　分析例 2.15 中所列出关系的对称性和反对称性。

　　解　在关系 R_1 中，$<3,4> \in R_1$ 但 $<4,3> \notin R_1$，所以，R_1 不具有对称性；同时，$<1,2> \in R_1$ 且 $<2,1> \in R_1$，所以 R_1 也不具有反对称性。

　　在关系 R_2 中，$<1,2> \in R_2$ 且 $<2,1> \in R_2$，所以，R_2 具有对称性，但不具有反对称性。

　　在关系 R_3 中，$<1,2> \in R_3$ 且 $<2,1> \in R_3$，$<1,4> \in R_3$ 且 $<4,1> \in R_3$，所以，R_3 具有对称性，但不具有反对称性。

　　在关系 R_4 中，$<2,1> \in R_4$ 但 $<1,2> \notin R_4$，$<3,1> \in R_4$ 但 $<1,3> \notin R_4$，$<3,2> \in R_4$ 但 $<2,3> \notin R_4$，$<4,1> \in R_4$ 但 $<1,4> \notin R_4$，$<4,2> \in R_4$ 但 $<2,4> \notin R_4$，$<4,3> \in R_4$ 但 $<3,4> \notin R_4$，所以，R_4 具有反对称性，但不具有对称性。

　　在关系 R_5 中，$<1,2> \in R_5$ 但 $<2,1> \notin R_5$，$<1,3> \in R_5$ 但 $<3,1> \notin R_5$，$<1,4> \in R_5$ 但 $<4,1> \notin R_5$，$<2,3> \in R_5$ 但 $<3,2> \notin R_5$，$<2,4> \in R_5$ 但 $<4,2> \notin R_5$，$<3,4> \in R_5$ 但 $<4,3> \notin R_5$，所以，R_5 是反对称的，但不是对称的。

　　在关系 R_6 中，$<3,4> \in R_6$ 但 $<4,3> \notin R_6$，所以，R_6 是反对称的，但不是对称的。

　　例 2.19　试给出一个集合上的关系例子，要求它既是对称的又是反对称的。

　　解　考察集合 $A = \{a,b\}$ 上的关系 $R = \{<a,a>,<b,b>\}$。

　　由于不存在集合 A 上的元素 $x \neq y$ 及其序偶 $<x,y> \in R$，所以集合 A 上的关系 R 是对称的。又由于 R 中不存在集合 A 上的元素 $x \neq y$ 及其序偶 $<x,y> \in R$ 且 $<y,x> \in R$，所以集合 A 上的关系 R 是反对称的。即集合 $A = \{a,b\}$ 上的关系 $R = \{<a,a>,<b,b>\}$ 既是对称的又是反对称的。

　　例 2.20　分析例 2.16 中关系的关系矩阵和关系图，给出对称性、反对称性的表示特征。

　　解　从关系矩阵表示中可以看出：具有对称性的关系 R_2 和 R_3 的关系矩阵为对称矩阵，具有反对称性的关系 R_4、R_5 和 R_6 的关系矩阵为反对称矩阵。

　　从关系图表示中可以看出：具有对称性的关系 R_2 和 R_3 的关系图中，任何一对结点之间，要么有方向相反的两条边，要么没有任何边；具有反对称性的关系 R_4、R_5 和 R_6 的关系图中，任何一对结点之间至多有一条边。

　　定义 2.14　设 R 为集合 A 上的关系，对于任意元素 $x \in A$，$y \in A$ 和 $z \in A$，如果 $<x,y> \in R$ 且 $<y,z> \in R$，那么 $<x,z> \in R$，则称集合 A 上的关系 R 具有**传递性**(transitivity)，或者 R 在集合 A 上是**传递的**。

　　例 2.21　分析例 2.15 中所列出关系的传递性，并结合例 2.16 中给出的关系矩阵和关系图表示，分析关系矩阵和关系图表示中传递性的特征。

　　解　关系 R_4、R_5 和 R_6 是传递的。因为在这些关系中，如果 $<x,y> \in R$ 且 $<y,z> \in R$，

那么必有$<x,z>\in R$。

关系R_1不是传递的,因为在关系R_1中,$<3,4>\in R_1$且$<4,1>\in R_1$但$<3,1>\notin R_1$。

关系R_3不是传递的,因为$<2,1>\in R_3$,$<1,4>\in R_3$但$<2,4>\notin R_3$。

从关系矩阵表示中可以看出:具有传递性关系的关系矩阵中,对任意$i,j,k\in\{1,2,3,\cdots,n\}$,若$r_{ij}=1$且$r_{jk}=1$,必有$r_{ik}=1$。

从关系图中可以看出:具有传递性的关系的关系图中,任何三个结点x,y和z(可以相同)之间,若从x到y有一条边且从y到z有一条边,那么从x到z一定有一条边。

例 2.22 试求集合$A=\{1,2\}$上所有具有传递性的关系R。

解 因为$|A|=2$,所以A上的不同关系(即$A\times A$的子集)共有$2^4=16$,分别如下:

$R_1=\varnothing$,

$R_2=\{<1,1>\}$,$R_3=\{<2,2>\}$,$R_4=\{<1,2>\}$,$R_5=\{<2,1>\}$,

$R_6=\{<1,1>,<2,2>\}$,$R_7=\{<1,1>,<1,2>\}$,$R_8=\{<1,1>,<2,1>\}$,

$R_9=\{<2,2>,<1,2>\}$,$R_{10}=\{<2,2>,<2,1>\}$,$R_{11}=\{<1,2>,<2,1>\}$,

$R_{12}=\{<1,1>,<2,2>,<1,2>\}$,$R_{13}=\{<1,1>,<2,2>,<2,1>\}$,

$R_{14}=\{<1,1>,<1,2>,<2,1>\}$,$R_{15}=\{<2,2>,<1,2>,<2,1>\}$,

$R_{16}=\{<1,1>,<2,2>,<1,2>,<2,1>\}$。

不难看出,除了R_{11},R_{14}和R_{15}外,其他关系都具有传递性。因为,在关系R_{11}中,$<1,2>\in R_{11}$且$<2,1>\in R_{11}$,但$<1,1>\notin R_{11}$;在关系R_{14}中,$<2,1>\in R_{14}$且$<1,2>\in R_{14}$,但$<2,2>\notin R_{14}$;在关系R_{15}中,$<1,2>\in R_{11}$且$<2,1>\in R_{15}$,但$<1,1>\notin R_{15}$。

所以,集合A上所有具有传递性的关系为R_1,R_2,R_3,R_4,R_5,R_6,R_7,R_8,R_9,R_{10},R_{12},R_{13}和R_{16}。

2.2.2 性质的判别

对于给定集合上的关系,可以根据性质的定义、性质在关系矩阵中的表示特征或者性质在关系图中的表示特征,来进行性质的判别。表2.1给出了性质判别方法的总结。

表 2.1 关系性质的判别

判别类型	自反性	反自反性	对称性	反对称性	传递性
定义	任意$x\in A$, $<x,x>\in R$	任意$x\in A$, $<x,x>\notin R$	如果$<x,y>\in R$,则$<y,x>\in R$	若$<x,y>\in R$且$<y,x>\in R$,则$x=y$	如果$<x,y>\in R$且$<y,z>\in R$,则$<x,z>\in R$
关系矩阵	主对角线元素全为1	主对角线元素全为0	对称矩阵	反对称矩阵	若$r_{ij}=1$且$r_{jk}=1$,必有$r_{ik}=1$
关系图	每个结点都有环	每个结点都无环	任何一对结点之间,要么有方向相反的两条边,要么没有任何边	任何一对结点之间至多有一条边	若从x到y有一条边且从y到z有一条边,那么从x到z一定有一条边

例 2.23 判断集合$A=\{1,2,3\}$上的如下关系的性质。

$R_1=\{<1,2>,<2,3>,<1,3>\}$

$R_2 = \{<1,1>,<1,2>,<2,3>\}$

$R_3 = \{<1,1>,<2,2>,<3,3>\}$

$R_4 = E_A$

$R_5 = \varnothing$

解　根据关系性质的定义,可以判定如下:

关系 R_1 具有反自反性、反对称性和传递性;

关系 R_2 具有反对称性;

关系 R_3 具有自反性、对称性、反对称性和传递性;

关系 R_4 具有自反性、对称性和传递性;

关系 R_5 具有反自反性、对称性、反对称性和传递性。

例 2.24　判断图 2.4 中给出的关系的性质。

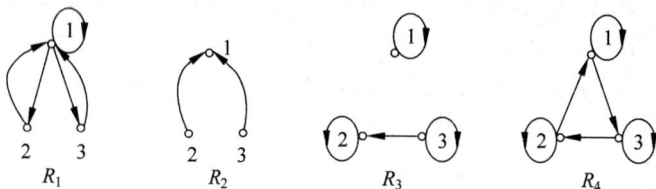

图 2.4　关系的关系图

解　关系 R_1:是对称的,因为无单向边;不是反对称的,因为存在双向边;不是自反的,也不是反自反的,因为有些结点有自环,有些结点无自环;不是传递的,因为存在边 $<2,1>$ 和边 $<1,2>$,但没有自环 $<2,2>$。

关系 R_2:是反自反的、反对称的、传递的,因为所有结点无自环,不存在双向边,不存在从 x 到 y 的边且从 y 到 z 的边;不是自反的、对称的。

关系 R_3:是自反的、反对称的、传递的,因为所有结点有自环,不存在双向边,不存在从 x 到 y 的边且从 y 到 z 的边;不是反自反的、对称的。

关系 R_4:是自反的、反对称的,因为所有结点有自环,不存在双向边,存在从 2 到 1 的边以及从 1 到 3 的边,但不存在从 2 到 3 的边;不是反自反的、对称的、传递的。

例 2.25　判断下列关系矩阵所表示的关系的性质。

$$\boldsymbol{M}_1 = \begin{bmatrix} 1 & 1 & 1 \\ 1 & 0 & 0 \\ 1 & 0 & 0 \end{bmatrix} \quad \boldsymbol{M}_2 = \begin{bmatrix} 0 & 0 & 0 \\ 1 & 0 & 0 \\ 1 & 0 & 0 \end{bmatrix} \quad \boldsymbol{M}_3 = \begin{bmatrix} 1 & 0 & 0 \\ 1 & 1 & 0 \\ 0 & 1 & 1 \end{bmatrix} \quad \boldsymbol{M}_4 = \begin{bmatrix} 1 & 0 & 1 \\ 1 & 1 & 0 \\ 0 & 1 & 1 \end{bmatrix}$$

解　关系 R_1:是对称的,因为 $\boldsymbol{M}_1$ 是对称矩阵;不是自反的,也不是反自反的,因为主对角线元素有些为 0,有些为 1;不是传递的,因为 2 行 1 列元素和 1 行 2 列元素均为 1,但 2 行 2 列元素为 0。

关系 R_2:是反自反的、反对称的、传递的,因为 $\boldsymbol{M}_2$ 的主对角线元素全为 0,为反对称矩阵,不存在 i 行 j 列元素和 j 行 k 列元素均为 1。

关系 R_3:是自反的、反对称的,因为 $\boldsymbol{M}_3$ 的主对角线元素全为 1,为反对称矩阵;不是传递的,因为 3 行 2 列元素和 2 行 1 列元素均为 1,但 3 行 1 列元素为 0。

关系 R_4:是自反的、反对称的,因为 $\boldsymbol{M}_4$ 的主对角线元素全为 1,为反对称矩阵;不是传递的,因为 1 行 3 列元素和 3 行 2 列元素均为 1,但 1 行 2 列元素为 0。

2.3 关系的运算

2.3.1 基本运算

关系是一种集合,所以集合的所有基本运算,如并、交、差、补、对称差等运算都适用于关系。

例 2.26 设 $A=\{a,b,c,d\}$ 上的关系 $R=\{<a,b>,<b,d>,<c,c>\}$ 和 $S=\{<a,c>,<b,d>,<d,b>\}$,计算 $R\cup S,R\cap S,R-S,\sim R$ 和 $R\oplus S$。

解 $R\cup S=\{<a,b>,<b,d>,<c,c>,<a,c>,<d,b>\}$

$R\cap S=\{<b,d>\}$

$R-S=\{<a,b>,<c,c>\}$

$\sim R=A\times A-R$

$\quad=\{<a,b>,<a,c>,<a,d>,<b,c>,<b,d>,<c,d>,$
$\quad\quad<b,a>,<c,a>,<d,a>,<c,b>,$
$\quad\quad<d,b>,<d,c>,<a,a>,<b,b>,<c,c>,<d,d>\}$
$\quad\quad-\{<a,b>,<b,d>,<c,c>\}$

$\quad=\{<a,c>,<a,d>,<b,c>,<c,d>,<b,a>,<c,a>,$
$\quad\quad<d,a>,<c,b>,<d,b>,$
$\quad\quad<d,c>,<a,a>,<b,b>,<d,d>\}$

$R\oplus S=\{<a,b>,<c,c>,<a,c>,<d,b>\}$

例 2.27 画出例 2.26 中关系 $A\times A,R,S,R\cup S,R\cap S,R-S,\sim R$ 和 $R\oplus S$ 的关系图。

解 各关系的关系图如图 2.5 所示。从图中可以看出,关系并运算的关系图可以通过叠加关系 R 和 S 的关系图而得到;关系交运算的关系图可以通过保留关系 R 和 S 的关系图的重叠部分、删除其余部分而得到;关系差运算 $R-S$ 的关系图可以通过删除关系 R 的关系图中那些关系 R 和 S 的关系图的重叠部分而得到;关系补运算 $\sim R$ 的关系图可以通过在全关系的关系图中删除关系 R 的关系图部分而得到;关系对称差的关系图可以通过叠加

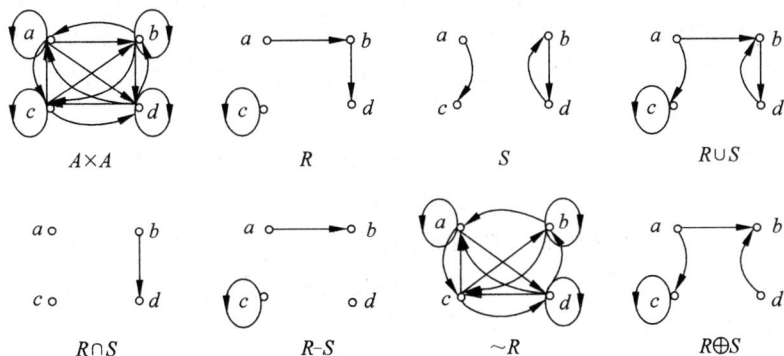

图 2.5 关系的基本运算

关系 R 和 S 的关系图,并删除关系 R 和 S 的关系图的重叠部分而得到。

例 2.28　列出例 2.26 中关系 $A\times A,R,S,R\cup S,R\cap S,R-S,\sim R$ 和 $R\oplus S$ 的关系矩阵。

解　各关系的关系矩阵如下:

$$M_{A\times A}=\begin{bmatrix}1&1&1&1\\1&1&1&1\\1&1&1&1\\1&1&1&1\end{bmatrix}\quad M_R=\begin{bmatrix}0&1&0&0\\0&0&0&1\\0&0&1&0\\0&0&0&0\end{bmatrix}\quad M_S=\begin{bmatrix}0&0&1&0\\0&0&0&1\\0&0&0&0\\0&1&0&0\end{bmatrix}$$

$$M_{R\cup S}=\begin{bmatrix}0&1&1&0\\0&0&0&1\\0&0&1&0\\0&1&0&0\end{bmatrix}\quad M_{R\cap S}=\begin{bmatrix}0&0&0&0\\0&0&0&1\\0&0&0&0\\0&0&0&0\end{bmatrix}\quad M_{R-S}=\begin{bmatrix}0&1&0&0\\0&0&0&0\\0&0&1&0\\0&0&0&0\end{bmatrix}$$

$$M_{\sim R}=\begin{bmatrix}1&0&1&1\\1&1&1&0\\1&1&0&1\\1&1&1&1\end{bmatrix}\quad M_{R\oplus S}=\begin{bmatrix}0&1&1&0\\0&0&0&0\\0&0&1&0\\0&1&0&0\end{bmatrix}$$

从上述各关系矩阵可以看出:关系并运算的关系矩阵可以通过关系 R 和 S 的关系矩阵布尔和而得到,关系交运算的关系矩阵可以通过关系 R 和 S 的关系矩阵的布尔积而得到,关系补运算 $\sim R$ 的关系矩阵可以通过全关系的关系矩阵和关系 R 的关系矩阵的差而得到,关系差运算 $R-S$ 的关系矩阵可以通过关系 R 的关系矩阵和这两个关系 R 和 S 的关系交的关系矩阵的差而得到,关系对称差的关系矩阵可以通过这两个关系 R 和 S 的并的关系矩阵和这两个关系的交的关系矩阵的差而得到。

2.3.2　复合运算

定义 2.15　设 R 是一个从集合 A 到集合 B 的关系,S 是从集合 B 到集合 C 的关系,则定义关系 R 和 S 的**合成关系**或**复合关系**(composite relation)为集合 A 到集合 C 的关系。

$$R\circ S=\{<x,z>|x\in A,z\in C\ 且存在\ y\in B,使得<x,y>\in R\ 且<y,z>\in S\}$$

其中,"$\circ$"称为关系的**复合运算**(composite operation)。

注意:在复合运算中,R 的后域 B 一定是 S 的前域的子集,否则,R 和 S 是不可复合的。复合关系 $R\circ S$ 的前域是 R 的前域 A 的子集,后域是 S 的后域 C 的子集。如果对任意的 $x\in A$ 和 $z\in C$,不存在 $y\in B$,使得 $<x,y>\in R$ 和 $<y,z>\in S$ 同时成立,则 $R\circ S$ 为空,否则 $R\circ S$ 为非空。

例 2.29　设集合 $A=\{a,b,c,d\},B=\{b,c,d\}$ 和 $C=\{a,b,d\}$,集合 A 到集合 B 的关系 $R=\{<a,b>,<c,d>,<b,b>\}$,集合 B 到集合 C 的关系 $S=\{<b,d>,<c,b>,<d,b>\}$,求复合关系 $R\circ S$,并给出其关系图和关系矩阵。

解　集合 A,B 和 C 以及关系 R 和 S 满足复合运算的要求,序偶 $<a,b>$ 和序偶 $<b,d>$ 可以得到 $<a,d>$,序偶 $<c,d>$ 和序偶 $<d,b>$ 可以得到 $<c,b>$,序偶 $<b,b>$ 和序偶 $<b,d>$ 可以得到 $<b,d>$,所以 $R\circ S=\{<a,d>,<c,b>,<b,d>\}$。

关系 R,S 以及复合关系 $R\circ S$ 的关系矩阵如下:

$$M_R = \begin{bmatrix} 1 & 0 & 0 \\ 1 & 0 & 0 \\ 0 & 0 & 1 \\ 0 & 0 & 0 \end{bmatrix} \quad M_S = \begin{bmatrix} 0 & 0 & 1 \\ 0 & 1 & 0 \\ 0 & 1 & 0 \end{bmatrix} \quad M_{R \cdot S} = \begin{bmatrix} 0 & 0 & 1 \\ 0 & 0 & 1 \\ 0 & 1 & 0 \\ 0 & 0 & 0 \end{bmatrix}$$

事实上,如果将矩阵运算中的乘和加运算定义为布尔积和布尔和运算,关系矩阵 $M_{R \cdot S}$ 就可以由关系矩阵 M_R 和 M_S 乘运算而得到,即 $M_{R \cdot S} = M_R \cdot M_S$。

图 2.6 给出了关系 R,S 以及复合关系 $R \circ S$ 的关系图。复合关系的关系图可以直接根据求得的复合关系绘制,也可以通过对 R 和 S 的关系图叠加,删除中间结点和无关联的有向边而得到。

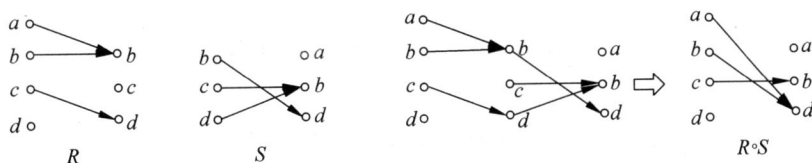

图 2.6　关系的复合

例 2.30　设集合 $A=\{a,b,c\}$ 和 $B=\{1,2,3,4,5\}$,集合 A 上关系 $R=\{<a,a>,<a,c>,<b,b>,<c,b>,<c,c>\}$,集合 A 到集合 B 的关系 $S=\{<a,1>,<a,4>,<b,2>,<c,4>,<c,5>\}$,求 $R \circ S$。

解　集合 A 和 B 以及关系 R 和 S 满足复合运算的要求。

序偶 $<a,a>$ 和序偶 $<a,1>$ 可以得到 $<a,1>$,序偶 $<a,a>$ 和序偶 $<a,4>$ 可以得到 $<a,4>$;序偶 $<a,c>$ 和序偶 $<c,4>$ 可以得到 $<a,4>$,序偶 $<a,c>$ 和序偶 $<c,5>$ 可以得到 $<a,5>$;序偶 $<b,b>$ 和序偶 $<b,2>$ 可以得到 $<b,2>$;序偶 $<c,b>$ 和序偶 $<b,2>$ 可以得到 $<c,2>$,序偶 $<c,c>$ 和序偶 $<c,4>$ 可以得到 $<c,4>$,序偶 $<c,c>$ 和序偶 $<c,5>$ 可以得到 $<c,5>$。

故 $R \circ S = \{<a,1>,<a,4>,<a,5>,<b,2>,<c,2>,<c,4>,<c,5>\}$。

例 2.31　设 R 为集合 A 到集合 B 的关系,试证明 $I_A \circ R = R \circ I_B = R$,其中 I_A 和 I_B 分别是集合 A 和 B 上的恒等关系。

证明　对于任意 $<x,y> \in I_A \circ R$,其中,$x \in A, y \in B$。根据复合运算的定义,则存在 $x \in A$,使得 $<x,x> \in I_A$ 且 $<x,y> \in R$。即 $I_A \circ R \subseteq R$。

反之,对于任意 $<x,y> \in R$,其中,$x \in A, y \in B$。根据恒等关系的定义,则有 $<x,x> \in I_A$。再根据复合运算的定义,必有 $<x,y> \in I_A \circ R$。即 $R \subseteq I_A \circ R$。

综上述知,$I_A \circ R = R$。

同理,可证得 $R \circ I_B = R$。证毕。

例 2.32　对于集合 $A=\{1,2,3,4\}$ 上的关系 $R=\{<1,2>,<2,2>,<3,4>\}$,$S=\{<2,4>,<3,1>,<4,2>\}$ 和 $T=\{<1,4>,<2,1>,<4,2>\}$,计算 $R \circ S, S \circ R, (R \circ S) \circ T, S \circ T, R \circ (S \circ T)$ 和 $(S \circ R) \circ T$。

解　$R \circ S = \{<1,4>,<2,4>,<3,2>\}$

$$S \circ R = \{<3,2>,<4,2>\}$$

$$(R \circ S) \circ T = \{<1,4>,<2,4>,<3,2>\} \circ \{<1,4>,<2,1>,<4,2>\}$$
$$= \{<1,2>,<2,2>,<3,1>\}$$
$$S \circ T = \{<2,2>,<3,4>,<4,1>\}$$
$$R \circ (S \circ T) = \{<1,2>,<2,2>,<3,4>\} \circ \{<2,2>,<3,4>,<4,1>\}$$
$$= \{<1,2>,<2,2>,<3,1>\}$$
$$(S \circ R) \circ T = \{<3,2>,<4,2>\} \circ \{<1,4>,<2,1>,<4,2>\}$$
$$= \{<3,1>,<4,1>\}$$

由例 2.32 可知,集合 A 上的任意关系 R 和 S,有 $R \circ S \neq S \circ R$,即复合运算不满足交换律。但对集合 A 上的任意关系 R,S 和 T,有 $(R \circ S) \circ T = R \circ (S \circ T)$,即结合律成立。事实上,有如下定理 2.3。

定理 2.3　对于任意集合 A,B,C 和 D,设 R,S 和 T 分别是集合 A 到 B、集合 B 到 C 和集合 C 到 D 的关系,那么 $(R \circ S) \circ T = R \circ (S \circ T)$。

证明　任取 $<x,w> \in (R \circ S) \circ T$,则由复合运算的定义知,存在 $z \in C$,使得 $<x,z> \in R \circ S$ 且 $<z,w> \in T$。由 $<x,z> \in R \circ S$ 知,存在 $y \in B$,使得 $<x,y> \in R$ 且 $<y,z> \in S$。由于 $<y,z> \in S$ 且 $<z,w> \in T$,所以 $<y,w> \in S \circ T$。又由 $<x,y> \in R$ 且 $<y,w> \in S \circ T$ 知 $<x,w> \in R \circ (S \circ T)$。故 $(R \circ S) \circ T \subseteq R \circ (S \circ T)$。

同理,可证得 $R \circ (S \circ T) \subseteq (R \circ S) \circ T$。

所以,$(R \circ S) \circ T = R \circ (S \circ T)$。证毕。

另外,关系的复合运算和基本运算之间还有下面的一些结论。

定理 2.4　对于任意集合 A,B,C 和 D,设 R,S_1,S_2 和 T 分别是集合 A 到 B、集合 B 到 C、集合 B 到 C 和集合 C 到 D 的关系,那么

① $R \circ (S_1 \cup S_2) = (R \circ S_1) \cup (R \circ S_2)$;

② $R \circ (S_1 \cap S_2) \subseteq (R \circ S_1) \cap (R \circ S_2)$;

③ $(S_1 \cup S_2) \circ T = (S_1 \circ T) \cup (S_2 \circ T)$;

④ $(S_1 \cap S_2) \circ T \subseteq (S_1 \circ T) \cap (S_2 \circ T)$。

证明　这里仅以②为例进行证明,其余留给读者做练习。

对于任意 $<x,z> \in R \circ (S_1 \cap S_2)$,由复合运算的定义知,存在 $y \in B$,使得 $<x,y> \in R$ 且 $<y,z> \in S_1 \cap S_2$。根据交运算的定义,有 $<y,z> \in S_1$ 且 $<y,z> \in S_2$。于是,有 $<x,z> \in R \circ S_1$ 且 $<x,z> \in R \circ S_2$,即有 $<x,z> \in (R \circ S_1) \cap (R \circ S_2)$。从而,$R \circ (S_1 \cap S_2) \subseteq (R \circ S_1) \cap (R \circ S_2)$。证毕。

例 2.33　试说明下列式子不成立。

① $(R \circ S_1) \cap (R \circ S_2) \subseteq R \circ (S_1 \cap S_2)$;

② $(S_1 \circ T) \cap (S_2 \circ T) \subseteq (S_1 \cap S_2) \circ T$。

解　假设取集合 $A = \{1,2,3\}$,$B = \{1,2\}$,$C = \{2,3\}$,$D = \{4\}$,以及关系 $R = \{<2,2>,<2,1>\}$,$S_1 = \{<1,2>,<2,3>\}$,$S_2 = \{<2,2>,<1,3>\}$ 和 $T = \{<2,4>,<3,4>\}$,显然 $S_1 \cap S_2 = \varnothing$。

有如下情形:

① $R \circ (S_1 \cap S_2) = \varnothing$,$R \circ S_1 = \{<2,3>,<2,2>\}$,$R \circ S_2 = \{<2,2>,<2,3>\}$,即有

$(R \circ S_1) \cap (R \circ S_2) = \{<2,3>,<2,2>\}$。所以,$(R \circ S_1) \cap (R \circ S_2) \subseteq R \circ (S_1 \cap S_2)$ 不成立。

② $(S_1 \cap S_2) \circ T = \varnothing, S_1 \circ T = \{<1,4>,<2,4>\}, S_2 \circ T = \{<2,4>,<1,4>\}$,即有 $(S_1 \circ T) \cap (S_2 \circ T) = \{<1,4>,<2,4>\}$。所以,$(S_1 \circ T) \cap (S_2 \circ T) \subseteq (S_1 \cap S_2) \circ T$ 不成立。

2.3.3 逆运算

定义 2.16 设 R 是一个从集合 A 到集合 B 的关系,则定义关系 R 的**逆关系**(inverse relation)为集合 B 到集合 A 的关系,即

$$R^{-1} = \{<x,y> \mid x \in B, y \in A, <y,x> \in R\}$$

其中,"-1"称为关系的**逆运算**(inverse operation)。

例 2.34 设集合 $A = \{1,2,3,4\}, B = \{a,b,c,d\}$ 和 $C = \{2,3,4,5\}, R$ 是从 A 到 B 的关系 $R = \{<1,a>,<2,c>,<3,b>,<4,b>,<4,d>\}, S$ 是从 B 到 C 的关系 $S = \{<a,2>, <b,4>,<c,3>,<c,5>,<d,5>\}$。

① 试计算 $R^{-1}, S^{-1}, (R^{-1})^{-1}, (S^{-1})^{-1}, (R \circ S)^{-1}$ 和 $S^{-1} \circ R^{-1}$;

② 画出关系 R, S, R^{-1} 和 S^{-1} 的关系图;

③ 写出关系 R, S, R^{-1} 和 S^{-1} 的关系矩阵。

解 ① 根据逆运算和复合运算的定义,有

$R^{-1} = \{<a,1>,<c,2>,<b,3>,<b,4>,<d,4>\}$

$S^{-1} = \{<2,a>,<4,b>,<3,c>,<5,c>,<5,d>\}$

$(R^{-1})^{-1} = \{<1,a>,<2,c>,<3,b>,<4,b>,<4,d>\}$

$(S^{-1})^{-1} = \{<a,2>,<b,4>,<c,3>,<c,5>,<d,5>\}$

$R \circ S = \{<1,2>,<2,3>,<2,5>,<3,4>,<4,4>,<4,5>\}$

$(R \circ S)^{-1} = \{<2,1>,<3,2>,<5,2>,<4,3>,<4,4>,<5,4>\}$

$S^{-1} \circ R^{-1} = \{<2,1>,<3,2>,<5,2>,<4,3>,<4,4>,<5,4>\}$

② 关系 R, S, R^{-1} 和 S^{-1} 的关系图如图 2.7 所示。

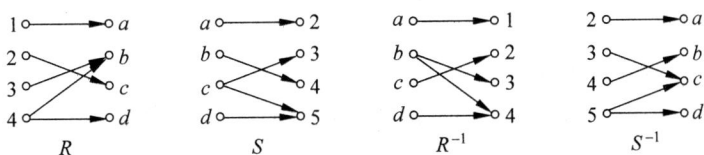

图 2.7 关系的逆运算

③ 关系 R, S, R^{-1} 和 S^{-1} 的关系矩阵如下:

$$M_R = \begin{bmatrix} 1 & 0 & 0 & 0 \\ 0 & 0 & 1 & 0 \\ 0 & 1 & 0 & 0 \\ 0 & 1 & 0 & 1 \end{bmatrix} \quad M_S = \begin{bmatrix} 1 & 0 & 0 & 0 \\ 0 & 0 & 1 & 0 \\ 0 & 1 & 0 & 1 \\ 0 & 0 & 0 & 1 \end{bmatrix} \quad M_{R^{-1}} = \begin{bmatrix} 1 & 0 & 0 & 0 \\ 0 & 0 & 1 & 1 \\ 0 & 1 & 0 & 0 \\ 0 & 0 & 0 & 1 \end{bmatrix} \quad M_{S^{-1}} = \begin{bmatrix} 1 & 0 & 0 & 0 \\ 0 & 0 & 1 & 0 \\ 0 & 1 & 0 & 0 \\ 0 & 0 & 1 & 1 \end{bmatrix}$$

通过例 2.34 可以看出:关系的逆运算的逆运算是其自身;将关系 R 的关系图中有向边的方向改变成相反方向就得到 R^{-1} 的关系图,反之亦然;将关系 R 的关系矩阵转置就得到 R^{-1} 的关系矩阵,即关系 R 和 R^{-1} 的关系矩阵互为转置矩阵;关系 R 和 S 复合的逆不等于各自逆运算的复合,而是各自逆运算交换运算次序后的复合。

定理 2.5　对于任意集合 A 和 B，设 R 是集合 A 到 B 的关系，那么 $(R^{-1})^{-1}=R$。

证明　对于任意 $<x,y>\in(R^{-1})^{-1}$，根据逆运算的定义，则 $<y,x>\in R^{-1}$。再根据逆运算的定义，必有 $<x,y>\in R$。于是，$(R^{-1})^{-1}\subseteq R$。

反之，对于任意 $<x,y>\in R$，根据逆运算的定义，那么 $<y,x>\in R^{-1}$。再根据逆运算的定义，必有 $<x,y>\in(R^{-1})^{-1}$。于是，$R\subseteq(R^{-1})^{-1}$。

综上述知，$(R^{-1})^{-1}=R$。证毕。

定理 2.6　对于任意集合 A,B 和 C，设 R 和 S 分别是集合 A 到 B 和集合 B 到 C 的关系，那么 $(R\circ S)^{-1}=S^{-1}\circ R^{-1}$。

证明　对于任意 $<z,x>\in(R\circ S)^{-1}$，根据逆运算的定义，则 $<x,z>\in R\circ S$。根据复合运算的定义，那么存在 $y\in B$，使得 $<x,y>\in R$ 且 $<y,z>\in S$。再根据逆运算的定义，必有 $<y,x>\in R^{-1}$ 且 $<z,y>\in S^{-1}$。于是根据复合运算的定义，得到 $<z,x>\in S^{-1}\circ R^{-1}$，即 $(R\circ S)^{-1}\subseteq S^{-1}\circ R^{-1}$。

反之，对于任意 $<z,x>\in S^{-1}\circ R^{-1}$，根据复合运算的定义，那么存在 $y\in B$，使得 $<z,y>\in S^{-1}$ 且 $<y,x>\in R^{-1}$。根据逆运算的定义，那么 $<y,z>\in S$ 且 $<x,y>\in R$。于是根据复合运算的定义，得到 $<x,z>\in R\circ S$。再根据逆运算的定义，必有 $<z,x>\in(R\circ S)^{-1}$，即 $S^{-1}\circ R^{-1}\subseteq(R\circ S)^{-1}$。

综上述知，$(R\circ S)^{-1}=S^{-1}\circ R^{-1}$。证毕。

同样地，关系的逆运算和基本运算之间还有下面的一些结论。

定理 2.7　对于任意集合 A,B 和 C，设 R 和 S 分别是集合 A 到 B 和集合 B 到 C 的关系，那么有：

① $(R\cup S)^{-1}=R^{-1}\cup S^{-1}$；

② $(R\cap S)^{-1}=R^{-1}\cap S^{-1}$；

③ $(R-S)^{-1}=R^{-1}-S^{-1}$；

④ $(\sim R)^{-1}=\sim(R^{-1})$；

⑤ $(A\times B)^{-1}=B\times A$；

⑥ $R^{-1}\subseteq S^{-1}$ 当且仅当 $R\subseteq S$。

证明　这里仅对其中①和⑥进行证明，其余留给读者做练习。

① 对于任意 $<y,x>\in(R\cup S)^{-1}$，根据逆运算的定义，则 $<x,y>\in R\cup S$。根据集合并运算的定义，则 $<x,y>\in R$ 或者 $<x,y>\in S$。再根据逆运算的定义，必有 $<y,x>\in R^{-1}$ 或者 $<y,x>\in S^{-1}$。于是，$<y,x>\in R^{-1}\cup S^{-1}$，即 $(R\cup S)^{-1}\subseteq R^{-1}\cup S^{-1}$。

反之，对于任意 $<y,x>\in R^{-1}\cup S^{-1}$，根据集合并运算的定义，则 $<y,x>\in R^{-1}$ 或者 $<y,x>\in S^{-1}$。根据逆运算的定义，必有 $<x,y>\in R$ 或者 $<x,y>\in S$。那么，$<x,y>\in R\cup S$。再根据逆运算的定义，必有 $<y,x>\in(R\cup S)^{-1}$，即 $R^{-1}\cup S^{-1}\subseteq(R\cup S)^{-1}$。

综上述知，$R^{-1}\cup S^{-1}=(R\cup S)^{-1}$。证毕。

⑥ 对于任意 $<y,x>\in R^{-1}$，根据逆运算的定义，则 $<x,y>\in R$。因为 $R\subseteq S$，所以 $<x,y>\in S$。再根据逆运算的定义，必有 $<y,x>\in S^{-1}$，即 $R^{-1}\subseteq S^{-1}$。

对于任意 $<x,y>\in R$，根据逆运算的定义，则 $<y,x>\in R^{-1}$。因为 $R^{-1}\subseteq S^{-1}$，所以 $<y,x>\in S^{-1}$。再根据逆运算的定义，必有 $<x,y>\in S$，即 $R\subseteq S$。

综上述知，$R^{-1}\subseteq S^{-1}$ 当且仅当 $R\subseteq S$。证毕。

2.3.4 幂运算

定义 2.17 设 R 是一个集合 A 上的关系，n 为自然数，则关系 R 的 **n 次幂**定义为

$$R^0 = \{<x,x> \mid x \in A\}$$
$$R^{n+1} = R^n \circ R$$

由上述定义知，对于 A 上的任何关系 R，R 的最低次幂是 0 次幂，都等于 A 上的恒等关系 I_A。反复使用定义中的规则，就可以得到 R 的任何正整数次幂。例如：

$$R^1 = R^0 \circ R = R$$
$$R^2 = R^1 \circ R = R \circ R$$
$$R^3 = R^2 \circ R = (R \circ R) \circ R = R \circ R \circ R$$
$$\vdots$$

亦即，R 的 n 次幂就是 n 个 R 的复合或合成。

例 2.35 设集合 $A = \{a,b,c,d\}$ 上的关系 $R = \{<a,b>,<b,a>,<b,c>,<c,d>\}$，求 R 的各次幂，并分别用关系矩阵和关系图表示。

解 关系 R 的关系矩阵为

$$M_R = \begin{bmatrix} 0 & 1 & 0 & 0 \\ 1 & 0 & 1 & 0 \\ 0 & 0 & 0 & 1 \\ 0 & 0 & 0 & 0 \end{bmatrix}$$

那么，$R^2, R^3, R^4, R^5, R^6, R^7, \cdots$ 的关系矩阵分别为

$$M_{R^2} = M_R \cdot M_R = \begin{bmatrix} 0 & 1 & 0 & 0 \\ 1 & 0 & 1 & 0 \\ 0 & 0 & 0 & 1 \\ 0 & 0 & 0 & 0 \end{bmatrix} \cdot \begin{bmatrix} 0 & 1 & 0 & 0 \\ 1 & 0 & 1 & 0 \\ 0 & 0 & 0 & 1 \\ 0 & 0 & 0 & 0 \end{bmatrix} = \begin{bmatrix} 1 & 0 & 1 & 0 \\ 0 & 1 & 0 & 1 \\ 0 & 0 & 0 & 0 \\ 0 & 0 & 0 & 0 \end{bmatrix}$$

$$M_{R^3} = M_{R^2} \cdot M_R = \begin{bmatrix} 1 & 0 & 1 & 0 \\ 0 & 1 & 0 & 1 \\ 0 & 0 & 0 & 0 \\ 0 & 0 & 0 & 0 \end{bmatrix} \cdot \begin{bmatrix} 0 & 1 & 0 & 0 \\ 1 & 0 & 1 & 0 \\ 0 & 0 & 0 & 1 \\ 0 & 0 & 0 & 0 \end{bmatrix} = \begin{bmatrix} 0 & 1 & 0 & 1 \\ 1 & 0 & 1 & 0 \\ 0 & 0 & 0 & 0 \\ 0 & 0 & 0 & 0 \end{bmatrix}$$

$$M_{R^4} = M_{R^3} \cdot M_R = \begin{bmatrix} 0 & 1 & 0 & 1 \\ 1 & 0 & 1 & 0 \\ 0 & 0 & 0 & 0 \\ 0 & 0 & 0 & 0 \end{bmatrix} \cdot \begin{bmatrix} 0 & 1 & 0 & 0 \\ 1 & 0 & 1 & 0 \\ 0 & 0 & 0 & 1 \\ 0 & 0 & 0 & 0 \end{bmatrix} = \begin{bmatrix} 1 & 0 & 1 & 0 \\ 0 & 1 & 0 & 1 \\ 0 & 0 & 0 & 0 \\ 0 & 0 & 0 & 0 \end{bmatrix} = M_{R^2}$$

$$M_{R^5} = M_{R^4} \cdot M_R = M_{R^2} \cdot M_R = M_{R^3}$$
$$M_{R^6} = M_{R^5} \cdot M_R = M_{R^3} \cdot M_R = M_{R^2}$$
$$M_{R^7} = M_{R^6} \cdot M_R = M_{R^2} \cdot M_R = M_{R^3}$$
$$\vdots$$

由此，$R^2 = R^4 = R^6 = R^8 = \cdots$，$R^1 = R^3 = R^5 = R^7 = \cdots$。而 R^0，即 I_A 的关系矩阵为

$$M_{I_A} = \begin{bmatrix} 1 & 0 & 0 & 0 \\ 0 & 1 & 0 & 0 \\ 0 & 0 & 1 & 0 \\ 0 & 0 & 0 & 1 \end{bmatrix}$$

根据已得到的 $R^0, R^1, R^3, R^4, R^5, R^6, R^7, \cdots$ 的关系矩阵,可以得到这些 R 的各次幂的关系图如图 2.8 所示。

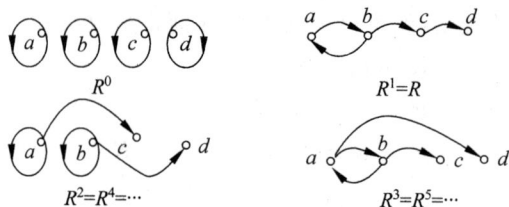

图 2.8　关系的幂运算

定理 2.8　设 R 是基数为 n 的有限集 A 上的关系,则存在自然数 s 和 t,使得 $R^s = R^t$。

证明　由于 R 是基数为 n 的有限集 A 上的关系,那么对于任意自然数 k,R^k 都是 $A \times A$ 的子集。又由于 $|A \times A| = n \cdot n$,$|P(A \times A)| = 2^{n \cdot n}$,即 $A \times A$ 的不同子集有 $2^{n \cdot n}$ 个。对于 R 的各次幂 $R^0, R^1, R^2, R^3, R^4, R^5, R^6, \cdots$,必存在自然数 s 和 t 使得 $R^s = R^t$。证毕。

定理 2.9　设 R 是集合 A 上的关系,m 和 n 为自然数,那么有:

① $R^m \circ R^n = R^{m+n}$;

② $(R^m)^n = R^{mn}$。

证明　① 对于任意自然数 m,下面对 n 进行归纳论证。

若 $n = 0$,则有

$$R^m \circ R^0 = R^m \circ I_A = R^m = R^{m+0}$$

假设 $R^m \circ R^n = R^{m+n}$,则有

$$R^m \circ R^{n+1} = R^m \circ (R^n \circ R) = (R^m \circ R^n) \circ R = R^{m+n} \circ R = R^{m+n+1}$$

所以,对于任意自然数 m 和 n,都有 $R^m \circ R^n = R^{m+n}$。

② 对于任意自然数 m,下面对 n 进行归纳论证。

若 $n = 0$,则有

$$(R^m)^0 = I_A = R^0 = R^{m \cdot 0}$$

假设 $(R^m)^n = R^{mn}$,则有

$$(R^m)^{n+1} = (R^m)^n \circ R^m = (R^{mn}) \circ R^m = R^{mn+n} = R^{m(n+1)}$$

所以,对于任意自然数 m 和 n,都有 $(R^m)^n = R^{mn}$。证毕。

定理 2.10　设 R 是集合 A 上的关系,若存在自然数 s 和 $t(s < t)$,使得 $R^s = R^t$,那么有:

① 对于任意自然数 k 有 $R^{s+k} = R^{t+k}$;

② 对于任意自然数 k 和 i 有 $R^{s+kp+i} = R^{s+i}$,其中 $p = t - s$;

③ 令 $S = \{R^0, R^1, R^2, \cdots, R^{t-1}\}$,则对于任意自然数 q 有 $R^q \in S$。

证明　① $R^{s+k} = R^s \circ R^k = R^t \circ R^k = R^{t+k}$。

② 对 k 进行归纳论证。

若 $k=0$，则有

$$R^{s+0\cdot p+i}=R^{s+i}$$

假设 $R^{s+kp+i}=R^{s+i}$，其中 $p=t-s$，则有

$$R^{s+(k+1)p+i}=R^{s+kp+p+i}=R^{s+kp+i+p}=R^{s+kp+i}\circ R^{p}$$
$$=R^{s+i}\circ R^{p}=R^{s+i+p}$$
$$=R^{s+i+t-s}=R^{t+i}=R^{s+i}$$

所以，对于任意自然数 k，都有 $R^{s+kp+i}=R^{s+i}$。

③ 对于任意自然数 q，如果 $q<t$，显然有 $R^{q}\in S$。

如果 $q\geqslant t$，则存在自然数 k 和 i 使得

$$q=s+k\cdot p+i$$

其中，$p=t-s$，$0\leqslant i\leqslant p-1$。于是 $R^{q}=R^{s+kp+i}=R^{s+i}$，而

$$s+i\leqslant s+p-1=s+t-s-1=t-1$$

所以，$R^{q}\in S$。证毕。

通过上面定理 2.8～定理 2.10 可以看出，有限集 A 上的关系 R 的幂的序列 R^{0},R^{1},R^{2}，$R^{3},R^{4},R^{5},R^{6},\cdots$ 是一个周期变化的序列。

例 2.36 设集合 $A=\{a,b,d,e,f\}$ 上的关系 $R=\{<a,b>,<b,a>,<d,e>,<e,f>$，$<f,d>\}$，求出使得 $R^{s}=R^{t}$ 成立的最小自然数 s 和 $t(s<t)$。

解 关系 R 的关系矩阵为

$$\boldsymbol{M}_{R}=\begin{bmatrix}0&1&0&0&0\\1&0&0&0&0\\0&0&0&1&0\\0&0&0&0&1\\0&0&1&0&0\end{bmatrix}$$

那么，$R^{2},R^{3},R^{4},R^{5},R^{6},\cdots$ 的关系矩阵分别为

$$\boldsymbol{M}_{R^{2}}=\boldsymbol{M}_{R}\cdot\boldsymbol{M}_{R}=\begin{bmatrix}0&1&0&0&0\\1&0&0&0&0\\0&0&0&1&0\\0&0&0&0&1\\0&0&1&0&0\end{bmatrix}\cdot\begin{bmatrix}0&1&0&0&0\\1&0&0&0&0\\0&0&0&1&0\\0&0&0&0&1\\0&0&1&0&0\end{bmatrix}=\begin{bmatrix}1&0&0&0&0\\0&1&0&0&0\\0&0&0&0&1\\0&0&1&0&0\\0&0&0&1&0\end{bmatrix}$$

$$\boldsymbol{M}_{R^{3}}=\boldsymbol{M}_{R^{2}}\cdot\boldsymbol{M}_{R}=\begin{bmatrix}1&0&0&0&0\\0&1&0&0&0\\0&0&0&0&1\\0&0&1&0&0\\0&0&0&1&0\end{bmatrix}\cdot\begin{bmatrix}0&1&0&0&0\\1&0&0&0&0\\0&0&0&1&0\\0&0&0&0&1\\0&0&1&0&0\end{bmatrix}=\begin{bmatrix}0&1&0&0&0\\1&0&0&0&0\\0&0&1&0&0\\0&0&0&1&0\\0&0&0&0&1\end{bmatrix}$$

$$\boldsymbol{M}_{R^{4}}=\boldsymbol{M}_{R^{3}}\cdot\boldsymbol{M}_{R}=\begin{bmatrix}0&1&0&0&0\\1&0&0&0&0\\0&0&1&0&0\\0&0&0&1&0\\0&0&0&0&1\end{bmatrix}\cdot\begin{bmatrix}0&1&0&0&0\\1&0&0&0&0\\0&0&0&1&0\\0&0&0&0&1\\0&0&1&0&0\end{bmatrix}=\begin{bmatrix}1&0&0&0&0\\0&1&0&0&0\\0&0&0&1&0\\0&0&0&0&1\\0&0&1&0&0\end{bmatrix}$$

$$M_{R^5} = M_{R^4} \cdot M_R = \begin{bmatrix} 1 & 0 & 0 & 0 & 0 \\ 0 & 1 & 0 & 0 & 0 \\ 0 & 0 & 0 & 1 & 0 \\ 0 & 0 & 0 & 0 & 1 \\ 0 & 0 & 1 & 0 & 0 \end{bmatrix} \cdot \begin{bmatrix} 0 & 1 & 0 & 0 & 0 \\ 1 & 0 & 0 & 0 & 0 \\ 0 & 0 & 0 & 1 & 0 \\ 0 & 0 & 0 & 0 & 1 \\ 0 & 0 & 1 & 0 & 0 \end{bmatrix} = \begin{bmatrix} 0 & 1 & 0 & 0 & 0 \\ 1 & 0 & 0 & 0 & 0 \\ 0 & 0 & 0 & 0 & 1 \\ 0 & 0 & 1 & 0 & 0 \\ 0 & 0 & 0 & 1 & 0 \end{bmatrix}$$

$$M_{R^6} = M_{R^5} \cdot M_R = \begin{bmatrix} 0 & 1 & 0 & 0 & 0 \\ 1 & 0 & 0 & 0 & 0 \\ 0 & 0 & 0 & 0 & 1 \\ 0 & 0 & 1 & 0 & 0 \\ 0 & 0 & 0 & 1 & 0 \end{bmatrix} \cdot \begin{bmatrix} 0 & 1 & 0 & 0 & 0 \\ 1 & 0 & 0 & 0 & 0 \\ 0 & 0 & 0 & 1 & 0 \\ 0 & 0 & 0 & 0 & 1 \\ 0 & 0 & 1 & 0 & 0 \end{bmatrix} = \begin{bmatrix} 1 & 0 & 0 & 0 & 0 \\ 0 & 1 & 0 & 0 & 0 \\ 0 & 0 & 1 & 0 & 0 \\ 0 & 0 & 0 & 1 & 0 \\ 0 & 0 & 0 & 0 & 1 \end{bmatrix} = M_{I_A} = M_{R^0}$$

因此，$s=0, t=6$。

2.3.5　闭包运算

一般而言，非空集合 A 上的二元关系 R 并不一定具有一些期望的性质，如自反性、对称性、传递性等。因此，需要在 R 中额外地添加一些序偶，从而构成新的二元关系，使其具有我们所需要的性质。在此需要注意如下两点：

① 添加有效序偶后所形成的新的二元关系必须具有我们所需要的性质；

② 添加的序偶尽可能地少。

这就要用到下面介绍的**闭包**(closure)的概念。

定义 2.18　设 R 和 R' 是集合 A 上的关系，如果它们满足：

① R' 是自反的；

② $R \subseteq R'$；

③ 对 A 上的任何包含 R 的自反关系 R'' 都有 $R' \subseteq R''$。

那么，二元关系 R' 称为关系 R 的**自反闭包**(reflexive closure)，记为 $r(R)$。

例 2.37　试求集合 $A = \{1,2,3\}$ 上的关系 $R = \{<1,1>, <1,2>, <2,1>, <1,3>\}$ 的自反闭包。

解　由关系自反性的定义知，R 是自反的当且仅当任意 $x \in A$ 都有 $<x,x> \in R$。因此，在 R 中添加序偶 $<2,2>$ 和 $<3,3>$ 后得到的关系就具有自反性，且满足自反闭包的定义，即

$$r(R) = \{<1,1>, <1,2>, <2,1>, <1,3>, <2,2>, <3,3>\}$$

定义 2.19　设 R 和 R' 是集合 A 上的关系，如果它们满足：

① R' 是对称的；

② $R \subseteq R'$；

③ 对 A 上的任何包含 R 的对称关系 R'' 都有 $R' \subseteq R''$。

那么，二元关系 R' 称为关系 R 的**对称闭包**(symmetric closure)，记为 $s(R)$。

例 2.38　试求例 2.37 中关系 R 的对称闭包。

解　由关系对称性的定义知，R 是对称的当且仅当对任意 $x \in A$ 和 $y \in A$，如果 $<x,y> \in R$，则有 $<y,x> \in R$。因此，在 R 中添加序偶 $<3,1>$ 后得到的关系就具有对称性，且满足对称闭包的定义，即

$$s(R) = \{<1,1>,<1,2>,<2,1>,<1,3>,<3,1>\}$$

定义 2.20 设 R 和 R' 是集合 A 上的关系,如果它们满足:

① R' 是传递的;

② $R \subseteq R'$;

③ 对 A 上的任何包含 R 的传递关系 R'' 都有 $R' \subseteq R''$。

那么,二元关系 R' 称为关系 R 的**传递闭包**(transitive closure),记为 $t(R)$。

例 2.39 试求例 2.37 中关系 R 的传递闭包。

解 由关系传递性的定义知,R 是传递的当且仅当对任意 $x \in A$,$y \in A$ 和 $z \in A$,如果 $<x,y> \in R$ 且 $<y,z> \in R$,则有 $<x,z> \in R$。因此,在 R 中添加序偶 $<2,2>$ 和 $<2,3>$ 后得到的关系就具有传递性,且满足传递闭包的定义,即

$$t(R) = \{<1,1>,<1,2>,<2,1>,<1,3>,<2,2>,<2,3>\}$$

例 2.40 试画出例 2.37 中关系 R 及其自反闭包、对称闭包和传递闭包的关系图。

解 关系 R 及其自反闭包 $r(R)$、对称闭包 $s(R)$ 和传递闭包 $t(R)$ 的关系图如图 2.9 所示。

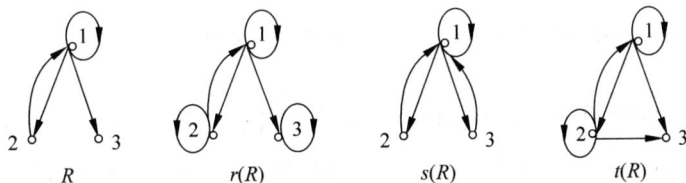

图 2.9 关系的闭包

从例 2.40 中可总结出如下通过关系图求闭包的方法:

(1) 如果对 R 的关系图中不含自环的顶点添加自环,则可以得到自反闭包 $r(R)$ 的关系图;

(2) 在 R 的关系图中,如果两个不同的结点之间只有一条边,则在它们之间添加一条相反方向的边,就可以得到 R 的对称闭包 $s(R)$ 的关系图;

(3) 在 R 的关系图中,如果存在结点 x 指向 y 的一条边,且存在 y 指向 z 的一条边,但没有 x 指向 z 的一条边,那么添加一条 x 指向 z 的边。重复这一过程,直到不再需要添加有向边为止,这样就可以得到 R 的传递闭包 $t(R)$ 的关系图。

例 2.41 列出例 2.37 中关系 R 及其自反闭包、对称闭包和传递闭包的关系矩阵。

解 关系 R 及其自反闭包 $r(R)$、对称闭包 $s(R)$ 和传递闭包 $t(R)$ 的关系矩阵如下:

$$\boldsymbol{M}_R = \begin{bmatrix} 1 & 1 & 1 \\ 1 & 0 & 0 \\ 0 & 0 & 0 \end{bmatrix} \quad \boldsymbol{M}_{r(R)} = \begin{bmatrix} 1 & 1 & 1 \\ 1 & 1 & 0 \\ 0 & 0 & 1 \end{bmatrix} \quad \boldsymbol{M}_{s(R)} = \begin{bmatrix} 1 & 1 & 1 \\ 1 & 0 & 0 \\ 1 & 0 & 0 \end{bmatrix} \quad \boldsymbol{M}_{t(R)} = \begin{bmatrix} 1 & 1 & 1 \\ 1 & 1 & 1 \\ 0 & 0 & 0 \end{bmatrix}$$

从例 2.41 可总结出如下通过关系矩阵求闭包的方法:

(1) 将 R 的关系矩阵的对角线上的 0 全部改为 1,就可以得到 R 的自反闭包 $r(R)$ 的关系矩阵;

(2) 对于 R 的关系矩阵的非主对角线上的值为 1 的元素,如果它关于主对角线对称的相应位置上的元素不为 1,那么将其改为 1,从而可以得到 R 的对称闭包 $s(R)$ 的关系矩阵;

（3）利用关系矩阵求解关系 R 的传递闭包 $t(R)$，用到如下的定理 2.11。

定理 2.11 设 R 是非空集合 A 上的关系，则有

① $r(R)=R\cup I_A$；

② $s(R)=R\cup R^{-1}$；

③ $t(R)=\bigcup\limits_{i=1}^{\infty}R^i$；

④ 如果 $|A|=n$，则 $t(R)=\bigcup\limits_{i=1}^{n}R^i$。

证明 下面证明①和③，②和④的证明读者做练习。

① 显然有 $R\subseteq R\cup I_A$。

对于任意 $x\in A$，由于 I_A 为 A 上的恒等关系，则有 $<x,x>\in I_A$，从而 $<x,x>\in R\cup I_A$。根据自反性的定义知 $R\cup I_A$ 具有自反性。

设 R' 为 A 上的任意包含 R 的自反关系，则有 $R\subseteq R'$。对于任意 $x\in A$，依据恒等关系和自反关系的定义有 $<x,x>\in I_A$，$<x,x>\in R'$，从而 $I_A\subseteq R'$。所以，$R\cup I_A\subseteq R'$。

根据自反闭包的定义知 $r(R)=R\cup I_A$。证毕。

③ 由于 $\bigcup\limits_{i=1}^{\infty}R^i=R^0\cup R^1\cup R^2\cup\cdots$，故 $R\subseteq\bigcup\limits_{i=1}^{\infty}R^i$。

对于任意 $x\in A,y\in A$ 和 $z\in A$，如果 $<x,y>\in\bigcup\limits_{i=1}^{\infty}R^i$ 且 $<y,z>\in\bigcup\limits_{i=1}^{\infty}R^i$，则必存在 R^j 和 $R^k(1\leqslant j<\infty,1\leqslant k<\infty)$，使得 $<x,y>\in R^j$ 且 $<y,z>\in R^k$，从而有 $<x,z>\in R^j\circ R^k$，即有 $<x,z>\in R^{j+k}(1\leqslant j+k<\infty)$。因为 $R^{j+k}\subseteq\bigcup\limits_{i=1}^{\infty}R^i$，所以 $<x,z>\in\bigcup\limits_{i=1}^{\infty}R^i$，即 $\bigcup\limits_{i=1}^{\infty}R^i$ 是传递的。

设 R' 为 A 上的任意包含 R 的传递关系，则有 $R\subseteq R'$。接下来证明 $\bigcup\limits_{i=1}^{\infty}R^i\subseteq R'$，为此只需证明 $R^n\subseteq R'$，其中 n 为任意正整数。下面进行归纳论证。

$n=1$ 时，显然成立。

假设对于 $n=k$ 时，$R^k\subseteq R'$。

对于任意 $<x,y>\in R^{k+1}$，则 $<x,y>\in R^k\circ R$。那么，必然存在 $w\in A$，使得 $<x,w>\in R^k$ 且 $<w,y>\in R$。从而，$<x,w>\in R'$ 且 $<w,y>\in R'$。

再由 R' 是传递的知必有 $<x,y>\in R'$。所以，$R^{k+1}\subseteq R'$。

从而，$\bigcup\limits_{i=1}^{\infty}R^i\subseteq R'$。根据传递闭包的定义知 $t(R)=\bigcup\limits_{i=1}^{\infty}R^i$。证毕。

例 2.42 设集合 $A=\{a,b,c,d\}$ 上的关系 $R=\{<a,b>,<a,c>,<b,c>,<c,d>,<d,c>\}$，求 $r(R),s(R)$ 和 $t(R)$。

解 根据定理 2.11 可以得到：

$$r(R)=R\cup I_A=\{<a,b>,<a,c>,<b,c>,<c,d>,<d,c>,$$
$$<a,a>,<b,b>,<c,c>,<d,d>\}$$
$$s(R)=R\cup R^{-1}=\{<a,b>,<a,c>,<b,c>,<c,d>,$$
$$<d,c>,<b,a>,<c,a>,<c,b>\}$$

$$R^2 = \{<a,c>,<a,d>,<b,d>,<c,c>,<d,d>\}$$
$$R^3 = \{<a,d>,<a,c>,<b,c>,<c,d>,<d,c>\}$$
$$R^4 = \{<a,c>,<a,d>,<b,d>,<c,c>,<d,d>\}$$
$$t(R) = R \bigcup R^2 \bigcup R^3 \bigcup R^4$$
$$= \{<a,b>,<a,c>,<a,d>,<b,c>,<b,d>,$$
$$<c,c>,<c,d>,<d,c>,<d,d>\}$$

集合 A 上的关系 R 的自反闭包、对称闭包和传递闭包仍然是集合 A 上的关系,所以可以对它们进一步实施自反闭包、对称闭包和传递闭包等运算。例如:关系 R 的自反闭包 $r(R)$ 可以进行对称闭包运算 $s(r(R))$,简记为 $sr(R)$,称为关系 R 的**对称自反闭包**;关系 R 的对称闭包 $s(R)$ 可以进行自反闭包运算 $r(s(R))$,简记为 $rs(R)$,称为关系 R 的**自反对称闭包**;关系 R 的自反闭包 $r(R)$ 可以进行传递闭包运算 $t(r(R))$,简记为 $tr(R)$,称为关系 R 的**传递自反闭包**;关系 R 的对称闭包 $s(R)$ 可以进行传递闭包运算 $t(s(R))$,简记为 $ts(R)$,称为关系 R 的**传递对称闭包**;关系 R 的传递闭包 $t(R)$ 可以进行自反闭包运算 $r(t(R))$,简记为 $rt(R)$,称为关系 R 的**自反传递闭包**;关系 R 的传递闭包 $t(R)$ 可以进行对称闭包运算 $s(t(R))$,简记为 $st(R)$,称为关系 R 的**对称传递闭包**,等等。

定理 2.12 对于任意集合 A 上的关系 R,则有

① $rs(R) = sr(R)$;

② $rt(R) = tr(R)$;

③ $st(R) \subseteq ts(R)$。

证明 这里仅就①进行证明,②和③的证明读者做练习。

① $rs(R) = s(R) \bigcup I_A$
$$= (R \bigcup R^{-1}) \bigcup I_A$$
$$= (R \bigcup I_A) \bigcup R^{-1}$$
$$= R \bigcup I_A \bigcup R^{-1} \bigcup I_A$$
$$= (R \bigcup I_A) \bigcup (R \bigcup I_A)^{-1}$$
$$= r(R) \bigcup r(R)^{-1}$$
$$= sr(R)$$

证毕。

例 2.43 设集合 $A = \{a,b,c,d\}$ 上的关系 $R = \{<a,b>,<b,a>,<b,c>,<c,d>\}$,求 $rs(R), sr(R), ts(R), st(R), rt(R), tr(R)$ 和 $rst(R)$,其中,$rst(R)$ 为 $r(s(t(R)))$ 的简写。

解 根据定理 2.11 可以得到:

$r(R) = R \bigcup I_A = \{<a,b>,<b,a>,<b,c>,<c,d>,$
$<a,a>,<b,b>,<c,c>,<d,d>\}$

$s(R) = R \bigcup R^{-1} = \{<a,b>,<b,a>,<b,c>,<c,d>,<c,b>,<d,c>\}$

$R^2 = \{<a,a>,<a,c>,<b,b>,<b,d>\}$

$R^3 = \{<a,b>,<a,d>,<b,a>,<b,c>\}$

$R^4 = \{<a,a>,<a,c>,<b,b>,<b,d>\}$

$t(R) = R \bigcup R^2 \bigcup R^3 \bigcup R^4 = \{<a,b>,<b,a>,<b,c>,<c,d>,$
$<a,a>,<a,c>,<b,b>,<b,d>,<a,d>\}$

$$rs(R) = s(R) \bigcup I_A = \{<a,b>,<b,a>,<b,c>,<c,d>,<c,b>,<d,c>,$$
$$<a,a>,<b,b>,<c,c>,<d,d>\}$$

$$sr(R) = r(R) \bigcup r(R)^{-1} = \{<a,b>,<b,a>,<b,c>,<c,d>,<c,b>,$$
$$<d,c>,<a,a>,<b,b>,<c,c>,<d,d>\}$$

$$s(R)^2 = \{<a,a>,<a,c>,<b,b>,<b,d>,<c,c>,$$
$$<c,a>,<d,b>,<d,d>\}$$

$$s(R)^3 = \{<a,b>,<a,d>,<b,a>,<b,c>,<c,b>,$$
$$<c,d>,<d,c>,<d,a>\}$$

$$s(R)^4 = \{<a,a>,<a,c>,<b,b>,<b,d>,<c,a>,$$
$$<c,c>,<d,d>,<d,b>\}$$

$$ts(R) = s(R) \bigcup s(R)^2 \bigcup s(R)^3 \bigcup s(R)^4 = \{<a,b>,<a,d>,<b,a>,<b,c>,$$
$$<c,b>,<c,d>,<d,c>,<d,a>,<a,a>,<a,c>,$$
$$<b,b>,<b,d>,<c,c>,<c,a>,<d,b>,<d,d>\}$$

$$st(R) = t(R) \bigcup t(R)^{-1} = \{<a,b>,<b,a>,<b,c>,<c,d>,$$
$$<a,a>,<a,c>,<b,b>,<b,d>,<a,d>,<d,a>,$$
$$<c,b>,<d,c>,<c,a>,<d,b>\}$$

$$rt(R) = t(R) \bigcup I_A = \{<a,b>,<b,a>,<b,c>,<c,d>,<a,a>,$$
$$<a,c>,<b,b>,<b,d>,<a,d>,<c,c>,<d,d>\}$$

$$r(R)^2 = \{<a,a>,<a,c>,<a,b>,<b,b>,<b,d>,<b,c>,<c,d>,$$
$$<b,a>,<c,c>,<d,d>\}$$

$$r(R)^3 = \{<a,b>,<a,a>,<a,d>,<a,c>,<b,a>,<b,c>,<b,b>,$$
$$<b,d>,<c,d>,<c,c>,<d,d>\}$$

$$r(R)^4 = \{<a,a>,<a,c>,<a,b>,<a,d>,<b,b>,<b,a>,<b,c>,$$
$$<b,d>,<c,d>,<c,c>,<d,d>\}$$

$$tr(R) = r(R) \bigcup r(R)^2 \bigcup r(R)^3 \bigcup r(R)^4 = \{<a,a>,<a,c>,<a,b>,<a,d>,$$
$$<b,b>,<b,a>,<b,c>,<b,d>,<c,d>,<c,c>,<d,d>\}$$

$$rst(R) = st(R) \bigcup I_A = \{<a,b>,<b,a>,<b,c>,<c,d>,<a,a>,$$
$$<a,c>,<b,b>,<b,d>,<a,d>,<d,a>,<c,b>,$$
$$<d,c>,<c,a>,<d,b>,<c,c>,<d,d>\}$$

通过例 2.43 可以看出,关系 R 的自反对称闭包 $rs(R)$ 和它的对称自反闭包 $sr(R)$ 相同,关系 R 的自反传递闭包 $rt(R)$ 和它的传递自反闭包 $tr(R)$ 相同,但是,关系 R 的对称传递闭包 $st(R)$ 不同于它的传递对称闭包 $ts(R)$,且有 $st(R) \subseteq ts(R)$。

定理 2.13 对于任意集合 A 上的关系 R_1 和 R_2,则有

① $r(R_1) \bigcup r(R_2) = r(R_1 \bigcup R_2)$;

② $s(R_1) \bigcup s(R_2) = s(R_1 \bigcup R_2)$;

③ $t(R_1) \bigcup t(R_2) \subseteq t(R_1 \bigcup R_2)$。

证明 这里仅就①进行证明,②和③的证明读者做练习。

① 由自反闭包的定义知,$r(R_1) = R_1 \bigcup I_A$,$r(R_2) = R_2 \bigcup I_A$,$r(R_1 \bigcup R_2) = (R_1 \bigcup R_2) \bigcup I_A$,显然有

$$r(R_1) \bigcup r(R_2) = (R_1 \bigcup I_A) \bigcup (R_2 \bigcup I_A)$$
$$= (R_1 \bigcup R_2) \bigcup I_A$$
$$= r(R_1 \bigcup R_2)$$

证毕。

例 2.44 举例说明 $t(R_1 \bigcup R_2) = t(R_1) \bigcup t(R_2)$ 不一定成立。

解 考察集合 $A = \{a,b,c\}$ 上的关系 $R_1 = \{<a,b>,<b,a>\}$ 和 $R_2 = \{<b,c>\}$。

$R_1 \circ R_1 = \{<a,a>,<b,b>\}$

$R_1 \circ R_1 \circ R_1 = \{<a,b>,<b,a>\}$

$t(R_1) = \{<a,a>,<b,b>,<a,b>,<b,a>\}$

$R_2 \circ R_2 = \varnothing$

$R_2 \circ R_2 \circ R_2 = \varnothing$

$t(R_2) = \{<b,c>\}$

$R_1 \bigcup R_2 = \{<a,b>,<b,a>,<b,c>\}$

$(R_1 \bigcup R_2) \circ (R_1 \bigcup R_2) = \{<a,a>,<a,c>,<b,b>\}$

$(R_1 \bigcup R_2) \circ (R_1 \bigcup R_2) \circ (R_1 \bigcup R_2) = \{<a,b>,<b,a>,<b,c>\}$

$t(R_1 \bigcup R_2) = \{<a,a>,<a,b>,<a,c>,<b,a>,<b,b>,<b,c>\}$

显然有

$t(R_1) \bigcup t(R_2) = \{<a,a>,<b,b>,<a,b>,<b,a>,<b,c>\} \subseteq t(R_1 \bigcup R_2)$

$t(R_1 \bigcup R_2) \neq t(R_1) \bigcup t(R_2)$

即 $t(R_1 \bigcup R_2) = t(R_1) \bigcup t(R_2)$ 不成立。

2.3.6　关系性质的运算封闭性

关系在经过并、交、差、逆、复合、闭包等运算后会得到新的关系,这些新的关系的性质在经过运算后是怎样的呢? 这应该与关系原来的性质和运算类别有关。如果关系经过某种运算后,原有的性质没有发生变化,那么称关系的性质在该运算下具有**封闭性**,或者称该性质对这一运算是**封闭的**。表 2.2 对关系运算性质的封闭性进行了总结。

表 2.2　关系性质对运算的封闭性

运算类别	自反性	反自反性	对称性	反对称性	传递性
并运算	√	√	√	×	×
交运算	√	√	√	√	√
差运算	×	√	√	√	×
复合运算	√	×	×	×	×
逆运算	√	√	√	√	√
自反闭包	√	×	√	√	√
对称闭包	√	√	√	×	×
传递闭包	√	×	√	×	√

定理 2.14　如果 R_1 和 R_2 是集合 A 上的自反关系,那么经过并、交、逆、复合、闭包运算之后的结果关系仍具有自反性。

证明 设 R_1 和 R_2 是集合 A 上的自反关系,对于任意 $x\in A$,依据自反关系的定义,必有 $<x,x>\in R_1$ 且 $<x,x>\in R_2$。

依据并、交运算的定义,有 $<x,x>\in R_1\bigcup R_2$,$<x,x>\in R_1\bigcap R_2$,所以 $R_1\bigcup R_2$,$R_1\bigcap R_2$ 具有自反性。

依据逆运算的定义,有 $<x,x>\in (R_1)^{-1}$,所以 $(R_1)^{-1}$ 具有自反性。

依据复合运算的定义,有 $<x,x>\in R_1\circ R_2$,所以 $R_1\circ R_2$ 具有自反性。

依据闭包运算的定义,有 $<x,x>\in r(R_1)$,$<x,x>\in s(R_1)$,$<x,x>\in t(R_1)$,所以 $r(R_1),s(R_1),t(R_1)$ 具有自反性。证毕。

例 2.45 举例说明关系的自反性在差运算下不具有封闭性。

解 集合 $A=\{a,b\}$ 上的关系 $R_1=\{<a,a>,<b,a>,<b,b>\}$ 和 $R_2=\{<a,a>,<a,b>,<b,b>\}$ 都具有自反性。但是,$R_1-R_2=\{<b,a>\}$ 和 $R_2-R_1=\{<a,b>\}$ 都不具有自反性。即自反性在差运算下不具有封闭性。

定理 2.15 如果 R_1 和 R_2 是集合 A 上的反自反关系,那么经过并、交、差、逆、对称闭包运算之后的结果关系仍具有反自反性。

证明 设 R_1 和 R_2 是集合 A 上的反自反关系,对于任意 $x\in A$,依据反自反关系的定义,必有 $<x,x>\notin R_1$ 且 $<x,x>\notin R_2$。

依据并、交、差运算的定义,有 $<x,x>\notin R_1\bigcup R_2$,$<x,x>\notin R_1\bigcap R_2$,$<x,x>\notin R_1-R_2$,所以 $R_1\bigcup R_2$,$R_1\bigcap R_2$,R_1-R_2 具有反自反性。

依据逆运算的定义,有 $<x,x>\notin (R_1)^{-1}$,所以 $(R_1)^{-1}$ 具有反自反性。

依据对称闭包运算的定义 $s(R_1)=R_1\bigcup (R_1)^{-1}$,有 $<x,x>\notin s(R_1)$,所以 $s(R_1)$ 具有反自反性。证毕。

例 2.46 举例说明关系的反自反性对复合运算、传递闭包运算不具有封闭性。

解 集合 $A=\{a,b\}$ 上的关系 $R=\{<a,b>,<b,a>\}$ 和 $T=\{<b,a>\}$ 都是反自反关系。复合关系 $R\circ T=\{<a,a>\}$,显然,$R\circ T$ 不是反自反的。

由于 $R^2=\{<a,a>,<b,b>\}$,于是 $t(R)=\{<a,a>,<b,b>,<a,b>,<b,a>\}$,显然,$t(R)$ 不是反自反的。

定理 2.16 如果 R_1 和 R_2 是集合 A 上的对称关系,那么经过并、交、差、逆、闭包运算之后的结果关系仍具有对称性。

证明 这里仅证明闭包运算下对称性的封闭性,其他运算下对称性的封闭性的证明读者做练习。

设 R 是集合 A 上的对称关系。依据自反闭包的定义,$r(R)=R\bigcup I_A$,显然,R 是对称的,必有 $r(R)$ 是对称的。

依据传递闭包的定义,传递闭包运算下对称性的封闭性证明关键在于幂运算下对称性的封闭性,即 R^n 的对称性。下面进行归纳论证。

$R^0=I_A$ 具有对称性。

假设 R^n 具有对称性,那么 $R^{n+1}=R^n\circ R$。对于任意 $<x,y>\in R^{n+1}$,那么存在 $z\in A$ 使得 $<x,z>\in R^n$ 且 $<z,y>\in R$。依据 R^n 和 R 的对称性,必有 $<z,x>\in R^n$ 且 $<y,z>\in R$,于是 $<y,x>\in R\circ R^n=R^{n+1}$,即 R^{n+1} 具有对称性。

由于,在并运算下对称性具有封闭性,所以 $t(R)$ 具有对称性。证毕。

例 2.47 举例说明关系的对称性对复合运算不具有封闭性。

解 集合 $A=\{a,b,c\}$ 上的关系 $R=\{<a,b>,<b,a>\}$ 和 $T=\{<b,c>,<c,b>\}$ 都是对称关系。复合关系 $R\circ T=\{<a,c>\}$，显然，$R\circ T$ 不具有对称性。

定理 2.17 如果 R_1 和 R_2 是集合 A 上的反对称关系，那么经过交、差、逆、自反闭包运算之后的结果关系仍具有反对称性。

证明 设 R_1 和 R_2 是集合 A 上的反对称关系，对于任意 $<x,y>\in R_1\bigcap R_2(x\neq y)$，必有 $<x,y>\in R_1$ 且 $<x,y>\in R_2$。那么，$<y,x>\notin R_1$ 且 $<y,x>\notin R_2$。于是 $<y,x>\notin R_1\bigcap R_2$，即 $R_1\bigcap R_2$ 是反对称的。

对于任意 $<x,y>\in R_1-R_2(x\neq y)$，必有 $<x,y>\in R_1$，那么有 $<y,x>\notin R_1$。于是 $<y,x>\notin R_1-R_2$，即 R_1-R_2 是反对称的。

对于任意 $<x,y>\in(R_1)^{-1}(x\neq y)$，必有 $<y,x>\in R_1$，那么有 $<x,y>\notin R_1$。于是 $<y,x>\notin(R_1)^{-1}$，即 $(R_1)^{-1}$ 是反对称的。

对于任意 $<x,y>\in r(R_1)(x\neq y)$，必有 $<x,y>\in R_1$。那么有 $<y,x>\notin R_1$。于是 $<y,x>\notin r(R_1)$，即 $r(R_1)$ 是反对称的。证毕。

例 2.48 举例说明关系的反对称性对并运算不具有封闭性。

解 集合 $A=\{a,b\}$ 上的关系 $R=\{<a,b>,<b,b>\}$ 和 $T=\{<a,a>,<b,a>\}$ 都是反对称的。但 $R\bigcup T=\{<a,a>,<a,b>,<b,b>,<b,a>\}$ 不是反对称的。

定理 2.18 如果 R_1 和 R_2 是集合 A 上的传递关系，那么经过交、逆、自反闭包运算之后的结果关系仍具有传递性。

证明 设 R_1 和 R_2 是集合 A 上的传递关系，对于任意 $<x,y>\in R_1\bigcap R_2$ 和 $<y,z>\in R_1\bigcap R_2$，必有 $<x,y>\in R_1$ 且 $<x,y>\in R_2$ 且 $<y,z>\in R_1$ 且 $<y,z>\in R_2$。那么，由 R_1 和 R_2 的传递性，必有 $<x,z>\in R_1$ 且 $<x,z>\in R_2$。于是 $<x,z>\in R_1\bigcap R_2$，即 $R_1\bigcap R_2$ 是传递的。

对于任意 $<x,y>\in(R_1)^{-1}$ 和 $<y,z>\in(R_1)^{-1}$，必有 $<y,x>\in R_1$ 且 $<z,y>\in R_1$。那么，由 R_1 的传递性，必有 $<z,x>\in R_1$。于是 $<x,z>\in(R_1)^{-1}$，即 $(R_1)^{-1}$ 是传递的。

对于任意 $<x,y>\in r(R_1)(x\neq y)$ 和 $<y,z>\in r(R_1)(y\neq z)$，必有 $<x,y>\in R_1$ 且 $<y,z>\in R_1$。那么，由 R_1 的传递性知 $<x,z>\in R_1$。于是 $<x,z>\in r(R_1)$，即 $r(R_1)$ 是传递的。证毕。

例 2.49 举例说明关系的传递性对并运算、复合运算不具有封闭性。

解 集合 $A=\{a,b,c\}$ 上的关系 $R=\{<a,b>\}$ 和 $T=\{<b,c>\}$ 都是传递的。但 $R\bigcup T=\{<a,b>,<b,c>\}$ 不是传递的。

集合 $A=\{a,b,c\}$ 上的关系 $R=\{<a,a>,<b,c>\}$ 和 $T=\{<a,b>,<c,c>\}$ 都是传递的，但 $R\circ T=\{<a,b>,<b,c>\}$ 不是传递的。

2.4 特殊关系

2.4.1 等价关系

关系可能具有一些特殊的性质，如自反性、对称性、传递性等，当一个关系具有一个或多个特殊性质时，就可定义不同的特殊关系。

在日常生活中和在数学中,常常碰到对一些对象进行分类的问题。例如,对一些几何图形,可以使用面积的相等关系将这些几何图形分类,即面积相等的几何图形算做一类,这种分类使得每个几何图形都必定属于某一类,并且不同类之间没有公共元素;又例如,在人群中,可以用同性关系将人群分类,即同性别的人算做一类,这种分类也使得每一个人都必定属于某一类,并且不同类之间没有公共元素。这些属于同一类的几何图形或人群之间就具有了特殊性质的关系,可以用下面定义的等价关系来刻画和研究。

定义 2.21   设 R 是集合 A 上的关系,如果 R 是自反的、对称的和传递的,则称 R 为 A 上的**等价关系**(equivalent relation)。对于 $<x,y>\in R$,称 x 与 y **等价**(equivalent)。

例 2.50   判断下列关系是否为等价关系。

① 选修离散数学课程的同学中的"同班"关系;

② 幂集上的"⊆"关系;

③ 直线间的"平行"关系;

④ 整数集上的"≤"关系;

⑤ 整数集上的"="关系;

⑥ 人群中的"朋友"关系。

解   ① "同班"关系是自反的、对称的和传递的,所以,"同班"是等价关系;

② "⊆"关系是自反的和传递的,但不是对称的,所以,"⊆"不是等价关系;

③ "平行"关系是自反的、对称的和传递的,所以,"平行"是等价关系;

④ "≤"关系是自反的和传递的,但不是对称的,所以,"≤"不是等价关系;

⑤ "="关系是自反的、传递的和对称的,所以,"="是等价关系;

⑥ "朋友"关系是自反的和对称的,但不是传递的,所以,它不是等价关系。

例 2.51   在集合 $A=\{1,2,3,\cdots,24\}$ 上定义整除关系 $R=\{<x,y>|x\in A,y\in A,(x-y)$ 被 12 整除$\}$,判断关系 R 是否为 A 上的等价关系。

解   (自反性)对于任意 $x\in A$,$(x-x)/12=0$,于是 $(x-x)$ 被 12 整除,即 $<x,x>\in R$。因此,R 是自反的。

(对称性)对于任意 $x\in A$ 和 $y\in A$,如果 $<x,y>\in R$,那么 $(x-y)/12=k$,其中 k 为整数。从而 $(y-x)/12=-(x-y)/12=-k$,于是 $(y-x)$ 被 12 整除,即 $<y,x>\in R$。因此,R 是对称的。

(传递性)对于任意 $x\in A$,$y\in A$ 和 $z\in A$,如果 $<x,y>\in R$ 和 $<y,z>\in R$,那么 $(x-y)/12=k_1$,$(y-z)/12=k_2$,其中 k_1 和 k_2 为整数。又有 $(x-z)/12=(x-y)/12+(y-z)/12=k_1+k_2$,故 $(x-z)$ 被 12 整除,即 $<x,z>\in R$。因此,R 是传递的。

综上述知,关系 R 为 A 上的等价关系。

例 2.52   设 n 为正整数,考虑整数集合 $\mathbf{Z}$ 上的整除关系
$$R=\{<x,y>|x\in\mathbf{Z},y\in\mathbf{Z},(x-y)\text{ 被 }n\text{ 整除}\}$$
证明关系 R 为 $\mathbf{Z}$ 上的等价关系。

证明   (自反性)对于任意 $x\in\mathbf{Z}$,$(x-x)/n=0$,于是 $(x-x)$ 被 n 整除,即 $<x,x>\in R$。因此,R 是自反的。

(对称性)对于任意 $x\in\mathbf{Z}$ 和 $y\in\mathbf{Z}$,如果 $<x,y>\in R$,那么 $(x-y)/n=k$,其中 k 为整数。从而 $(y-x)/n=-(x-y)/n=-k$,于是 $(y-x)$ 被 n 整除,即 $<y,x>\in R$。因此,R 是

对称的。

（传递性）对于任意 $x\in\mathbf{Z}$，$y\in\mathbf{Z}$ 和 $z\in\mathbf{Z}$，如果 $<x,y>\in R$ 和 $<y,z>\in R$，那么 $(x-y)/n=k_1$，$(y-z)/n=k_2$，其中 k_1 和 k_2 为整数。又有 $(x-z)/n=(x-y)/n+(y-z)/n=k_1+k_2$，故 $(x-z)$ 被 n 整除，即 $<x,z>\in R$。因此，R 是传递的。

综上述知，关系 R 为 $\mathbf{Z}$ 上的等价关系。证毕。

上述 $\mathbf{Z}$ 上的整除关系 R 通常称为 $\mathbf{Z}$ 上的以 n 为模的**同余关系**（congruence relation）。对于 $<x,y>\in R$，一般记为 $x\equiv y(\bmod n)$。

例 2.53 设集合 $A=\{a,b,c,d,e\}$ 上的关系 $R_1=\{<a,a>,<a,b>,<b,a>,<b,b>,<c,c>,<d,d>,<d,e>,<e,d>,<e,e>\}$ 和 $R_2=\{<a,b>,<b,a>,<b,b>,<c,c>,<d,d>,<d,e>\}$，判断 R_1 和 R_2 是否为等价关系，并用关系矩阵和关系图表示其中的等价关系。

解 关系 R_1 具有自反性、对称性和传递性，所以，关系 R_1 是等价关系。其关系矩阵和关系图如图 2.10 所示。

$$\boldsymbol{M}_{R_1}=\begin{bmatrix}1&1&0&0&0\\1&1&0&0&0\\0&0&1&0&0\\0&0&0&1&1\\0&0&0&1&1\end{bmatrix}$$

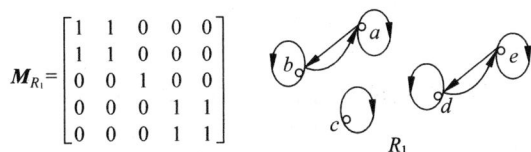

图 2.10 等价关系的关系矩阵和关系图

关系 R_2 不具有自反性、对称性和传递性，所以，关系 R_2 不是等价关系。

从上述关系矩阵和关系图可以看出，相互等价的元素组成了关系图中相互连通的部分，并将关系矩阵分成了不同的块。

定义 2.22 设 R 是非空集合 A 上的等价关系，对于任意 $x\in A$，称集合
$$[x]_R=\{y\mid y\in A\text{ 且 }<x,y>\in R\}$$
为 x 关于 R 的**等价类**（equivalent class）。或称为由 x 生成的一个 R 的等价类，并称其中的 x 为 $[x]_R$ 的**生成元**（generator）或**代表元**。

例 2.54 设 R 是集合 $A=\{1,2,3,4,5,6,7,8\}$ 上的模 3 同余关系,试用关系图表示该关系,并求 R 的所有等价类。

解 集合 $A=\{1,2,3,4,5,6,7,8\}$ 上的模 3 同余关系为
$$R=\{<1,1>,<1,4>,<1,7>,<2,2>,<2,5>,<2,8>,<3,3>,$$
$$<3,6>,<4,1>,<4,4>,<4,7>,<5,2>,<5,5>,<5,8>,<6,3>,$$
$$<6,6>,<7,1>,<7,4>,<7,7>,<8,2>,<8,5>,<8,8>\}$$

可以得到关系 R 的关系图如图 2.11 所示。

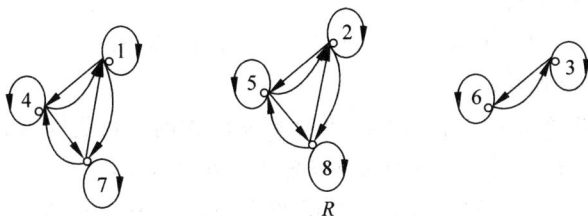

图 2.11 等价关系的关系图

不难验证,R 是集合 A 上的等价关系。

关于 R 的等价类如下:

$[1]_R=\{1,4,7\}$ $[2]_R=\{2,5,8\}$ $[3]_R=\{3,6\}$ $[4]_R=\{1,4,7\}$

$[5]_R=\{2,5,8\}$ $[6]_R=\{3,6\}$ $[7]_R=\{1,4,7\}$ $[8]_R=\{2,5,8\}$

显然有

$$[1]_R=[4]_R=[7]_R \qquad [2]_R=[5]_R=[8]_R \qquad [3]_R=[6]_R$$

不难看出,集合 A 上等价关系 R 的一个等价类是集合 A 一个子集;集合 A 上相互等价的元素在同一个等价类,且以各自元素为代表元的等价类是相同的集合;集合 A 上等价关系 R 的所有等价类的并集是该集合 A。

定理 2.19 设 R 是非空集合 A 上的等价关系,那么

① 对任意 $x\in A$,$[x]_R$ 是 A 的非空子集;

② 对任意 $x\in A$ 和 $y\in A$,如果 $<x,y>\in R$,则 $[x]_R=[y]_R$;

③ 对任意 $x\in A$ 和 $y\in A$,如果 $<x,y>\notin R$,则 $[x]_R\cap[y]_R=\varnothing$;

④ $\bigcup\limits_{x\in A}[x]_R=A$。

证明 ① 对任意 $x\in A$,由于 R 是等价关系,所以,$<x,x>\in R$,即 $x\in[x]_R$,从而,$[x]_R$ 是 A 的非空子集。

② 对任意 $x\in A$ 和 $y\in A$,如果 $<x,y>\in R$,那么,由 R 的对称性知 $<y,x>\in R$。对于任意 $z\in[x]_R$,则 $<x,z>\in R$。进而,又由 R 的传递性知 $<y,z>\in R$。于是 $z\in[y]_R$,即 $[x]_R\subseteq[y]_R$。

同理可证,$[y]_R\subseteq[x]_R$。从而有 $[x]_R=[y]_R$。

③ 对任意 $x\in A$ 和 $y\in A$,如果 $<x,y>\notin R$,假设 $[x]_R\cap[y]_R\neq\varnothing$,那么,存在 $z\in[x]_R\cap[y]_R$,即 $z\in[x]_R$ 且 $z\in[y]_R$。因此有 $<x,z>\in R$ 且 $<y,z>\in R$。由 R 的对称性知 $<z,y>\in R$。又由 R 的传递性知 $<x,y>\in R$。矛盾。所以,$[x]_R\cap[y]_R=\varnothing$。

④ 对任意 $x\in A$,$[x]_R\subseteq A$,所以 $\bigcup\limits_{x\in A}[x]_R\subseteq A$。

对任意 $x\in A$,由 R 的自反性知 $<x,x>\in R$,即 $x\in[x]_R$。于是,$x\in\bigcup\limits_{x\in A}[x]_R$,即 $A\subseteq\bigcup\limits_{x\in A}[x]_R$。故 $\bigcup\limits_{x\in A}[x]_R=A$。证毕。

定义 2.23 设 R 是非空集合 A 上的等价关系,由 R 确定的所有等价类组成的集合称为集合 A 上关于 R 的**商集**(quotient set),记为 A/R,即

$$A/R=\{[x]_R\mid x\in A\}$$

例 2.55 对于例 2.54 中集合 A 上的模 3 同余关系 R,求 A/R。

解 根据商集的定义有

$$A/R=\{\{1,4,7\},\{2,5,8\},\{3,6\}\}$$

计算商集的一般步骤是:

① 从集合 A 中任意选取一个元素 a,并计算 a 所在的等价类 $[a]_R$;

② 如果 $[a]_R\neq A$,选取另外一个元素 b,$b\in A$ 且 $b\notin[a]_R$,计算 $[b]_R$;

③ 如果 A 不与所计算出的等价类的并相等,则选取不在这些等价类中的元素 $x\in A$,计算 $[x]_R$;

④ 重复③直到集合 A 与所有的等价类的并相等,则结束。

例 2.56 对于集合 $A=\{a,b,c,d,e\}$ 上的关系 $R_1=\{<a,a>,<a,b>,<b,a>,<b,b>,<c,c>,<d,d>,<d,e>,<e,d>,<e,e>\}$,求 A/R。

解 根据等价类的定义有
$$[a]_R=[b]_R=\{a,b\} \qquad [c]_R=\{c\} \qquad [d]_R=[e]_R=\{d,e\}$$
从而有
$$A/R=\{\{a,b\},\{c\},\{d,e\}\}$$

定义 2.24 对于非空集合 A,设有集合 $S=\{S_1,S_2,\cdots,S_m\}$,如果满足

① $S_i\subseteq A$ 且 $S_i\neq\varnothing(i=1,2,\cdots,m)$;

② $S_i\bigcap S_j=\varnothing(i\neq j; i=1,2,\cdots,m; j=1,2,\cdots,m)$;

③ $\bigcup\limits_{i=1,2,\cdots,m} S_i=A$。

则称 S 为 A 的一个**划分**(partition),而 $S_1,S_2,\cdots,S_m$ 分别称为这个划分的**块**(block)或**类**(class)。

例 2.57 设集合 $A=\{1,2,3,4\}$,判断下列集合是否是 A 的划分。

① $\{\{1\},\{2,3\},\{4\}\}$;

② $\{\{1,2,3,4\}\}$;

③ $\{\{1\},\{2,3\},\{1,4\}\}$;

④ $\{\varnothing,\{1,2\},\{3,4\}\}$;

⑤ $\{\{1\},\{2,3\}\}$;

⑥ $\{\{1,2,3,4\},\varnothing\}$。

解 根据集合划分的定义,①和②都是 A 的划分;③不是 A 的划分,因为$\{1\}$和$\{1,4\}$有相交元素;④和⑥不是 A 的划分,因为都含有空集$\varnothing$;⑤不是 A 的划分,因为所有子集的并不等于集合 A。

例 2.58 对于例 2.55 中集合 $A=\{1,2,3,4,5,6,7,8\}$ 以及商集 $A/R=\{\{1,4,7\},\{2,5,8\},\{3,6\}\}$。显然,商集 A/R 为集合 A 的一个划分。

对于集合$\{\{1,4,7\},\{2,5,8\},\{1,3,6\}\}$,虽然满足定义 2.23 中的条件①和③,但是$\{1,4,7\}\bigcap\{1,3,6\}\neq\varnothing$,不满足定义 2.23 中条件②,所以,集合$\{\{1,4,7\},\{2,5,8\},\{1,3,6\}\}$不是集合 $A=\{1,2,3,4,5,6,7,8\}$ 的一个划分。

定理 2.20 设 R 是非空集合 A 上的等价关系,则集合 A 上关于 R 的商集 A/R 是集合的一个划分,称之为由等价关系 R 导出的等价划分。

证明 由定理 2.19 以及集合划分的定义,显然有定理 2.20 的结论。证毕。

例 2.59 对于例 2.56 中集合 $A=\{a,b,c,d,e\}$ 以及商集 $A/R=\{\{a,b\},\{c\},\{d,e\}\}$。显然,商集 A/R 为集合 A 的一个划分。

定理 2.21 设$\{S_1,S_2,\cdots,S_m\}$是非空集合 A 的一个划分,则由该划分确定的关系
$$R=(S_1\times S_1)\bigcup(S_2\times S_2)\bigcup\cdots\bigcup(S_m\times S_m)$$
是 A 上的等价关系,称之为由该划分所导出的等价关系。

证明 (自反性)对于任意 $x\in A$,由于 $\bigcup\limits_{i=1,2,\cdots,m} S_i=A$,所以,存在某个 $i>0$,使得 $x\in S_i$。于是,$<x,x>\in S_i\times S_i$,即$<x,x>\in R$。因此,R 是自反的。

(对称性)对于任意 $x\in A$ 和 $y\in A$,如果$<x,y>\in R$,则存在某个 $j>0$,使得$<x,y>\in$

$S_j \times S_j$。于是，$<y,x> \in S_j \times S_j$，即$<y,x> \in R$。因此，R 是对称的。

（传递性）对于任意 $x \in A$，$y \in A$ 和 $z \in A$，如果 $<x,y> \in R$ 和 $<y,z> \in R$，那么必存在某个 $i>0$ 和某个 $j>0$，使得 $<x,y> \in S_i \times S_i$ 和 $<y,z> \in S_j \times S_j$，即 $x \in S_i$ 且 $y \in S_i$ 且 $y \in S_j$ 且 $z \in S_j$。从而，$y \in S_i \bigcap S_j$。又由于不同的划分块的交集为空，所以 $S_i = S_j$。进而，x 和 z 属于同一个划分块。故 $<x,z> \in R$。因此，R 是传递的。

综上述知，关系 R 为 A 上的等价关系。证毕。

例 2.60 对于集合 $A = \{1,2,3,4\}$ 的划分 $\{\{1\},\{2,3\},\{4\}\}$，试构造 A 上的等价关系。

解 根据定理 2.21，构造如下关系：
$$R = (\{1\} \times \{1\}) \bigcup (\{2,3\} \times \{2,3\}) \bigcup (\{4\} \times \{4\})$$
$$= \{<1,1>\} \bigcup \{<2,2>,<2,3>,<3,2>,<3,3>\} \bigcup \{<4,4>\}$$
$$= \{<1,1>,<2,2>,<2,3>,<3,2>,<3,3>,<4,4>\}$$

显然，关系 R 是自反的、对称的和传递的，即 R 是 A 上的等价关系。

2.4.2 相容关系

设 $A = \{a,b,c,d\}$ 中 4 个元素分别表示 4 个大学生，其中，a，b 和 c 是校篮球队队员，c 和 d 是校足球队队员，a 和 d 是校排球队队员。如果将参加同一种球队的同学认为是相关的，那么这样的关系是 $R = \{<a,a>,<b,b>,<c,c>,<a,b>,<b,a>,<a,c>,<c,a>,<b,c>,<c,b>,<d,d>,<c,d>,<d,c>,<a,d>,<d,a>\}$，分析可知：$R$ 是自反的和对称的，但不是传递的。因为 $<b,c> \in R$ 且 $<c,d> \in R$，但 $<b,d> \notin R$。这类关系可由下述定义来描述。

定义 2.25 设 R 是非空集合 A 上的二元关系，如果 R 是自反的和对称的，则称 R 为 A 上的**相容关系**（compatible relation）。

显然，等价关系是一种特殊的相容关系，即具有传递性的相容关系。

例 2.61 判断集合 $A = \{3,4,5,6,10\}$ 上的关系 $R = \{<a,b> | a$ 和 b 都能被同一个素数整除$\}$ 是否为相容关系，并给出该关系的关系矩阵和关系图表示。

解 A 中能被素数 2 整除的数 4，6 和 10 组成一组，能被素数 3 整除的数 3 和 6 组成一组，能被素数 5 整除的数 5 和 10 组成一组。由此可得
$$R = \{<4,4>,<4,6>,<4,10>,<6,4>,<6,6>,<6,10>,<10,4>,$$
$$<10,6>,<10,10>,<3,3>,<3,6>,<6,3>,<5,5>,$$
$$<5,10>,<10,5>\}$$

关系的关系矩阵和关系图如图 2.12 所示。

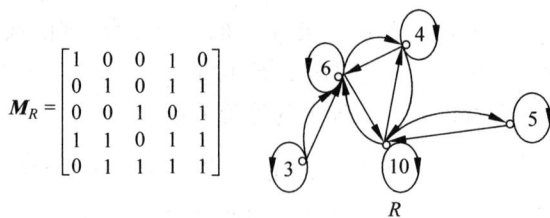

$$\boldsymbol{M}_R = \begin{bmatrix} 1 & 0 & 0 & 1 & 0 \\ 0 & 1 & 0 & 1 & 1 \\ 0 & 0 & 1 & 0 & 1 \\ 1 & 1 & 0 & 1 & 1 \\ 0 & 1 & 1 & 1 & 1 \end{bmatrix}$$

图 2.12 相容关系的关系矩阵和关系图

容易验证,R 是自反的和对称的,但不是传递的。因为$<3,6>\in R$ 和$<6,4>\in R$,但$<3,4>\notin R$;$<4,6>\in R$ 和$<6,3>\in R$,但$<4,3>\notin R$;$<3,6>\in R$ 和$<6,10>\in R$,但$<3,10>\notin R$;$<10,6>\in R$ 和$<6,3>\in R$,但$<10,3>\notin R$;$<5,10>\in R$ 和$<10,4>\in R$,但$<5,4>\notin R$;$<4,10>\in R$ 和$<10,5>\in R$,但$<4,5>\notin R$;$<5,10>\in R$ 和$<10,6>\in R$,但$<5,6>\notin R$;$<6,10>\in R$ 和$<10,5>\in R$,但$<6,5>\notin R$。所以,R 是 A 上的相容关系。

定义 2.26 设 R 是非空集合 A 上的相容关系,B 是 A 的子集,如果 B 中任意两个元素都是以 R 相关的,则称 B 为相容关系 R 所导出的**相容类**(compatible class)。如果相容类 B 中添加任意其他 A 中元素后,不再构成相容类,则称 B 为相容关系 R 所导出的**最大相容类**(maximal compatible class)。

例 2.62 对于例 2.61 中集合 $A=\{3,4,5,6,10\}$ 上的相容关系 R,子集合 $B_1=\{3,6\}$,$B_2=\{4,6,10\}$,$B_3=\{4,6\}$,$B_4=\{6,10\}$,$B_5=\{4,10\}$,$B_6=\{5,10\}$ 都是相容关系 R 所导出的相容类。其中,B_1,B_2 和 B_6 都是最大相容类,B_3,B_4 和 B_5 都不是最大相容类。

定义 2.27 对于非空集合 A 的非空子集 $C_1,C_2,\cdots,C_m$,如果 $\bigcup\limits_{i=1,2,\cdots,m} C_i = A$,则称 $C=\{C_1,C_2,\cdots,C_m\}$ 为集合 A 上的一个**覆盖**(covering),其中 $C_i(i=1,2,\cdots,m)$ 称为**覆盖块**(covering block)。如果覆盖 C 中任意覆盖块 C_i 不是 C 中其他任意覆盖块 $C_j(i\neq j;i=1,2,\cdots,m;j=1,2,\cdots,m)$ 的子集,则称 C 为集合 A 上的**完全覆盖**(full covering)。

例 2.63 设集合 $A=\{1,2,3,4\}$,判断下列集合是否是 A 的覆盖以及是否是 A 的完全覆盖。
① $\{\{1,2\},\{2,3\},\{1,4\}\}$;
② $\{\{1,2,3,4\},\varnothing\}$;
③ $\{\{1\},\{2,3,4\},\{2,4\}\}$;
④ $\{\{1,2\},\{3,4\}\}$;
⑤ $\{\{1\},\{2,3\}\}$;
⑥ $\{\{1,2,3\},\{4\}\}$。

解 根据集合覆盖的定义,①,③,④和⑥都是 A 的覆盖;②不是 A 的覆盖,因为含有空集 $\varnothing$;⑤不是 A 的覆盖,因为$\{1\}\bigcup\{2,3\}\neq A$。

根据集合完全覆盖的定义,①,④和⑥都是 A 的完全覆盖;③不是 A 的完全覆盖,因为 $\{2,4\}$ 是 $\{2,3,4\}$ 的子集。

定理 2.22 设 R 是 A 上的相容关系,那么,R 所导出的所有最大相容类构成的集合是 A 上的一个完全覆盖。

证明 对于任意元素 $x\in A$,子集 $\{x\}$ 是一个相容类,并且可以对此相容类不断地添加新的元素,直到使它成为最大相容类。因此,A 中任意元素都将是某一个最大相容类中的元素。由此可见,相容关系 R 产生的所有最大相容类构成的集合是 A 的一个覆盖。又由最大相容类的定义可知,一个最大相容类决不是另一个最大相容类的子集。所以由 R 产生的所有最大相容类构成的集合是 A 的一个完全覆盖。证毕。

例 2.64 对于例 2.61 中集合 $A=\{3,4,5,6,10\}$ 上的相容关系 R,子集 $B_1=\{3,6\}$,$B_2=\{4,6,10\}$ 和 $B_6=\{5,10\}$ 都是相容关系 R 所导出的最大相容类。这些最大相容类满足 $B_1\bigcup B_2\bigcup B_6=A$。所以,$\{B_1,B_2,B_6\}=\{\{3,6\},\{4,6,10\},\{5,10\}\}$ 是集合 A 的覆盖,且是集合 A 的完全覆盖。

定理 2.23 设 $C=\{C_1,C_2,\cdots,C_m\}$ 为集合 A 的一个完全覆盖，那么，由该完全覆盖所确定的关系

$$R = (C_1 \times C_1) \bigcup (C_2 \times C_2) \bigcup \cdots \bigcup (C_m \times C_m)$$

是 A 上的相容关系，称之为由该完全覆盖所导出的相容关系。

证明 （自反性）对于任意 $x \in A$，由于 $\bigcup\limits_{i=1,2,\cdots,m} C_i = A$，所以，存在某个 $i > 0$，使得 $x \in C_i$。于是，$<x,x> \in C_i \times C_i$，即 $<x,x> \in R$。因此，R 是自反的。

（对称性）对于任意 $x \in A$ 和 $y \in A$，如果 $<x,y> \in R$，则存在某个 $j > 0$，使得 $<x,y> \in C_j \times C_j$。于是，$<y,x> \in C_j \times C_j$，即 $<y,x> \in R$。因此，R 是对称的。

综上述知，关系 R 为 A 上的相容关系。证毕。

例 2.65 试给出集合 $A=\{1,2,3,4,5\}$ 上的两个相容关系。

解 易知 $\{\{1,2,3\},\{4,5\}\}$ 和 $\{\{1,2\},\{3,4\},\{5\}\}$ 都是集合 A 的完全覆盖。由此，可构造如下关系

$R_1 = \{<1,1>, <1,2>, <1,3>, <2,1>, <2,2>, <2,3>, <3,1>,$
$\qquad <3,2>, <3,3>, <4,4>, <4,5>, <5,4>, <5,5>\}$

$R_2 = \{<1,1>, <1,2>, <2,1>, <2,2>, <3,3>, <3,4>,$
$\qquad <4,3>, <4,4>, <5,5>\}$

显然，R_1 和 R_2 都具有自反性和对称性。所以，R_1 和 R_2 都是集合 A 上的相容关系。

2.4.3　偏序关系

序关系反映了事物之间的次序特征。通过序关系可以对集合中元素进行排序。由于任意集合上的所有元素不一定都能够排序，一般是部分元素之间的排序，所以部分序或偏序的意义更大。

例如，集合 $A=\{2,4,6,8\}$ 上的整除关系为 $R=\{<2,2>, <2,4>, <2,6>, <2,8>,$ $<4,4>, <4,8>, <6,6>, <8,8>\}$，该关系具有自反性、反对称性和传递性。

定义 2.28 对于非空集合 A 上的二元关系 R，如果 R 是自反的、反对称的和传递的，则称 R 为 A 上的**偏序关系**(partial order relation)，简称为偏序，记为"$\leqslant$"，读作"小于等于"，并将序偶 $<x,y> \in R$ 记为 $x \leqslant y$。如果集合 A 上有偏序关系 R，则称 A 为**偏序集**(partial order set)，记为 $<A, \leqslant>$。

注意：这里的"小于等于"不是指数值的大小，而是在偏序关系中的顺序性。"x 小于等于 y"的含义是：依照这个序，x 在偏序上排在 y 的前面或者相同。根据不同偏序的定义有不同的解释。例如，整数集上的整除关系是偏序关系，$3 \leqslant 6$ 的含义是 3 整除 6；整数集上的大于等于关系也是偏序关系，$5 \leqslant 4$ 的含义是该关系中 5 排在 4 的前边，也就是 5 比 4 大。

例 2.66 判断下列关系是否为偏序关系。

① 集合 A 的幂集合 $P(A)$ 中元素之间的包含关系"$\subseteq$"；

② 实数集合 $\mathbf{R}$ 上的小于等于关系"$\leqslant$"；

③ 实数集合 $\mathbf{R}$ 上的大于等于关系"$\geqslant$"；

④ 自然数集合 $\mathbf{N}$ 上的模 n 同余关系；

⑤ 正整数集合上的整除关系;

⑥ 人群中的"父子"关系。

解 ① 集合 A 的幂集合 $P(A)$ 中元素之间的包含关系"⊆"是自反的、反对称的和传递的,所以,$<P(A),⊆>$ 是偏序关系;

② 实数集合 **R** 上的小于等于关系"≤"具有自反性、反对称性和传递性,所以,它是偏序关系;

③ 实数集合 **R** 上的大于等于关系"≥"具有自反性、反对称性和传递性,所以,该关系是偏序关系;

④ 自然数集合 **N** 上的模 n 同余关系具有自反性和传递性,但不具有反对称性,所以,该关系不是偏序关系;

⑤ 正整数集合上的整除关系具有自反性、反对称性的和传递性,所以,该关系是偏序关系;

⑥ 人群中的"父子"关系具有反对称性,但不具有自反性和传递性,所以,该关系不是偏序关系。

例 2.67 判断集合 $A=\{2,3,4,5,6,8\}$ 上的整除关系是否为偏序关系,并用关系矩阵和关系图表示。

解 集合 A 上的整除关系为

$R = \{<2,2>, <2,4>, <2,6>, <2,8>, <3,3>, <3,6>, <4,4>,$
$\quad <4,8>, <5,5>, <6,6>, <8,8>\}$

显然,该关系具有自反性、反对称性和传递性。所以,它是偏序关系。

该关系的关系矩阵为

$$M_R = \begin{bmatrix} 1 & 0 & 1 & 0 & 1 & 1 \\ 0 & 1 & 0 & 0 & 1 & 0 \\ 0 & 0 & 1 & 0 & 0 & 1 \\ 0 & 0 & 0 & 1 & 0 & 0 \\ 0 & 0 & 0 & 0 & 1 & 0 \\ 0 & 0 & 0 & 0 & 0 & 1 \end{bmatrix}$$

该关系的关系图如图 2.13 所示。

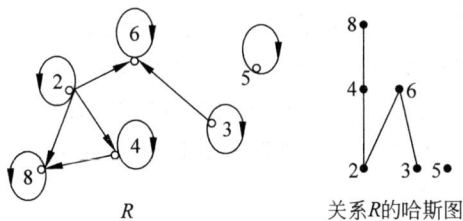

图 2.13 偏序关系的关系图

通过例 2.67 中的偏序关系可以发现:对于非空集合 A 上的偏序关系 R,任意元素 $x \in A$ 和 $y \in A$ 可能以关系 R 相关,即 $<x,y> \in R$ 或者 $<y,x> \in R$,也即 $x \leqslant y$ 或者 $y \leqslant x$。也可能不以关系 R 相关,即 $<x,y> \notin R$ 且 $<y,x> \notin R$。

定义 2.29 设 R 为非空集合 A 上的偏序关系,对于任意元素 $x \in A$ 和 $y \in A$,如果 $x \leqslant y$ 或者 $y \leqslant x$,则称 x 与 y 是**可比的**(comparable)。若 $x \leqslant y$ 且 $x \neq y$,则称 x 排在 y 的前面,

记作 $x<y$，读作"x 小于 y"。如果 $<x,y>\notin R$ 且 $<y,x>\notin R$，则称 x 与 y 是**不可比的**（incomparable），或者不是可比的。如果 $x<y$ 且不存在元素 $z\in A$，使得 $x<z$ 且 $z<y$，则称 y **盖住**（covering）x。

由定义 2.28 可知，具有偏序关系 R 的集合 A 中的任意元素 x 和 y，可能有下述几种情况发生：

① $x<y$（或 $y<x$）；

② $x=y$；

③ x 与 y 不是可比的。

例 2.68　对于例 2.67 中集合 $A=\{2,3,4,5,6,8\}$ 上的整除关系，有

① 2 与 4 是可比的，且 2 排在 4 的前面，即 2 小于 4，表示为 $2<4$；

② 2 与 6 是可比的，且 2 排在 6 的前面，即 2 小于 6，表示为 $2<6$；

③ 2 与 8 是可比的，且 2 排在 8 的前面，即 2 小于 8，表示为 $2<8$；

④ 3 与 6 是可比的，且 3 排在 6 的前面，即 3 小于 6，表示为 $3<6$；

⑤ 4 与 8 是可比的，且 4 排在 8 的前面，即 4 小于 8，表示为 $4<8$；

⑥ 2 与 2 是可比的，3 与 3 是可比的，4 与 4 是可比的，5 与 5 是可比的，6 与 6 是可比的，8 与 8 是可比的；

⑦ 2 与 3 是不可比的，2 与 5 是不可比的；

⑧ 3 与 4 是不可比的，3 与 5 是不可比的，3 与 8 是不可比的；

⑨ 4 与 5 是不可比的，4 与 6 是不可比的；

⑩ 5 与 6 是不可比的，5 与 8 是不可比的；

⑪ 6 与 8 是不可比的；

⑫ 4 盖住 2，8 盖住 4，6 盖住 2，6 盖住 3。

在例 2.67 中偏序关系的关系图表示中，由于偏序关系是自反的，各结点处均有自环；由于偏序关系是反对称的，关系图中任何两个不同结点之间不可能有相互到达的边；由于偏序关系是传递的，如果存在 x 到 y 的边和 y 到 z 的边，那么必存在一条 x 到 z 的边。

对于偏序关系的关系图表示可进行如下简化：

(1) 由于偏序关系是自反的，各结点处均有环，约定全部略去。

(2) 由于偏序关系是反对称的，关系图中任何两个不同结点之间不可能有相互到达的边，因此可约定边的向上方向为箭头方向，省略全部箭头。

(3) 由于偏序关系是传递的，可以将传递关系可以推出的边也省去。

经过这些简化后的偏序关系的关系图称为**哈斯图**（Hasse graph）。

哈斯图的绘制步骤是：

(1) 以"•"表示元素；

(2) 若 $x<y$，则 y 画在 x 的上层；

(3) 若 y 盖住 x，则连线；

(4) 不可比的元素可画在同一层。

例 2.69　例 2.67 中集合 $A=\{2,3,4,5,6,8\}$ 上的整除关系的哈斯图如图 2.13 所示。

例 2.70　绘制如下偏序关系的哈斯图。

① 集合 $A=\{1,2,3,4,6,12\}$ 上的整除关系；

② 集合 $A=\{2,3,4,5,8\}$ 上的大于等于关系"$\geqslant$";

③ 集合 $A=\{2,3,6,12,24,36\}$ 上的整除关系;

④ 集合 $A=\{a,b,c\}$ 的幂集 $P(A)$ 上的包含于关系"$\subseteq$"。

解 偏序关系①,②,③和④的哈斯图如图 2.14 所示。

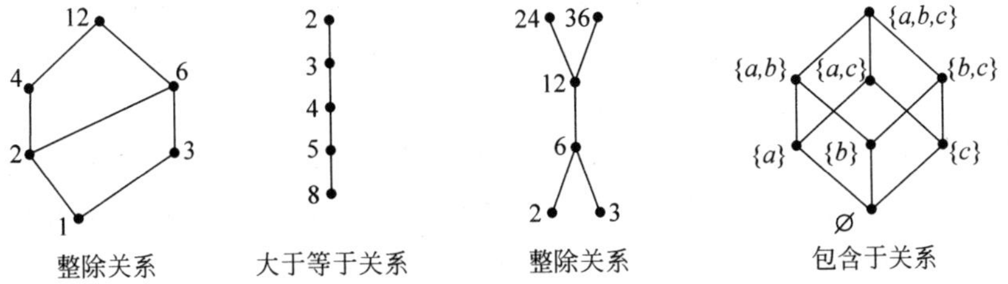

图 2.14 偏序关系的哈斯图

在例 2.70 中的哈斯图可以看到一些元素非常特殊。例如,在偏序关系①的哈斯图中,元素 12 比元素 6,4,3,2 和 1 都"大",即比所有元素都"大",元素 1 比元素 2,3,4,6 和 12 都"小",即比所有元素都"小";在偏序关系②的哈斯图中,元素 2 比元素 3,4,5 和 8 都"大",即比所有元素都"大",元素 8 比元素 5,4,3 和 2 都"小",即比所有元素都"小";在偏序关系③的哈斯图中,元素 2 和 3 位于哈斯图的最下面,比它们上面的所有元素都"小",元素 24 和 36 位于哈斯图的最上面,比它们下面的所有元素都"大";在偏序关系④的哈斯图中,元素 $\varnothing$ 位于哈斯图的最下面,比所有元素都"小",元素 $\{a,b,c\}$ 位于哈斯图的最上面,比所有元素都"大"。

利用偏序关系可对集合中的元素进行比较和排序。在哈斯图中,各元素都处在不同的层次上,有的元素的位置特殊,它们是偏序集合中的特殊元素,这些元素有助于我们对偏序集合进行深入分析。

定义 2.30 对于偏序集 $<A,\leqslant>$ 和集合 A 的任意子集 B,如果存在元素 $b\in B$,使得任意 $x\in B$ 都有 $x\leqslant b$,则称 b 为 B 的**最大元素**(greatest element),简称为**最大元**;如果存在元素 $b\in B$,使得任意 $x\in B$ 都有 $b\leqslant x$,则称 b 为 B 的**最小元素**(smallest element),简称为**最小元**。

例 2.71 对于例 2.70 中偏序关系①,集合 A 的子集 $B_1=\{1,6\}$,$B_2=\{1,2,3\}$,$B_3=\{4,6,12\}$,$B_4=\{2,4,6\}$,$B_5=\{1,2,6,12\}$ 和 $B_6=\{1,2,3,4,6,12\}$,试求出 B_1,B_2,B_3,B_4,B_5 和 B_6 的最大元和最小元。

解 对于集合 $B_1=\{1,6\}$,最大元为 6,最小元为 1;

对于集合 $B_2=\{1,2,3\}$,元素 2 和 3 不可比,所以,不存在最大元,最小元为 1;

对于集合 $B_3=\{4,6,12\}$,元素 4 和 6 不可比,所以,不存在最小元,最大元为 12;

对于集合 $B_4=\{2,4,6\}$,元素 4 和 6 不可比,所以,不存在最大元,最小元为 2;

对于集合 $B_5=\{1,2,6,12\}$,最大元为 12,最小元为 1;

对于集合 $B_6=\{1,2,3,4,6,12\}$,最大元为 12,最小元为 1。

例 2.72 对于例 2.70 中偏序关系③,集合 A 的子集 $B_1=\{6,12\}$,$B_2=\{2,3\}$,$B_3=\{12,36\}$,$B_4=\{2,3,6\}$,$B_5=\{2,3,6,12\}$ 和 $B_6=\{2,3,6,12,24,36\}$,试求出 B_1,B_2,B_3,B_4,B_5 和 B_6 的最大元和最小元。

解　对于集合 $B_1=\{6,12\}$，最大元为 12，最小元为 6；

对于集合 $B_2=\{2,3\}$，元素 2 和 3 不可比，所以，不存在最大元，也不存在最小元；

对于集合 $B_3=\{12,36\}$，最大元为 36，最小元为 12；

对于集合 $B_4=\{2,3,6\}$，元素 2 和 3 不可比，所以，不存在最小元，最大元为 6；

对于集合 $B_5=\{2,3,6,12\}$，元素 2 和 3 不可比，所以，不存在最小元，最大元为 12；

对于集合 $B_6=\{2,3,6,12,24,36\}$，元素 2 和 3 不可比，元素 24 和 36 不可比，所以，不存在最大元，也不存在最小元。

定义 2.31　对于偏序集 $<A,\leqslant>$ 和集合 A 的任意子集 B，如果存在元素 $b\in B$，使得 B 中不存在其他元素 x 满足 $b\leqslant x$，则称 b 为 B 的**极大元素**（maximal element），简称为**极大元**；如果存在元素 $b\in B$，使得 B 中不存在其他元素 x 满足 $x\leqslant b$，则称 b 为 B 的**极小元素**（minimal element），简称为**极小元**。

偏序集 $<A,\leqslant>$ 的任意子集 B 的最大（小）元与极大（小）元不同之处是：最大（小）元必须与 B 中每个元素都可比（或都有关系），而极大（小）元则无此要求（只要求没有比它更大或更小的元素）。

例 2.73　试求出例 2.71 中子集 B_1,B_2,B_3,B_4,B_5 和 B_6 的极大元和极小元。

解　对于集合 $B_1=\{1,6\}$，极大元为 6，极小元为 1；

对于集合 $B_2=\{1,2,3\}$，极大元为 2 和 3，极小元为 1；

对于集合 $B_3=\{4,6,12\}$，极大元为 12，极小元为 4 和 6；

对于集合 $B_4=\{2,4,6\}$，极大元为 4 和 6，极小元为 2；

对于集合 $B_5=\{1,2,6,12\}$，极大元为 12，极小元为 1；

对于集合 $B_6=\{1,2,3,4,6,12\}$，极大元为 12，极小元为 1。

例 2.74　试求出例 2.72 中子集 B_1,B_2,B_3,B_4,B_5 和 B_6 的极大元和极小元。

解　对于集合 $B_1=\{6,12\}$，极大元为 12，极小元为 6；

对于集合 $B_2=\{2,3\}$，极大元为 2 和 3，极小元为 2 和 3；

对于集合 $B_3=\{12,36\}$，极大元为 36，极小元为 12；

对于集合 $B_4=\{2,3,6\}$，极大元为 6，极小元为 2 和 3；

对于集合 $B_5=\{2,3,6,12\}$，极大元为 12，极小元为 2 和 3；

对于集合 $B_6=\{2,3,6,12,24,36\}$，极大元为 24 和 36，极小元为 2 和 3。

定义 2.32　对于偏序集 $<A,\leqslant>$ 和集合 A 的任意子集 B，如果存在元素 $a\in A$，使得任意 $x\in B$ 都有 $x\leqslant a$，则称 a 为子集 B 的**上界**（upper bound）；如果存在元素 $a\in A$，使得任意 $x\in B$ 都有 $a\leqslant x$，则称 a 为子集 B 的**下界**（lower bound）。

注意：偏序集 $<A,\leqslant>$ 的任意子集 B 的上（下）界不一定是集合 B 中的元素。

例 2.75　试求出例 2.71 中子集 B_1,B_2,B_3,B_4,B_5 和 B_6 的上界和下界。

解　对于集合 $B_1=\{1,6\}$，上界为 6 和 12，下界为 1；

对于集合 $B_2=\{1,2,3\}$，上界为 6 和 12，下界为 1；

对于集合 $B_3=\{4,6,12\}$，上界为 12，下界为 1 和 2；

对于集合 $B_4=\{2,4,6\}$，上界为 12，下界为 1 和 2；

对于集合 $B_5=\{1,2,6,12\}$，上界为 12，下界为 1；

对于集合 $B_6=\{1,2,3,4,6,12\}$，上界为 12，下界为 1。

例 2.76　试求出例 2.72 中子集 B_1,B_2,B_3,B_4,B_5 和 B_6 的上界和下界。

解　对于集合 $B_1=\{6,12\}$，上界为 12,24 和 36，下界为 2,3 和 6；

对于集合 $B_2=\{2,3\}$，上界为 6,12,24 和 36，无下界；

对于集合 $B_3=\{12,36\}$，上界为 36，下界为 2,3,6 和 12；

对于集合 $B_4=\{2,3,6\}$，上界为 6,12,24 和 36，无下界；

对于集合 $B_5=\{2,3,6,12\}$，上界为 12,24 和 36，无下界；

对于集合 $B_6=\{2,3,6,12,24,36\}$，无上界，也无下界。

定义 2.33　对于偏序集 $<A,\leqslant>$ 和集合 A 的任意子集 B，如果存在子集 B 的上界 a，使得 B 的任意上界 x 都有 $a\leqslant x$，则称 a 为子集 B 的**最小上界**(least upper bound)或**上确界**，记为 $\sup(B)=a$；如果存在子集 B 的下界 a，使得 B 的任意下界 x 都有 $x\leqslant a$，则称 a 为子集 B 的**最大下界**(greatest lower bound)或**下确界**，记为 $\inf(B)=a$。换言之，如果 C 是 B 的所有上界的集合，则 C 的最小元 c 称为 B 的**最小上界**或**上确界**；如果 C 是 B 的所有下界的集合，则 C 的最大元 c 称为 B 的**最大下界**或**下确界**。

例 2.77　试求出例 2.71 中子集 B_1,B_2,B_3,B_4,B_5 和 B_6 的上确界和下确界。

解　对于集合 $B_1=\{1,6\}$，上确界为 6，下确界为 1；

对于集合 $B_2=\{1,2,3\}$，上确界为 6，下确界为 1；

对于集合 $B_3=\{4,6,12\}$，上确界为 12，下确界为 2；

对于集合 $B_4=\{2,4,6\}$，上确界为 12，下确界为 2；

对于集合 $B_5=\{1,2,6,12\}$，上确界为 12，下确界为 1；

对于集合 $B_6=\{1,2,3,4,6,12\}$，上确界为 12，下确界为 1。

例 2.78　试求出例 2.72 中子集 B_1,B_2,B_3,B_4,B_5 和 B_6 的上确界和下确界。

解　对于集合 $B_1=\{6,12\}$，上确界为 12，下确界为 6；

对于集合 $B_2=\{2,3\}$，上确界为 6，无下确界；

对于集合 $B_3=\{12,36\}$，上确界为 36，下确界为 12；

对于集合 $B_4=\{2,3,6\}$，上确界为 6，无下确界；

对于集合 $B_5=\{2,3,6,12\}$，上确界为 12，无下确界；

对于集合 $B_6=\{2,3,6,12,24,36\}$，无上确界，也无下确界。

通过上面几个例子，可以看出偏序集中的特殊元素具有一些重要的性质。可总结为定理 2.24 和定理 2.25。

定理 2.24　对于偏序集 $<A,\leqslant>$ 和集合 A 的任意子集 B，那么有

① 若 b 为 B 的最大元，则 b 为 B 的极大元、上界和上确界；

② 若 b 为 B 的最小元，则 b 为 B 的极小元、下界和下确界；

③ 若 a 为 B 的上界且 $a\in B$，则 a 为 B 的最大元；

④ 若 a 为 B 的下界且 $a\in B$，则 a 为 B 的最小元。

证明　这里仅证明②和③，①和④的证明读者做练习。

② 对于偏序集 $<A,\leqslant>$ 和集合 A 的任意子集 B，若 b 为 B 的最小元，那么，根据最小元的定义知，任意 $x\in B$ 都有 $b\leqslant x$，当然不存在元素 $y\in B$ 满足 $y\leqslant b$，所以，根据极小元和下界的定义，必有 b 为 B 的极小元，也为的 B 的下界。

设 a 为 B 的下确界。一方面，由于最小元要小于等于 B 中的所有元素，因此 b 为 B 的

一个下界。又由于 a 为 B 的下确界,即最大下界,因此 $b \leqslant a$。另一方面,a 为 B 的下界,它要小于等于 B 中的所有元素,即 $a \leqslant b$。由偏序关系的反对称性知必有 $b = a$,即最小元是下确界。

③ 对于偏序集 $<A, \leqslant>$ 和集合 A 的任意子集 B,若 a 为 B 的上界且 $a \in B$,那么,根据上界的定义知 B 中所有元素都要小于等于 a,显然,a 为 B 的最大元。

定理 2.25   对于偏序集 $<A, \leqslant>$ 和集合 A 的任意子集 B,那么有

① 若 B 有最大元,则 B 的最大元唯一;

② 若 B 有最小元,则 B 的最小元唯一;

③ 若 B 有上确界,则 B 的上确界唯一;

④ 若 B 有下确界,则 B 的下确界唯一;

⑤ 若 B 为有限集,则 B 的极大元、极小元恒存在。

证明   这里仅证明①和③,②、④和⑤的证明读者做练习。

① 对于偏序集 $<A, \leqslant>$ 和集合 A 的任意子集 B,若 b 为 B 的最大元,设 x 为 B 的另一最大元。根据最大元的定义,B 中所有元素都要小于等于它,即 $b \leqslant x$ 且 $x \leqslant b$。由偏序关系的反对称性知必有 $b = x$,即 B 的最大元唯一。

③ 对于偏序集 $<A, \leqslant>$ 和集合 A 的任意子集 B,若 b 为 B 的上确界,设 x 为 B 的另一上确界。根据上确界的定义,B 的上界中所有元素都要小于等于它。又由于 b 和 x 必然都是的上界,于是,$b \leqslant x$ 且 $x \leqslant b$。由偏序关系的反对称性知必有 $b = x$,即 B 的上确界唯一。

定义 2.34   对于偏序集 $<A, \leqslant>$,如果 A 中任意两个元素 x 和 y 都是有关系的(或者 x 和 y 是可比的),即 $x \leqslant y$ 或者 $y \leqslant x$,则称该偏序关系为**全序关系**(total order relation),简称为**全序**,或者**线序关系**,简称为**线序**。并称 $<A, \leqslant>$ 为**全序集**(total order set),或者**线序集**,或者**链**(chain)。

例 2.79   判断下列关系是否为全序关系,并给出其哈斯图。

① 集合 $\{2,3,4,6,8,12\}$ 上的整除关系 R_1;

② 集合 $\{2,3,5,7,9\}$ 上的大于等于关系 R_2;

③ 实数集合上的小于等于关系 R_3;

④ 集合 $\{a,b,c\}$ 上的关系 $R_4 = \{<a,a>, <b,b>, <c,c>, <a,b>, <b,c>, <a,c>\}$。

解   关系①、②、③和④都是偏序关系。根据全序关系的定义,②、③和④都是全序关系;①不是全序关系,因为其中元素 2 和 3 无关,元素 3 和 4 无关,元素 3 和 8 无关,元素 4 和 6 无关,元素 6 和 8 无关,元素 8 和 12 无关。

这些关系的哈斯图如图 2.15 所示。

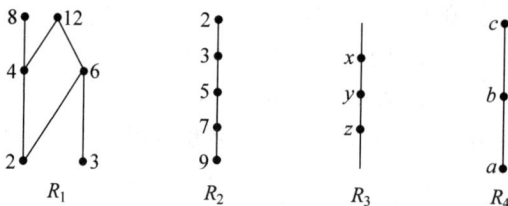

图 2.15   偏序关系的哈斯图

从例 2.79 可以看出，当一个偏序关系是全序时，其哈斯图将集合中元素排成一条线，像一条链子，充分体现了其"链"的特征。而且，如果 $<A,\leqslant>$ 是一个全序集，B 是 A 的子集，则 B 有最大(小)元当且仅当 B 有极大(小)元。

定义 2.35 对于偏序集 $<A,\leqslant>$，如果 A 的任意一个非空子集都有最小元素，则称该偏序关系为**良序关系**(well order relation)，简称为**良序**。并称 $<A,\leqslant>$ 称为**良序集**(well order set)。

例 2.80 判断例 2.79 中关系是否为良序关系？

解 根据良序关系的定义，首先判断它们是否为偏序关系，然后再判断其任何一个非空子集是否都有最小元。

关系①、②、③和④都是偏序关系。关系②和④是良序关系，因为它们任何一个非空子集是都有最小元；关系①不是良序关系，因为非空子集{2,3}、{4,6}等都没有最小元；关系③不是良序关系，因为存在没有最小元的非空子集，如(0,1)开区间等。

从例 2.80 可以看出，一个良序集一定是全序集，反之则不然；同时，一个有限的全序集一定是良序集。

2.5 关系的应用

数据库(database)是按照一定格式存放在计算机存储设备上，有组织的、可共享的大量数据的集合。数据模型、数据组织、数据管理、数据存储、数据操作等都是数据库中的重要技术内容。数据模型是现实世界数据特征的抽象。概念模型是现实世界到信息世界的第一层抽象。信息世界所涉及的主要概念有：

(1) 实体(entity)：客观存在并可相互区别的事物称为实体。实体可以是具体的人、事、物，也可以是抽象的概念或联系，例如，一个职工、一个学生、一个部门、一门课、学生的一次选课、部门的一次订货、老师与院系的工作关系等都是实体。

(2) 属性(attribute)：实体所具有的某一特性称为属性。一个实体可以由若干个属性来刻画。例如，学生实体可以由学号、姓名、性别、出生年月、所在院系、入学时间等属性组成。"(94002268,张山,男,197605,计算机系,1994)"这些属性组合起来表征了一个学生。

(3) 键码(key)：唯一标识实体的属性集称为键码。例如，学号是学生实体的键码。

(4) 域(domain)：属性的取值范围称为该属性的域。例如，学号属性的域为 8 位整数，姓名属性的域为字符串集合，学生年龄属性的域为整数，性别属性的域为"(男,女)"。

(5) 联系(relationship)：在现实世界中，事物内部以及事物之间是有联系的，这些联系在信息世界中反映为实体(型)内部的联系和实体(型)之间的联系。实体内部的联系是指组成实体的各属性之间的联系；实体之间的联系是指不同实体集之间的联系。

关系模型是建立在关系等严格数学概念基础上的一种对现实世界进行第二层抽象的逻辑数据模型。在关系模型中，实体由一组关系来表征，每个关系是一张规范化的二维表。

一张二维表可以有 m 行 n 列。二维表的每一行称为一个元组(tuple)，它表征了一个完整的数据。一个元组有 n 个分量，因此这个元组就是一个 n 元元组，即 n 元序偶。二维表的每一列表示数据的分量，或者数据的一个属性。关系可描述为关系模式(relation schema)：关系名(属性 1,属性 2,…,属性 n)。事实上，这种二维表就是一个 n 元关系。

表 2.3 所示的学生登记表就是关系模型中的一张二维表。这张学生登记表中有 6 列,对应 6 个属性"(学号,姓名,年龄,性别,院系名,年级)";学号属性的域为 8 位整数,姓名属性的域为字符串集合,年龄属性的域是"(14～38)",性别属性的域是"(男,女)",院系名属性的域是学校所有院系名的集合;学生实体可描述为关系模式,即学生(学号,姓名,年龄,性别,院系名,年级);学号可以唯一确定一个学生,也就成为本关系的键码。

表 2.3 学生登记表

学号	姓名	年龄	性别	院系名	年级
20101006	王小明	19	男	计算机	2010
20101007	黄大鹏	20	男	机械工程	2009
20101008	张文丽	18	女	工商管理	2009
20102012	王莉云	21	女	电子工程	2010

表 2.4 所示为课程开设表的关系模型。这张课程开设表中有 5 列,对应 5 个属性"(课程编号,课程名称,课程所属院系,任课教师,教师编号)";课程编号、课程名称、课程所属院系和任课教师属性的域均为字符串集合,教师编号属性的域是 6 位整数;课程实体可描述为关系模式,即课程(课程编号,课程名称,课程所属院系,任课教师,教师编号);课程编号可以唯一确定一门课程,也就成为本关系的键码。

表 2.4 课程开设表

课程编号	课程名称	课程所属院系	任课教师	教师编号
L001	高等数学	理学院	钱 红	090022
L003	线性代数	理学院	王大伟	090012
L005	大学物理	理学院	唐红品	090027
C003	离散数学	计算机	马 良	030012

关系数据库是基于数据的关系模型所构造的数据库。对关系数据库进行查询时,若要找到用户关心的数据,就需要对关系进行一定的运算或操作。关系运算有两种:一种是传统的关系运算(并、交、差、笛卡儿积等),另一种是专门的关系运算(选择、投影、联接等)。

关系运算不仅涉及关系的水平方向(即二维表的行),而且涉及关系的垂直方向(即二维表的列)。关系运算的操作对象是关系,运算的结果仍为关系。

例如,表 2.5 所示是另一张学生登记表,可以通过关系的并运算,将表 2.3 和表 2.5 这两张学生登记表合并为表 2.6 所示的一个表。

表 2.5 学生登记表

学号	姓名	年龄	性别	院系名	年级
20102003	刘小明	19	男	计算机	2010
20102006	王大松	20	男	计算机	2010
20102009	李光明	19	男	计算机	2010
20092010	董光辉	20	男	电子工程	2009
20093001	张长江	20	男	计算机	2009

表2.6 合并后的学生登记表

学号	姓名	年龄	性别	院系名	年级
20101006	王小明	19	男	计算机	2010
20101007	黄大鹏	20	男	机械工程	2009
20101008	张文丽	18	女	工商管理	2009
20102012	王莉云	21	女	电子工程	2010
20102003	刘小明	19	男	计算机	2010
20102006	王大松	20	男	计算机	2010
20102009	李光明	19	男	计算机	2010
20092010	董光辉	20	男	电子工程	2009
20093001	张长江	20	男	计算机	2009

对于其他的传统关系运算这里不再叙述,下面介绍关系数据库中专有的几个关系运算。

(1) 选择(selection):选择运算是在关系中选择满足某些条件的元组,也就是说,选择运算是在二维表中选择满足指定条件的行。例如,在学生登记表中,若要找出所有计算机学院学生的元组,就可以使用选择运算来实现,条件是:院系名＝"计算机"。表2.6学生登记表进行选择运算后得到表2.7所示的学生登记表。

(2) 投影(projection):投影运算是在关系中选择满足某些条件的属性列。例如,在学生登记表中,若要仅显示学生的学号、姓名和性别,就可以使用投影运算来实现;在课程开设表中,若要仅显示课程编号、课程名称和任课教师,也可以使用投影运算来实现。表2.8和表2.9分别为经过投影运算的学生登记表和开设课程表。

表2.7 计算机学院学生登记表

学号	姓名	年龄	性别	院系名	年级
20101006	王小明	19	男	计算机	2010
20102003	刘小明	19	男	计算机	2010
20102006	王大松	20	男	计算机	2010
20102009	李光明	19	男	计算机	2010
20093001	张长江	20	男	计算机	2009

表2.8 经过投影运算的学生登记表

学号	姓名	性别
20101006	王小明	男
20102003	刘小明	男
20102006	王大松	男
20102009	李光明	男
20093001	张长江	男

表2.9 经过投影运算的开设课程表

课程编号	课程名称	任课教师
L001	高等数学	钱 红
L003	线性代数	王大伟
L005	大学物理	唐红品
C003	离散数学	马 良

(3) 联接(join):联接运算是从两个关系的笛卡儿积中选取属性间满足一定条件的元组。联接运算可将两个关系联在一起,形成一个新的关系。联接运算是笛卡儿积、选择和投影运算的组合。例如,如果表2.4中的课程为计算机学院学生的选修课程,那么可以通过对课程开设表和学生登记表进行联接运算,得到计算机学院学生选修课程表。当然,也可以通

过首先对学生登记表进行选择和投影运算、对课程开设表进行投影运算,然后再对经过运算后的课程开设表和学生登记表进行笛卡儿积运算。表 2.10 所示为经过关系运算后得到的计算机学院学生选修课程表。

表 2.10　计算机学院学生选修课程表

课程编号	课程名称	任课教师	学号	姓名	性别
L001	高等数学	钱　红	20101006	王小明	男
L001	高等数学	钱　红	20102003	刘小明	男
L001	高等数学	钱　红	20102006	王大松	男
L001	高等数学	钱　红	20102009	李光明	男
L001	高等数学	钱　红	20093001	张长江	男
L003	线性代数	王大伟	20101006	王小明	男
L003	线性代数	王大伟	20102003	刘小明	男
L003	线性代数	王大伟	20102006	王大松	男
L003	线性代数	王大伟	20102009	李光明	男
L003	线性代数	王大伟	20093001	张长江	男
L005	大学物理	唐红品	20101006	王小明	男
L005	大学物理	唐红品	20102003	刘小明	男
L005	大学物理	唐红品	20102006	王大松	男
L005	大学物理	唐红品	20102009	李光明	男
L005	大学物理	唐红品	20093001	张长江	男
C003	离散数学	马　良	20101006	王小明	男
C003	离散数学	马　良	20102003	刘小明	男
C003	离散数学	马　良	20102006	王大松	男
C003	离散数学	马　良	20102009	李光明	男
C003	离散数学	马　良	20093001	张长江	男

习题

1. 设集合 $A=\{1,2\}$ 和 $B=\{x,y\}$,求如下笛卡儿积。

① $A\times A$;　　　　　　　　　　② $A\times B$;

③ $B\times A$;　　　　　　　　　　④ $B\times B$。

2. 设集合 $A=\{a,b\}$,求如下笛卡儿积。

① $A\times P(A)$;　　　　　　　　② $P(A)\times A$;

③ $P(A)\times P(A)$;　　　　　　④ $A\times P(P(A))$。

3. 设集合 $A=\{1,2,3\}$,$B=\{1,3,5\}$ 和 $C=\{a,b\}$,求如下笛卡儿积。

① $(A\bigcap B)\times C$;　　　　　② $(A\times C)\bigcap(B\times C)$;

③ $(A\bigcup B)\times C$;　　　　　④ $(A\times C)\bigcup(B\times C)$。

4. 对于集合 A 和 B,证明

① $(A\bigcap B)\times C=(A\times C)\bigcap(B\times C)$;　　② $(A\bigcup B)\times C=(A\times C)\bigcup(B\times C)$。

5. 对于集合 $A=\{1,2,3\}$ 和 $B=\{2,3,4,6\}$,求

① 从 A 到 B 的小于等于关系; ② 从 A 到 B 的大于关系;

③ 从 A 到 B 的整除关系; ④ 从 B 到 A 的大于等于关系;

⑤ 从 B 到 A 的小于关系; ⑥ 从 B 到 A 的整除关系。

6. 对于集合 $A=\{1,2,3,4,6,8,12\}$,求

① A 上的小于等于关系; ② A 上的大于关系;

③ A 上的全关系; ④ A 上的恒等关系;

⑤ A 上的不等于关系; ⑥ A 上的整除关系。

7. 对于集合 $A=\{a,b,c\}$ 和集合 $B=\{\{a\},\{a,b\},\{a,c\},\{b,c\}\}$,求

① 从 $P(A)$ 到 B 的包含关系; ② 从 $P(A)$ 到 B 的真包含关系;

③ 从 B 到 $P(A)$ 的包含关系; ④ 从 B 到 $P(A)$ 的真包含关系;

⑤ B 上的包含关系; ⑥ B 上的恒等关系。

8. 对于集合 $A=\{3,5,7,9\}$ 和 $B=\{2,3,4,6,8,10\}$,求如下关系的关系矩阵。

① 从 A 到 B 的小于等于关系; ② 从 A 到 B 的大于关系;

③ 从 A 到 B 的整除关系; ④ 从 B 到 A 的大于等于关系;

⑤ 从 B 到 A 的小于关系; ⑥ 从 B 到 A 的整除关系。

9. 对于集合 $A=\{2,3,4,6,7,8,10\}$,求如下关系的关系矩阵。

① A 上的小于等于关系; ② A 上的大于关系;

③ A 上的全关系; ④ A 上的恒等关系;

⑤ A 上的不等于关系; ⑥ A 上的整除关系。

10. 对于集合 $A=\{a,b,c\}$ 和集合 $B=\{\varnothing,\{a,b\},\{a,b,c\}\}$,求如下关系的关系矩阵。

① 从 $P(A)$ 到 B 的包含关系; ② 从 $P(A)$ 到 B 的真包含关系;

③ 从 B 到 $P(A)$ 的包含关系; ④ 从 B 到 $P(A)$ 的真包含关系;

⑤ B 上的包含关系; ⑥ B 上的恒等关系。

11. 绘制题 8 中各关系的关系图。

12. 绘制题 9 中各关系的关系图。

13. 绘制题 10 中各关系的关系图。

14. 设 $A=\{a,b,c,d,e,f,g\}$,其中 a,b,c,d,e,f 和 g 分别表示 7 个人,且 a,b 和 c 都是 18 岁,d 和 e 都是 21 岁,f 和 g 都是 23 岁。试给出 A 上的同龄关系,并用关系矩阵和关系图表示。

15. 判断集合 $A=\{a,b,c\}$ 上的如下关系所具有的性质。

① $R_1=\{<a,a>,<b,b>,<c,c>,<a,b>,<b,c>,<a,c>\}$;

② $R_2=\{<a,a>,<c,c>,<a,b>,<b,a>\}$;

③ $R_3=\{<a,b>,<a,c>,<b,c>\}$;

④ $R_4=\{<a,a>,<b,b>,<c,c>,<a,b>,<b,a>\}$;

⑤ $R_5=A\times A$;

⑥ $R_6=\varnothing$。

16. 判断集合 $A=\{3,5,6,7,10,12\}$ 上的如下关系所具有的性质。

① A 上的小于等于关系; ② A 上的大于关系;

③ A 上的全关系；　　　　　　　　　④ A 上的恒等关系；

⑤ A 上的不等于关系；　　　　　　　⑥ A 上的整除关系。

17. 给出集合 $A=\{1,2,3,4\}$ 上的关系的例子，使它分别具有如下性质。

① 既不是自反的，又不是反自反的；　　② 既是对称的，又是反对称的；

③ 既不是对称的，又不是反对称的；　　④ 既是传递的，又是对称的；

⑤ 既是反自反的，又是传递的；　　　　⑥ 既是反对称的，又是自反的。

18. 对于集合 $A=\{a,b,c\}$ 上的关系，求

① 对称关系的数目；

② 反对称关系的数目；

③ 传递关系的数目；

④ 既不是对称的，又不是反对称的关系的数目；

⑤ 既是对称的，又是反对称的关系的数目；

⑥ 既不是自反的，又不是反自反的关系的数目。

19. 对于图 2.16 中给出的集合 $A=\{1,2,3\}$ 上的关系，写出相应的关系表达式和关系矩阵，并分析它们各自具有的性质。

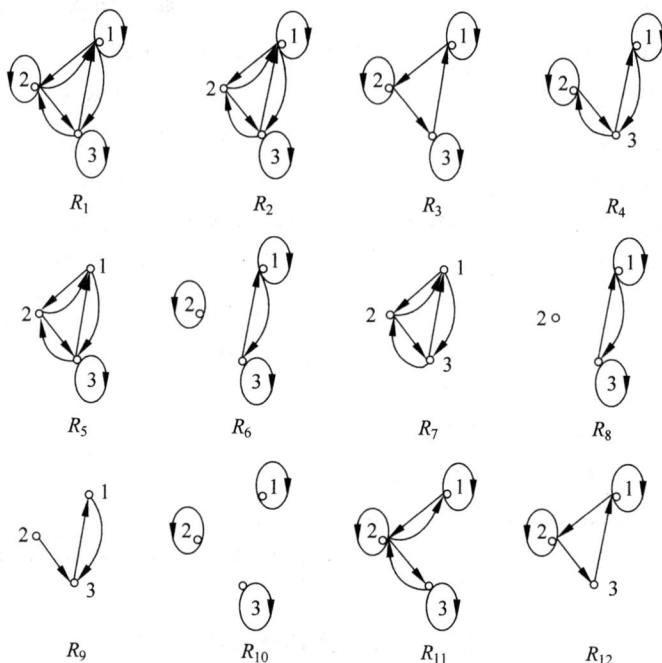

图 2.16　题 19 的关系图

20. 对于集合 A 上的自反关系 R 和 S，判断如下结论的正确性，并举例说明。

① $R\cup S$ 是自反关系；　　　② $R\cap S$ 是自反关系；　　　③ $R-S$ 是自反关系。

21. 对于集合 A 上的反自反关系 R 和 S，判断如下结论的正确性，并举例说明。

① $R\cup S$ 是反自反关系；　　② $R\cap S$ 是反自反关系；　　③ $R-S$ 是反自反关系。

22. 对于集合 A 上的对称关系 R 和 S，判断如下结论的正确性，并举例说明。

① $R\cup S$ 是对称关系；　　　② $R\cap S$ 是对称关系；　　　③ $R-S$ 是对称关系。

23. 对于集合 A 上的反对称关系 R 和 S,判断如下结论的正确性,并举例说明。

① $R \cup S$ 是反对称关系;　　② $R \cap S$ 是反对称关系;　　③ $R-S$ 是反对称关系。

24. 对于集合 A 上的传递关系 R 和 S,判断如下结论的正确性,并举例说明。

① $R \cup S$ 是传递关系;　　② $R \cap S$ 是传递关系;　　③ $R-S$ 是传递关系。

25. 对于集合 $A=\{a,b,c\}$ 到集合 $B=\{1,2\}$ 的关系 $R=\{<a,1>,<b,2>,<c,1>\}$ 和 $S=\{<a,1>,<b,1>,<c,1>\}$,求 $R \cup S, R \cap S, R-S, S-R, \sim R$ 和 $\sim S$。

26. 设 R 和 S 是集合 A 上的关系,试证明或否定以下论断。

① 若 R 和 S 是自反的,则 $R \circ S$ 是自反的;

② 若 R 和 S 是反自反的,则 $R \circ S$ 是反自反的;

③ 若 R 和 S 是对称的,则 $R \circ S$ 是对称的;

④ 若 R 和 S 是反对称的,则 $R \circ S$ 是反对称的;

⑤ 若 R 和 S 是传递的,则 $R \circ S$ 是传递的;

⑥ 若 R 和 S 是自反的和对称的,则 $R \circ S$ 是自反的和对称的。

27. 对于集合 $A=\{1,2,3,4,5,6\}$ 上的关系 $R=\{<x,y>|(x-y)^2 \in A\}$,$S=\{<x,y>|y$ 是 x 的倍数$\}$ 和 $T=\{<x,y>|x$ 整除 y,y 是素数$\}$,试写出各关系中的元素、各关系的关系矩阵和关系图,并计算下列各式。

① $R \circ S$;　　　　　　　② $(R \circ S) \circ T$;　　　　　　③ $(R \cap S) \circ T$;

④ $(R \cap T) \circ S$;　　　　⑤ $(R \cup S) \circ T$;　　　　　⑥ $(R \circ S) \circ R$。

28. 对于集合 $A=\{1,2,3,4,5,6\}$ 上的关系 $R=\{<x,y>|x+y \in A\}$,$S=\{<x,y>|x$ 是 y 的倍数$\}$ 和 $T=\{<x,y>|x>y\}$,试计算

① $S \circ R$;　　　　　　　② $(R \circ S) \circ T$;　　　　　　③ $(R \cap S) \circ R$;

④ $(R \cap S) \circ T$;　　　　⑤ $(R \cup S) \circ T$;　　　　　⑥ $(R \cap T) \circ S$。

29. 对于集合 $A=\{1,2,3,4\}$ 上的关系 $R=\{<x,y>|y=x+1$ 或者 $y=x/2\}$ 和 $S=\{<x,y>|x=y+2\}$,求

① R^{-1};　　　　　　　② S^{-1};　　　　　　　③ $(R \circ S)^{-1}$;

④ $(R)^{-1} \circ (S)^{-1}$;　　⑤ $(R \cup S)^{-1}$;　　　　⑥ $(R)^{-1} \bigcup (S)^{-1}$;

⑦ $(R \cap S)^{-1}$;　　　　⑧ $(R)^{-1} \bigcap (S)^{-1}$;　　⑨ $(S \circ R)^{-1}$;

⑩ $(S)^{-1} \circ (R)^{-1}$。

30. 对于题 29 中的关系 R 和 S,求

① R^2;　　　　　　　　② S^2;　　　　　　　　③ $(R \circ S)^2$;

④ $R^2 \circ S^2$;　　　　　⑤ $(R \cup S)^2$;　　　　　⑥ $(R)^2 \bigcup (S)^2$;

⑦ $(R \cap S)^2$;　　　　　⑧ $(R)^2 \bigcap (S)^2$;　　　⑨ $(S \circ R)^2$;

⑩ $(S)^2 \circ (R)^2$。

31. 设 R 和 S 是定义在人类集合 P 上的关系,其中,$R=\{<x,y>|x$ 是 y 的父亲,$x \in P, y \in P\}$,$S=\{<x,y>|x$ 是 y 的母亲,$x \in P, y \in P\}$,试问

① $R \circ R$ 表示什么关系;　　　　　② $S^{-1} \circ R$ 表示什么关系;

③ $S \circ R^{-1}$ 表示什么关系;　　　　④ R^3 表示什么关系;

⑤ $\{<x,y>|x$ 是 y 的祖母,$x \in P, y \in P\}$ 如何用 R 和 S 表示;

⑥ $\{<x,y>|x$ 是 y 的外祖母,$x \in P, y \in P\}$ 如何用 R 和 S 表示。

32. 对于集合 $A=\{a,b,c\}$ 上的如下关系,求各个关系的各次幂。

① $R_1=\{<a,a>,<b,a>\}$;

② $R_2=\{<a,a>,<c,c>,<a,b>,<b,a>\}$;

③ $R_3=\{<a,b>,<a,c>,<b,c>\}$;

④ $R_4=\{<a,a>,<b,b>,<a,b>,<b,a>\}$;

⑤ $R_5=\{<a,b>,<b,c>,<c,c>\}$;

⑥ $R_6=\{<a,c>,<c,c>\}$。

33. 对于题 29 中的关系 R 和 S,求下列各式,并给出所得关系的关系矩阵和关系图。

① $r(R)$;　　　　② $s(R)$;　　　　③ $t(R)$;

④ $r(S)$;　　　　⑤ $s(S)$;　　　　⑥ $rs(R)$;

⑦ $rt(R)$;　　　　⑧ $st(R)$;　　　　⑨ $st(S)$;

⑩ $sr(R)$。

34. 对于集合 $A=\{a,b,c\}$ 上的关系 $R=\{<a,b>,<b,c>,<c,a>\}$,求 $r(R),s(R),t(R),rs(R),rt(R),st(R)$ 和 $srt(R)$,并给出所得关系的关系矩阵和关系图。

35. 设 R 是集合 A 上的关系,试证明或否定以下论断。

① 若 R 是自反的,则 $s(R),t(R)$ 是自反的;

② 若 R 是反自反的,则 $s(R),t(R)$ 是反自反的;

③ 若 R 是对称的,则 $r(R),t(R)$ 是对称的;

④ 若 R 是反对称的,则 $r(R),t(R)$ 是反对称的;

⑤ 若 R 是传递的,则 $r(R),s(R)$ 是传递的;

⑥ 若 R 是对称的,则 $rt(R),tr(R)$ 是对称的。

36. 对于图 2.17 中给出的集合 $A=\{1,2,3,4\}$ 上的关系,求这些关系的自反闭包、对称闭包和传递闭包,并画出对应关系的关系图。

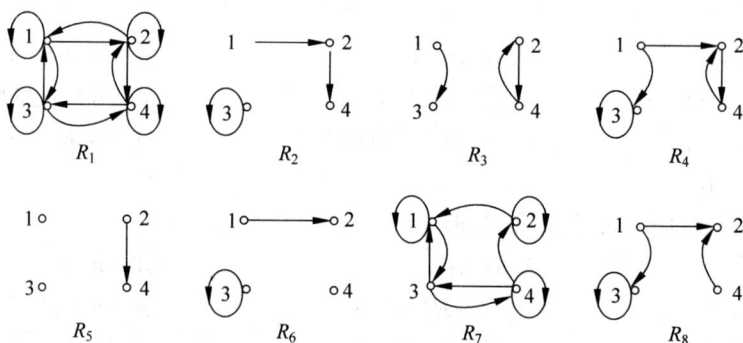

图 2.17　题 36 的关系图

37. 对于集合 $A=\{0,1,2,3\}$ 上的如下关系,判定哪些关系是等价关系。

① $\{<0,0>,<1,1>,<2,2>,<3,3>\}$;

② $\{<0,0>,<0,2>,<2,0>,<2,2>,<2,3>,<3,2>,<3,3>\}$;

③ $\{<0,0>,<1,1>,<1,2>,<2,1>,<3,3>\}$;

④ $\{<0,0>,<1,1>,<1,3>,<2,2>,<2,3>,<3,1>,<3,2>,<3,3>\}$;

⑤ $\{<0,0>,<0,1>,<0,2>,<1,0>,<1,1>,<1,2>,<2,0>,<2,2>,<3,3>\}$；

⑥ $\varnothing$。

38. 对于人类集合上的如下关系,判定哪些是等价关系。

① $\{<x,y>|x$ 与 y 有相同的父母$\}$；

② $\{<x,y>|x$ 与 y 有相同的年龄$\}$；

③ $\{<x,y>|x$ 与 y 是朋友$\}$；

④ $\{<x,y>|x$ 与 y 都选修离散数学课程$\}$；

⑤ $\{<x,y>|x$ 与 y 是老乡$\}$；

⑥ $\{<x,y>|x$ 与 y 有相同的祖父$\}$。

39. 设 R 和 S 是集合 A 上的等价关系,判定下列各式中哪些是等价关系。

① $R \cup S$；   ② $R \cap S$；   ③ $R-S$；

④ $A \times A-(R \cup S)$；   ⑤ $R \circ S$；   ⑥ R^{-1}。

40. 对于长度至少为 3 的所有二进制串的集合上的关系 $R=\{<x,y>|x$ 和 y 第 3 位(不含第 3 位)之后各位相同$\}$,试证明 R 是等价关系。

41. 对于正整数集合上的关系 $R=\{<<a,b>,<c,d>>|a \cdot b=c \cdot d\}$,试证明 R 是等价关系。

42. 设 R 是所有二进制串的集合 A 上的关系,xRy 当且仅当 x 和 y 包含相同个数的 1,试证明 R 是等价关系。

43. 对于题 40 中的关系 R,求二进制串 010,1011,11111,01010101 的等价类。

44. 对于题 42 中的关系 R,求二进制串 011 的等价类。

45. 对于题 37 中的各等价关系,求集合 A 中各元素的等价类和 A 的商集。

46. 对于题 42 中的等价关系 R,求集合 A 中各元素的等价类和 A 的商集。

47. 对于集合 $A=\{a,b,c,d,e,f,g\}$ 的划分 $S=\{\{a,c,e\},\{b,d\},\{f,g\}\}$,求划分 S 所对应的等价关系。

48. 对于图 2.18 中给出的集合 $A=\{a,b,c,d\}$ 上的关系,判断是否为等价关系。

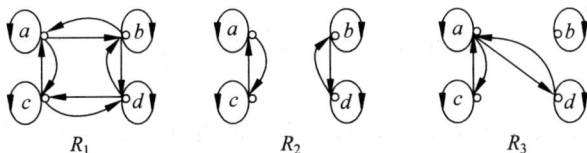

图 2.18 题 48 的关系图

49. 设 **Z** 是整数集,当 $a \cdot b \geqslant 0$ 时,$<a,b> \in R$,说明 R 是 A 上的相容关系,但不是 A 上的等价关系。

50. 集合 $A=\{air,book,class,go,in,not,yes,make,program\}$ 上的关系 R 定义为:当两个单词中至少有一个字母相同时,则认为是相关的。证明 R 是相容关系,并写出 R 产生的所有最大相容类。

51. 对于集合 $A=\{a,b,c,d,e,f,g\}$ 上的覆盖 $C=\{\{a,b,c,d\},\{c,d,e\},\{d,e,f\},\{f,g\}\}$,求覆盖 C 所对应的相容关系。

52. 画出如下集合 A 上整除关系的哈斯图。

① $A=\{1,2,3,4,5,6,7,8\}$；   ② $A=\{1,2,3,5,7,11,13\}$；

③ $A=\{1,2,3,6,12,24,36,48\}$；   ④ $A=\{1,2,4,8,16,32,64\}$；

⑤ $A=\{1,2,3,4,6,8,12,24\}$；   ⑥ $A=\{2,3,5,6,9,12,24\}$。

53. 求题 52 中各关系下集合 A 的极大元、极小元、最大元和最小元。

54. 对于题 52 中的集合①和②上的整除关系，求子集 $\{1,2,3,5\}$ 和子集 $\{2,3,7\}$ 的上界、下界、上确界和下确界。

55. 对于题 52 中的集合③和⑤上的整除关系，求子集 $\{2,3,6\}$ 和子集 $\{1,6,12\}$ 的上界、下界、上确界和下确界。

56. 对于图 2.19 所示的集合 A 上的偏序关系所对应的哈斯图，求集合 A 的极大元、极小元、最大元和最小元。

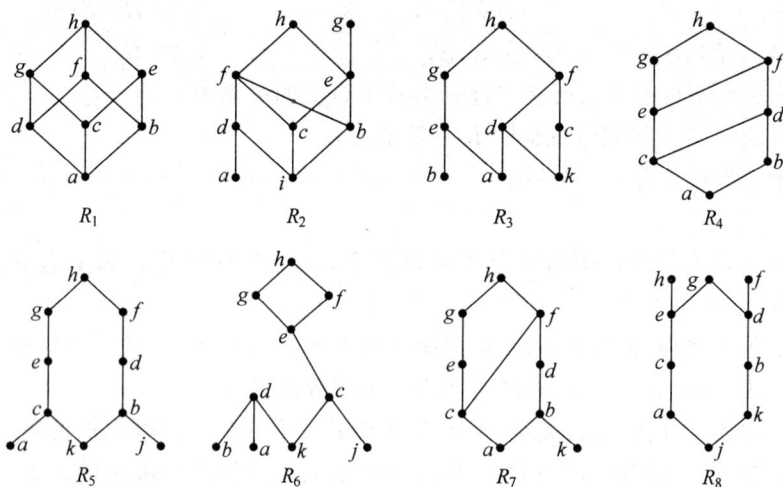

图 2.19   题 56 的哈斯图

57. 对于偏序集 $<A,\leqslant>$ 和集合 A 的任意子集 B，试证明：若 b 为 B 的最大元，则 b 为 B 的极大元、上界和上确界。

58. 对于偏序集 $<A,\leqslant>$ 和集合 A 的任意子集 B，试证明：若 B 有下确界，则 B 的下确界唯一。

59. 对于集合 $A=\{\varnothing,\{1\},\{1,3\},\{1,2,3\}\}$，证明 A 上的包含关系 "$\subseteq$" 是全序关系，并画出其哈斯图。

60. 判断下列关系是否为偏序关系、全序关系或良序关系。

① 自然数集 $\mathbf{N}$ 上的小于关系 "$<$"；

② 自然数集 $\mathbf{N}$ 上的大于等于关系 "$\geqslant$"；

③ 整数集 $\mathbf{Z}$ 上的小于等于关系 "$\leqslant$"；

④ 幂集 $P(\mathbf{N})$ 上的真包含关系 "$\subset$"；

⑤ 幂集 $P(\{a\})$ 上的包含关系 "$\subseteq$"；

⑥ 幂集 $P(\varnothing)$ 上的包含关系 "$\subseteq$"。

第3章

函数

3.1 函数的概念

3.1.1 函数的定义

函数是最基本的数学概念之一,也是最重要的数学工具。连续变量函数或实函数在微积分学中的地位是众所周知的,离散对象之间的函数关系在计算机科学研究中有着极其重要的意义。

定义 3.1 设 f 是集合 A 到 B 的关系,如果对每个 $x \in A$,都存在唯一的 $y \in B$ 使得 $<x, y> \in f$,则称关系 f 为集合 A 到 B 的**函数**(function)或**映射**(mapping),记为 $f: A \rightarrow B$ 或 $y = f(x)$。并称 x 为函数 f 的**自变量**(argument)或**源点**,y 为 x 在函数 f 下的**函数值**(value)或**像点**(individual image)。集合 A 称为函数 f 的**定义域**(domain),记为 $\text{dom } f = A$。所有像点组成的集合称为函数 f 的**值域**(range)或函数 f 的**像**(image),记为 $\text{ran } f$ 或 $f(A)$。

由定义 3.1 可知,函数是一种特殊的关系,它要求 A 中每一个元素都与 B 中一个且仅一个元素相关。同时,也可以通过集合 A 上的关系,定义出集合 A 到 A 的函数。

例 3.1 设集合 $A = \{1, 2, 3, 4\}$ 和 $B = \{a, b, c, d\}$,判断下列 A 到 B 的关系哪些是函数,并写出函数的值域。

① $f_1 = \{<1, a>, <2, a>, <3, d>, <4, c>\}$;

② $f_2 = \{<1, a>, <2, a>, <2, d>, <4, c>\}$;

③ $f_3 = \{<1, a>, <2, b>, <3, d>, <4, c>\}$;

④ $f_4 = \{<1, a>, <2, b>, <2, c>, <3, d>, <4, c>\}$;

⑤ $f_5 = \{<2, a>, <2, b>, <2, c>, <2, d>, <3, b>, <4, c>\}$;

⑥ $f_6 = \{<1, a>, <2, b>, <3, a>, <4, b>\}$。

解 ① f_1 是函数,值域为 $f_1(A) = \{a, c, d\}$;

② f_2 不是函数,因为元素 3 没有像点,且元素 2 与元素 a 和 d 对应,即不存在唯一的像点;

③ f_3 是函数,值域为 $f_3(A) = \{a, b, c, d\}$;

④ f_4 不是函数,因为元素 2 与元素 c 和 d 对应,即不存在唯一的像点;

⑤ f_5 不是函数,因为元素 1 没有像点,且元素 2 与元素 a, b, c 和 d 对应,即不存在唯一

的像点；

⑥ f_6 是函数，值域为 $f_6(A) = \{a, b\}$。

例 3.2 设集合 $A = \{\text{'www. edu. cn'}, \text{'peking university'}, \text{'Guilin'}, \text{'discrete structure'}, \text{'function'}, \text{'range'}\}$，$f$ 是 A 到整数集的关系，表示对每个字符串返回其长度。显然 f 是 A 到整数集的函数，即 $f: A \to \mathbf{Z}$。该函数的定义域为 $\text{dom } f = A$，值域为 $\text{ran } f = \{10, 17, 6, 18, 8, 5\}$。

例 3.3 判断下列关系哪些是函数。

① $f_1 = \{<x, y> \mid x \in \mathbf{N}, y \in \mathbf{N}, x + y < 10\}$；

② $f_2 = \{<x, y> \mid x \in \mathbf{R}, y \in \mathbf{R}, |x| = y\}$；

③ $f_3 = \{<x, y> \mid x \in \mathbf{R}, y \in \mathbf{R}, x = |y|\}$；

④ $f_4 = \{<x, y> \mid x \in \mathbf{Z}, y \in \mathbf{Z}, y \text{ 是 } x \text{ 的 } 2 \text{ 倍}\}$；

⑤ $f_5 = \{<x, y> \mid x \in \mathbf{R}, y \in \mathbf{R}, |x| = |y|\}$；

⑥ $f_6 = \{<x, y> \mid x \in \mathbf{R}, y \in \mathbf{R}, x^2 = y\}$。

解 根据函数的定义知，f_2，f_4 和 f_6 是函数。f_1 不是函数，因为 f_1 既不满足定义域为 $\mathbf{N}$，又不满足唯一像点条件；f_3 不是函数，因为 f_3 既不满足定义域为 $\mathbf{R}$，又不满足唯一像点条件；f_5 不是函数，因为 f_5 不满足唯一像点条件。

由上面的几个例子，可以总结出函数的如下几个特点：

① 定义域是集合 A，而不能是集合 A 的任意一个真子集；

② 对于定义域中的任意一个元素都有唯一的值和其对应，也就是说只能是多对一，而不能是一对多，称之为像点的**单值性**；

③ 集合 A 到 B 的函数 f 的值域 $f(A)$ 是集合 B 的子集，即 $f(A) \subseteq B$；

④ 集合 A 到 B 的函数 f 的基数等于其定义域的基数，即 $|f| = |A|$；

⑤ $f(x)$ 表示一个函数值，而 f 是一个序偶的集合，因此 $f(x) \neq f$。

例 3.4 对于集合 $A = \{1, 2, 3\}$ 和 $B = \{a, b\}$，试写出 A 到 B 的所有函数和 B 到 A 的所有函数。

解 设函数 $f: A \to B$，函数 $g: B \to A$。根据函数的定义，$f(1)$ 可以取 a 或者 b 两个值；$f(1)$ 取定一个值时，$f(2)$ 可以取 a 或者 b 两个值；而 $f(2)$ 取定一个值时，$f(3)$ 可以取 a 或者 b 两个值。因此，集合 A 到 B 可以定义出如下 2^3 种不同的函数。

$f_1 = \{<1, a>, <2, a>, <3, a>\}$　$f_2 = \{<1, a>, <2, a>, <3, b>\}$

$f_3 = \{<1, a>, <2, b>, <3, a>\}$　$f_4 = \{<1, a>, <2, b>, <3, b>\}$

$f_5 = \{<1, b>, <2, a>, <3, a>\}$　$f_6 = \{<1, b>, <2, a>, <3, b>\}$

$f_7 = \{<1, b>, <2, b>, <3, a>\}$　$f_8 = \{<1, b>, <2, b>, <3, b>\}$

同理，集合 B 到 A 可以定义出如下 3^2 种不同的函数。

$g_1 = \{<a, 1>, <b, 1>\}$　$g_2 = \{<a, 1>, <b, 2>\}$

$g_3 = \{<a, 1>, <b, 3>\}$　$g_4 = \{<a, 2>, <b, 1>\}$

$g_5 = \{<a, 2>, <b, 2>\}$　$g_6 = \{<a, 2>, <b, 3>\}$

$g_7 = \{<a, 3>, <b, 1>\}$　$g_8 = \{<a, 3>, <b, 2>\}$

$g_9 = \{<a, 3>, <b, 3>\}$

图 3.1 描述了函数的取值过程。

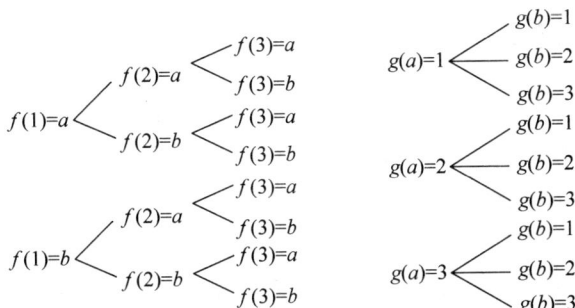

图 3.1 函数的取值过程

从例 3.4 可以看出,对于有限集合 A 和 B,如果 $|A|=m$ 和 $|B|=n$,那么,集合 A 到 B 可以定义出 n^m 种不同的函数。通常,将集合 A 到 B 的所有函数构成的集合记为 B^A,即

$$B^A = \{f \mid f\colon A \to B\}$$

例 3.5 对于集合 $A=\{1,2,3\}$ 到 $B=\{a,b,c\}$ 的关系 $f=\{<1,a>,<2,b>,<3,c>\}$ 和 $g=\{<1,b>,<2,b>,<3,a>\}$,判断 $f,g,f\bigcup g,f\bigcap g,f-g,\sim f$ 和 $f\oplus g$ 是否为 A 到 B 的函数。

解 根据函数的定义,f 和 g 都是集合 A 到 B 的函数。

$f\bigcup g=\{<1,a>,<1,b>,<2,b>,<3,a>,<3,c>\}$ 不是集合 A 到 B 的函数,因为元素 1 和 3 都不满足唯一像点条件。

$f\bigcap g=\{<2,b>\}$ 不是集合 A 到 B 的函数,因为元素 1 和 3 都没有像点。

$f-g=\{<1,a>,<3,c>\}$ 不是集合 A 到 B 的函数,因为元素 2 没有像点。

$\sim f=\{<1,b>,<1,c>,<2,a>,<2,c>,<3,a>,<3,b>\}$ 不是集合 A 到 B 的函数,因为元素 1,2 和 3 都不满足唯一像点条件。

$f\oplus g=\{<1,a>,<1,b>,<3,a>,<3,c>\}$ 不是集合 A 到 B 的函数,因为元素 1 和 3 都不满足唯一像点条件,且元素 2 没有像点。

例 3.6 对于集合 $A=\{1,2,3\}$ 上的关系 $f=\{<1,1>,<2,2>,<3,3>\}$ 和 $g=\{<1,2>,<2,2>,<3,1>\}$,判断 $f,g,f\bigcup g,f\bigcap g,f-g,\sim f$ 和 $f\oplus g$ 是否为 A 到 A 的函数。

解 根据函数的定义,f 和 g 都是集合 A 到 A 的函数。

$f\bigcup g=\{<1,1>,<1,2>,<2,2>,<3,1>,<3,3>\}$ 不是集合 A 到 A 的函数,因为元素 1 和 3 都不满足唯一像点条件。

$f\bigcap g=\{<2,2>\}$ 不是集合 A 到 A 的函数,因为元素 1 和 3 都没有像点。

$f-g=\{<1,1>,<3,3>\}$ 不是集合 A 到 A 的函数,因为元素 2 没有像点。

$\sim f=\{<1,2>,<1,3>,<2,1>,<2,3>,<3,1>,<3,2>\}$ 不是集合 A 到 A 的函数,因为元素 1,2 和 3 都不满足唯一像点条件。

$f\oplus g=\{<1,1>,<1,2>,<3,1>,<3,3>\}$ 不是集合 A 到 A 的函数,因为元素 1 和 3 都不满足唯一像点条件,且元素 2 没有像点。

通过例 3.5 和例 3.6 可以看出,函数是一种特殊的关系,可以进行关系的基本运算,但是,函数的并、交、差、补和对称差运算的结果并不一定是函数。

3.1.2 特殊函数

函数描述了集合 A 中元素和集合 B 中元素之间的特殊对应关系。这种对应关系可以是一对一的或多对一的。同时,函数的值域可以是集合 B 的一个真子集,也可以是集合 B 自身。这些不同的情形,形成了下面一些特殊函数。

定义 3.2 设 f 是集合 A 到 B 的函数,对于 A 中任意两个元素 x 和 y,如果 $x \neq y$ 时,都有 $f(x) \neq f(y)$,则称 f 是集合 A 到 B 的**单射函数**(injection)或**一对一的映射**。

例如,集合 $A = \{1,2,3\}$ 到 $B = \{a,b,c,d\}$ 的函数 $f = \{<1,a>,<2,b>,<3,c>\}$,对于 A 中任意两个元素 x 和 y,当 $x \neq y$ 时,都有 $f(x) \neq f(y)$。所以 f 是集合 A 到 B 的单射函数。

定义 3.3 设 f 是集合 A 到 B 的函数,如果函数 f 的值域恰好是集合 B,即 $f(A) = B$,则称 f 是集合 A 到 B 的**满射函数**(surjection)或 A **到 B 上的映射**。

例如,集合 $A = \{1,2,3\}$ 到 $B = \{a,b\}$ 的函数 $f = \{<1,a>,<2,b>,<3,a>\}$,函数的值域 $f(A) = \{a,b\} = B$。所以,f 是集合 A 到 B 的满射函数。

定义 3.4 设 f 是集合 A 到 B 的函数,如果函数 f 既是集合 A 到 B 的单射函数又是集合 A 到 B 的满射函数,则称 f 是集合 A 到 B 的**双射函数**(bijection)或**一一对应的映射**。

例如,集合 $A = \{1,2,3\}$ 到 $B = \{a,b,c\}$ 的函数 $f = \{<1,a>,<2,b>,<3,c>\}$,对于 A 中任意两个元素 x 和 y,当 $x \neq y$ 时,都有 $f(x) \neq f(y)$。并且,函数的值域 $f(A) = \{a,b,c\} = B$。所以,f 既是集合 A 到 B 的单射函数又是集合 A 到 B 的满射函数。因此,f 是集合 A 到 B 的双射函数。

例 3.7 判断下列 A 到 B 的关系哪些是函数,并说明是否为单射函数、满射函数或双射函数。

① 集合 $A = \{1,2,3\}$ 和 $B = \{a,b,c,d\}$,关系 $f_1 = \{<1,a>,<2,b>,<3,d>\}$;

② 集合 $A = \{1,2,3\}$ 和 $B = \{a,b\}$,关系 $f_2 = \{<1,a>,<2,a>,<3,b>\}$;

③ 集合 $A = \{1,2,3\}$ 和 $B = \{a,b\}$,关系 $f_3 = \{<1,a>,<2,a>,<3,a>\}$;

④ 集合 $A = \{1,2,3\}$ 和 $B = \{a,b,c\}$,关系 $f_4 = \{<1,a>,<2,b>,<3,c>\}$;

⑤ 集合 $A = \{1,2,3,4\}$ 和 $B = \{a,b,c\}$,关系 $f_5 = \{<1,a>,<2,b>,<3,a>,<4,c>\}$;

⑥ 集合 $A = \{1,2,3\}$ 和 $B = \{a,b\}$,关系 $f_6 = \{<1,a>,<2,a>,<2,b>,<3,a>\}$。

解 ① f_1 是函数,且是单射函数;

② f_2 是函数,且是满射函数;

③ f_3 是函数,既不是单射函数,也不是满射函数;

④ f_4 是函数,且是单射函数、满射函数、双射函数;

⑤ f_5 是函数,且是满射函数;

⑥ f_6 不是函数。

例 3.8 判断下列函数是否为单射函数、满射函数或双射函数。

① $f: \mathbf{R} \to \mathbf{R}, f(x) = -x^2 + 2x - 1$;

② $f: \mathbf{Z} \to \mathbf{Z}, f(x) = |x|$;

③ $f: \mathbf{Z} \rightarrow \mathbf{Z}, f(x)=x-1$;

④ $f: \mathbf{N} \rightarrow \mathbf{N} \times \mathbf{N}, f(x)=<x, x+1>$;

⑤ $f: \mathbf{R}^{+} \rightarrow \mathbf{R}^{+}, f(x)=(x^2+1)/x$, $\mathbf{R}^{+}$ 为正实数集;

⑥ $f: \mathbf{Z}^{+} \rightarrow \mathbf{R}, f(x)=\ln x$, $\mathbf{Z}^{+}$ 为正整数集。

解　① $f(0)=f(2)=-1$, 因此不是单射函数; f 在 $x=1$ 取得极大值 0, 因此不是满射函数;

② $f(1)=f(-1)=1$, 因此不是单射函数; f 的像点都非负, 因此不是满射函数;

③ f 是单射函数、满射函数、双射函数;

④ f 是单射函数; $<0,0> \notin \operatorname{ran} f$, 因此不是满射函数;

⑤ 当 $x \rightarrow 0$ 和 $x \rightarrow +\infty$ 时, $f(x) \rightarrow +\infty$, 因此不是单射函数; f 有极小值 2, 因此不是满射函数;

⑥ f 是单射函数; f 的像点都非负, 因此不是满射函数。

从例 3.7 和例 3.8 可以看出, 若 f 是有限集 A 到有限集 B 的函数, 则有

① f 是单射函数的必要条件是 $|A| \leqslant |B|$;

② f 是满射函数的必要条件是 $|B| \leqslant |A|$;

③ f 是双射函数的必要条件是 $|A| = |B|$。

例 3.9　试证明如下论断: 若 f 是有限集 A 到有限集 B 的函数, 且 $|A| = |B|$, 那么, f 是单射函数当且仅当 f 是满射函数。

证明　(必要性)设 f 是单射函数。显然, f 是 A 到 $f(A)$ 的满射函数, 故 f 是 A 到 $f(A)$ 的双射函数, 因此 $|A| = |f(A)|$。从而, 由 $|A| = |B|$ 知, $|f(A)| = |B|$。进而, 由 $|f(A)| = |B|$ 且 $f(A) \subseteq B$ 可得 $f(A) = B$。所以, f 是有限集 A 到有限集 B 的满射函数。

(充分性)设 f 是满射函数。对于集合 A 中任意元素 $x \neq y$, 假设 $f(x) = f(y)$。由于 f 是 A 到 B 的满射函数, 所以, f 也是 $(A-\{x\})$ 到 B 的满射函数, 故 $|A-\{x\}| \geqslant |B|$, 即 $|A|-1 \geqslant |B|$, 这与 $|A| = |B|$ 矛盾。因此, f 是有限集 A 到有限集 B 的单射函数。证毕。

例 3.10　对于有限集 A 和有限集 B, 设 $|A|=3$, $|B|=4$, 计算可定义多少种不同的 A 到 B 的单射函数。

解　A 到 B 的单射函数数目为 4 个元素中取 3 个的排列, 即

$$P(4,3) = 4!/(4-3)! = 24$$

例 3.11　对于有限集 A 和有限集 B, 设 $|A|=4$, $|B|=3$, 计算可定义多少种不同的 A 到 B 的满射函数。

解　如果把 A 中元素的两个元素"合并"成 1 个元素, 即把 A 看作由 3 个元素组成的集合, 由于由 3 个元素的集合到 3 个元素的集合可定义的双射函数为 3!=6 个, 而 4 个元素"合并"成 3 个元素共有 $C(4,2)=6$ 种方案, 所以, 根据乘法原理, A 到 B 的满射函数数目共有 $6 \times 6 = 36$ 种。

例 3.12　对于集合 $A=\{a, b, c, d\}$, 计算可定义多少种不同的 A 到 A 的双射函数。

解　为了便于分析问题, 先画出双射函数的图形表示, 如图 3.2 所示。

由图 3.2 可看出, a, b, c 和 d 的一种排列就确定了 A 到 A 的一个双射函数, 所以, A 到 A 可定义的双射函数数目是 4 个元素的全排列, 即 4!=24。

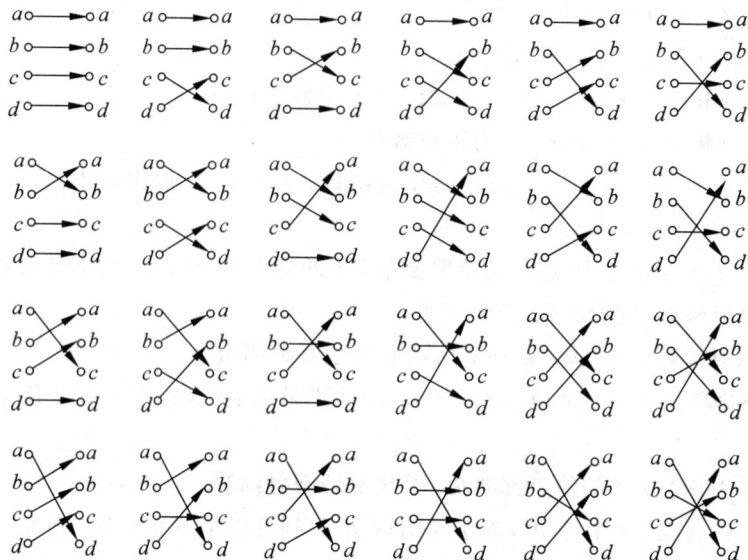

图 3.2 双射函数

3.2 函数的运算

3.2.1 复合运算

函数是一种特殊的关系,也应该能够进行关系的复合运算。那么,复合运算的结果是不是像基本运算那样,不一定是函数呢?回答是否定的。函数经复合运算后仍然是函数。

定理 3.1 对于集合 A,B 和 C,f 是 A 到 B 的关系,g 是 B 到 C 的关系,如果 f 和 g 分别是 A 到 B 和 B 到 C 的函数,那么,复合关系 $f \circ g$ 是 A 到 C 的函数。

证明 首先证明 $\mathrm{dom}(f \circ g) = A$。对于任意 $x \in A$,由函数 $f: A \to B$ 知,必存在 $y \in B$ 使得 $<x,y> \in f$;由函数 $g: B \to C$ 知,对于 $y \in B$ 必存在 $z \in C$ 使得 $<y,z> \in g$;因此,$<x,z> \in f \circ g$,即 $x \in \mathrm{dom}(f \circ g)$。

再证明 $f \circ g$ 的单值性。设任意 $x \in A$,有 $z_1 \in C$ 和 $z_2 \in C$ 使得 $<x,z_1> \in f \circ g$ 和 $<x,z_2> \in f \circ g$,那么,有 $y_1 \in B$ 和 $y_2 \in B$ 使得 $<x,y_1> \in f,<y_1,z_1> \in g,<x,y_2> \in f$ 和 $<y_2,z_2> \in g$。由 f 为函数知 $y_1 = y_2$;又由 g 为函数知 $z_1 = z_2$。所以,$f \circ g$ 为 A 到 C 的函数。证毕。

定义 3.5 对于集合 A 到 B 的函数 f 和集合 B 到 C 的函数 g,复合关系 $f \circ g$ 称为函数 f 和函数 g 的**复合函数**(composition function),记为 $f \circ g: A \to C$。并称"$\circ$"为函数的**复合运算**(composition operation)。

注意: $<x,z> \in f \circ g$ 是指存在 y 使得 $<x,y> \in f$ 和 $<y,z> \in g$,即 $y = f(x),z = g(y) = g(f(x))$,因而 $f \circ g(x) = g(f(x))$。这说明,当 f 和 g 为函数时,它们的复合作用于自变量的次序刚好与复合原始记号的次序相反。我们约定,函数复合时,只有当两个函数中一个函数的定义域与另一个函数的值域相同时,它们的复合才有意义。

例 3.13 设集合 $A = \{a,b,c,d\},B = \{b,c,d\}$ 和 $C = \{a,b,d\}$,集合 A 到集合 B 的函数

$f = \{<a,b>,<b,b>,<c,d>,<d,d>\}$，集合 B 到集合 C 的函数 $g = \{<b,a>,<c,d>,<d,b>\}$，求复合函数 $f \circ g$。

解 依据复合函数的定义可以得到：

$$f \circ g = \{<a,a>,<b,a>,<c,b>,<d,b>\}$$

例 3.14 对于 **R** 到 **R** 的函数 $f(x)=2x+1$ 和 $g(x)=x^2+1$，求 $f \circ g, g \circ f, f \circ f$ 和 $g \circ g$。

解 依据复合函数的定义可以得到：

$$f \circ g(x) = g(f(x)) = (2x+1)^2 + 1 = 4x^2 + 4x + 2$$
$$g \circ f(x) = f(g(x)) = 2(x^2+1) + 1 = 2x^2 + 3$$
$$f \circ f(x) = f(f(x)) = 2(2x+1) + 1 = 4x + 3$$
$$g \circ g(x) = g(g(x)) = (x^2+1)^2 + 1 = x^4 + 2x^2 + 2$$

例 3.15 对于函数 $f: A \to B$ 和 $g: B \to C$，证明如下论断：

① 如果 f 和 g 是单（满、双）射函数，则 $f \circ g$ 是单（满、双）射函数；

② 如果 $f \circ g$ 是单射函数，则 f 是单射函数；

③ 如果 $f \circ g$ 是满射函数，则 g 是满射函数；

④ 如果 $f \circ g$ 是双射函数，则 f 是单射函数，g 是满射函数。

证明 ① 设 f 和 g 是单射函数。对于任意 $x_1 \in A$ 和 $x_2 \in A, x_1 \neq x_2$，由 f 是单射函数知，必有 $y_1 \in B$ 和 $y_2 \in B, y_1 \neq y_2$ 且 $y_1 = f(x_1) \neq y_2 = f(x_2)$。又由 g 是单射函数知，必有 $z_1 \in C$ 和 $z_2 \in C, z_1 \neq z_2$ 且 $z_1 = g(y_1) \neq g(y_2)$。所以，$g(f(x_1)) \neq g(f(x_2))$，即 $f \circ g(x_1) \neq f \circ g(x_2)$。因此，$f \circ g$ 是单射函数。

设 f 和 g 是满射函数。对于任意 $z \in C$，由 g 是满射函数知，必有 $y \in B$ 使得 $g(y) = z$。又由 f 是满射函数知，必有 $x \in A$ 使得 $y = f(x)$。所以，必有 $g(f(x)) = z$，即 $f \circ g(x) = z$。因此，$f \circ g$ 是满射函数。

同理，可证得：如果 f 和 g 是双射函数，则 $f \circ g$ 是双射函数。

② 设 $f \circ g$ 是单射函数，而 f 不是单射函数。那么，有 $x_1 \in A$ 和 $x_2 \in A, x_1 \neq x_2$，使得 $f(x_1) = f(x_2)$。从而 $g(f(x_1)) = g(f(x_2))$，即 $f \circ g(x_1) = f \circ g(x_2)$。与 $f \circ g$ 是单射函数矛盾。故 f 是单射函数。

③ 设 $f \circ g$ 是满射函数，那么，对于任意 $z \in C$，必有 $x \in A$ 使得 $f \circ g(x) = z$。因此，必有 $y \in B, y = f(x)$ 且 $g(y) = z$。故 g 是满射函数。

④ 设 $f \circ g$ 是双射函数，由②知 f 是单射函数，由③知 g 是满射函数。证毕。

例 3.16 对于集合 $A = \{a_1, a_2, a_3\}, B = \{b_1, b_2, b_3, b_4\}$ 和 $C = \{c_1, c_2, c_3, c_4\}$，函数 $f = \{<a_1,b_1>,<a_2,b_2>,<a_3,b_3>\}$ 和函数 $g = \{<b_1,c_1>,<b_2,c_2>,<b_3,c_3>,<b_4,c_3>\}$，可求得 $f \circ g = \{<a_1,c_1>,<a_2,c_2>,<a_3,c_3>\}$。$f \circ g$ 是单射函数，但是，g 不是单射函数。

例 3.17 对于集合 $A = \{a_1, a_2, a_3\}, B = \{b_1, b_2, b_3\}$ 和 $C = \{c_1, c_2\}$，函数 $f = \{<a_1,b_1>,<a_2,b_2>,<a_3,b_2>\}$ 和函数 $g = \{<b_1,c_1>,<b_2,c_2>,<b_3,c_2>\}$，可求得 $f \circ g = \{<a_1,c_1>,<a_2,c_2>,<a_3,c_2>\}$。$f \circ g$ 是满射函数，但是，f 不是满射函数。

例 3.18 对于集合 $A = \{a_1, a_2, a_3\}, B = \{b_1, b_2, b_3, b_4\}$ 和 $C = \{c_1, c_2, c_3\}$，函数 $f = \{<a_1,b_2>,<a_2,b_1>,<a_3,b_3>\}$ 和函数 $g = \{<b_1,c_1>,<b_2,c_2>,<b_3,c_3>,<b_4,c_3>\}$，可

求得 $f \circ g = \{<a_1,c_2>,<a_2,c_1>,<a_3,c_3>\}$。$f \circ g$ 是双射函数,但是,g 不是单射函数,f 不是满射函数。

3.2.2 逆运算

任意关系都可以进行逆运算得到其逆关系。但是,对函数而言,就略有不同。由于在函数中一定要求 $\text{dom}\, f = A$ 和 A 中每一个元素有唯一的像点。所以,在对一个函数进行逆运算时,为了保证逆运算的结果仍是一个函数,就有相应的特殊要求。

定义 3.6 对于集合 A 到 B 的关系 g,如果关系 g 是 A 到 B 函数,且其逆关系 g^{-1} 是 B 到 A 函数,那么称 g^{-1} 是函数 g 的**逆函数**(inverse function)或**反函数**,记为 $g^{-1}: B \to A$。并称"-1"为函数的**逆运算**(inverse operation)。

例 3.19 判断下列函数哪些存在逆函数,并计算逆函数。

① 集合 $A = \{1,2,3\}$ 到 $B = \{a,b,c\}$ 的函数 $s = \{<1,c>,<2,b>,<3,a>\}$;

② 集合 $A = \{1,2,3\}$ 到 $B = \{a,b,c,d\}$ 的函数 $f = \{<1,a>,<2,b>,<3,d>\}$;

③ $h = \{<x,x+1> | x \in \mathbf{Z}\}$;

④ $g: \mathbf{Z} \to \mathbf{Z}, g(x) = x+4$;

⑤ $f: \mathbf{Z} \to \mathbf{Z}, f(x) = 2x+1$;

⑥ 集合 $A = \{1,2,3\}$ 到 $B = \{a,b\}$ 的函数 $g = \{<1,a>,<2,a>,<3,b>\}$。

解 ① 集合 $A = \{1,2,3\}$ 到 $B = \{a,b,c\}$ 的逆函数 $s^{-1} = \{<c,1>,<b,2>,<a,3>\}$。

② $f^{-1} = \{<a,1>,<b,2>,<d,3>\}$ 不是集合 $B = \{a,b,c,d\}$ 到 $A = \{1,2,3\}$ 的函数,所以,函数 f 不存在逆函数。

③ 逆函数 $h^{-1} = \{<x,x-1> | x \in \mathbf{Z}\}$。

④ 对于 $<x,x+4> \in g$,应有 $<x+4,x> \in g^{-1}$。令 $x+4 = y$,可得 $x = y-4$。所以,逆函数 $g^{-1}(x) = x-4$。

⑤ 对于 $<x,2x+1> \in f$,应有 $<2x+1,x> \in f^{-1}$。令 $2x+1 = y$,可得 $x = (y-1)/2$。f^{-1} 不是 $\mathbf{Z}$ 到 $\mathbf{Z}$ 的函数。所以,函数 f 不存在逆函数。

⑥ $g^{-1} = \{<a,1>,<a,2>,<b,3>\}$ 不是集合 $B = \{a,b\}$ 到 $A = \{1,2,3\}$ 的函数,所以,函数 g 不存在逆函数。

定理 3.2 如果 g 是集合 A 到 B 的双射函数,则 g 的逆关系 g^{-1} 是集合 B 到 A 的函数。

证明 由于 g 为双射函数,那么 g 为满射函数,因此,对于任意 $y \in B$,必有 $x \in A$ 使得 $g(x) = y$,从而 $<y,x> \in g^{-1}$,这表明 $\text{dom}(g^{-1}) = B$。

对于任意 $y \in B$,设 $<y,x_1> \in g^{-1}$ 和 $<y,x_2> \in g^{-1}$,那么 $g(x_1) = g(x_2) = y$。由于 g 是双射函数,那么,g 是单射函数,必有 $x_1 = x_2$,从而 g^{-1} 具有单值性。所以,g^{-1} 是集合 B 到 A 的函数。证毕。

例如,例 3.19 中①,③和④列出的都是双射函数,它们的逆关系都是函数;②和⑤中的函数都是单射函数,但都不是满射函数,它们的逆关系都不是函数;⑥中的函数是满射函数,但不是单射函数,它的逆关系不是函数。

3.3 函数的应用

　　哈希函数(Hash function)也称为散列函数或 Hash 函数,是一种将任意长度的输入字符串变化成固定长度的输出字符串的函数。在数据结构中,通常借助哈希函数来加速对数据项的查找过程。根据应用情况的不同,通常也将哈希函数的输出称为哈希值、哈希码、散列值等。

　　在线性表、树等数据结构中,每个记录所在的相对位置是随机的,与记录的关键字之间不存在确定关系,因此,在这些数据结构中查找记录时需要进行一系列的关键字比较操作,相应的查找效率依赖于查找过程中所进行的比较次数。如果希望不经过任何比较,仅用一次存取就能得到需要的记录,那么就必须建立一个关于存储位置和关键字的对应关系 f,使得每个关键字与一个唯一的存储位置相对应。在查找时,只要根据这个对应关系 f 就能找到给定值 key 的像 $f(\text{key})$。而一旦数据结构中存在关键字与 key 相等的记录,则其必定在 $f(\text{key})$ 存储位置上,这样不需要进行比较就可以直接取得所查找的记录。这里的对应关系 f 实际上就是一个哈希函数,而按照这种思路建立的表格则称为哈希表(Hash table)。

　　例如,如果要建立一张学生成绩表,最简单的方法是以学生的学号作为关键字,1号学生的记录位置在第1条,10号学生的记录位置在第10条,依此类推。此时,如果要查看学号为5的学生的成绩,则只要取出第5条记录就可以。这样建立的表实际上就是一张简单的哈希表,其哈希函数为 $f(\text{key})=\text{key}$。然而,很多情况下的哈希函数并不如此简单。为了查看的方便,可能会以学生的名字作为关键字。此时,为了能够根据学生的名字直接定位出相应记录所在的位置,需要将这些名字转化为数字,构造出相应的哈希函数。下面给出两个不同的哈希函数:

　　(1)考查学生名字的汉语拼音,将其中第一个字母在英语字母表中的序号作为哈希函数值。例如:"蔡军"的汉语拼音第一个字母为字母 C,因此取 03 作为其哈希值。

　　(2)考查学生名字的汉语拼音,将其中第一个字母和最后一个字母在英语字母表中的序号之和作为哈希函数值。例如,"蔡军"的汉语拼音第一个字母和最后一个字母分别为 C 和 N,因此取 17 作为其哈希值。

　　分别应用这两个哈希函数,成绩表中部分学生名字不同的哈希函数值如表3.1所示。

表 3.1　学生名字的哈希函数值

key	李丽 (LILI)	赵宏英 (ZHAOHONGYING)	肖军 (XIAOJUN)	吴小艳 (WUXIAOYAN)	肖秋梅 (XIAOQIUMEI)	陈伟 (CHENWEI)
$f_1(\text{key})$	12	26	24	23	24	03
$f_2(\text{key})$	21	33	38	37	33	12

　　在哈希表的构造过程中,可能会出现不同的关键字映射到同一地址的情况,即 $\text{key}_1 \neq \text{key}_2$ 但 $f(\text{key}_1)=f(\text{key}_2)$,也将这种现象称为冲突或碰撞(collision)。实际上,由于哈希函数是把任意长度的字符串映射为固定长度的字符串,冲突是必然存在的。可以说,冲突不可能避免,只能尽可能减少。例如上面给出的两个哈希函数中,应用第二个函数时出现的碰撞比应用第一个函数出现的碰撞要少得多。

常见的构造哈希函数的方法有以下几种：

(1) 直接定址法。直接定址法取关键字或关键字的某个线性函数值为哈希地址，即 $f(\text{key}) = \text{key}$ 或 $f(\text{key}) = a \cdot \text{key} + b$，其中 a 和 b 为常数。直接定址法所得到的地址空间与关键字集合的大小相同，对于不同的关键字不会发生冲突，但在实际应用中使用这种哈希函数的情况比较少。

(2) 数字分析法。数字分析法适合于关键字由若干数码组成，同时各数码的分布规律事先知道的情况。具体方法是：分析关键字集合中每个关键字中的每一位数码的分布情况，找出数码分布均匀的若干位作为关键字的存储地址。

例如，一个由 80 个结点组成的结构，其关键字为 6 位十进制数。选择哈希表长度为 100，则可取关键字中的两位十进制数作为结点的存储地址。具体采用哪两位数码，需要用数字分析法对关键字中的数码分布情况进行分析。假设结点中有一部分关键字如下：

$$\text{key}_1 = 301514 \qquad \text{key}_2 = 303027$$
$$\text{key}_3 = 301103 \qquad \text{key}_4 = 308329$$
$$\text{key}_5 = 300287 \qquad \text{key}_6 = 305939$$
$$\text{key}_7 = 300792 \qquad \text{key}_8 = 300463$$

对上述关键字分析可以发现，关键字的第 1 位均为 3，第 2 位均为 0，分布集中，不适合作为存储地址。而第 4 位和第 5 位分布均匀，所以该哈希函数可以构造为取第 4,5 位作为结点的存储地址。上述 8 个结点的散列地址为：

$$f(\text{key}_1) = 51 \quad f(\text{key}_2) = 02 \quad f(\text{key}_3) = 10 \quad f(\text{key}_4) = 32$$
$$f(\text{key}_5) = 28 \quad f(\text{key}_6) = 93 \quad f(\text{key}_7) = 79 \quad f(\text{key}_8) = 46$$

(3) 平方取中法。平方取中法是一种比较常用的构造哈希函数的方法，具体是：将关键字求平方后，取其中间的几位数字作为散列地址。由于关键字平方后的中间几位数字和组成关键字的每一位数字都有关，因此产生冲突的可能性较小，最后究竟取几位数字作为散列地址需要由散列表的长度决定。例如，若结构的存储地址范围是 $1 \sim 999$，则取平方值的中间三位，如表 3.2 所示。

表 3.2　平均取中法

关键字 key	key^2	哈 希 地 址	压 缩 地 址
11032710	121720689944100	689	344
11054312	122197813793344	813	406
01110345	001232866019025	866	433
01111401	001235212182801	212	106

若所取哈希函数值超出了存储区的地址范围，则可以再乘以一个比例因子，把哈希函数值放大或缩小，使其位于存储区的范围内。如果上述示例中存储地址范围是 $1 \sim 500$，则可以对哈希地址再乘以 0.5 取整。

(4) 折叠法。折叠法适用于关键字位数很多且关键字中每一位上数字分布大致均匀的情况。具体方法是：将关键字分割成位数相同的几部分(最后一部分的位数可以不同)，然后取这几部分的叠加和(舍去进位)作为哈希地址。叠加又可分为移位叠加和间界叠加。其中，移位叠加是将分组后的每组数字的最低位对齐，然后相加；间界叠加是将分组后的每组数字从一端向另一端沿分界线进行来回折叠,然后对齐相加。

例如,西文图书的国际标准图书编号是一个 10 位的十进制数,对某图书编号为 0-383-40284-6,则其通过移位叠加和间界叠加所得到的哈希地址分别如图 3.3(a)和图 3.3(b)所示。

```
      2846                    2846
      8340                    0438
  +     03                +     03
  ─────────             ─────────
     11189  f(key)=1189    3287  f(key)=3287
      (a)                    (b)
```

图 3.3　折叠法

(5) 除留余数法。除留余数法取关键字被某个不大于哈希表表长 m 的数 p 除后所得余数为哈希地址,即 $f(key)=key(\mathrm{mod}\,p)$,其中 $p \leqslant m$。这是一种最简单也最常用的构造哈希函数的方法。它不仅可以对关键字直接取模(mod),也可在折叠、平方取中等运算之后取模。值得注意的是,在使用除留余数法时,对 p 的选择很重要。若 p 选得不好,容易产生同义词。由经验得知:一般情况下可以选 p 为质数或不包含小于 20 的质因素的合数。

(6) 随机数法。随机数法选择一个随机函数,取关键字的随机函数值为它的哈希地址,即 $f(key)=random(key)$,其中,random 为随机函数。通常,当关键字长度不等时采用此法构造哈希函数较恰当。

哈希函数中会不可避免地存在冲突,因此在建造哈希表时不仅要设定一个“好”的哈希函数,而且要设定一种处理冲突的方法。假设哈希表的地址集为 0~$(n-1)$,冲突是指由关键字得到的哈希地址为 $j(0 \leqslant j \leqslant n-1)$ 的位置上已存有记录,则“处理冲突”就是为该关键字的记录找到另一个“空”的哈希地址。在处理冲突的过程中可能得到一个地址序列 h_i,其中,$h_i \in [0, n-1]$,$i=1,2,\cdots,k$。即在处理哈希地址的冲突时,若得到的另一个哈希地址 h_1 仍然发生冲突,则再求下一个地址 h_2,若 h_2 仍然冲突,再求得 h_3,依此类推,直至 h_k 不发生冲突为止,则 h_k 为记录在表中的地址。通常处理冲突的方法有下列几种:

(1) 开放定址法。开放定址法是当冲突发生时,形成一个检测序列;沿此序列逐个进行地址检测,直到找到一个空位置(开放的地址),将发生冲突的记录放到该地址中,即 $h_i = (f(key)+d(i))(\mathrm{mod}\,m)$,$i=1,2,\cdots,k(k \leqslant m-1)$,其中,$f(key)$ 为哈希函数,m 为哈希表表长,$d(i)$ 为增量序列。根据对 $d(i)$ 的设置又可以有以下三种不同的方法:

① $d_i=1,2,3,\cdots,m-1$,称为线性检测再散列;

② $d_i=1^2,-1^2,2^2,-2^2,3^3,\cdots,\pm k^2,(k \leqslant m/2)$,称为二次检测再散列;

③ $d_i=$ 伪随机数序列,称为伪随机检测再散列。

(2) 再哈希法。再哈希法是当同义词产生地址冲突时计算另一个哈希函数地址,直到冲突不再发生。这种方法不易产生“聚集”,但增加了计算的时间。

(3) 拉链法。拉链法是将所有关键字为同义词的记录存储在同一线性链表中。假设某哈希函数产生的哈希地址在区间 $[0, m-1]$ 上,则首先设立一个指针型向量 ChainHash$[m]$,其每个分量的初始状态都是空指针。接下来,对于哈希地址为 i 的所有记录都插入到以 ChainHash$[i]$ 为头指针的链表中。

例如,已知一组关键字为(26,36,41,38,44,15,68,12,06,51),表长为13,选定的散列函数为 $f(\text{key})=\text{key}(\text{mod }13)$,则用拉链法构造的哈希表如图 3.4 所示。

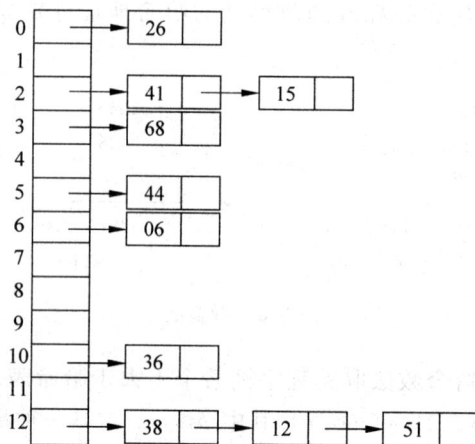

图 3.4　拉链法

习题

1. 对于集合 $A=\{x,y,z\}$ 和 $B=\{1,2,3\}$,判断下列 A 到 B 的关系哪些构成函数。

① $\{<x,1>,<x,2>,<y,1>,<y,3>\}$;

② $\{<x,1>,<y,3>,<z,3>\}$;

③ $\{<x,1>,<y,1>,<z,1>\}$;

④ $\{<x,2>,<y,3>\}$;

⑤ $\{<x,1>,<y,2>,<z,3>\}$;

⑥ $\{<x,1>,<x,2>,<y,1>,<y,3>,<z,2>,<z,3>\}$。

2. 判断下列关系哪些是函数。

① $\{<x,|x|>|x\in\mathbf{R}\}$;

② $\{<|x|,x>|x\in\mathbf{R}\}$;

③ $\{<x,y>|x\in\mathbf{R},y\in\mathbf{R},|x|=y\}$;

④ $\{<x,y>|x\in\mathbf{Z},y\in\mathbf{Z},y\text{ 整除 }x\}$;

⑤ $\{<x,y>|x\in\mathbf{Z},y\in\mathbf{Z},x=y+1\}$;

⑥ $\{<x,y>|x\in\mathbf{N},y\in\mathbf{N},x=y+1\}$。

3. 对于集合 $A=\{a,b,c\}$,A 到 A 可以定义多少个不同的函数?

4. 对于集合 $A=\{x,y,z\}$,$A\times A$ 到 A 可以定义多少个不同的函数?

5. 对于集合 $A=\{1,2,3\}$,A 到 $A\times A$ 可以定义多少个不同的函数?

6. 对于集合 $A=\{a,b,c,d\}$ 和 $B=\{1,2,3\}$,写出 A 到 B 的所有函数。

7. 对于函数 $f:A\rightarrow B$ 和 $g:A\rightarrow B$,求证

① $f\cup g$ 为 A 到 B 的函数当且仅当 $f=g$;

② $f\cap g$ 为 A 到 B 的函数当且仅当 $f=g$。

8. 下列函数哪些是单射函数、满射函数或双射函数?

① $f: \mathbf{Z}^+ \to \mathbf{Z}^+$($\mathbf{Z}^+$是正整数集合),$f(x) = 3x$;

② $f: \mathbf{Z} \to \mathbf{Z}, f(x) = |x|$;

③ 集合 $A = \{0, 1, 2\}$ 到 $B = \{0, 1, 2, 3, 4\}$ 的函数 $f, f(x) = x^2$;

④ $f: \mathbf{R} \to \mathbf{R}, f(x) = x + 1$;

⑤ $f: \mathbf{N} \to \mathbf{N} \times \mathbf{N}, f(x) = <x, x + 1>$;

⑥ $f: \mathbf{Z} \to \mathbf{N}, f(x) = |2x| + 1$。

9. 对于集合 A 和 B,且 $|A| = m, |B| = n$,问

① A 到 B 可以定义多少个不同的函数?

② A 到 B 可以定义多少个不同的单射函数?

③ A 到 B 可以定义多少个不同的满射函数?

④ A 到 B 可以定义多少个不同的双射函数?

10. 对于下列集合对 A 和 B,构造一个 A 到 B 的双射函数。

① $A = \mathbf{N}, B = \mathbf{N} - \{0\}$;

② $A = P(\{1, 2, 3\}), B = \{0, 1\}^3$;

③ $A = [0, 1], B = [1/4, 1/2]$。

11. 对于函数 $f: A \to B$ 和 $g: B \to C$,试证明如下结论。

① 如果 f 和 g 是单射函数,则 $f \circ g$ 是单射函数;

② 如果 f 和 g 是满射函数,则 $f \circ g$ 是满射函数;

③ 如果 f 和 g 是双射函数,则 $f \circ g$ 是双射函数。

12. 对于函数 $f: A \to B$ 和 $g: B \to C$,举例说明如下论断是成立的。

① 如果 f 和 g 是单(满、双)射函数,则 $f \circ g$ 是单(满、双)射函数;

② 如果 $f \circ g$ 是单射函数,则 f 是单射函数;

③ 如果 $f \circ g$ 是满射函数,则 g 是满射函数;

④ 如果 $f \circ g$ 是双射函数,则 f 是单射函数,g 是满射函数。

13. 对于函数 $f: A \to B$ 和 $g: B \to C$,举例说明如下论断是不成立的。

① 如果 $f \circ g$ 是双射函数,则 g 是单射函数,f 是满射函数;

② 如果 $f \circ g$ 是单射函数,则 g 是单射函数;

③ 如果 $f \circ g$ 是满射函数,则 f 是满射函数。

14. 对于集合 $A = \{a, b, c, d\}, B = \{1, 2, 3\}$ 和 $C = \{a, b, d\}$,计算如下函数 $f: A \to B$ 和 $g: B \to C$ 的复合函数 $f \circ g$。

① $f = \{<a, 1>, <b, 2>, <c, 1>, <d, 3>\}, g = \{<1, a>, <2, b>, <3, d>\}$;

② $f = \{<a, 2>, <b, 3>, <c, 1>, <d, 3>\}, g = \{<1, a>, <2, a>, <3, a>\}$;

③ $f = \{<a, 3>, <b, 1>, <c, 2>, <d, 3>\}, g = \{<1, b>, <2, b>, <3, b>\}$;

④ $f = \{<a, 2>, <b, 1>, <c, 3>, <d, 3>\}, g = \{<1, d>, <2, b>, <3, a>\}$。

15. 对于下列实数集合上的函数 $f(x) = 2x^2 + 1, g(x) = -x + 7, h(x) = 2^x$ 和 $k(x) = x + 3$,求 $f \circ g, g \circ f, f \circ f, g \circ g, f \circ h, f \circ k, k \circ h, h \circ k$。

16. 对于集合 $A = \{a, b, c, d\}$ 和 $B = \{1, 2, 3, 4\}$,判断如下函数 $f: A \to B$ 的逆关系是否为函数。

① $f=\{<a,1>,<b,2>,<c,3>,<d,4>\}$；

② $f=\{<a,2>,<b,3>,<c,1>,<d,3>\}$；

③ $f=\{<a,3>,<b,1>,<c,2>,<d,4>\}$；

④ $f=\{<a,4>,<b,3>,<c,2>,<d,1>\}$。

17. 设满射函数 $f: A \rightarrow A$ 满足 $f \circ f = f$，证明 $f = I_A$。

18. 对于函数 $f: \mathbf{Z} \times \mathbf{Z} \rightarrow \mathbf{Z} \times \mathbf{Z}, f(<x,y>) = <x+y, x-y>$，证明 f 是单射函数、满射函数。

19. 对于函数 $f: \mathbf{Z} \times \mathbf{Z} \rightarrow \mathbf{Z} \times \mathbf{Z}, f(<x,y>) = <x+2, x-y>$，求逆函数 f^{-1}。

20. 对于函数 $f: \mathbf{Z} \times \mathbf{Z} \rightarrow \mathbf{Z} \times \mathbf{Z}, f(<x,y>) = <x-y, x-3>$，求复合函数 $f^{-1} \circ f$ 和 $f \circ f$。

第2篇

数理逻辑

数理逻辑(mathematical logic)是由莱布尼茨于17世纪中叶创立的。当时古典形式逻辑不足之处已为某些逻辑学者所理解。数学方法对认识自然和发展科学技术已显示出重要作用。人们感到演绎推理和数学计算有相似之处,希望能把数学方法推广到思维的领域。莱布尼茨在他1666年出版的《组合术》书中,表达了系统化形式论证的观点。他首先明确地提出了数理逻辑的指导思想,设想能建立"普遍的符号语言",这种语言包含着"思想的字母",每一个基本概念应该由一个表意符号来表示,一种完善的符号语言又应该是一个"思维的演算",论辩或争论可以用演算来解决。莱布尼茨提出的这种符号语言和思维演算正是现代数理逻辑的主要特征,并为实现其设想做了不少具体的工作。他给出了一个关于两个概念相结合的演算,解释了这种结合的内涵和外延,得到了一些与之相关的重要定理。同时,成功地将古典逻辑的四个简单命题表达为符号公式。1679年到1690年期间,他在无定义术语、公理、假定、逻辑规则和导出命题的基础上发展了一个体系。

在18世纪前后,欧洲大陆有许多人继续了莱布尼茨的工作,但没有得到更多的重要结果。19世纪中叶两个英国学者布尔(George Boole,1800—1864)和德摩根(Augustus de Morgan,1806—1874)突破了沉闷的局面。布尔是代数学家,他设想给代数系统以逻辑的解释或可构成一个思维的演算。他也认为,思维的运算和一般代数的规律可以有差异,不能机械地推广。他给予代数四种解释:其中一种为类的演算,两种是命题演算,还有一种是概率理论。类演算所特有的规律为$x^2=x$。命题演算中的命题变元只取0或1为值,此系统可被看作二值代数,他就用此二值代数作为推导的工具。布尔于1847年和1854年分别发表了《逻辑的数学分析》和《思维规律的研究》,建立了"布尔代数",创造了一套符号系统和一系列运算法则,利用符号和代数的方法来研究逻辑中的各种概念和问题。德摩根的《形式逻辑:推理的演算,必要性和可能性》充实了这些工作。他突破了古典谓词逻辑的局限性,提出关系命题和关系推理,第一个在证明方法中使用"归纳"一词,并将逻辑学的大部分研究纳入数学的任务。从17世纪末到19世纪末,约200年的时间,人们开始用数学方法研究和处理形式逻辑,其代表成果是逻辑代数和布尔代数。这段时间是数理逻辑发展的第一个阶段或初始阶段。

19世纪中叶之后的约60年是数理逻辑发展的第二个阶段。在此期间,数学科学的发展提出了研究数学思想方法和数学基础问题的必要性。数理逻辑适应数学的需要,联系数学实际,奠定了它的理论基础,创建了特有的新方法,取得了飞跃的发展,成长为一门新学科。这段时间又称为数理逻辑发展的过渡阶段。

19世纪70年代,弗雷格(Ludwig Gottlob Frege,1848—1925)首先建立了一个完全的逻辑演算体系,其后皮亚诺(Giuseppe Peano,1858—1932)也为此做了不少贡献,最后由罗素

(Bertrand A. W. Russell,1872—1970)和怀特海（Alfred North Whitehead,1861—1947）完成了建立一个初步的二值外延逻辑系统的工作。弗雷格对逻辑的兴趣来自数学基础问题的研究。他认为，人们应该考虑如何定义数的概念并证明关于自然数的定理。同时，数学真理虽也要通过感性才为人所认识，但认识的来源并不等于证明的根据，数学命题似乎可以纯粹从逻辑规律得到证明。从日常语言不能表达严格和复杂的思想这一考虑出发，他发明了一种表意的语言，称之为"概念语言"，用以表达其逻辑演算。这种语言虽然精确，但由于是二维的图形，不便于理解，因之他的著作开始时影响浪小。弗雷格的重要贡献是把数学里的函数概念引入逻辑并发展了量词理论，并区别了对象语言（演算里的语言）和语法语言（讲述演算所用的语言）。一个严格的逻辑演算必须有它本身的推导或演算规则，这种规则不应在演算里表达，而是现代逻辑所谓的变形规则。在其概念语言中，弗雷格曾举出一些演算规则，如分离规则等。皮亚诺认为，语言含混是数学基础问题难以解决的根源。他创造了一个符号体系，并用来精确地分析了大量的数学命题。他的符号简单适用，其中一部分仍被保留在逻辑文献中。他在逻辑方面的重要贡献有两个方面，其一是区别两类间的包含关系与类和元素的从属关系，其二是区别某一个体和以此个体为唯一元素的类。皮亚诺没有给出逻辑演算体系，只列举出了一系列定理。在公理方法方面，他的五条算术公理获得了公认。

1928年希尔伯特（David Hilbert,1862—1943）和阿克曼（Wilhelm Ackermann,1896—1962）合著的《理论逻辑基础》第一版首先把一阶逻辑分离出来并证明其一致性。同年，希尔伯特在波劳亚数学会议上提出逻辑演算的完全性问题。哥德尔（Kurt Godel,1906—1978）于1930年发表了博士论文的修改稿《逻辑谓词演算公理的完全性》，证明了一阶谓词演算的有效公式皆可证。他在1931年的论文中证明了公理化方法有局限性。

20世纪30年代后期，数理逻辑进入发展的第三阶段，数理逻辑成为了数学大家庭的成员。目前其中心内容大致可以分为五个部分：证明论、集合论、递归论、模型论和各种逻辑系统的研究。前四个分支各有其中心课题，近年来都有长足和重大的进展。最后一个分支的方向是用古典演算的元逻辑方法来处理各种非经典逻辑系统，如模态逻辑（modal logic）、多值逻辑（multi-valued logic）、时态逻辑（temporal logic）、模糊逻辑（fuzzy logic）和描述逻辑（description logic）等。20世纪40年代以后从事非经典逻辑研究的学者逐渐增多，在各方面的作用也不同程度地显示出来。

数理逻辑是用数学的方法研究思维规律的一门学科。由于它使用了一套符号来简洁地表达各种推理的逻辑关系，因此，数理逻辑又称为符号逻辑（symbolic logic）。数理逻辑和计算机的发展有着密切的联系，它为机器证明、自动程序设计、计算性理论、计算机辅助设计、人工智能和知识工程等计算机应用和理论研究提供了必要的理论基础。

第 4 章

命题逻辑

4.1 命题逻辑的基本概念

4.1.1 命题

自然语言是人类高级思维的重要表达形式。自然语言对现实世界或事实的描述是通过一个或多个句子来完成的。句子可以分为疑问句、祈使句、感叹句和陈述句等,其中可以分辨出真假的句子只有陈述句,而其他句子是不存在真假的。**命题逻辑**(proposition logic)是以自然语言中可判断真假的**陈述句**(declcerative sentence)为基本单元实现对人类思维规律的数学化和符号化。

定义 4.1 自然语言中能够判断真假的陈述句称为**命题**(proposition)。如果陈述句表述的意义为真,则称为**真命题**(true proposition);如果陈述句表述的意义为假,则称为**假命题**(false proposition)。陈述句表述意义的真或假称为命题的**真值**(value)或**取值**。真命题的取值为真(true),假命题的取值为假(false),分别用 t(或"1")和 f(或"0")表示。

由定义 4.1 可知,判断一个语句是否为命题,有两个要点:其一,语句必须是陈述句,不能是疑问句、祈使句、感叹句,更不能是一个不完整的句子;其二,语句表述的意义必须能够判断真假,即语句具有唯一真值,不能兼而有之。

例 4.1 判断下列语句哪些是命题,如果是命题,其真值如何?

① 5 能被 3 整除。

② 你现在好吗?

③ 请勿喧哗!

④ $1+2=3$。

⑤ $x+y=6$。

⑥ 好美的音乐啊!

⑦ 地球外的星球上也有生命。

⑧ 3 是偶数。

⑨ 我正在说的是谎话。

⑩ 李明选修了离散数学。

解 ① 是陈述句,但 5 不能被 3 整除,所以,该语句是命题,其真值为假。

② 不是陈述句,所以,该语句不是命题。

③ 不是陈述句,所以,该语句不是命题。

④ 是陈述句,并且表述的意义为真,所以,该语句是命题,其真值为真。

⑤ 是陈述句,但是在 x 和 y 的不同取值下,所表述的意义可能为真,也可能为假。例如,x 取 1 和 y 取 5 时,$1+5=6$;x 取 3 和 y 取 7 时,$3+7=10\neq6$。所以,该语句不是命题。

⑥ 不是陈述句,所以,该语句不是命题。

⑦ 是陈述句,只是目前技术条件,还无法断定地球外的星球上是否有生命,但是,终将做出明确的判断,所以,该语句是命题,其真值目前还未知。

⑧ 是陈述句,但 3 不是偶数,所以,该语句是命题,其真值为假。

⑨ 是陈述句,但是无法判断该语句的真假。如果为真,根据语句表述的意义,我正在说的是谎话,那么就应该为假;如果为假,根据语句表述的意义,我正在说的是谎话,那么就应该为真。所以,该语句不是命题。

⑩ 是陈述句,李明是具体的人,是否选修离散数学可以根据学校选课系统给出明确的判定,所以,该语句是命题,其真值是唯一确定的。

从例 4.1 可知:命题一定是陈述句,但是,并非所有的陈述句都一定是命题。命题的真值有时可明确给出,有时还需依靠环境、条件、时间等实际情况才能确定其真值。一个陈述句是否为命题,关键在于其是否具有唯一真值,而与我们是否知道其真假无关。

命题不一定都是简单的陈述句,可能是由一些简单的陈述句通过"非"、"并且"、"或者"、"如果……则……"、"当且仅当"等这样的关联词和标点符号复合而成。例如,语句"如果明天不加班,我就去打球"也是一个能够判断真假的陈述句,所以,该语句也是一个命题。只不过该语句是两个简单陈述句"我明天加班"和"我去打球",通过关联词"非"和"如果……就……"以及标点符号","复合连接而成。为此引入定义 4.2。

定义 4.2 能够判断真假的简单陈述句称为**简单命题**(simple proposition)或**原子命题**(atomic proposition)。通过关联词将简单命题复合连接而成的命题称为**复合命题**(compound proposition)。

例 4.2 判断下列语句哪些是简单命题,哪些是复合命题,对于复合命题指出其中的关联词。

① 李强不是教师。

② 小王会法语和英语。

③ 下班高峰时,交通真拥挤!

④ 如果明天不下雨,我就去书店。

⑤ $l+3=4$ 当且仅当今天是 3 号。

⑥ 张宏不是学习委员,也不是三好学生。

⑦ 等价关系是离散数学中的一个概念。

⑧ 如果暑假没有生产实习,我就去西藏或海南旅游。

⑨ 这朵花是红色的。

⑩ 计算机专业同学选修了"Java 程序设计"课程或者"动画游戏软件开发"课程。

解 ① 是复合命题,关联词为"非"。

② 是复合命题,关联词为"并且"。

③ 不是命题。

④ 是复合命题,关联词为"非"和"如果……就……"。

⑤ 是复合命题,关联词为"当且仅当"。

⑥ 是复合命题,关联词为"非"和"并且"。

⑦ 是简单命题。

⑧ 是复合命题,关联词为"非"、"如果……就……"和"或者"。

⑨ 是简单命题。

⑩ 是复合命题,关联词为"或者"。

为了描述与推理的方便,常用符号来表示命题,称为命题的符号化。通常用小写或大写英文字母表示命题。如 $x, X, y, Y, z, Z, a, A, p, P, q, Q$ 等。一个特定含义的命题的符号表示称为**命题常量**(proposition constant)或**命题常元**。例如,用 p 表示命题"李明选修了离散数学",p 就是一个命题常元。一个没有赋予具体内容的命题的符号表示称为**命题变量**(proposition variable)或**命题变元**。例如,用 x 表示没有指定内容的命题,x 就是一个命题变元。

4.1.2 联结词

复合命题是含有关联词和简单陈述句的陈述句。自然语言中关联词的规范化和形式化符号表示称为**逻辑联结词**(logic connevtive),简称为**联结词**。

定义 4.3 设 p 为任一命题,复合命题"非 p"(或"p 的否定")称为 p 的**否定式**,记为 $\neg p$,"$\neg$"称为**否定联结词**(negation)。并规定,$\neg p$ 为真当且仅当 p 为假。

例 4.3 符号化表示如下命题,并给出其真值。

① 经过平面上任意两点不能做两条直线。

② 美国的首都不是洛杉矶。

③ 火星上没有生命。

④ 北京不是 2008 年奥运会举办城市。

⑤ 3 不是奇数。

⑥ 李强不是教师。

解 ① 用 p 表示命题"经过平面上任意两点能做两条直线",那么,命题"经过平面上任意两点不能做两条直线"可符号表示为 $\neg p$。由于命题 p 取值为假,所以,$\neg p$ 的真值为真。

② 用 q 表示命题"美国的首都是洛杉矶",那么,命题"美国的首都不是洛杉矶"可符号表示为 $\neg q$。由于命题 q 取值为假,所以,命题 $\neg q$ 的真值为真。

③ 用 r 表示命题"火星上有生命",那么,命题"火星上没有生命"可符号表示为 $\neg r$。由于命题 r 取值目前还难以给出,所以,命题 $\neg r$ 的真值也难以给出。

④ 用 t 表示命题"北京是 2008 年奥运会举办城市",那么,命题"北京不是 2008 年奥运会举办城市"可符号表示为 $\neg t$。由于命题 t 取值为真,所以,命题 $\neg t$ 的真值为假。

⑤ 用 s 表示命题"3 是奇数",那么,命题"3 不是奇数"可符号表示为 $\neg s$。由于命题 s 取值为真,所以,命题 $\neg s$ 的真值为假。

⑥ 用 w 表示命题"李强是教师",那么,命题"李强不是教师"可符号表示为 $\neg w$。如果李强是教师,即命题 w 取值为真,那么 $\neg w$ 的真值为假;如果李强不是教师,即命题 w 取值

为假,那么命题¬w的真值为真。所以,该命题的真值视具体情况而定。

否定联结词是自然语言中"非"、"不"和"没有"等关联词的逻辑抽象。命题p取值为真,那么,其否定式¬p取值为假;反之,命题p取值为假,则其否定式¬p取值为真。

定义 4.4　设p,q为两任意命题,复合命题"p并且q"(或"p和q")称为p和q的**合取式**,记为$p \wedge q$,"$\wedge$"称为**合取联结词**(conjuction)。并规定,$p \wedge q$为真当且仅当p和q都为真。

例 4.4　符号化表示如下命题,并给出其真值。

① 计算机专业学生必须选修高等数学和离散数学。

② 上海既是世博会举办城市又是奥运会举办城市。

③ 地球上有生命,火星上也有生命。

④ 集合$\varnothing$既属于集合$\{\varnothing\}$又包含于集合$\{\varnothing\}$。

⑤ 9是素数且能被2整除。

⑥ 偏序集中的元素具有自反性和对称性。

解　① 用p和q分别表示命题"计算机专业学生必须选修高等数学"和"计算机专业学生必须选修离散数学",那么,命题"计算机专业学生必须选修高等数学和离散数学"可符号表示为$p \wedge q$。由于命题p取值为真,命题q取值也为真,所以,命题$p \wedge q$的真值为真。

② 用p和q分别表示命题"上海是世博会举办城市"和"上海是奥运会举办城市",那么,命题"上海既是世博会举办城市又是奥运会举办城市"可符号表示为$p \wedge q$。由于命题p取值为真,但命题q取值为假,所以,命题$p \wedge q$的真值为假。

③ 用p和q分别表示命题"地球上有生命"和"火星上有生命",那么,命题"地球上有生命,火星上也有生命"可符号表示为$p \wedge q$。由于命题p取值为真,但命题q取值目前不能给出,所以,命题$p \wedge q$的真值也不能给出。

④ 用p和q分别表示命题"集合$\varnothing$属于集合$\{\varnothing\}$"和"集合$\varnothing$包含于集合$\{\varnothing\}$",那么,命题"集合$\varnothing$既属于集合$\{\varnothing\}$又包含于集合$\{\varnothing\}$"可符号表示为$p \wedge q$。由于命题p取值为真,命题q取值也为真,所以,命题$p \wedge q$的真值为真。

⑤ 用p和q分别表示命题"9是素数"和"9能被2整除",那么,命题"9是素数且能被2整除"可符号表示为$p \wedge q$。由于命题p取值为假,命题q取值也为假,所以,命题$p \wedge q$的真值为假。

⑥ 用p和q分别表示命题"偏序集中的元素具有自反性"和"偏序集中的元素具有对称性",那么命题"偏序集中的元素具有自反性和对称性"可符号表示为$p \wedge q$。由于命题p取值为真,但命题q取值为假,所以,命题$p \wedge q$的真值为假。

合取联结词是自然语言中"并且"、"和"和"既……又……"等关联词的逻辑抽象。命题p和q都取值为真,那么,其合取式$p \wedge q$取值为真;命题p和q至少一个取值为假,则其合取式$p \wedge q$取值为假。

定义 4.5　设p,q为两任意命题,复合命题"p或q"称为p和q的**析取式**,记为$p \vee q$,"$\vee$"称为**析取联结词**(disjuction)。并规定,$p \vee q$为假当且仅当p和q都为假。

例 4.5　符号化表示如下命题,并给出其真值。

① 离散数学是必修课程或者等腰三角形两内角相等。

② 2+2＝4 或者 3 是偶数。

③ 4 是素数或者 6 是素数。

④ 2012 年是足球世界杯举办年，或者巴西队获得过足球世界杯冠军。

⑤ 张宏喜欢打篮球或者打网球。

⑥ 今天午餐为牛排饭或者烤鸡饭。

解 ① 用 p 和 q 分别表示命题"离散数学是必修课程"和"等腰三角形两内角相等"，那么，命题"离散数学是必修课程或者等腰三角形两内角相等"可符号表示为 $p \lor q$。由于命题 p 取值为真，命题 q 取值也为真，所以，命题 $p \lor q$ 的真值为真。

② 用 p 和 q 分别表示命题"2+2＝4"和"3 是偶数"，那么，命题"2+2＝4 或者 3 是偶数"可符号表示为 $p \lor q$。由于命题 p 取值为真，尽管命题 q 取值为假，但是，命题 $p \lor q$ 的真值仍为真。

③ 用 p 和 q 分别表示命题"4 是素数"和"6 是素数"，那么，命题"4 是素数或者 6 是素数"可符号表示为 $p \lor q$。由于命题 p 取值为假，命题 q 取值也为假，所以，命题 $p \lor q$ 的真值为假。

④ 用 p 和 q 分别表示命题"2012 年是足球世界杯举办年"和"巴西队获得过足球世界杯冠军"，那么，命题"2012 年是足球世界杯举办年，或者巴西队获得过足球世界杯冠军"可符号表示为 $p \lor q$。由于命题 p 取值为假，命题 q 取值为真，所以，命题 $p \lor q$ 的真值为真。

⑤ 用 p 和 q 分别表示命题"张宏喜欢打篮球"和"张宏喜欢打网球"，那么，命题"张宏喜欢打篮球或者打网球"可符号表示为 $p \lor q$。如果张宏确实至少喜欢打篮球或网球之一，即命题 p 和命题 q 有一个取值为真，那么，命题 $p \lor q$ 的真值为真；如果张宏确实既不喜欢打篮球也不喜欢打网球，即命题 p 和命题 q 取值都为假，那么，命题 $p \lor q$ 的真值为假。所以，该命题的真值视具体情况而定。

⑥ 用 p 和 q 分别表示命题"今天午餐为牛排饭"和"今天午餐为烤鸡饭"，但是，"今天午餐为牛排饭或者烤鸡饭"不能符号表示为 $p \lor q$。因为，该命题描述的意思是：午餐可以选择牛排饭或者烤鸡饭，但不能既选择牛排饭又选择烤鸡饭。所以，应该符号表示为 $(\lnot p \land q) \lor (p \land \lnot q)$。如果午餐确实为牛排饭或烤鸡饭，即命题 p 和命题 q 有一个取值为真，那么，命题 $(\lnot p \land q) \lor (p \land \lnot q)$ 的真值为真；如果午餐确实既不是牛排饭也不是烤鸡饭，即命题 p 和命题 q 取值都为假，那么，命题 $(\lnot p \land q) \lor (p \land \lnot q)$ 的真值为假。所以，该命题的真值视具体情况而定。

析取联结词是自然语言中"或"和"或者"等关联词的逻辑抽象。但是，值得注意的是，自然语言中的"或"可细分为"排他性或"和"非排他性或"。析取联结词则是对应的"非排他性或"，即如果命题 p 和 q 至少有一个取值为真，那么其析取式 $p \lor q$ 取值为真；如果命题 p 和 q 取值都为假，则其析取式 $p \lor q$ 取值为假。

定义 4.6 设 p, q 为两任意命题，复合命题"如果 p，则 q"称为 p 和 q 的**蕴含式**，记为 $p \to q$，"$\to$"称为**蕴含联结词**（implication）。p 称为蕴含式的前件，q 称为蕴含式的后件。并规定，$p \to q$ 为假当且仅当 p 为真且 q 为假。

例 4.6 符号化表示如下命题，并给出其真值。

① 如果 2 是偶数，那么 4 是偶数。

② 如果明天不下雨,我就去踢足球。

③ 如果 6 是素数,那么 3 是素数。

④ 如果任意集合是空集的子集,那么空集中至少包含一个元素。

⑤ 因为鸽子是鸟类动物,所以鸽子会飞。

⑥ 除非雪是黑的,否则 7 是偶数。

解 ① 用 p 和 q 分别表示命题"2 是偶数"和"4 是偶数",那么,命题"如果 2 是偶数,那么 4 是偶数"可符号表示为 $p \to q$。由于命题 p 取值为真,命题 q 取值也为真,所以,命题 $p \to q$ 的真值为真。

② 用 p 和 q 分别表示命题"明天下雨"和"我去踢足球",那么,命题"如果明天不下雨,我就去踢足球"可符号表示为 $\neg p \to q$。如果明天确实不下雨,我明天确实去踢足球,即命题 $\neg p$ 取值为真,命题 q 取值也为真,那么命题 $\neg p \to q$ 的真值为真;如果明天确实不下雨,我明天确实没去踢足球,即命题 $\neg p$ 取值为真,命题 q 取值为假,那么命题 $\neg p \to q$ 的真值为假;如果明天确实下雨,我明天确实去踢足球,即命题 p 取值为真,命题 q 取值也为真,那么命题 $\neg p \to q$ 的真值为真;如果明天确实下雨,我明天确实没去踢足球,即命题 p 取值为真,命题 q 取值为假,那么命题 $\neg p \to q$ 的真值为真。所以,命题 $\neg p \to q$ 的真值视具体情况而定。

③ 用 p 和 q 分别表示命题"6 是素数"和"3 是素数",那么,命题"如果 6 是素数,那么 3 是素数"可符号表示为 $p \to q$。由于命题 p 取值为假,命题 q 取值为真,所以,命题 $p \to q$ 的真值为真。

④ 用 p 和 q 分别表示命题"任意集合是空集的子集"和"空集中至少包含一个元素",那么,命题"如果任意集合是空集的子集,那么空集中至少包含一个元素"可符号表示为 $p \to q$。由于命题 p 取值为假,命题 q 取值也为假,所以,命题 $p \to q$ 的真值为真。

⑤ 用 p 和 q 分别表示命题"鸽子是鸟类动物"和"鸽子会飞",那么,命题"因为鸽子是鸟类动物,所以鸽子会飞"可符号表示为 $p \to q$。由于命题 p 取值为真,命题 q 取值也为真,所以,命题 $p \to q$ 的真值为真。

⑥ 用 p 和 q 分别表示命题"雪是黑的"和"7 是偶数",那么,命题"除非雪是黑的,否则 7 是偶数"可符号表示为 $\neg q \to p$。由于命题 q 取值为假,命题 p 取值也为假,所以,命题 $\neg q \to p$ 的真值为假。

蕴含联结词是自然语言中"因为 …… 所以 ……"、"如果 …… 就 ……"、"只要 …… 就 ……"、"只有 …… 才 ……"、"除非 …… 否则 ……"和"除非 …… 才 ……"和"仅当"等关联词的逻辑抽象。

值得注意的是,蕴含式"$p \to q$"表示的是,q 是 p 的必要条件,或者,p 是 q 的充分条件。在列写语句的蕴含式时,要清晰地分析出蕴含联结词的前件(或条件)和后件(或结论)所对应的自然语言的句子成分。在自然语言中,"q 是 p 的必要条件"有多种表述方式,如"因为 p 所以 q"、"只要 p 就 q"、"p 仅当 q"、"只有 q 才 p"、"除非 q 才 p"、"除非 q 否则非 p"等。

此外,在自然语言中,如果前件为假,不管后件为真或假,整个语句的意义往往无法判断。但在数理逻辑中,当前件 p 为假时,不管后件 q 的真假如何,蕴含式 $p \to q$ 都为真。同时,自然语言中的蕴含式的前件和后件之间必含有某种因果联系,但在数理逻辑中可以允许两者无必然因果关系,即前件和后件的内容并不要求存在直接的联系。

定义 4.7 设 p, q 为两任意命题,复合命题"p 当且仅当 q"称为 p 和 q 的等价式,记为

$p \leftrightarrow q$,"$\leftrightarrow$"称为**等价联结词**(equivalence),并规定,$p \leftrightarrow q$ 为真当且仅当 p 和 q 同时为真或同时为假。

例 4.7 符号化表示如下命题,并给出其真值。

① 两个三角形全等当且仅当三角形的三条对应边全部相等。

② 如果你每天上网,就能了解国内外重要事件;反之亦然。

③ 只有当一个数仅能被 1 和自身整除,该数才是素数。

④ 如果食品没有过期,就一定可以食用;反之亦然。

⑤ 集合 A 和集合 B 相等当且仅当 $A \subseteq B$ 和 $B \subseteq A$。

⑥ 通过三个点可以做一个平面当且仅当 3 是偶数。

解 ① 用 p 和 q 分别表示命题"两个三角形全等"和"两个三角形的三条对应边全部相等",那么,命题"两个三角形全等当且仅当三角形的三条对应边全部相等"可符号表示为 $p \leftrightarrow q$。如果两个三角形确实全等,那么三角形的三条对应边必然完全相等,即命题 p 取值为真,命题 q 取值也为真,那么命题 $p \rightarrow q$ 的真值为真;如果两个三角形的三条对应边完全相等,则这两个三角形确实全等,即命题 q 取值为真,命题 p 取值也为真,那么命题 $q \rightarrow p$ 的真值为真。所以,命题 $p \leftrightarrow q$ 的真值为真。

② 用 p 和 q 分别表示命题"你每天上网"和"你能了解国内外重要事件",那么,命题"如果你每天上网,就能了解国内外重要事件;反之亦然"可符号表示为 $p \leftrightarrow q$。如果你确实每天上网,你确实能了解国内外重要事件,即命题 p 取值为真,命题 q 取值也为真,那么命题 $p \rightarrow q$ 的真值为真;如果你能了解国内外重要事件,则你每天可以上网,也可以不上网,通过其他媒体了解国内外重要事件,即命题 q 取值为真,命题 p 取值可能为真,也可能为假,那么命题 $q \rightarrow p$ 的真值可能为真,也可能为假。所以,命题 $p \leftrightarrow q$ 的真值无法确定。

③ 用 p 和 q 分别表示命题"一个数仅能被 1 和自身整除"和"一个数是素数",那么,命题"只有当一个数仅能被 1 和自身整除,该数才是素数"可符号表示为 $p \leftrightarrow q$。如果一个数确实仅能被 1 和自身整除,这个数一定是素数,即命题 p 取值为真,命题 q 取值也为真,那么命题 $p \rightarrow q$ 的真值为真;如果一个数是素数,它仅能被 1 和自身整除,即命题 q 取值为真,命题 p 取值也为真,因此命题 $q \rightarrow p$ 的真值为真。所以,命题 $p \leftrightarrow q$ 的真值为真。

④ 用 p 和 q 分别表示命题"食品过期"和"食品可以食用",那么,命题"如果食品没有过期,就一定可以食用;反之亦然"可符号表示为 $\neg p \leftrightarrow q$。食品可否食用不仅仅与食品的期限有关,还与其他因素有关。所以,命题 $\neg p \leftrightarrow q$ 的真值视具体情况而定。

⑤ 用 p 和 q 分别表示命题"集合 A 和集合 B 相等"和"$A \subseteq B$ 和 $B \subseteq A$",那么,命题"集合 A 和集合 B 相等当且仅当 $A \subseteq B$ 和 $B \subseteq A$"可符号表示为 $p \leftrightarrow q$。如果集合 A 和集合 B 相等,则 $A \subseteq B$ 且 $B \subseteq A$ 成立,即命题 p 取值为真,命题 q 取值也为真,那么命题 $p \rightarrow q$ 的真值为真;如果 $A \subseteq B$ 和 $B \subseteq A$ 成立,则集合 A 和集合 B 相等,即命题 q 取值为真,命题 p 取值也为真,那么,命题 $q \rightarrow p$ 的真值为真。所以,命题 $p \leftrightarrow q$ 的真值为真。

⑥ 用 p 和 q 分别表示命题"通过三个点可以做一个平面"和"3 是偶数",那么,命题"通过三个点可以做一个平面当且仅当 3 是偶数"可符号表示为 $p \leftrightarrow q$。由于命题 p 取值为真,命题 q 取值为假,所以,命题 $p \leftrightarrow q$ 的真值为假。

等价联结词是自然语言中"充分必要条件"、"如果……就……,反之亦然"和"当且仅当"等关联词的逻辑抽象。值得注意的是,在自然语言中,有些类似于"只有……才……"、"除非……才……"等形式的语句,也需要用等价式来表示。关键是要分析判断自然语言中的语句成分是不是具有充分必要性。此外,在自然语言中,等价式中的两个成分之间必含有某种内在联系,但在数理逻辑中可以允许两者之间无直接的联系。

值得一提的是,逻辑联结词连接的是两个命题真值之间的联结,而不是命题内容之间的联结,因此复合命题的真值只取决于构成它们的各原子命题的真值,而与它们的内容、含义无关,与联结词所联结的两个原子命题之间是否有联系无关。

4.2　命题逻辑公式

4.2.1　命题公式及其解释

自然语言形式表示的任何可判断真假的陈述句都可以分解为简单陈述句和关联词的连接形式,进而通过命题变元、命题常元以及联结词实现形式化符号表示。由命题变元符号、命题常元符号和联结词符号等组成的用以表示复合命题的符号串,称为**命题逻辑公式**(propositional logic formula),简称为**命题公式**(propositional formula)。下面给出命题公式的严格数学定义。

定义 4.8　命题变元、命题常元和联结词按照一定规则组成的,用以表示复合命题的符号串,称为**命题合适公式**(well-formed propositional formula),简称为**命题公式**。命题公式按如下规则生成:

① 单个命题常元或命题变元是命题公式;

② 如果 A 是命题公式,则($\neg A$)是命题公式;

③ 如果 A 和 B 是命题公式,则($A \lor B$),($A \land B$),($A \to B$),($A \leftrightarrow B$)是命题公式;

④ 有限次使用①,②和③后所得到的符号串才是命题公式。

例如,字符串 $\neg q, p \lor q, (p \land q) \lor s, (p \land q) \to (p \to s), ((p \land q) \lor s) \to (p \leftrightarrow q)$ 都满足命题公式定义 4.8 中的规则,所以,它们都是命题公式;字符串 $(q \neg p \lor q, (\to p \land q) \lor s, (p \land q) \to (p \to s \lor), ((p \land q) \neg \lor s) \to (p \leftrightarrow q)$ 都不满足命题公式定义 4.8 中的规则,所以,这些字符串都不是命题公式。

在一个命题公式中,命题变元、命题常元以及联结词可以多次出现。命题公式 A 中出现的所有命题变元,称为命题公式 A 含有的命题变元。命题公式 A 中出现的所有命题常元,称为命题公式 A 含有的命题常元。命题公式 A 中出现的所有联结词,称为命题公式 A 含有的联结词。含有 n 个命题变元 $p_1, p_2, \cdots, p_n$ 的命题公式 A,可以记为 $A(p_1, p_2, \cdots, p_n)$。含有一个联结词的命题公式称为基本复合命题公式,简称为**基本命题公式**(fundamental proposition formula),所表示的复合命题称为**基本复合命题**(fundamental proposition)。含有两个或两个以上联结词的命题公式称为**复杂命题公式**(complex proposition formula),所表示的复合命题称为**复杂复合命题**,简称为**复杂命题**(complex proposition)。

为了简化命题公式的表示,通常对命题公式中的联结词规定了优先级,即 $\neg, \land, \lor, \to, \leftrightarrow$ 的优先级依次降低。这样,用命题公式表示命题时,就可以省略其中的一些圆括号。

例如,命题公式 $(p \lor q), ((p \land q) \lor (s \land q)) \land t, (p \land q) \to (p \to s)$ 和 $((p \to q) \lor s) \to (p \leftrightarrow$

q)中可以省略最外层的圆括号,得到相应的命题公式 $p \vee q$,$(p \wedge q \vee s \wedge q) \wedge t$,$p \wedge q \rightarrow (p \rightarrow s)$ 和 $(p \rightarrow q) \vee s \rightarrow (p \leftrightarrow q)$。

再如,命题公式 $(p \wedge q \vee s \wedge q) \wedge t$ 和命题公式 $p \wedge q \vee s \wedge q \wedge t$ 表示的含义不同;命题公式 $p \wedge q \rightarrow p \rightarrow s$ 和命题公式 $p \wedge (q \rightarrow p) \rightarrow s$,$p \wedge (q \rightarrow p \rightarrow s)$ 的含义都不同;命题公式 $(p \rightarrow q) \vee s \rightarrow (p \leftrightarrow q)$ 和命题公式 $p \rightarrow q \vee s \rightarrow (p \leftrightarrow q)$,$p \rightarrow q \vee s \rightarrow p \leftrightarrow q$ 的含义都不同。

例 4.8 用命题公式表示下列语句。

① 小李现在在教室或图书馆。

② 程序运行停机的原因在于语法错误或者输入参数不合理。

③ 除非他以书面或短信方式正式通知我,否则我不参加明天的婚礼。

④ 虽然每天课很紧,但我还是坚持跑步。

⑤ 选离散数学或数理方程中的一门作为选修课。

⑥ 不经一事,不长一智。

⑦ 如果我上街,我就去书店看看,除非我很累。

⑧ 如果今天下午下雨,我就去看 NBA,否则,我去打网球。

⑨ 只要明天不是雨夹雪,我就去锻炼身体。

⑩ 明天我将风雨无阻地去上班。

解 ① 从语句中抽取出如下简单陈述句:

p:小李现在在教室;q:小李现在在图书馆。

那么,该语句可表示为:$(p \wedge \neg q) \vee (\neg p \wedge q)$,这是"排他性或",表示小李只可能在教室或图书馆。

② 从语句中抽取出如下简单陈述句:

p:程序运行停机;q:程序有语法错误;r:程序输入参数合理。

那么,该语句可表示为:$q \vee \neg r \rightarrow p$。

③ 从语句中抽取出如下简单陈述句:

p:他以书面方式正式通知我;

q:他以短信方式正式通知我;

r:我参加明天的婚礼。

那么,该语句可表示为:$\neg(p \vee q) \rightarrow \neg r$ 或者 $r \rightarrow (p \vee q)$。

④ 从语句中抽取出如下简单陈述句:

p:每天课很紧;q:每天坚持跑步。

那么,该语句可表示为:$p \wedge q$。

⑤ 从语句中抽取出如下简单陈述句:

p:选离散数学作为选修课;q:选数理方程作为选修课。

那么,该语句可表示为:$(p \wedge \neg q) \vee (q \wedge \neg p)$。

⑥ 从语句中抽取出如下简单陈述句:

p:经一事;q:长一智。

那么,该语句可表示为:$\neg p \rightarrow \neg q$。

⑦ 从语句中抽取出如下简单陈述句:

p:我上街;q:我去书店看看;r:我很累。

那么,该语句可表示为:$\neg r \to (p \to q)$。

⑧ 从语句中抽取出如下简单陈述句:

p:今天下午下雨;q:我去看 NBA;r:我打网球。

那么,该语句可表示为:$(p \to (q \land \neg r)) \land (\neg p \to (\neg q \land r))$。

⑨ 从语句中抽取出如下简单陈述句:

p:明天下雨;q:明天下雪;r:我去锻炼身体。

那么,该语句可表示为:$\neg(p \land q) \to r$。

⑩ 从语句中抽取出如下简单陈述句:

p:明天刮风;q:明天下雨;r:我去上班。

要表述该语句,首先要恰当地表述风雨无阻。风雨无阻分 4 种情况:既刮风又下雨,只刮风不下雨,不刮风只下雨,既不刮风又不下雨。由于"我去上班"与天气情况同时发生,所以,该语句可表示为:$((p \land q) \lor (\neg p \land q) \lor (p \land \neg q) \lor (\neg p \land \neg q)) \land r$。

对于用自然语言描述的任何可判断真假的事实,都可以符号化为命题公式。相应地,命题公式也有与之对应的真值。命题公式包含有多个命题变元,命题公式的真值取决于命题变元的取值。

定义 4.9　对出现在命题公式 A 中的命题变元 $p_1, p_2, \cdots, p_n$ 指定一组真值,称为对命题公式 A 的一个**赋值**(evaluation)或**解释**(explanation),记为 I。含有 n 个命题变元的命题公式的一个赋值,可以表示为 n 维 0-1 向量 $(\sigma_1, \sigma_2, \cdots, \sigma_n)$,其中,$\sigma_i (i=1, 2, \cdots, n)$ 是命题变元 p_i 所对应的真值。若指定的一组真值使命题公式 A 的真值为真,就称这组真值为命题公式 A 的**成真赋值**(true evaluation);若指定的一组真值使命题公式 A 的真值为假,就称该组真值为命题公式 A 的**成假赋值**(false evaluation)。

例 4.9　给出如下命题公式的所有赋值,并判断哪些是成真赋值,哪些是成假赋值。

① $\neg r \to (p \to q)$;

② $\neg(p \land q) \to r$;

③ $(p \land q) \lor (\neg p \land r)$;

④ $\neg p \to \neg q$。

解　① 命题公式 $\neg r \to (p \to q)$ 有如下 8 组赋值:

$p=1, q=1$ 和 $r=1$,表示为 $(1,1,1)$;

$p=1, q=1$ 和 $r=0$,表示为 $(1,1,0)$;

$p=1, q=0$ 和 $r=1$,表示为 $(1,0,1)$;

$p=1, q=0$ 和 $r=0$,表示为 $(1,0,0)$;

$p=0, q=1$ 和 $r=1$,表示为 $(0,1,1)$;

$p=0, q=1$ 和 $r=0$,表示为 $(0,1,0)$;

$p=0, q=0$ 和 $r=1$,表示为 $(0,0,1)$;

$p=0, q=0$ 和 $r=0$,表示为 $(0,0,0)$。

成真赋值有:$(1,1,1), (1,0,1), (0,1,1), (0,0,1), (1,1,0), (0,1,0), (0,0,0)$。

成假赋值有:$(1,0,0)$。

② 类似于①,命题公式 $\neg(p \land q) \to r$ 有如下 8 组赋值:$(1,1,1), (1,1,0), (1,0,1)$, $(1,0,0), (0,1,1), (0,1,0), (0,0,1), (0,0,0)$。

成真赋值有：$(1,1,0),(1,1,1),(1,0,1),(0,1,1),(0,0,1)$。

成假赋值有：$(0,1,0),(0,0,0),(1,0,0)$。

③ 类似于①，命题公式 $(p \wedge q) \vee (\neg p \wedge r)$ 有如下 8 组赋值：$(1,1,1),(1,1,0),(1,0,1)$，$(1,0,0),(0,1,1),(0,1,0),(0,0,1),(0,0,0)$。

成真赋值有：$(1,1,0),(1,1,1),(0,1,1),(0,0,1)$。

成假赋值有：$(1,0,0),(1,0,1),(0,1,0),(0,0,0)$。

④ 命题公式 $\neg p \rightarrow \neg q$ 有如下 4 组赋值：

$p=1$ 和 $q=1$，表示为 $(1,1)$；

$p=1$ 和 $q=0$，表示为 $(1,0)$；

$p=0$ 和 $q=1$，表示为 $(0,1)$；

$p=0$ 和 $q=0$，表示为 $(0,0)$。

成真赋值有：$(0,0),(1,0),(1,1)$。

成假赋值有：$(0,1)$。

从例 4.9 可以看出，对于含有多个命题变元的命题公式，赋值的数目取决于命题公式中命题变元的数目。含有 n 个命题变元的命题公式，所有可能赋值的数目为 2^n 个。为了直观地表示一个命题公式的所有可能解释与公式在各解释下的真值，引出如下的定义 4.10。

定义 4.10　命题公式在其所有可能解释下所取真值的表格形式表示，称为该命题公式的**真值表**(truth table)。

表 4.1 给出了几个基本命题公式的真值表，通过该真值表可以直观地看出各个联结词的逻辑含义。

表 4.1　几个基本命题公式的真值表

p	q	$\neg p$	$p \wedge q$	$p \vee q$	$p \rightarrow q$	$p \leftrightarrow q$
1	1	0	1	1	1	1
1	0	0	0	1	0	0
0	1	1	0	1	1	0
0	0	1	0	0	1	1

例 4.10　给出例 4.9 中命题公式的真值表。

解　表 4.2～表 4.5 分别给出了各命题公式的真值表。

表 4.2　命题公式①的真值表

p	q	r	$\neg r$	$p \rightarrow q$	$\neg r \rightarrow (p \rightarrow q)$
1	1	1	0	1	1
1	1	0	1	1	1
1	0	1	0	0	1
1	0	0	1	0	0
0	1	1	0	1	1
0	1	0	1	1	1
0	0	1	0	1	1
0	0	0	1	1	1

表 4.3   命题公式②的真值表

p	q	r	$p \wedge q$	$\neg(p \wedge q)$	$\neg(p \wedge q) \rightarrow r$
1	1	1	1	0	1
1	1	0	1	0	1
1	0	1	0	1	1
1	0	0	0	1	0
0	1	1	0	1	1
0	1	0	0	1	0
0	0	1	0	1	1
0	0	0	0	1	0

表 4.4   命题公式③的真值表

p	q	r	$\neg p$	$p \wedge q$	$\neg p \wedge r$	$(p \wedge q) \vee (\neg p \wedge r)$
1	1	1	0	1	0	1
1	1	0	0	1	0	1
1	0	1	0	0	0	0
1	0	0	0	0	0	0
0	1	1	1	0	1	1
0	1	0	1	0	0	0
0	0	1	1	0	1	1
0	0	0	1	0	0	0

表 4.5   命题公式④的真值表

p	q	$\neg p$	$\neg q$	$\neg p \rightarrow \neg q$
1	1	0	0	1
1	0	0	1	1
0	1	1	0	0
0	0	1	1	1

例 4.11   给出如下命题公式的真值表,并指出各命题公式的成真赋值和成假赋值。

① $(p \vee q) \leftrightarrow (q \vee p)$;

② $p \wedge (p \vee q) \leftrightarrow p$;

③ $(p \wedge q) \wedge r \leftrightarrow p \wedge (q \wedge r)$;

④ $(p \wedge q) \vee r \leftrightarrow (p \vee r) \wedge (q \vee r)$;

⑤ $(p \leftrightarrow q) \leftrightarrow \neg(p \rightarrow q) \vee \neg(q \rightarrow p)$;

⑥ $(p \rightarrow \neg q) \vee \neg q$。

解   表 4.6~表 4.11 分别给出了各命题公式的真值表。

表 4.6 命题公式①的真值表

p	q	$p \vee q$	$q \vee p$	$(p \vee q) \leftrightarrow (q \vee p)$
1	1	1	1	1
1	0	1	1	1
0	1	1	1	1
0	0	0	0	1

表 4.7 命题公式②的真值表

p	q	$p \vee q$	$p \wedge (p \vee q)$	$p \wedge (p \vee q) \leftrightarrow p$
1	1	1	1	1
1	0	1	1	1
0	1	1	0	1
0	0	0	0	1

表 4.8 命题公式③的真值表

p	q	r	$p \wedge q$	$q \wedge r$	$(p \wedge q) \wedge r$	$p \wedge (q \wedge r)$	$(p \wedge q) \wedge r \leftrightarrow p \wedge (q \wedge r)$
1	1	1	1	1	1	1	1
1	1	0	1	0	0	0	1
1	0	1	0	0	0	0	1
1	0	0	0	0	0	0	1
0	1	1	0	1	0	0	1
0	1	0	0	0	0	0	1
0	0	1	0	0	0	0	1
0	0	0	0	0	0	0	1

表 4.9 命题公式④的真值表

p	q	r	$p \wedge q$	$p \vee r$	$q \vee r$	$(p \wedge q) \vee r$	$(p \vee r) \wedge (q \vee r)$	$(p \wedge q) \vee r \leftrightarrow (p \vee r) \wedge (q \vee r)$
1	1	1	1	1	1	1	1	1
1	1	0	1	1	1	1	1	1
1	0	1	0	1	1	1	1	1
1	0	0	0	1	0	0	0	1
0	1	1	0	1	1	1	1	1
0	1	0	0	0	1	0	0	1
0	0	1	0	1	1	1	1	1
0	0	0	0	0	0	0	0	1

表 4.10   命题公式⑤的真值表

p	q	$p \leftrightarrow q$	$p \rightarrow q$	$q \rightarrow p$	$\neg(p \rightarrow q) \vee \neg(q \rightarrow p)$	$(p \leftrightarrow q) \leftrightarrow \neg(p \rightarrow q) \vee (q \rightarrow p)$
1	1	1	1	1	0	0
1	0	0	0	1	1	0
0	1	0	1	0	1	0
0	0	1	1	1	0	0

表 4.11   命题公式⑥的真值表

p	q	$\neg q$	$p \rightarrow \neg q$	$(p \rightarrow \neg q) \vee \neg q$
1	1	0	0	0
1	0	1	1	1
0	1	0	1	1
0	0	1	1	1

从真值表中可以看出：命题公式①,②,③和④的所有赋值都为成真赋值；命题公式⑤的所有赋值都为成假赋值；命题公式⑥的成真赋值为$(0,0)$,$(1,0)$和$(0,1)$,成假赋值为$(1,1)$。

4.2.2   命题公式的分类

命题公式在不同的解释下可能具有不同的真值。有些命题公式可能在所有解释下的真值都为真,有些命题公式可能在所有解释下的真值都为假,而有些命题公式可能在某些解释下的真值为真,在另外一些解释下的真值为假。为此,对命题公式进行如下分类。

定义 4.11   如果命题公式 A 在所有解释下的真值都为真,则称 A 为**永真命题公式**,简称为**永真公式**(always true formula)或**重言式**(tautology),用 1 表示。

例 4.12   判断下列命题公式是否为重言式。

① $\neg(p \wedge q) \leftrightarrow \neg p \vee \neg q$;

② $\neg p \wedge (p \vee q) \leftrightarrow q$;

③ $(p \leftrightarrow q) \leftrightarrow (p \rightarrow q) \wedge (q \rightarrow p)$;

④ $(p \rightarrow q) \leftrightarrow (\neg q \rightarrow \neg p)$。

解   各命题公式的真值表如表 4.12～表 4.15 所示。从真值表可以看出：命题公式①,③和④在所有可能的解释下的真值都为真,所以,它们是重言式；命题公式②在解释$(1,1)$下的真值为假,所以,它不是重言式。

表 4.12   命题公式①的真值表

p	q	$p \wedge q$	$\neg p \vee \neg q$	$\neg(p \wedge q) \leftrightarrow \neg p \vee \neg q$
1	1	1	0	1
1	0	0	1	1
0	1	0	1	1
0	0	0	1	1

表 4.13 命题公式②的真值表

p	q	$p \lor q$	$\lnot p \land (p \lor q)$	$\lnot p \land (p \lor q) \leftrightarrow q$
1	1	1	0	0
1	0	1	0	1
0	1	1	1	1
0	0	0	0	1

表 4.14 命题公式③的真值表

p	q	$p \leftrightarrow q$	$p \rightarrow q$	$q \rightarrow p$	$(p \rightarrow q) \land (q \rightarrow p)$	$(p \leftrightarrow q) \leftrightarrow (p \rightarrow q) \land (q \rightarrow p)$
1	1	1	1	1	1	1
1	0	0	0	1	0	1
0	1	0	1	0	0	1
0	0	1	1	1	1	1

表 4.15 命题公式④的真值表

p	q	$\lnot p$	$\lnot q$	$p \rightarrow q$	$\lnot q \rightarrow \lnot p$	$(p \rightarrow q) \leftrightarrow (\lnot q \rightarrow \lnot p)$
1	1	0	0	1	1	1
1	0	0	1	0	0	1
0	1	1	0	1	1	1
0	0	1	1	1	1	1

定义 4.12 如果至少存在一个解释使命题公式 A 的真值为真,则称命题公式 A 为**可满足命题公式**,简称为**可满足公式**(satisfable formula)。

例 4.13 判断下列命题公式哪些是可满足公式。

① $(p \rightarrow q) \land (q \rightarrow r) \leftrightarrow (p \rightarrow r)$;

② $(p \lor q) \lor (\lnot p \land q)$;

③ $\lnot q \land (p \rightarrow q) \rightarrow \lnot q$;

④ $((p \lor r) \rightarrow (q \lor r)) \rightarrow (p \rightarrow q)$。

解 各命题公式的真值表如表 4.16～表 4.19 所示。从真值表可以看出:命题公式①在解释(1,1,1),(1,1,0),(1,0,0),(0,1,1),(0,0,1)和(0,0,0)下的真值为真;命题公式②在解释(1,1),(1,0)和(0,1)下的真值都为真;命题公式③的所有可能的解释下的真值都为真;命题公式④在除解释(1,0,1)外的所有解释下的真值为真,所以,它们都是可满足公式。

表 4.16 命题公式①的真值表

p	q	r	$p \rightarrow q$	$q \rightarrow r$	$p \rightarrow r$	$(p \rightarrow q) \land (q \rightarrow r)$	$(p \rightarrow q) \land (q \rightarrow r) \leftrightarrow (p \rightarrow r)$
1	1	1	1	1	1	1	1
1	1	0	1	0	0	0	1
1	0	1	0	1	1	0	0
1	0	0	0	1	0	0	1
0	1	1	1	1	1	1	1
0	1	0	1	0	1	0	0
0	0	1	1	1	1	1	1
0	0	0	1	1	1	1	1

表 4.17   命题公式②的真值表

p	q	$p \vee q$	$\neg p \wedge q$	$(p \vee q) \vee (\neg p \wedge q)$
1	1	1	0	1
1	0	1	0	1
0	1	1	1	1
0	0	0	0	0

表 4.18   命题公式③的真值表

p	q	$p \rightarrow q$	$\neg q \wedge (p \rightarrow q)$	$\neg q \wedge (p \rightarrow q) \rightarrow \neg q$
1	1	1	0	1
1	0	0	0	1
0	1	1	0	1
0	0	1	1	1

表 4.19   命题公式④的真值表

p	q	r	$p \rightarrow q$	$p \vee r$	$q \vee r$	$(p \vee r) \rightarrow (q \vee r)$	$((p \vee r) \rightarrow (q \vee r)) \rightarrow (p \rightarrow q)$
1	1	1	1	1	1	1	1
1	1	0	1	1	1	1	1
1	0	1	0	1	1	1	0
1	0	0	0	1	0	0	1
0	1	1	1	1	1	1	1
0	1	0	1	0	1	1	1
0	0	1	1	1	1	1	1
0	0	0	1	0	0	1	1

定义 4.13   如果命题公式 A 在所有解释下的真值都为假,则称命题公式 A 为**永假命题公式**,简称为**永假公式**或**矛盾式**(contradiction)或**不可满足公式**(unsatisfable formula),用 0 表示。

例 4.14   分析下列命题公式的类型。

① $(p \wedge (p \rightarrow q)) \wedge \neg p$;

② $p \wedge (p \rightarrow q) \rightarrow p$;

③ $(\neg p \wedge (p \vee q)) \vee q$;

④ $(q \vee \neg (p \rightarrow q)) \wedge \neg q$。

解   各命题公式的真值表如表 4.20~表 4.23 所示。

表 4.20   命题公式①的真值表

p	q	$p \rightarrow q$	$p \wedge (p \rightarrow q)$	$(p \wedge (p \rightarrow q)) \wedge \neg p$
1	1	1	1	0
1	0	0	0	0
0	1	1	0	0
0	0	1	0	0

表 4.21 命题公式②的真值表

p	q	$p \rightarrow q$	$p \wedge (p \rightarrow q)$	$p \wedge (p \rightarrow q) \rightarrow p$
1	1	1	1	1
1	0	0	0	1
0	1	1	0	1
0	0	1	0	1

表 4.22 命题公式③的真值表

p	q	$p \vee q$	$\neg p \wedge (p \vee q)$	$(\neg p \wedge (p \vee q)) \vee q$
1	1	1	0	1
1	0	1	0	0
0	1	1	1	1
0	0	0	0	0

表 4.23 命题公式④的真值表

p	q	$p \rightarrow q$	$q \vee \neg (p \rightarrow q)$	$(q \vee \neg (p \rightarrow q)) \wedge \neg q$
1	1	1	1	0
1	0	0	1	1
0	1	1	0	0
0	0	1	0	0

从真值表可以看出：命题公式①在所有可能的解释下的真值都为假，所以，命题公式①是矛盾式；命题公式②在所有可能解释下的真值都为真，所以，命题公式②是重言式；命题公式③在解释(1,1)和(0,1)下的真值为真，在解释(1,0)和(0,0)下的真值为假，所以，命题公式③是可满足公式；命题公式④在解释(1,0)下的真值为真，在其余解释下的真值为假，所以，命题公式④是可满足公式。

4.2.3 命题公式的等值式

含有相同的命题变元的命题公式，它们的解释是相同的，但是，它们在同一解释下的真值不一定相同。如果在所有可能的解释下，两个含有相同命题变元的命题公式的真值都相同，那么，从逻辑解释角度，它们所表述的含义是相同的，或者说是逻辑等价的。

定义 4.14 如果命题公式 A 和 B 的等价式 $A \leftrightarrow B$ 是重言式，则称命题公式 A 与 B 是**逻辑等值的**(equivalent)，或者是**命题公式的等值式**，简称为**等值式**(equivalent formula)，记为 $A \Leftrightarrow B$ 或 $A = B$。

注意：上述定义中的"$\Leftrightarrow$"不是逻辑联结词，$A \Leftrightarrow B$ 也不是命题公式，它只是命题公式 A 与 B 逻辑等值时的一种简单记法，不要对"$\Leftrightarrow$"与"$\leftrightarrow$"产生混淆。

对于任意命题公式 A 和 B，可以通过列出等价式 $A \leftrightarrow B$ 的真值表，分析 $A \leftrightarrow B$ 是否为重言式，来确定命题公式 A 和 B 是否为等值式。

例 4.15 分析下列命题公式是否为等值式。

① $p \rightarrow q$ 和 $\neg q \rightarrow \neg p$； ② $p \rightarrow q$ 和 $\neg p \vee q$；
③ $(p \vee q) \wedge r$ 和 $(p \wedge r) \vee (q \wedge r)$； ④ $\neg (p \wedge q)$ 和 $\neg p \vee \neg q$；

⑤ $p \leftrightarrow q$ 和 $\neg p \leftrightarrow \neg q$;　　　　　⑥ $(p \rightarrow q) \wedge (p \rightarrow \neg q)$ 和 $\neg p$。

解　根据等值式的定义,各命题公式的真值表如表 4.24～表 4.29 所示。从真值表可以看出:这些命题公式在所有可能的解释下的真值都为真,所以,它们都是等值式。

表 4.24　命题公式①的真值表

p	q	$p \rightarrow q$	$\neg q \rightarrow \neg p$	$(p \rightarrow q) \leftrightarrow (\neg q \rightarrow \neg p)$
1	1	1	1	1
1	0	0	0	1
0	1	1	1	1
0	0	1	1	1

表 4.25　命题公式②的真值表

p	q	$p \rightarrow q$	$\neg p \vee q$	$(p \rightarrow q) \leftrightarrow \neg p \vee q$
1	1	1	1	1
1	0	0	0	1
0	1	1	1	1
0	0	1	1	1

表 4.26　命题公式③的真值表

p	q	r	$p \vee q$	$p \wedge r$	$q \wedge r$	$(p \vee q) \wedge r$	$(p \wedge r) \vee (q \wedge r)$	$(p \vee q) \wedge r \leftrightarrow (p \wedge r) \vee (q \wedge r)$
1	1	1	1	1	1	1	1	1
1	1	0	1	0	0	0	0	1
1	0	1	1	1	0	1	1	1
1	0	0	1	0	0	0	0	1
0	1	1	1	0	1	1	1	1
0	1	0	1	0	0	0	0	1
0	0	1	0	0	0	0	0	1
0	0	0	0	0	0	0	0	1

表 4.27　命题公式④的真值表

p	q	$p \wedge q$	$\neg p \vee \neg q$	$\neg(p \wedge q) \leftrightarrow \neg p \vee \neg q$
1	1	1	0	1
1	0	0	1	1
0	1	0	1	1
0	0	0	1	1

表 4.28　命题公式⑤的真值表

p	q	$p \leftrightarrow q$	$\neg p \leftrightarrow \neg q$	$(p \leftrightarrow q) \leftrightarrow (\neg p \leftrightarrow \neg q)$
1	1	1	1	1
1	0	0	0	1
0	1	0	0	1
0	0	1	1	1

表 4.29　命题公式⑥的真值表

p	q	$\neg p$	$p \rightarrow q$	$p \rightarrow \neg q$	$(p \rightarrow q) \wedge (p \rightarrow \neg q)$	$(p \rightarrow q) \wedge (p \rightarrow \neg q) \leftrightarrow \neg p$
1	1	0	1	0	0	1
1	0	0	0	1	0	1
0	1	1	1	1	1	1
0	0	1	1	1	1	1

在命题逻辑中,命题公式的等值式对于命题逻辑演算有非常重要的作用。在含有命题公式 A 的命题公式 $\Phi(A)$ 中,将所有命题公式 A 的出现用命题公式 B 来替换,得到新的命题公式 $\Phi(B)$,如果命题公式 A 和命题公式 B 是等值式,那么,$\Phi(A) \Leftrightarrow \Phi(B)$。在命题逻辑中,由已知的等值式,通过等值式替换,推演出另外一些等值式的过程称为**命题逻辑的等值演算**,简称为**等值演算**(equivalent calculus)。

下面是命题逻辑中的一些基本等值式:

交换律: $A \vee B \Leftrightarrow B \vee A, A \wedge B \Leftrightarrow B \wedge A$。

结合律: $(A \vee B) \vee C \Leftrightarrow A \vee (B \vee C), (A \wedge B) \wedge C \Leftrightarrow A \wedge (B \wedge C)$。

分配律: $(A \vee B) \wedge C \Leftrightarrow (A \wedge C) \vee (B \wedge C), (A \wedge B) \vee C \Leftrightarrow (A \vee C) \wedge (B \vee C)$。

吸收律: $A \wedge (A \vee B) \Leftrightarrow A, A \vee (A \wedge B) \Leftrightarrow A$。

幂等律: $A \vee A \Leftrightarrow A, A \wedge A \Leftrightarrow A$。

同一律: $A \vee 0 \Leftrightarrow A, A \wedge 1 \Leftrightarrow A$。

零律: $A \vee 1 \Leftrightarrow 1, A \wedge 0 \Leftrightarrow 0$。

排中律: $A \vee \neg A \Leftrightarrow 1$。

矛盾律: $A \wedge \neg A \Leftrightarrow 0$。

双重否定律: $A \Leftrightarrow \neg \neg A$。

德摩根律: $\neg (A \vee B) \Leftrightarrow \neg A \wedge \neg B, \neg (A \wedge B) \Leftrightarrow \neg A \vee \neg B$。

蕴含等值式: $A \rightarrow B \Leftrightarrow \neg A \vee B$。

等价等值式: $A \leftrightarrow B \Leftrightarrow (A \rightarrow B) \wedge (B \rightarrow A)$。

假言易位: $A \rightarrow B \Leftrightarrow \neg B \rightarrow \neg A$。

等价否定等价式: $A \leftrightarrow B \Leftrightarrow \neg A \leftrightarrow \neg B$。

归谬论: $(A \rightarrow B) \wedge (A \rightarrow \neg B) \Leftrightarrow \neg A$。

例 4.16 证明下列命题公式的等值式。

① $(p \rightarrow q) \rightarrow r \Leftrightarrow (p \vee r) \wedge (\neg q \vee r)$;　② $(p \vee q) \rightarrow r \Leftrightarrow (p \rightarrow r) \wedge (q \rightarrow r)$;

③ $p \rightarrow (q \rightarrow r) \Leftrightarrow (p \wedge q) \rightarrow r$;　④ $(\neg p \wedge (\neg q \wedge r)) \vee ((q \wedge r) \vee (p \wedge r)) \Leftrightarrow r$。

证明 ① $(p \rightarrow q) \rightarrow r$

$\Leftrightarrow \neg (p \rightarrow q) \vee r$　　　　　　　　(蕴含等值式)

$\Leftrightarrow \neg (\neg p \vee q) \vee r$　　　　　　　　(蕴含等值式)

$\Leftrightarrow (\neg \neg p \wedge \neg q) \vee r$　　　　　　　(德摩根律)

$\Leftrightarrow (p \wedge \neg q) \vee r$　　　　　　　　(双重否定律)

$\Leftrightarrow (p \vee r) \wedge (\neg q \vee r)$　　　　　　(分配律)

② $(p \lor q) \to r$

$\Leftrightarrow \neg(p \lor q) \lor r$ （蕴含等值式）

$\Leftrightarrow (\neg p \land \neg q) \lor r$ （德摩根律）

$\Leftrightarrow (\neg p \lor r) \land (\neg q \lor r)$ （分配律）

$\Leftrightarrow (p \to r) \land (q \to r)$ （蕴含等值式）

③ $p \to (q \to r)$

$\Leftrightarrow \neg p \lor (q \to r)$ （蕴含等值式）

$\Leftrightarrow \neg p \lor (\neg q \lor r)$ （蕴含等值式）

$\Leftrightarrow (\neg p \lor \neg q) \lor r$ （结合律）

$\Leftrightarrow \neg(p \land q) \lor r$ （德摩根律）

$\Leftrightarrow (p \land q) \to r$ （蕴含等值式）

④ $(\neg p \land (\neg q \land r)) \lor ((q \land r) \lor (p \land r))$

$\Leftrightarrow ((\neg p \land \neg q) \land r) \lor ((q \lor p) \land r)$ （结合律、分配律）

$\Leftrightarrow (\neg(p \lor q) \land r) \lor ((q \lor p) \land r)$ （德摩根律）

$\Leftrightarrow (\neg(p \lor q) \lor (q \lor p)) \land r$ （分配律）

$\Leftrightarrow 1 \land r$ （排中律）

$\Leftrightarrow r$ （同一律）

在前面分析命题公式的真值情况以及判断命题公式的类型时,都是采用的真值表方法。事实上,如果命题公式含有的命题变元较多时,列出真值表是一件非常繁琐的事情,所以,也可以通过命题逻辑的等值演算来判断命题公式的类型。

例 4.17 用等值演算判断下列命题公式的类型。

① $(p \to q) \land p \to q$;   ② $\neg(p \to (q \lor p)) \land r$;   ③ $p \land (((p \lor q) \land \neg p) \to q)$。

解 ① $(p \to q) \land p \to q$

$\Leftrightarrow (\neg p \lor q) \land p \to q$ （蕴含等值式）

$\Leftrightarrow \neg((\neg p \lor q) \land p) \lor q$ （蕴含等值式）

$\Leftrightarrow (\neg(\neg p \lor q) \lor \neg p) \lor q$ （德摩根律）

$\Leftrightarrow \neg(\neg p \lor q) \lor (\neg p \lor q)$ （结合律）

$\Leftrightarrow 1$ （排中律）

所以,命题公式 $(p \to q) \land p \to q$ 是重言式。

② $\neg(p \to (q \lor p)) \land r$

$\Leftrightarrow \neg(\neg p \lor (q \lor p)) \land r$ （蕴含等值式）

$\Leftrightarrow (\neg \neg p \land \neg(q \lor p)) \land r$ （德摩根律）

$\Leftrightarrow (p \land (\neg q \land \neg p)) \land r$ （双重否定律、德摩根律）

$\Leftrightarrow ((p \land \neg p) \land \neg q) \land r$ （交换律、结合律）

$\Leftrightarrow (0 \land \neg q) \land r$ （矛盾律）

$\Leftrightarrow 0 \land r$ （零律）

$\Leftrightarrow 0$ （零律）

所以,命题公式 $\neg(p \to (q \lor p)) \land r$ 是矛盾式。

③ $p \wedge (((p \vee q) \wedge \neg p) \rightarrow q)$

$\Leftrightarrow p \wedge (\neg((p \vee q) \wedge \neg p) \vee q)$ （蕴含等值式）

$\Leftrightarrow p \wedge (\neg((p \wedge \neg p) \vee (\neg p \wedge q)) \vee q)$（分配律）

$\Leftrightarrow p \wedge (\neg(0 \vee (\neg p \wedge q)) \vee q)$ （矛盾律）

$\Leftrightarrow p \wedge (\neg(\neg p \wedge q) \vee q)$ （同一律）

$\Leftrightarrow p \wedge ((p \vee \neg q) \vee q)$ （德摩根律）

$\Leftrightarrow p \wedge (p \vee (\neg q \vee q))$ （结合律）

$\Leftrightarrow p \wedge (p \vee 1)$ （排中律）

$\Leftrightarrow p \wedge 1$ （零律）

$\Leftrightarrow p$ （同一律）

所以，命题公式 $p \wedge (((p \vee q) \wedge \neg p) \rightarrow q)$ 既不是重言式，也不是矛盾式，它是一个可满足公式。

4.2.4　命题公式的范式

从命题公式的等值式角度，一个命题公式可以有不同的表现形式，不同的表现形式可以显示不同的特征，而这些特征可以体现出从某一角度考虑问题的极为重要的性质。命题公式的规定标准形式称为**命题公式的范式**，简称为**命题范式**（proposition normal form）或**范式**（normal form）。命题范式给不同表现形式的命题公式提供了统一的表达形式。同时，命题范式对于命题逻辑演算有着非常重要的作用。

定义 4.15　有限个命题变元或者命题变元的否定的析取构成的命题公式称为**命题公式的简单析取式**，简称为**简单析取式**（simple disjunctive formula）。有限个命题变元或者命题变元的否定的合取构成的命题公式称为**命题公式的简单合取式**，简称为**简单合取式**（simple conjunctive formula）。

例如，命题公式 $p \vee q, p \vee \neg q, \neg p \vee \neg q \vee r, p \vee \neg q \vee \neg r, \neg p \vee \neg q \vee \neg r$ 都是简单析取式；命题公式 $p \wedge q, p \wedge \neg q, \neg p \wedge \neg q \wedge r, p \wedge \neg q \wedge \neg r, \neg p \wedge \neg q \wedge \neg r \wedge s$ 都是简单合取式；命题公式 $p, \neg q$ 既是简单析取式，也是简单合取式。

定义 4.16　有限个简单合取式的析取得到的命题公式称为**命题公式的析取范式**，简称为**析取范式**（disjunctive normal form）。有限个简单析取式的合取得到的命题公式称为**命题公式的合取范式**，简称为**合取范式**（conjunctive normal form）。命题公式的析取范式和合取范式统称为**命题公式的范式**，简称为**范式**。

例如，命题公式 $p \vee (q \wedge p) \vee \neg q, (\neg p \wedge \neg q) \vee r, (p \wedge \neg q) \vee \neg r \vee p, (\neg p \wedge \neg q \wedge \neg r) \vee (\neg r \wedge p) \vee (p \wedge \neg q)$ 都是析取范式；命题公式 $(p \vee q) \wedge (p \vee \neg q), (\neg p \vee \neg q) \wedge r, (p \vee \neg q) \wedge (\neg r \vee p), (\neg p \vee \neg q \vee \neg r) \wedge (\neg r \vee p) \wedge (p \vee \neg q)$ 都是合取范式；命题公式 $p \wedge q, p \wedge \neg q, \neg p \wedge \neg q \wedge r, p \wedge \neg q \wedge \neg r, \neg p \wedge \neg q \wedge \neg r \wedge s$ 既是合取范式，也是析取范式；命题公式 $p \vee q, p \vee \neg q, \neg p \vee \neg q \vee r, p \vee \neg q \vee \neg r, \neg p \vee \neg q \vee \neg r$ 既是析取范式，也是合取范式。

定理 4.1　任意命题公式都存在与之等值的析取范式和合取范式。

证明　对于任意命题公式，可以通过下述命题逻辑等值演算步骤得到与之等值的范式：

步骤一，利用蕴含等值式和等价等值式消去蕴含联结词"$\rightarrow$"和等价联结词"$\leftrightarrow$"；

步骤二,利用双重否定律消去否定联结词"¬",或者利用德摩根律将否定联结词"¬"置于各命题变元的前面;

步骤三,利用合取联结词"∧"对析取联结词"∨"的分配律求析取范式,或者利用析取联结词"∨"对合取联结词"∧"的分配律求合取范式。

证毕。

例 4.18 求下列命题公式的析取范式。

① ¬(p→q)∨¬r;　　　　② p∧(q↔r);

③ (q→r)→p;　　　　　④ p↔(q∧r)。

解 ① ¬(p→q)∨¬r

$\Leftrightarrow \neg(\neg p \vee q) \vee \neg r$　　　　　　（蕴含等值式）

$\Leftrightarrow (\neg \neg p \wedge \neg q) \vee \neg r$　　　　　（德摩根律）

$\Leftrightarrow (p \wedge \neg q) \vee \neg r$　　　　　　（双重否定律）

② p∧(q↔r)

$\Leftrightarrow p \wedge ((q \rightarrow r) \wedge (r \rightarrow q))$　　　　　（等价等值式）

$\Leftrightarrow p \wedge ((\neg q \vee r) \wedge (\neg r \vee q))$　　　（蕴含等值式）

$\Leftrightarrow (p \wedge (\neg q \vee r)) \wedge (\neg r \vee q)$　　　（结合律）

$\Leftrightarrow ((p \wedge \neg q) \vee (p \wedge r)) \wedge (\neg r \vee q)$　（分配律）

$\Leftrightarrow (((p \wedge \neg q) \vee (p \wedge r)) \wedge \neg r) \vee (((p \wedge \neg q) \vee (p \wedge r)) \wedge q)$

（分配律）

$\Leftrightarrow (((p \wedge \neg q) \wedge \neg r) \vee ((p \wedge r) \wedge \neg r)) \vee (((p \wedge \neg q) \wedge q) \vee ((p \wedge r) \wedge q))$

（分配律）

$\Leftrightarrow (p \wedge \neg q \wedge \neg r) \vee (p \wedge r \wedge \neg r) \vee (p \wedge \neg q \wedge q) \vee (p \wedge r \wedge q)$

（结合律）

③ (q→r)→p

$\Leftrightarrow \neg(\neg q \vee r) \vee p$　　　　　　（蕴含等值式）

$\Leftrightarrow (\neg \neg q \wedge \neg r) \vee p$　　　　　（德摩根律）

$\Leftrightarrow (q \wedge \neg r) \vee p$　　　　　　（双重否定律）

④ p↔(q∧r)

$\Leftrightarrow (p \rightarrow (q \wedge r)) \wedge ((q \wedge r) \rightarrow p)$　　　（等价等值式）

$\Leftrightarrow (\neg p \vee (q \wedge r)) \wedge (\neg(q \wedge r) \vee p)$　　（蕴含等值式）

$\Leftrightarrow (\neg p \vee (q \wedge r)) \wedge (\neg q \vee \neg r \vee p)$　　（德摩根律、结合律）

$\Leftrightarrow (\neg p \wedge (\neg q \vee \neg r \vee p)) \vee ((q \wedge r) \wedge (\neg q \vee \neg r \vee p))$

（分配律）

$\Leftrightarrow (\neg p \wedge \neg q) \vee (\neg p \wedge (\neg r \vee p)) \vee ((q \wedge r) \wedge \neg q) \vee ((q \wedge r) \wedge (\neg r \vee p))$

（结合律、分配律）

$\Leftrightarrow (\neg p \wedge \neg q) \vee ((\neg p \wedge \neg r) \vee (\neg p \wedge p)) \vee (q \wedge r \wedge \neg q) \vee (((q \wedge r) \wedge \neg r) \vee ((q \wedge r) \wedge p))$

（结合律、分配律）

$\Leftrightarrow (\neg p \wedge \neg q) \vee (\neg p \wedge \neg r) \vee (\neg p \wedge p) \vee (q \wedge r \wedge \neg q) \vee (q \wedge r \wedge \neg r) \vee (q \wedge r \wedge p)$

（结合律）

例 4.19 求例 4.18 中命题公式的合取范式。

解 ① $\neg(p \to q) \lor \neg r$

$\Leftrightarrow \neg(\neg p \lor q) \lor \neg r$ （蕴含等值式）

$\Leftrightarrow (\neg \neg p \land \neg q) \lor \neg r$ （德摩根律）

$\Leftrightarrow (p \land \neg q) \lor \neg r$ （双重否定律）

$\Leftrightarrow (p \lor \neg r) \land (\neg q \lor \neg r)$ （分配律）

② $p \land (q \leftrightarrow r)$

$\Leftrightarrow p \land ((q \to r) \land (r \to q))$ （等价等值式）

$\Leftrightarrow p \land ((\neg q \lor r) \land (\neg r \lor q))$ （蕴含等值式）

$\Leftrightarrow p \land (\neg q \lor r) \land (\neg r \lor q)$ （结合律）

③ $(q \to r) \to p$

$\Leftrightarrow \neg(\neg q \lor r) \lor p$ （蕴含等值式）

$\Leftrightarrow (\neg \neg q \land \neg r) \lor p$ （德摩根律）

$\Leftrightarrow (q \land \neg r) \lor p$ （双重否定律）

$\Leftrightarrow (q \lor p) \land (\neg r \lor p)$ （分配律）

④ $p \leftrightarrow (q \land r)$

$\Leftrightarrow (p \to (q \land r)) \land ((q \land r) \to p)$ （等价等值式）

$\Leftrightarrow (\neg p \lor (q \land r)) \land (\neg(q \land r) \lor p)$ （蕴含等值式）

$\Leftrightarrow ((\neg p \lor q) \land (\neg p \lor r)) \land ((\neg q \lor \neg r) \lor p)$

    （分配律、德摩根律）

$\Leftrightarrow (\neg p \lor q) \land (\neg p \lor r) \land (\neg q \lor \neg r \lor p)$ （结合律）

例 4.20 举例说明命题公式的析取范式不一定唯一。

解 对于命题公式 $(p \lor q) \land (p \lor r)$，可以证明命题公式 $p \lor (q \land r)$，$(p \land p) \lor (q \land r)$，$p \lor (q \land \neg q) \lor (q \land r)$，$p \lor (p \land r) \lor (q \land r)$ 都是与之等值的，它们也都是析取范式。所以，命题公式的析取范式不一定唯一。

例 4.21 举例说明命题公式的合取范式不一定唯一。

解 对于命题公式 $(p \land q) \lor (p \land r)$，可以证明命题公式 $p \land (q \lor r)$，$(p \lor p) \land (q \lor r)$，$p \land (q \lor \neg q) \land (q \lor r)$，$p \land (p \lor r) \land (q \lor r)$ 都是与之等值的，它们也都是合取范式。所以，命题公式的合取范式不一定唯一。

由上面内容可知，析取范式、合取范式仅含有否定联结词"$\neg$"，析取联结词"$\lor$"和合取联结词"$\land$"，原因在于：蕴含联结词"$\to$"和等价联接词"$\leftrightarrow$"可以通过蕴含等值式和等价等值式，转换为否定联结词"$\neg$"、析取联结词"$\lor$"和合取联结词"$\land$"的表达形式，即任意命题公式所含有的蕴含联结词"$\to$"和等价联结词"$\leftrightarrow$"都可以通过等值演算使之消去。联结词的这种性质称为联结词功能的**完备性**（completeness）。能够表示任意命题公式的联结词的集合称为**联结词的完备集**（complete set of connectives）。联结词集 $\{\neg, \lor, \land\}$、$\{\neg, \to\}$、$\{\neg, \lor\}$、$\{\neg, \land\}$ 等都是联结词的完备集。

定义 4.17 对于一个含有 n 个命题变元 $p_1, p_2, \cdots, p_n$ 的简单合取式，如果每个命题变元与它的否定不同时出现，但二者之一恰好出现一次且仅一次，则该简单合取式称为关于命题变元 $p_1, p_2, \cdots, p_n$ 的**极小项**（minterm）。对于一个含有 n 个命题变元 $p_1, p_2, \cdots, p_n$ 的简单析取式,如果每个命题变元与它的否定不同时出现,但二者之一恰好出现一次且仅一次,则该简单析取式称为关于命题变元 $p_1,p_2,\cdots,p_n$ 的**极大项**(maxterm)。

例如,对于 1 个命题变元 p,它对应的极小项和极大项都是 p 和 $\neg p$ 这两个;对于 2 个命题变元 p 和 q,它们对应的极小项为 $p\wedge q,p\wedge\neg q,\neg p\wedge q$ 和 $\neg p\wedge\neg q$ 共 4 个,极大项为 $p\vee q,p\vee\neg q,\neg p\vee q$ 和 $\neg p\vee\neg q$ 共 4 项;对于 3 个命题变元 p,q 和 r,它们对应的极小项为 $p\wedge q\wedge r,p\wedge q\wedge\neg r,p\wedge\neg q\wedge r,p\wedge\neg q\wedge\neg r,\neg p\wedge q\wedge r,\neg p\wedge q\wedge\neg r,\neg p\wedge\neg q\wedge r$ 和 $\neg p\wedge\neg q\wedge\neg r$ 共 8 个,极大项为 $p\vee q\vee r,p\vee q\vee\neg r,p\vee\neg q\vee r,p\vee\neg q\vee\neg r,\neg p\vee q\vee r,\neg p\vee q\vee\neg r,\neg p\vee\neg q\vee r$ 和 $\neg p\vee\neg q\vee\neg r$ 共 8 个。显然,n 个命题变元所对应的极小项和极大项都为 2^n 个。

从命题公式的真值角度考虑,极小项和极大项有非常有趣的性质:每个极小项只有一组成真赋值;每个极大项只有一组成假赋值。表 4.30 列出了 3 个命题变元所对应的极小项、极大项、极小项的唯一成真赋值和极大项的唯一成假赋值。

表 4.30　3 个命题变元所对应的极小项和极大项

极　小　项			极　大　项		
命题公式	成真赋值	符号表示	命题公式	成假赋值	符号表示
$\neg p\wedge\neg q\wedge\neg r$	$(0,0,0)$	m_0	$p\vee q\vee r$	$(0,0,0)$	M_0
$\neg p\wedge\neg q\wedge r$	$(0,0,1)$	m_1	$p\vee q\vee\neg r$	$(0,0,1)$	M_1
$\neg p\wedge q\wedge\neg r$	$(0,1,0)$	m_2	$p\vee\neg q\vee r$	$(0,1,0)$	M_2
$\neg p\wedge q\wedge r$	$(0,1,1)$	m_3	$p\vee\neg q\vee\neg r$	$(0,1,1)$	M_3
$p\wedge\neg q\wedge\neg r$	$(1,0,0)$	m_4	$\neg p\vee q\vee r$	$(1,0,0)$	M_4
$p\wedge\neg q\wedge r$	$(1,0,1)$	m_5	$\neg p\vee q\vee\neg r$	$(1,0,1)$	M_5
$p\wedge q\wedge\neg r$	$(1,1,0)$	m_6	$\neg p\vee\neg q\vee r$	$(1,1,0)$	M_6
$p\wedge q\wedge r$	$(1,1,1)$	m_7	$\neg p\vee\neg q\vee\neg r$	$(1,1,1)$	M_7

为了便于极小项的表达,用字符 m_i 表示各极小项,将各极小项的唯一成真赋值视作为一个二进制数,该二进制数所对应的十进制数作为相应的角标 i。同理,用字符 M_i 表示各极大项,将各极大项的唯一成假赋值视作为一个二进制数,该二进制数所对应的十进制数作为相应的角标 i。从表 4.30 可以看出,这些极小项和极大项之间满足:$m_i\Leftrightarrow\neg M_i$,$\neg m_i\Leftrightarrow M_i(i=0,1,2,\cdots,7)$。

例 4.22　设 m_i 和 $M_i(i=0,1,2,\cdots,2^n-1)$ 分别为 n 个命题变元所对应的极小项和极大项,试证明 $m_i\Leftrightarrow\neg M_i(i=0,1,2,\cdots,2^n-1)$。

证明　对命题变元的个数 n 进行归纳论证。

$n=1,1$ 个命题变元对应的极大项和极小项为:$m_0=\neg p,m_1=p,M_0=p,M_1=\neg p$。显然,满足 $m_i\Leftrightarrow\neg M_i(i=0,1)$。

假设 $n=k$ 时成立,即 $m_i\Leftrightarrow\neg M_i(i=0,1,2,\cdots,2^k-1)$。

考察 $n=k+1$ 的情形。假定第 $k+1$ 个命题变元为 p,那么,$k+1$ 个命题变元对应的 2^{k+1} 个极小项为 $\neg p\wedge m_i,p\wedge m_i(i=0,1,2,\cdots,2^k-1)$;$k+1$ 个命题变元对应的 2^{k+1} 个极大项为 $p\vee M_i,\neg p\vee M_i(i=0,1,2,\cdots,2^k-1)$。

根据命题公式的等值演算有:

$$\neg(p \lor M_i) \Leftrightarrow \neg p \land \neg M_i \Leftrightarrow \neg p \land m_i (i = 0, 1, 2, \cdots, 2^k - 1)$$

$$\neg(\neg p \lor M_i) \Leftrightarrow \neg \neg p \land \neg M_i \Leftrightarrow p \land m_i (i = 0, 1, 2, \cdots, 2^k - 1)$$

即

$$m_j \Leftrightarrow \neg M_j (j = 0, 1, 2, \cdots, 2^{k+1} - 1)$$

综上述知,对于 n 个命题变元,$m_i \Leftrightarrow \neg M_i (i = 0, 1, 2, \cdots, 2^n - 1)$ 成立。证毕。

定义 4.18 对于一个含有 n 个命题变元的命题公式,如果已表示成析取范式,且该析取范式中的每一个简单合取式都是该 n 个命题变元的极小项,则称此析取范式为**命题公式的主析取范式**,简称为**主析取范式**(principal disjunctive normal form)。

例如,$(p \land q) \lor (p \land \neg q)$,$(\neg p \land q) \lor (\neg p \land \neg q)$,$(p \land q) \lor (\neg p \land q) \lor (\neg p \land \neg q)$ 是含有 2 个命题变元的命题公式的主析取范式;$(p \land q \land r) \lor (p \land q \land \neg r)$,$(p \land \neg q \land r) \lor (p \land \neg q \land \neg r) \lor (\neg p \land q \land r) \lor (\neg p \land q \land \neg r)$,$(p \land q \land r) \lor (p \land q \land \neg r) \lor (\neg p \land \neg q \land r) \lor (\neg p \land \neg q \land \neg r)$ 是含有 3 个命题变元的命题公式的主析取范式。如果用极小项形式来表示,$m_3 \lor m_2$,$m_1 \lor m_0$,$m_3 \lor m_1 \lor m_0$ 是含有 2 个命题变元的命题公式的主析取范式;$m_7 \lor m_6$,$m_5 \lor m_4 \lor m_3 \lor m_2$,$m_7 \lor m_6 \lor m_1 \lor m_0$ 是含有 3 个命题变元的命题公式的主析取范式。同时可以发现,各主析取范式的成真赋值就是其中极小项角标的二进制数所对应的赋值。

例 4.23 试证明:主析取范式的所有成真赋值就是其中极小项角标的二进制数所对应的赋值,反之亦然。

证明(必要性) 由于主析取范式是极小项的析取,所以,为了使主析取范式的真值为真,应该至少有一个极小项的真值为真。根据极小项的定义,极小项角标的二进制数是该极小项的唯一成真赋值。从而,主析取范式的所有成真赋值就是其中极小项角标的二进制数所对应的赋值。

(充分性)由于极小项角标对应的二进制数是该极小项的唯一成真赋值,所以根据主析取范式的定义,极小项角标对应的二进制数是主析取范式的成真赋值。证毕。

定理 4.2 任何命题公式都存在与之等值的唯一主析取范式。

证明 首先证明存在性。设 A 是一个含有 n 个命题变元的命题公式。由定理 4.1 知,存在与 A 等值的析取范式 A',即 $A \Leftrightarrow A'$。如果 A' 的某个简单合取式 A_j,既不含有 n 个命题变元中的命题变元 p,也不含有该命题变元的否定 $\neg p$,则对简单合取式 A_j 进行如下等值演算:

$$A_j \Leftrightarrow A_j \land 1 \Leftrightarrow A_j \land (p \lor \neg p) \Leftrightarrow (A_j \land p) \lor (A_j \land \neg p)$$

显然,$(A_j \land p)$ 和 $(A_j \land \neg p)$ 都是简单合取式。继续进行此等值演算过程,直到所有简单合取式都含有 n 个命题变元中的每一命题变元或其否定,即使得所有简单合取式都变成为极小项。

在等值演算过程中,对于重复出现的命题变元、命题变元的否定、简单合取式、矛盾式等,都应消去,如 $p \land p \Leftrightarrow p$,$\neg p \land \neg p \Leftrightarrow \neg p$,$p \land \neg p \Leftrightarrow 0$。最后,将 A 等值演算为与之等值的主析取范式 A''。

下面再证明唯一性。假设命题公式 A 存在两个与之等值的主析取范式 B 和 C,即 $A \Leftrightarrow B$ 且 $A \Leftrightarrow C$,即 $B \Leftrightarrow C$。由于 B 和 C 为不同的主析取范式,不妨设极小项 m_i 只出现在 B 中,而不出现在 C 中。于是,角标 i 的二进制数对应的赋值为 B 的成真赋值,而为 C 的成假赋值。这与 $B \Leftrightarrow C$ 矛盾。所以,主析取范式唯一。证毕。

事实上,定理 4.2 的证明过程同时给出了求命题公式的主析取范式的方法:首先要把命题公式转化为析取范式,然后对简单合取式中缺少的命题变元用 $p \vee \neg p$ 补上,再用分配律和结合律展开,并合并相同的简单合取式,就可得到主析取范式。这种方法称为主析取范式求解的**等值演算方法**。

例 4.24   用等值演算方法求例 4.18 中各命题公式的主析取范式。

解   在例 4.18 中已求出各命题公式的析取范式,在这里,从各命题公式的析取范式开始求解。

① $\neg(p \to q) \vee \neg r$

$\Leftrightarrow (p \wedge \neg q) \vee \neg r$

$\Leftrightarrow ((p \wedge \neg q) \wedge 1) \vee (1 \wedge \neg r)$ (同一律)

$\Leftrightarrow ((p \wedge \neg q) \wedge (r \vee \neg r)) \vee ((p \vee \neg p) \wedge \neg r)$ (排中律)

$\Leftrightarrow ((p \wedge \neg q \wedge r) \vee (p \wedge \neg q \wedge \neg r)) \vee ((p \wedge \neg r) \vee (\neg p \wedge \neg r))$ (分配律)

$\Leftrightarrow (p \wedge \neg q \wedge r) \vee (p \wedge \neg q \wedge \neg r) \vee ((p \wedge \neg r) \wedge 1) \vee ((\neg p \wedge \neg r) \wedge 1)$

(结合律、同一律)

$\Leftrightarrow (p \wedge \neg q \wedge r) \vee (p \wedge \neg q \wedge \neg r) \vee ((p \wedge \neg r) \wedge (q \vee \neg q)) \vee ((\neg p \wedge \neg r) \wedge (q \vee \neg q))$

(排中律)

$\Leftrightarrow (p \wedge \neg q \wedge r) \vee (p \wedge \neg q \wedge \neg r) \vee ((p \wedge \neg r \wedge q) \vee$
$(p \wedge \neg r \wedge \neg q)) \vee ((\neg p \wedge \neg r \wedge q) \vee (\neg p \wedge \neg r \wedge \neg q))$ (分配律)

$\Leftrightarrow (p \wedge \neg q \wedge r) \vee (p \wedge \neg q \wedge \neg r) \vee (p \wedge q \wedge \neg r) \vee (p \wedge \neg q \wedge \neg r) \vee$
$(\neg p \wedge q \wedge \neg r) \vee (\neg p \wedge \neg q \wedge \neg r)$ (交换律、结合律)

$\Leftrightarrow (p \wedge \neg q \wedge r) \vee (p \wedge \neg q \wedge \neg r) \vee (p \wedge q \wedge \neg r) \vee$
$(\neg p \wedge q \wedge \neg r) \vee (\neg p \wedge \neg q \wedge \neg r)$ (交换律、幂等律)

② $p \wedge (q \leftrightarrow r)$

$\Leftrightarrow (p \wedge \neg q \wedge \neg r) \vee (p \wedge r \wedge \neg r) \vee (p \wedge \neg q \wedge q) \vee (p \wedge r \wedge q)$

$\Leftrightarrow (p \wedge \neg q \wedge \neg r) \vee (p \wedge 0) \vee (p \wedge 0) \vee (p \wedge r \wedge q)$ (结合律、矛盾律)

$\Leftrightarrow (p \wedge \neg q \wedge \neg r) \vee (p \wedge q \wedge r)$ (幂等律、同一律、交换律)

③ $(q \to r) \to p$

$\Leftrightarrow (q \wedge \neg r) \vee p$

$\Leftrightarrow (1 \wedge (q \wedge \neg r)) \vee (p \wedge 1)$ (同一律)

$\Leftrightarrow ((p \vee \neg p) \wedge (q \wedge \neg r)) \vee (p \wedge (q \vee \neg q))$ (排中律)

$\Leftrightarrow ((p \wedge q \wedge \neg r) \vee (\neg p \wedge q \wedge \neg r)) \vee ((p \wedge q) \vee (p \wedge \neg q))$ (分配律)

$\Leftrightarrow (p \wedge q \wedge \neg r) \vee (\neg p \wedge q \wedge \neg r) \vee ((p \wedge q) \wedge 1) \vee ((p \wedge \neg q) \wedge 1)$

(同一律)

$\Leftrightarrow ((p \wedge q \wedge \neg r) \vee (\neg p \wedge q \wedge \neg r)) \vee ((p \wedge q) \wedge (r \vee \neg r)) \vee ((p \wedge \neg q) \wedge (r \vee \neg r))$

(排中律)

$\Leftrightarrow (p \wedge q \wedge \neg r) \vee (\neg p \wedge q \wedge \neg r) \vee (p \wedge q \wedge r) \vee (p \wedge q \wedge \neg r) \vee$
$(p \wedge \neg q \wedge r) \vee (p \wedge \neg q \wedge \neg r)$ (分配律)

$$\Leftrightarrow (p \wedge q \wedge \neg r) \vee (\neg p \wedge q \wedge \neg r) \vee (p \wedge q \wedge r) \vee (p \wedge \neg q \wedge r) \vee (p \wedge \neg q \wedge \neg r)$$
（幂等律）

④ $p \leftrightarrow (q \wedge r)$

$\Leftrightarrow (\neg p \wedge \neg q) \vee (\neg p \wedge \neg r) \vee (\neg p \wedge p) \vee (q \wedge r \wedge \neg q) \vee (q \wedge r \wedge \neg r) \vee (q \wedge r \wedge p)$

$\Leftrightarrow (\neg p \wedge \neg q) \vee (\neg p \wedge \neg r) \vee 0 \vee (r \wedge 0) \vee (q \wedge 0) \vee (q \wedge r \wedge p)$ （结合律、矛盾律、交换律）

$\Leftrightarrow ((\neg p \wedge \neg q) \wedge 1) \vee ((\neg p \wedge \neg r) \wedge 1) \vee (q \wedge r \wedge p)$ （零律、同一律）

$\Leftrightarrow ((\neg p \wedge \neg q) \wedge (r \vee \neg r)) \vee ((\neg p \wedge \neg r) \wedge (q \vee \neg q)) \vee (q \wedge r \wedge p)$
（排中律）

$\Leftrightarrow ((\neg p \wedge \neg q \wedge r) \vee (\neg p \wedge \neg q \wedge \neg r)) \vee ((\neg p \wedge \neg r \wedge q) \vee$

$(\neg p \wedge \neg r \wedge \neg q)) \vee (q \wedge r \wedge p)$ （分配律）

$\Leftrightarrow (\neg p \wedge \neg q \wedge r) \vee (\neg p \wedge \neg q \wedge \neg r) \vee (\neg p \wedge q \wedge \neg r) \vee (p \wedge q \wedge r)$ （结合律、交换律）

命题公式的主析取范式还可以通过列出真值表，从真值表中找出各成真赋值对应的极小项，并将这些极小项析取。这种方法称为主析取范式求解的**真值表方法**。

例 4.25 用真值表方法求例 4.18 中各命题公式的主析取范式。

解 列出各命题公式的真值表以及各成真赋值对应的极小项，如表 4.31～表 4.34 所示。

表 4.31 命题公式①的真值表及各成真赋值对应的极小项

p	q	r	$p \rightarrow q$	$\neg (p \rightarrow q) \vee \neg r$	m_i
1	1	1	1	0	
1	1	0	1	1	m_6
1	0	1	0	1	m_5
1	0	0	0	1	m_4
0	1	1	1	0	
0	1	0	1	1	m_2
0	0	1	1	0	
0	0	0	1	1	m_0

表 4.32 命题公式②的真值表及各成真赋值对应的极小项

p	q	r	$q \leftrightarrow r$	$p \wedge (q \leftrightarrow r)$	m_i
1	1	1	1	1	m_7
1	1	0	0	0	
1	0	1	0	0	
1	0	0	1	1	m_4
0	1	1	1	0	
0	1	0	0	0	
0	0	1	0	0	
0	0	0	1	0	

表 4.33　命题公式③的真值表及各成真赋值对应的极小项

p	q	r	$q \rightarrow r$	$(q \rightarrow r) \rightarrow p$	m_i
1	1	1	1	1	m_7
1	1	0	0	1	m_6
1	0	1	1	1	m_5
1	0	0	1	1	m_4
0	1	1	1	0	
0	1	0	0	1	m_2
0	0	1	1	0	
0	0	0	1	0	

表 4.34　命题公式④的真值表及各成真赋值对应的极小项

p	q	r	$q \wedge r$	$p \leftrightarrow (q \wedge r)$	m_i
1	1	1	1	1	m_7
1	1	0	0	0	
1	0	1	0	0	
1	0	0	0	0	
0	1	1	1	0	
0	1	0	0	1	m_2
0	0	1	0	1	m_1
0	0	0	0	1	m_0

由表 4.31～表 4.34 中各极小项,可得各命题公式的主析取范式如下:

① $\neg(p \rightarrow q) \vee \neg r$

$\Leftrightarrow m_0 \vee m_2 \vee m_4 \vee m_5 \vee m_6$

$\Leftrightarrow (\neg p \wedge \neg q \wedge \neg r) \vee (\neg p \wedge q \wedge \neg r) \vee (p \wedge \neg q \wedge \neg r) \vee (p \wedge \neg q \wedge r) \vee (p \wedge q \wedge \neg r)$

② $p \wedge (q \leftrightarrow r)$

$\Leftrightarrow m_4 \vee m_7$

$\Leftrightarrow (p \wedge \neg q \wedge \neg r) \vee (p \wedge q \wedge r)$

③ $(q \rightarrow r) \rightarrow p$

$\Leftrightarrow m_2 \vee m_4 \vee m_5 \vee m_6 \vee m_7$

$\Leftrightarrow (\neg p \wedge q \wedge \neg r) \vee (p \wedge \neg q \wedge \neg r) \vee (p \wedge \neg q \wedge r) \vee (p \wedge q \wedge \neg r) \vee (p \wedge q \wedge r)$

④ $p \leftrightarrow (q \wedge r)$

$\Leftrightarrow m_0 \vee m_1 \vee m_2 \vee m_7$

$\Leftrightarrow (\neg p \wedge \neg q \wedge \neg r) \vee (\neg p \wedge \neg q \wedge r) \vee (\neg p \wedge q \wedge \neg r) \vee (p \wedge q \wedge r)$

定义 4.19　对于一个含有 n 个命题变元的命题公式,如果已表示成合取范式,且该合取范式中的每一个简单析取式都是该 n 个命题变元的极大项,则称此合取范式为**命题公式的主合取范式**,简称为**主合取范式**(principal conjunctive normal form)。

例如,$(p \vee q) \wedge (p \vee \neg q)$,$(p \vee q) \wedge (p \vee \neg q) \wedge (\neg p \vee q) \wedge (\neg p \vee \neg q)$,$(p \vee \neg q) \wedge (\neg p \vee q) \wedge (\neg p \vee \neg q)$ 是含有 2 个命题变元的命题公式的主合取范式; $(p \vee q \vee r) \wedge (p \vee q \vee \neg r)$,$(p \vee \neg q \vee r) \wedge (p \vee \neg q \vee \neg r) \wedge (\neg p \vee q \vee r) \wedge (\neg p \vee q \vee \neg r)$,$(p \vee q \vee r) \wedge$

$(p \lor q \lor \neg r) \land (\neg p \lor \neg q \lor r) \land (\neg p \lor \neg q \lor \neg r)$ 是含有 3 个命题变元的命题公式的主合取范式。如果用极大项形式来表示，$M_0 \land M_1$，$M_0 \land M_1 \land M_2 \land M_3$，$M_1 \land M_2 \land M_3$ 是含有 2 个命题变元的命题公式的主合取范式；$M_0 \land M_1$，$M_2 \land M_3 \land M_4 \land M_5$，$M_0 \land M_1 \land M_6 \land M_7$ 是含有 3 个命题变元的命题公式的主合取范式。同时可以发现，各主合取范式的成假赋值就是其中极大项角标的二进制数所对应的赋值。

例 4.26 试证明：主合取范式的所有成假赋值就是其中极大项角标的二进制数所对应的赋值，反之亦然。

证明 （必要性）由于主合取范式是极大项的合取，所以，为了使主合取范式的真值为假，应该至少有一个极大项的真值为假。根据极大项的定义，极大项角标的二进制数是该极大项的唯一成假赋值。从而，主合取范式的所有成假赋值就是其中极大项角标的二进制数所对应的赋值。

（充分性）由于极大项角标对应的二进制数是该极大项的唯一成假赋值，所以根据主合取范式的定义，极大项角标对应的二进制数是主合取范式的成假赋值。证毕。

定理 4.3 任何命题公式都存在与之等值的唯一主合取范式。

证明 首先证明存在性。设 A 是一个含有 n 个命题变元的命题公式。由定理 4.1 知，存在与 A 等值的合取范式 A'，即 $A \Leftrightarrow A'$。如果 A' 中的某个简单析取式 A_j，既不含有 n 个命题变元中的命题变元 p，也不含有该命题变元的否定 $\neg p$，则对该简单析取式 A_j 进行如下等值演算：

$$A_j \Leftrightarrow A_j \lor 0 \Leftrightarrow A_j \lor (p \land \neg p) \Leftrightarrow (A_j \lor p) \land (A_j \lor \neg p)$$

显然，$(A_j \lor p)$ 和 $(A_j \lor \neg p)$ 都是简单析取式。继续进行此等值演算过程，直到所有简单析取式都含有 n 个命题变元中的每一命题变元或其否定，即使得所有简单析取式都变成为极大项。

在等值演算过程中，对于重复出现的命题变元、命题变元的否定、简单析取式、重言式等，都应消去，如 $p \lor p \Leftrightarrow p$，$\neg p \lor \neg p \Leftrightarrow \neg p$，$p \lor \neg p \Leftrightarrow 1$。最后，将 A 等值演算为与之等值的主合取范式 A''。

下面再证明唯一性。假设命题公式 A 存在两个与之等值的主合取范式 B 和 C，即 $A \Leftrightarrow B$ 且 $A \Leftrightarrow C$，即 $B \Leftrightarrow C$。由于 B 和 C 为不同的主合取范式，不妨设极大项 M_i 只出现在 B 中，而不出现在 C 中。于是，角标 i 的二进制数对应的赋值为 B 的成假赋值，而为 C 的成真赋值。这与 $B \Leftrightarrow C$ 矛盾。所以，主合取范式唯一。证毕。

事实上，定理 4.3 的证明过程同时给出了求命题公式的主合取范式的方法：首先要把命题公式转化为合取范式，然后对简单析取式中缺少的命题变元用 $p \land \neg p$ 补上，再用分配律和结合律展开，并合并相同的简单析取式，就可得到主合取范式。这种方法称为主合取范式求解的**等值演算方法**。

例 4.27 用等值演算方法求例 4.19 中各命题公式的主合取范式。

解 在例 4.19 中已求出各命题公式的合取范式，在这里，从各命题公式的合取范式开始求解。

① $\neg(p \to q) \lor \neg r$

$\Leftrightarrow (p \lor \neg r) \land (\neg q \lor \neg r)$

$\Leftrightarrow (p \lor \neg r \lor 0) \land (0 \lor \neg q \lor \neg r)$　　　　　　　　　　（同一律）

$\Leftrightarrow (p \vee \neg r \vee (q \wedge \neg q)) \wedge ((p \wedge \neg p) \vee \neg q \vee \neg r)$ （矛盾律）

$\Leftrightarrow ((p \vee \neg r \vee q) \wedge (p \vee \neg r \vee \neg q)) \wedge ((p \vee \neg q \vee \neg r) \wedge (\neg p \vee \neg q \vee \neg r))$
（分配律）

$\Leftrightarrow (p \vee q \vee \neg r) \wedge (p \vee \neg q \vee \neg r) \wedge (\neg p \vee \neg q \vee \neg r)$ （交换律、结合律、幂等律）

② $p \wedge (q \leftrightarrow r)$

$\Leftrightarrow p \wedge (\neg q \vee r) \wedge (\neg r \vee q)$

$\Leftrightarrow (p \vee 0) \wedge (0 \vee \neg q \vee r) \wedge (0 \vee \neg r \vee q)$ （同一律）

$\Leftrightarrow (p \vee (q \wedge \neg q)) \wedge ((p \wedge \neg p) \vee \neg q \vee r) \wedge ((p \wedge \neg p) \vee \neg r \vee q)$ （矛盾律）

$\Leftrightarrow ((p \vee q) \wedge (p \vee \neg q)) \wedge ((p \vee \neg q \vee r) \wedge (\neg p \vee \neg q \vee r)) \wedge$
$\quad ((p \vee \neg r \vee q) \wedge (\neg p \vee \neg r \vee q))$ （分配律）

$\Leftrightarrow (p \vee q \vee 0) \wedge (p \vee \neg q \vee 0) \wedge (p \vee \neg q \vee r) \wedge (\neg p \vee \neg q \vee r) \wedge$
$\quad (p \vee \neg r \vee q) \wedge (\neg p \vee \neg r \vee q)$ （同一律）

$\Leftrightarrow (p \vee q \vee (r \wedge \neg r)) \wedge (p \vee \neg q \vee (r \wedge \neg r)) \wedge (p \vee \neg q \vee r) \wedge$
$\quad (\neg p \vee \neg q \vee r) \wedge (p \vee \neg r \vee q) \wedge (\neg p \vee \neg r \vee q)$
（矛盾律）

$\Leftrightarrow (p \vee q \vee r) \wedge (p \vee q \vee \neg r) \wedge (p \vee \neg q \vee r) \wedge (p \vee \neg q \vee \neg r) \wedge$
$\quad (p \vee \neg q \vee r) \wedge (\neg p \vee \neg q \vee r) \wedge (p \vee \neg r \vee q) \wedge (\neg p \vee \neg r \vee q)$ （分配律、等幂律）

$\Leftrightarrow (p \vee q \vee r) \wedge (p \vee q \vee \neg r) \wedge (p \vee \neg q \vee r) \wedge (p \vee \neg q \vee \neg r) \wedge$
$\quad (\neg p \vee \neg q \vee r) \wedge (\neg p \vee q \vee \neg r)$ （等幂律）

③ $(q \to r) \to p$

$\Leftrightarrow (q \vee p) \wedge (\neg r \vee p)$

$\Leftrightarrow (q \vee p \vee 0) \wedge (\neg r \vee p \vee 0)$ （同一律）

$\Leftrightarrow (q \vee p \vee (r \wedge \neg r)) \wedge (\neg r \vee p \vee (q \wedge \neg q))$ （矛盾律）

$\Leftrightarrow ((q \vee p \vee r) \wedge (q \vee p \vee \neg r)) \wedge ((\neg r \vee p \vee q) \wedge (\neg r \vee p \vee \neg q))$ （分配律）

$\Leftrightarrow (p \vee q \vee r) \wedge (p \vee q \vee \neg r) \wedge (p \vee \neg q \vee \neg r)$ （交换律、结合律、幂等律）

④ $p \leftrightarrow (q \wedge r)$

$\Leftrightarrow (\neg p \vee q) \wedge (\neg p \vee r) \wedge (\neg q \vee \neg r \vee p)$

$\Leftrightarrow (\neg p \vee q \vee 0) \wedge (\neg p \vee r \vee 0) \wedge (\neg q \vee \neg r \vee p)$ （同一律）

$\Leftrightarrow (\neg p \vee q \vee (r \wedge \neg r)) \wedge (\neg p \vee r \vee (q \wedge \neg q)) \wedge (\neg q \vee \neg r \vee p)$ （矛盾律）

$\Leftrightarrow (\neg p \vee q \vee r) \wedge (\neg p \vee q \vee \neg r) \wedge (\neg p \vee \neg q \vee r) \wedge (\neg p \vee r \vee \neg q) \wedge (\neg q \vee \neg r \vee p)$ （分配律）

$\Leftrightarrow (\neg p \vee q \vee r) \wedge (\neg p \vee q \vee \neg r) \wedge (\neg p \vee \neg q \vee r) \wedge (p \vee \neg q \vee \neg r)$ （交换律、幂等律）

命题公式的主合取范式也可以通过列出真值表，从真值表中找出各成假赋值对应的极大项，并将这些极大项合取。这种方法称为主合取范式求解的**真值表方法**。

例 4.28　用真值表方法求例 4.18 中各命题公式的主合取范式。

解　列出各命题公式的真值表以及各成假赋值对应的极大项，如表 4.35～表 4.38 所示。

表 4.35　命题公式①的真值表及各成假赋值对应的极大项

p	q	r	p→q	¬(p→q)∨¬r	M_i
1	1	1	1	0	M_7
1	1	0	1	1	
1	0	1	0	1	
1	0	0	0	1	
0	1	1	1	0	M_3
0	1	0	1	1	
0	0	1	1	0	M_1
0	0	0	1	1	

表 4.36　命题公式②的真值表及各成假赋值对应的极大项

p	q	r	q↔r	p∧(q↔r)	M_i
1	1	1	1	1	
1	1	0	0	0	M_6
1	0	1	0	0	M_5
1	0	0	1	1	
0	1	1	1	0	M_3
0	1	0	0	0	M_2
0	0	1	0	0	M_1
0	0	0	1	0	M_0

表 4.37　命题公式③的真值表及各成假赋值对应的极大项

p	q	r	q→r	(q→r)→p	M_i
1	1	1	1	1	
1	1	0	0	1	
1	0	1	1	1	
1	0	0	1	1	
0	1	1	1	0	M_3
0	1	0	0	1	
0	0	1	1	0	M_1
0	0	0	1	0	M_0

表 4.38　命题公式④的真值表及各成假赋值对应的极大项

p	q	r	q∧r	p↔(q∧r)	M_i
1	1	1	1	1	
1	1	0	0	0	M_6
1	0	1	0	0	M_5
1	0	0	0	0	M_4
0	1	1	1	0	M_3
0	1	0	0	1	
0	0	1	0	1	
0	0	0	0	1	

由表 4.35～表 4.38 中列出的极大项,可得命题公式的主合取范式如下:

① $\neg(p\to q)\vee\neg r$

　　$\Leftrightarrow M_1\wedge M_3\wedge M_7$

　　$\Leftrightarrow(p\vee q\vee\neg r)\wedge(p\vee\neg q\vee\neg r)\wedge(\neg p\vee\neg q\vee\neg r)$

② $p\wedge(q\leftrightarrow r)$

　　$\Leftrightarrow M_0\wedge M_1\wedge M_2\wedge M_3\wedge M_5\wedge M_6$

　　$\Leftrightarrow(p\vee q\vee r)\wedge(p\vee q\vee\neg r)\wedge(p\vee\neg q\vee r)\wedge(p\vee\neg q\vee\neg r)\wedge$

　　　$(\neg p\vee q\vee\neg r)\wedge(\neg p\vee\neg q\vee r)$

③ $(q\to r)\to p$

　　$\Leftrightarrow M_0\wedge M_1\wedge M_3$

　　$\Leftrightarrow(p\vee q\vee r)\wedge(p\vee q\vee\neg r)\wedge(p\vee\neg q\vee\neg r)$

④ $p\leftrightarrow(q\wedge r)$

　　$\Leftrightarrow M_3\wedge M_4\wedge M_5\wedge M_6$

　　$\Leftrightarrow(p\vee\neg q\vee\neg r)\wedge(\neg p\vee q\vee r)\wedge(\neg p\vee q\vee\neg r)\wedge(\neg p\vee\neg q\vee r)$

利用命题公式的主析取范式和主合取范式,可以方便地求取命题公式的成真赋值和成假赋值。命题公式的成真赋值就是主析取范式中所有极小项的唯一成真赋值,命题公式的成假赋值就是主合取范式中所有极大项的唯一成假赋值。同时,主析取范式和主合取范式可用来判断命题公式的类型:命题公式为重言式当且仅当它的主析取范式包含所有极小项,命题公式为矛盾式当且仅当它的主合取范式包含所有极大项。此外,主析取范式和主合取范式也可用来判断命题公式的等值式:两个命题公式是等值式当且仅当它们对应的主析取范式相同,当且仅当它们对应的主合取范式相同。

4.3　命题逻辑推理

4.3.1　推理的基本概念

数理逻辑的主要任务是用数学的方法来研究人们在科学领域、工程实践以及日常生活中的推理。**推理**(reasoning)是指从前提(premise)出发推出结论(conclusion)的思维过程。前提是推理所依据的已知条件、事实、假设或公理,结论则是从前提出发应用推理规则推出的结果。遵循了正确的推理规则的推理称为**有效推理**(effective reasoning)或者推理是有效的,有效推理的结论称为有效结论(effective conclusion)。**逻辑推理**(logic reasoning)就是研究和提供从前提推导出有效结论的合理推理规则和论证原理。

值得注意的是,逻辑推理最关心的不是结论的真实性而是推理的有效性。前提的真实性并不作为确定推理是否有效的依据,必须把推理的有效和结论的真实区别开来。有效的推理不一定产生真实的结论,产生不真实结论的推理过程未必不是有效的。再之,有效的推理中可能包含假的前提,而不是有效的推理却可能包含真的前提。可见,推理的有效是一回事,前提与结论的真实与否是另一回事。推理是有效的,是指它的结论是它的前提的合乎逻辑的结果,也即,如果它的前提都为真,那么所得结论也必然为真,而并不是要求前提或结论一定为真或为假。但是,如果推理是有效的话,那么不可能它的前提都为真时而它的结论为假。

命题逻辑推理(proposition logic reasoning)是由已知的命题公式为前提推出命题公式的结论的过程。

定义 4.20　给定命题公式 $A_1, A_2, \cdots, A_n$ 和 B,如果对命题公式 $A_1, A_2, \cdots, A_n$ 和 B 中出现的命题变元的任一赋值,命题公式 $A_1, A_2, \cdots, A_n$ 都为真时命题公式 B 也为真,那么称命题公式 $A_1, A_2, \cdots, A_n$ 到命题公式 B 是一个**有效推理**,或者称命题公式 $A_1, A_2, \cdots, A_n$ 到命题公式 B 的推理是**有效的**(effective)或**正确的**。并称命题公式 $A_1, A_2, \cdots, A_n$ 是推理的**前提**,命题公式 B 是前提为命题公式 $A_1, A_2, \cdots, A_n$ 下推理的**逻辑结果**(logic conclusion)或**有效结论**。并记为 $A_1, A_2, \cdots, A_n \vDash B$。

例 4.29　判断下列推理是否有效。

① 前提为 p 和 $p \rightarrow q$,结论为 q;

② 前提为 p 和 $q \rightarrow p$,结论为 q。

解　① 命题公式 p 和 $p \rightarrow q$ 在赋值:$p=1$ 和 $q=1$ 下为真,且该赋值下命题公式 q 也为真,所以,根据定义 4.20,该推理是有效的,q 是前提 p 和 $p \rightarrow q$ 的有效结论。

② 命题公式 p 和 $q \rightarrow p$ 在赋值:$p=1$ 和 $q=1$,$p=1$ 和 $q=0$ 下都为真,但赋值 $p=1$ 和 $q=0$ 下命题公式 q 不为真,所以,根据定义 4.20,该推理不是有效的。

定理 4.4　命题公式 B 是命题公式 $A_1, A_2, \cdots, A_n$ 的有效结论当且仅当命题公式 $A_1 \wedge A_2 \wedge \cdots \wedge A_n \rightarrow B$ 是重言式。

证明　(必要性)假设命题公式 B 是命题公式 $A_1, A_2, \cdots, A_n$ 的有效结论,但命题公式 $A_1 \wedge A_2 \wedge \cdots \wedge A_n \rightarrow B$ 不是重言式。那么,必然存在命题公式 $A_1 \wedge A_2 \wedge \cdots \wedge A_n$ 的一组成真赋值 I,使得命题公式 B 在该解释 I 下的真值为假。矛盾。所以,命题公式 $A_1 \wedge A_2 \wedge \cdots \wedge A_n \rightarrow B$ 是重言式。

(充分性)假设命题公式 $A_1 \wedge A_2 \wedge \cdots \wedge A_n \rightarrow B$ 是重言式,但命题公式 B 不是命题公式 $A_1, A_2, \cdots, A_n$ 的有效结论。那么,必然存在命题公式 $A_1, A_2, \cdots, A_n$ 的一组成真赋值 I,使得命题公式 B 在该解释 I 下的真值为假,也即,必然存在命题公式 $A_1 \wedge A_2 \wedge \cdots \wedge A_n$ 的一组成真赋值 I,使得命题公式 B 在该解释 I 下的真值为假。由此,命题公式 $A_1 \wedge A_2 \wedge \cdots \wedge A_n \rightarrow B$ 不是重言式。矛盾。所以,命题公式 B 是命题公式 $A_1, A_2, \cdots, A_n$ 的有效结论。证毕。

定义 4.21　对于命题公式 A 和 B,如果蕴含式 $A \rightarrow B$ 的所有赋值都是成真赋值,那么,称该蕴含式为命题公式的永真蕴含式或命题公式的重言蕴含式,简称为**永真蕴含式**(always true implication)或**重言蕴含式**(tautology implication)。记为 $A \Rightarrow B$。

根据定义 4.21,命题公式 B 是命题公式 $A_1, A_2, \cdots, A_n$ 的有效结论可简记为 $A_1, A_2, \cdots, A_n \Rightarrow B$。

注意:定义 4.21 中的"$\Rightarrow$"不是逻辑联结词,$A \Rightarrow B$ 也不是一个命题公式,它只是公式 $A \rightarrow B$ 为永真时的一种简单记法。不要混淆"$\Rightarrow$"与"$\rightarrow$"。

例 4.30　判断下面命题公式是否为永真蕴含式。

① $A \wedge B \rightarrow A$;　　　　　② $\neg(A \rightarrow B) \rightarrow A$;

③ $\neg(A \rightarrow B) \rightarrow \neg B$;　　④ $A \wedge (A \rightarrow B) \rightarrow A$;

⑤ $\neg B \wedge (A \rightarrow B) \rightarrow \neg B$;　⑥ $(A \rightarrow B) \wedge (B \rightarrow C) \rightarrow (A \rightarrow C)$。

解　① 利用等值演算。

$A \wedge B \rightarrow A \Leftrightarrow \neg(A \wedge B) \vee A \Leftrightarrow (\neg A \vee \neg B) \vee A \Leftrightarrow (\neg A \vee A) \vee \neg B \Leftrightarrow 1 \vee \neg B \Leftrightarrow 1$

所以,本命题公式为永真蕴含式,即 $A \wedge B \Rightarrow A$。

② 利用等值演算。

$\neg(A \rightarrow B) \rightarrow A \Leftrightarrow \neg\neg(A \rightarrow B) \vee A \Leftrightarrow (\neg A \vee B) \vee A \Leftrightarrow (\neg A \vee A) \vee B \Leftrightarrow 1 \vee B \Leftrightarrow 1$

所以,本命题公式为永真蕴含式,即 $\neg(A \rightarrow B) \Rightarrow A$。

③ 利用等值演算。

$\neg(A \rightarrow B) \rightarrow \neg B \Leftrightarrow \neg\neg(A \rightarrow B) \vee \neg B \Leftrightarrow (\neg A \vee B) \vee \neg B \Leftrightarrow \neg A \vee (B \vee \neg B) \Leftrightarrow \neg A \vee 1 \Leftrightarrow 1$

所以,本命题公式为永真蕴含式,即 $\neg(A \rightarrow B) \Rightarrow \neg B$。

④ 利用主析取范式。

$A \wedge (A \rightarrow B) \rightarrow A$

$\Leftrightarrow \neg(A \wedge (\neg A \vee B)) \vee A$

$\Leftrightarrow (\neg A \vee \neg(\neg A \vee B)) \vee A$

$\Leftrightarrow (\neg A \wedge 1) \vee (\neg\neg A \wedge \neg B) \vee (A \wedge 1)$

$\Leftrightarrow (\neg A \wedge (\neg B \vee B)) \vee (A \wedge \neg B) \vee (A \wedge (\neg B \vee B))$

$\Leftrightarrow (\neg A \wedge \neg B) \vee (\neg A \wedge B) \vee (A \wedge \neg B) \vee (A \wedge \neg B) \vee (A \wedge B)$

$\Leftrightarrow (\neg A \wedge \neg B) \vee (\neg A \wedge B) \vee (A \wedge \neg B) \vee (A \wedge B)$

$\Leftrightarrow m_0 \vee m_1 \vee m_2 \vee m_3$

显然,主析取范式中含有所有极小项,所以,本命题公式为永真式。从而,本命题公式为永真蕴含式,即 $A \wedge (A \rightarrow B) \Rightarrow A$。

⑤ 利用主析取范式。

$\neg B \wedge (A \rightarrow B) \rightarrow \neg B$

$\Leftrightarrow \neg(\neg B \wedge (\neg A \vee B)) \vee \neg B$

$\Leftrightarrow (\neg\neg B \vee \neg(\neg A \vee B)) \vee \neg B$

$\Leftrightarrow ((1 \wedge B) \vee (\neg\neg A \wedge \neg B)) \vee (1 \wedge \neg B)$

$\Leftrightarrow ((\neg A \vee A) \wedge B) \vee (A \wedge \neg B) \vee ((\neg A \vee A) \wedge \neg B)$

$\Leftrightarrow (\neg A \wedge B) \vee (A \wedge B) \vee (A \wedge \neg B) \vee (\neg A \wedge \neg B) \vee (A \wedge \neg B)$

$\Leftrightarrow (\neg A \wedge \neg B) \vee (\neg A \wedge B) \vee (A \wedge \neg B) \vee (A \wedge B)$

$\Leftrightarrow m_0 \vee m_1 \vee m_2 \vee m_3$

显然,主析取范式中含有所有极小项,所以,本命题公式为永真式。从而,本命题公式为永真蕴含式,即 $\neg B \wedge (A \rightarrow B) \Rightarrow \neg B$。

⑥ 利用真值表。

表 4.39 为本命题公式的真值表,从中可以看出本命题公式的所有赋值都是成真赋值。所以,本命题公式为永真蕴含式,即 $(A \rightarrow B) \wedge (B \rightarrow C) \Rightarrow (A \rightarrow C)$。

表 4.39　命题公式⑥的真值表

A	B	C	$A \rightarrow B$	$B \rightarrow C$	$A \rightarrow C$	$(A \rightarrow B) \wedge (B \rightarrow C)$	$(A \rightarrow B) \wedge (B \rightarrow C) \rightarrow (A \rightarrow C)$
1	1	1	1	1	1	1	1
1	1	0	1	0	0	0	1
1	0	1	0	1	1	0	1

续表

A	B	C	$A \rightarrow B$	$B \rightarrow C$	$A \rightarrow C$	$(A \rightarrow B) \wedge (B \rightarrow C)$	$(A \rightarrow B) \wedge (B \rightarrow C) \rightarrow (A \rightarrow C)$
1	0	0	0	1	0	0	1
0	1	1	1	1	1	1	1
0	1	0	1	0	1	0	1
0	0	1	1	1	1	1	1
0	0	0	1	1	1	1	1

定理 4.5 命题公式 B 是命题公式 $A_1, A_2, \cdots, A_n$ 的有效结论当且仅当命题公式 $A_1 \wedge A_2 \wedge \cdots \wedge A_n \wedge \neg B$ 是矛盾式。

证明 根据定理 4.4,命题公式 B 是命题公式 $A_1, A_2, \cdots, A_n$ 的有效结论当且仅当命题公式 $A_1 \wedge A_2 \wedge \cdots \wedge A_n \rightarrow B$ 是重言式,即 $A_1 \wedge A_2 \wedge \cdots \wedge A_n \rightarrow B \Leftrightarrow 1$。那么,$\neg(A_1 \wedge A_2 \wedge \cdots \wedge A_n \rightarrow B) \Leftrightarrow 0$,即 $\neg(A_1 \wedge A_2 \wedge \cdots \wedge A_n \rightarrow B)$ 是矛盾式。

又由于,

$$\neg(A_1 \wedge A_2 \wedge \cdots \wedge A_n \rightarrow B)$$
$$\Leftrightarrow \neg(\neg(A_1 \wedge A_2 \wedge \cdots \wedge A_n) \vee B)$$
$$\Leftrightarrow \neg\neg(A_1 \wedge A_2 \wedge \cdots \wedge A_n) \wedge \neg B$$
$$\Leftrightarrow (A_1 \wedge A_2 \wedge \cdots \wedge A_n) \wedge \neg B$$
$$\Leftrightarrow A_1 \wedge A_2 \wedge \cdots \wedge A_n \wedge \neg B$$

所以,命题公式 B 是命题公式 $A_1, A_2, \cdots, A_n$ 的有效结论当且仅当命题公式 $A_1 \wedge A_2 \wedge \cdots \wedge A_n \wedge \neg B$ 是矛盾式。证毕。

定理 4.4 和定理 4.5 是命题逻辑推理的理论基础。只要证明命题公式 $A_1 \wedge A_2 \wedge \cdots \wedge A_n \rightarrow B$ 是重言式,那么,命题公式 $A_1, A_2, \cdots, A_n$ 的有效结论就是命题公式 B;同时,命题公式 $A_1, A_2, \cdots, A_n$ 的有效结论是命题公式 B,也可以通过证明命题公式 $A_1 \wedge A_2 \wedge \cdots \wedge A_n \wedge \neg B$ 是矛盾式而得到证明。前者称为命题逻辑推理的**直接方法**(direct method),后者称为命题逻辑推理的**间接方法**(indirect method)或**反证法**。

4.3.2 简单证明推理

"命题公式 $A_1, A_2, \cdots, A_n$ 的有效结论是命题公式 B"的证明,可转换为"命题公式 $A_1 \wedge A_2 \wedge \cdots \wedge A_n \rightarrow B$ 是重言式"或者"命题公式 $A_1 \wedge A_2 \wedge \cdots \wedge A_n \wedge \neg B$ 是矛盾式"的证明,即命题公式 $A_1 \wedge A_2 \wedge \cdots \wedge A_n \rightarrow B$ 或者命题公式 $A_1 \wedge A_2 \wedge \cdots \wedge A_n \wedge \neg B$ 的类型判断问题。这两个命题公式的类型判断,都可以采用前面内容介绍过的真值表、等值演算、主析(合)取范式等来完成,并称之为**简单证明推理**。

例 4.31 判断下列推理是否正确。

① 如果小王是计算机专业的学生,小王就学离散数学。小王不是计算机专业的学生,所以小王不学离散数学。

② 如果他在图书馆,他必定在看书。如果他不在操场,他必定在图书馆。他没有在图书馆,所以他在操场。

解 判断推理正确与否首先要将命题符号化,找出前提与结论,写出要证明的推理式,然后再实施推理证明。

① 命题符号化为:

p:小王是计算机专业的学生;q:小王学离散数学。

前提:$p \rightarrow q$,$\neg p$。

结论:$\neg q$。

只要证明$(p \rightarrow q) \wedge \neg p \rightarrow \neg q$是重言式,或$(p \rightarrow q) \wedge \neg p \wedge \neg q$是矛盾式即可。

(真值表)表4.40为命题公式$(p \rightarrow q) \wedge \neg p \rightarrow \neg q$的真值表,从该表中可以看出:命题公式$(p \rightarrow q) \wedge \neg p \rightarrow \neg q$在赋值$(0,1)$下的真值为假,即命题公式$(p \rightarrow q) \wedge \neg p \rightarrow \neg q$不是重言式。所以,推理①不是有效推理。

推理①的有效性也可以通过判定$(p \rightarrow q) \wedge \neg p \wedge q$是矛盾式得到证明。表4.41为命题公式$(p \rightarrow q) \wedge \neg p \wedge q$的真值表,从该表中可以看出:命题公式$(p \rightarrow q) \wedge \neg p \wedge q$在赋值$(0,1)$下的真值为真,即命题公式$(p \rightarrow q) \wedge \neg p \wedge q$不是矛盾式。所以,推理①不是有效推理。

表 4.40 命题公式$(p \rightarrow q) \wedge \neg p \rightarrow \neg q$的真值表

p	q	$p \rightarrow q$	$(p \rightarrow q) \wedge \neg p$	$(p \rightarrow q) \wedge \neg p \rightarrow \neg q$
1	1	1	0	1
1	0	0	0	1
0	1	1	1	0
0	0	1	1	1

表 4.41 命题公式$(p \rightarrow q) \wedge \neg p \wedge q$的真值表

p	q	$p \rightarrow q$	$(p \rightarrow q) \wedge \neg p$	$(p \rightarrow q) \wedge \neg p \wedge q$
1	1	1	0	0
1	0	0	0	0
0	1	1	1	1
0	0	1	1	0

(主析取范式)$(p \rightarrow q) \wedge \neg p \rightarrow \neg q$

$\Leftrightarrow \neg((\neg p \vee q) \wedge \neg p) \vee \neg q$

$\Leftrightarrow (\neg(\neg p \vee q) \vee \neg \neg p) \vee \neg q$

$\Leftrightarrow (\neg \neg p \wedge \neg q) \vee (p \wedge 1) \vee (1 \wedge \neg q)$

$\Leftrightarrow (p \wedge \neg q) \vee (p \wedge (\neg q \vee q)) \vee ((\neg p \vee p) \wedge \neg q)$

$\Leftrightarrow (p \wedge \neg q) \vee (p \wedge \neg q) \vee (p \wedge q) \vee (\neg p \wedge \neg q) \vee (p \wedge \neg q)$

$\Leftrightarrow (\neg p \wedge \neg q) \vee (p \wedge \neg q) \vee (p \wedge q)$

$\Leftrightarrow m_0 \vee m_2 \vee m_3$

显然,命题公式$(p \rightarrow q) \wedge \neg p \rightarrow \neg q$的主析取范式没有含有极小项$\neg p \wedge q$,即命题公式$(p \rightarrow q) \wedge \neg p \rightarrow \neg q$不是重言式,所以,推理①不是有效推理。

(主合取范式)$(p \rightarrow q) \wedge \neg p \wedge q$

$\Leftrightarrow (\neg p \vee q) \wedge (\neg p \vee 0) \wedge (0 \vee q)$

$\Leftrightarrow (\neg p \vee q) \wedge (\neg p \vee (\neg q \wedge q)) \wedge ((\neg p \wedge p) \vee q)$

$\Leftrightarrow (\neg p \vee q) \wedge (\neg p \vee \neg q) \wedge (\neg p \vee q) \wedge (\neg p \vee q) \wedge (p \vee q)$

$$\Leftrightarrow (p \lor q) \land (\neg p \lor q) \land (\neg p \lor \neg q)$$

$$\Leftrightarrow M_0 \land M_2 \land M_3$$

显然,命题公式$(p \to q) \land \neg p \land q$的主合取范式没有含有极大项$p \lor \neg q$,即命题公式$(p \to q) \land \neg p \land q$不是矛盾式,所以,推理①不是有效推理。

(等值演算)$(p \to q) \land \neg p \to \neg q$

$$\Leftrightarrow \neg((\neg p \lor q) \land \neg p) \lor \neg q$$

$$\Leftrightarrow (\neg(\neg p \lor q) \lor \neg \neg p) \lor \neg q$$

$$\Leftrightarrow (\neg \neg p \land \neg q) \lor (p \lor \neg q)$$

$$\Leftrightarrow (p \land \neg q) \lor (p \lor \neg q)$$

$$\Leftrightarrow (p \lor (p \lor \neg q)) \land (\neg q \lor (p \lor \neg q))$$

$$\Leftrightarrow p \lor \neg q$$

显然,命题公式$(p \to q) \land \neg p \to \neg q$的等值式$p \lor \neg q$存在成假赋值$(0,1)$,即命题公式$(p \to q) \land \neg p \to \neg q$不是重言式,所以,推理①不是有效推理。

$(p \to q) \land \neg p \land q$

$$\Leftrightarrow (\neg p \lor q) \land \neg p \land q$$

$$\Leftrightarrow (\neg p \land (\neg p \land q)) \lor (q \land (\neg p \land q))$$

$$\Leftrightarrow (\neg p \land q) \lor (q \land \neg p)$$

$$\Leftrightarrow \neg p \land q$$

显然,命题公式$(p \to q) \land \neg p \land q$的等值式$\neg p \land q$存在成真赋值$(0,1)$,即命题公式$(p \to q) \land \neg p \land q$不是矛盾式,所以,推理①不是有效推理。

② 命题符号化为:

p:他在图书馆;q:他在看书;r:他在操场。

前提:$p \to q, \neg r \to p, \neg p$。

结论:r。

只要证明$(p \to q) \land (\neg r \to p) \land \neg p \to r$是重言式,或$(p \to q) \land (\neg r \to p) \land \neg p \land \neg r$是矛盾式。

(真值表)表 4.42 为命题公式$(p \to q) \land (\neg r \to p) \land \neg p \to r$的真值表,从该表中可以看出:命题公式$(p \to q) \land (\neg r \to p) \land \neg p \to r$的所有赋值都是成真赋值,即命题公式$(p \to q) \land (\neg r \to p) \land \neg p \to r$是重言式。所以,推理②是有效推理。

表 4.42　命题公式$(p \to q) \land (\neg r \to p) \land \neg p \to r$的真值表

p	q	r	$p \to q$	$\neg r \to p$	$\neg p$	$(p \to q) \land (\neg r \to p) \land \neg p$	$(p \to q) \land (\neg r \to p) \land \neg p \to r$
1	1	1	1	1	0	0	1
1	1	0	1	1	0	0	1
1	0	1	0	1	0	0	1
1	0	0	0	1	0	0	1
0	1	1	1	1	1	1	1
0	1	0	1	0	1	0	1
0	0	1	1	1	1	1	1
0	0	0	1	0	1	0	1

推理②的有效性也可以通过判定$(p \rightarrow q) \wedge (\neg r \rightarrow p) \wedge \neg p \wedge \neg r$是矛盾式而得到证明。表 4.43 为命题公式$(p \rightarrow q) \wedge (\neg r \rightarrow p) \wedge \neg p \wedge \neg r$的真值表，从该表中可以看出：命题公式$(p \rightarrow q) \wedge (\neg r \rightarrow p) \wedge \neg p \wedge \neg r$的所有赋值都为成假赋值，即命题公式$(p \rightarrow q) \wedge (\neg r \rightarrow p) \wedge \neg p \wedge \neg r$是矛盾式。所以，推理②是有效推理。

表 4.43   命题公式$(p \rightarrow q) \wedge (\neg r \rightarrow p) \wedge \neg p \wedge \neg r$的真值表

p	q	r	$p \rightarrow q$	$\neg r \rightarrow p$	$\neg p$	$\neg r$	$(p \rightarrow q) \wedge (\neg r \rightarrow p) \wedge \neg p \wedge \neg r$
1	1	1	1	1	0	0	0
1	1	0	1	1	0	1	0
1	0	1	0	1	0	0	0
1	0	0	0	1	0	1	0
0	1	1	1	1	1	0	0
0	1	0	1	0	1	1	0
0	0	1	1	1	1	0	0
0	0	0	1	0	1	1	0

（主析取范式）$(p \rightarrow q) \wedge (\neg r \rightarrow p) \wedge \neg p \rightarrow r$

$\Leftrightarrow \neg((\neg p \vee q) \wedge (\neg \neg r \vee p) \wedge \neg p) \vee r$

$\Leftrightarrow (\neg(\neg p \vee q) \vee \neg(r \vee p) \vee \neg \neg p) \vee r$

$\Leftrightarrow (\neg \neg p \wedge \neg q) \vee (\neg r \wedge \neg p) \vee (p \wedge 1) \vee (1 \wedge r)$

$\Leftrightarrow (p \wedge \neg q) \vee (\neg r \wedge \neg p) \vee (p \wedge (\neg q \vee q)) \vee ((\neg p \vee p) \wedge r)$

$\Leftrightarrow (p \wedge \neg q) \vee (\neg r \wedge \neg p) \vee (p \wedge \neg q) \vee (p \wedge q) \vee (\neg p \wedge r) \vee (p \wedge r)$

$\Leftrightarrow (p \wedge \neg q \wedge 1) \vee (\neg p \wedge \neg r \wedge 1) \vee (p \wedge q \wedge 1) \vee (\neg p \wedge r \wedge 1) \vee (p \wedge r \wedge 1)$

$\Leftrightarrow (p \wedge \neg q \wedge (\neg r \vee r)) \vee (\neg p \wedge \neg r \wedge (\neg q \vee q)) \vee (p \wedge q \wedge (\neg r \vee r)) \vee$ $(\neg p \wedge r \wedge (\neg q \vee q)) \vee (p \wedge r \wedge (\neg q \vee q))$

$\Leftrightarrow (p \wedge \neg q \wedge \neg r) \vee (p \wedge \neg q \wedge r) \vee (\neg p \wedge \neg r \wedge \neg q) \vee (\neg p \wedge \neg r \wedge q) \vee$ $(p \wedge q \wedge \neg r) \vee (p \wedge q \wedge r) \vee (\neg p \wedge r \wedge \neg q) \vee (\neg p \wedge r \wedge q) \vee$ $(p \wedge r \wedge \neg q) \vee (p \wedge r \wedge q)$

$\Leftrightarrow (\neg p \wedge \neg q \wedge \neg r) \vee (\neg p \wedge \neg q \wedge r) \vee (\neg p \wedge q \wedge \neg r) \vee (\neg p \wedge q \wedge r) \vee$ $(p \wedge \neg q \wedge \neg r) \vee (p \wedge \neg q \wedge r) \vee (p \wedge q \wedge \neg r) \vee (p \wedge q \wedge r)$

$\Leftrightarrow m_0 \vee m_1 \vee m_2 \vee m_3 \vee m_4 \vee m_5 \vee m_6 \vee m_7$

显然，命题公式$(p \rightarrow q) \wedge (\neg r \rightarrow p) \wedge \neg p \rightarrow r$的主析取范式含有所有极小项，即命题公式$(p \rightarrow q) \wedge (\neg r \rightarrow p) \wedge \neg p \rightarrow r$是重言式，所以，推理②是有效推理。

（主合取范式）$(p \rightarrow q) \wedge (\neg r \rightarrow p) \wedge \neg p \wedge \neg r$

$\Leftrightarrow (\neg p \vee q) \wedge (\neg \neg r \vee p) \wedge (\neg p \vee 0) \wedge (0 \vee \neg r)$

$\Leftrightarrow (\neg p \vee q) \wedge (r \vee p) \wedge (\neg p \vee (\neg q \wedge q)) \wedge ((\neg p \wedge p) \vee \neg r)$

$\Leftrightarrow (\neg p \vee q) \wedge (r \vee p) \wedge (\neg p \vee \neg q) \wedge (\neg p \vee \neg r) \wedge (p \vee \neg r)$

$\Leftrightarrow (\neg p \vee q \vee 0) \wedge (p \vee r \vee 0) \wedge (\neg p \vee \neg q \vee 0) \wedge (\neg p \vee \neg r \vee 0) \wedge (p \vee \neg r \vee 0)$

$\Leftrightarrow (\neg p \vee q \vee (\neg r \wedge r)) \wedge (p \vee r \vee (\neg q \wedge q)) \wedge (\neg p \vee \neg q \vee (\neg r \wedge r)) \wedge$ $(\neg p \vee \neg r \vee (\neg q \wedge q)) \wedge (p \vee \neg r \vee (\neg q \wedge q))$

$\Leftrightarrow (\neg p \vee q \vee \neg r) \wedge (\neg p \vee q \vee r) \wedge (p \vee r \vee \neg q) \wedge (p \vee r \vee q) \wedge$

$$(\neg p \vee \neg q \vee \neg r) \wedge (\neg p \vee \neg q \vee r) \wedge (\neg p \vee \neg r \vee \neg q) \wedge (\neg p \vee \neg r \vee q) \wedge$$
$$(p \vee \neg r \vee \neg q) \wedge (p \vee \neg r \vee q)$$
$$\Leftrightarrow (p \vee q \vee r) \wedge (p \vee q \vee \neg r) \wedge (p \vee \neg q \vee r) \wedge (p \vee \neg q \vee \neg r) \wedge (\neg p \vee q \vee r) \wedge$$
$$(\neg p \vee q \vee \neg r) \wedge (\neg p \vee \neg q \vee r) \wedge (\neg p \vee \neg q \vee \neg r)$$
$$\Leftrightarrow M_0 \wedge M_1 \wedge M_2 \wedge M_3 \wedge M_4 \wedge M_5 \wedge M_6 \wedge M_7$$

显然,命题公式$(p \rightarrow q) \wedge (\neg r \rightarrow p) \wedge \neg p \wedge \neg r$的主合取范式含有所有极大项,即命题公式$(p \rightarrow q) \wedge (\neg r \rightarrow p) \wedge \neg p \wedge \neg r$是矛盾式,所以,推理②是有效推理。

(等值演算) $(p \rightarrow q) \wedge (\neg r \rightarrow p) \wedge \neg p \rightarrow r$
$$\Leftrightarrow \neg((\neg p \vee q) \wedge (\neg \neg r \vee p) \wedge \neg p) \vee r$$
$$\Leftrightarrow (\neg(\neg p \vee q) \vee \neg(r \vee p) \vee \neg \neg p) \vee r$$
$$\Leftrightarrow (\neg \neg p \wedge \neg q) \vee (\neg r \wedge \neg p) \vee p \vee r$$
$$\Leftrightarrow ((p \wedge \neg q) \vee p) \vee (\neg r \wedge \neg p) \vee r$$
$$\Leftrightarrow p \vee (\neg r \wedge \neg p) \vee r$$
$$\Leftrightarrow (p \vee r) \vee \neg(p \vee r)$$
$$\Leftrightarrow 1$$

显然,命题公式$(p \rightarrow q) \wedge (\neg r \rightarrow p) \wedge \neg p \rightarrow r$是重言式,所以,推理②是有效推理。

$(p \rightarrow q) \wedge (\neg r \rightarrow p) \wedge \neg p \wedge \neg r$
$$\Leftrightarrow (\neg p \vee q) \wedge (\neg \neg r \vee p) \wedge \neg p \wedge \neg r$$
$$\Leftrightarrow ((\neg p \vee q) \wedge \neg p) \wedge (r \vee p) \wedge \neg r$$
$$\Leftrightarrow \neg p \wedge (r \vee p) \wedge \neg r$$
$$\Leftrightarrow (\neg p \wedge \neg r) \wedge (r \vee p)$$
$$\Leftrightarrow \neg(p \vee r) \wedge (p \vee r)$$
$$\Leftrightarrow 0$$

显然,命题公式$(p \rightarrow q) \wedge (\neg r \rightarrow p) \wedge \neg p \wedge \neg r$是矛盾式,所以,推理②是有效推理。

4.3.3 构造证明推理

简单证明推理是从命题公式的真值角度进行解释和论证的,推理过程中没有明确的推演过程,并且当命题变元较多时,会非常烦琐。分析有效推理和永真蕴含式的定义,可以发现,如果命题公式$A_1, A_2, \cdots, A_n$和C满足$A_1 \Rightarrow A_2, A_2 \Rightarrow A_3, \cdots$,且$A_n \Rightarrow C$,那么,$A_1 \Rightarrow C$,即可以通过一系列永真蕴含式证明出命题公式$C$是命题公式$A_1$的有效结论。基于永真蕴涵式或推理规则进行的命题公式的推理称为构造证明推理。

下面给出一些基本的永真蕴含式或推理规则:

化简式:$A \wedge B \Rightarrow A, A \wedge B \Rightarrow B, \neg(A \rightarrow B) \Rightarrow A, \neg(A \rightarrow B) \Rightarrow \neg B$。

合取引入:$A, B \models A \wedge B$。

附加式:$A \Rightarrow A \vee B, \neg A \Rightarrow A \rightarrow B$。

假言推论:$A \wedge (A \rightarrow B) \Rightarrow B$。

拒取式:$\neg B \wedge (A \rightarrow B) \Rightarrow \neg A$。

析取三段论:$\neg A \wedge (A \vee B) \Rightarrow B$。

条件三段论:$(A \rightarrow B) \wedge (B \rightarrow C) \Rightarrow A \rightarrow C$。

双条件三段论：$(A \leftrightarrow B) \wedge (B \leftrightarrow C) \Rightarrow A \leftrightarrow C$。

合取构造二难：$(A \rightarrow B) \wedge (C \rightarrow D) \wedge (A \wedge C) \Rightarrow B \wedge D$。

析取构造二难：$(A \rightarrow B) \wedge (C \rightarrow D) \wedge (A \vee C) \Rightarrow B \vee D$。

二难推论：$(A \rightarrow B) \wedge (C \rightarrow B) \wedge (A \wedge C) \Rightarrow B, (A \rightarrow B) \wedge (C \rightarrow B) \wedge (A \vee C) \Rightarrow B$。

前后件附加：$A \rightarrow B \Rightarrow (A \vee C) \rightarrow (B \vee C), A \rightarrow B \Rightarrow (A \wedge C) \rightarrow (B \wedge C)$。

在构造推理证明中，还用到如下几个重要的推理规则。

① 前提引入规则：前提在证明过程的任何步骤中都可以引入使用。

② 结论引入规则：在推理中，若一个或一组前提已证出结论 B，则 B 可引入到以后的推理中作为前提使用。

③ 置换规则：在推理过程的任何步骤中，命题公式中的任何命题公式都可以用与之等值的命题公式置换。

构造证明推理分为**直接构造证明推理**和**间接构造证明推理**。**直接构造证明推理**是从一组已知的前提出发，利用推理规则逐步推演出逻辑结论的推理。**间接构造证明推理**是从一组已知的前提以及附加的前提出发，利用推理规则间接地给出推理有效性证明的推理。

例 4.32　用直接构造证明推理证明 $p \wedge q \rightarrow r, \neg r \vee s, \neg s \vDash \neg p \vee \neg q$。

证明　(1) $\neg r \vee s$　　　　前提引入

(2) $\neg s$　　　　　　　前提引入

(3) $\neg r$　　　　　　　(1)(2)析取三段论

(4) $p \wedge q \rightarrow r$　　　前提引入

(5) $\neg(p \wedge q)$　　　(3)(4)拒取式

(6) $\neg p \vee \neg q$　　　(5)等值置换

例 4.33　用直接构造证明推理证明 $p \rightarrow r, q \rightarrow s, p \vee q, s \rightarrow t, \neg t \vDash r$。

证明　(1) $p \rightarrow r$　　　　前提引入

(2) $q \rightarrow s$　　　　　前提引入

(3) $p \vee q$　　　　　　前提引入

(4) $r \vee s$　　　　　　(1)(2)(3)析取构造二难

(5) $s \rightarrow t$　　　　　前提引入

(6) $\neg t$　　　　　　　前提引入

(7) $\neg s$　　　　　　　(5)(6)拒取式

(8) r　　　　　　　　(4)(7)析取三段论

例 4.34　用直接构造证明推理证明如下推理：如果张宏努力学习，他一定取得好成绩。若张宏贪玩或不按时完成作业，他就不能取得好成绩。所以，如果张宏努力学习，他就不贪玩并且按时完成作业。

解　命题符号化：

p：张宏努力学习；q：张宏取得好成绩；r：张宏贪玩；s：张宏按时完成作业。

前提：$p \rightarrow q, (r \vee \neg s) \rightarrow \neg q$。

结论：$p \rightarrow (\neg r \wedge s)$。

证明如下：

（1）$p \rightarrow q$ 前提引入

（2）$(r \vee \neg s) \rightarrow \neg q$ 前提引入

（3）$\neg(r \vee \neg s) \vee \neg q$ （2）等值置换

（4）$q \rightarrow \neg(r \vee \neg s)$ （3）等值置换

（5）$p \rightarrow \neg(r \vee \neg s)$ （1）（4）条件三段论

（6）$p \rightarrow (\neg r \wedge s)$ （5）等值置换

定理 4.6 命题公式 $A \rightarrow B$ 是命题公式 $A_1, A_2, \cdots, A_n$ 的有效结论当且仅当命题公式 B 是命题公式 $A, A_1, A_2, \cdots, A_n$ 的有效结论。

证明 命题公式 $A \rightarrow B$ 是命题公式 $A_1, A_2, \cdots, A_n$ 的有效结论当且仅当命题公式 $A_1 \wedge A_2 \wedge \cdots \wedge A_n \rightarrow (A \rightarrow B)$ 是重言式。由于，

$$A_1 \wedge A_2 \wedge \cdots \wedge A_n \rightarrow (A \rightarrow B)$$
$$\Leftrightarrow \neg(A_1 \wedge A_2 \wedge \cdots \wedge A_n) \vee (\neg A \vee B)$$
$$\Leftrightarrow (\neg(A_1 \wedge A_2 \wedge \cdots \wedge A_n) \vee \neg A) \vee B$$
$$\Leftrightarrow \neg((A_1 \wedge A_2 \wedge \cdots \wedge A_n) \wedge A) \vee B$$
$$\Leftrightarrow \neg(A_1 \wedge A_2 \wedge \cdots \wedge A_n \wedge A) \vee B$$
$$\Leftrightarrow (A_1 \wedge A_2 \wedge \cdots \wedge A_n \wedge A) \rightarrow B$$

所以，命题公式 $A \rightarrow B$ 是命题公式 $A_1, A_2, \cdots, A_n$ 的有效结论当且仅当命题公式 B 是命题公式 $A, A_1, A_2, \cdots, A_n$ 的有效结论。证毕。

根据定理 4.6，命题公式 $A \rightarrow B$ 是命题公式 $A_1, A_2, \cdots, A_n$ 的有效结论的证明，可转换为附加新的前提 A 后，命题公式 B 是命题公式 $A, A_1, A_2, \cdots, A_n$ 的有效结论的证明。这是间接构造证明推理方式之一。

例 4.35 用间接构造证明推理证明例 4.34 中的推理。

解 在例 4.34 中结论为 $p \rightarrow (\neg r \wedge s)$，可将 p 作为附加前提、$\neg r \wedge s$ 作为新的结论，进行证明，即

前提：$p \rightarrow q, (r \vee \neg s) \rightarrow \neg q$。

附加前提：p。

新的结论：$\neg r \wedge s$。

证明如下：

（1）p 附加前提引入

（2）$p \rightarrow q$ 前提引入

（3）q （1）（2）假言推论

（4）$(r \vee \neg s) \rightarrow \neg q$ 前提引入

（5）$\neg(r \vee \neg s)$ （3）（4）拒取式

（6）$\neg r \wedge s$ （5）等值置换

间接构造证明推理的另一种方式是，结论的否定 $\neg B$ 作为附加前提引入，新的结论为矛盾式，即命题公式 B 是命题公式 $A_1, A_2, \cdots, A_n$ 的有效结论，只要证明命题公式 $A_1, A_2, \cdots, A_n$ 和 $\neg B$ 的有效结论为矛盾式。这种方式又称为归谬推理。事实上，归谬推理是间接构造证明推理中的反证法。

例 4.36 用归谬推理证明 $r \rightarrow \neg q, r \vee s, s \rightarrow \neg q, p \rightarrow q \vDash \neg p$。

证明   (1) $p \rightarrow q$ 前提引入

(2) $\neg \neg p$ 结论的否定引入

(3) p (2)等值置换

(4) q (1)(3)假言推论

(5) $s \rightarrow \neg q$ 前提引入

(6) $\neg s$ (4)(5)拒取式

(7) $r \vee s$ 前提引入

(8) r (6)(7)析取三段论

(9) $r \rightarrow \neg q$ 前提引入

(10) $\neg q$ (8)(9)假言推论

(11) $\neg q \wedge q$ (4)(10)合取

(12) 0   (11)等值置换

例 4.37   用归谬推理证明: 如果小张守第一垒并且小李向乙队投球, 则甲队将取胜。或者甲队未取胜, 或者甲队成为联赛第一名。甲队没有成为联赛第一名。小张守第一垒。因此, 小李没有向乙队投球。

解   命题符号化:

p: 小张守第一垒; q: 小李向乙队投球; r: 甲队取胜; s: 甲队成为联赛第一名。

前提: $(p \wedge q) \rightarrow r, \neg r \vee s, \neg s, p$。

结论: $\neg q$。

证明如下:

(1) $\neg \neg q$ 结论的否定引入

(2) $\neg r \vee s$ 前提引入

(3) $\neg s$ 前提引入

(4) $\neg r$ (2)(3)析取三段论

(5) $(p \wedge q) \rightarrow r$ 前提引入

(6) $\neg (p \wedge q)$ (4)(5)拒取式

(7) $\neg p \vee \neg q$ (6)等值置换

(8) p 前提引入

(9) $\neg q$ (7)(8)析取三段论

(10) q (1)等值置换

(11) $\neg q \wedge q$ (9)(10)合取

(12) 0   (11)等值置换

在构造证明推理中, 如果保留前提引入规则、置换规则、化简规则、合取引入规则, 再引入一条新的规则即, **归结规则**(resolution rule), 就可以得到一类新的构造证明推理, 称之为**归结推理**(resolution reasoning)。

归结推理含有如下一些推理规则。

① 前提引入规则: 前提在证明过程的任何步骤中都可以引入使用。

② 置换规则: 在推理过程的任何步骤中, 命题公式中的任何命题公式都可以用与之等值的命题公式置换。

③ 化简规则：$A \wedge B \Rightarrow A$。

④ 合取引入规则：$A, B \Rightarrow A \wedge B$。

⑤ 归结规则：$(A \vee B) \wedge (\neg A \vee C) \Rightarrow B \vee C, (A \vee B) \wedge \neg A \Rightarrow B, A \wedge (\neg A \vee C) \Rightarrow C$。

对于前提为命题公式 $A_1, A_2, \cdots, A_n$，结论为命题公式 B 的推理，归结推理的实施步骤为：步骤一，将命题公式 $A_1, A_2, \cdots, A_n$ 等值演算为合取范式；步骤二，用化简规则将命题公式 $A_1, A_2, \cdots, A_n$ 的合取范式分解成一系列简单析取式，并作为推理的前提；步骤三，将命题公式 B 等值演算为合取范式，并作为结论进行推理。上述步骤的归结推理称为**直接归结推理**（direct resolution reasoning）。

例 4.38 证明归结规则。

证明 $(A \vee B) \wedge (\neg A \vee C) \to B \vee C$

$\Leftrightarrow \neg((A \vee B) \wedge (\neg A \vee C)) \vee (B \vee C)$

$\Leftrightarrow \neg(A \vee B) \vee \neg(\neg A \vee C) \vee (B \vee C)$

$\Leftrightarrow (\neg A \wedge \neg B) \vee (\neg \neg A \wedge \neg C) \vee (B \vee C)$

$\Leftrightarrow ((\neg A \wedge \neg B) \vee B) \vee ((A \wedge \neg C) \vee C)$

$\Leftrightarrow ((\neg A \vee B) \wedge (\neg B \vee B)) \vee ((A \vee C) \wedge (\neg C \vee C))$

$\Leftrightarrow ((\neg A \vee B) \wedge 1) \vee ((A \vee C) \wedge 1)$

$\Leftrightarrow (\neg A \vee B) \vee (A \vee C)$

$\Leftrightarrow (\neg A \vee A) \vee B \vee C$

$\Leftrightarrow 1 \vee B \vee C$

$\Leftrightarrow 1$

命题公式 $(A \vee B) \wedge (\neg A \vee C) \to B \vee C$ 为重言式，即 $(A \vee B) \wedge (\neg A \vee C) \Rightarrow B \vee C$。

在命题公式 $(A \vee B) \wedge (\neg A \vee C) \to B \vee C$ 中，令 $C=0$，则

$$(A \vee B) \wedge (\neg A \vee 0) \to B \vee 0 \Leftrightarrow (A \vee B) \wedge \neg A \to B$$

即 $(A \vee B) \wedge \neg A \to B$ 为重言式，所以，$(A \vee B) \wedge \neg A \Rightarrow B$。

在命题公式 $(A \vee B) \wedge (\neg A \vee C) \to B \vee C$ 中，令 $B=0$，则

$$(A \vee 0) \wedge (\neg A \vee C) \to 0 \vee C \Leftrightarrow A \wedge (\neg A \vee C) \to C$$

即 $A \wedge (\neg A \vee C) \to C$ 为重言式，所以，$A \wedge (\neg A \vee C) \Rightarrow C$。证毕。

例 4.39 用直接归结推理证明 $p \vee q, \neg p \vee r, \neg r \vee s \vDash q \vee s$。

证明 前提和结论都是合取范式，所以，证明如下：

(1) $p \vee q$ 前提引入

(2) $\neg p \vee r$ 前提引入

(3) $q \vee r$ (1)(2)归结

(4) $\neg r \vee s$ 前提引入

(5) $q \vee s$ (3)(4)归结

例 4.40 用直接归结推理证明 $q \to p, q \leftrightarrow s, s \leftrightarrow t, t \wedge r \vDash p \wedge q \wedge s$。

证明 首先将前提等值演算为合取范式：

$$q \to p \Leftrightarrow \neg q \vee p$$

$$q \leftrightarrow s \Leftrightarrow (q \to s) \wedge (s \to q) \Leftrightarrow (\neg q \vee s) \wedge (\neg s \vee q)$$

$$s \leftrightarrow t \Leftrightarrow (s \to t) \wedge (t \to s) \Leftrightarrow (\neg s \vee t) \wedge (\neg t \vee s)$$

推理转化为如下形式：

前提：$\neg q \vee p, \neg q \vee s, \neg s \vee q, \neg s \vee t, \neg t \vee s, t, r$。

结论：$p \wedge q \wedge s$。

证明如下：

(1) $\neg t \vee s$	前提引入
(2) t	前提引入
(3) s	(1)(2)归结
(4) $\neg s \vee q$	前提引入
(5) q	(3)(4)归结
(6) $\neg q \vee p$	前提引入
(7) p	(5)(6)归结
(8) $p \wedge q \wedge s$	(3)(5)(7)合取引入

例 4.41　用直接归结推理证明例 4.37 中推理的有效性。

解　首先将前提等值演算为合取范式：

$$(p \wedge q) \rightarrow r \Leftrightarrow \neg(p \wedge q) \vee r \Leftrightarrow (\neg p \vee \neg q) \vee r \Leftrightarrow \neg p \vee \neg q \vee r$$

推理转化为如下形式：

前提：$\neg p \vee \neg q \vee r, \neg r \vee s, \neg s, p$。

结论：$\neg q$。

证明如下：

(1) $\neg s$	前提引入
(2) $\neg r \vee s$	前提引入
(3) $\neg r$	(1)(2)归结
(4) $\neg p \vee \neg q \vee r$	前提引入
(5) $\neg p \vee \neg q$	(3)(4)归结
(6) p	前提引入
(7) $\neg q$	(5)(6)归结

在归结推理中，也可以采用反证法。此情形下，实施步骤为：步骤一，将结论的否定 $\neg B$ 作为附加前提引入；步骤二，将命题公式 $A_1, A_2, \cdots, A_n$ 和 $\neg B$ 等值演算为合取范式；步骤三，用化简规则将命题公式 $A_1, A_2, \cdots, A_n$ 和 $\neg B$ 的合取范式分解成一系列简单析取式，作为推理的前提，并进行推理。上述步骤的归结推理称为**间接归结推理**（indirect resolution reasoning）。

例 4.42　用间接归结推理证明 $q \rightarrow p, q \leftrightarrow s, s \leftrightarrow t, t \wedge r \vDash p \wedge q \wedge s$。

证明　首先将前提和结论的否定等值演算为合取范式：

$$q \rightarrow p \Leftrightarrow \neg q \vee p$$
$$q \leftrightarrow s \Leftrightarrow (q \rightarrow s) \wedge (s \rightarrow q) \Leftrightarrow (\neg q \vee s) \wedge (\neg s \vee q)$$
$$s \leftrightarrow t \Leftrightarrow (s \rightarrow t) \wedge (t \rightarrow s) \Leftrightarrow (\neg s \vee t) \wedge (\neg t \vee s)$$
$$\neg(p \wedge q \wedge s) \Leftrightarrow \neg p \vee \neg q \vee \neg s$$

推理转化为如下形式：

前提：$\neg q \vee p, \neg q \vee s, \neg s \vee q, \neg s \vee t, \neg t \vee s, t, r, \neg p \vee \neg q \vee \neg s$。

结论：0。

证明如下：

(1) $\neg t \vee s$	前提引入
(2) t	前提引入
(3) s	(1)(2)归结
(4) $\neg s \vee q$	前提引入
(5) q	(3)(4)归结
(6) $\neg q \vee p$	前提引入
(7) p	(5)(6)归结
(8) $\neg p \vee \neg q \vee \neg s$	附加前提引入
(9) $\neg q \vee \neg s$	(7)(8)归结
(10) $\neg s$	(5)(9)归结
(11) $\neg s \wedge s$	(3)(10)合取
(12) 0	(11)等值置换

例 4.43 用间接归结推理证明例 4.37 中推理的有效性。

解 首先将前提和结论的否定等值演算为合取范式：

$$(p \wedge q) \rightarrow r \Leftrightarrow \neg(p \wedge q) \vee r \Leftrightarrow (\neg p \vee \neg q) \vee r \Leftrightarrow \neg p \vee \neg q \vee r$$
$$\neg \neg q \Leftrightarrow q$$

推理转化为如下形式：

前提：$\neg p \vee \neg q \vee r, \neg r \vee s, \neg s, p, q$。

结论：0。

证明如下：

(1) $\neg s$	前提引入
(2) $\neg r \vee s$	前提引入
(3) $\neg r$	(1)(2)归结
(4) $\neg p \vee \neg q \vee r$	前提引入
(5) $\neg p \vee \neg q$	(3)(4)归结
(6) p	前提引入
(7) $\neg q$	(5)(6)归结
(8) q	前提引入
(9) $\neg q \wedge q$	(7)(8)合取
(10) 0	(9)等值置换

4.4 命题逻辑的应用

软件是计算机应用系统的重要组成部分。软件程序执行的正确与否直接影响着计算的结果或系统运行的行为。软件程序设计的一些细微错误常常会导致严重的后果。例如，在1985 年 11 月 21 日，由于计算机软件的错误，造成纽约银行与美联储电子结算系统收支失衡，发生了超额支付，而这个问题一直到晚上才被发现，纽约银行当日账务出现了 230 亿的短款。又如,在 1996 年,欧洲航天局阿丽亚娜 5 型(Ariane5)火箭在发射 40 秒钟后发生爆炸,发射基地上两名法国士兵当场死亡,损耗资产达 10 亿美元之巨,历时 9 年的航天计划因此严重受挫。事后专家的调查分析报告指出,爆炸原因在于惯性导航系统软件规格和设计的错误。软件的正确性验证(verification)有着极其重要的意义。

程序正确性证明是软件正确性验证的重要方法之一。它是通过采用严格的数学方法评价一个程序是否达到了预定的功能,亦即,对于一组允许的输入信息 X,严格地证明程序能否终止执行,以及能否得到正确的输出信息 Z。程序正确性证明的研究早在 20 世纪 50 年代就为图灵(Alan Turing,1912—1954)等人所注意。1967 年,弗洛伊德(Robert Floyd,1936—2001)系统地提出了证明程序正确性的**归纳断言方法**(inductive assertion method)。

在归纳断言方法中,用一组称为断言(assertion)的逻辑公式来刻画程序在其执行过程中的状态。在假定程序能终止执行的情况下,通过考察各断言能否成立,来实现对程序部分正确性的证明。设逻辑公式 $\varphi(X)$、$\psi(X,Z)$ 分别表示程序 Q 的输入信息 X 和输出信息 Z 应满足的条件,则程序正确性可定义如下:

(1) 若对每一个使得 $\varphi(X)$ 为真,并且程序能终止执行的输入信息 X,$\psi(X,Q(X))$ 为真,则称程序 Q 关于 φ 和 ψ 是部分正确的,或者称程序 Q 满足部分正确性。其中,$Q(X)$ 表示程序 Q 对输入信息 X 进行处理后相应的输出信息。

(2) 若对每一个使得 $\varphi(X)$ 为真的输入信息 X,程序都能够终止执行,则称程序 Q 对于 φ 是终止的,或者称程序 Q 满足终止性。

(3) 若对每一个使得 $\varphi(X)$ 为真的输入信息 X,程序都能够终止执行,并且 $\psi(X,Q(X))$ 为真,则程序 Q 关于 φ 和 ψ 是完全正确的,或者称程序 Q 满足完全正确性。

利用归纳断言方法对程序部分正确性进行证明时,通常包括如下 3 个步骤:

步骤一,建立断言。将程序开始处看作一个断点,为其建立断言 $\varphi(X)$;将程序结束处看作一个断点,为其建立断言 $\psi(X,Z)$;如果程序中存在循环,则在每个循环中选取一个断点 i,并在该点建立一个相应于该循环的不变式断言 $\varphi_i(X,Y)$,使循环每次执行到该断点时,断言为真。这里,X 代表程序的所有输入变量;Y 代表程序执行过程中的中间变量,Z 代表程序的输出变量,即 $X=(x_1,\cdots,x_m)$,$Y=(y_1,\cdots,y_n)$,$Z=(z_1,\cdots,z_s)$,其中,$m\geqslant1$,$n\geqslant1,s\geqslant1$。

步骤二,建立检验条件。在建立了上述断点后,程序执行过程中所有可能的通路就可以分解为一些有限的通路,每条通路都连接两个断点。按如下方式为每条通路建立一个检验条件:设通路 j 连接断点 i 和 k,则检验条件为

$$\varphi_i(X,Y)\wedge R_j(X,Y)\Rightarrow\varphi_k(X,r_j(X,Y))$$

其含义是:若在通路 j 的入口点 i 处有断言 $\varphi_i(X,Y)$ 成立,通过通路 j 的条件为 $R_j(X,Y)$,并且通过通路 j 后 Y 的值变为 $r_j(X,Y)$,则通过通路 j 到达 k 点时有 $\varphi_k(X,r_j(X,Y))$ 成立。特别地,如果通路 j 的入口点为程序的开始处,则检验条件为

$$\varphi(X)\wedge R_j(X,Y)\Rightarrow\varphi_k(X,r_j(X,Y))$$

如果通路 j 的结束点为程序的结束处,则检验条件为

$$\varphi_i(X,Y)\wedge R_j(X,Y)\Rightarrow\psi(X,Z)$$

步骤三,证明检验条件。对步骤二中得到的所有检验条件进行证明,如果每一条通路的检验条件都为真,则程序是部分正确的。

例如,对于任意两个不全为零的正整数 x_1,x_2,计算它们的最大公约数 $z=\gcd(x_1,x_2)$ 的程序的流程图如图 4.1 所示。

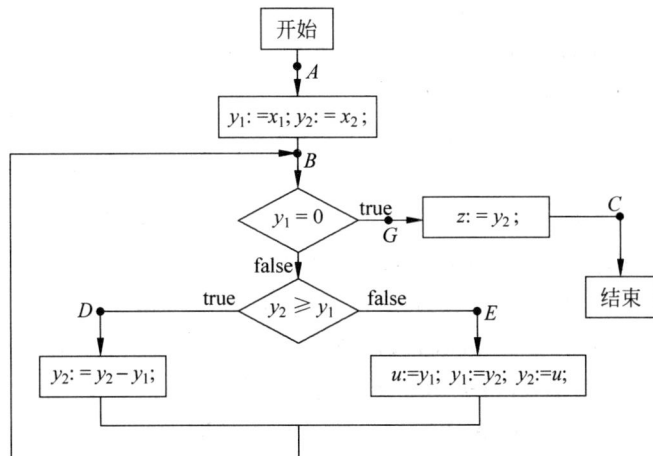

图 4.1 求最大公约数的程序流图

该程序中采用的算法基于下列事实:对于任意正整数 y_1,y_2,有

① $\gcd(y_1,y_2)=\gcd(y_2,y_1)$;

② 若 $y_2\geqslant y_1$,则 $\gcd(y_1,y_2)=\gcd(y_1,y_2-y_1)$;

③ 若 $y_1=0$,则 $\gcd(y_1,y_2)=y_2$。

下面对该程序的部分正确性进行证明。

(1) 建立断言。根据程序所要完成的功能,在断点 A,C 处分别建立如下输入、输出断言。

$$\varphi(X)\colon (x_1\geqslant 0)\wedge (x_2\geqslant 0)\wedge ((x_1\neq 0)\vee (x_2\neq 0))。$$

$$\psi(X,Z)\colon z=\gcd(x_1,x_2)。$$

另外,将循环从 B 点断开,在断点 B 处建立断言 $P(X,Y)$:

$$(y_1\geqslant 0)\wedge (y_2\geqslant 0)\wedge ((y_1\neq 0)\vee (y_2\neq 0))\wedge (\gcd(y_1,y_2)=\gcd(x_1,x_2))$$

(2) 建立检验条件。建立了上述断点后,程序执行过程中所有可能的通路可以分解为下面 4 条通路:$A-B,B-D-B,B-E-B,B-G-C$。

对于通路 $A-B$,显然 $R_1(X,Y)=1,r_1(X,Y)=(x_1,x_2)$,所以相应的检验条件为

$$\varphi(X)\Rightarrow P(X,x_1,x_2)$$

即

$$(x_1\geqslant 0)\wedge (x_2\geqslant 0)\wedge ((x_1\neq 0)\vee (x_2\neq 0))\Rightarrow (x_1\geqslant 0)\wedge$$
$$(x_2\geqslant 0)\wedge ((x_1\neq 0)\vee (x_2\neq 0))\wedge (\gcd(x_1,x_2)=\gcd(x_1,x_2))$$

对于通路 $B-D-B,R_2(X,Y)=(y_1\neq 0)\wedge (y_2\geqslant y_1),r_2(X,Y)=(y_1,y_2-y_1)$,因而检验条件为

$$P(X,Y)\wedge (y_1\neq 0)\wedge (y_2\geqslant y_1)\Rightarrow P(X,y_1,y_2-y_1)$$

即

$$(y_1\geqslant 0)\wedge (y_2\geqslant 0)\wedge ((y_1\neq 0)\vee (y_2\neq 0))\wedge$$

$$(\gcd(y_1,y_2) = \gcd(x_1,x_2)) \wedge (y_1 \neq 0) \wedge (y_2 \geqslant y_1) \Rightarrow$$
$$(y_1 \geqslant 0) \wedge ((y_2 - y_1) \geqslant 0) \wedge ((y_1 \neq 0) \vee ((y_2 - y_1) \neq 0)) \wedge$$
$$(\gcd(y_1,y_2 - y_1) = \gcd(x_1,x_2))$$

对于通路 $B—E—B$，$R_3(X,Y) = (y_1 \neq 0) \wedge (y_2 < y_1)$，$r_3(X,Y) = (y_2,y_1)$，因而检验条件为

$$P(X,Y) \wedge (y_1 \neq 0) \wedge (y_2 < y_1) \Rightarrow P(X,y_2,y_1)$$

即

$$(y_1 \geqslant 0) \wedge (y_2 \geqslant 0) \wedge ((y_1 \neq 0) \vee (y_2 \neq 0)) \wedge$$
$$(\gcd(y_1,y_2) = \gcd(x_1,x_2)) \wedge (y_1 \neq 0) \wedge (y_2 < y_1) \Rightarrow$$
$$(y_2 \geqslant 0) \wedge (y_1 \geqslant 0) \wedge ((y_2 \neq 0) \vee (y_1 \neq 0)) \wedge$$
$$(\gcd(y_2,y_1) = \gcd(x_1,x_2))$$

对于通路 $B—G—C$，$R_4(X,Y) = (y_1 = 0)$，$\psi(X,y_2) = (z = y_2)$，因而检验条件为

$$P(X,Y) \wedge (y_1 = 0) \Rightarrow \psi(X,y_2)$$

即

$$(y_1 \geqslant 0) \wedge (y_2 \geqslant 0) \wedge ((y_1 \neq 0) \vee (y_2 \neq 0)) \wedge (\gcd(y_1,y_2)$$
$$= \gcd(x_1,x_2)) \wedge (y_1 = 0) \Rightarrow (y_2 = \gcd(x_1,x_2))$$

(3) 证明检验条件。对于通路 $A—B$，显然，检验条件的永真蕴含式成立。

对于通路 $B—D—B$，如果 $(y_1 \geqslant 0) \wedge (y_2 \geqslant 0) \wedge ((y_1 \neq 0) \vee (y_2 \neq 0)) \wedge (\gcd(y_1,y_2) = \gcd(x_1,x_2)) \wedge (y_1 \neq 0) \wedge (y_2 \geqslant y_1)$ 为真，那么，$(y_1 \geqslant 0) \wedge (y_1 \neq 0) \wedge (y_2 \geqslant y_1)$ 为真，且 $((y_1 \neq 0) \vee (y_2 \neq 0))$ 为真。从而，$y_2 - y_1 \geqslant 0$ 为真，并且 $(y_1 \neq 0) \vee ((y_2 - y_1) \neq 0)$ 也为真。又由已知条件②知：

$$\gcd(y_1,y_2 - y_1) = \gcd(y_1,y_2) = \gcd(x_1,x_2)$$

即 $\gcd(y_1,y_2 - y_1) = \gcd(x_1,x_2)$ 为真。所以，检验条件成立。

对于通路 $B—E—B$，检验条件显然成立。

对于通路 $B—G—C$，如果 $(y_1 \geqslant 0) \wedge (y_2 \geqslant 0) \wedge ((y_1 \neq 0) \vee (y_2 \neq 0)) \wedge (\gcd(y_1,y_2) = \gcd(x_1,x_2)) \wedge (y_1 = 0)$ 为真，那么，$(\gcd(y_1,y_2) = \gcd(x_1,x_2)) \wedge (y_1 = 0)$ 为真。由已知条件③知：

$$\gcd(x_1,x_2) = \gcd(y_1,y_2) = y_2$$

所以检验条件成立。

至此，计算最大公约数的程序的部分正确性得到证明。

再如，对于任意的自然数 x，计算 $z = x^{1/2}$ 的程序流程图如图 4.2 所示。该程序中采用的算法基于如下事实：

对于任意自然数 $n > 0$，有 $1 + 3 + 5 + \cdots + (2n+1) = (n+1)^2$。在程序中自然数 n、奇数 $2n+1$ 以及 $(n+1)^2$ 分别用变量 y_1，y_2 和 y_3 表示。

该程序的部分正确性证明如下：

(1) 建立断言。根据程序所要完成的功能，在断点 A，C 处分别建立如下输入、输出断言

$$\varphi(X) : x > 0$$
$$\psi(X,Z) : z^2 \leqslant x < (z+1)^2$$

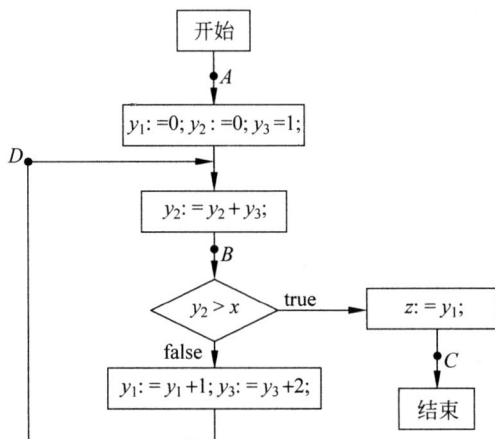

图 4.2 求 $x^{1/2}$ 的程序流图

另外,将循环从 B 点断开,在断点 B 处建立断言 $P(X,Y)$:
$$(y_1{}^2 \leqslant x) \wedge (y_2 = (y_1 + 1)^2) \wedge (y_3 = 2y_1 + 1)$$

(2) 建立检验条件。设定了上述断点后,程序执行过程中所有可能的通路可以分解为下面三条通路:A—B,B—D—B,B—C。

对于通路 A—B,显然 $R_1(X,Y)=1$,$r_1(X,Y)=(0,1,1)$,所以相应的检验条件为
$$\varphi(X) \Rightarrow P(X,0,1,1)$$
即
$$(x > 0) \Rightarrow (0 \leqslant x) \wedge (1 = (0+1)^2) \wedge (1 = 2*0+1)$$

对于通路 B—D—B,$R_2(X,Y)=(y_2 \leqslant x)$,$r_2(X,Y)=(y_1+1,y_2+y_3+2,y_3+2)$,因而检验条件为
$$P(X,Y) \wedge (y_2 \leqslant x) \Rightarrow P(X,y_1+1,y_2+y_3+2,y_3+2)$$
即
$$(y_1{}^2 \leqslant x) \wedge (y_2 = (y_1+1)^2) \wedge (y_3 = 2y_1+1) \wedge (y_2 \leqslant x) \Rightarrow$$
$$((y_1+1)^2 \leqslant x) \wedge ((y_2+y_3+2) = (y_1+1+1)^2) \wedge (y_3+2 = 2(y_1+1)+1)$$

对于通路 B—C,$R_3(X,Y)=(y_2 > x)$,$\psi(X,y_1)=(z=y_1)$,因而检验条件为
$$P(X,Y) \wedge (y_2 > x) \Rightarrow \psi(X,y_1)$$
即
$$(y_1{}^2 \leqslant x) \wedge (y_2 = (y_1+1)^2) \wedge (y_3 = 2y_1+1) \wedge (y_2 > x) \Rightarrow (y_1{}^2 \leqslant x < (y_1+1)^2)$$

(3) 证明检验条件。对于通路 A—B,由于,
$$(0 \leqslant x) \wedge (1 = (0+1)^2) \wedge (1 = 2*0+1) \Leftrightarrow (0 \leqslant x) \wedge 1 \wedge 1 \Leftrightarrow (0 \leqslant x)$$
检验条件转化为 $(x>0) \Rightarrow (0 \leqslant x)$,显然成立。

对于通路 B—D—B,如果 $(y_1{}^2 \leqslant x) \wedge (y_2 = (y_1+1)^2) \wedge (y_3 = 2y_1+1) \wedge (y_2 \leqslant x)$ 为真,那么,
$$y_1{}^2 \leqslant x$$
$$y_2 + y_3 + 2 = (y_1+1)^2 + (2y_1+1) + 1 + 2 = (y_1+2)^2$$
$$y_3 + 2 = (2y_1+1) + 2 = 2(y_1+1)+1$$

又由 $y_2 \leqslant x$ 知，$(y_1+1)^2 \leqslant x$，综上有$((y_1+1)^2 \leqslant x) \wedge ((y_2+y_3+2)=(y_1+1+1)^2) \wedge$ $(y_3+2=2(y_1+1)+1)$ 为真，所以检验条件成立。

对于通路 B—C，如果$(y_1{}^2 \leqslant x) \wedge (y_2=(y_1+1)^2) \wedge (y_3=2y_1+1) \wedge (y_2 > x)$ 为真，那么，

$$y_1{}^2 \leqslant x$$
$$x < (y_1+1)^2$$

即

$$y_1{}^2 \leqslant x < (y_1+1)^2$$

所以，检验条件成立。

至此，计算 $z=x^{1/2}$ 的程序的部分正确性得到证明。

习题

1. 判断下列语句哪些是命题，并给出是命题的语句的真值。

① 第 28 届奥林匹克运动会开幕式在北京举行。

② 大于 2 的偶数均可分解为两个质数的和。

③ 蓝色和黑色可以调配成绿色。

④ 明天我去上海。

⑤ 今天天气真舒服啊！

⑥ $x+y < 0$

⑦ 我们要努力学习。

⑧ 雪是白的。

⑨ 有三只脚的鸟。

⑩ 请安静！

2. 判断下列语句哪些是简单命题，哪些是复合命题。

① 我和他既是兄弟又是同学。

② 风雨无阻，我去上学。

③ 我明天或后天去苏州。

④ 离散数学是一门专业基础课程。

⑤ 只要他出门，他必买书，不管他余款多不多。

⑥ 2 是无理数。

⑦ 只要充分考虑一切论证，就可得到可靠见解。

⑧ 如果买不到飞机票，我哪儿也不去。

⑨ 不存在最大的质数。

⑩ 除非你陪伴我或代我雇辆车子，否则我不去。

3. 给出题 2 中命题的符号化表示。

4. 给出下列命题的符号化表示。

① 如果只有懂得希腊文才能了解柏拉图，那么我不了解柏拉图。

② 不管你和他去不去，我都会去。

③ 如果我吃饭前完成家庭作业，并且天不下雨的话，那么，我们就去看球赛。

④ 如果公用事业费用没有，那么只有在现有计算机不适用的时候才需购买新计算机。

⑤ 小张不但聪明而且勤奋，所以他一直学习成绩优秀。

⑥ 必须充分考虑一切论证，才能得到可靠见解。

⑦ 佚而惰者贫，而力而俭者富。

⑧ 打字机既可以作为输入设备也可以作为输出设备。

⑨ 要选修离散数学课程，必须已经选修微积分课程和计算机科学导论课程。

⑩ 老李总是风雨无阻地坚守工作岗位。

5. 设 p,q 分别表示命题"气温零度以下"和"正在下雪"，试用 p,q 和逻辑联结词表示下述命题。

① 气温零度以下且正在下雪。

② 气温零度以下，但不在下雪。

③ 气温不在零度以下，也不在下雪。

④ 也许气温零度以下，也许在下雪。

⑤ 如果气温零度以下，那么就在下雪。

⑥ 气温零度以下是下雪的充分必要条件。

6. 设 p,q,r 分别表示命题"王强感冒了"、"王强错过了离散数学考试"和"王强通过了离散数学课程"，试用自然语言表述下列命题公式。

① $p \rightarrow q$;　　② $\neg q \leftrightarrow r$;

③ $q \rightarrow \neg r$;　　④ $p \vee q \vee r$;

⑤ $(p \rightarrow \neg r) \vee (q \rightarrow \neg r)$;　　⑥ $(p \wedge q) \vee (\neg q \wedge r)$。

7. 判定下列符号串是否为命题公式，若是，请给出它的真值表。

① $\neg(p)$;　　② $(p \rightarrow \neg r) \vee (q$;

③ $p \wedge q \vee (\neg q)$;　　④ $(p \rightarrow q) \vee (\neg q \rightarrow \neg p)$;

⑤ $p \neg \rightarrow \neg q) \vee (\neg q \rightarrow \neg p)$;　　⑥ $(\neg p \leftrightarrow \neg q) \leftrightarrow (r \leftrightarrow q)$;

⑦ $(\neg p \vee \neg q) \leftrightarrow (r \vee q)$;　　⑧ $(\neg p \vee \neg r) \wedge (r \vee q)$;

⑨ $\neg p \vee \neg r) \wedge (r \vee q)$;　　⑩ $(p \wedge q) \leftrightarrow r$。

8. 给出下列复合命题的真值表。

① $p \wedge \neg p$;　　② $p \vee \neg p$;

③ $(p \vee \neg q) \rightarrow q$;　　④ $(p \vee q) \rightarrow (p \wedge q)$;

⑤ $(p \rightarrow q) \leftrightarrow (\neg q \rightarrow \neg p)$;　　⑥ $(p \rightarrow q) \leftrightarrow (q \rightarrow p)$。

9. 给出下列命题公式的真值表。

① $p \rightarrow \neg q$;　　② $\neg p \leftrightarrow q$;

③ $(p \rightarrow \neg q) \vee (\neg p \rightarrow q)$;　　④ $(p \rightarrow \neg q) \wedge (\neg p \rightarrow q)$;

⑤ $(p \leftrightarrow \neg q) \vee (\neg p \leftrightarrow q)$;　　⑥ $(\neg p \leftrightarrow \neg q) \leftrightarrow (p \leftrightarrow q)$。

10. 给出下列命题公式的真值表。

① $(p \vee q) \vee r$;　　② $(p \vee q) \wedge r$;

③ $(p \land q) \lor r$;　　　　　　　　　④ $(p \land q) \land r$;

⑤ $(p \lor q) \rightarrow r$;　　　　　　　　　⑥ $(p \lor q) \leftrightarrow r$。

11. 求题 8 中各命题公式的成真赋值和成假赋值。

12. 求题 9 中各命题公式的成真赋值和成假赋值。

13. 求题 10 中各命题公式的成真赋值和成假赋值。

14. 判断下列命题公式是否为重言式。

① $(p \rightarrow q) \rightarrow (q \rightarrow p)$;　　　　② $(p \rightarrow q) \lor (r \rightarrow q) \rightarrow ((p \lor r) \rightarrow q)$;

③ $q \rightarrow (p \rightarrow q)$;　　　　　　　④ $(p \land q) \rightarrow (q \leftrightarrow p)$;

⑤ $\lnot p \rightarrow (p \rightarrow q)$;　　　　　　⑥ $(p \rightarrow q) \lor (r \rightarrow s) \rightarrow ((p \lor r) \rightarrow (q \lor s))$。

15. 给出下列命题公式的真值表,并指出各命题公式的类型。

① $(p \lor \lnot p) \rightarrow \lnot q$;　　　　　② $((p \rightarrow q) \land (q \rightarrow r)) \rightarrow (p \rightarrow r)$;

③ $((p \lor q) \rightarrow r) \leftrightarrow q$;　　　　④ $(p \rightarrow q) \leftrightarrow (q \rightarrow p)$;

⑤ $(p \rightarrow q) \leftrightarrow (\lnot q \rightarrow \lnot p)$;　　⑥ $(p \rightarrow \lnot p) \lor (p \rightarrow \lnot p)$。

16. 判断下列命题公式是否为等值式。

① $p \leftrightarrow q$ 和 $(p \land q) \lor (\lnot q \land \lnot p)$;　　② $(p \rightarrow q) \rightarrow r$ 和 $p \rightarrow (q \rightarrow r)$;

③ $p \rightarrow q$ 和 $\lnot q \rightarrow \lnot p$;　　　　　　④ $p \rightarrow q$ 和 $\lnot p \lor q$;

⑤ $(p \rightarrow q) \land (p \rightarrow \lnot q)$ 和 $\lnot p$;　　⑥ $p \leftrightarrow q$ 和 $\lnot p \leftrightarrow \lnot q$。

17. 用等值演算证明下列命题公式的等值式。

① $p \rightarrow (q \rightarrow r) \Leftrightarrow (q \land p) \rightarrow r$;　　② $\lnot (p \leftrightarrow q) \Leftrightarrow (p \lor q) \land (\lnot q \lor \lnot p)$;

③ $p \rightarrow (q \rightarrow r) \Leftrightarrow q \rightarrow (p \rightarrow r)$;　　④ $p \rightarrow (q \rightarrow p) \Leftrightarrow \lnot p \rightarrow (p \rightarrow \lnot q)$;

⑤ $(p \rightarrow r) \land (q \rightarrow r) \Leftrightarrow (p \lor q) \rightarrow r$;　⑥ $(p \land \lnot q) \lor (\lnot p \land q) \Leftrightarrow (p \lor q) \land \lnot (p \lor q)$。

18. 用等值演算判断下列命题公式的类型。

① $((p \lor q) \land \lnot p) \rightarrow q$;　　　　② $(p \rightarrow q) \rightarrow ((p \land r) \rightarrow q)$;

③ $(p \rightarrow q) \rightarrow (p \rightarrow (r \lor q))$;　　④ $((p \lor q) \land (p \rightarrow q)) \rightarrow (q \rightarrow p)$;

⑤ $p \lor ((\lnot p \land q) \lor (\lnot p \land \lnot q))$;　⑥ $p \rightarrow ((\lnot p \land \lnot q) \rightarrow r)$;

⑦ $((p \land q) \rightarrow r) \rightarrow ((p \rightarrow r) \land (q \rightarrow r))$;　⑧ $(p \rightarrow (q \rightarrow r)) \leftrightarrow (q \rightarrow (p \rightarrow r))$;

⑨ $(p \lor q \lor r) \rightarrow (\lnot p \rightarrow ((q \lor r) \land \lnot p))$;　⑩ $((q \rightarrow p) \land \lnot (p \rightarrow q)) \rightarrow (p \land \lnot q)$。

19. 证明联结词集合 $\{\lnot, \lor, \land\}$ 是联结词完备集。

20. 证明联结词集合 $\{\lnot, \lor\}$ 是联结词完备集。

21. 证明联结词集合 $\{\lnot, \land\}$ 是联结词完备集。

22. 证明联结词集合 $\{\lnot, \lor, \rightarrow\}$ 是联结词完备集。

23. 证明联结词集合 $\{\lnot, \land, \rightarrow\}$ 是联结词完备集。

24. 求命题公式 $(p \leftrightarrow \lnot q) \land r$ 在以下各联结词完备集中与之等值的命题公式。

① $\{\lnot, \lor, \land\}$;　　　　　　　　② $\{\lnot, \lor\}$;

③ $\{\lnot, \rightarrow\}$;　　　　　　　　　④ $\{\lnot, \land\}$;

⑤ $\{\lnot, \lor, \rightarrow\}$;　　　　　　　⑥ $\{\lnot, \land, \rightarrow\}$。

25. 求如下命题公式的合取范式。

① $p \land (p \rightarrow q)$;　　　　　　　② $(\lnot p \land q) \rightarrow r$;

③ $\lnot (p \land \lnot q) \land (s \rightarrow r)$;　　　④ $\lnot (p \land q) \land (p \lor q)$;

⑤ $(p→q)→r$;　　　　　　　　⑥ $¬(p→q)∨(p∨q)$。

26. 举例说明命题公式的合取范式不唯一。

27. 求题 25 中命题公式的析取范式。

28. 举例说明命题公式的析取范式不唯一。

29. 求题 25 中命题公式的主合取范式。

30. 求题 25 中命题公式的主析取范式。

31. 求题 25 中命题公式的极小项。

32. 求题 25 中命题公式的极大项。

33. 证明极小项 m_i 和极大项 M_i 之间满足 $m_i⇔¬M_i$。

34. 用主析取范式判断下列命题公式是否为等值式。

① $p→(q→r)$ 和 $(q∧p)→r$;　　　② $(p∧q)→r$ 和 $(p→r)∧(q→r)$;

③ $p→(q→p)$ 和 $¬p→(p→¬q)$;　④ $(p→q)∧(p→¬q)$ 和 $¬p∨(q∧¬q)$;

⑤ $(p→q)$ 和 $(¬q→¬p)$;　　　　⑥ $(p↔q)∧(q↔r)$ 和 $p↔r$。

35. 用主合取范式判断题 34 中命题公式是否为等值式。

36. 证明任意命题公式存在与之等值的唯一主析取范式。

37. 证明任意命题公式存在与之等值的唯一主合取范式。

38. 用等值演算证明如下推理是否是有效推理。

① $p→q,r∧s,¬q⇒p∧s$;　　　　② $p∨¬r,q∨s,r→(p∧s)⇒s→p$;

③ $¬(p∧¬q),¬q∨r,¬q⇒¬p$;　　④ $¬p→q,q→r,r→p⇒p∨q∨r$;

⑤ $p,q→r,r∨s⇒q→s$;　　　　⑥ $¬q∧r,p∧r,q⇒p∨¬q$。

39. 用真值表证明题 38 中的推理。

40. 用主析取范式证明题 38 中的推理。

41. 用主合取范式证明题 38 中的推理。

42. 证明如下永真蕴含式。

① $¬(p→q)⇒p$;　　　　　　　② $(p→q)∧(r→s)∧(p∧r)⇒q∧s$;

③ $(p→q)∧(r→s)∧(p∨r)⇒q∨s$;④ $(p→q)∧(r→q)∧(p∨r)⇒q$;

⑤ $p→q⇒(p∨r)→(q∨r)$;　　　⑥ $¬q∧(p→q)⇒¬p$。

43. 用直接构造证明推理证明题 38 中的推理。

44. 用直接构造证明推理证明如下推理。

① $r∨s,(r∨s)→¬w,¬w→(p∧¬q),(p∧¬q)→(u∨v)⇒u∨v$;

② $p∨q,q→r,p→s,¬s⇒r∧(p∨q)$;

③ $p,p→(q→(r∧s))⇒q→s$;

④ $p→(q→r),r→(q→s)⇒p→(q→s)$;

⑤ $q→p,q↔s,s↔t,r∧t⇒p∧q$;

⑥ $¬(p→q)→¬(r∨s),(q→p)∨¬r,r⇒p↔q$。

45. 用间接构造证明推理证明题 38 中②和⑤的推理。

46. 用间接构造证明推理证明题 44 中③和④的推理。

47. 用归谬推理证明题 38 中的推理。

48. 用归谬推理证明题 44 中的推理。

49. 用直接归结推理证明题 44 中的推理。

50. 用间接归结推理证明题 44 中的推理。

51. 符号化下述推理，并证明其有效性：如果今天下大雨，则马路上不好行走；如果马路难走，则我不去逛书店；如果我不去逛书店，则在家学习。所以，如果今天下大雨，则我在家学习。

52. 符号化下述推理，并证明其有效性：如果今天是星期六，我们就要到颐和园或北海公园去玩，如果颐和园游人太多，我们就不去颐和园。今天是星期六。颐和园游人太多，所以我们去北海公园玩。

53. 符号化下述推理，并证明其有效性：如果马会飞或羊吃草，则母鸡就会是飞鸟，如果母鸡是飞鸟，那么烤熟的鸭子还会跑。烤熟的鸭子不会跑。所以，羊不吃草。

54. 符号化下述推理，并证明其有效性：4 位体操运动员 A，B，C，D 应邀参加表演赛。今知，如果 A 参加，则如果 B 参加，C 一定参加；如果 D 参加，则 A 一定参加，B 也一定参加。所以，如果 D 参加，则 C 一定参加。

55. 在一个盗窃案件中，已知下列事实：甲或乙是窃贼；甲是窃贼，作案时间不会发生在夜间 12 点以前；若乙的证词正确，则夜间 12 点时被盗物品所在房间灯光未灭；若乙的证词不正确，则作案时间发生在夜间 12 点以前；夜间 12 点被盗房间的灯光灭了。试用构造证明推理判断谁是盗贼。

56. 有甲、乙、丙三人对一块矿石进行判断，每人判断两次。甲认为矿石不是铁，也不是铜；乙认为它不是铁，是锡；丙认为它不是锡，是铁。已知老工程师两次判断都对，普通队员两次判断一对一错，实习生两次判断都是错。试用命题逻辑推理判断此矿石是什么矿？甲、乙、丙三人的身份各是什么？

57. 符号化下述推理，并证明其有效性：除非复习完功课，我才去打篮球。如果打篮球就不打乒乓球。我没有复习完功课。所以，我既不打篮球也不打乒乓球。

58. 符号化下述推理，并判断其有效性：如果我是一年级学生，我要学习高等数学和集合论。如果我是二年级学生，我要学数理逻辑和图论。我既不是一年级学生也不是二年级学生。所以以上 4 门课我都没学。

59. 兄弟两人，一个讲真话，一个讲假话，欲知其二人之中谁是哥哥，在只容许问其中一人一个简单问题的前提下，应怎样提问？试写出这个提问下判断的推理过程。

60. 甲、乙、丙站成纵列。甲在最后，丙在最前，现从三顶红帽子和两顶黑帽子中任拿三顶帽子，分别戴在三人的头上，当按甲、乙、丙的顺序推测自己所戴帽子的颜色时，丙总能正确说出自己头上的帽子颜色。请写出丙的推理过程。

第 5章

谓词逻辑

5.1　谓词逻辑的基本概念

命题逻辑的基本研究单位是简单命题,所研究的是命题之间的逻辑关系和推理。换言之,命题逻辑对自然语言的事实陈述及其推理只解析到简单命题为止,而无法研究命题的内部结构及命题间的内在关系。由此,导致一些简单而又常见的推理过程往往无法处理。例如,如下推理:

所有计算机科学与技术专业的本科生都要修离散数学;

王强是计算机科学与技术专业的本科生;

所以,王强要修离散数学。

显然,这个推理是正确的推理。从命题逻辑的观点看,上述推理过程含有三个简单命题,若分别用符号 p,q,r 表示"所有计算机科学与技术专业的本科生都要修离散数学"、"王强是计算机科学与技术专业的本科生"和"王强要修离散数学",则 r 应该是 p 和 q 的有效结论,即 $p \wedge q \rightarrow r$。根据命题逻辑公式的解释,在 p 取 1、q 取 1 和 r 取 0 下,命题公式 $p \wedge q \rightarrow r$ 的真值为 0。所以,命题公式 $p \wedge q \rightarrow r$ 不是永真公式,即 $p \wedge q \Rightarrow r$ 不成立。因此,命题逻辑无法正确地表述这一推理过程。

产生上述问题的原因在于:这类推理中,各命题之间的逻辑关系不仅体现在简单命题之间,而且体现在简单命题的内部成分之间。命题逻辑无法对简单命题的内部成分及其之间的逻辑结构进行描述和推理,这是命题逻辑的局限性。因此,有必要对简单命题进行进一步的解析,分析其中的更细节要素,即分解出其中的个体词(individual)、谓词(predicate)、量词(quantifier)和函词(function),研究它们的形式结构及逻辑关系。这就是**一阶谓词逻辑**(first order predicate logic)所研究的内容。一阶谓词逻辑简称为**谓词逻辑**(predicate logic)或**一阶逻辑**(first order logic)。

5.1.1　个体词

命题是具有真假意义的陈述句。从自然语言的语法角度,一个陈述句的主要结构形式为"主语＋谓语"或"主语＋谓语＋宾语"。我们可以把陈述句所含有的各个句子成分作为基本单元,进行简单命题的进一步解析。

例如,陈述句"离散数学是计算机科学与技术专业本科生的必修课程"属于"主语＋谓语"的句子结构,其中,主语为"离散数学",谓语为"是计算机科学与技术专业本科生的必修课程";陈述句"x 大于 5"属于"主语＋谓语＋宾语"的句子结构,其中,主语为"x",谓语为"大于",宾语为"5"。

定义 5.1 在陈述句中,可以独立存在的具体的或抽象的客体(句子中的主语、宾语等),称为**个体词**。表示具体或特定的客体的个体词称为**个体常量**或**个体常元**(individual constant)。没有赋予具体内容的或泛指的个体词称为**个体变元**或**个体变量**(individual variable)。个体变元的所有可能取值组成的集合称为**个体域**(individual field)。

一般地,个体常量用小写英文字母 a,b,c 等表示,个体变量用小写英文字母 x,y,z 等表示,个体域用 D 表示。个体域可以是有限集合,也可以是无限集合。

例如,在陈述句"3 是质数"中,"3"和"质数"是个体词,"3"是个体常量,"质数"是个体变量,其个体域为所有质数的集合;在陈述句"所有人都需要呼吸氧气"中,"人"和"氧气"是个体词,"氧气"是个体常量,"人"是个体变量,其个体域是所有人的集合;在陈述句"$x<y+1$, $x\in \mathbf{Z}, y\in \mathbf{N}$ 且 $y<6$"中,"1","x"和"y"都是个体词,"1"是个体常量,"x"和"y"都是个体变量,个体变量 x 的个体域为整数集合 $\mathbf{Z}$,个体变量 y 的个体域为有限集合 $\{0,1,2,3,4,5\}$。

5.1.2 谓词

谓语是构成一个句子必有的成分单元,在这里用下述定义对其进行形式化描述。

定义 5.2 在陈述句中,用来刻画个体词性质以及个体词之间相互关系的词(句子中的谓语),称为**谓词**。表示具体或特定的性质或关系的谓词称为**谓词常量**或**谓词常元**(predicate constant)。没有赋予具体内容或泛指的谓词称为**谓词变量**或**谓词变元**(predicate variable)。表示 n 个个体词之间关系的谓词称为 **n 元谓词**(n-ary predicate)。

谓词变元或谓词常元都用大写英文字母 P,Q,R,G,B 等表示。含有 n 个个体变元 $x_1, x_2,\cdots,x_n$ 的 n 元谓词用 $P(x_1,x_2,\cdots,x_n)$ 表示。一元谓词 $P(x)$ 表示 x 具有性质 P;二元谓词 $P(x,y)$ 表示 x 和 y 具有关系 P;三元谓词 $P(x,y,z)$ 表示 x,y 和 z 具有关系 P。实质上,n 元谓词 $P(x_1,x_2,\cdots,x_n)$ 可看成以个体域的笛卡儿积 $D_1\times D_2\times\cdots\times D_n$($D_i$ 为 x_i 的个体域)为定义域,以 $\{0,1\}$ 为值域的 n 元函数。不含有个体变元的谓词称为 **0 元谓词**。0 元谓词实际上就是一般的命题。

对于 n 元谓词 $P(x_1,x_2,\cdots,x_n)$,如果个体变量 $x_1,x_2,\cdots,x_n$ 没有赋予确切的个体词,那么,该 n 元谓词就没有确切的真值,即并非为一个命题。只有当个体变量 $x_1,x_2,\cdots,x_n$ 被赋予确定的个体词后,才能确定 $P(x_1,x_2,\cdots,x_n)$ 的真假值,此时,$P(x_1,x_2,\cdots,x_n)$ 才是一个命题。

例 5.1 表示如下命题中的谓词。

① 离散数学是一门重要的计算机课程;

② 张兰和王强是同班同学;

③ 桂林位于北京和南宁之间;

④ 任意偶数能被 2 整除;

⑤ $a<b$,其中 a,b 是给定的整数;

⑥ 老李是小李的父亲。

解 ① 用一元谓词 $S(x)$ 表示"x 是一门重要的计算机课程",用个体常量 a 表示"离散数学"。那么,命题①中的谓词表示为 $S(a)$。

② 用二元谓词 $P(x,y)$ 表示"x 和 y 是同班同学",用个体常量 a 和 b 分别表示"张兰"和"王强"。那么,命题②中的谓词表示为 $P(a,b)$。

③ 用三元谓词 $Q(x,y,z)$ 表示"x 位于 y 和 z 之间",用个体常量 a、b 和 c 分别表示"桂林"、"北京"和"南宁"。那么,命题③中的谓词表示为 $Q(a,b,c)$。

④ 用二元谓词 $P(x,y)$ 表示"x 能被 y 整除",用个体常量 a 表示"2",用个体变量 x 表示"任意偶数"。那么,命题④中的谓词表示为 $P(x,a)$。

⑤ 用二元谓词 $R(x,y)$ 表示"x 小于 y"。那么,命题⑤中的谓词表示为 $R(a,b)$。

⑥ 用二元谓词 $H(x,y)$ 表示"x 是 y 的父亲",用个体常量 a 和 b 分别表示"老李"和"小李"。那么,命题⑥中的谓词表示为 $H(a,b)$。

注意:谓词中个体词的顺序是十分重要的,不能随意变更。例如,对于例 5.1 中命题⑥,$H(b,a)$ 表示的是"小李是老李的父亲",显然,不同于 $H(a,b)$ 的含义。再如,对于例 5.1 中命题③,$Q(b,a,c)$ 表示的是"北京位于桂林和南宁之间",$Q(c,a,b)$ 表示的是"南宁位于桂林和北京之间",显然,它们都不同于 $Q(a,b,c)$ 的含义。

5.1.3 函词

在许多陈述句中,含有类似于"集合的幂集"、"张山的父亲"、"键盘的字符"等形式的句子成分。这些句子成分是个体词到个体词的映射,可以通过下述**函词**(function)来描述。

定义 5.3 个体词到个体词的映射称为函词,用小写字母 f,g,h 等表示。以个体域的笛卡儿积 $D_1 \times D_2 \times \cdots \times D_n$($D_i$ 为 x_i 的个体域)为定义域,以个体域 D 为值域的 n 元函数,称为 **n 元函词**(n-ary function),含有 n 个个体变元 $x_1, x_2, \cdots, x_n$ 的 n 元函词用 $f(x_1, x_2, \cdots, x_n)$ 表示。

实质上,函词就是一般意义下的函数,n 元函词就是 n 元函数。只不过,函词的定义域为个体域的笛卡儿积,函词的值域是个体域。因此,函词也就具有了函数的一些特征。对应于函数中的复合函数,函词也有复合函词。

例 5.2 表示如下命题中的谓词和函词。

① 任意集合包含于它的幂集;

② 大连的海滩和北海的海滩一样漂亮;

③ 桂林的漓江是 5A 级旅游风景区;

④ 周宏的离散数学任课老师是教授;

⑤ 刘芳的妹妹喜欢唱歌;

⑥ 唐钢和李红的女儿在弹琵琶。

解 ① 用一元函词 $f(x)$ 表示"x 的幂集",用二元谓词 $P(x,y)$ 表示"x 包含于 y"。那么,命题①中的谓词和函词表示为 $P(x,f(x))$。

② 用一元函词 $g(x)$ 表示"x 的海滩",用二元谓词 $H(x,y)$ 表示"x 和 y 一样漂亮",用个体常量 a 和 b 分别表示"大连"和"北海"。那么,命题②的谓词和函词表示为 $H(g(a), g(b))$。

③ 用一元函词 $f(x)$ 表示"x 的漓江",用一元谓词 $Q(x)$ 表示"x 是 5A 级旅游风景区",用个体常量 a 表示"桂林"。那么,命题③中的谓词和函词表示为 $Q(f(a))$。

④ 用一元函词 $f(x)$ 表示"x 的离散数学任课老师",用一元谓词 $R(x)$ 表示"x 是教授",

用个体常量 a 表示"周宏"。那么,命题④中的谓词和函词表示为 $R(f(a))$。

⑤ 用一元函词 $g(x)$ 表示"x 的妹妹",用二元谓词 $R(x,y)$ 表示"x 喜欢 y",用个体常量 a 和 b 分别表示"刘芳"和"唱歌"。那么,命题⑤中的谓词和函词表示为 $R(g(a),b)$。

⑥ 用二元函词 $f(x,y)$ 表示"x 和 y 的女儿",用二元谓词 $R(x,y)$ 表示"x 在弹 y",用个体常量 a,b 和 c 分别表示"唐钢"、"李红"和"琵琶"。那么,命题⑥中的谓词和函词表示为 $R(f(a,b),c)$。

注意：n 元谓词也是一个 n 元函数。n 元谓词和 n 元函词的区别在于前者的值域为 $\{0,1\}$,而后者的值域为某一个体域。不要引起混淆。

5.1.4　量词

在 n 元谓词 $P(x_1,x_2,\cdots,x_n)$ 中,对所有个体变量 $x_1,x_2,\cdots,x_n$ 都赋予确定的个体词,就可以得到一个命题。将 n 元谓词转换为一个命题的另外一种方式是对个体变元进行量化。

定义 5.4　将谓词中个体变元的取值限定为其个体域的每一个元素,称为个体变元的**全称量化**(universal quantification),所用的量词称为**全称量词**(universal quantifier),用符号 $\forall$ 表示。并用 $\forall x, \forall y, \forall z$ 等表示所有个体,而用 $(\forall x)P(x),(\forall y)P(y),(\forall z)P(z)$ 等表示个体域中的所有个体具有性质 P。

全称量词对应于自然语言或数学中的"一切"、"所有"、"每一个"、"任意"、"凡"、"都"等词。

例 5.3　表示如下命题中的全称量词。
① 空集包含于任意集合;
② 所有自然数非负;
③ 每一个计算机专业学生都要修离散数学;
④ 所有鸟都会飞;
⑤ 空集是任意非空集合的子集;
⑥ 每一个大学生都要熟练使用计算机。

解　① 用二元谓词 $P(x,y)$ 表示"x 包含于 y",用个体常量 a 表示"空集",用个体变量 x 表示"集合"。那么,命题①中的全称量词表示为 $(\forall x)P(a,x)$。

② 用一元谓词 $Q(x)$ 表示"x 是负数",用个体变量 x 表示"自然数"。那么,命题②中的全称量词表示为 $(\forall x)\neg Q(x)$。

③ 用二元谓词 $R(x,y)$ 表示"x 要修 y",用个体常量 b 表示"离散数学",用个体变量 x 表示"计算机专业学生"。那么,命题③中的全称量词表示为 $(\forall x)R(x,b)$。

④ 用一元谓词 $P(x)$ 表示"x 会飞",用个体变量 x 表示"鸟"。那么,命题④中的全称量词表示为 $(\forall x)P(x)$。

⑤ 用二元谓词 $R(x,y)$ 表示"y 是 x 的子集",用个体常元 a 表示"空集 $\varnothing$",用个体变量 x 表示"非空集合"。那么,命题⑤中的全称量词表示为 $(\forall x)R(x,a)$。

⑥ 用二元谓词 $H(x,y)$ 表示"x 熟练使用 y",用个体常量 a 表示"计算机",用个体变量 x 表示"大学生"。那么,命题⑥中的全称量词表示为 $(\forall x)H(x,a)$。

定义 5.5 将谓词中个体变元的取值限定为其个体域的某一个或多个元素,称为个体变元的**存在量化**(existential quantification),所用的量词称为**存在量词**(existential quantifier),用符号∃表示。并用∃x,∃y,∃z 等表示个体域中的有的个体,而用(∃x)$P(x)$,(∃y)$P(y)$,(∃z)$P(z)$ 等表示个体域中的有的个体具有性质 P。

存在量词对应于自然语言或数学中的"存在"、"有的"、"有一个"、"至少有一个"、"某一个"、"某些"等词。全称量词和存在量词统称为**量词**。

例 5.4 表示如下命题中的存在量词。

① 有一些人登上过月球;

② 有的自然数是素数;

③ 有些同学没有认真完成离散数学作业;

④ 某些人用左手写字;

⑤ 至少完成一次综合实验;

⑥ 某一个星球存在生命。

解 ① 用二元谓词 $P(x,y)$ 表示"x 登上过 y",用个体常量 a 表示"月球",用个体变元 x 表示"人"。那么,命题①中的存在量词表示为(∃x)$P(x,a)$。

② 用一元谓词 $Q(x)$ 表示"x 是素数",用个体变元 x 表示"自然数"。那么,命题②中的存在量词表示为(∃x)$Q(x)$。

③ 用二元谓词 $R(x,y)$ 表示"x 认真完成 y",用个体常量 b 表示"离散数学作业",用个体变元 x 表示"同学"。那么,命题③中的存在量词表示为(∃x)¬$R(x,b)$。

④ 用二元谓词 $Q(x,y)$ 表示"x 用 y 写字",用个体常量 a 表示"左手",用个体变元 x 表示"人"。那么,命题④中的存在量词表示为(∃x)$Q(x,a)$。

⑤ 用一元谓词 $Q(x)$ 表示"完成 x",用个体变元 x 表示"综合实验"。那么,命题⑤中的存在量词表示为(∃x)$Q(x)$。

⑥ 用二元谓词 $H(x,y)$ 表示"x 存在 y",用个体变元 x 表示"星球",用个体变元 y 表示"生命"。那么,命题⑥中的存在量词表示为(∃x)(∃y)$H(x,y)$。

5.2 谓词逻辑公式

5.2.1 谓词公式及其解释

自然语言形式表示的任何可判断真假的陈述句都可以分解为简单陈述句和关联词的连接形式,而简单陈述句又可以依据语句的结构和成分进一步解析为个体词、谓词、函词、量词等。这样自然语言的表示和推理,就可以转化为基于关联词、个体词、谓词、函词、量词等符号的形式表示和推理。由联结词、个体变元、个体常量、谓词、函词、量词等组成的用以表示复杂命题的符号串,称为**一阶谓词逻辑公式**(first order predicate logic formula),简称为**谓词逻辑公式**(predicate logic formula)或**一阶逻辑公式**(first order logic formula)。下面给出谓词逻辑公式的严格数学定义。

定义 5.6 个体变元、个体常元和函词按照一定规则组成的符号串,称为谓词逻辑的项(term)。项按如下规则生成:

① 个体变元或个体常元是项；

② 如果 $f(x_1,x_2,\cdots,x_n)$ 为 n 元函词，$t_1,t_2,\cdots,t_n$ 为项，那么 $f(t_1,t_2,\cdots,t_n)$ 是项；

③ 有限次使用①和②后所得到的符号串才是项。

项的定义使得可以用函词来表示具有某些特定性质或某些特定形式的个体。例如，个体常元 a 和 b 是项；个体变元 x 和 y 是项；函词 $f(x,y)=x+y$ 和 $g(x,y)=x-y$ 是项；函词 $f(a,f(x,y))=a+(x+y)$ 和 $g(x,f(a,b))=x-(a+b)$ 也是项。

定义 5.7　设 $P(x_1,x_2,\cdots,x_n)$ 为 n 元谓词，$t_1,t_2,\cdots,t_n$ 为项，则称 $P(t_1,t_2,\cdots,t_n)$ 为**原子谓词逻辑公式**（atomic predicate logic formula），简称为**原子谓词公式**或**原子公式**（atomic formula）。

例如，用二元谓词 $H(x,y)$ 表示"x 在 y 的北方"，用个体常量 a 和 b 分别表示"北京"和"上海"。那么，$H(a,b)$ 表示"北京在上海的北方"，$H(a,b)$ 是一个原子公式。

再如，用二元函词 $f(x,y)$ 表示"x 和 y 的老乡"，用一元谓词 $R(x)$ 表示"x 是学习委员"，用个体常量 a 和 c 分别表示"周强"和"江川"。那么，$R(f(a,c))$ 表示"周强和江川的老乡是学习委员"，$R(f(a,c))$ 是一个原子公式。

定义 5.8　原子公式、量词和联结词按照一定规则组成的，用以表示复杂命题的符号串，称为**谓词逻辑合适公式**（well-formed predicate logic formula），简称为**谓词逻辑公式**或**谓词公式**（predicate formula）。谓词公式按如下规则生成：

① 原子公式是谓词公式；

② 如果 A 是谓词公式，则 $(\neg A)$ 是谓词公式；

③ 如果 A 和 B 是谓词公式，则 $(A\vee B),(A\wedge B),(A\rightarrow B),(A\leftrightarrow B)$ 是谓词公式；

④ 如果 A 是谓词公式，则 $(\forall x)A,(\exists x)A$ 是谓词公式；

⑤ 有限次使用①，②，③和④后所得到的符号串才是谓词公式。

例如，字符串 $\neg H(x,y),H(x,y)\vee G(x),(\exists y)(H(x,y)\vee G(x)),(\exists y)H(x,y)\vee G(x),(\exists y)(\forall x)H(x,y),(\forall x)(\forall y)(A(x,y)\wedge B(x))\rightarrow H(x),\neg(\exists y)H(x,y),(\forall x)\neg H(x,y)$ 都满足谓词公式定义中的规则，所以，它们都是谓词公式；字符串 $\neg H(x,\exists y,\neg H(\rightarrow\wedge\exists y,H(,\forall y)\vee G(\forall x),(\exists)(H(x,y)\vee G(\forall x)),(y)H(x,y)\vee,(\forall x)(\forall)(A(x,y),\neg(\exists y)(x,A(y),(\forall x)\neg H(x\rightarrow y)$ 都不满足谓词公式定义中的规则，所以，这些符号串都不是谓词公式。

定义 5.9　在形如 $(\forall x)A(x)$ 或 $(\exists x)A(x)$ 的谓词公式中，称 $A(x)$ 为量词的**辖域**（scope）或**作用域**（function field），或者个体变元 x 的**约束域**（bound field）。并称 x 为量词 $\forall$ 或 $\exists$ 的**作用变元**（function variable）或**指导变元**（directed variable）。在辖域中，指导变元 x 的一切出现称为 x 在公式中的**约束出现**（bound occurrence），并称该个体变元为**约束变元**（bound variable）。在谓词公式中，除约束变元外出现的个体变元称为**自由变元**（free variable），或者个体变元的**自由出现**（free occurrence）。

例 5.5　判断下列谓词公式中的约束变元和自由变元，并指出约束变元的约束域。

① $(\forall x)(\forall y)(A(x,y)\wedge B(x))\rightarrow H(x)$；

② $(\forall x)(\exists y)(A(x,y)\wedge B(x)\rightarrow H(x))$；

③ $(\forall y)(A(x,y)\wedge B(x)\rightarrow H(x))$；

④ $(\exists x)(\forall y)(A(x,y)\wedge B(x)\leftrightarrow H(x)\wedge G(z))$；

⑤ $(\exists x)(\forall y)(\forall z)(A(x,y) \land B(x) \leftrightarrow H(x) \land G(z))$；

⑥ $(\exists x)(\forall y)(\forall z)(A(x,y) \land B(x) \leftrightarrow H(u) \land G(z))$。

解 ① 个体变元 y 是约束变元,其约束域为 $A(x,y) \land B(x)$；个体变元 x 既有约束出现,又有自由出现,其约束域为 $(\forall y)(A(x,y) \land B(x))$。

② 个体变元 x 是约束变元,其约束域为 $(\exists y)(A(x,y) \land B(x) \to H(x))$；个体变元 y 是约束变元,其约束域为 $A(x,y) \land B(x) \to H(x)$。

③ 个体变元 x 是自由变元；个体变元 y 是约束变元,其约束域为 $A(x,y) \land B(x) \to H(x)$。

④ 个体变元 x 和 y 是约束变元,它们的约束域分别为 $(\forall y)(A(x,y) \land B(x) \leftrightarrow H(x) \land G(z))$ 和 $A(x,y) \land B(x) \leftrightarrow H(x) \land G(z)$；个体变元 z 是自由变元。

⑤ 个体变元 x,y 和 z 是约束变元,它们的约束域分别为 $(\forall y)(\forall z)(A(x,y) \land B(x) \leftrightarrow H(x) \land G(z))$,$(\forall z)(A(x,y) \land B(x) \leftrightarrow H(x) \land G(z))$ 和 $A(x,y) \land B(x) \leftrightarrow H(x) \land G(z)$。

⑥ 个体变元 x,y 和 z 是约束变元,它们的约束域为 $(\forall y)(\forall z)(A(x,y) \land B(x) \leftrightarrow H(u) \land G(z))$,$(\forall z)(A(x,y) \land B(x) \leftrightarrow H(u) \land G(z))$ 和 $A(x,y) \land B(x) \leftrightarrow H(u) \land G(z)$；个体变元 u 是自由变元。

从例 5.5 可知,在一个谓词公式中,某一个个体变元的出现既可以是自由的,又可以是约束的。例如,谓词公式 $(\forall x)A(x) \land B(x)$ 中的个体变元 x；谓词公式 $(\forall x)(\forall y)(A(x,y) \land B(x)) \to H(x)$ 中的个体变元 x；谓词公式 $(\exists x)(\forall y)(A(x,y) \land B(x)) \leftrightarrow (\exists u)(H(y) \land G(u))$ 中的个体变元 y。

为了使得表示和推理过程中不致引起混淆,我们希望一个个体变元在同一个谓词公式中只以自由或约束一种形式出现,即不同含义的个体变元总是以不同的变量符号来表示。为此,引入如下两个规则。

规则 1(约束变元的换名规则):
① 在量词的辖域中,对该量词的作用变元及其约束出现用一个新的个体变元替换；
② 新的个体变元一定要有别于改名辖域中的其他所有个体变元。

规则 2(自由变元的代替规则):
① 在谓词公式中,对自由变元每一处自由出现都用新的个体变元替换；
② 新的个体变元在原谓词公式中不能有任何形式的约束出现。

例 5.6 对下列谓词公式进行个体变元替换,使得每一个体变元有唯一的出现形式。

① $(\forall x)A(x) \land B(x)$；

② $(\forall x)(\forall y)(A(x,y) \land B(x)) \to H(x)$；

③ $(\exists x)(\forall y)A(x,y) \leftrightarrow (\exists u)(H(y) \land G(u))$；

④ $(\forall x)(A(x,y) \land B(x)) \to (\forall y)H(x,y)$；

⑤ $(\exists x)(\forall y)(A(x,z) \land B(y)) \leftrightarrow (\exists y)(H(y) \land G(x))$；

⑥ $(\forall x)A(x) \land (\exists x)B(x) \land (\forall x)C(x) \land G(x)$。

解 ① 在谓词公式①中,个体变元 x 既有约束出现,又有自由出现。利用规则 2,对 $B(x)$ 中自由出现的个体变元 x 用个体变元 y 替换。所以,谓词公式①进行个体变量替换后的形式为 $(\forall x)A(x) \land B(y)$。

② 在谓词公式②中,个体变元 x 既有约束出现,又有自由出现。利用规则 2,对 $H(x)$

中自由出现的个体变元 x 用个体变元 z 替换。所以,谓词公式②进行个体变量替换后的形式为 $(\forall x)(\forall y)(A(x,y) \wedge B(x)) \rightarrow H(z)$。

③ 在谓词公式③中,个体变元 y 既有约束出现,又有自由出现。利用规则2,对 $H(y)$ 中自由出现的个体变元 y 用个体变元 z 替换。所以,谓词公式③进行个体变量替换后的形式为 $(\exists x)(\forall y)A(x,y) \leftrightarrow (\exists u)(H(z) \wedge G(u))$。

④ 在谓词公式④中,个体变元 x 和个体变元 y 都既有约束出现,又有自由出现。利用规则2,对 $A(x,y)$ 中自由出现的个体变元 y 用个体变元 z 替换,对 $H(x,y)$ 中自由出现的个体变元 x 用个体变元 u 替换。所以,谓词公式④进行个体变量替换后的形式为 $(\forall x)(A(x,z) \wedge B(x)) \rightarrow (\forall y)H(u,y)$。

⑤ 在谓词公式⑤中,个体变元 x 既有约束出现,又有自由出现;个体变元 y 出现在不同的辖域。利用规则2,对 $G(x)$ 中自由出现的个体变元 x 用个体变元 w 替换;利用规则1,对 $(\exists y)(H(y) \wedge G(x))$ 中约束出现的个体变元 y 用个体变元 u 替换。所以,谓词公式⑤进行个体变量替换后的形式为 $(\exists x)(\forall y)(A(x,z) \wedge B(y)) \leftrightarrow (\exists u)(H(u) \wedge G(w))$。

⑥ 在谓词公式⑥中,个体变元 x 既有约束出现,又有自由出现,且具有不同辖域的约束出现。利用规则2,对 $G(x)$ 中自由出现的个体变元 x 用个体变元 w 替换;利用规则1,对 $(\exists x)B(x)$ 中约束出现的个体变元 x 用个体变元 y 替换;对 $(\forall x)C(x)$ 中约束出现的个体变元 x 用个体变元 z 替换。所以,谓词公式⑥进行个体变量替换后的形式为 $(\forall x)A(x) \wedge (\exists y)B(y) \wedge (\forall z)C(z) \wedge G(w)$。

例 5.7　给出下列命题的谓词公式表示。

① 每一个苹果都是红色的;

② 任意一个整数都是正整数或负整数;

③ 有一些实数是有理数;

④ 有一些人很聪明;

⑤ 有一些实数,使得 $x+5=3$;

⑥ 所有东南亚国家都遭受了金融危机。

解　① 用一元谓词 $R(x)$ 表示“x 是红色的”,那么,命题①符号表示为:$(\forall x)R(x)$, $x \in$ 所有苹果组成的集合。

② 用一元谓词 $P(x)$ 表示“x 是正整数”、一元谓词 $N(x)$ 表示“x 是负整数”,那么,命题②符号表示为:$(\forall x)(P(x) \vee N(x))$,$x \in \mathbf{Z}$(整数集)。

③ 用一元谓词 $Q(x)$ 表示“x 是有理数”,那么,命题③符号表示为:$(\exists x)Q(x)$,$x \in \mathbf{R}$(实数集)。

④ 用一元谓词 $C(x)$ 表示“x 很聪明”,那么,命题④符号表示为:$(\exists x)C(x)$,$x \in$ 所有人组成的集合。

⑤ 用一元谓词 $E(x)$ 表示“$x+5=3$”,那么,命题⑤符号表示为:$(\exists x)E(x)$,$x \in \mathbf{R}$。

⑥ 用二元谓词 $F(x,y)$ 表示“x 遭受了 y”、个体常元 a 表示“金融危机”,那么,命题⑥符号表示为:$(\forall x)F(x,a)$,$x \in$ 所有东南亚国家组成的集合。

在命题的谓词公式表示中,明确地给出个体变元的个体域是非常重要的事情。例如,对于例5.7中的命题⑤,如果个体域为实数集,则可以找到 $x=-2$ 使谓词公式 $(\exists x)E(x)$ 成立;如果个体域为自然数,则不存在使谓词公式 $(\exists x)E(x)$ 成立的 x。

在谓词公式表示中,可以通过定义**特性谓词**(particular predicate)来实现对个体域的规范和表示。这种特性谓词在添加到谓词公式中时必须遵循如下原则：

① 对于全称量词($\forall x$)，刻画其对应个体域的特性谓词作为蕴含式的前件加入；

② 对于存在量词($\exists x$)，刻画其对应个体域的特性谓词通过合取加入。

例 5.8　用特性谓词表示例 5.7 中的各命题。

解　① 用特性谓词 $A(x)$ 表示"x 是苹果"，命题①符号表示为：$(\forall x)(A(x) \rightarrow R(x))$。

② 用特性谓词 $Z(x)$ 表示"x 是整数"，命题②符号表示为：$(\forall x)(Z(x) \rightarrow (P(x) \vee N(x)))$。

③ 用特性谓词 $R(x)$ 表示"x 是实数"，命题③符号表示为：$(\exists x)(R(x) \wedge Q(x))$。

④ 用特性谓词 $P(x)$ 表示"x 是人"，命题④符号表示为：$(\exists x)(P(x) \wedge C(x))$。

⑤ 用特性谓词 $R(x)$ 表示"x 是实数"，命题⑤符号表示为：$(\exists x)(R(x) \wedge E(x))$。

⑥ 用特性谓词 $A(x)$ 表示"x 是东南亚国家"，命题⑥符号表示为：$(\forall x)(A(x) \rightarrow F(x,a))$。

自然语言的谓词公式符号表示，较之于命题公式符号表示要复杂得多。在自然语言的谓词公式符号表示中，不仅需要考虑语句之间的联结词，而且要将语句拆开分析其句子成分，考虑谓词、量词、函词、个体词等。这些工作的开展，关键在于词性翻译，如下给出一些常用规则。

（1）**代词**：对应于个体常元，例如，人称代词"你"、"我"、"他"，指示代词"这个"、"那个"等。

（2）**专有名词**：对应于个体常元，例如，人名"王刚"，地名"北京"等。

（3）**普通名词**：一般对应于特性谓词，表示为"x 是……"；没有任何修饰词时，一般还需要引入量词，例如，"人需要呼吸氧气"中的"人"就要引入全称量词；如果被名词所有格或物主代词限制或修饰时，相当于专有名词，则对应于函词，例如，"他的书"就要引入函词；名词的所有格或物主代词，一般对应于函词的个体变元。

（4）**动词**：对应于谓词，例如，"我喜欢书"的动词"喜欢"。

（5）**形容词**：对应于特性谓词，表示为"x 是……的"。

（6）**数量词**：对应于量词，例如，"所有的植物"中的"所有"，"有些动物"中的"有些"。

（7）**副词**：与其所修饰的词合并，不进行单独分析。

（8）**前置词**：与其所修饰的词合并，不进行单独分析。

例 5.9　给出下列语句的谓词公式表示。

① 沃尔玛超市供应一切简易办公用品；

② 没有以 0 为后继的自然数；

③ 有会说话的机器人；

④ 每个实数都存在比它大的另外的实数；

⑤ 每个人都有某些专长；

⑥ 尽管有人很聪明，但未必一切人都聪明。

解　① 分析语句①的成分如下：

沃尔玛超市	供应	一切	简易	办公用品
专用名词	动词	量词	形容词	普通名词

用个体常元 a 表示"沃尔玛超市"；用二元谓词 $S(x,y)$ 表示"x 供应 y"；用特性谓词 $N(x)$ 表示"x 是简易的"；用特性谓词 $W(x)$ 表示"x 是办公用品"。那么，语句①的谓词公

式表示为：$(\forall x)(N(x)\wedge W(x)\rightarrow S(a,x))$。

② 分析语句②的成分如下：

没	有	以	0	为后继的	自然数
否定联结词	数量词	专有名词	动词	普通名词	

用个体常元 a 表示"0"；用二元谓词 $A(x,y)$ 表示"x 以 y 为后继"；用特性谓词 $N(x)$ 表示"x 是自然数"。那么，语句②的谓词公式表示为：$\neg(\exists x)(N(x)\wedge A(x,a))$。

③ 分析语句③的成分如下：

有	会说话的	机器人
数量词	动词	普通名词

用一元谓词 $S(x)$ 表示"x 会说话"；用特性谓词 $R(x)$ 表示"x 是机器人"。那么，语句③的谓词公式表示为：$(\exists x)(R(x)\wedge S(x))$。

④ 分析语句④的成分如下：

每个	实数	都存在	比	它	大的	另外的	实数
数量词	普通名词	数量词		代词	动词		普通名词

用二元谓词 $L(x,y)$ 表示"x 比 y 大"；用特性谓词 $R(x)$ 表示"x 是实数"。那么，语句④的谓词公式表示为：$(\forall x)(R(x)\rightarrow(\exists y)(R(y)\wedge L(y,x)))$。

⑤ 分析语句⑤的成分如下：

每个	人	都有	某些	专长
数量词	普通名词	动词	数量词	普通名词

用二元谓词 $H(x,y)$ 表示"x 有 y"；用特性谓词 $P(x)$ 表示"x 是人"；用特性谓词 $S(x)$ 表示"x 是专长"。那么，语句⑤的谓词公式表示为：$(\forall x)(P(x)\rightarrow(\exists y)(S(y)\wedge H(x,y)))$。

⑥ 分析语句⑥的成分如下：

尽管	有	人	很聪明	但未必	一切	人	都聪明
联结词	数量词	普通名词	动词	联结词	数量词	普通名词	动词

用一元谓词 $C(x)$ 表示"x 很聪明"；用特性谓词 $P(x)$ 表示"x 是人"。那么，语句⑥的谓词公式表示为：$(\exists x)(P(x)\wedge C(x))\wedge\neg(\forall x)(P(x)\rightarrow C(x))$。

谓词公式是自然语言中事实的符号表示，当然谓词公式的表示也有正确与否之区分。谓词公式所表示的事实为真，则称谓词公式的取值为真；谓词公式所表示的事实为假，则称谓词公式的取值为假。谓词公式的真或假的取值称为谓词公式的**真值**（value）。谓词公式是由原子公式、逻辑联结词、量词等组成的符号串，只有对它们给予确切或具体的解释后，才能对谓词公式的真值进行分析。

定义 5.10　对谓词公式 G 中一些符号表示的含义进行明确的规定，称为谓词公式的一**个赋值**（evaluation），或者**解释**（explanation），记为 I。谓词公式 G 的一个解释通常由如下 4 部分组成：

① 非空的个体域集合 D；

② 对谓词公式 G 中的个体常元，指定 D 中的某个特定的元素；

③ 对谓词公式 G 中的 n 元函词，指定 D^n 到 D 中的某个特定的函词；

④ 对谓词公式 G 中的 n 元谓词，指定 D^n 到 $\{0,1\}$ 的某个特定的谓词。

定义 5.11 对谓词公式 G 和解释 I，如果在解释 I 下谓词公式 G 的真值为真，则称 I 为 G 的**成真解释**（true explanation）或**成真赋值**（true evaluation）；如果在解释 I 下谓词公式 G 的真值为假，则称 I 为 G 的**成假解释**（false explanation）或**成假赋值**（false evaluation）。

例 5.10 对于谓词公式 $(\forall x)(\forall y)\neg(\forall z)(\neg A(f(x,z),y))$，说明它在如下解释中的具体含义。

解释 I_1：

个体域 $D_1=\{0,1,2,\cdots\}$
函词 $f(x,y)=x+y$
谓词 $A(x,y):x=y$

解释 I_2：

个体域 D_2 为正有理数集合
函词 $f(x,y)=x\cdot y$
谓词 $A(x,y):x=y$

解 在解释 I_1 下，谓词公式的含义为：对于 D_1 中所有的 x 和 y，并非对 D_1 中的每个 z，都有 $x+z\neq y$。换言之，对于 D_1 中所有的 x 和 y，存在 D_1 中的 z，使得 $x+z=y$。显然，当 x 取 3 和 y 取 1 时，不存在 D_1 中的 z，使得 $3+z=1$。所以，谓词公式在解释 I_1 下的取值为假，即解释 I_1 是该谓词公式一个成假解释。

在解释 I_2 下，谓词公式的含义为：对于 D_2 中所有的 x 和 y，存在 D_2 中的 z，使得 $x\cdot z=y$。显然，谓词公式在解释 I_2 下的取值为真，即解释 I_2 是该谓词公式一个成真赋值。

例 5.11 对于谓词公式 $(\exists x)(P(f(x))\wedge Q(x,f(a)))$，给出它在如下解释 I 下的真值。

解释 I：

个体域 $D=\{\alpha,\beta\}$
个体常元 a 指定为 α
函词指定为：$f(\alpha)=\beta,f(\beta)=\alpha$
谓词 $P(x)$ 指定为：$P(\alpha)=1,P(\beta)=0$
谓词 $Q(x,y)$ 指定为：$Q(\alpha,\alpha)=0,Q(\alpha,\beta)=1,Q(\beta,\alpha)=1,Q(\beta,\beta)=1$

解 由于谓词公式是由存在量词加以限制，根据存在量词的定义，只要个体域中有一个 x 使得 $P(f(x))\wedge Q(x,f(a))$ 为真，则原谓词公式为真。否则，只有当个体域中全部的 x 都使得 $P(f(x))\wedge Q(x,f(a))$ 为假，则原谓词公式为假。为此，分别考察 $x=\beta$ 和 $x=\alpha$ 时的真值情况。

当 $x=\beta$ 时，有
$f(\beta)=\alpha$
$P(f(x))=P(f(\beta))=P(\alpha)=1$
$f(a)=f(\alpha)=\beta$
$Q(x,f(a))=Q(\beta,f(\alpha))=Q(\beta,\beta)=1$
$P(f(x))\wedge Q(x,f(a))=P(f(\beta))\wedge Q(\beta,f(\alpha))=1\wedge1=1$
即存在 $x=\beta$，使得 $P(f(x))\wedge Q(x,f(a))=1$。所以，谓词公式 $(\exists x)(P(f(x))\wedge$

$Q(x,f(a)))$的真值为 1。

例 5.12 给定解释 I：

个体域 D 为非负整数集合
个体常元 a 指定为 2
函词指定为：$f(x,y)=x+y,g(x,y)=x\cdot y$
谓词 $Q(x,y)$ 指定为：$x=y$

给出下列谓词公式的含义。

① $(\forall x)Q(g(x,y),x)$；

② $(\forall x)(\forall y)(Q(f(x,a),y)\rightarrow Q(f(y,a),x))$；

③ $(\forall x)(\forall y)(\exists z)Q(f(x,y),z)$；

④ $(\exists x)Q(f(x,x),g(x,x))$。

解 ① 谓词公式①的含义为：对于任意非负整数 x，都有 $x\cdot y=x$。由于 $x\cdot y=x$ 是否成立，取决于 y 的取值。如果 y 的取值为 1，则 $x\cdot y=x$ 为真；否则，$x\cdot y=x$ 为假。所以，无法确定谓词公式①的真值，即谓词公式①不是一个命题。

② 谓词公式②的含义为：对于任意非负整数 x 和 y，如果 $x+2=y$，则有 $y+2=x$。显然，除当 x 和 y 取 0 外，其余取值均不成立。所以，谓词公式②的真值为假。

③ 谓词公式③的含义为：对于任意非负整数 x 和 y，都存在非负整数 z，使得 $x+y=z$。显然，谓词公式③的真值为真。

④ 谓词公式④的含义为：存在非负整数 x，使得 $x+x=x\cdot x$。显然，x 的取值为 0 或 2 时，$x+x=x\cdot x$ 成立。所以，谓词公式④的真值为真。

从上述例子可以看出，谓词公式在不同的解释下可能有不同的真值。同时，并不是所有的解释下都可以得到谓词公式的真值，换言之，在某些解释下，谓词公式不一定是一个命题。例如，例 5.12 中谓词公式 $(\forall x)Q(g(x,y),x)$ 在解释 I 下就不是一个命题。

5.2.2 谓词公式的分类

在谓词逻辑中，有的谓词公式在任何解释下真值都为真，有些谓词公式在任何解释下真值都为假，而又有些谓词公式既存在成真解释，又存在成假解释。

定义 5.12 如果谓词公式 A 在所有解释下的真值都为真，则称 A 为**永真谓词公式**，或者 A 是**永真的**，简称为**永真公式**(always true formula)或**重言式**(tautology)，用 1 表示。

例 5.13 判断下列谓词公式是否为重言式。

① $(\forall x)(\exists y)P(x,y)\rightarrow(\exists y)(\forall x)P(x,y)$；

② $(\exists x)(\forall y)Q(x,y)\rightarrow(\forall y)(\exists x)Q(x,y)$；

③ $((\forall x)P(x)\vee(\forall x)Q(x))\rightarrow(\forall x)(P(x)\vee Q(x))$；

④ $(\forall x)(P(x)\vee Q(x))\rightarrow((\forall x)P(x)\vee(\forall x)Q(x))$。

解 ①定义解释 I：个体域 D 为整数集合，$P(x,y)$ 指定为"$x+y=0$"。在解释 I 下，$(\forall x)(\exists y)P(x,y)$ 成立，但是，$(\exists y)(\forall x)P(x,y)$ 并不成立。所以，谓词公式①不是重言式。

② 如果 $(\exists x)(\forall y)Q(x,y)$ 成立，那么，存在 a 使得 $(\forall y)Q(a,y)$ 成立，即对于 y 的任意取值，$Q(a,y)$ 都成立。从而，$(\forall y)(\exists x)Q(x,y)$ 成立。所以，谓词公式②是重言式。

③ 如果$(\forall x)(P(x) \vee Q(x))$为假,则存在$a$使得$\neg(P(a) \vee Q(a))$成立,而 $\neg(P(a) \vee Q(a)) \Leftrightarrow \neg P(a) \wedge \neg Q(a)$,从而,$(\forall x)P(x)$为假且$(\forall x)Q(x)$为假,即$(\forall x)P(x) \vee (\forall x)Q(x)$为假。所以,谓词公式③是重言式。

④ 定义解释 I:个体域D为自然数集合,$P(x)$指定为"x是奇数",$Q(x)$指定为"x是偶数"。在解释I下,$(\forall x)(P(x) \vee Q(x))$成立,但是,$(\forall x)P(x) \vee (\forall x)Q(x)$并不成立。所以,谓词公式④不是重言式。

定义 5.13 如果至少存在一组解释使谓词公式A的真值为真,则称A为可满足谓词公式,或者A是**可满足的**,简称为**可满足公式**(satisfable formula)。

例 5.14 判断下列谓词公式哪些是可满足公式。

① $(\forall x)(P(x) \rightarrow Q(x))$;

② $(\exists x)(F(x) \wedge G(x))$;

③ $(\exists x)(F(x) \vee G(x)) \rightarrow (\exists x)F(x) \vee (\exists x)G(x)$;

④ $(\exists x)(F(x) \wedge G(x)) \rightarrow (\exists x)F(x) \wedge (\exists x)G(x)$。

解 ① 定义解释 I:个体域D为实数集合,$P(x)$指定为"x是整数",$Q(x)$指定为"x是有理数"。在解释I下,$(\forall x)(P(x) \rightarrow Q(x))$成立。所以,谓词公式①是可满足公式。

② 定义解释 I:个体域D为自然数集合,$F(x)$指定为"x是自然数",$G(x)$指定为"x是整数"。在解释I下,$(\exists x)(F(x) \wedge G(x))$成立。所以,谓词公式②是可满足公式。

③ 如果$(\exists x)(F(x) \vee G(x))$为真,则存在$a$使得$F(a) \vee G(a)$成立,即$F(a)$为真或者$G(a)$为真,从而,$(\exists x)F(x)$成立或者$(\exists x)G(x)$成立,即$(\exists x)F(x) \vee (\exists x)G(x)$为真。所以,谓词公式③是可满足公式,也是重言式。

④ 如果$(\exists x)(F(x) \wedge G(x))$为真,则存在$a$使得$F(a) \wedge G(a)$成立,即$F(a)$为真且$G(a)$为真,从而,$(\exists x)F(x)$成立且$(\exists x)G(x)$成立,即$(\exists x)F(x) \wedge (\exists x)G(x)$为真。所以,谓词公式④是可满足公式,也是重言式。

定义 5.14 如果谓词公式A在所有解释下的真值都为假,则称A为**永假谓词公式**,或者A是**永假的**,简称为**永假公式**或**矛盾式**(contradiction)或**不可满足公式**(unsatisfable formula),用0表示。

例 5.15 判断下列谓词公式哪些是不可满足公式。

① $(\forall x)P(x) \wedge (\exists x) \neg P(x)$;

② $(\exists x)P(x) \wedge (\forall x) \neg P(x)$;

③ $(\exists x)F(x) \wedge (\exists x)G(x) \rightarrow (\exists x)(F(x) \wedge G(x))$。

解 ① 如果$(\exists x) \neg P(x)$成立,那么存在a使得$\neg P(a)$为真,即,存在a使得$P(a)$为假。从而,$(\forall x)P(x)$不成立。如果$(\forall x)P(x)$成立,那么不存在a使得$P(a)$为假,即不存在a使得$\neg P(a)$为真。从而,$(\exists x) \neg P(x)$不成立。所以,谓词公式①是不可满足公式。

② 如果$(\forall x) \neg P(x)$成立,则不存在a使得$\neg P(a)$为假,即不存在a使得$P(a)$为真。从而,$(\exists x)P(x)$不成立。如果$(\exists x)P(x)$成立,那么存在a使得$P(a)$为真,即存在a使得$\neg P(a)$为假。从而,$(\forall x) \neg P(x)$不成立。所以,谓词公式②是不可满足公式。

③ 定义解释 I:个体域D为实数集合,$F(x)$指定为"x是整数",$G(x)$指定为"x是自然数"。在x取值为3时,$F(3)$为真且$G(3)$为真,从而$(\exists x)F(x) \wedge (\exists x)G(x)$成立且$(\exists x)(F(x) \wedge G(x))$成立,即$(\exists x)F(x) \wedge (\exists x)G(x) \rightarrow (\exists x)(F(x) \wedge G(x))$为真。所以,谓词

公式③是可满足公式,不是矛盾式。

从上述 3 个例子可以看出,判定一个谓词公式是否为重言式或矛盾式,都要求判断所有的解释满足或不满足该谓词公式。而解释依赖于个体域,个体域可以是有限集合,也可以是无限集合。这样解释的"所有"含义实际上是无法考虑的,这使得判断谓词公式是永真的或者永假的实际上异常困难。

5.2.3　谓词公式的等值式

不同的谓词公式,在相同的解释下的真值不一定相同。如果在所有可能的解释下,两个谓词公式的真值都相同,那么,从逻辑解释角度,它们所表述的含义是相同的,或者说是逻辑等价的。

定义 5.15　如果谓词公式 A 和 B 的等价式 $A \leftrightarrow B$ 是重言式,则称谓词公式 A 与 B 是**逻辑等值的**(equivalent),或者是**谓词公式的等值式**,简称为**等值式**(equivalent formula),记为 $A \Leftrightarrow B$ 或 $A = B$。

例 5.16　判断下列谓词公式是否为等值式。

① $\neg (\forall x)F(x)$ 和 $(\exists x)\neg F(x)$;

② $\neg (\exists x)F(x)$ 和 $(\forall x)\neg F(x)$。

解　① 判断 $\neg (\forall x)F(x)$ 和 $(\exists x)\neg F(x)$ 是否为等值式,就是判断 $\neg (\forall x)F(x) \leftrightarrow (\exists x)\neg F(x)$ 是否为重言式,也就是判断是否 $\neg (\forall x)F(x) \rightarrow (\exists x)\neg F(x)$ 为重言式且 $(\exists x)\neg F(x) \rightarrow \neg (\forall x)F(x)$ 为重言式。

如果 $\neg (\forall x)F(x)$ 为真,则存在 a 使得 $F(a)$ 为假,即存在 a 使得 $\neg F(a)$ 为真,从而,$(\exists x)\neg F(x)$ 为真;如果 $(\exists x)\neg F(x)$ 为真,则存在 a 使得 $\neg F(a)$ 为真,即存在 a 使得 $F(a)$ 为假,从而,$\neg (\forall x)F(x)$ 为真。所以,$\neg (\forall x)F(x) \Leftrightarrow (\exists x)\neg F(x)$。

② 判断 $\neg (\exists x)F(x)$ 和 $(\forall x)\neg F(x)$ 是否为等值式,就是判断 $\neg (\exists x)F(x) \leftrightarrow (\forall x)\neg F(x)$ 是否为重言式,也就是判断是否 $\neg (\exists x)F(x) \rightarrow (\forall x)\neg F(x)$ 为重言式且 $(\forall x)\neg F(x) \rightarrow \neg (\exists x)F(x)$ 为重言式。

如果 $\neg (\exists x)F(x)$ 为真,则不存在 a 使得 $F(a)$ 为真,即所有 x 使得 $F(x)$ 为假,从而,$(\forall x)\neg F(x)$ 为真;如果 $(\forall x)\neg F(x)$ 为真,则所有 x 使得 $F(x)$ 为假,即不存在 a 使得 $F(a)$ 为真,从而,$\neg (\exists x)F(x)$ 为真。所以,$\neg (\exists x)F(x) \Leftrightarrow (\forall x)\neg F(x)$。

定义 5.16　设 P 是含有命题变元 $p_1, p_2, p_3, \cdots, p_n$ 的命题公式,$A_1, A_2, A_3, \cdots, A_n$ 是 n 个谓词公式,用谓词公式 $A_i(i=1,2,\cdots,n)$ 替换 P 中命题变元 $p_i(i=1,2,\cdots,n)$ 的所有出现,所得到的谓词公式称为 P 的**代换实例**(substitute instance)。

例如,$(\forall x)F(x) \rightarrow (\forall x)G(x)$,$F(x) \rightarrow (\forall x)G(x)$ 和 $(\exists x)F(x) \rightarrow (\exists x)G(x)$ 都是 $p \rightarrow q$ 的代换实例。但是,$(\forall x)(F(x) \rightarrow (\forall x)G(x))$,$(\forall x)(F(x) \rightarrow G(x))$ 和 $(\exists x)(F(x) \rightarrow G(x))$ 则不是 $p \rightarrow q$ 的代换实例。

定理 5.1　重言式的代换实例是重言式,矛盾式的代换实例是矛盾式。

定理 5.1 的证明从略。

例 5.17　判断下列谓词公式是否为等值式。

① $(\forall x)F(x) \rightarrow (\forall x)G(x)$ 和 $\neg (\forall x)F(x) \vee (\forall x)G(x)$;

② $(\exists x)F(x) \vee \neg (\exists x)G(x)$ 和 $\neg (\exists x)F(x) \rightarrow \neg (\exists x)G(x)$;

③ $\neg((\forall x)F(x) \vee (\forall x)G(x))$ 和 $\neg(\forall x)F(x) \wedge \neg(\forall x)G(x)$；

④ $\neg((\exists x)F(x) \wedge (\exists x)G(x))$ 和 $\neg(\exists x)F(x) \vee \neg(\exists x)G(x)$。

解 ① 在命题公式 $(p \rightarrow q) \leftrightarrow (\neg p \vee q)$ 中，将 p 替换为 $(\forall x)F(x)$，将 q 替换为 $(\forall x)G(x)$，可得代换实例 $((\forall x)F(x) \rightarrow (\forall x)G(x)) \leftrightarrow (\neg(\forall x)F(x) \vee (\forall x)G(x))$。由于，$(p \rightarrow q) \leftrightarrow (\neg p \vee q)$ 为重言式，所以，$((\forall x)F(x) \rightarrow (\forall x)G(x)) \leftrightarrow (\neg(\forall x)F(x) \vee (\forall x)G(x))$ 为重言式，即 $((\forall x)F(x) \rightarrow (\forall x)G(x)) \Leftrightarrow (\neg(\forall x)F(x) \vee (\forall x)G(x))$。

② 在命题公式 $(p \vee \neg q) \leftrightarrow (\neg p \rightarrow \neg q)$ 中，将 p 替换为 $(\exists x)F(x)$，将 q 替换为 $(\exists x)G(x)$，可得代换实例 $((\exists x)F(x) \vee \neg(\exists x)G(x)) \leftrightarrow (\neg(\exists x)F(x) \rightarrow \neg(\exists x)G(x))$。由于，$(p \vee \neg q) \leftrightarrow (\neg p \rightarrow \neg q)$ 为重言式，所以，$((\exists x)F(x) \vee \neg(\exists x)G(x)) \leftrightarrow (\neg(\exists x)F(x) \rightarrow \neg(\exists x)G(x))$ 为重言式，即 $((\exists x)F(x) \vee \neg(\exists x)G(x)) \Leftrightarrow (\neg(\exists x)F(x) \rightarrow \neg(\exists x)G(x))$。

③ 在命题公式 $\neg(p \vee q) \leftrightarrow (\neg p \wedge \neg q)$ 中，将 p 替换为 $(\forall x)F(x)$，将 q 替换为 $(\forall x)G(x)$，可得代换实例 $\neg((\forall x)F(x) \vee (\forall x)G(x)) \leftrightarrow \neg(\forall x)F(x) \wedge \neg(\forall x)G(x)$。由于，$\neg(p \vee q) \leftrightarrow (\neg p \wedge \neg q)$ 为重言式，所以，$\neg((\forall x)F(x) \vee (\forall x)G(x)) \leftrightarrow \neg(\forall x)F(x) \wedge \neg(\forall x)G(x)$ 为重言式，即 $\neg((\forall x)F(x) \vee (\forall x)G(x)) \Leftrightarrow \neg(\forall x)F(x) \wedge \neg(\forall x)G(x)$。

④ 在命题公式 $\neg(p \wedge q) \leftrightarrow (\neg p \vee \neg q)$ 中，将 p 替换为 $(\exists x)F(x)$，将 q 替换为 $(\exists x)G(x)$，可得代换实例 $\neg((\exists x)F(x) \wedge (\exists x)G(x)) \leftrightarrow \neg(\exists x)F(x) \vee \neg(\exists x)G(x)$。由于，$\neg(p \wedge q) \leftrightarrow (\neg p \vee \neg q)$ 为重言式，所以，$\neg((\exists x)F(x) \wedge (\exists x)G(x)) \leftrightarrow \neg(\exists x)F(x) \vee \neg(\exists x)G(x)$ 为重言式，即 $\neg((\exists x)F(x) \wedge (\exists x)G(x)) \Leftrightarrow \neg(\exists x)F(x) \vee \neg(\exists x)G(x)$。

类似于命题逻辑的等值式，人们已经证明了一些重要的等值式。利用这些等值式，就可以推演出更多的等值式，这一过程称为**谓词逻辑的等值演算**，简称为**等值演算**(equivalent calculus)。

下面给出一些基本的等值式(设 $A(x)$、$B(x)$ 是含有个体变元 x 的自由出现的谓词公式，B 中不含有 x 的出现，$P(x,y)$ 是含有个体变元 x 和 y 的自由出现的谓词公式)。

(1) 命题逻辑中等值式的推广：命题公式中的重言式的代换实例都是谓词公式的重言式，因此命题逻辑中的所有基本等值式的代换实例都是谓词公式的等值式。例如：

幂等律：

① $(\forall x)A(x) \vee (\forall x)A(x) \Leftrightarrow (\forall x)A(x)$

② $(\forall x)A(x) \wedge (\forall x)A(x) \Leftrightarrow (\forall x)A(x)$

③ $(\exists x)A(x) \vee (\exists x)A(x) \Leftrightarrow (\exists x)A(x)$

④ $(\exists x)A(x) \wedge (\exists x)A(x) \Leftrightarrow (\exists x)A(x)$

排中律：

① $(\forall x)A(x) \vee \neg(\forall x)A(x) \Leftrightarrow 1$

② $(\exists x)A(x) \vee \neg(\exists x)A(x) \Leftrightarrow 1$

矛盾律：

① $(\forall x)A(x) \wedge \neg(\forall x)A(x) \Leftrightarrow 0$

② $(\exists x)A(x) \wedge \neg(\exists x)A(x) \Leftrightarrow 0$

(2) 量词消去律(设个体域为有限集 $D = \{a_1, a_2, a_3, \cdots, a_n\}$)：

① $(\forall x)A(x) \Leftrightarrow A(a_1) \wedge A(a_2) \wedge \cdots \wedge A(a_n)$

② $(\exists x)A(x)\Leftrightarrow A(a_1)\vee A(a_2)\vee\cdots\vee A(a_n)$

(3) 量词与否定的交换律：

① $\neg(\forall x)A(x)\Leftrightarrow(\exists x)\neg A(x)$

② $\neg(\exists x)A(x)\Leftrightarrow(\forall x)\neg A(x)$

(4) 量词辖域的收缩与扩张律：

① $(\forall x)(A(x)\vee B)\Leftrightarrow(\forall x)A(x)\vee B$

② $(\forall x)(A(x)\wedge B)\Leftrightarrow(\forall x)A(x)\wedge B$

③ $(\exists x)(A(x)\vee B)\Leftrightarrow(\exists x)A(x)\vee B$

④ $(\exists x)(A(x)\wedge B)\Leftrightarrow(\exists x)A(x)\wedge B$

⑤ $(\forall x)(A(x)\rightarrow B)\Leftrightarrow(\exists x)A(x)\rightarrow B$

⑥ $(\forall x)(B\rightarrow A(x))\Leftrightarrow B\rightarrow(\forall x)A(x)$

⑦ $(\exists x)(A(x)\rightarrow B)\Leftrightarrow(\forall x)A(x)\rightarrow B$

⑧ $(\exists x)(B\rightarrow A(x))\Leftrightarrow B\rightarrow(\exists x)A(x)$

(5) 量词分配律：

① $(\forall x)A(x)\wedge(\forall x)B(x)\Leftrightarrow(\forall x)(A(x)\wedge B(x))$

② $(\exists x)A(x)\vee(\exists x)B(x)\Leftrightarrow(\exists x)(A(x)\vee B(x))$

③ $(\forall x)A(x)\vee(\forall x)B(x)\Leftrightarrow(\forall x)(\forall y)(A(x)\vee B(y))$

④ $(\exists x)A(x)\wedge(\exists x)B(x)\Leftrightarrow(\exists x)(\exists y)(A(x)\wedge B(y))$

⑤ $(\exists x)(A(x)\rightarrow B(x))\Leftrightarrow(\forall x)A(x)\rightarrow(\exists x)B(x)$

(6) 双量词交换律：

① $(\forall x)(\forall y)P(x,y)\Leftrightarrow(\forall y)(\forall x)P(x,y)$

② $(\exists x)(\exists y)P(x,y)\Leftrightarrow(\exists y)(\exists x)P(x,y)$

谓词公式的等值演算，除了要使用上述这些基本等值式外，还要用到如下规则。

(1) 置换规则： 在含有谓词公式 A 的谓词公式 $\Phi(A)$ 中，将所有谓词公式 A 的出现用谓词公式 B 来替换，得到新的谓词公式 $\Phi(B)$，如果 $A\Leftrightarrow B$，那么，$\Phi(A)\Leftrightarrow\Phi(B)$。

(2) 换名规则： 在谓词公式 A 中，对某量词辖域内的某约束变元的所有约束出现及相应的指导变元用该量词辖域中未曾出现过的个体变元代替，得到谓词公式 B，则 $A\Leftrightarrow B$。

(3) 代替规则： 在谓词公式 A 中，对某自由出现的个体变元的所有自由出现用 A 中未曾出现过的个体变元代替，得到谓词公式 B，则 $A\Leftrightarrow B$。

例 5.18 证明如下谓词公式的等值式。

① $(\forall x)(A(x)\vee B)\Leftrightarrow(\forall x)A(x)\vee B$；

② $(\forall x)(A(x)\wedge B)\Leftrightarrow(\forall x)A(x)\wedge B$；

③ $(\exists x)(A(x)\wedge B)\Leftrightarrow(\exists x)A(x)\wedge B$；

④ $(\forall x)(A(x)\rightarrow B)\Leftrightarrow(\exists x)A(x)\rightarrow B$；

⑤ $(\forall x)A(x)\wedge(\forall x)B(x)\Leftrightarrow(\forall x)(A(x)\wedge B(x))$；

⑥ $(\exists x)A(x)\vee(\exists x)B(x)\Leftrightarrow(\exists x)(A(x)\vee B(x))$；

⑦ $(\exists x)(B\rightarrow A(x))\Leftrightarrow B\rightarrow(\exists x)A(x)$；

⑧ $(\exists x)(A(x)\rightarrow B(x))\Leftrightarrow(\forall x)A(x)\rightarrow(\exists x)B(x)$。

证明 ① $(\forall x)A(x)\vee B\Leftrightarrow0$，当且仅当 $(\forall x)A(x)\Leftrightarrow0$ 且 $B\Leftrightarrow0$，当且仅当 $B\Leftrightarrow0$

且任意 a 使得 $A(a) \Leftrightarrow 0$,当且仅当 $(\forall x)(A(x) \lor B) \Leftrightarrow 0$。

所以,$(\forall x)(A(x) \lor B) \Leftrightarrow (\forall x)A(x) \lor B$。证毕。

② $(\forall x)A(x) \land B \Leftrightarrow 1$,当且仅当 $(\forall x)A(x) \Leftrightarrow 1$ 且 $B \Leftrightarrow 1$,当且仅当 $B \Leftrightarrow 1$ 且任意 a 使得 $A(a) \Leftrightarrow 1$,当且仅当 $(\forall x)(A(x) \land B) \Leftrightarrow 1$。

所以,$(\forall x)(A(x) \land B) \Leftrightarrow (\forall x)A(x) \land B$。证毕。

③ $(\exists x)(A(x) \land B)$

$\Leftrightarrow \neg \neg ((\exists x)(A(x) \land B))$

$\Leftrightarrow \neg (\neg (\exists x)(A(x) \land B))$

$\Leftrightarrow \neg ((\forall x)(\neg A(x) \lor \neg B))$

$\Leftrightarrow \neg ((\forall x)\neg A(x) \lor \neg B)$

$\Leftrightarrow \neg (\forall x)\neg A(x) \land \neg \neg B$

$\Leftrightarrow (\exists x)\neg \neg A(x) \land B$

$\Leftrightarrow (\exists x)A(x) \land B$

证毕。

④ $(\forall x)(A(x) \to B)$

$\Leftrightarrow (\forall x)(\neg A(x) \lor B)$

$\Leftrightarrow (\forall x)\neg A(x) \lor B$

$\Leftrightarrow \neg (\exists x)A(x) \lor B$

$\Leftrightarrow (\exists x)A(x) \to B$

证毕。

⑤ $(\forall x)(A(x) \land B(x)) \Leftrightarrow 1$,当且仅当任意 a 使得 $A(a) \land B(a) \Leftrightarrow 1$,当且仅当任意 a 使得 $A(a) \Leftrightarrow 1$ 且 $B(a) \Leftrightarrow 1$,当且仅当 $(\forall x)A(x) \Leftrightarrow 1$ 且 $(\forall x)B(x) \Leftrightarrow 1$,当且仅当 $(\forall x)A(x) \land (\forall x)B(x) \Leftrightarrow 1$。

所以,$(\forall x)A(x) \land (\forall x)B(x) \Leftrightarrow (\forall x)(A(x) \land B(x))$。证毕。

⑥ $(\exists x)(A(x) \lor B(x))$

$\Leftrightarrow \neg \neg (\exists x)(A(x) \lor B(x))$

$\Leftrightarrow \neg (\neg (\exists x)(A(x) \lor B(x)))$

$\Leftrightarrow \neg ((\forall x)(\neg A(x) \land \neg B(x)))$

$\Leftrightarrow \neg ((\forall x)\neg A(x) \land (\forall x)\neg B(x))$

$\Leftrightarrow \neg (\forall x)\neg A(x) \lor \neg (\forall x)\neg B(x)$

$\Leftrightarrow (\exists x)\neg \neg A(x) \lor (\exists x)\neg \neg B(x)$

$\Leftrightarrow (\exists x)A(x) \lor (\exists x)B(x)$

证毕。

⑦ $(\exists x)(B \to A(x))$

$\Leftrightarrow (\exists x)(\neg B \lor A(x))$

$\Leftrightarrow (\exists x)\neg B \lor (\exists x)A(x)$

$\Leftrightarrow \neg B \lor (\exists x)A(x)$

$\Leftrightarrow B \to (\exists x)A(x)$

证毕。

⑧ $(\exists x)(A(x)\rightarrow B(x))$

$\Leftrightarrow (\exists x)(\neg A(x)\vee B(x))$

$\Leftrightarrow (\exists x)\neg A(x)\vee (\exists x)B(x)$

$\Leftrightarrow \neg (\forall x)A(x)\vee (\exists x)B(x)$

$\Leftrightarrow (\forall x)A(x)\rightarrow (\exists x)B(x)$

证毕。

例 5.19　设个体域为 $D=\{a,b,c\}$，消去下列谓词公式中的量词。

① $(\exists x)A(x)\rightarrow (\forall x)B(x)$；

② $(\forall x)(A(x)\vee (\exists y)B(y))$；

③ $(\exists x)(\exists y)P(x,y)$；

④ $(\exists x)(\forall y)P(x,y)$；

⑤ $(\forall x)(\exists y)(A(x)\vee B(y))$；

⑥ $(\forall x)(A(x)\rightarrow (\exists x)B(x))$。

解　① $(\exists x)A(x)\rightarrow (\forall x)B(x)$

$\Leftrightarrow (A(a)\vee A(b)\vee A(c))\rightarrow (A(a)\wedge A(b)\wedge A(c))$

② $(\forall x)(A(x)\vee (\exists y)B(y))$

$\Leftrightarrow (\forall x)(A(x)\vee (B(a)\vee B(b)\vee B(c)))$

$\Leftrightarrow (A(a)\vee (B(a)\vee B(b)\vee B(c)))\wedge (A(b)\vee (B(a)\vee B(b)\vee B(c)))\wedge$
$(A(c)\vee (B(a)\vee B(b)\vee B(c)))$

③ $(\exists x)(\exists y)P(x,y)$

$\Leftrightarrow (\exists x)(P(x,a)\vee P(x,b)\vee P(x,c))$

$\Leftrightarrow (P(a,a)\vee P(a,b)\vee P(a,c))\vee (P(b,a)\vee P(b,b)\vee P(b,c))\vee$
$(P(c,a)\vee P(c,b)\vee P(c,c))$

④ $(\exists x)(\forall y)P(x,y)$

$\Leftrightarrow (\exists x)(P(x,a)\wedge P(x,b)\wedge P(x,c))$

$\Leftrightarrow (P(a,a)\wedge P(a,b)\wedge P(a,c))\vee (P(b,a)\wedge P(b,b)\wedge P(b,c))\vee$
$(P(c,a)\wedge P(c,b)\wedge P(c,c))$

⑤ $(\forall x)(\exists y)(A(x)\vee B(y))$

$\Leftrightarrow (\forall x)((A(x)\vee B(a))\vee (A(x)\vee B(b))\vee (A(x)\vee B(c)))$

$\Leftrightarrow (\forall x)(A(x)\vee B(a)\vee B(b)\vee B(c))$

$\Leftrightarrow (A(a)\vee B(a)\vee B(b)\vee B(c))\wedge (A(b)\vee B(a)\vee B(b)\vee B(c))\wedge$
$(A(c)\vee B(a)\vee B(b)\vee B(c))$

⑥ $(\forall x)(A(x)\rightarrow (\exists x)B(x))$

$\Leftrightarrow (\forall x)(A(x)\rightarrow (B(a)\vee B(b)\vee B(c)))$

$\Leftrightarrow (A(a)\rightarrow (B(a)\vee B(b)\vee B(c)))\wedge (A(b)\rightarrow (B(a)\vee B(b)\vee B(c)))\wedge$
$(A(c)\rightarrow (B(a)\vee B(b)\vee B(c)))$

例 5.20　给定解释 I：

个体域 $D=\{2,3\}$
个体常元 a 指定为 2

函词 $f(x)$ 指定为：$f(2) = 3, f(3) = 2$

谓词 $P(x,y)$ 指定为：$P(2,2) = P(2,3) = P(3,2) = 1, P(3,3) = 0$

谓词 $Q(x,y)$ 指定为：$Q(2,2) = Q(3,3) = 1, Q(2,3) = Q(3,2) = 0$

谓词 $G(x)$ 指定为：$G(2) = 0, G(3) = 1$

求下列各谓词公式的真值。

① $(\forall x)(G(x) \vee P(a,x))$；

② $(\exists x)(G(f(x)) \vee Q(f(x),x))$；

③ $(\forall x)(\exists y)Q(x,y)$；

④ $(\exists y)(\forall x)Q(x,y)$。

解 ① $(\forall x)(G(x) \vee P(a,x))$

$\Leftrightarrow (\forall x)(G(x) \vee P(2,x))$

$\Leftrightarrow (G(2) \vee P(2,2)) \wedge (G(3) \vee P(3,2))$

$\Leftrightarrow (0 \vee 1) \wedge (1 \vee 1) \Leftrightarrow 1$

② $(\exists x)(G(f(x)) \vee Q(f(x),x))$

$\Leftrightarrow (G(f(2)) \vee Q(f(2),2)) \vee (G(f(3)) \vee Q(f(3),3))$

$\Leftrightarrow (G(3) \vee Q(3,2)) \vee (G(2) \vee Q(2,3))$

$\Leftrightarrow (1 \vee 0) \vee (0 \vee 0) \Leftrightarrow 1$

③ $(\forall x)(\exists y)Q(x,y)$

$\Leftrightarrow (\forall x)(Q(x,2) \vee Q(x,3))$

$\Leftrightarrow (Q(2,2) \vee Q(2,3)) \wedge (Q(3,2) \vee Q(3,3))$

$\Leftrightarrow (1 \vee 0) \wedge (0 \vee 1) \Leftrightarrow 1$

④ $(\exists y)(\forall x)Q(x,y)$

$\Leftrightarrow (\exists y)(Q(2,y) \wedge Q(3,y))$

$\Leftrightarrow (Q(2,2) \wedge Q(3,2)) \vee (Q(2,3) \wedge Q(3,3))$

$\Leftrightarrow (1 \wedge 0) \vee (0 \wedge 1) \Leftrightarrow 0$

在解释 I 下，谓词公式 $(\forall x)(\exists y)Q(x,y)$ 和 $(\exists y)(\forall x)Q(x,y)$ 的真值不同。由此可以看出，量词的次序并不一定能随意调换。

例 5.21 证明如下谓词公式的等值式。

① $\neg(\exists x)(A(x) \wedge B(x)) \Leftrightarrow (\forall x)(A(x) \rightarrow \neg B(x))$；

② $\neg(\forall x)(A(x) \rightarrow B(x)) \Leftrightarrow (\exists x)(A(x) \wedge \neg B(x))$；

③ $\neg(\forall x)(\forall y)(A(x) \wedge B(y) \rightarrow P(x,y)) \Leftrightarrow (\exists x)(\exists y)(A(x) \wedge B(y) \wedge \neg P(x,y))$；

④ $\neg(\exists x)(\exists y)(A(x) \wedge B(y) \wedge P(x,y)) \Leftrightarrow (\forall x)(\forall y)(A(x) \wedge B(y) \rightarrow \neg P(x,y))$；

⑤ $(\forall x)A(x) \rightarrow B(x) \Leftrightarrow (\exists y)(A(y) \rightarrow B(x))$；

⑥ $\neg(\forall x)(A(x) \vee B(x) \rightarrow B(x)) \Leftrightarrow (\exists x)(A(x) \wedge \neg B(x))$。

证明 ① $\neg(\exists x)(A(x) \wedge B(x))$

$\Leftrightarrow (\forall x)\neg(A(x) \wedge B(x))$

$\Leftrightarrow (\forall x)(\neg A(x) \vee \neg B(x))$

$\Leftrightarrow (\forall x)(A(x) \rightarrow \neg B(x))$

证毕。

② $\neg(\forall x)(A(x)\rightarrow B(x))$

$\Leftrightarrow(\exists x)\neg(A(x)\rightarrow B(x))$

$\Leftrightarrow(\exists x)\neg(\neg A(x)\vee B(x))$

$\Leftrightarrow(\exists x)(\neg\neg A(x)\wedge\neg B(x))$

$\Leftrightarrow(\exists x)(A(x)\wedge\neg B(x))$

证毕。

③ $\neg(\forall x)(\forall y)(A(x)\wedge B(y)\rightarrow P(x,y))$

$\Leftrightarrow(\exists x)\neg(\forall y)(A(x)\wedge B(y)\rightarrow P(x,y))$

$\Leftrightarrow(\exists x)(\exists y)\neg(A(x)\wedge B(y)\rightarrow P(x,y))$

$\Leftrightarrow(\exists x)(\exists y)\neg(\neg(A(x)\wedge B(y))\vee P(x,y))$

$\Leftrightarrow(\exists x)(\exists y)(\neg\neg(A(x)\wedge B(y))\wedge\neg P(x,y))$

$\Leftrightarrow(\exists x)(\exists y)(A(x)\wedge B(y)\wedge\neg P(x,y))$

证毕。

④ $\neg(\exists x)(\exists y)(A(x)\wedge B(y)\wedge P(x,y))$

$\Leftrightarrow(\forall x)\neg(\exists y)(A(x)\wedge B(y)\wedge P(x,y))$

$\Leftrightarrow(\forall x)(\forall y)\neg(A(x)\wedge B(y)\wedge P(x,y))$

$\Leftrightarrow(\forall x)(\forall y)(\neg(A(x)\wedge B(y))\vee\neg P(x,y))$

$\Leftrightarrow(\forall x)(\forall y)(A(x)\wedge B(y)\rightarrow\neg P(x,y))$

证毕。

⑤ $(\forall x)A(x)\rightarrow B(x)$

$\Leftrightarrow\neg(\forall x)A(x)\vee B(x)$

$\Leftrightarrow(\exists x)\neg A(x)\vee B(x)$

$\Leftrightarrow(\exists y)\neg A(y)\vee B(x)$

$\Leftrightarrow(\exists y)(\neg A(y)\vee B(x))$

$\Leftrightarrow(\exists y)(A(y)\rightarrow B(x))$

证毕。

⑥ $\neg(\forall x)(A(x)\vee B(x)\rightarrow B(x))$

$\Leftrightarrow(\exists x)\neg(\neg(A(x)\vee B(x))\vee B(x))$

$\Leftrightarrow(\exists x)((A(x)\vee B(x))\wedge\neg B(x))$

$\Leftrightarrow(\exists x)((A(x)\wedge\neg B(x))\vee(B(x)\wedge\neg B(x)))$

$\Leftrightarrow(\exists x)((A(x)\wedge\neg B(x))\vee 0)$

$\Leftrightarrow(\exists x)(A(x)\wedge\neg B(x))$

证毕。

5.2.4 谓词公式的范式

在命题逻辑中,命题公式都可以转换为与之等值的规范型或范式,范式对于命题公式的研究具有重要的作用。类似地,对于谓词公式来说,也有规范型,即**谓词公式的范式**(normal form)。

定义 5.17 对于谓词公式 G,如果 G 中的所有量词都位于表达式的最左端,且量词的辖域都延伸到该公式的末端,即具有形式$(Q_1x_1)(Q_2x_2)\cdots(Q_nx_n)M(x_1,x_2,\cdots,x_n)$,其中,$Q_i(i=1,2,\cdots,n)$为量词$\forall$或$\exists$,$M(x_1,x_2,\cdots,x_n)$中不含有量词,则称$G$为**谓词公式的前束范式**,简称为**前束范式**(prenex normal form),并称$M(x_1,x_2,\cdots,x_n)$为G的**母式**(matrix)。

例如,$(\forall x)(\forall y)(A(x)\vee B(y)\to\neg P(x,y))$,$(\exists x)(\exists y)(\forall z)(A(x)\wedge B(y,z)\wedge P(x,y,z))$和$(\exists x)(\forall y)(P(x,y)\to A(x,y))$都是前束范式,而$(\forall x)(\forall y)(A(x)\wedge B(y)\to\neg(\forall y)P(x,y))$,$(\exists x)\neg(\exists y)P(x,y,z)$,$(\exists y)(\forall z)(A(x)\wedge B(y,z)\wedge(\exists x)P(x,y,z))$和$(\forall y)(P(y)\to(\exists x)A(x,y))$都不是前束范式。

定理 5.2 任意谓词公式都存在与之等值的前束范式。

证明 对于任意谓词公式G,可通过下述步骤将其转化为与之等值的前束范式:

步骤一,消去谓词公式中的联结词"$\to$"、"$\leftrightarrow$";

步骤二,运用德摩根律,将"$\neg$"移到原子谓词公式的前端;

步骤三,通过谓词等值公式将所有量词移到公式的前端。

经过上述步骤,便可求得谓词公式G的前束范式。由于每一步骤都是采用谓词公式的等值演算,所以得到的前束范式与原谓词公式G等值。证毕。

例 5.22 求下列谓词公式的前束范式。

① $(\forall x)A(x)\wedge\neg(\exists x)B(x)$;

② $(\forall x)(A(x)\vee\neg(\exists y)B(x,y))$;

③ $(\forall x)(\exists y)A(x,y)\to(\exists x)B(x)$;

④ $\neg(\forall x)A(x,y)\to(\forall y)\neg B(x,y)$;

⑤ $(\exists x)A(x)\to((\exists y)B(y)\to(\forall x)B(x))$;

⑥ $(\forall x)(P(x,y)\to(\exists y)B(y))\to(\forall x)Q(x,y)$。

解 ① $(\forall x)A(x)\wedge\neg(\exists x)B(x)$
$$\Leftrightarrow(\forall x)A(x)\wedge(\forall x)\neg B(x)$$
$$\Leftrightarrow(\forall x)(A(x)\wedge\neg B(x))$$

② $(\forall x)(A(x)\vee\neg(\exists y)B(x,y))$
$$\Leftrightarrow(\forall x)(A(x)\vee(\forall y)\neg B(x,y))$$
$$\Leftrightarrow(\forall x)(\forall y)(A(x)\vee\neg B(x,y))$$

③ $(\forall x)(\exists y)A(x,y)\to(\exists x)B(x)$
$$\Leftrightarrow\neg(\forall x)(\exists y)A(x,y)\vee(\exists x)B(x)$$
$$\Leftrightarrow(\exists x)\neg(\exists y)A(x,y)\vee(\exists x)B(x)$$
$$\Leftrightarrow(\exists x)(\forall y)\neg A(x,y)\vee(\exists x)B(x)$$
$$\Leftrightarrow(\exists x)((\forall y)\neg A(x,y)\vee B(x))$$
$$\Leftrightarrow(\exists x)(\forall y)(\neg A(x,y)\vee B(x))$$

④ $\neg(\forall x)A(x,y)\to(\forall y)\neg B(x,y)$
$$\Leftrightarrow\neg\neg(\forall x)A(x,y)\vee(\forall y)\neg B(x,y)$$
$$\Leftrightarrow(\forall x)A(x,y)\vee(\forall y)\neg B(x,y)$$
$$\Leftrightarrow(\forall x)A(x,u)\vee(\forall y)\neg B(v,y)$$
$$\Leftrightarrow(\forall x)(\forall y)(A(x,u)\vee\neg B(v,y))$$

⑤ $(\exists x)A(x)\to((\exists y)B(y)\to(\forall x)B(x))$

$$\Leftrightarrow \neg(\exists x)A(x) \vee (\neg(\exists y)B(y) \vee (\forall x)B(x))$$
$$\Leftrightarrow (\forall x)\neg A(x) \vee (\forall y)\neg B(y) \vee (\forall z)B(z)$$
$$\Leftrightarrow (\forall x)(\forall y)(\forall z)(\neg A(x) \vee \neg B(y) \vee B(z))$$

⑥ $(\forall x)(P(x,y) \rightarrow (\exists y)B(y)) \rightarrow (\forall x)Q(x,y)$
$$\Leftrightarrow \neg(\forall x)(\neg P(x,y) \vee (\exists y)B(y)) \vee (\forall x)Q(x,y)$$
$$\Leftrightarrow (\exists x)\neg(\neg P(x,y) \vee (\exists y)B(y)) \vee (\forall x)Q(x,y)$$
$$\Leftrightarrow (\exists x)(\neg\neg P(x,y) \wedge \neg(\exists y)B(y)) \vee (\forall x)Q(x,y)$$
$$\Leftrightarrow (\exists x)(P(x,y) \wedge (\forall y)\neg B(y)) \vee (\forall x)Q(x,y)$$
$$\Leftrightarrow (\exists x)(P(x,z) \wedge (\forall y)\neg B(y)) \vee (\forall u)Q(u,w)$$
$$\Leftrightarrow (\exists x)(\forall y)(P(x,z) \wedge \neg B(y)) \vee (\forall u)Q(u,w)$$
$$\Leftrightarrow (\exists x)(\forall y)(\forall u)((P(x,z) \wedge \neg B(y)) \vee Q(u,w))$$

例 5.23　举例说明谓词公式的前束范式并不唯一。

解　考察谓词公式 $(\exists x)A(x) \vee \neg(\forall x)B(x)$，进行如下等值演算：
$(\exists x)A(x) \vee \neg(\forall x)B(x)$
$$\Leftrightarrow (\exists x)A(x) \vee (\exists x)\neg B(x)$$
$$\Leftrightarrow (\exists x)A(x) \vee (\exists y)\neg B(y)$$
$$\Leftrightarrow (\exists x)(A(x) \vee (\exists y)\neg B(y))$$
$$\Leftrightarrow (\exists x)(\exists y)(A(x) \vee \neg B(y))$$
$(\exists x)A(x) \vee \neg(\forall x)B(x)$
$$\Leftrightarrow (\exists x)A(x) \vee (\exists x)\neg B(x)$$
$$\Leftrightarrow (\exists x)(A(x) \vee \neg B(x))$$

显然，$(\exists x)(\exists y)(A(x) \vee \neg B(y))$ 和 $(\exists x)(A(x) \vee \neg B(x))$ 都是谓词公式 $(\exists x)A(x) \vee \neg(\forall x)B(x)$ 的前束范式。所以，谓词公式的前束范式不一定唯一。

定义 5.18　对于谓词公式 G 的前束范式 $(Q_1 x_1)(Q_2 x_2)\cdots(Q_n x_n)M(x_1,x_2,\cdots,x_n)$，通过下列方式消去 G 中的存在量词，所得到的不含有存在量词的表达式称为 G 的**斯柯伦标准型**（Skolem standard form）或**斯柯伦范式**（Skolem normal form）。

① 如果 Q_i 是存在量词，且 Q_i 的左边没有全称量词，则直接用一个不同于 $M(x_1,x_2,\cdots,x_n)$ 中任何其他个体常量的个体常量 a 来取代 x_i 在 $M(x_1,x_2,\cdots,x_n)$ 中的一切出现；

② 如果 Q_i 是存在量词，且 Q_i 的左边有全称量词 $(\forall x_j),(\forall x_k),\cdots,(\forall x_r)$，则直接用一个不同于 $M(x_1,x_2,\cdots,x_n)$ 中任何其他函词的函词 $f(x_j,x_k,\cdots,x_r)$ 来取代 x_i 在 $M(x_1,x_2,\cdots,x_n)$ 中的一切出现。

例 5.24　求下列谓词公式的斯柯伦范式。

① $(\forall x)(\exists y)(\neg A(x,y) \vee B(x))$；
② $(\exists x)(\forall y)(\exists z)(A(x) \wedge B(y,z) \wedge P(x,y,z))$；
③ $(\exists x)(\forall y)(\forall z)(\exists u)(\forall v)(\exists w)P(x,y,z,u,v,w)$。

解　① 由于 $(\exists y)$ 左边有全称量词 $(\forall x)$，所以用一个函词 $f(x)$ 来代替谓词公式中的 y，并消去 $(\exists y)$。可得谓词公式①的斯柯伦范式为
$$(\forall x)(\neg A(x,f(x)) \vee B(x))$$

② 由于 $(\exists x)$ 左边没有全称量词，所以直接用一个个体常元 a 来代替谓词公式中的 x，

并消去 $(\exists x)$；由于 $(\exists z)$ 左边有全称量词 $(\forall y)$，所以用一个函词 $f(y)$ 来代替谓词公式中的 z，并消去 $(\exists z)$。可得谓词公式②的斯柯伦范式为

$$(\forall y)(A(a) \wedge B(y, f(y)) \wedge P(a, y, f(y)))$$

③ 由于 $(\exists x)$ 左边没有全称量词，所以直接用一个个体常元 a 来代替谓词公式中的 x，并消去 $(\exists x)$；由于 $(\exists u)$ 左边有全称量词 $(\forall y)$ 和 $(\forall z)$，所以，用一个函词 $f(y, z)$ 来代替谓词公式③中的 u，并消去 $(\exists u)$；由于 $(\exists w)$ 左边有全称量词 $(\forall y)$，$(\forall z)$ 和 $(\forall v)$，所以用一个函词 $g(y, z, v)$ 来代替谓词公式③中的 w，并消去 $(\exists w)$。可得谓词公式③所对应的斯柯伦范式为

$$(\forall y)(\forall z)(\forall v)P(a, y, z, f(y, z), v, g(y, z, v))$$

值得说明的是，前束范式并不一定与其斯柯伦范式等值。例如，$(\exists x)A(x)$ 的斯柯伦范式为 $A(a)$，但 $(\exists x)A(x)$ 和 $A(a)$ 不等值。因为，对于解释 I：个体域 $D = \{1, 2\}$，$A(1) = 0$，$A(2) = 1$，显然，当 a 指定为 1 时，$A(a)$ 和 $(\exists x)A(x)$ 的真值不同。尽管如此，斯柯伦范式有如下定理 5.3 和定理 5.4 表述的重要性质。

定理 5.3 设 S 是谓词公式 G 的斯柯伦范式，G 是可满足公式当且仅当 S 是可满足公式。

证明 对于谓词公式 G 的前束范式 $(Q_1 x_1)(Q_2 x_2) \cdots (Q_n x_n) M(x_1, x_2, \cdots, x_n)$，设 Q_r 是 G 中从最左端开始第一个出现的存在量词，令

$$G_1 = (\forall x_1) \cdots (\forall x_{r-1})(Q_{r+1} x_{r+1}) \cdots (Q_n x_n) M(x_1, \cdots, x_{r-1}, f(x_1, \cdots, x_{r-1}), \cdots, x_n)$$

其中，$f(x_1, \cdots, x_{r-1})$ 是替换 x_r 的函词。

设个体域为 D，取一个使 G_1 为真的解释 I。那么，对每一组 $(x_1', \cdots, x_{r-1}') \in D^{r-1}$，都有 $f(x_1', \cdots, x_{r-1}') \in D$，使得 $(Q_{r+1} x_{r+1}) \cdots (Q_n x_n) M(x_1', \cdots, x_{r-1}', f(x_1', \cdots, x_{r-1}'), \cdots, x_n)$ 在解释 I 下真值为真。从而，$(\forall x_1) \cdots (\forall x_{r-1})(\exists x_r)(Q_{r+1} x_{r+1}) \cdots (Q_n x_n) M(x_1, x_2, \cdots, x_n)$ 在解释 I 下真值为真。

反之，取一个使 G 为真的解释 I。那么，对每一组 $(x_1', \cdots, x_{r-1}') \in D^{r-1}$，都存在 $x_r' \in D$，使得 $(Q_{r+1} x_{r+1}) \cdots (Q_n x_n) M(x_1', \cdots, x_{r-1}', x_r', \cdots, x_n)$ 在解释 I 下真值为真。现将解释 I 扩展为解释 I'，使其包含对函词 $f(x_1, \cdots, x_{r-1})$ 的如下指定：对于每一组 $(x_1', \cdots, x_{r-1}') \in D^{r-1}$，$f(x_1', \cdots, x_{r-1}') = x_r'$。于是，在解释 I' 下 G_1 的真值为真。

同理，对 G_1 从左往右找下一个存在量词，用定义 5.18 中的方式构造函词，进行个体变元代替得到 G_2，则 G_1 的可满足性等价于 G_2 的可满足性。依此类推，可以证明谓词公式 G 的可满足性等价于其斯柯伦范式 S 的可满足性。证毕。

例如，谓词公式 $G = (\forall x)(\exists y)A(x, y)$ 的斯柯伦范式为 $S = (\forall x)A(x, f(x))$。设个体域 $D = \{1, 2\}$，取解释 I：

函词 $f(x)$ 指定为：$f(1) = 2, f(2) = 1$。
谓词 $A(x, y)$ 指定为：$A(1, 1)$ 取值任意，$A(1, 2) = 1, A(2, 1) = 1, A(2, 2)$ 取值任意。

显然，在解释 I 下，S 的真值为

$$(\forall x)A(x, f(x)) \Leftrightarrow A(1, f(1)) \wedge A(2, f(2)) \Leftrightarrow A(1, 2) \wedge A(2, 1) \Leftrightarrow 1 \wedge 1 \Leftrightarrow 1$$

在解释 I 下，G 的真值为

$$(\forall x)(\exists y)A(x,y)\Leftrightarrow(\forall x)(A(x,1)\vee A(x,2))\Leftrightarrow(A(1,1)$$
$$\vee A(1,2))\wedge(A(2,1)\vee A(2,2))\Leftrightarrow 1\wedge 1\Leftrightarrow 1$$

反之,取解释 I:

谓词 $A(x,y)$ 指定为: $A(1,1)=1,A(1,2)$ 取值任意, $A(2,1)=1,A(2,2)$ 取值任意。

显然,在解释 I 下, G 的真值为

$$(\forall x)(\exists y)A(x,y)\Leftrightarrow(\forall x)(A(x,1)\vee A(x,2))\Leftrightarrow(A(1,1)\vee A(1,2))\wedge$$
$$(A(2,1)\vee A(2,2))\Leftrightarrow 1\wedge 1\Leftrightarrow 1$$

扩展解释 I 为 I':

函词 $f(x)$ 指定为: $f(1)=1,f(2)=1$。
谓词 $A(x,y)$ 指定为: $A(1,1)=1,A(1,2)$ 取值任意, $A(2,1)=1,A(2,2)$ 取值任意。

在解释 I 下, S 的真值为

$$(\forall x)A(x,f(x))\Leftrightarrow A(1,f(1))\wedge A(2,f(2))\Leftrightarrow A(1,1)\wedge A(2,1)\Leftrightarrow 1\wedge 1\Leftrightarrow 1$$

由上述知,谓词公式 $G=(\forall x)(\exists y)A(x,y)$ 与其斯柯伦范式 $S=(\forall x)A(x,f(x))$ 的可满足性等价。

定理 5.4　设 S 是谓词公式 G 的斯柯伦标准型, G 是不可满足的当且仅当 S 是不可满足的。

定理 5.4 的证明从略。

5.3　谓词逻辑推理

谓词逻辑是命题逻辑的进一步发展,因此命题逻辑的推理理论在谓词逻辑中几乎可以完全照搬,只不过谓词逻辑所涉及的是谓词公式。**谓词逻辑推理**(predicate logic reasoning)是由已知的谓词公式为前提推出作为结论的谓词公式的过程。

定义 5.19　对于谓词公式 A 和 B,如果蕴含式 $A\rightarrow B$ 是永真的,那么,称该蕴含式为谓词公式的永真蕴含式或谓词公式的重言蕴含式,简称为**永真蕴含式**(always true implication)或**重言蕴含式**(tautology implication)。记为 $A\Rightarrow B$。

例 5.25　判断如下谓词公式的蕴含式是否为永真蕴含式。

① $(\forall x)A(x)\rightarrow(\forall x)A(x)\vee B(x,y)$;

② $(\forall x)A(x)\wedge(\neg(\forall x)A(x)\vee B(x))\rightarrow(\forall x)A(x)$;

③ $\neg((\forall x)A(x)\wedge(\exists y)B(y))\rightarrow\neg(\forall x)A(x)\vee\neg(\exists y)B(y)$;

④ $(\forall x)(A(x)\vee B(x))\rightarrow(\forall x)A(x)\vee(\forall x)B(x)$。

解　① $(\forall x)A(x)\rightarrow(\forall x)A(x)\vee B(x,y)$
$$\Leftrightarrow\neg(\forall x)A(x)\vee((\forall x)A(x)\vee B(x,y))$$
$$\Leftrightarrow(\neg(\forall x)A(x)\vee(\forall x)A(x))\vee B(x,y)$$
$$\Leftrightarrow 1\vee B(x,y)$$
$$\Leftrightarrow 1$$

所以, $(\forall x)A(x)\Rightarrow(\forall x)A(x)\vee B(x,y)$。

② $(\forall x)A(x) \wedge (\neg(\forall x)A(x) \vee B(x)) \rightarrow (\forall x)A(x)$

　　$\Leftrightarrow \neg((\forall x)A(x) \wedge (\neg(\forall x)A(x) \vee B(x))) \vee (\forall x)A(x)$

　　$\Leftrightarrow (\neg(\forall x)A(x) \vee \neg(\neg(\forall x)A(x) \vee B(x))) \vee (\forall x)A(x)$

　　$\Leftrightarrow (\neg(\forall x)A(x) \vee (\forall x)A(x)) \vee \neg(\neg(\forall x)A(x) \vee B(x))$

　　$\Leftrightarrow 1 \vee \neg(\neg(\forall x)A(x) \vee B(x))$

　　$\Leftrightarrow 1$

所以，$(\forall x)A(x) \wedge (\neg(\forall x)A(x) \vee B(x)) \Rightarrow (\forall x)A(x)$。

③ $\neg((\forall x)A(x) \wedge (\exists y)B(y)) \rightarrow \neg(\forall x)A(x) \vee \neg(\exists y)B(y)$

　　$\Leftrightarrow \neg\neg((\forall x)A(x) \wedge (\exists y)B(y)) \vee \neg(\forall x)A(x) \vee \neg(\exists y)B(y)$

　　$\Leftrightarrow ((\forall x)A(x) \wedge (\exists y)B(y)) \vee \neg(\forall x)A(x) \vee \neg(\exists y)B(y)$

　　$\Leftrightarrow (((\forall x)A(x) \vee \neg(\forall x)A(x)) \wedge ((\exists y)B(y) \vee \neg(\forall x)A(x))) \vee \neg(\exists y)B(y)$

　　$\Leftrightarrow (1 \wedge ((\exists y)B(y) \vee \neg(\forall x)A(x))) \vee \neg(\exists y)B(y)$

　　$\Leftrightarrow ((\exists y)B(y) \vee \neg(\exists y)B(y)) \vee \neg(\forall x)A(x)$

　　$\Leftrightarrow 1 \vee \neg(\forall x)A(x)$

　　$\Leftrightarrow 1$

所以，$\neg((\forall x)A(x) \wedge (\exists y)B(y)) \Rightarrow \neg(\forall x)A(x) \vee \neg(\exists y)B(y)$。

④ 取解释 I：个体域 D 为自然数，谓词 $A(x)$ 表示"x 是偶数"，谓词 $B(x)$ 表示"x 是奇数"。显然，在解释下 I，$(\forall x)(A(x) \vee B(x))$ 为真，$(\forall x)A(x)$ 为假，$(\forall x)B(x)$ 为假。从而，$(\forall x)A(x) \vee (\forall x)B(x)$ 为假，即 $(\forall x)(A(x) \vee B(x)) \rightarrow (\forall x)A(x) \vee (\forall x)B(x)$ 的真值为假。所以，蕴含式④不是永真蕴含式。

命题逻辑中介绍的重言蕴含式，在谓词逻辑中的代入实例都是谓词逻辑的永真蕴含式。同时，由于等值式和蕴含式之间的关系，每一个等值式均可当做两个永真蕴含式来使用。例如，下列都是永真蕴含式。

$(\forall x)A(x) \Rightarrow (\forall x)A(x) \vee (\exists y)B(y)$ 　　　　　　　　　　（附加式）

$(\forall x)A(x) \wedge ((\forall x)A(x) \rightarrow (\exists y)B(y)) \Rightarrow (\exists y)B(y)$ 　　　　（假言推论）

$\neg(\exists y)B(y) \wedge ((\forall x)A(x) \rightarrow (\exists y)B(y)) \Rightarrow \neg(\forall x)A(x)$ 　　　（拒取式）

$\neg((\forall x)A(x) \wedge (\exists x)B(x,y)) \Rightarrow \neg(\forall x)A(x) \vee \neg(\exists x)B(x,y)$ 　　（德摩根律）

$\neg(\forall x)A(x) \vee \neg(\exists x)B(x,y) \Rightarrow \neg((\forall x)A(x) \wedge (\exists x)B(x,y))$ 　　（德摩根律）

在谓词逻辑中，增加了量词新的要素，为此，下面给出关于量词分配的几个常用的永真蕴含式：

① $(\forall x)A(x) \vee (\forall x)B(x) \Rightarrow (\forall x)(A(x) \vee B(x))$；

② $(\exists x)(A(x) \wedge B(x)) \Rightarrow (\exists x)A(x) \wedge (\exists x)B(x)$；

③ $(\forall x)(A(x) \rightarrow B(x)) \Rightarrow (\forall x)A(x) \rightarrow (\forall x)B(x)$；

④ $(\forall x)(A(x) \rightarrow B(x)) \Rightarrow (\exists x)A(x) \rightarrow (\exists x)B(x)$；

⑤ $(\forall x)(\forall y)A(x,y) \Rightarrow (\forall x)A(x,x)$；

⑥ $(\exists x)A(x,x) \Rightarrow (\exists x)(\exists y)A(x,y)$；

⑦ $(\exists x)(\forall y)A(x,y) \Rightarrow (\forall y)(\exists x)A(x,y)$。

例 5.26 证明如下永真蕴含式。

① $(\forall x)(A(x) \rightarrow B(x)) \Rightarrow (\exists x)A(x) \rightarrow (\exists x)B(x)$；

② $(\forall x)(\forall y)A(x,y) \Rightarrow (\forall x)A(x,x)$;

③ $(\exists x)A(x,x) \Rightarrow (\exists x)(\exists y)A(x,y)$;

④ $(\forall x)(\forall y)(A(x) \leftrightarrow B(y)) \Rightarrow (\forall x)A(x) \leftrightarrow (\forall y)B(y)$。

证明　① 如果$(\forall x)(A(x) \rightarrow B(x))$为真,那么必有$a$使得$A(a) \rightarrow B(a)$为真。进而,如果$A(a)$为真,则$B(a)$为真,即$(\exists x)A(x) \rightarrow (\exists x)B(x)$为真。所以,$(\forall x)(A(x) \rightarrow B(x)) \Rightarrow (\exists x)A(x) \rightarrow (\exists x)B(x)$。证毕。

② 如果$(\forall x)(\forall y)A(x,y)$为真,那么任意$x$和$y$使得$A(x,y)$为真,从而,任意$x$使得$A(x,x)$为真,即$(\forall x)A(x,x)$为真。所以,$(\forall x)(\forall y)A(x,y) \Rightarrow (\forall x)A(x,x)$。证毕。

③ 如果$(\exists x)A(x,x)$为真,那么存在a使得$A(a,a)$为真,从而,$(\exists x)(\exists y)A(x,y)$为真。所以,$(\exists x)A(x,x) \Rightarrow (\exists x)(\exists y)A(x,y)$。证毕。

④ $(\forall x)(\forall y)(A(x) \leftrightarrow B(y))$
$\Rightarrow (\forall x)(A(x) \leftrightarrow B(x))$
$\Leftrightarrow (\forall x)((A(x) \rightarrow B(x)) \wedge (B(x) \rightarrow A(x)))$
$\Leftrightarrow (\forall x)(A(x) \rightarrow B(x)) \wedge (\forall x)(B(x) \rightarrow A(x))$
$\Rightarrow ((\forall x)A(x) \rightarrow (\forall x)B(x)) \wedge ((\forall x)B(x) \rightarrow (\forall x)A(x))$
$\Leftrightarrow (\forall x)A(x) \leftrightarrow (\forall y)B(y)$

证毕。

定义 5.20　对于谓词公式$A_1, A_2, \cdots, A_n$和B,如果$A_1 \wedge A_2 \wedge \cdots \wedge A_n \rightarrow B$是永真蕴含式,则称谓词公式$A_1, A_2, \cdots, A_n$到谓词公式$B$是一个**有效推理**(effective reasoning),或者称谓词公式$A_1, A_2, \cdots, A_n$到谓词公式B的推理是**有效的**(effective)或正确的。并称谓词公式$A_1, A_2, \cdots, A_n$是推理的**前提**(premise),谓词公式B是以谓词公式$A_1, A_2, \cdots, A_n$为前提的推理的**逻辑结果**(logic conclusion)或**有效结论**(effective conclusion)。并记为$A_1, A_2, \cdots, A_n \vDash B$,或$A_1 \wedge A_2 \wedge, \cdots, \wedge A_n \Rightarrow B$。

例如,对于谓词公式$(\forall x)A(x)$,$(\forall x)A(x) \rightarrow (\exists y)B(y)$和$(\exists y)B(y)$,由于$(\forall x)A(x) \wedge ((\forall x)A(x) \rightarrow (\exists y)B(y)) \Rightarrow (\exists y)B(y)$,所以,谓词公式$(\exists y)B(y)$是谓词公式$(\forall x)A(x)$和$(\forall x)A(x) \rightarrow (\exists y)B(y)$的有效结论,或者,谓词公式$(\forall x)A(x)$和$(\forall x)A(x) \rightarrow (\exists y)B(y)$到谓词公式$(\exists y)B(y)$是一个有效推理。并记为$(\forall x)A(x), (\forall x)A(x) \rightarrow (\exists y)B(y) \vDash (\exists y)B(y)$。

在谓词逻辑推理中,推理的前提和结论中可能存在受到量词约束的个体变元。为了确立前提和结论之间的内在联系,必须适时地消去和添加量词。下面给出几个量词有关的量词消去或引入规则。

全称量词消去规则(US,universal specification)：$(\forall x)A(x) \Rightarrow A(y)$。

全称量词引入规则(UG,universal generalization)：$A(y) \Rightarrow (\forall x)A(x)$。

存在量词消去规则(ES,existential specification)：$(\exists x)A(x) \Rightarrow A(c)$。

存在量词引入规则(EG,existential generalization)：$A(c) \Rightarrow (\exists x)A(x)$。

全称量词消去规则的含义在于:若个体域中所有个体x都具有性质A,则个体域中任一个体y也必具有性质A。当$A(x)$中不再含有量词和其他个体变元时,这条规则明显成立。但当$A(x)$中还含有量词和其他个体变元时,运用该规则的条件是:限制y不是

$A(x)$中的约束变元。该规则还有一个推广形式：$(\forall x)A(x) \Rightarrow A(c)$，其中$c$为一个个体常元。

全称量词引入规则的含义在于：若个体域中任意一个个体y都具有性质A，则个体域中所有个体x也都具有性质A。运用该规则的条件是：y是个体域中的任意一个个体，且y取任何值时A都为真；个体变元x不是$A(y)$中的约束变元。

存在量词消去规则的含义在于：若个体域中存在个体x具有性质A，则个体域中必有某个体c具有性质A。运用该规则的条件是：c是个体域中某个确定的个体常元，且使A为真；c不在$A(x)$中出现过；$(\exists x)A(x)$中没有自由变元。

存在量词引入规则的含义在于：若个体域中存在个体c具有性质A，则$(\exists x)A(x)$必为真。运用该规则的限制条件是：x不在$A(c)$中出现。

在谓词逻辑中，谓词公式的解释依赖于个体域，求取谓词公式在所有解释下的真值往往非常烦琐，甚至异常困难。这就导致了命题逻辑中的简单证明推理在谓词逻辑中不容易实施。谓词逻辑推理通常采用的是基于永真蕴涵式或推理规则的构造证明推理。

例5.27 证明如下推理："所有计算机科学与技术专业的本科生都要修离散数学，王强是计算机科学与技术专业的本科生。所以，王强要修离散数学。"

证明 对命题进行符号化：

谓词$C(x)$：x是计算机科学与技术专业的本科生。

谓词$D(x)$：x要修离散数学。

个体常元a：王强。

前提：$(\forall x)(C(x) \rightarrow D(x))$，$C(a)$。

结论：$D(a)$。

证明如下：

(1) $(\forall x)(C(x) \rightarrow D(x))$	前提引入
(2) $C(a) \rightarrow D(a)$	(1)、US规则
(3) $C(a)$	前提引入
(4) $D(a)$	(2)、(3)、假言推理

例5.28 证明 $\neg(\exists x)(A(x) \wedge C(x))$，$(\forall x)(B(x) \rightarrow C(x)) \vDash (\forall x)(B(x) \rightarrow \neg A(x))$。

证明

(1) $\neg(\exists x)(A(x) \wedge C(x))$	前提引入
(2) $(\forall x)\neg(A(x) \wedge C(x))$	(1)、量词与否定交换律
(3) $(\forall x)(\neg A(x) \vee \neg C(x))$	(2)、德摩根律
(4) $(\forall x)(\neg C(x) \vee \neg A(x))$	(3)、交换律
(5) $(\forall x)(C(x) \rightarrow \neg A(x))$	(4)、蕴含等值式
(6) $C(y) \rightarrow \neg A(y)$	(5)、US规则
(7) $(\forall x)(B(x) \rightarrow C(x))$	前提引入
(8) $B(y) \rightarrow C(y)$	(7)、US规则
(9) $B(y) \rightarrow \neg A(y)$	(6)、(8)、条件三段论
(10) $(\forall x)(B(x) \rightarrow \neg A(x))$	(9)、UG规则

定理5.5 谓词公式B是谓词公式$A_1, A_2, \cdots, A_n$的有效结论当且仅当谓词公式$A_1 \wedge A_2 \wedge \cdots \wedge A_n \wedge \neg B$是矛盾式。

证明　在命题逻辑中已证明：命题公式 B 是命题公式 $A_1, A_2, \cdots, A_n$ 的有效结论当且仅当命题公式 $A_1 \wedge A_2 \wedge \cdots \wedge A_n \wedge \neg B$ 是矛盾式。对于谓词公式 B 和 $A_1, A_2, \cdots, A_n$，公式 $A_1 \wedge A_2 \wedge \cdots \wedge A_n \wedge \neg B$ 是谓词公式代换实例，所以，定理 5.5 成立。证毕。

定理 5.5 是谓词逻辑推理的理论基础。一方面，根据定义 5.20，只要证明谓词公式 $A_1 \wedge A_2 \wedge \cdots \wedge A_n \rightarrow B$ 是重言式，那么，谓词公式 $A_1, A_2, \cdots, A_n$ 的有效结论就是命题公式 B；另一方面，谓词公式 $A_1, A_2, \cdots, A_n$ 的有效结论是谓词公式 B，也可以通过证明谓词公式 $A_1 \wedge A_2 \wedge \cdots \wedge A_n \wedge \neg B$ 是矛盾式而得到证明。前者称为谓词逻辑推理的**直接方法**（direct method），后者称为谓词逻辑推理的**间接方法**（indirect method）或**反证法**。

例 5.29　用反证法证明如下推理："学术委员会的每个成员都是博士并且是教授。有些成员是青年人。因而，有的成员是青年教授。"

证明　对命题进行符号化：

谓词 $F(x)$：x 是学术委员会成员。

谓词 $G(x)$：x 是教授。

谓词 $H(x)$：x 是博士。

谓词 $R(x)$：x 是青年人。

前提：$(\forall x)(F(x) \rightarrow (G(x) \wedge H(x)))$，$(\exists x)(F(x) \wedge R(x))$。

结论：$(\exists x)(F(x) \wedge R(x) \wedge G(x))$。

证明如下：

(1) $(\exists x)(F(x) \wedge R(x))$	前提引入
(2) $F(c) \wedge R(c)$	(1)、ES 规则
(3) $(\forall x)(F(x) \rightarrow (G(x) \wedge H(x)))$	前提引入
(4) $F(c) \rightarrow (G(c) \wedge H(c))$	(3)、US 规则
(5) $F(c)$	(2)、化简式
(6) $G(c) \wedge H(c)$	(4)、(5)、假言推论
(7) $G(c)$	(6)、化简式
(8) $R(c)$	(2)、化简式
(9) $\neg(\exists x)(F(x) \wedge R(x) \wedge G(x))$	结论的否定引入
(10) $F(c) \wedge R(c) \wedge G(c)$	(5)、(7)、(8)、合取
(11) $(\exists x)(F(x) \wedge R(x) \wedge G(x))$	(10)、EG 规则
(12) 0	(9)、(11)、矛盾律

例 5.30　用反证法证明 $(\forall x)(F(x) \rightarrow G(x)) \vDash (\forall x)((\exists y)(F(y) \wedge H(x,y)) \rightarrow (\exists z)(G(z) \wedge H(x,z)))$。

证明
(1) $\neg(\forall x)((\exists y)(F(y) \wedge H(x,y)) \rightarrow (\exists z)(G(z) \wedge H(x,z)))$	结论的否定引入
(2) $(\exists x)\neg((\exists y)(F(y) \wedge H(x,y)) \rightarrow (\exists z)(G(z) \wedge H(x,z)))$	(1)、量词与否定交换律
(3) $\neg((\exists y)(F(y) \wedge H(a,y)) \rightarrow (\exists z)(G(z) \wedge H(a,z)))$	(2)、EI 规则
(4) $\neg(\neg(\exists y)(F(y) \wedge H(a,y)) \vee (\exists z)(G(z) \wedge H(a,z)))$	(3)、蕴含等值式
(5) $\neg\neg(\exists y)(F(y) \wedge H(a,y)) \wedge \neg(\exists z)(G(z) \wedge H(a,z))$	(4)、德摩根律
(6) $(\exists y)(F(y) \wedge H(a,y)) \wedge \neg(\exists z)(G(z) \wedge H(a,z))$	(5)、双重否定律

(7) $(\exists y)(F(y) \wedge H(a,y))$	(6)、化简式
(8) $F(b) \wedge H(a,b)$	(7)、ES 规则
(9) $F(b)$	(8)、化简式
(10) $(\forall x)(F(x) \rightarrow G(x))$	前提引入
(11) $F(b) \rightarrow G(b)$	(10)、US 规则
(12) $G(b)$	(9)、(11)、假言推理
(13) $\neg(\exists z)(G(z) \wedge H(a,z))$	(6)、化简式
(14) $(\forall z)\neg(G(z) \wedge H(a,z))$	(13)、量词与否定交换
(15) $(\forall z)(\neg G(z) \vee \neg H(a,z))$	(14)、德摩根律
(16) $\neg G(b) \vee \neg H(a,b)$	(15)、US 规则
(17) $H(a,b)$	(8)、化简式
(18) $\neg\neg H(a,b)$	(17)、双重否定律
(19) $\neg G(b)$	(16)、(18)、析取三段论
(20) 0	(12)、(19)、矛盾律

归结推理也是谓词逻辑推理的一种重要方法。在谓词逻辑中,首先需要进行量词的消去,然后才能按照命题逻辑中归结推理的步骤实施。在这里,斯柯伦范式有着重要的作用。在前面已经证明,谓词公式的不可满足性和该谓词公式的斯柯伦范式的不可满足性等价。这正是谓词逻辑中归结推理的理论依据。

采用间接归结推理证明 $A_1, A_2, \cdots, A_n \vDash B$ 的一般步骤为:

步骤一,将 $A_1 \wedge A_2 \wedge \cdots \wedge A_n \wedge \neg B$ 等值演算为前束范式 $(Q_1 x_1)(Q_2 x_2) \cdots (Q_n x_n)$ $M(x_1, x_2, \cdots, x_n)$。

步骤二,将 $M(x_1, x_2, \cdots, x_n)$ 等值演算为合取范式 $M'(x_1, x_2, \cdots, x_n)$。

步骤三,消去 $(Q_1 x_1)(Q_2 x_2) \cdots (Q_n x_n) M'(x_1, x_2, \cdots, x_n)$ 中的存在量词,得到斯柯伦范式。

步骤四,将斯柯伦范式的母式中所有的析取式作为推理的前提进行推演。

例 5.31 用归结推理证明 $(\forall x)(P(x) \vee Q(x))$, $(\forall x)(Q(x) \rightarrow \neg R(x))$, $(\forall x)$ $R(x) \vDash (\forall x)P(x)$。

证明 令 $G = (\forall x)(P(x) \vee Q(x)) \wedge (\forall x)(Q(x) \rightarrow \neg R(x)) \wedge (\forall x)R(x) \wedge \neg(\forall x)$ $P(x)$。首先,将 G 转化为与之等值的前束范式:

$(\forall x)(P(x) \vee Q(x)) \wedge (\forall x)(Q(x) \rightarrow \neg R(x)) \wedge (\forall x)R(x) \wedge \neg(\forall x)P(x)$

$\Leftrightarrow (\forall x)(P(x) \vee Q(x)) \wedge (\forall x)(Q(x) \rightarrow \neg R(x)) \wedge (\forall x)R(x) \wedge$
$\quad (\exists x)\neg P(x)$

$\Leftrightarrow (\forall x)((P(x) \vee Q(x)) \wedge (Q(x) \rightarrow \neg R(x)) \wedge R(x)) \wedge (\exists x)\neg P(x)$

$\Leftrightarrow (\forall x)((P(x) \vee Q(x)) \wedge (Q(x) \rightarrow \neg R(x)) \wedge R(x)) \wedge (\exists y)\neg P(y)$

$\Leftrightarrow (\forall x)(\exists y)((P(x) \vee Q(x)) \wedge (Q(x) \rightarrow \neg R(x)) \wedge R(x) \wedge \neg P(y))$

$\Leftrightarrow (\exists y)(\forall x)((P(x) \vee Q(x)) \wedge (Q(x) \rightarrow \neg R(x)) \wedge R(x) \wedge \neg P(y))$

$\Leftrightarrow (\exists y)(\forall x)((P(x) \vee Q(x)) \wedge (\neg Q(x) \vee \neg R(x)) \wedge R(x) \wedge \neg P(y))$

上面前束范式的母式已经是合取范式。其次,消去存在量词,可以得到如下斯柯伦范式:

$$G' = (\forall x)((P(x) \vee Q(x)) \wedge (\neg Q(x) \vee \neg R(x)) \wedge R(x) \wedge \neg P(a))$$

最后,得到推理的前提为:$P(x) \vee Q(x), \neg Q(x) \vee \neg R(x), R(x), \neg P(a)$。

归结推理如下:

(1) $P(x) \vee Q(x)$	前提引入
(2) $\neg Q(x) \vee \neg R(x)$	前提引入
(3) $R(x)$	前提引入
(4) $\neg P(a)$	前提引入
(5) $Q(a)$	(1)(4)归结
(6) $\neg R(a)$	(2)(5)归结
(7) 0	(3)、(6)矛盾律

例 5.32　用归结推理证明 $(\exists x)(P(x) \wedge S(x)), (\forall x)(P(x) \rightarrow Q(x)), (\forall x)(R(x) \wedge \neg Q(x)) \vDash (\exists x)(S(x) \wedge \neg P(x))$。

证明　令 $G = (\exists x)(P(x) \wedge S(x)) \wedge (\forall x)(P(x) \rightarrow Q(x)) \wedge (\forall x)(R(x) \wedge \neg Q(x)) \wedge \neg(\exists x)(S(x) \wedge \neg P(x))$。首先,将 G 转化为与之等值的前束范式:

$(\exists x)(P(x) \wedge S(x)) \wedge (\forall x)(P(x) \rightarrow Q(x)) \wedge (\forall x)(R(x) \wedge \neg Q(x)) \wedge \neg(\exists x)(S(x) \wedge \neg P(x))$

$\Leftrightarrow (\exists x)(P(x) \wedge S(x)) \wedge (\forall x)(P(x) \rightarrow Q(x)) \wedge (\forall x)(R(x) \wedge \neg Q(x)) \wedge (\forall x)\neg(S(x) \wedge \neg P(x))$

$\Leftrightarrow (\exists y)(P(y) \wedge S(y)) \wedge (\forall x)(P(x) \rightarrow Q(x)) \wedge (\forall x)(R(x) \wedge \neg Q(x)) \wedge (\forall x)(\neg S(x) \vee \neg \neg P(x))$

$\Leftrightarrow (\exists y)(P(y) \wedge S(y)) \wedge (\forall x)(P(x) \rightarrow Q(x)) \wedge (\forall x)(R(x) \wedge \neg Q(x)) \wedge (\forall x)(\neg S(x) \vee P(x))$

$\Leftrightarrow (\exists y)(\forall x)((P(y) \wedge S(y)) \wedge (P(x) \rightarrow Q(x)) \wedge (R(x) \wedge \neg Q(x)) \wedge (\neg S(x) \vee P(x)))$

再将上述前束范式的母式化为合取范式:

$(\exists y)(\forall x)((P(y) \wedge S(y)) \wedge (P(x) \rightarrow Q(x)) \wedge (R(x) \wedge \neg Q(x)) \wedge (\neg S(x) \vee P(x)))$

$\Leftrightarrow (\exists y)(\forall x)(P(y) \wedge S(y) \wedge (\neg P(x) \vee Q(x)) \wedge R(x) \wedge \neg Q(x) \wedge (\neg S(x) \vee P(x)))$

其次,消去存在量词,可以得到如下斯柯伦范式:

$G' = (\forall x)(P(a) \wedge S(a) \wedge (\neg P(x) \vee Q(x)) \wedge R(x) \wedge \neg Q(x) \wedge (\neg S(x) \vee P(x)))$

最后,得到推理的前提为:$P(a), S(a), \neg P(x) \vee Q(x), R(x), \neg Q(x), \neg S(x) \vee P(x)$。

归结推理如下:

(1) $P(a)$	前提引入
(2) $\neg P(x) \vee Q(x)$	前提引入
(3) $Q(a)$	(1)(2)归结
(4) $\neg Q(x)$	前提引入
(5) 0	(3)、(4)矛盾律

例 5.33　证明如下推理:"参加比赛者都是计算机系的学生并且是高级程序员。有些参赛者是女生。所以,有的参赛者是女高级程序员。"

证明 命题符号化为：

谓词 $M(x)$：x 是参赛者。

谓词 $S(x)$：x 是计算机系的学生。

谓词 $P(x)$：x 是高级程序员。

谓词 $G(x)$：x 是女生。

前提：$(\forall x)(M(x) \to S(x) \land P(x))$，$(\exists x)(M(x) \land G(x))$。

结论：$(\exists x)(M(x) \land G(x) \land P(x))$。

令 $G = (\forall x)(M(x) \to S(x) \land P(x)) \land (\exists x)(M(x) \land G(x)) \land \neg(\exists x)(M(x) \land G(x) \land P(x))$。首先，将 G 转化为与之等值的前束范式：

$(\forall x)(M(x) \to S(x) \land P(x)) \land (\exists x)(M(x) \land G(x)) \land \neg(\exists x)(M(x) \land G(x) \land (P(x))$

$\Leftrightarrow (\forall x)(M(x) \to S(x) \land P(x)) \land (\exists x)(M(x) \land G(x)) \land$
$(\forall x)\neg(M(x) \land G(x) \land P(x))$

$\Leftrightarrow (\exists y)(M(y) \land G(y)) \land (\forall x)(M(x) \to S(x) \land P(x)) \land$
$(\forall x)(\neg M(x) \lor \neg G(x) \lor \neg P(x))$

$\Leftrightarrow (\exists y)(\forall x)((M(y) \land G(y)) \land (M(x) \to S(x) \land P(x)) \land (\neg M(x) \lor$
$\neg G(x) \lor \neg P(x)))$

再将上述前束范式的母式化为合取范式：

$(\exists y)(\forall x)((M(y) \land G(y)) \land (M(x) \to S(x) \land P(x)) \land$
$(\neg M(x) \lor \neg G(x) \lor \neg P(x)))$

$\Leftrightarrow (\exists y)(\forall x)(M(y) \land G(y) \land (\neg M(x) \lor (S(x) \land P(x))) \land$
$(\neg M(x) \lor \neg G(x) \lor \neg P(x)))$

$\Leftrightarrow (\exists y)(\forall x)(M(y) \land G(y) \land (\neg M(x) \lor S(x)) \land (\neg M(x) \lor$
$P(x)) \land (\neg M(x) \lor \neg G(x) \lor \neg P(x)))$

其次，消去存在量词，可以得到如下斯柯伦范式：

$G' = (\forall x)(M(a) \land G(a) \land (\neg M(x) \lor S(x)) \land (\neg M(x) \lor P(x)) \land$
$(\neg M(x) \lor \neg G(x) \lor \neg P(x)))$

最后，得到推理的前提为：$M(a)$，$G(a)$，$\neg M(x) \lor S(x)$，$\neg M(x) \lor P(x)$，$\neg M(x) \lor$ $\neg G(x) \lor \neg P(x)$。

归结推理如下：

(1) $M(a)$	前提引入
(2) $\neg M(x) \lor P(x)$	前提引入
(3) $P(a)$	(1)(2)归结
(4) $\neg M(x) \lor \neg G(x) \lor \neg P(x)$	前提引入
(5) $\neg M(a) \lor \neg G(a)$	(3)(4)归结
(6) $\neg G(a)$	(1)(5)归结
(7) $G(a)$	前提引入
(8) 0	(6)、(7)矛盾律

5.4　谓词逻辑的应用

　　自动规划是人工智能应用领域中一种重要的问题求解技术。与一般问题求解相比,自动规划更注重于问题的求解过程,而不是求解结果。此外,自动规划要解决的问题往往是具体真实世界问题,如机器人路径规划等,而不是抽象的数学模型问题。自动规划将现实世界问题用状态、操作、动作等相关概念来描述,并从某个特定的问题状态出发,寻求一系列行为动作,建立一个操作序列(问题的解),直到达到目标状态为止。基于谓词逻辑及推理的现实世界问题表示和规划求解是一种重要的自动规划方法。

　　图 5.1 所示为一个简单的机器人规划问题。工具箱、工作台、机器人分别放置于不同的位置 L1,L2 和 L3,电子仪器放置于工作箱内。机器人的任务是完成打开工具箱,并把电子仪器搬放到工作台上。自动规划所要解决的就是给出机器人完成这一任务的操作序列。

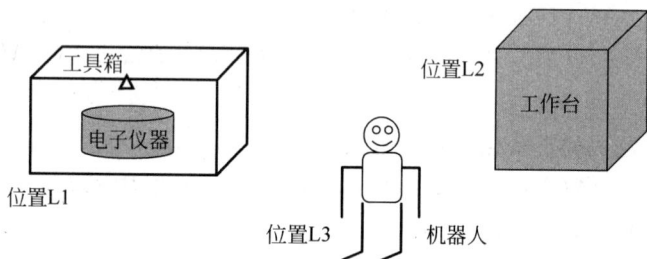

图 5.1　机器人搬运示意图

　　为了表示自动规划问题,定义如下相关个体常元和谓词:

个体常元 R：机器人。

个体常元 B：工具箱。

个体常元 A：电子仪器。

个体常元 D：工作台。

个体常元 L1：位置 L1。

个体常元 L2：位置 L2。

个体常元 L3：位置 L3。

EMPTY(x)：x 上面是空的。

H_EMPTY(x)：x 手中是空的。

HOLDING(x,y)：x 手中拿着 y。

ON(x,y)：x 在 y 的上面。

NEAR(x,y)：x 在 y 的附近。

IN(x,y)：x 在 y 的里面。

AT(x,y)：x 在 y 处。

ISCLOSE(x)：x 处于关闭状态。

ISOPEN(x)：x 处于打开状态。

OPEN(x,y)：x 把 y 打开。

CLOSE(x,y)：x 把 y 关闭。

GOTO(x,y)：x 走到 y 旁边。

PICKDOWN(x,y,z)：x 把 y 放在 z 上。

PICKUP(x,y)：x 把 y 拿起。

这样,机器人搬运问题的初始状态(s_0)可以描述为

$\quad$ AT$(B,L1) \wedge$ IN$(A,B) \wedge$ ISCLOSE$(B) \wedge$ AT$(D,L2) \wedge$ EMPTY$(D) \wedge$

$\quad$ AT$(R,L3) \wedge$ H_EMPTY(R)

目标状态(s_f)可以描述为

$\quad\quad$ AT$(B,L1) \wedge \neg$ IN$(A,B) \wedge$ ISCLOSE$(B) \wedge$ AT$(D,L2) \wedge$

$\quad\quad$ ON$(A,D) \wedge$ NEAR$(R,D) \wedge$ H_EMPTY(R)

自动规划所要解决的是：找出一个操作序列,然后把这些操作序列告诉机器,机器就可以按预定的操作序列完成相应的任务。这里,谓词 OPEN(x,y),CLOSE(x,y),GOTO(x,y),PICKDOWN(x,y,z) 和 PICKUP(x,y) 等都表示的是操作。

任何操作的执行都要满足一定的条件,称为先决条件(pre-condition)。操作执行的同时会产生相应的状态或条件的改变,称为行为动作(action)。下面给出这些操作的先决条件和行为动作：

OPEN(x,y)

$\quad\quad$ 先决条件：NEAR$(x,y) \wedge$ ISCLOSE(x)

$\quad\quad$ 行为动作：消去 ISCLOSE(x)；添加 ISOPEN(x)

CLOSE(x,y)

$\quad\quad$ 先决条件：NEAR$(x,y) \wedge$ ISOPEN(y)

$\quad\quad$ 行为动作：消去 ISOPEN(x)；添加 ISCLOSE(y)

GOTO(x,y)

$\quad\quad$ 先决条件：$\neg$ NEAR(x,y)

$\quad\quad$ 行为动作：消去 $\neg$ NEAR(x,y)；添加 NEAR(x,y)

PICKDOWN(x,y,z)

$\quad\quad$ 先决条件：NEAR$(x,z) \wedge$ HOLDING$(x,y) \wedge$ EMPTY(z)

$\quad\quad$ 行为动作：消去 HOLDING$(x,y) \wedge$ EMPTY(z)；添加 ON$(x,z) \wedge$ H_EMPTY(x)

PICKUP(x,y)

$\quad\quad$ 先决条件：NEAR$(x,z) \wedge$ IN$(y,z) \wedge$ ISOPEN$(z) \wedge$ H_EMPTY(x)

$\quad$ 行为动作：消去 IN$(y,z) \wedge$ H_EMPTY(x)；添加 $\neg$ IN$(y,z) \wedge$ HOLDING(x,y)

下面的问题是依据谓词逻辑推理,确定各操作的具体执行顺序,以使得问题从初始状态到达目标状态。目前已开发出了许多自动规划推理系统,如 STRIPS(Stanford Research Institute Problem Solver)等。这里仅从谓词逻辑推理的机理角度,给出操作序列的求解过程。

在初始状态 s_0,AT$(R,L3)$满足。那么,操作 GOTO(R,B) 的先决条件 $\neg$ NEAR(R,B)成立。所以,操作 GOTO(R,B) 可以执行,产生的行为动作是：消去 AT$(R,L3)$；添加

NEAR(R,B)。得到新的状态 s_1：

$$\text{AT}(B,\text{L1}) \wedge \text{IN}(A,B) \wedge \text{ISCLOSE}(B) \wedge \text{AT}(D,\text{L2}) \wedge$$
$$\text{EMPTY}(D) \wedge \text{NEAR}(R,B) \wedge \text{H\_EMPTY}(R)$$

在状态 s_1，操作 OPEN(R,B) 的先决条件 NEAR(R,B) $\wedge$ ISCLOSE(B)成立。所以，操作 OPEN(R,B)可以执行，产生的行为动作是：消去 ISCLOSE(B)；添加 ISOPEN(B)。得到新的状态 s_2：

$$\text{AT}(B,\text{L1}) \wedge \text{IN}(A,B) \wedge \text{ISOPEN}(B) \wedge \text{AT}(D,\text{L2}) \wedge$$
$$\text{EMPTY}(D) \wedge \text{NEAR}(R,B) \wedge \text{H\_EMPTY}(R)$$

在状态 s_2，操作 PICKUP(R,A) 的先决条件 IN(A,B) $\wedge$ ISOPEN(B) $\wedge$ NEAR(R,B) $\wedge$ H_EMPTY(R)成立。所以，操作 PICKUP(R,A)可以执行，产生的行为动作是：消去 IN(A,B) $\wedge$ H_EMPTY(R)；添加 ¬ IN(A,B) $\wedge$ HOLDING(R,A)。得到新的状态 s_3：

$$\text{AT}(B,\text{L1}) \wedge \text{ISOPEN}(B) \wedge \text{AT}(D,\text{L2}) \wedge \text{EMPTY}(D) \wedge$$
$$\text{NEAR}(R,B) \wedge \neg \text{IN}(A,B) \wedge \text{HOLDING}(R,A)$$

在状态 s_3，NEAR(R,B)满足。那么，操作 GOTO(R,D) 的先决条件 ¬ NEAR(R,D)成立。所以，操作 GOTO(R,D)可以执行，产生的行为动作是：消去 NEAR(R,B)；添加 NEAR(R,D)。得到新的状态 s_4：

$$\text{AT}(B,\text{L1}) \wedge \text{ISOPEN}(B) \wedge \text{AT}(D,\text{L2}) \wedge \text{EMPTY}(D) \wedge$$
$$\text{NEAR}(R,D) \wedge \neg \text{IN}(A,B) \wedge \text{HOLDING}(R,A)$$

在状态 s_4，操作 PICKDOWN(R,A,D) 的先决条件 NEAR(R,D) $\wedge$ HOLDING(R,A) $\wedge$ EMPTY(D)成立。所以，操作 PICKDOWN(R,A,D)可以执行，产生的行为动作是：消去 HOLDING(R,A) $\wedge$ EMPTY(D)；添加 ON(A,D) $\wedge$ H_EMPTY(R)。得到新的状态 s_5：

$$\text{AT}(B,\text{L1}) \wedge \text{ISOPEN}(B) \wedge \text{AT}(D,\text{L2}) \wedge \text{NEAR}(R,D) \wedge$$
$$\neg \text{IN}(A,B) \wedge \text{ON}(A,D) \wedge \text{H\_EMPTY}(R)$$

在状态 s_5，NEAR(R,D)满足，那么，操作 GOTO(R,B) 的先决条件 ¬ NEAR(R,B)成立。所以，操作 GOTO(R,B)可以执行，产生的行为动作是：消去 NEAR(R,D)；添加 NEAR(R,B)。得到新的状态 s_6：

$$\text{AT}(B,\text{L1}) \wedge \text{ISOPEN}(B) \wedge \text{AT}(D,\text{L2}) \wedge \text{NEAR}(R,B) \wedge$$
$$\neg \text{IN}(A,B) \wedge \text{ON}(A,D) \wedge \text{H\_EMPTY}(R)$$

在状态 s_6，操作 CLOSE(R,B)的先决条件 ISOPEN(B) $\wedge$ NEAR(R,B)成立。所以，操作 CLOSE(R,B)可以执行，产生的行为动作是：消去 ISOPEN(B)；添加 ISCLOSE(B)。得到新的状态 s_7：

$$\text{AT}(B,\text{L1}) \wedge \text{ISCLOSE}(B) \wedge \text{AT}(D,\text{L2}) \wedge \text{NEAR}(R,B) \wedge$$
$$\neg \text{IN}(A,B) \wedge \text{ON}(A,D) \wedge \text{H\_EMPTY}(R)$$

在状态 s_7，NEAR(R,B)满足，那么，操作 GOTO(R,D) 的先决条件 ¬ NEAR(R,D)成立。所以，操作 GOTO(R,D)可以执行，产生的行为动作是：消去 NEAR(R,B)；添加 NEAR(R,D)。得到新的状态 s_8：

$$\text{AT}(B,\text{L1}) \wedge \text{ISCLOSE}(B) \wedge \text{AT}(D,\text{L2}) \wedge \text{NEAR}(R,D) \wedge$$
$$\neg \text{IN}(A,B) \wedge \text{ON}(A,D) \wedge \text{H\_EMPTY}(R)$$

状态 s_8 就是目标状态 s_f。由此,可得到该机器人搬运任务的操作序列为:GOTO$(R,$ $B)$→OPEN(R,B)→PICKUP(R,A)→GOTO(R,D)→PICKDOWN(R,A,D)→GOTO$(R,$ $B)$→CLOSE(R,B)→GOTO(R,D)。

习题

1. 表示下列命题中的谓词。

① 偶数和偶数相加是偶数;　　　　　② 李阳会讲英语、法语和德语;

③ 机器人搬运货物到仓库;　　　　　④ 王强喜欢足球和网球;

⑤ 北京、上海、天津、重庆是直辖市;　⑥ 京沪高铁穿过济南和南京;

⑦ $x \leqslant y$;　　　　　　　　　　⑧ 深圳在广州和香港之间;

⑨ $x + y = z$;　　　　　　　　　⑩ 张宏和刘伟是朋友。

2. 用谓词和量词符号表示下列命题。

① 每一个有理数都是实数;　　　　　② 某些实数是自然数;

③ 每一个大学生都要修一门外语;　　④ 每一个人都有父母;

⑤ 火星上存在生命;　　　　　　　　⑥ 中国短道速滑队获得过冬奥会金牌;

⑦ 中国乒乓球队包揽了 2010 年乒乓球世界锦标赛所有金牌;

⑧ 有些学生完成了所有习题;

⑨ 任意三点确定一个平面;

⑩ 没有人登上过喜马拉雅山的所有山峰。

3. 判断下列符号串哪些是谓词公式。

① $H(x,y) \vee \neg (\exists y)G(x)$;

② $(\forall x) \neg H(x,f(y))$;

③ $(\forall x) \neg (\exists y) \neg H(x,f(y))$;

④ $(\forall x) \neg (\exists y)(\neg H(x,f(y)) \vee \neg (\exists y)G(x)$;

⑤ $(\forall x) \neg (\exists y)(\neg H(x,f(y)) \vee \neg (\exists y))G(x)$;

⑥ $(\forall x) \neg (\exists y)(\neg H(x,f(y)) \vee \neg (\exists y)G(x))$;

⑦ $H(,\forall y) \vee G(\forall x) \leftrightarrow \forall x) \neg (\exists y)(\neg H(x,$

⑧ $(\forall x)(\forall y)(A(x,y) \wedge B(x)) \rightarrow H(x)$;

⑨ $(\forall x)(\forall y)A(x,y,z) \wedge (\forall z)B(x)$;

⑩ $(\forall x) \neg H(x \rightarrow y)$。

4. 用谓词公式表示下列命题。

① 我为人人,人人为我;

② 有些乌龟比有些兔子跑得快;

③ 过两点仅能做一条直线;

④ 如果 R 是集合 A 上的自反、对称和传递关系,则该关系是集合 A 上的等价关系;

⑤ 任何实数都有比它小的后继实数;

⑥ 不存在最大的自然数;

⑦ 选修离散数学的同学,必须提交所有课后作业,才能参加期末考试;

⑧ 人们看到的往往是成功者的鲜花和掌声,但看不到他们的泪水和汗水;

⑨ 吃一堑长一智;

⑩ 空集是任何集合的子集合。

5. 将下列命题符号化表示。

① 王强不是计算机专业的学生;

② 小张的叔叔和小刘的爸爸是朋友;

③ 存在一个函数,连续但不可导;

④ 存在最大元和最小元的格是有界格;

⑤ 不管白猫黑猫,抓住老鼠都是好猫;

⑥ 林辉的离散数学任课老师是张辉的女朋友的研究生导师;

⑦ 只要功夫深,铁棒磨成针;

⑧ 并非每一个大学生都要成为科学家;

⑨ 认准了就坚定地走下去,尽管泥水会溅满你的裤管,会浸湿你的鞋袜;

⑩ 集合上的等价关系所确定的等价类构成了该集合的一个划分。

6. 设 $S(x,y,z)$ 表示"$x+y=z$",$E(x,y)$ 表示"$x=y$",$M(x,y,z)$ 表示"$x \cdot y=z$",$L(x,y)$ 表示"$x<y$",个体域为自然数集,给出下列命题的符号表示。

① 并非一切 x 都有 $x \leqslant y$;

② 对任意 x,$x+y=y$ 当且仅当 $y=0$;

③ 如果 $x \cdot y \neq 0$,则 $x \neq 0$ 且 $y \neq 0$;

④ 存在 x,使得对所有 y,$x \cdot y=y$ 成立;

⑤ 没有 $x<0$ 且 $x>0$;

⑥ 对于 x,必有 y,满足 $y>x$。

7. 设个体域为自然数,给出如下命题的符号表示。

① x 是两数平方之和;

② x 是 y 和 z 的最大公约数;

③ 任何数被 2 除时余数为 0 或 1;

④ 任意三个数有最小公倍数;

⑤ 并非任何自然数都有比它小的自然数;

⑥ 两个奇数之和是偶数。

8. 给出下列谓词公式的自然语言表述。

① $(\forall x)(\exists y)A(x,y)$,其中 $A(x,y)$ 表示 $x \cdot y=y$;

② $(\forall x)(\exists y)F(x,y)$,其中 $F(x,y)$ 表示 $x+y=y$;

③ $(\forall x)(\exists y)N(x,y)$,其中 $N(x,y)$ 表示 $y=2x$;

④ $(\forall x)(\exists y)M(x,y)$,其中 $M(x,y)$ 表示 $x \cdot y=1$;

⑤ $(\forall x)(\exists y)(\exists z)B(x,y,z)$,其中 $B(x,y,z)$ 表示 $x \leqslant y<z$;

⑥ $(\forall x)(\forall y)(\exists z)C(x,y,z)$,其中 $C(x,y,z)$ 表示 $x^2+y^2=z$。

9. 对于谓词:

$P(x)$:x 是素数　　$E(x)$:x 是偶数　　$O(x)$:x 是奇数　　$N(x,y)$:x 可以整除 y

给出下列谓词公式的自然语言表述。

① $(\forall x)(N(2,x)\rightarrow E(x))$;

② $(\exists x)(N(x,6)\wedge E(x))$;

③ $(\forall x)(\neg E(x)\rightarrow \neg N(2,x))$;

④ $(\forall x)(E(x)\rightarrow(\forall y)(N(x,y)\rightarrow E(y)))$;

⑤ $(\forall x)(P(x)\rightarrow(\exists y)(N(y,x)\wedge O(y)))$;

⑥ $(\forall x)(O(x)\rightarrow(\exists y)(\neg N(y,x)\wedge E(y)))$。

10. 设个体域为实数,给出如下命题的符号表示。

① 不存在某数的平方小于零;

② 方程 $x=f(x)$ 的解是 $f(x)$ 的不动点;

③ 任何两实数之间必存在一个实数;

④ 非零实数都是另外两个不同实数的积;

⑤ 有些一元二次方程有两个不同的实根;

⑥ 闭区间的连续函数一定有上界和下界。

11. 指出下列各谓词公式中的自由变元、约束变元以及量词的辖域。

① $(\forall x)(P(x)\rightarrow R(x)\wedge S(x))\rightarrow(\forall x)(R(x)\wedge Q(x,y))$;

② $(\forall x)(\neg P(x)\rightarrow R(x)\wedge S(x))\leftrightarrow(\forall x)R(x)\wedge Q(x,y)$;

③ $(\forall x)(\exists y)(P(x)\leftrightarrow R(x)\wedge S(y))\leftrightarrow R(x)\wedge(\forall x)Q(x,y)$;

④ $(\forall x)P(x)\leftrightarrow(\exists y)(R(x)\wedge\neg S(y))\wedge(\forall x)R(x)\wedge(\exists y)Q(x,y)$;

⑤ $(\forall x)(\forall y)(\exists z)\neg B(x,y,z)\vee(\forall x)P(x)\rightarrow(\forall y)(\exists y)(R(x)\wedge S(y))\wedge(\forall x)$
$G(x)\wedge(\exists y)Q(y)$;

⑥ $(\forall x)(\forall y)(\exists z)B(x,y,z)\vee(\forall x)P(x)\rightarrow(\forall x)(\exists y)(\neg R(x)\wedge S(y,w))\wedge$
$(\forall x)Q(x)$。

12. 对下列谓词公式进行个体变元替换,使得每一个体变元有唯一的出现形式。

① $(\forall x)S(x)\rightarrow(\forall x)(R(x)\wedge Q(x,y))$;

② $\neg(\forall x)P(x)\rightarrow(R(x,y)\wedge S(x)\leftrightarrow(\forall x)M(x,y))$;

③ $(\forall x)(\exists y)(P(x)\leftrightarrow R(x)\wedge S(y))\vee R(x)\wedge(\forall y)F(x,y)$;

④ $(\forall x)P(x,y)\leftrightarrow(\exists y)(R(x)\wedge\neg S(y))\wedge(\exists y)Q(x,y)$;

⑤ $(\forall x)(\forall y)\neg(\exists z)H(x,y,z)\rightarrow(\forall y)(\exists x)(R(x,y)\wedge S(y))\wedge(\forall x)G(x)$;

⑥ $(\forall x)(\forall y)N(x,y,z)\vee(\forall x)P(x,y)\vee(\exists x)R(x,z)\wedge(\forall x)Q(x)$。

13. 设 $P(x)$ 表示"$x=x^2$",个体域为整数集合,求下列各谓词公式的真值。

① $P(0)\wedge P(1)$;　　　　　② $P(-1)\rightarrow P(2)$;

③ $(\forall x)P(x)$;　　　　　④ $(\exists x)P(x)$;

⑤ $P(3)\rightarrow(\forall x)P(x)$;　　　⑥ $(\exists x)P(x)\rightarrow(\forall y)P(y)$。

14. 设个体域为自然数集,个体常元 $a=0$,函词 $f(x,y)=x+y$,函词 $g(x,y)=x\cdot y$,谓词 $P(x,y)$ 为 $x=y$。求使得下列各谓词公式的真值为真或假的个体变元的取值。

① $P(f(x,y),g(y,z))$;

② $P(f(x,a),y)\rightarrow P(f(x,y),z)$;

③ $\neg P(g(x,y),g(y,z))$;

④ $(\forall x)P(g(x,y),z)$;

⑤ $(\forall x)P(g(x,a),x)\to P(x,y)$；

⑥ $(\exists x)(\forall y)(P(f(x,y),a)\to P(x,g(x,y)))$。

15. 设个体域为实数集，个体常元 $a=0$，函词 $f(x,y)=x-y$，谓词 $Q(x,y)$ 为 $x=y$。求使得下列各谓词公式的真值为真或假的个体变元的取值。

① $Q(x,a)$；

② $Q(f(x,y),x)\to Q(a,f(x,y))$；

③ $\neg Q(x,f(x,f(x,y)))$；

④ $(\forall x)Q(f(x,y),z)$；

⑤ $(\forall x)Q(f(x,a),x)\to Q(x,y)$；

⑥ $(\exists x)(\forall y)(Q(f(x,a),y)\to Q(x,f(a,y)))$。

16. 设 $Q(x,y)$ 表示"$x+y=x-y$"，个体域为整数集合，求下列各谓词公式的真值。

① $Q(0,1)$；   ② $(\forall x)Q(0,x)$；

③ $(\forall x)(\exists y)Q(x,y)$；   ④ $(\exists x)Q(x,2)$；

⑤ $(\forall x)(\forall y)Q(x,y)$；   ⑥ $(\exists x)(\forall y)Q(x,y)$。

17. 设个体域为整数集合，求下列各语句的真值。

① $(\exists x)(x^2=2)$；   ② $(\exists x)(\exists y)(x+y=x\cdot y)$；

③ $(\forall x)(\exists y)(x+1=y^2)$；   ④ $(\exists x)(\exists y)((x+y=1)\wedge(2x+y=3))$；

⑤ $(\forall x)(\exists y)(\exists z)(x+y=z-y)$； ⑥ $(\forall x)(\forall y)(\exists z)((x+y)/2=z)$。

18. 对于解释 I：

个体域 $D=\{a,b\}$
谓词 $P(x,y)$: $P(a,a)=1,P(a,b)=0,P(b,a)=0,P(b,b)=1$

给出下列谓词公式在解释 I 下的真值。

① $(\forall x)(\exists y)P(x,y)$；   ② $(\exists x)(\forall y)P(x,y)$；

③ $(\forall x)(\forall y)P(x,y)$；   ④ $(\exists x)P(x,x)$；

⑤ $(\forall y)P(b,y)$；   ⑥ $(\exists x)(\exists y)P(x,y)$。

19. 对于解释 I：

个体域 $D=\{1,2\}$
个体常元 $a=1,b=2$
函词 $f(x)$: $f(1)=2,f(2)=1$
谓词 $P(x,y)$: $P(1,1)=1,P(1,2)=1,P(2,1)=0,P(2,2)=1$

给出下列谓词公式在解释 I 下的真值。

① $P(a,f(a))\wedge P(b,f(b))$；   ② $(\exists x)(\forall y)P(x,f(y))$；

③ $(\forall x)(\forall y)(P(f(x),y)\vee P(x,x))$； ④ $(\exists x)P(x,x)\wedge(\forall x)P(x,f(x))$；

⑤ $(\forall y)P(b,y)\to(\exists x)P(x,f(x))$； ⑥ $(\exists x)(\exists y)P(f(x),f(y))$。

20. 对于谓词公式 $G=(\exists x)P(x)\to(\forall x)P(x)$，如果解释 I 的个体域仅包含一个元素，那么 G 的真值是什么？如果个体域为 $D=\{a,b\}$，试找出 G 的成假解释。

21. 对于个体域为 $D=\{1,2\}$，给出使得谓词公式 $(\forall x)(P(x)\to Q(x))$ 和 $(\exists x)(P(x)\wedge Q(x))$ 的真值同时为真和同时为假的两个解释。

22. 对于解释 I：个体域 D 为整数集合；个体常元 $a=0$；函词 $f(x,y)=x-y$；谓词 $P(x,y)$ 为 $x=y$；谓词 $Q(x,y)$ 为 $x<y$。说明下列各谓词公式在解释 I 下的意义及其真值，并求另一解释 I'，使相应谓词公式取相反的真值。

① $(\forall x)(\forall y)(Q(f(x,y),a) \to Q(x,y))$;

② $(\forall x)(\forall y)(P(f(x,y),a) \to Q(x,y))$;

③ $(\forall x)(\forall y)(Q(x,y) \to \neg P(x,y))$;

④ $(\forall x)(\exists y)(Q(f(x,y),a) \to Q(x,y))$;

⑤ $(\exists x)(\forall y)(P(f(x,y),a) \to Q(x,y))$;

⑥ $(\exists x)(\exists y)(Q(f(x,y),a) \to Q(x,y))$。

23. 判断下列谓词公式是否为永真公式。

① $(\exists x)(\forall y)P(x,y) \leftrightarrow (\forall y)(\exists x)P(x,y)$;

② $(\forall x)(\forall y)P(x,y) \leftrightarrow (\forall y)(\forall x)P(x,y)$;

③ $(\exists x)(\exists y)P(x,y) \leftrightarrow (\exists y)(\exists x)P(x,y)$;

④ $((\exists x)A(x) \to (\exists x)B(x)) \leftrightarrow (\exists x)(A(x) \to B(x))$;

⑤ $((\forall x)A(x) \to (\forall x)B(x)) \to (\forall x)(A(x) \to B(x))$;

⑥ $(\forall x)(A(x) \to B(x)) \to ((\forall x)A(x) \to (\forall x)B(x))$。

24. 判断下列谓词公式是否为永真公式。

① $(\exists x)(\forall y)P(x,y) \wedge (\forall y)(\forall x)P(x,y)$;

② $(\forall x)(\forall y)P(x,y) \wedge (\exists y)(\forall x)P(x,y)$;

③ $(\exists x)(\exists y)P(x,y) \wedge (\forall y)(\forall x)P(x,y)$;

④ $((\exists x)A(x) \wedge (\exists x)B(x)) \to (\exists x)(A(x) \wedge B(x))$;

⑤ $((\forall x)A(x) \wedge (\forall x)B(x)) \to (\forall x)(A(x) \wedge B(x))$;

⑥ $(\forall x)(A(x) \wedge B(x)) \to ((\forall x)A(x) \wedge (\forall x)B(x))$。

25. 判断下列谓词公式是否为永真公式。

① $(\exists x)(\forall y)P(x,y) \vee (\exists x)(\forall x)P(x,y)$;

② $(\forall x)(\forall y)P(x,y) \vee (\exists y)(\exists x)P(x,y)$;

③ $(\forall x)(\exists y)P(x,y) \vee (\exists y)(\exists x)P(x,y)$;

④ $((\exists x)A(x) \vee (\exists x)B(x)) \to (\exists x)(A(x) \vee B(x))$;

⑤ $((\forall x)A(x) \vee (\forall x)B(x)) \to (\forall x)(A(x) \vee B(x))$;

⑥ $(\forall x)(A(x) \vee B(x)) \to ((\forall x)A(x) \vee (\forall x)B(x))$。

26. 判断下列谓词公式哪些是永真公式,哪些是可满足公式,哪些是不可满足公式。

① $(\forall x)A(x) \to (\exists x)A(x)$;

② $(\forall x)\neg A(x) \to \neg(\forall x)A(x)$;

③ $(\exists x)A(x) \to (\forall x)A(x)$;

④ $(\exists x)(\forall y)P(x,y) \to (\forall y)(\exists x)P(x,y)$;

⑤ $(\forall x)(\forall y)P(x,y) \to (\forall y)(\forall x)P(x,y)$;

⑥ $(\exists x)(\exists y)P(x,y) \to (\exists y)(\exists x)P(x,y)$;

⑦ $((\exists x)A(x) \wedge (\exists x)B(x)) \leftrightarrow (\exists x)(A(x) \wedge B(x))$;

⑧ $((\exists x)A(x) \vee (\exists x)B(x)) \leftrightarrow (\exists x)(A(x) \vee B(x))$;

⑨ $((\exists x)A(x)\rightarrow(\exists x)B(x))\rightarrow(\exists x)(A(x)\rightarrow B(x))$;

⑩ $(\forall x)(A(x)\vee B(x))\rightarrow((\forall x)A(x)\vee(\forall y)B(y))$。

27. 将下列谓词公式中的否定联结词移动,使其只出现在谓词的前面。

① $\neg(\exists x)(\forall y)P(x,y)\vee(\forall y)\neg(\exists x)P(x,y)$;

② $\neg(\forall x)\neg A(x)\rightarrow\neg(\forall x)B(x)$;

③ $\neg(\exists x)(A(x)\rightarrow(\forall x)A(x))$;

④ $(\exists x)\neg(\forall y)(P(x,y)\rightarrow\neg(\forall y)(\exists x)P(x,y))$;

⑤ $\neg((\forall x)(\forall y)P(x,y)\rightarrow(\forall y)\neg(\forall x)P(x,y))$;

⑥ $(\exists x)\neg(\exists y)(P(x,y)\rightarrow B(x))\vee\neg(\exists y)(\exists x)P(x,y)$。

28. 设个体域为 $D=\{a,b\}$,消去如下谓词公式中的量词。

① $(\forall x)(\forall y)P(x,y)\wedge P(a,z)$;

② $(\exists x)(\forall y)P(x,y)\wedge(\forall y)(\exists x)P(x,y)$;

③ $(\forall x)(\forall y)P(x,y)\rightarrow(\exists x)A(x)$;

④ $(\forall x)(A(x)\rightarrow B(x))$;

⑤ $(\forall x)(\forall y)(P(x,y)\rightarrow B(y))\vee(\forall x)A(x)$;

⑥ $(\forall x)(\forall y)(P(x,y)\wedge B(z))\vee(\forall x)G(x,y)$。

29. 设解释 I 的个体域由 a,b 和 c 组成,试将下列谓词公式写成在解释 I 中不含量词的形式。

① $(\exists x)P(x)\wedge(\forall y)Q(y)$;

② $(\forall x)(P(x)\rightarrow(\exists y)A(y))$;

③ $(\exists x)(P(x)\wedge(\forall y)Q(y))$;

④ $(\forall y)P(y)\wedge(\forall y)(\exists x)Q(x,y)$;

⑤ $(\forall x)(\forall y)(\forall z)(P(x,y)\rightarrow B(z))\vee(\forall x)A(x)$;

⑥ $(\forall x)(\forall y)(P(x,y)\wedge B(y))\vee(\exists x)G(x,y)$。

30. 证明如下谓词公式的等值式。

① $(\forall x)A(x)\wedge((\forall x)A(x)\vee(\exists x)A(x))\Leftrightarrow(\forall x)A(x)$;

② $(\forall x)A(x)\rightarrow(\forall y)B(y)\Leftrightarrow(\exists x)\neg A(x)\vee(\forall y)B(y)$;

③ $\neg((\forall x)A(x)\wedge(\exists y)B(y))\Leftrightarrow(\exists x)\neg A(x)\vee(\forall y)\neg B(y)$;

④ $((\exists x)A(x)\rightarrow(\forall y)P(x,y))\wedge((\exists x)A(x)\rightarrow\neg(\forall y)P(x,y))\Leftrightarrow(\forall x)\neg A(x)$;

⑤ $\neg((\forall x)(\forall y)P(x,y)\vee(\exists x)A(x))\Leftrightarrow(\exists x)(\exists y)\neg P(x,y)\wedge\neg(\exists x)A(x)$;

⑥ $(\forall x)(\forall y)P(x,y)\rightarrow(\exists y)B(y)\Leftrightarrow(\forall y)\neg B(y)\rightarrow\neg(\forall x)(\forall y)P(x,y)$。

31. 证明如下谓词公式的等值式。

① $(\forall x)(\neg A(x)\vee B)\Leftrightarrow(\exists x)A(x)\rightarrow B$;

② $(\exists x)(\neg A(x)\rightarrow B)\Leftrightarrow(\exists x)A(x)\vee B$;

③ $(\exists x)A(x)\wedge\neg(\forall x)\neg B(x)\Leftrightarrow(\exists x)(\exists y)(A(x)\wedge B(y))$;

④ $(\exists x)(\neg A(x)\vee B(x))\Leftrightarrow(\forall x)A(x)\rightarrow(\exists x)B(x)$;

⑤ $(\exists x)(A(x)\wedge B)\Leftrightarrow\neg(\forall x)\neg A(x)\wedge B$;

⑥ $(\forall x)(\forall y)P(x,y)\Leftrightarrow(\forall y)\neg(\exists x)\neg P(x,y)$。

32．求下列谓词公式的前束范式。

① $\neg(\exists x)(\forall y)G(x,y)\lor(\forall y)P(x,y)$；

② $\neg(\forall x)A(x,y)\to(\forall x)B(x)$；

③ $\neg(\exists x)(G(x)\to(\forall y)A(x,y))$；

④ $(\exists x)(\forall y)(P(x,y)\to(\forall y)(\exists x)G(x,y))$；

⑤ $(\forall x)(\forall y)P(x,y)\to(\forall y)(\forall z)G(x,z)$；

⑥ $(\exists x)(\forall y)(A(x)\to B(y))\lor(\exists y)(\exists x)P(x,y)$。

33．求题23中各谓词公式的前束范式。

34．求题24中各谓词公式的前束范式。

35．假设$(\exists x)(\forall y)M(x,y)$是谓词公式$G$的前束范式，其中，$M(x,y)$是仅仅包含变量$x$和$y$的母式。试证明：$G$是重言式当且仅当$(\exists x)(\forall y)M(x,f(x))$是重言式，其中，$f$是不出现在$M(x,y)$中的函词。

36．求下列谓词公式的斯柯伦范式。

① $(\exists y)(G(x)\to(\exists y)Q(x,y))$；

② $(\exists x)(\forall y)(\forall z)(\exists u)(\forall v)(\exists w)M(x,y,z,u,v,w)$；

③ $(\exists x)(G(x,y)\to(\forall y)(\exists z)A(x,y,z))$；

④ $(\exists x)(\forall y)(N(x,y)\lor(\forall y)(\exists x)G(x,y))$；

⑤ $(\forall x)(\forall y)N(x,y)\land(\forall y)(\forall z)G(x,z)$；

⑥ $(\exists x)(\forall y)(A(x)\land B(x))\to(\exists y)(\exists x)G(x,y)$。

37．求题28中谓词公式的斯柯伦范式。

38．判断下列谓词公式的蕴含式是否为永真蕴含式。

① $(\forall x)A(x)\lor(\forall x)B(x)\to(\forall x)(A(x)\lor B(x))$；

② $(\exists x)A(x,x)\to(\exists x)(\exists y)A(x,y)$；

③ $(\exists x)(A(x)\land B(x))\to(\exists x)A(x)\land(\exists x)B(x)$；

④ $(\forall x)A(x,x)\to(\forall x)(\forall y)A(x,y)$；

⑤ $(\forall x)(A(x)\to B(x))\to((\forall x)A(x)\to(\forall x)B(x))$；

⑥ $(\forall x)A(x)\to(\forall x)A(x)\lor(\exists y)B(y)$。

39．证明如下谓词公式的永真蕴含式。

① $(\forall x)(A(x)\to B(x))\Rightarrow(\exists x)A(x)\to(\exists x)B(x)$；

② $(\forall x)(\forall y)A(x,y)\Rightarrow(\forall x)A(x,x)$；

③ $(\exists x)(A(x)\land B(x))\Rightarrow(\exists x)A(x)\land(\exists x)B(x)$；

④ $(\forall x)A(x)\land((\exists x)\neg A(x)\lor(\exists y)B(y))\Rightarrow(\forall x)A(x)$；

⑤ $(\forall y)\neg B(y)\land((\exists x)\neg A(x)\to(\forall y)B(y))\Rightarrow(\forall x)A(x)$；

⑥ $(\exists x)(\forall y)A(x,y)\Rightarrow(\forall y)(\exists x)A(x,y)$。

40．设个体域由两个元素组成，如果谓词公式$(\exists x)(A(x)\land B(x))$和$(\exists y)(A(y)\land C(y))$在某解释$I$下真值为真，则$(\exists z)(B(z)\land C(z))$是否在该解释$I$下真值为真？如果将谓词公式中的存在量词换成全称量词，结果如何？

41．用谓词演算证明如下推理。

① $(\forall x)(P(x)\to(Q(y)\land R(a))),(\forall x)P(x)\vDash Q(y)\land(\exists x)(P(x)\land R(x))$；

② $(\forall x)(\neg P(x) \rightarrow Q(x)),(\forall x)\neg Q(x) \vDash (\exists x)P(x)$;

③ $(\exists x)P(x) \rightarrow (\forall y)((P(y) \vee Q(y)) \rightarrow R(y)),(\exists x)P(x) \vDash (\exists x)R(x)$;

④ $(\forall x)(P(x) \rightarrow (Q(x) \wedge R(x))),(\exists x)P(x) \vDash (\exists x)(P(x) \wedge R(x))$。

42. 每一个自然数不是奇数就是偶数。自然数是偶数当且仅当它能被 2 整除。并不是所有自然数都能被 2 整除。因此,有的自然数是奇数。符号化表示该命题,并给出推理的证明。

43. 用反证法证明题 41 中的推理。

44. 如果一个人怕困难,那么他就不会获得成功。每个人或者获得成功或者失败过。有些人未曾失败过。所以,有些人不怕困难。符号化表示该命题,并给出推理的反证法证明。

45. 两个三角形全等当且仅当它们的三条边分别相等。如果两个三角形全等则它们的三个内角分别相等。三角形 A 和三角形 B 的三条边相等。所以,三角形 A 和三角形 B 的三个内角相等。符号化表示该命题,并给出推理的反证法证明。

46. 用归结推理证明题 41 中的推理。

47. 用归结推理证明题 42 中的推理。

48. 用归结推理证明题 44 中的推理。

49. 用归结推理证明题 45 中的推理。

50. 等价关系是满足自反、传递、对称的关系。集合上具有等价关系的元素组成一个等价类。集合 R 是集合 A 上的一个等价关系。a 和 b 是集合 A 中的元素。$[a]_R$ 是元素 a 的等价类。$[b]_R$ 是元素 b 的等价类。那么,$[a]_R$ 和 $[b]_R$ 完全相同,或者 $[a]_R$ 和 $[b]_R$ 没有相同元素。符号化表示该命题,并用归结推理证明。

第3篇

抽象代数

代数学(algebra)历史悠久。早期代数学的研究对象是具体的,是以方程根的计算为其研究中心。早在公元前1700年左右,人们就发现了求解一次方程的方法。到了公元前几世纪,巴比伦人实际上已经使用配方法得到了二次方程的求根公式。而寻找三次方程的求根公式经历了2000多年的漫长岁月,直到16世纪欧洲文艺复兴时期才由意大利数学家找到,这就是通常所说的卡丹公式(Gerolamo Cardano,1501—1576)。在三次方程求解问题解决不久,费尔拉里(Ludovico Ferrari,1522—1565)又得到了四次方程的求解方法,主要思路是将求四次方程的根化为求一个三次方程和两个二次方程的根。既然有了这个突破,数学家们就以极大的兴趣和自信致力于寻找五次方程的求解方法。当时一些著名的数学家,如欧拉(Leonhard Euler,1707—1783)、范德蒙德(Alexandre Theophile Vandermonde,1735—1796)、拉格朗日(Joseph Louis Lagrange,1735—1813)、阿贝尔(Niels Henrik Abel,1802—1829)和高斯(Carl Friedrich Gauss,1777—1855)等都曾尽力寻找,但都以失败告终。

19世纪30年代,在寻找五次方程求解方法的过程中,法国青年数学家伽罗瓦(Évariste Galois,1811—1832)于1832年提出了群(gruop)的概念,运用群的思想证明了高于四次的一般代数方程的不可解性,而且还建立了具体数字系数的代数方程可用根号求解的判别规则,并举出了不能用根号求解的数字系数代数方程的实例。这样,伽罗瓦就彻底地解决了这个在长达200多年的时间使不少数学家伤透脑筋的问题。但是,当时他的思想不被人理解和接受,直到他去世38年后,他的超越时代的天才思想才逐渐被人们所承认。之所以说伽罗瓦是超越时代的人才,不仅因为他在方程求解上的贡献,还因为他所发现的结果,他的奇特思想和巧妙方法,使得代数学由作为解方程的科学转变为研究代数运算结构,即代数结构(algebraic structure)的科学。尤其重要的是,群论开辟了全新的研究领域,以结构研究代替计算,把从偏重计算研究的思维方式转变为用结构观念研究的思维方式,并把数学运算归类,使群论迅速发展成为一门崭新的数学分支,即把代数学由初等代数时期推向抽象代数(abstract algebra)即近世代数(modern algebra)时期,对近世代数的形成和发展产生了巨大影响。同时,这种理论对于物理学、化学的发展,甚至对于20世纪结构主义哲学的产生和发展都发生了巨大的影响。因此,伽罗瓦被认为是近世代数的创始人。

1843年,哈密顿(William Rowan Hamilton,1805—1865)发明了一种乘法交换津不成立的代数——四元数代数。次年,格拉斯曼(Hermann Günther Grassmann,1809—1877)推演出更有一般性的几类代数。1857年,凯莱(Arthur Cayley,1812—1895)设计出另一种不可交换的代数——矩阵代数。他们的研究打开了抽象代数的大门。实际上,减弱或删去普通代数的某些假定,或将某些假定代之以别的假定(与其余假定是兼容的),就能研究出许多种代数体系。凯莱在 1849 年对群作了抽象定义,提出了抽象群的概念,可惜没有引起反响。"过早的抽象落到了聋子的耳朵里"。直到 1878 年,凯莱又写了抽象群的 4 篇文章才引起注意。1870 年,克隆尼克(Leopold Kronecker,1823—1891)给出了有限阿贝尔群(Abel group)的抽象定义;戴德金(Julius W. R. Dedekind,1831—1916)开始使用"体"的说法,并研究了代数体。1874 年,挪威数学家索甫斯·李(Marius Sophus Lie,1842—1899)在研究微分方程时,发现某些微分方程解对一些连续变换群是不变的,一下子接触到连续群。1882 年,英国的戴克(Walther von Dyck,1856—1934)把群论的三个主要来源——方程式论、数论和无限变换群纳入统一的概念之中,并提出"生成元"概念。

群论的研究在 20 世纪沿着各个不同方向展开。例如,找出给定阶的有限群的全体;群分解为单群、可解群等问题一直被研究着。有限单群的分类问题在 20 世纪 70—80 年代才获得可能是最终的解决。伯恩赛德(William Burnside,1852—1927)曾提出过许多问题和猜想。例如,他在 1902 年提出:一个群 G 是有限生成且每个元素都是有限阶,G 是不是有限群? 并猜想每一个非交换的单群是偶数阶的。前者至今尚未解决,后者于 1963 年解决。舒尔(Issai Schur,1875—1941)于 1901 年提出有限群表示的问题。庞加莱(Jules Henri Poincaré,1854—1912)对群论抱有特殊的热情,他说:"群论就是摒弃其内容而化为纯粹形式的整个数学。"这当然是过分夸大了!

1910 年施泰尼茨(Ernst Steinitz,1871—1928)在"域的代数理论"中,提出了域(domain)的概念,并总结了包括群、代数、域等在内的代数体系的研究,开创了抽象代数学,成为抽象代数的重要里程碑。环(ring)论是抽象代数中较晚成熟的。尽管环和理想(ideal)的构造在 19 世纪就可以找到,但抽象理论却完全是 20 世纪的产物。韦德伯恩(Joseph Wedderburn,1882—1948)在《论超复数》一文中,研究了线性结合代数,这种代数实际上就是环。环和理想的系统理论由诺特(Amalie Emmy Noether,1881—1935)给出。她开始工作时,环和理想的许多结果都已经有了,但当她将这些结果给予适当的确切表述时,就得到了抽象理论。诺特把多项式环的理想论包括在一般理想论之中,为代数整数的理想论和代数整函数的理想论建立了共同的基础。诺特对环和理想作了十分深刻的研究。人们认为这一总结性的工作在 1926 年终于完成,因此,可以认为抽象代数形成的时间为 1926 年。

英国数学家布尔(George Boole,1800—1864)为了研究思维规律于 1847 年提出了一种数学模型,1854 年对这种数学模型进行了完善。此后,戴德金把该数学模型作为一种特殊的格。由于缺乏物理背景,所以研究缓慢,到了 20 世纪 30—40 年代才有了新的进展。斯通(Marshall Harvey Stone,1903—1989)于 1935 年首先指出布尔代数与环之间有明确的联系,同时得出了所谓的斯通表示定理:任意一个布尔代数一定同构于某个集上的一个集域,任意一个布尔代数也一定同构于某个拓扑空间的闭开代数。这使布尔代数在理论上有了一定的发展。

迄今为止,数学家们已经研究过 200 多种代数结构,其中最主要的若当代数(Jordan algebra)和李代数(Lie algebra)是不服从结合律的代数的例子。这些工作的绝大部分属于 20 世纪,它们使一般化和抽象化的思想在现代数学中得到了充分的反映。

抽象代数是研究各种抽象的公理化代数系统(algebraic system)或代数结构的数学学科。计算机科学及其应用中的自动机理论、形式语言、逻辑电路设计与验证、编码理论、程序设计语义学、抽象数据结构、程序验证等都离不开代数系统的理论。

第6章

代数系统

6.1 代数系统的基本概念

6.1.1 代数运算

在集合论部分,我们讨论了集合、关系和函数。它们都是离散对象的一般模型。这些模型都有各自的性质,以及对应于各自模型上的操作或运算。对于具有不同特殊性质的集合,对应的操作或运算就可能不同。尽管如此,这些运算往往具有相同的基本特征,可以从代数运算的角度来进行抽象研究。

定义 6.1 对于集合 A 和正整数 n,函数 $f: A^n \to A$ 称为集合 A 上的 **n 元代数运算**(n-tuple algebraic operator),简称为 **n 元运算**(n-tuple operator)。当 $n=1$ 时,$f: A \to A$ 称为集合 A 上的**一元运算**;当 $n=2$ 时,$f: A^2 \to A$ 称为集合 A 上的**二元运算**,$n(n \geqslant 2)$ 元运算又称为**多元运算**。

从代数运算的定义可以看出,一个代数运算必然和一个集合联系在一起,并且代数运算是一个函数。要把握一个代数运算,需要注意如下几个方面:应该具备函数所具有的对每一个自变量有唯一像的特性,称之为代数运算的**唯一性**;代数运算的定义域为关系 $A^n \to A$ 的前域,即 $\mathrm{dom}\, f = A^n$,称之为代数运算的**全域性**;代数运算的结果是 A 中的元素,即 $\mathrm{ran}\, f \subseteq A$,称之为代数运算的**封闭性**。

例如,对于集合 A 的幂集 $P(A)$,规定全集为 $P(A)$,那么,集合的补运算是 $P(A)$ 上的一元代数运算,而集合的并运算、交运算、差运算、对称差运算都是 $P(A)$ 上的二元代数运算。再如,加法和乘法都是自然数集合 $\mathbf{N}$ 上的二元代数运算,但减法和除法则都不是自然数集合 $\mathbf{N}$ 上的代数运算,因为,$2-6=-4 \notin \mathbf{N}$,$3/6=0.5 \notin \mathbf{N}$,即减法和除法在自然数集合 $\mathbf{N}$ 上都不满足封闭性。

例 6.1 分析 $f(x)=1/x$ 是否为实数集 $\mathbf{R}$、集合 $\mathbf{R}-\{0\}$、整数集合 $\mathbf{Z}$、集合 $\mathbf{Z}-\{0\}$ 上的代数运算。

解 f 不是实数集 $\mathbf{R}$ 上的代数运算,因为函数在 $x=0$ 没有定义,不满足全域性;

f 是非零实数集 $\mathbf{R}-\{0\}$ 上的一元代数运算;

f 不是整数集 $\mathbf{Z}$ 上的代数运算,因为函数在 $x=0$ 没有定义,并且 $3/7 \notin \mathbf{Z}$,不满足全域性和封闭性;

f 不是非零整数集 $\mathbf{Z}-\{0\}$ 上的代数运算,因为 $5/10=0.5 \notin \mathbf{Z}-\{0\}$,不满足封闭性。

例 6.2   分析下列哪些是代数运算。

① $f(x,y)=1/(x-y)$, $\forall x \in \mathbf{R}$, $\forall y \in \mathbf{R}$;

② $g=\{<1,1>,<2,2>,<3,3>\}$, 集合 $A=\{1,2,3\}$;

③ $h(x,y)=x \cdot y - y$, $\forall x \in \mathbf{R}$, $\forall y \in \mathbf{R}$;

④ $f_1=\{<x,y>|x \in \mathbf{R},y \in \mathbf{R},|x|=|y|\}$;

⑤ $f_2=\{<a,b>,<b,b>,<b,c>\}$, 集合 $A=\{a,b,c\}$;

⑥ $w(x)=x^2$, $\forall x \in \mathbf{N}$。

解   ① $f(x,y)$不是实数集 $\mathbf{R}$ 上的代数运算,因为 $x=y$ 时 f 没有定义,不满足全域性;

② g 是集合 A 上的一元代数运算;

③ $h(x,y)$是实数集 $\mathbf{R}$ 上的二元代数运算;

④ f_1 不是实数集 $\mathbf{R}$ 上的一元代数运算,因为不满足唯一性;

⑤ f_2 不是集合 A 上的代数运算,因为既不满足全域性,也不满足唯一性;

⑥ $w(x)$是自然数集 $\mathbf{N}$ 上的一元代数运算。

例 6.3   在 $\mathbf{N}_k=\{0,1,2,\cdots,k-1\}$ 上,定义

$$x \oplus_k y = \begin{cases} x+y & x+y<k \\ x+y-k & x+y \geqslant k \end{cases}$$

其中,"$+$"和"$-$"为普通意义下的加和减。分析"$\oplus_k$"是否为 $\mathbf{N}_k$ 上的代数运算。

解   根据"$\oplus_k$"的定义,"$\oplus_k$"是 $\mathbf{N}_k \times \mathbf{N}_k$ 到 $\mathbf{N}_k$ 的一个函数,满足唯一性、全域性和封闭性,所以,"$\oplus_k$"是 $\mathbf{N}_k$ 上的一个二元运算。称 $\oplus_k$ 为**模 k 加法**。

例 6.4   在 $\mathbf{N}_k=\{0,1,2,\cdots,k-1\}$ 上,定义

$$x \otimes_k y = \begin{cases} x \times y & x \times y<k \\ (x \times y)/k \text{ 的余数} & x \times y \geqslant k \end{cases}$$

其中,"$\times$"和"$/$"为普通意义下的乘和除。分析 $\otimes_k$ 是否为 $\mathbf{N}_k$ 上的代数运算。

解   根据"$\otimes_k$"的定义,"$\otimes_k$"是 $\mathbf{N}_k \times \mathbf{N}_k$ 到 $\mathbf{N}_k$ 的一个函数,满足唯一性、全域性和封闭性,所以,"$\otimes_k$"是 $\mathbf{N}_k$ 上的一个二元运算。称 $\otimes_k$ 为**模 k 乘法**。

对于具有 n 个元素的有限集合 A 上的二元运算"$\sharp$",可以通过一个 $n \times n$ 表格来表示。表格的上方、左侧依次序列出 A 中元素,表格中第 i 行、j 列元素列出 A 中第 i 个元素和第 j 个元素在运算"$\sharp$"下的结果。该表格称之为二元运算的**运算表**(operator table)。例如,$\mathbf{N}_4$ 上的模 4 加法"$\oplus_4$"、模 4 乘法"$\otimes_4$"的二元运算表表示如下:

$\oplus_4$	0	1	2	3
0	0	1	2	3
1	1	2	3	0
2	2	3	0	1
3	3	0	1	2

$\otimes_4$	0	1	2	3
0	0	0	0	0
1	0	1	2	3
2	0	2	0	2
3	0	3	2	1

例 6.5   试给出 $\mathbf{N}_7=\{0,1,2,3,4,5,6\}$ 上,模 7 加法"$\oplus_7$"、模 7 乘法"$\otimes_7$"的运算表表示。

解   根据模 k 加法运算 $\oplus_k$ 和模 k 乘法运算 $\otimes_k$ 的定义,可得如下运算表:

$\oplus_7$	0	1	2	3	4	5	6
0	0	1	2	3	4	5	6
1	1	2	3	4	5	6	0
2	2	3	4	5	6	0	1
3	3	4	5	6	0	1	2
4	4	5	6	0	1	2	3
5	5	6	0	1	2	3	4
6	6	0	1	2	3	4	5

$\otimes_7$	0	1	2	3	4	5	6
0	0	0	0	0	0	0	0
1	0	1	2	3	4	5	6
2	0	2	4	6	1	3	5
3	0	3	6	2	5	1	4
4	0	4	1	5	2	6	3
5	0	5	3	1	6	4	2
6	0	6	5	4	3	2	1

6.1.2 代数系统

代数系统是离散对象模型及其运算的共同特征和共同结构的抽象。集合是离散对象的一般模型,所以,代数系统就是具有特殊性质的集合及其运算的抽象。代数系统又称为代数结构。

定义 6.2 非空集合 A 以及集合 A 上的若干个代数运算 $\sharp_1,\sharp_2,\sharp_3,\cdots,\sharp_m$ 组成的数学结构,称为**代数系统**(algebraic system),或**代数结构**(algebraic structure),用多元组 $<A,\sharp_1,\sharp_2,\sharp_3,\cdots,\sharp_m>$ 表示。非空集合 A 称为代数系统的**载体**(carrier)。

例如,对于集合 A 的幂集 $P(A)$ 以及集合的并运算"$\cup$"、交运算"$\cap$"、差运算"$-$"、对称差运算"$\oplus$",$<P(A),\cup,\cap>$、$<P(A),\cup,\cap,->$、$<P(A),\cup,\cap,\oplus>$、$<P(A),\cup>$、$<P(A),\cup,\oplus>$、$<P(A),\cup,\cap,-,\oplus>$ 和 $<P(A),\cup,\cap,-,\oplus>$ 都是代数系统。对于实数集 $\mathbf{R}$、自然数集 $\mathbf{N}$,以及加法"$+$"、减法"$-$"、乘法"$\times$"、除法"$\div$",$<\mathbf{R},+,-,\times>$、$<\mathbf{N},+,\times>$、$<\mathbf{R}-\{0\},+,-,\times,\div>$、$<\mathbf{N},\times>$、$<\mathbf{R},+,->$、$<\mathbf{N},+>$ 和 $<\mathbf{R}-\{0\}$,$\times,\div>$ 都是代数系统,但 $<\mathbf{R},+,-,\times,\div>$、$<\mathbf{N},\div>$、$<\mathbf{R},+,-,\div>$、$<\mathbf{N},+,\div>$ 和 $<\mathbf{N}-\{0\},\times,\div>$ 都不是代数系统。

例 6.6 试分析如下数学结构是否构成一个代数系统。

① $\mathbf{N}_7$,模 7 加法"$\oplus_7$",模 7 乘法"$\otimes_7$";
② $\mathbf{N}_7$,模 4 加法"$\oplus_4$",模 4 乘法"$\otimes_4$";
③ $\mathbf{N}_4$,模 7 加法"$\oplus_7$",模 7 乘法"$\otimes_7$";
④ $\mathbf{N}$,模 7 加法"$\oplus_7$",模 4 乘法"$\otimes_4$"。

解 ① 根据模 k 加法运算"$\oplus_k$"、模 k 乘法运算"$\otimes_k$"的定义,可知模 7 加法"$\oplus_7$"、模 7 乘法"$\otimes_7$"都是 $\mathbf{N}_7$ 上的代数运算,所以,$<\mathbf{N}_7,\oplus_7,\otimes_7>$ 是一个代数系统;

② 根据模 k 加法运算"$\oplus_k$"、模 k 乘法运算"$\otimes_k$"的定义,可知 $\mathbf{N}_7$ 上模 4 加法"$\oplus_4$"、模 4 乘法"$\otimes_4$"运算都满足唯一性、全域性、封闭性,即模 4 加法"$\oplus_4$"、模 4 乘法"$\otimes_4$"都是 $\mathbf{N}_7$ 上的代数运算,所以,$<\mathbf{N}_7,\oplus_4,\otimes_4>$ 是一个代数系统;

③ 根据模 k 加法运算"$\oplus_k$"、模 k 乘法运算"$\otimes_k$"的定义,可知 $\mathbf{N}_4$ 上模 7 加法"$\oplus_7$"、模 7 乘法"$\otimes_7$"运算都不满足封闭性,即模 7 加法"$\oplus_7$"、模 7 乘法"$\otimes_7$"都不是 $\mathbf{N}_4$ 上的代数运算,所以,$<\mathbf{N}_4,\oplus_7,\otimes_7>$ 不是一个代数系统;

④ 根据模 k 加法运算"$\oplus_k$"、模 k 乘法运算"$\otimes_k$"的定义,可知 $\mathbf{N}$ 上模 7 加法"$\oplus_7$"、模 4 乘法"$\otimes_4$"运算都满足唯一性、全域性、封闭性,即模 7 加法"$\oplus_7$"、模 4 乘法"$\otimes_4$"都是 $\mathbf{N}$ 上

的代数运算，所以，$<\mathbf{N}, \oplus_7, \otimes_4>$是一个代数系统。

例 6.7   设 $P(S)$ 是非空集合 S 的幂集，对于 $\forall A \in P(S)$，$\forall B \in P(S)$，定义如下运算：

$$A \oplus B = (A-B) \bigcup (B-A)$$
$$A \otimes B = A - (A \bigcap B)$$

判断 $P(S)$，$\oplus$ 和 $\otimes$ 是否构成一个代数系统。

解   根据运算"$\oplus$"和"$\otimes$"的定义，可知它们都满足唯一性、全域性和封闭性，即它们都是 $P(S)$ 上的代数运算，所以，$<P(S), \oplus, \otimes>$ 是一个代数系统。

定义 6.3   对于代数系统 $<A, \#_1, \#_2, \#_3, \cdots, \#_m>$，如果非空集合 T 是集合 A 的子集，且运算 $\#_1, \#_2, \#_3, \cdots, \#_m$ 在 T 上满足封闭性，则称 $<T, \#_1, \#_2, \#_3, \cdots, \#_m>$ 为代数系统 $<A, \#_1, \#_2, \#_3, \cdots, \#_m>$ 的**子代数系统**（subalgebraic system），或**子代数**（subalgebra）。

例如，$<\mathbf{N}_4, \oplus_4, \otimes_4>$，$<\mathbf{N}_7, \oplus_4, \otimes_4>$ 都是 $<\mathbf{N}, \oplus_4, \otimes_4>$ 子代数系统；$<\mathbf{N}, +, \times>$，$<\mathbf{Z}, +, \times>$ 都是 $<\mathbf{R}, +, \times>$ 的子代数系统。

例 6.8   对于 $A = \{5z \mid z \in \mathbf{Z}\}$，证明 $<A, +, \times>$ 是 $<\mathbf{Z}, +, \times>$ 的子代数系统。

证明   显然，A 是 $\mathbf{Z}$ 的子集。对于任意 $z_1 \in \mathbf{Z}$ 和 $z_2 \in \mathbf{Z}$，$5z_1 + 5z_2 = 5(z_1 + z_2) \in A$，$5z_1 \times 5z_2 = 5(5z_1 z_2) \in A$，即运算 + 和 × 在 A 上满足封闭性。所以，$<A, +, \times>$ 是 $<\mathbf{Z}, +, \times>$ 的子代数系统。证毕。

6.2 代数运算的性质

6.2.1 基本性质

代数运算的性质对于代数系统的研究有着重要的意义。下面介绍一般代数运算所具有的基本性质。不同的代数系统可能含有不同的代数运算，这些代数运算往往具有基本性质中的某些性质。

定义 6.4   对于集合 A 上的二元运算"$*$"，如果 $\forall x, y \in A$，$x * y = y * x$，则称运算"$*$"满足**交换律**（commutative law），或称运算"$*$"是**可交换**的（commutative）或者具有**可交换性**（commutative property）。

例如，实数集 $\mathbf{R}$ 上的加法和乘法都满足交换律，但减法不满足交换律；幂集 $P(A)$ 上的并和交运算满足交换律，但差运算不满足交换律。

例 6.9   判断实数集合 $\mathbf{R}$ 上的运算 $\#_1$：$x \#_1 y = x + y - x \cdot y$ 和运算 Δ_1：$x \Delta_1 y = x + y - x^2$，是否具有可交换性。

解   由于 $y \#_1 x = y + x - y \cdot x = x + y - x \cdot y = x \#_1 y$，所以，$\mathbf{R}$ 上的运算 $\#_1$ 具有可交换性。

由于 $x \Delta_1 y = x + y - x^2$，$y \Delta_1 x = x + y - y^2 \neq x \Delta_1 y$，所以，$\mathbf{R}$ 上的运算 Δ_1 不具有可交换性。

例 6.10   判断 $\mathbf{N}_7$ 上的模 7 加法"$\oplus_7$"、模 7 乘法"$\otimes_7$"是否具有可交换性。

解   根据 $\mathbf{N}_7$ 上的模 7 加法"$\oplus_7$"、模 7 乘法"$\otimes_7$"的运算表，可以看出，$\forall x \in \mathbf{N}_7$，$\forall y \in$

$\mathbf{N}_7$ 都有 $x \oplus_7 y = y \oplus_7 x$ 和 $x \otimes_7 y = y \otimes_7 x$。所以，$\mathbf{N}_7$ 上的模 7 加法"$\oplus_7$"、模 7 乘法"$\otimes_7$"都具有可交换性。并且，发现它们的运算表关于主对角线元素对称。

定义 6.5　对于集合 A 上的二元运算"$*$"，如果 $\forall x, y, z \in A, (x*y)*z = x*(y*z)$，则称运算"$*$"满足**结合律**（associative law），或称运算"$*$"是**可结合的**（associative）或者具有**可结合性**（associative property）。

例如，实数集 $\mathbf{R}$ 上的加法和乘法都满足结合律，但减法不满足结合律；幂集 $P(A)$ 上的并和交运算满足结合律，但差运算不满足结合律。

例 6.11　判断实数集合 $\mathbf{R}$ 上的运算 $\sharp_2: x \sharp_2 y = y$ 和运算 $\Delta_2: x\Delta_2 y = x + 2y$，是否具有可结合性。

解　由于 $x \sharp_2 (y \sharp_2 z) = x \sharp_2 z = z, (x \sharp_2 y) \sharp_2 z = y \sharp_2 z = z$，即 $(x \sharp_2 y) \sharp_2 z = x \sharp_2 (y \sharp_2 z)$，所以 $\mathbf{R}$ 上的运算 $\sharp_2$ 具有可结合性。

由于 $x\Delta_2(y\Delta_2 z) = x\Delta_2(y+2z) = x+2y+4z, (x\Delta_2 y)\Delta_2 z = (x+2y)\Delta_2 z = x+2y+2z$，即 $x\Delta_2(y\Delta_2 z) \neq (x\Delta_2 y)\Delta_2 z$。所以，$\mathbf{R}$ 上运算 Δ_2 不具有可结合性。

例 6.12　判断例 6.9 中实数集合 $\mathbf{R}$ 上的运算"$\sharp_1$"和运算"Δ_1"是否具有可结合性。

解　由于

$$
\begin{aligned}
x \sharp_1 (y \sharp_1 z) &= x \sharp_1 (y + z - y \cdot z)\\
&= x + (y + z - y \cdot z) - x(y + z - y \cdot z)\\
&= x + y + z - x \cdot y - x \cdot z - y \cdot z + x \cdot y \cdot z\\
(x \sharp_1 y) \sharp_1 z &= (x + y - xy) \sharp_1 z\\
&= x + y - x \cdot y + z - (x + y - x \cdot y) \cdot z\\
&= x + y + z - x \cdot y - x \cdot z - y \cdot z + x \cdot y \cdot z
\end{aligned}
$$

即 $(x \sharp_1 y) \sharp_1 z = x \sharp_1 (y \sharp_1 z)$，所以，$\mathbf{R}$ 上的运算 $\sharp_1$ 具有可结合性。

由于

$$
\begin{aligned}
x\Delta_1(y\Delta_1 z) &= x\Delta_1(y + z - y^2)\\
&= x + (y + z - y^2) - x^2\\
&= x + y + z - x^2 - y^2\\
(x\Delta_1 y)\Delta_1 z &= (x + y - x^2)\Delta_1 z\\
&= x + y - x^2 + z - (x + y - x^2)^2
\end{aligned}
$$

即 $x\Delta_1(y\Delta_1 z) \neq (x\Delta_1 y)\Delta_1 z$，所以，$\mathbf{R}$ 上运算 Δ_1 不具有可结合性。

对于 A 上的可结合运算"$*$"，括号的优先运算作用已没有意义，常把括号省略，即

$$(a*a)*a = a*(a*a) = a*a*a$$

于是，可令 $a^n = a*a*a*\cdots*a$（共 n 个 a）。显然，对于正整数 m 和 n，有

$$a^1 = a$$
$$a^n = a^{n-1}*a$$
$$a^m * a^n = a^{m+n}$$
$$(a^m)^n = a^{m \cdot n}$$

定义 6.6　对于集合 A 上的二元运算"$*$"和"Δ"，如果 $\forall x, y, z \in A$，都有 $x*(y\Delta z) = (x*y)\Delta(x*z)$，则称运算"$*$"对运算"$\Delta$"是**左可分配的**（left distributive）；如果 $\forall x, y, z \in A$，都有 $(x\Delta y)*z = (x*z)\Delta(y*z)$，则称运算"$*$"对运算"$\Delta$"是**右可分配的**（right distributive)。如果运算"∗"对运算"△"既是左可分配的又是右可分配的,则称运算"∗"对运算"△"是**可分配的**(distributive),或者,称运算"∗"对运算"△"满足**分配律**(distributive law)或具有**可分配性**(distributive property)。

例如,对于代数系统$<\mathbf{N},+,\times>$,乘法运算"×"对于加法运算"+"是可分配的,因为$\forall x,y,z\in\mathbf{N}, x\times(y+z)=(x\times y)+(x\times z),(x+y)\times z=(x\times z)+(y\times z)$;但是,加法运算"+"对于乘法运算"×"不是可分配的,因为存在$x,y,z\in\mathbf{N}, x+(y\times z)\neq(x+y)\times(x+z)$。

再如,对于代数系统$<\mathbf{N}_5,\oplus_5,\otimes_5>$,"$\otimes_5$"对于"$\oplus_5$"是可分配的;但是,"$\oplus_5$"对于"$\otimes_5$"不是可分配的,因为$4\oplus_5(3\otimes_5 2)=4\oplus_5 1=0,(4\oplus_5 3)\otimes_5(4\oplus_5 2)=2\otimes_5 1=2$。

例 6.13　设运算"♯"在A上满足可交换性,如果运算"♯"对运算"△"满足左分配律或右分配律,则运算"♯"对运算"△"满足分配律。试证明。

证明　设运算"♯"对运算"△"满足左分配律,那么,

$$x\sharp(y\triangle z)=(x\sharp y)\triangle(x\sharp z)$$

由于运算"♯"满足可交换性,所以,

$$(y\triangle z)\sharp x=x\sharp(y\triangle z)=(x\sharp y)\triangle(x\sharp z)=(y\sharp x)\triangle(z\sharp x)$$

即运算"♯"对运算"△"满足右分配律。从而,运算"♯"对运算"△"满足分配律。

同理,设运算"♯"对运算"△"满足右分配律,那么,

$$(y\triangle z)\sharp x=(y\sharp x)\triangle(z\sharp x)$$

由于运算"♯"满足可交换性,所以,

$$x\sharp(y\triangle z)=(y\triangle z)\sharp x=(y\sharp x)\triangle(z\sharp x)=(x\sharp y)\triangle(x\sharp z)$$

即运算"♯"对运算"△"满足左分配律。从而,运算"♯"对运算"△"满足分配律。证毕。

例 6.14　如下运算表给出了$B=\{0,1\}$上的运算"·"和运算"△",判断运算"·"对运算"△"是否满足分配律。运算"△"对运算"·"呢?

·	0	1
0	0	0
1	0	1

△	0	1
0	0	1
1	1	0

解　从运算表知,由于运算表都是关于主对角线元素对称,所以,运算"·"和运算"△"都满足可交换性。

根据运算表有如下运算结果:

$0\cdot(0\triangle 0)=0\cdot 0=0$　　　　$(0\cdot 0)\triangle(0\cdot 0)=0\triangle 0=0$

$0\cdot(0\triangle 1)=0\cdot 1=0$　　　　$(0\cdot 0)\triangle(0\cdot 1)=0\triangle 0=0$

$0\cdot(1\triangle 0)=0\cdot 1=0$　　　　$(0\cdot 1)\triangle(0\cdot 0)=0\triangle 0=0$

$0\cdot(1\triangle 1)=0\cdot 0=0$　　　　$(0\cdot 1)\triangle(0\cdot 1)=0\triangle 0=0$

$1\cdot(0\triangle 0)=1\cdot 0=0$　　　　$(1\cdot 0)\triangle(1\cdot 0)=0\triangle 0=0$

$1\cdot(0\triangle 1)=1\cdot 1=1$　　　　$(1\cdot 0)\triangle(1\cdot 1)=0\triangle 1=1$

$1\cdot(1\triangle 0)=1\cdot 1=1$　　　　$(1\cdot 1)\triangle(1\cdot 0)=1\triangle 0=1$

$1\cdot(1\triangle 1)=1\cdot 0=0$　　　　$(1\cdot 1)\triangle(1\cdot 1)=1\triangle 1=0$

可见,运算"·"对运算"△"满足左分配律;又由于运算"·"满足可交换性,因此运算"·"对运算"△"满足右分配律。

由于

$$1\Delta(0\cdot1)=1\Delta0=1$$
$$(1\Delta0)\cdot(1\Delta1)=1\cdot0=0$$

所以,运算"Δ"对运算"$\cdot$"不满足分配律。

定义 6.7 对于集合 A 上的二元运算"$*$"和"Δ",如果 $\forall x,y\in A$,都有 $x*(x\Delta y)=x$,则称运算"$*$"对运算"Δ"是**左可吸收的**(left absorptive);如果 $\forall x,y\in A$,都有 $(x\Delta y)*x=x$,则称运算"$*$"对运算"Δ"是**右可吸收的**(right absorptive)。如果运算"$*$"对运算"Δ"既是左可吸收的又是右可吸收的,则称运算"$*$"对运算"Δ"是**可吸收的**(absorptive)。如果运算"$*$"对运算"Δ"是可吸收的,且运算"Δ"对运算"$*$"也是可吸收的,即 $\forall x,y\in A$,满足 $x*(x\Delta y)=x,(x\Delta y)*x=x,x\Delta(x*y)=x,(x*y)\Delta x=x$,则称运算"$*$"和运算"$\Delta$"满足**吸收律**(absorptive law),或者具有**吸收性**(absorptive property)。

例 6.15 对于集合 A 上具有可交换性的二元运算"$*$"和"Δ",如果 $\forall x,y\in A$,$x*(x\Delta y)=x,x\Delta(x*y)=x$,则运算"$*$"和运算"$\Delta$"满足吸收律。试证明。

证明 设 $\forall x,y\in A$,$x*(x\Delta y)=x,x\Delta(x*y)=x$,那么,运算"$*$"对运算"$\Delta$"是左可吸收的,且运算"$\Delta$"对运算"$*$"是左可吸收的。

由二元运算"$*$"和"Δ"的可交换性,知

$$(x\Delta y)*x=x*(x\Delta y)=x$$
$$(x*y)\Delta x=x\Delta(x*y)=x$$

即运算"$*$"对运算"Δ"是右可吸收的,且运算"Δ"对运算"$*$"是右可吸收的。所以,运算"$*$"和运算"Δ"满足吸收律。证毕。

例 6.16 对于实数集合 $\mathbf{R}$ 上的运算"$\sharp_3$"和"Δ_3":$x\sharp_3 y=\max\{x,y\}$,$x\Delta_3 y=\min\{x,y\}$,判断它们是否满足吸收律。

解 根据运算"$\sharp_3$"和"Δ_3"的定义,显然,它们都满足可交换性。

由于 $x\sharp_3(x\Delta_3 y)=\max\{x,\min\{x,y\}\}$,有

如果 $x\geqslant y$,则 $x\sharp_3(x\Delta_3 y)=\max\{x,y\}=x$;

如果 $x<y$,则 $x\sharp_3(x\Delta_3 y)=\max\{x,x\}=x$。

所以,$x\sharp_3(x\Delta_3 y)=x$,即"$\sharp_3$"对"Δ_3"是左可吸收的。

又由于 $x\Delta_3(x\sharp_3 y)=\min\{x,\max\{x,y\}\}$,有

如果 $x\geqslant y$,则 $x\Delta_3(x\sharp_3 y)=\min\{x,x\}=x$;

如果 $x<y$,则 $x\Delta_3(x\sharp_3 y)=\min\{x,y\}=x$。

所以,$x\Delta_3(x\sharp_3 y)=x$,即"Δ_3"对"$\sharp_3$"是左可吸收的。

又由于运算"$\sharp_3$"和"Δ_3"都满足可交换性,因此 $\mathbf{R}$ 上的运算"$\sharp_3$"和"Δ_3"满足吸收律。

定义 6.8 对于集合 A 上的二元运算"$*$",如果 $\forall x\in A$,$x*x=x$,则称运算"$*$"是**幂等的**(idempotent)或等幂的,或称运算"$*$"满足**幂等律**(idempotent law)或等幂律。

例 6.17 设 $P(A)$ 是非空集合 A 的幂集,试判断集合的并运算"$\bigcup$"和交运算"$\bigcap$"是否满足幂等律。

解 根据集合运算的定义,对于 $\forall x\in P(A)$,$x\bigcup x=x$,$x\bigcap x=x$,所以,集合的并运算"$\bigcup$"和交运算"$\bigcap$"满足幂等律。

例 6.18 判断例 6.9 中实数集合 $\mathbf{R}$ 上的运算"$\sharp_1$"和运算"Δ_1"是否满足幂等律。

解 根据运算的定义,对于 $\forall x \in \mathbf{R}$,

$$x \,\sharp_1\, x = x + x - x \cdot x = 2x - x^2 \neq x$$
$$x \,\Delta_1\, x = x + x - x^2 = 2x - x^2 \neq x$$

所以,实数集合 $\mathbf{R}$ 上的运算"$\sharp_1$"和运算"Δ_1"不满足幂等律。

例 6.19 判断例 6.11 中实数集合 $\mathbf{R}$ 上的运算"$\sharp_2$"和运算"Δ_2"是否满足幂等律。

解 根据运算的定义,对于 $\forall x \in \mathbf{R}$,

$$x \,\sharp_2\, x = x$$
$$x \,\Delta_2\, x = x + 2x = 3x \neq x$$

所以,实数集合 $\mathbf{R}$ 上的运算"$\sharp_2$"满足幂等律,但运算"Δ_2"不满足幂等律。

定义 6.9 对于集合 A 上的二元运算"$*$",如果 $\forall x, y, z \in A, x * y = x * z$ 必有 $y = z$,则称运算"$*$"是**左可消去的**(left cancellative);如果 $\forall x, y, z \in A, y * x = z * x$ 必有 $y = z$,则称运算"$*$"是**右可消去的**(right cancellative)。如果运算"$*$"既是左可消去的又是右可消去的,则称运算"$*$"是**可消去的**(cancellative),或称运算"$*$"满足**消去律**(cancellative law)。

例如,在实数集 $\mathbf{R}$ 上的加法运算"$+$"、减法运算"$-$"都满足消去律,但是,乘法运算"$\times$"、除法运算"$\div$"都不满足消去律,因为 $0 \times x = 0 = 0 \times y$,不一定有 $x = y$;$0 \div x = 0 = 0 \div y$,也不一定有 $x = y$。

例 6.20 判断例 6.9 中实数集合 $\mathbf{R}$ 上的运算"$\sharp_1$"和运算"Δ_1"是否满足消去律。

解 根据运算的定义,对于 $\forall x, y, z \in \mathbf{R}$,

$$x \,\sharp_1\, y = x + y - x \cdot y$$
$$x \,\sharp_1\, z = x + z - x \cdot z$$

令 $x \,\sharp_1\, y = x \,\sharp_1\, z$,则有 $x + y - x \cdot y = x + z - x \cdot z$,即 $x = 1$ 或 $y = z$。所以,实数集合 $\mathbf{R}$ 上的运算"$\sharp_1$"不满足消去律。

由于

$$x \,\Delta_1\, y = x + y - x^2 \qquad x \,\Delta_1\, z = x + z - x^2$$
$$y \,\Delta_1\, x = y + x - y^2 \qquad z \,\Delta_1\, x = z + x - z^2$$

令 $x \,\Delta_1\, y = x \,\Delta_1\, z$,则有 $x + y - x^2 = x + z - x^2$,即 $y = z$;令 $y \,\Delta_1\, x = z \,\Delta_1\, x$,则有 $y + x - y^2 = z + x - z^2$,即 $y^2 - z^2 - y + z = 0$,那么 $y = z$ 或 $y = 1 - z$。所以,实数集合 $\mathbf{R}$ 上的运算"Δ_1"是左可消去的,但不是右可消去的。因此,运算"Δ_1"不满足消去律。

例 6.21 判断例 6.11 中实数集合 $\mathbf{R}$ 上的运算"$\sharp_2$"和运算"Δ_2"是否满足消去律。

解 根据运算的定义,对于 $\forall x, y, z \in \mathbf{R}$,

$$x \,\sharp_2\, y = y \qquad x \,\sharp_2\, z = z$$
$$y \,\sharp_2\, x = x \qquad z \,\sharp_2\, x = x$$

令 $x \,\sharp_1\, y = x \,\sharp_1\, z$,则有 $y = z$;令 $y \,\sharp_1\, x = z \,\sharp_1\, x$,则有 $x = x$,但 $y = z$ 不一定成立。所以,实数集合 $\mathbf{R}$ 上的运算"$\sharp_2$"不满足消去律。

由于

$$x \,\Delta_2\, y = x + 2y \qquad x \,\Delta_2\, z = x + 2z$$
$$y \,\Delta_2\, x = y + 2x \qquad z \,\Delta_2\, x = z + 2x$$

令 $x \,\Delta_2\, y = x \,\Delta_2\, z$,则有 $x + 2y = x + 2z$,即 $y = z$;令 $y \,\Delta_2\, x = z \,\Delta_2\, x$,则有 $y + 2x = z + 2x$,即

$y=z$。所以,实数集合 $\mathbf{R}$ 上的运算"$\triangle_2$"满足消去律。

例 6.22　分析 $A=\{a,b\}$ 上的如下运算"♯"和"△"的性质:

♯	a	b
a	a	b
b	b	a

△	a	b
a	a	a
b	a	b

解　(交换律)由于运算"♯"和"△"的运算表关于主对角线元素对称,所以,它们都满足交换律。

(结合律)根据运算表,有

$(a♯b)♯a=b♯a=b=a♯(b♯a)$　　　$(a♯b)♯b=b♯b=a=a♯(b♯b)$

$(b♯a)♯a=b♯a=b=b♯(a♯a)$　　　$(b♯a)♯b=b♯b=a=b♯(a♯b)$

$(a♯a)♯a=a♯a=a=a♯(a♯a)$　　　$(a♯a)♯b=a♯b=b=a♯(a♯b)$

$(b♯b)♯a=a♯a=a=b♯(b♯a)$　　　$(b♯b)♯b=a♯b=b=b♯(b♯b)$

故可得出 A 上"♯"是可结合的。

又由于,

$(a△b)△a=a△a=a=a△(b△a)$　　　$(a△b)△b=a△b=a=a△(b△b)$

$(b△a)△a=a△a=a=b△(a△a)$　　　$(b△a)△b=a△b=a=b△(a△b)$

$(a△a)△a=a△a=a=a△(a△a)$　　　$(a△a)△b=a△b=a=a△(a△b)$

$(b△b)△a=b△a=a=b△(b△a)$　　　$(b△b)△b=b△b=b=b△(b△b)$

故可得出 A 上"△"是可结合的。

(分配律)由于 $b♯(a△b)=b♯a=b$, $(b♯a)△(b♯b)=b△a=a$,所以,A 上运算"♯"对运算"△"是不可分配的。

又由于,

$$a△(a♯b)=a△b=a=a♯a=(a△a)♯(a△b)$$
$$b△(a♯b)=b△b=b=a♯b=(b△a)♯(b△b)$$
$$a△(b♯a)=a△b=a=a♯a=(a△b)♯(a△a)$$
$$b△(b♯a)=b△b=b=b♯a=(b△b)♯(b△a)$$
$$a△(a♯a)=a△a=a=a♯a=(a△a)♯(a△a)$$
$$b△(a♯a)=b△a=a=a♯a=(b△a)♯(b△a)$$
$$a△(b♯b)=a△a=a=a♯a=(a△b)♯(a△b)$$
$$b△(b♯b)=b△a=a=b♯b=(b△b)♯(b△b)$$

所以,A 上运算"△"对运算"♯"是可分配的。

(吸收律)由于 $b♯(b△b)=b♯b=a$, $b△(b♯b)=b△a=a$,所以,A 上运算"♯"和运算"△"不满足吸收律。

(幂等律)由于 $a♯a=a$,但 $b♯b=a$,所以 A 上"♯"不满足幂等律;由于 $a△a=a$,但 $b△b=b$,所以 A 上"△"满足幂等律。

(消去律)根据运算表知,$a♯a=a$, $a♯b=b$, $b♯a=b$, $b♯b=a$。显然,如果 $a♯a=a♯b$,则 $a=b$;如果 $b♯a=b♯b$,则 $b=a$。又由于运算"♯"满足交换律,所以,运算"♯"满足消去律。

由于 $a\triangle a=a,b\triangle a=a$,那么,如果 $a\triangle a=b\triangle a$,则不一定有 $a=b$,所以,运算"$\triangle$"不满足消去律。

6.2.2　特殊元素

集合中的某些元素在代数运算的作用下会显示出与其他元素有不相同的特殊性质,这些具有特殊性质的元素称为代数运算的**特殊元素**(particular element),简称为**特殊元**。

定义 6.10　对于集合 A 上的二元运算"$*$",如果 A 中元素 x 满足 $x*x=x$,则称 x 是关于运算"$*$"的**幂等元**(idempotent element)或**等幂元**。

例如,在代数系统 $<\mathbf{R},+>$ 中,$0+0=0$,所以,0 为关于运算"$+$"的等幂元;在代数系统 $<\mathbf{R},\times>$ 中,$0\times 0=0,1\times 1=1$,所以,0 和 1 都为关于运算"$\times$"的等幂元。再如,代数系统 $<\mathbf{N}_k,\oplus_k>$ 中,0 为等幂元;代数系统 $<\mathbf{N}_k,\otimes_k>$ 中,除 0,1 之外还可能有其他等幂元。

例 6.23　求代数系统 $<\mathbf{N}_6,\otimes_6>$ 中关于运算"$\otimes_6$"的等幂元。

解　依据等幂元的定义,令

$$x\otimes_6 x=x$$

根据运算"$\otimes_6$"的定义,必有

$$x\cdot x=6j+x$$

即

$$x=(1\pm(1+24j)^{1/2})/2$$

由此,$j=0$ 时,可得 $x=0,1$;$j=1$ 时,可得 $x=3$;$j=2$ 时,可得 $x=4$;$j=3,4,5,\cdots$时,无解。所以,0,1,3 和 4 都是关于运算"$\otimes_6$"的等幂元。

例 6.24　对于如下运算表给出的集合 $A=\{a,b,c\}$ 上的运算"$\sharp$"和"$\triangle$",求关于运算"$\sharp$"和"$\triangle$"的等幂元。

$\sharp$	a	b	c
a	a	b	c
b	b	b	b
c	c	b	a

$\triangle$	a	b	c
a	a	b	c
b	a	c	c
c	c	c	c

解　由运算表知

$$a\sharp a=a\quad b\sharp b=b\quad a\triangle a=a\quad c\triangle c=c$$

所以,元素 a 和 b 是关于运算"$\sharp$"的等幂元,元素 a 和 c 是关于运算"$\triangle$"的等幂元。并且,可以看出,某元素是等幂元当且仅当该元素所在行、列的表头元素与其主对角线上的元素相同。

例 6.25　对于实数集合 $\mathbf{R}$ 上的运算"$\sharp$"和"$\triangle$":$x\sharp y=\max\{x,y\}$,$x\triangle y=\min\{x,y\}$,求关于运算"$\sharp$"和"$\triangle$"的等幂元。

解　根据运算"$\sharp$"和"$\triangle$"的定义,显然有

$$x\sharp x=\max\{x,x\}=x$$
$$x\triangle x=\min\{x,x\}=x$$

所以,$\mathbf{R}$ 中的每一个元素 x 都是关于运算"$\sharp$"和"$\triangle$"的等幂元。

定义 6.11 对于集合 A 上的二元运算"$*$",如果 A 中元素 e_l 使得 $\forall x \in A, e_l * x = x$,则称 e_l 是关于运算"$*$"的**左幺元**(left identity element)或**左单位元**(left unit element);如果 A 中元素 e_r 使得 $\forall x \in A, x * e_r = x$,则称 e_r 是关于运算"$*$"的**右幺元**(right identity element)或**右单位元**(right unit element);如果 A 中元素 e 既是关于运算"$*$"的左幺元,又是关于运算"$*$"的右幺元,即元素 e 使得 $\forall x \in A, e * x = x * e = x$,则称 e 是关于运算"$*$"的**幺元**(identity element)或**单位元**(unit element)。

例如,在代数系统 $<\mathbf{R}, +, \times>$ 中,$0 + x = x + 0 = x, 1 \times x = x \times 1 = x$,所以,0 是关于运算"$+$"的左幺元、右幺元、幺元,1 是关于运算"$\times$"的左幺元、右幺元、幺元。再如,在代数系统 $<\mathbf{N}_k, \oplus_k, \otimes_k>$ 中,$0 \oplus_k x = x \oplus_k 0 = x, 1 \otimes_k x = x \otimes_k 1 = x$,所以,0 是关于运算"$\oplus_k$"的左幺元、右幺元、幺元,1 是关于运算"$\otimes_k$"的左幺元、右幺元、幺元。

例 6.26 求例 6.24 中关于运算"$\sharp$"和"$\triangle$"的幺元。

解 由运算表知

$$a \sharp a = a \quad a \sharp b = b \quad a \sharp c = c \quad b \sharp a = b \quad c \sharp a = c$$
$$a \triangle a = a \quad a \triangle b = b \quad a \triangle c = c \quad b \triangle a = a \quad c \triangle a = c$$

所以,元素 a 是关于运算"$\sharp$"的左幺元、右幺元、幺元;元素 a 是关于运算"$\triangle$"的左幺元,不存在关于运算"$\triangle$"的右幺元、幺元。并且,可以看出,某元素是单位元的充要条件是该元素对应的行、列依次与该表表头的行、列一致。

例 6.27 在自然数集中定义运算"$\sharp$":$x \sharp y = x + y + xy$,求关于运算"$\sharp$"的幺元。

解 设 e 为关于运算"$\sharp$"的左幺元。由于 $e \sharp x = e + x + ex$,令 $e + x + ex = x$,即 $ex + e = 0$。所以,$e = 0$ 是关于运算"$\sharp$"的左幺元。

设 e 为关于运算"$\sharp$"的右幺元。由于 $x \sharp e = x + e + xe$,令 $x + e + xe = x$,即 $ex + e = 0$。所以,$e = 0$ 是关于运算"$\sharp$"的右幺元,也是关于运算"$\sharp$"的幺元。

例 6.28 如果集合 A 上存在关于运算"$*$"的幺元,则幺元唯一。试证明。

证明 设 e 为 A 上关于运算"$*$"的幺元,e' 为 A 上关于运算"$*$"的另一幺元,那么,根据幺元的定义,有

$$e * e' = e' * e = e'$$
$$e' * e = e * e' = e$$

即 $e' = e$,所以,幺元唯一。证毕。

定义 6.12 对于集合 A 上的二元运算"$*$",如果 A 中元素 θ_l 使得 $\forall x \in A, \theta_l * x = \theta_l$,则称 θ_l 是关于运算"$*$"的**左零元**(left zero element);如果 A 中元素 θ_r 使得 $\forall x \in A, x * \theta_r = \theta_r$,则称 θ_r 是关于运算"$*$"的**右零元**(right zero element);如果 A 中元素 θ 既是关于运算"$*$"的左零元,又是关于运算"$*$"的右零元,即元素 θ 使得 $\forall x \in A, \theta * x = x * \theta = \theta$,则称 θ 是关于运算"$*$"的**零元**(zero element)。

例 6.29 求例 6.24 中关于运算"$\sharp$"和"$\triangle$"的零元。

解 由运算表知

$$a \sharp b = b \quad b \sharp b = b \quad c \sharp b = b \quad b \sharp a = b \quad b \sharp c = a$$
$$c \triangle a = c \quad c \triangle b = c \quad c \triangle c = c \quad a \triangle c = c \quad b \triangle c = c$$

所以,元素 b 是关于运算"$\sharp$"的右零元,元素 c 是关于运算"$\triangle$"的左零元、右零元、零元。并且,可以看出,某元素是零元的充要条件是该元素对应的行、列元素均与该元素相同。

例 6.30　如果集合 A 上存在关于运算"$*$"的零元,则零元唯一。试证明。

证明　设 θ 为 A 上关于运算"$*$"的零元,θ' 为 A 上关于运算"$*$"的另一零元,那么,根据零元的定义,有

$$\theta * \theta' = \theta' * \theta = \theta'$$
$$\theta' * \theta = \theta * \theta' = \theta$$

即 $\theta' = \theta$,所以,零元唯一。证毕。

例 6.31　如果集合 A 中至少有两个元素且存在零元和幺元,那么,零元和幺元不相同。试证明。

证明　设 $A = \{x, e\}$,"$*$"是 A 上的一个二元运算,e 和 θ 分别为关于运算"$*$"的幺元和零元,假设 $e = \theta$。那么,根据幺元和零元的定义,必有

$$e * x = x$$
$$\theta * x = \theta$$

从而

$$x = e * x = \theta * x = \theta = e$$

即集合 A 仅含有一个元素。矛盾,所以 $\theta \neq e$。证毕。

定义 6.13　对于集合 A 上的二元运算"$*$"以及关于运算"$*$"的幺元 e,如果 A 中元素 x 和 y 满足,$x * y = e$,则称 x 是 y 关于运算"$*$"的**左逆元**(left inverse element),y 是 x 关于运算"$*$"的**右逆元**(right inverse element);如果 y 既是 x 关于运算"$*$"的左逆元,又是 x 关于运算"$*$"的右逆元,即 $y * x = x * y = e$,则称 y 是 x 关于运算"$*$"的**逆元**(inverse element)。元素 x 的逆元记为 x^{-1}。

例如,代数系统 $<\mathbf{R}, +>$ 中 0 为关于运算"$+$"的幺元,且 $x + (-x) = 0$,所以,任意元素 x 的逆元为 $-x$;代数系统 $<\mathbf{R}, \times>$ 中 1 为关于运算"$\times$"的幺元,且 $x \neq 0$ 时,$x \times (1/x) = 1$,所以,除 0 外其他任一元素 x 的逆元为 $1/x$。

例 6.32　求例 6.24 中关于运算"$\sharp$"和"$\triangle$"的逆元。

解　根据例 6.26 的结果,元素 a 是关于运算"$\sharp$"的幺元。又由运算表知

$$a \sharp a = a \qquad b \sharp c = a \qquad c \sharp c = a$$

所以,元素 a 是元素 a 关于运算"$\sharp$"的左逆元、右逆元、逆元,即 $a^{-1} = a$;元素 b 是元素 c 关于运算"$\sharp$"的左逆元;元素 c 是元素 b 关于运算"$\sharp$"的右逆元;元素 c 是元素 c 关于运算"$\sharp$"的左逆元、右逆元、逆元,即 $c^{-1} = c$。并且可以看出,元素 x 和 y 互为逆元素的充要条件是运算表中位于 x 所在行、y 所在列交叉处的元素及 y 所在行、x 所在列交叉处的元素都是幺元。

由于不存在关于运算"$\triangle$"的幺元,所以,不存在关于运算"$\triangle$"的逆元。

例 6.33　如果集合 A 上的运算"$*$"是可结合的,$x \in A$ 存在关于运算"$*$"的逆元,则其逆元唯一,且 $(x^{-1})^{-1} = x$。试证明。

证明　设元素 y 和 y' 是元素 $x \in A$ 关于运算"$*$"的逆元,元素 e 是关于运算"$*$"的幺元,那么,根据逆元、幺元的定义以及可结合性质,有如下推导:

$$y = y * e = y * (x * y') = (y * x) * y' = e * y' = y'$$

所以,逆元唯一。

同时,有

$$(x^{-1})^{-1} = (x^{-1})^{-1} * e = (x^{-1})^{-1} * (x^{-1} * x) = ((x^{-1})^{-1} * x^{-1}) * x = e * x = x$$
证毕。

例 6.34　设集合 A 上关于运算"$*$"的幺元是 e 和零元是 θ，如果 A 中至少有两个元素，则不存在零元 θ 关于运算"$*$"的逆元。试证明。

证明　假设零元 θ 关于运算"$*$"的逆元为 x，那么 $x * \theta = e$。又由于 $x * \theta = \theta$，从而，$\theta = e$。

这与例 6.31 的结论矛盾。所以，不存在零元 θ 关于运算"$*$"的逆元。证毕。

定义 6.14　对于集合 A 上的二元运算"$*$"，如果 A 中元素 a 使得，$\forall x,y \in A, a * x = a * y$ 必有 $x = y$，则称 a 是关于运算"$*$"的**左可消去元**(left cancellative element)，或者称 a 关于运算"$*$"是**左可消去的**(left cancellative)；如果 A 中元素 a 使得，$\forall x,y \in A, x * a = y * a$ 必有 $x = y$，则称 a 是关于运算"$*$"的**右可消去元**(right cancellative element)，或者称 a 关于运算"$*$"是**右可消去的**(right cancellative)；如果 A 中元素 a 既是关于运算"$*$"的左可消去元，又是关于运算"$*$"的右可消去元，则称 a 是关于运算"$*$"的**可消去元**(cancellative element)，或者称 a 关于运算"$*$"是**可消去的**(cancellative)。

例如，在代数系统 $<\mathbf{R}, +>$ 中，$\forall x,y,z \in \mathbf{R}, x + y = x + z$ 必有 $y = z$，$y + x = z + x$ 也必有 $y = z$，所以，任意元素 x 是关于运算"$+$"的左可消去元、右可消去元、可消去元；在代数系统 $<\mathbf{R}, \times>$ 中，$\forall x \neq 0, y, z \in \mathbf{R}, x \times y = x \times z$ 必有 $y = z$，$y \times x = z \times x$ 也必有 $y = z$，所以，任意元素 $x \neq 0$ 是关于运算"$\times$"的左可消去元、右可消去元、可消去元。

例 6.35　如果集合 A 上的运算"$*$"是可结合的，$x \in A$ 存在关于运算"$*$"的逆元，且 $x \neq \theta$(零元)，则 x 是关于运算"$*$"的可消去元。试证明。

证明　由 $x \neq \theta$(零元)知，集合 A 含有至少两个元素。

对于 $\forall x,y,z \in A$，如果 $x * y = x * z$，则根据逆元的定义以及根据运算"$*$"是可结合的性质，有如下推导：
$$x^{-1} * (x * y) = (x^{-1} * x) * y = e * y = y$$
$$x^{-1} * (x * z) = (x^{-1} * x) * z = e * z = z$$
因此，可以得到 $y = z$。所以，x 是关于运算"$*$"的左可消去元。

同理，如果 $y * x = z * x$，则有如下推导：
$$(y * x) * x^{-1} = y * (x * x^{-1}) = y * e = y$$
$$(z * x) * x^{-1} = z * (x * x^{-1}) = z * e = z$$
因此，可以得到 $y = z$。所以，x 是关于运算"$*$"的右可消去元。

综上述知，x 是关于运算"$*$"可消去元。证毕。

例 6.36　代数系统 $<\mathbf{R}, \sharp>$ 上的运算"$\sharp$"定义为：$x \sharp y = x + y + xy$。给出关于运算"$\sharp$"的等幂元、零元、幺元、各元素的逆元、可消去元。

解　对于 $\forall x,y,z \in \mathbf{R}$，进行如下求解：

① 等幂元：

令 $x \sharp x = x + x + x^2 = x$，即 $x + x^2 = 0$，所以，关于运算"$\sharp$"的等幂元为 $0, -1$。

② 幺元：

令 $x \sharp e = x + e + xe = x$，即 $e + xe = 0$，所以，关于运算"$\sharp$"的右幺元为 0；

令 $e \sharp x = e + x + ex = x$，即 $e + ex = 0$，所以，关于运算"$\sharp$"的左幺元为 0。

所以,元素 0 是关于运算"♯"的幺元。

③ 零元:

令 $x♯\theta=x+\theta+x\theta=\theta$,即 $x+x\theta=0$,所以,关于运算"♯"的右零元为 -1;

令 $\theta♯x=\theta+x+\theta x=\theta$,即 $x+\theta x=0$,所以,关于运算"♯"的左零元为 -1。

所以,元素 -1 是关于运算"♯"的零元。

④ 逆元:

令 $x♯y=x+y+xy=0$,即 $x=-y/(y+1)$,$y=-x/(x+1)$,所以,除 -1 外其他任意实数 x 的关于运算"♯"的右逆元为 $-x/(x+1)$;除 -1 外其他任意实数 y 的关于运算"♯"的左逆元为 $-y/(y+1)$。并且,除 -1 外其他任意实数 x 的关于运算"♯"的逆元为 $-x/(x+1)$。

⑤ 可消去元:

令 $x♯y=x♯z$,即 $x+y+xy=x+z+xz$,显然 $x\neq-1$ 时,$y=z$;

令 $y♯x=z♯x$,即 $y+x+yx=z+x+zx$,显然 $x\neq-1$ 时,$y=z$。

所以,任意非 -1 的实数 x 都是关于运算"♯"的左可消去元、右可消去元、可消去元。

6.3　相互联系的代数系统

6.3.1　同构代数系统

两个看起来似乎不同的代数系统,往往具有共同的性质,或进一步还会有相同的结构,仅仅是元素的名称和标记运算用的符号不同而已。在这种情况下,对其中一个代数系统所得出的结论,在改变符号之后,对另一个代数系统也有效。

例如,对于代数系统 $<A,*>$,其中 $A=\{a,b,c\}$,运算"$*$"的定义由如图 6.1 所示的运算表给出。在讨论 $<A,*>$ 时,集合 A 和集合 A 中的元素 a,b 和 c 及运算"$*$"等都是给出的名称或代码而已,它们也可以使用别的符号。如果对集合 A 使用符号 B,集合 A 中的元素 a,b 和 c 依次用符号 x,y 和 z,运算"$*$"使用符号"♯"(见图 6.1),易知,代数系统 $<A,*>$ 和代数系统 $<B,♯>$ 具有相同的结构和性质,在本质上是一致的,只不过是用了不同的符号而已。

$*$	a	b	c
a	a	b	c
b	b	a	a
c	c	a	a

♯	x	y	z
x	x	y	z
y	y	x	x
z	z	x	x

图 6.1　运算表

仔细考察上述两个代数系统不难发现如下规律:具有上述特征的两个代数系统,必须满足集合 A 和 B 之间存在一一对应关系,并且这种一一对应关系能保持在运算中。这种一一对应关系,可通过一个双射函数来描述。

A 到 B 存在一个双射函数 f:

$$f(a) = x \qquad f(b) = y \qquad f(c) = z$$
$$(a \to x) \qquad (b \to y) \qquad (c \to z)$$

为了使运算也保持这种一一对应关系,还必须

$$a*a \to x \sharp x \qquad a*b \to x \sharp y \qquad a*c \to x \sharp z$$
$$b*a \to y \sharp x \qquad b*b \to y \sharp y \qquad b*c \to y \sharp z$$
$$c*a \to z \sharp x \qquad c*b \to z \sharp y \qquad c*c \to z \sharp z$$

也即

$$f(a*a) = x \sharp x \qquad f(a*b) = x \sharp y \qquad f(a*c) = x \sharp z$$
$$f(b*a) = y \sharp x \qquad f(b*b) = y \sharp y \qquad f(b*c) = y \sharp z$$
$$f(c*a) = z \sharp x \qquad f(c*b) = z \sharp y \qquad f(c*c) = z \sharp z$$

或写成

$$f(a*a) = f(a) \sharp f(a) \qquad f(a*b) = f(a) \sharp f(b) \qquad f(a*c) = f(a) \sharp f(c)$$
$$f(b*a) = f(b) \sharp f(a) \qquad f(b*b) = f(b) \sharp f(b) \qquad f(b*c) = f(b) \sharp f(c)$$
$$f(c*a) = f(c) \sharp f(a) \qquad f(c*b) = f(c) \sharp f(b) \qquad f(c*c) = f(c) \sharp f(c)$$

定义 6.15 对于代数系统$<S,*>$和$<T,\circ>$,如果存在 S 到 T 的双射函数 $f: S \to T$,使得对 S 中任何元素 a 和 b 满足 $f(a*b) = f(a) \circ f(b)$,则称函数 f 是代数系统$<S,*>$到$<T,\circ>$的**同构映射**(isomorphic mapping),代数系统$<T,\circ>$是代数系统$<S,*>$的**同构代数系统**(isomorphic algebraic system),或称代数系统$<S,*>$同构于代数系统$<T,\circ>$,代数系统$<S,*>$与代数系统$<T,\circ>$**同构**(isomorphism)。

例 6.37 对于代数系统$<A,*>$,其中 $A=\{a,b,c,d,e\}$,运算" $*$ "由如图 6.2 所示的运算表给出。证明代数系统$<A,*>$和代数系统$<\mathbf{N}_5,\oplus_5>$同构。

$*$	a	b	c	d	e
a	a	b	c	d	e
b	b	c	d	e	a
c	c	d	e	a	b
d	d	e	a	b	c
e	e	a	b	c	d

图 6.2 运算" $*$ "的运算表

证明 令 A 到 $\mathbf{N}_5$ 的双射函数 $f: f(a)=0, f(b)=1, f(c)=2, f(d)=3, f(e)=4$。那么,根据运算" $*$ "和运算" $\oplus_5$ "的定义,可以得出

$$f(a*a) = f(a) = 0 = 0 \oplus_5 0 = f(a) \oplus_5 f(a)$$
$$f(a*b) = f(b) = 1 = 0 \oplus_5 1 = f(a) \oplus_5 f(b)$$
$$f(a*c) = f(c) = 2 = 0 \oplus_5 2 = f(a) \oplus_5 f(c)$$
$$f(a*d) = f(d) = 3 = 0 \oplus_5 3 = f(a) \oplus_5 f(d)$$
$$f(a*e) = f(e) = 4 = 0 \oplus_5 4 = f(a) \oplus_5 f(e)$$
$$f(b*b) = f(c) = 2 = 1 \oplus_5 1 = f(b) \oplus_5 f(b)$$
$$f(b*c) = f(d) = 3 = 1 \oplus_5 2 = f(b) \oplus_5 f(c)$$
$$f(b*d) = f(e) = 4 = 1 \oplus_5 3 = f(b) \oplus_5 f(d)$$

$$f(b * e) = f(a) = 0 = 1 \oplus_5 4 = f(b) \oplus_5 f(e)$$
$$f(c * c) = f(e) = 4 = 2 \oplus_5 2 = f(c) \oplus_5 f(c)$$
$$f(c * d) = f(a) = 0 = 2 \oplus_5 3 = f(c) \oplus_5 f(d)$$
$$f(c * e) = f(b) = 1 = 2 \oplus_5 4 = f(c) \oplus_5 f(e)$$
$$f(d * d) = f(b) = 1 = 3 \oplus_5 3 = f(d) \oplus_5 f(d)$$
$$f(d * e) = f(c) = 2 = 3 \oplus_5 4 = f(d) \oplus_5 f(e)$$
$$f(e * e) = f(d) = 3 = 4 \oplus_5 4 = f(e) \oplus_5 f(e)$$

又由于运算"$*$"和运算"$\oplus_5$"都具有可交换性,所以,对于 $\forall x, y \in A$,有

$$f(x * y) = f(x) \oplus_5 f(y)$$

综上述知,代数系统 $<A, *>$ 与代数系统 $<\mathbf{N}_5, \oplus_5>$ 同构。证毕。

例 6.38　设 $\mathbf{Z}^+$ 为正整数集合,$A = \{x \mid x = 2^n, n \in \mathbf{Z}^+\}$,即 $A = \{2, 2^2, 2^3, \cdots, 2^n, \cdots\}$,对于普通加法和乘法运算,证明 $<A, \times>$ 和 $<\mathbf{Z}^+, +>$ 同构,并写出同构映射。

解　令 A 到 $\mathbf{Z}^+$ 的双射函数 f: $f(2^k) = k, k \in \mathbf{Z}^+$。对于 A 中的任意元素 2^i 和 2^j,有

$$f(2^i \times 2^j) = f(2^{i+j}) = i + j = f(2^i) + f(2^j)$$

由此,f 为 A 到 $\mathbf{Z}^+$ 的同构映射,$<A, \times>$ 和 $<\mathbf{Z}^+, +>$ 同构。

例 6.39　对于集合 $\mathbf{R} - \{0, 1\}$ 上的函数 $f_0(x) = x, f_1(x) = 1/(1-x)$ 和 $f_2(x) = (x-1)/x$,令 $A = \{f_0, f_1, f_2\}$,对于函数的复合运算,证明代数系统 $<A, \circ>$ 与 $<\mathbf{N}_3, \oplus_3>$ 同构。

证明　根据函数复合运算的定义,可得如下结果:

$f_0 \circ f_0(x) = f_0(f_0(x)) = f_0(x) = x$,即 $f_0 \circ f_0 = f_0$;

$f_0 \circ f_1(x) = f_1(f_0(x)) = f_1(x) = 1/(1-x)$,即 $f_0 \circ f_1 = f_1$;

$f_0 \circ f_2(x) = f_2(f_0(x)) = f_2(x) = (x-1)/x$,即 $f_0 \circ f_2 = f_2$;

$f_1 \circ f_0(x) = f_0(f_1(x)) = f_0(1/(1-x)) = 1/(1-x)$,即 $f_1 \circ f_0 = f_1$;

$f_1 \circ f_1(x) = f_1(f_1(x)) = f_1(1/(1-x)) = (x-1)/x$,即 $f_1 \circ f_1 = f_2$;

$f_1 \circ f_2(x) = f_2(f_1(x)) = f_2(1/(1-x)) = x$,即 $f_1 \circ f_2 = f_0$;

$f_2 \circ f_0(x) = f_0(f_2(x)) = f_0((x-1)/x) = (x-1)/x$,即 $f_2 \circ f_0 = f_2$;

$f_2 \circ f_1(x) = f_1(f_2(x)) = f_1((x-1)/x) = x$,即 $f_2 \circ f_1 = f_0$;

$f_2 \circ f_2(x) = f_2(f_2(x)) = f_2((x-1)/x) = 1/(1-x)$,即 $f_2 \circ f_2 = f_1$。

由此,可得出集合 A 上运算"$\circ$"的运算表(见图 6.3)。

$\circ$	f_0	f_1	f_2
f_0	f_0	f_1	f_2
f_1	f_1	f_2	f_0
f_2	f_2	f_0	f_1

$\oplus_3$	0	1	2
0	0	1	2
1	1	2	0
2	2	0	1

图 6.3　运算"$\circ$"的运算表

令 A 到 $\mathbf{N}_3$ 的双射函数 g: $g(f_k) = k, k \in \mathbf{N}_3$。对于 A 中的任意元素 f_i 和 f_j,有

$$g(f_0 \circ f_0) = g(f_0) = 0 = 0 \oplus_3 0 = g(f_0) \oplus_3 g(f_0)$$
$$g(f_0 \circ f_1) = g(f_1) = 1 = 0 \oplus_3 1 = g(f_0) \oplus_3 g(f_1)$$
$$g(f_0 \circ f_2) = g(f_2) = 2 = 0 \oplus_3 2 = g(f_0) \oplus_3 g(f_2)$$

$$g(f_1 \circ f_1) = g(f_2) = 2 = 1 \oplus_3 1 = g(f_1) \oplus_3 g(f_1)$$
$$g(f_1 \circ f_2) = g(f_0) = 0 = 1 \oplus_3 2 = g(f_1) \oplus_3 g(f_2)$$
$$g(f_2 \circ f_2) = g(f_1) = 1 = 2 \oplus_3 2 = g(f_2) \oplus_3 g(f_2)$$

又由于运算"$\circ$"和运算"$\oplus_3$"都具有可交换性,所以,对于 $\forall i,j \in \mathbf{N}_3$,有

$$g(f_i \circ f_j) = g(f_i) \oplus_3 g(f_j)$$

所以,代数系统$<A,*>$与代数系统$<\mathbf{N}_3,\oplus_3>$同构。证毕。

定义 6.16　对于代数系统$<A,*>$,如果存在$<A,*>$到$<A,*>$的同构映射 f,则称函数 f 是代数系统$<A,*>$的**自同构映射**(self-isomorphic mapping),称代数系统$<A,*>$是代数系统$<A,*>$的**自同构代数系统**(self-isomorphic algebraic system),或称代数系统$<A,*>$**自同构**(self-isomorphism)。

例 6.40　给出代数系统$<\mathbf{N}_4,\oplus_4>$的一个自同构映射。

解　定义 $\mathbf{N}_4$ 上的双射函数 f: $f(0)=0,f(1)=3,f(2)=2,f(3)=1$。

实际上,代数系统$<\mathbf{N}_4,\oplus_4>$中每个元素都有逆元,其中,$0^{-1}=0,1^{-1}=3,2^{-1}=2,3^{-1}=1$,所以,双射函数 f 是: $f(k)=k^{-1},k\in\mathbf{N}_4$。

由于运算"$\oplus_4$"是可结合的和可交换的,且 0 为关于运算"$\oplus_4$"的幺元,所以,对于 $\forall x,y\in\mathbf{N}_4$,有如下推导:

$$(x \oplus_4 y) \oplus_4 (x^{-1} \oplus_4 y^{-1}) = (x \oplus_4 y) \oplus_4 (y^{-1} \oplus_4 x^{-1})$$
$$= x \oplus_4 (y \oplus_4 y^{-1}) \oplus_4 x^{-1}$$
$$= x \oplus_4 0 \oplus_4 x^{-1}$$
$$= x \oplus_4 x^{-1} = 0$$

从而,$(x\oplus_4 y)$的逆元为$(x^{-1}\oplus_4 y^{-1})$,即

$$(x \oplus_4 y)^{-1} = (x^{-1} \oplus_4 y^{-1})$$

于是

$$f(x \oplus_4 y) = (x \oplus_4 y)^{-1} = x^{-1} \oplus_4 y^{-1} = f(x) \oplus_4 f(y)$$

所以,f 为代数系统$<\mathbf{N}_4,\oplus_4>$的自同构映射,代数系统$<\mathbf{N}_4,\oplus_4>$是自同构的。

定理 6.1　代数系统的同构关系是等价关系。

证明　对于任意代数系统$<T,\Delta>$,双射函数 f: $f(x)=x(\forall x\in T)$是一个同构映射,即同构关系具有自反性。

设代数系统$<T,\Delta>$是代数系统$<S,*>$的同构代数系统,其同构映射为双射函数 f: $S\to T$,对于 $\forall x_1,x_2\in S$,满足

$$f(x_1 * x_2) = f(x_1)\Delta f(x_2)$$

根据双射函数的性质 f^{-1}: $T\to S$ 是双射函数,且对于 $\forall y_1,y_2\in S$,如果 $f(x_1)=y_1$ 和 $f(x_2)=y_2$,则 $f^{-1}(y_1)=x_1$ 和 $f^{-1}(y_2)=x_2$。那么,由 $f(x_1 * x_2)=y_1\Delta y_2$,可得 $x_1 * x_2=f^{-1}(y_1\Delta y_2)$。从而

$$f^{-1}(y_1\Delta y_2) = x_1 * x_2 = f^{-1}(y_1) * f^{-1}(y_2)$$

所以,f^{-1}是代数系统$<T,\Delta>$到代数系统$<S,*>$的同构映射,代数系统$<S,*>$是代数系统$<T,\Delta>$的同构代数系统。即同构关系具有对称性。

设代数系统$<A,*>$到代数系统$<B,\Delta>$的同构映射为 f: $A\to B$,代数系统$<B,\Delta>$

到代数系统 $<C,\#>$ 的同构映射为 $g:B{\to}C$,那么,函数 f 和函数 g 的复合函数 $f{\circ}g:A{\to}C$ 是一个双射函数。根据同构映射的性质,对于 $\forall x_1,x_2{\in}A,\forall y_1,y_2{\in}B,\forall z_1,z_2{\in}C$,有

$$f(x_1 * x_2) = f(x_1) \Delta f(x_2)$$
$$g(y_1 \Delta y_2) = g(y_1) \# g(y_2)$$

根据双射函数及复合函数的性质知,如果 $f(x_1)=y_1,f(x_2)=y_2,g(y_1)=z_1$ 和 $g(y_2)=z_2$,则 $f{\circ}g(x_1)=z_1$ 和 $f{\circ}g(x_2)=z_2$。那么,由 $f(x_1 * x_2)=y_1\Delta y_2,g(y_1\Delta y_2)=z_1 \# z_2$,可得

$$f \circ g(x_1 * x_2) = z_1 \# z_2$$

从而

$$f \circ g(x_1 * x_2) = z_1 \# z_2 = f \circ g(x_1) \# f \circ g(x_2)$$

所以,$f{\circ}g$ 是代数系统 $<A,*>$ 到代数系统 $<C,\#>$ 的同构映射,代数系统 $<C,\#>$ 是代数系统 $<A,*>$ 的同构代数系统。即同构关系具有传递性。

综上述知,代数系统的同构关系是等价关系。证毕。

由定理 6.1 知,如果代数系统 $<T,\circ>$ 是代数系统 $<S,*>$ 的同构代数系统,那么,代数系统 $<S,*>$ 也必然是代数系统 $<T,\circ>$ 的同构代数系统。两个代数系统同构的实际意义是明确的:两个代数系统具有完全相同的结构和性质,或者说它们"在本质上是一致的",只是用了不同的符号而已,两个同构的代数系统可看作是同一个代数系统。

同构代数系统的概念也可以推广到含有多个代数运算的代数系统。例如,对于代数系统 $<T,\circ,*>$ 和代数系统 $<S,\otimes,\oplus>$,如果存在一个 S 到 T 的双射函数 $f:S{\to}T$,使得对 S 中任何元素 x 和 y 满足 $f(x{\circ}y)=f(x)\otimes f(y)$ 和 $f(x*y)=f(x)\oplus f(y)$,则函数 f 是代数系统 $<T,\circ,*>$ 到代数系统 $<S,\otimes,\oplus>$ 的同构映射,代数系统 $<T,\circ,*>$ 是代数系统 $<S,\otimes,\oplus>$ 的同构代数系统,即代数系统 $<T,\circ,*>$ 与代数系统 $<S,\otimes,\oplus>$ 同构。

6.3.2 同态代数系统

两个不同的代数系统,不一定有完全相同的性质,但可能存在一些共同的性质。这类相互联系的代数系统用下述同态的概念来刻画。

定义 6.17 对于代数系统 $<S,*>$ 和 $<T,\circ>$,如果存在 S 到 T 的函数 $f:S{\to}T$,使得对 S 中任何元素 a 和 b 满足 $f(a*b)=f(a){\circ}f(b)$,则称函数 f 是代数系统 $<S,*>$ 到 $<T,\circ>$ 的**同态映射**(homomorphic mapping),称代数系统 $<T,\circ>$ 是代数系统 $<S,*>$ 的**同态代数系统**(homomorphic algebraic system),$f(S)$ 是**同态像**(homomorphic map),或称代数系统 $<S,*>$ 同态于代数系统 $<T,\circ>$,代数系统 $<S,*>$ 与代数系统 $<T,\circ>$ **同态**(homomorphism)。如果同态映射 f 为单射函数,则称 f 为**单一同态映射**(monomorphic mapping);如果同态映射 f 为满射函数,则称 f 为**满同态映射**(surjective homomorphic mapping);如果同态映射 f 为双射函数,则称 f 为**同构映射**。

例 6.41 证明代数系统 $<\mathbf{R}^+,\times>$ 同态于代数系统 $<\mathbf{R},+>$,其中 $\mathbf{R}^+$ 为正实数。

证明 令函数 f 为:$\forall x{\in}\mathbf{R}^+,f(x)=\ln(x)$。那么,对于 $\forall x,y{\in}\mathbf{R}^+$,有

$$f(x \times y) = \ln(x \times y) = \ln(x) + \ln(y) = f(x) + f(y)$$

所以,f 为 $<\mathbf{R}^+,\times>$ 到 $<\mathbf{R},+>$ 的同态映射,即代数系统 $<\mathbf{R}^+,\times>$ 同态于 $<\mathbf{R},+>$。

证毕。

例 6.42 对于代数系统 $<\mathbf{N}_3, \oplus_3>$ 和代数系统 $<\mathbf{N}_6, \oplus_6>$，证明函数 $f: f(k) = 2k (k \in \mathbf{N}_3)$ 是 $<\mathbf{N}_3, \oplus_3>$ 到 $<\mathbf{N}_6, \oplus_6>$ 的同态映射，且 f 是单一同态映射，但不是满同态映射。

证明 根据函数 f 的定义，对于 $\forall x, y \in \mathbf{N}_3$，有 $f(x \oplus_3 y) = 2(x \oplus_3 y)$。

当 $x + y \geqslant 3$，即当 $2x + 2y \geqslant 6$ 时，$f(x \oplus_3 y) = 2(x \oplus_3 y) = 2(x + y - 3) = 2x + 2y - 6 = 2x \oplus_6 2y$。

当 $x + y < 3$，即当 $2x + 2y < 6$ 时，$f(x \oplus_3 y) = 2(x \oplus_3 y) = 2(x + y) = 2x + 2y = 2x \oplus_6 2y$。

显然，对于 $\forall x, y \in \mathbf{N}_3, f(x \oplus_3 y) = 2x \oplus_6 2y = f(x) \oplus_6 f(y)$。

由此，f 是 $<\mathbf{N}_3, \oplus_3>$ 到 $<\mathbf{N}_6, \oplus_6>$ 的同态映射。

由于函数 f 是 $\mathbf{N}_3$ 到 $\mathbf{N}_6$ 的单射函数，但不是满射函数，所以 f 是单一同态映射，但不是满同态映射。证毕。

例 6.43 对于整数集 $\mathbf{Z}$ 上的模 k 同余关系 R，商集 $\mathbf{Z}_k = \mathbf{Z}/R = \{[0], [1], [2], \cdots, [k-1]\}$，定义 $\mathbf{Z}_k$ 上的运算 "#" 为：$[i] \# [j] = [i + j]$。试证明代数系统 $<\mathbf{Z}, +>$ 与代数系统 $<\mathbf{Z}_k, \#>$ 同态。

证明 令 $\mathbf{Z}$ 上的函数 $f: f(x) = [x] (\forall x \in \mathbf{Z})$。那么，

$$f(i) = [i]$$
$$f(j) = [j]$$
$$f(i + j) = [i + j] = [i] \# [j] = f(i) \# f(j)$$

所以，f 是代数系统 $<\mathbf{Z}, +>$ 到代数系统 $<\mathbf{Z}_k, \#>$ 的一个同态映射，即代数系统 $<\mathbf{Z}, +>$ 与代数系统 $<\mathbf{Z}_k, \#>$ 同态。证毕。

定义 6.18 对于代数系统 $<A, *>$，如果存在 $<A, *>$ 到 $<A, *>$ 的同态映射 f，则称函数 f 是代数系统 $<A, *>$ 的**自同态映射**（self-homomorphic mapping），称代数系统 $<A, *>$ 是代数系统 $<A, *>$ 的**自同态代数系统**（self-homomorphic algebraic system），或称代数系统 $<A, *>$ **自同态**（self-homomorphism）。

例 6.44 构造代数系统 $<\mathbf{N}_6, \oplus_6>$ 的一个自同态映射。

解 令 $\mathbf{N}_6$ 上的函数 f 如下：

$$f(x) = \begin{cases} 0 & x \text{ 为偶数} \\ 3 & x \text{ 为奇数} \end{cases}$$

对于 $\forall x, y \in \mathbf{N}_6$，当 x 和 y 同为偶数时，$x \oplus_6 y$ 也为偶数，从而，$f(x \oplus_6 y) = 0$。又由于 $f(x) \oplus_6 f(y) = 0 \oplus_6 0 = 0$，所以，$f(x \oplus_6 y) = f(x) \oplus_6 f(y)$。

当 x 和 y 同为奇数时，$x \oplus_6 y$ 为偶数，从而，$f(x \oplus_6 y) = 0$。又由于 $f(x) \oplus_6 f(y) = 3 \oplus_6 3 = 0$，所以，$f(x \oplus_6 y) = f(x) \oplus_6 f(y)$。

当 x 和 y 其中一个为奇数，另一个为偶数时，$x \oplus_6 y$ 为奇数，从而，$f(x \oplus_6 y) = 3$。又由于 $f(x) \oplus_6 f(y) = 3 \oplus_6 0 = 3$，所以 $f(x \oplus_6 y) = f(x) \oplus_6 f(y)$。

综上述知，$f(x \oplus_6 y) = f(x) \oplus_6 f(y)$。

所以，函数 f 是代数系统 $<\mathbf{N}_6, \oplus_6>$ 的一个自同态映射。

定理 6.2 如果 f 为代数系统 $<S, *>$ 到 $<T, \circ>$ 的一个同态映射，那么，

① 如果运算"$*$"是可交换的、可结合的,则运算"$\circ$"在 $f(S) \subseteq T$ 中是可交换的、可结合的;

② 如果代数系统$<S,*>$中存在关于运算"$*$"的单位元 e 和零元 θ,则 $f(e)$ 和 $f(\theta)$ 分别是$<f(S),\circ>$中关于运算"$\circ$"的单位元和零元;

③ 对于 $\forall x \in S$,如果 x^{-1} 是 x 的关于运算"$*$"的逆元,则 $f(x^{-1})$ 是$<f(S),\circ>$中 $f(x)$ 关于运算"$\circ$"的逆元;

④ 如果代数系统$<S,*>$中存在关于运算"$*$"的等幂元 a,则 $f(a)$ 是$<f(S),\circ>$中关于运算"$\circ$"的等幂元;

⑤ 如果代数系统$<S,*>$中存在关于运算"$*$"的(左、右)可消去元 a,则 $f(a)$ 是$<f(S),\circ>$中关于运算"$\circ$"的(左、右)可消去元。

证明 设 f 为代数系统$<S,*>$到$<T,\circ>$的一个同态映射。

① 如果运算"$*$"是可交换的,那么,对于 $\forall x,y \in S$,必有 $f(x),f(y) \in f(S)$,并且

$$f(x) \circ f(y) = f(x*y) = f(y*x) = f(y) \circ f(x)$$

即运算"$\circ$"在 $f(S) \subseteq T$ 中是可交换的。

如果运算"$*$"是可结合的,那么,对于 $\forall x,y,z \in S$,必有 $f(x),f(y),f(z) \in f(S)$,并且

$$f(x) \circ (f(y) \circ f(z)) = f(x) \circ f(y*z) = f(x*(y*z)) = f((x*y)*z)$$
$$= f(x*y) \circ f(z) = (f(x) \circ f(y)) \circ f(z)$$

即运算"$\circ$"在 $f(S) \subseteq T$ 中是可结合的。

② 如果代数系统$<S,*>$中存在关于运算"$*$"的单位元 e,那么,对于 $\forall x \in S$,必有 $f(x) \in f(S)$,并且

$$f(x) \circ f(e) = f(x*e) = f(x)$$
$$f(e) \circ f(x) = f(e*x) = f(x)$$

即 $f(e)$ 是$<f(S),\circ>$中关于运算"$\circ$"的单位元。

如果代数系统$<S,*>$中存在关于运算"$*$"的零元 θ,那么,对于 $\forall x \in S$,必有 $f(x) \in f(S)$,并且

$$f(x) \circ f(\theta) = f(x*\theta) = f(\theta)$$
$$f(\theta) \circ f(x) = f(\theta*x) = f(\theta)$$

即 $f(\theta)$ 是$<f(S),\circ>$中关于运算"$\circ$"的零元。

③ 对于 $\forall x \in S$,如果 x^{-1} 是 x 的关于运算"$*$"的逆元,则 $f(x),f(x^{-1}) \in f(S)$,并且

$$f(x) \circ f(x^{-1}) = f(x*x^{-1}) = f(e)$$
$$f(x^{-1}) \circ f(x) = f(x^{-1}*x) = f(e)$$

即 $f(x^{-1})$ 是$<f(S),\circ>$中 $f(x)$ 关于运算"$\circ$"的逆元。

④ 如果代数系统$<S,*>$中存在关于运算"$*$"的等幂元 a,则 $f(a) \in f(S)$,并且

$$f(a) \circ f(a) = f(a*a) = f(a)$$

即 $f(a)$ 是$<f(S),\circ>$中关于运算"$\circ$"的等幂元。

⑤ 设代数系统$<S,*>$中存在关于运算"$*$"的左可消去元 a,那么 $\forall x,y \in S$,必有 $f(x),f(y),f(a),f(a*x),f(a*y) \in f(S)$,并且,根据"如果 $a*x=a*y$,则 $x=y$"以及函数的性质可推知,"如果 $f(a*x)=f(a*y)$,则 $f(x)=f(y)$"。又由于 $f(a*x)=f(a)$.

$f(x)$，$f(a*y)=f(a)\circ f(y)$，因此，"如果 $f(a)\circ f(x)=f(a)\circ f(y)$，则 $f(x)=f(y)$"，即 $f(a)$ 是 $<f(S),\circ>$ 中关于运算 "$\circ$" 的左可消去元。

同理可证明：如果 a 是关于运算 "$*$" 的(右)可消去元，则 $f(a)$ 是 $<f(S),\circ>$ 中关于运算 "$\circ$" 的(右)可消去元。证毕。

从定理 6.2 可以看出：如果代数系统 $<S,*>$ 与 $<T,\circ>$ 同态，则 S 所具有的某些性质单向地对代数系统 $<f(S),\circ>$ 保持。这里 $f(S)$ 是代数系统 $<S,*>$ 在 f 下的同态像；如果代数系统 $<S,*>$ 与 $<T,\circ>$ 为满同态，则 S 所具有的性质单向地对 T 保持；如果代数系统 $<S,*>$ 与 $<T,\circ>$ 为同构，则 S 所具有的性质对 T 保持，反之亦然。

两个代数系统同态的实际意义是：代数系统的同态像集中体现了代数系统中的某些基本特征，特别是代数系统中的重要特征，如基本性质、特殊元素等。

定义 6.19 设 f 是代数系统 $<S,*>$ 到代数系统 $<T,\circ>$ 的一个同态映射，e 是代数系统 $<T,\circ>$ 中关于运算 "$\circ$" 的幺元，称集合 $\{x\mid x\in S,f(x)=e\}$ 为同态影射 f 的**核**(kernal)，简称为**同态核**(homomorphic kernal)，记为 $\mathrm{Ker}(f)$。

定理 6.3 设 f 是代数系统 $<S,*>$ 到代数系统 $<T,\circ>$ 的一个同态映射，则代数系统 $<\mathrm{Ker}(f),*>$ 是代数系统 $<S,*>$ 的子代数系统。

证明 根据同态核的定义知，$\mathrm{Ker}(f)=\{x\mid x\in S,f(x)=e\}\subseteq S$，其中，$e$ 是代数系统 $<T,\circ>$ 中关于运算 "$\circ$" 的幺元。并且，对于 $\forall x,y\in\mathrm{Ker}(f)$，有
$$f(x)=f(y)=e$$
$$f(x*y)=f(x)\circ f(y)=e\circ e=e$$
从而，$x*y\in\mathrm{Ker}(f)$。即运算 "$*$" 在 $\mathrm{Ker}(f)$ 上满足封闭性。所以，代数系统 $<\mathrm{Ker}(f),*>$ 是代数系统 $<S,*>$ 的子代数系统。证毕。

例如，对于代数系统 $<\mathbf{N}_6,\oplus_6>$ 和代数系统 $<\mathbf{N}_9,\oplus_9>$，以及 $\mathbf{N}_6$ 到 $\mathbf{N}_9$ 的函数 f：$f(0)=f(3)=0$，$f(1)=f(4)=3$，$f(2)=f(5)=6$，容易验证 f 是代数系统 $<\mathbf{N}_6,\oplus_6>$ 到代数系统 $<\mathbf{N}_9,\oplus_9>$ 的同态映射。代数系统 $<\mathbf{N}_9,\oplus_9>$ 中关于运算 "$\oplus_9$" 的幺元为元素 0。所以，同态核为 $\mathrm{Ker}(f)=\{0,3\}$。显然，代数系统 $<\{0,3\},\oplus_6>$ 是代数系统 $<\mathbf{N}_6,\oplus_6>$ 的一个子代数系统。

同态代数系统的概念也可以推广到含有多个代数运算的代数系统。例如，对于代数系统 $<T,\circ,*>$ 和代数系统 $<S,\otimes,\oplus>$，如果存在一个 T 到 S 的函数 f：$T\to S$，使得对 T 中任何元素 x 和 y 满足 $f(x\circ y)=f(x)\otimes f(y)$ 和 $f(x*y)=f(x)\oplus f(y)$，则函数 f 是代数系统 $<T,\circ,*>$ 到代数系统 $<S,\otimes,\oplus>$ 的同态映射，代数系统 $<T,\circ,*>$ 是代数系统 $<S,\otimes,\oplus>$ 的同态代数系统，代数系统 $<T,\circ,*>$ 与代数系统 $<S,\otimes,\oplus>$ 同态。

例 6.45 对于代数系统 $<T,*,\#>$ 和代数系统 $<S,\otimes,\oplus>$，如果存在代数系统 $<T,*,\#>$ 到代数系统 $<S,\otimes,\oplus>$ 的满同态映射 f，那么有

① 如果运算 "$*$" 对运算 "$\#$" 在 T 中满足分配律，则运算 "$\otimes$" 对运算 "$\oplus$" 在 S 中满足分配律；

② 如果运算 "$*$" 和运算 "$\#$" 在 T 中满足吸收律，则运算 "$\otimes$" 和运算 "$\oplus$" 在 S 中满足吸收律。

试证明。

证明 设 f 是代数系统 $<T,*,\#>$ 到代数系统 $<S,\otimes,\oplus>$ 的满同态映射 f，那么，

$f(T)=S$。

① 如果运算"$*$"对运算"$\#$"在 T 中满足分配律,那么,$\forall x,y,z \in A$,都有 $x*(y\#z)=(x*y)\#(x*z)$ 且 $(x\#y)*z=(x*z)\#(y*z)$。

根据同态映射的定义,可知

$$f(x*(y\#z)) = f(x) \otimes f(y\#z) = f(x) \otimes (f(y) \oplus f(z))$$

$$f((x*y)\#(x*z)) = f(x*y) \oplus f(x*z) = (f(x) \otimes f(y)) \oplus (f(x) \otimes f(z))$$

$$f((x\#y)*z) = f(x\#y) \otimes f(z) = (f(x) \oplus f(y)) \otimes f(z)$$

$$f((x*z)\#(y*z)) = f(x*z) \oplus f(y*z) = (f(x) \otimes f(z)) \oplus (f(y) \otimes f(z))$$

从而

$$f(x) \otimes (f(y) \oplus f(z)) = (f(x) \otimes f(y)) \oplus (f(x) \otimes f(z))$$

$$(f(x) \oplus f(y)) \otimes f(z) = (f(x) \otimes f(z)) \oplus (f(y) \otimes f(z))$$

所以,运算"$\otimes$"对运算"$\oplus$"在 S 中满足分配律。

② 如果运算"$*$"和运算"$\#$"在 T 中满足吸收律,那么 $\forall x,y \in A$,都有 $x*(x\#y)=x$ 且 $(x\#y)*x=x$。

根据同态映射的定义,可知

$$f(x*(x\#y)) = f(x) \otimes f(x\#y) = f(x) \otimes (f(x) \oplus f(y))$$

$$f((x\#y)*x) = f(x\#y) \otimes f(x) = (f(x) \oplus f(y)) \otimes f(x)$$

从而

$$f(x) \otimes (f(x) \oplus f(y)) = f(x)$$

$$(f(x) \oplus f(y)) \otimes f(z) = f(x)$$

所以,运算"$\otimes$"和运算"$\oplus$"在 S 中满足吸收律。证毕。

6.3.3 商代数系统

对于一个集合 A,可以通过集合 A 上的等价关系 R 来构造商集 A/R。相应地,对于代数系统 $<A,*>$,可否构造一个商集 A/R 及其运算组成的代数系统呢?显然,在商集 A/R 上定义一个二元运算"$\odot$",使得 $<A/R,\odot>$ 成为代数系统是容易的。但是,如果这个二元运算"$\odot$"与代数系统 $<A,*>$ 中的二元运算"$*$"没有什么联系,那么代数系统 $<A/R,\odot>$ 和代数系统 $<A,*>$ 也就没有什么联系。这样就没有什么意义。有必要考虑 $<A,*>$ 上的一种特殊的等价关系,使得代数系统 $<A/R,\odot>$ 具有代数系统 $<A,*>$ 的一些基本特点。

考察代数系统 $<\mathbf{N}_{12},\oplus_{12}>$,定义 $\mathbf{N}_{12}$ 上的等价关系 R 为模 4 同余关系,那么 R 的等价类有如下 4 个:

$$[0]=\{0,4,8\} \qquad [1]=\{1,5,9\} \qquad [2]=\{2,6,10\} \qquad [3]=\{3,7,11\}$$

由此可得商集:

$$\mathbf{N}_{12}/R = \{\{0,4,8\},\{1,5,9\},\{2,6,10\},\{3,7,11\}\}$$

在 R 的 4 个等价类中任取 2 个,如 $\{2,6,10\}$ 和 $\{3,7,11\}$。如果在各自等价类中任取一个元素进行运算,可以得出:

$$2 \oplus_{12} 3 = 5 \qquad 6 \oplus_{12} 3 = 9 \qquad 10 \oplus_{12} 3 = 1$$

$$2 \oplus_{12} 7 = 9 \qquad 6 \oplus_{12} 7 = 1 \qquad 10 \oplus_{12} 7 = 5$$

$$2 \oplus_{12} 11 = 1 \qquad 6 \oplus_{12} 11 = 5 \qquad 10 \oplus_{12} 11 = 9$$

显然,运算结果都在等价类$\{1,5,9\}$中。将该情况简记为:

$$\{2,6,10\} \odot \{3,7,11\} = \{1,5,9\}$$

可以验证,对于所有等价类有如下结果:

$$\{0,4,8\} \odot \{0,4,8\} = \{0,4,8\} \qquad \{0,4,8\} \odot \{1,5,9\} = \{1,5,9\}$$
$$\{0,4,8\} \odot \{2,6,10\} = \{2,6,10\} \qquad \{0,4,8\} \odot \{3,7,11\} = \{3,7,11\}$$
$$\{1,5,9\} \odot \{0,4,8\} = \{1,5,9\} \qquad \{1,5,9\} \odot \{1,5,9\} = \{2,6,10\}$$
$$\{1,5,9\} \odot \{2,6,10\} = \{3,7,11\} \qquad \{1,5,9\} \odot \{3,7,11\} = \{0,4,8\}$$
$$\{2,6,10\} \odot \{0,4,8\} = \{2,6,10\} \qquad \{2,6,10\} \odot \{1,5,9\} = \{3,7,11\}$$
$$\{2,6,10\} \odot \{2,6,10\} = \{0,4,8\} \qquad \{2,6,10\} \odot \{3,7,11\} = \{1,5,9\}$$
$$\{3,7,11\} \odot \{0,4,8\} = \{3,7,11\} \qquad \{3,7,11\} \odot \{1,5,9\} = \{0,4,8\}$$
$$\{3,7,11\} \odot \{2,6,10\} = \{1,5,9\} \qquad \{3,7,11\} \odot \{3,7,11\} = \{2,6,10\}$$

由此,可以定义$\mathbf{N}_{12}/R$上的如图6.4所示的二元运算"$\odot$"。

进一步分析代数系统$<\mathbf{N}_{12},\oplus_{12}>$和$<\mathbf{N}_{12}/R,\odot>$,可以发现:代数系统$<\mathbf{N}_{12},\oplus_{12}>$中运算"$\oplus_{12}$"满足交换律,存在幺元0,每个元素都有逆元;代数系统$<\mathbf{N}_{12}/R,\odot>$中运算"$\odot$"也满足交换律,存在幺元[0],每个元素都有逆元。即代数系统$<\mathbf{N}_{12}/R,\odot>$保持了代数系统$<\mathbf{N}_{12},\oplus_{12}>$的一些性质。

$\odot$	[0]	[1]	[2]	[3]
[0]	[0]	[1]	[2]	[3]
[1]	[1]	[2]	[3]	[0]
[2]	[2]	[3]	[0]	[1]
[3]	[3]	[0]	[1]	[2]

图6.4 二元运算"$\odot$"的运算表

从代数系统$<\mathbf{N}_{12},\oplus_{12}>$得到代数系统$<\mathbf{N}_{12}/R,\odot>$的规律可得出,对于一般代数系统$<A,*>$,为了导出这样的代数系统$<A/R,\odot>$,要求$A$上的等价关系$R$具有如下特性:$p$属于等价类$P$,$q$属于等价类$Q$,如果$p*q$属于等价类$T$,则对于等价类$P$中任意元素$x$和等价类$Q$中的任意元素$y$,都有$x*y$属于等价类$T$。也即,如果$<p,x>\in R$和$<q,y>\in R$,那么$<p*q,x*y>\in R$。

定义6.20 设$<A,*>$是一个代数系统,关系R是集合A上的等价关系,对于$\forall x_1$,$x_2,y_1,y_2\in A$,如果当$<x_1,x_2>\in R$且$<y_1,y_2>\in R$时必然有$<x_1*y_1,x_2*y_2>\in R$,那么,关系R称为集合A上关于运算"$*$"的**同余关系**(congruence relation),集合A关于关系R的等价类称为**同余类**(congruence class)。

例6.46 判断代数系统$<\mathbf{N}_{12},\oplus_{12}>$上$\mathbf{N}_{12}$中的模6同余关系、模3同余关系、模5同余关系是否为$\mathbf{N}_{12}$上关于运算"$\oplus_{12}$"的同余关系。

解 对于$\mathbf{N}_{12}$中的模6同余关系$\bmod 6$,设$\forall x_1,x_2,y_1,y_2\in\mathbf{N}_{12}$,如果$<x_1,x_2>\in\bmod 6$且$<y_1,y_2>\in\bmod 6$,那么

$$x_1 = 6k_1 + r_1$$
$$x_2 = 6k_2 + r_1$$
$$y_1 = 6l_1 + r_2$$
$$y_2 = 6l_2 + r_2$$

其中,$k_1,k_2,l_1,l_2\in\{0,1\}$,$r_1,r_2\in\mathbf{N}_6$。

因此

$$x_1 + y_1 = 6(k_1 + l_1) + (r_1 + r_2)$$

$$x_2 + y_2 = 6(k_2 + l_2) + (r_1 + r_2)$$

从而,有

当 $(k_1 + l_1) = 0$ 时, $x_1 \oplus_{12} y_1 = r_1 + r_2$;

当 $(k_1 + l_1) = 2$ 时, $x_1 \oplus_{12} y_1 = r_1 + r_2$;

当 $(k_1 + l_1) = 1$ 且 $r_1 + r_2 \geqslant 6$ 时, $x_1 \oplus_{12} y_1 = r_1 + r_2 - 6$;

当 $(k_1 + l_1) = 1$ 且 $r_1 + r_2 < 6$ 时, $x_1 \oplus_{12} y_1 = r_1 + r_2 + 6$;

当 $(k_2 + l_2) = 0$ 时, $x_2 \oplus_{12} y_2 = r_1 + r_2$;

当 $(k_2 + l_2) = 2$ 时, $x_2 \oplus_{12} y_2 = r_1 + r_2$;

当 $(k_2 + l_2) = 1$ 且 $r_1 + r_2 \geqslant 6$ 时, $x_2 \oplus_{12} y_2 = r_1 + r_2 - 6$;

当 $(k_2 + l_2) = 1$ 且 $r_1 + r_2 < 6$ 时, $x_2 \oplus_{12} y_2 = r_1 + r_2 + 6$。

如果 $x_1 \oplus_{12} y_1$ 和 $x_2 \oplus_{12} y_2$ 具有相同取值,则 $<x_1 \oplus_{12} y_1, x_2 \oplus_{12} y_2> \in$ mod 6;

如果 $x_1 \oplus_{12} y_1$ 和 $x_2 \oplus_{12} y_2$ 分别取值为 $r_1 + r_2$ 和 $r_1 + r_2 - 6$,则 $<x_1 \oplus_{12} y_1, x_2 \oplus_{12} y_2> \in$ mod 6;

如果 $x_1 \oplus_{12} y_1$ 和 $x_2 \oplus_{12} y_2$ 分别取值为 $r_1 + r_2$ 和 $r_1 + r_2 + 6$,则 $<x_1 \oplus_{12} y_1, x_2 \oplus_{12} y_2> \in$ mod 6。

综上述知,模 6 同余关系是 $\mathbf{N}_{12}$ 上关于运算"$\oplus_{12}$"的同余关系。

同理,可判断出模 3 同余关系是 $\mathbf{N}_{12}$ 上关于运算"$\oplus_{12}$"的同余关系。

对于 $\mathbf{N}_{12}$ 中的模 5 同余关系 mod 5,显然,$<5,10> \in$ mod 5 且 $<6,11> \in$ mod 5,但是 $<5 \oplus_{12} 6, 10 \oplus_{12} 11> = <11,9> \notin$ mod 5。所以,模 5 同余关系不是 $\mathbf{N}_{12}$ 上关于运算"$\oplus_{12}$"的同余关系。

例 6.47　设 f 是代数系统 $<A, *>$ 到 $<B, \#>$ 的一个同态映射,如果在集合 A 上定义二元关系:$<x,y> \in R$ 当且仅当 $f(x) = f(y)$,那么 R 是 A 上的一个同余关系。试证明。

证明　首先证明 R 是一个等价关系。

因为 $\forall x \in A, f(x) = f(x)$,即 $<x,x> \in R$, R 具有自反性;

如果 $\forall x,y \in A, <x,y> \in R$,则 $f(x) = f(y)$,即 $f(y) = f(x)$,所以 $<y,x> \in R$, R 具有对称性;

如果 $\forall x,y,z \in A, <x,y> \in R$ 且 $<y,z> \in R$,则 $f(x) = f(y)$ 且 $f(y) = f(z)$,即 $f(x) = f(z)$,所以 $<x,z> \in R$, R 具有传递性。

其次证明 R 是同余关系。

对于 $\forall x_1, x_2, y_1, y_2 \in A$,如果 $<x_1, x_2> \in R$ 且 $<y_1, y_2> \in R$,则 $f(x_1) = f(x_2)$ 且 $f(y_1) = f(y_2)$,于是,$f(x_1) \# f(y_1) = f(x_2) \# f(y_2)$。

又因为 $f(x_1) \# f(y_1) = f(x_1 * y_1)$, $f(x_2) \# f(y_2) = f(x_2 * y_2)$,因此,$f(x_1 * y_1) = f(x_2 * y_2)$。从而,$<x_1 * y_1, x_2 * y_2> \in R$。

所以,R 是 A 上关于运算"$*$"的一个同余关系,称为由 f 导出的 $<A, *>$ 上的一个同余关系。证毕。

例 6.48　基于代数系统 $<\mathbf{N}_9, \oplus_9>$ 构造 $\mathbf{N}_9$ 上关于运算"$\oplus_9$"的一个同余关系,并求同余类。

解　考察代数系统 $<\mathbf{N}_3, \oplus_3>$,定义 $\mathbf{N}_9$ 到 $\mathbf{N}_3$ 函数 f:$f(0) = f(3) = f(6) = 0, f(1) =$

$f(4)=f(7)=1, f(2)=f(5)=f(8)=2$。

易于证明 f 是代数系统 $<\mathbf{N}_9, \oplus_9>$ 到代数系统 $<\mathbf{N}_3, \oplus_3>$ 的一个同态映射。

如果在 $\mathbf{N}_9$ 上定义关系 R：$\forall x, y \in \mathbf{N}_9, <x, y> \in R$ 当且仅当 $f(x)=f(y)$。由例 6.47 知，R 是等价关系，也是 $\mathbf{N}_9$ 上关于运算 "$\oplus_9$" 的一个同余关系。

该同余关系的同余类为 $\{0,3,6\}, \{1,4,7\}$ 和 $\{2,5,8\}$。

定义 6.21 设 $<A, *>$ 是一个代数系统，R 是 A 上的同余关系，如果在商集 A/R 上定义二元运算：$\forall x, y \in A, [x]_R \odot [y]_R = [x*y]_R$。则代数系统 $<A/R, \odot>$ 称为代数系统 $<A, *>$ 的**商代数系统**，简称为**商代数**(quotient algebra)。

例 6.49 依据 $\mathbf{N}_{12}$ 中的模 6 同余关系、模 3 同余关系分别构造出代数系统 $<\mathbf{N}_{12}, \oplus_{12}>$ 的商代数系统。

解 由例 6.46 知，$\mathbf{N}_{12}$ 中的模 6 同余关系、模 3 同余关系都是 $\mathbf{N}_{12}$ 上关于运算 "$\oplus_{12}$" 的同余关系。商集分别为

$$\mathbf{N}_{12}/\text{mod } 6 = \{\{0,6\}, \{1,7\}, \{2,8\}, \{3,9\}, \{4,10\}, \{5,11\}\}$$
$$= \{[0], [1], [2], [3], [4], [5]\}$$
$$\mathbf{N}_{12}/\text{mod } 3 = \{\{0,3,6,9\}, \{1,4,7,10\}, \{2,5,8,11\}\} = \{[0], [1], [2]\}$$

代数系统 $<\mathbf{N}_{12}, \oplus_{12}>$ 的商代数系统分别为 $<\mathbf{N}_{12}/\text{mod } 6, \odot_1>$ 和 $<\mathbf{N}_{12}/\text{mod } 3, \odot_2>$。其中，二元运算 "$\odot_1$" 和 "$\odot_2$" 的运算表如图 6.5 所示。

$\odot_1$	[0]	[1]	[2]	[3]	[4]	[5]
[0]	[0]	[1]	[2]	[3]	[4]	[5]
[1]	[1]	[2]	[3]	[4]	[5]	[0]
[2]	[2]	[3]	[4]	[5]	[0]	[1]
[3]	[3]	[4]	[5]	[0]	[1]	[2]
[4]	[4]	[5]	[0]	[1]	[2]	[3]
[5]	[5]	[0]	[1]	[2]	[3]	[4]

$\odot_2$	[0]	[1]	[2]
[0]	[0]	[1]	[2]
[1]	[1]	[2]	[0]
[2]	[2]	[0]	[1]

图 6.5 二元运算 "$\odot_1$" 和 "$\odot_2$" 的运算表

定理 6.4 设 $<A, *>$ 是一个代数系统，R 是 A 上的同余关系，$<A/R, \odot>$ 为 $<A, *>$ 的商代数，那么，如果 $<A, *>$ 中运算 "$*$" 是可结合的，存在关于运算 "$*$" 的幺元，且 A 中每个元素都有关于运算 "$*$" 的逆元，则商代数 $<A/R, \odot>$ 中运算 "$\odot$" 是可结合的，存在关于运算 "$\odot$" 的幺元，且 A/R 中每个元素都有关于运算 "$\odot$" 的逆元。

证明 对于 $\forall x, y, z \in A$,

$$([x]_R \odot [y]_R) \odot [z]_R = [x*y]_R \odot [z]_R$$
$$= [(x*y)*z]_R$$
$$= [x*(y*z)]_R$$
$$= [x]_R \odot [(y*z)]_R$$
$$= [x]_R \odot ([y]_R \odot [z]_R)$$

所以，运算 "$\odot$" 是可结合的。

设 e 是代数系统 $<A, *>$ 的幺元，那么，对于 $\forall x \in A$,

$$[e]_R \odot [x]_R = [e*x]_R = [x]_R$$

$$[x]_R \odot [e]_R = [x * e]_R = [x]_R$$

所以，$[e]_R$ 是 $<A/R, \odot>$ 中关于运算"$\odot$"的幺元。

设 $\forall x \in A, x$ 的逆元为 x^{-1}，那么，

$$[x]_R \odot [x^{-1}]_R = [x * x^{-1}]_R = [e]_R$$

$$[x^{-1}]_R \odot [x]_R = [x^{-1} * x]_R = [e]_R$$

所以，$[x^{-1}]_R$ 是 $[x]_R$ 关于运算"$\odot$"的逆元。证毕。

定理 6.5　如果 $<A, *>$ 是一个代数系统，R 是 A 上的同余关系，$<A/R, \odot>$ 为 $<A, *>$ 的商代数，则 A 到 A/R 的函数 $f: \forall x \in A, f(x) = [x]_R$ 是代数系统 $<A, *>$ 到代数系统 $<A/R, \odot>$ 的一个同态映射。

证明　根据商代数的定义知，对于 $\forall x, y \in A, [x]_R \odot [y]_R = [x * y]_R$。又由函数 f 的定义知，$f(x * y) = [x * y]_R = [x]_R \odot [y]_R = f(x) \odot f(y)$。所以，$f$ 是代数系统 $<A, *>$ 到代数系统 $<A/R, \odot>$ 的一个同态映射。证毕。

定理 6.6　设 f 是代数系统 $<A, *>$ 到 $<B, \cdot>$ 的一个同态映射，关系 R 是由同态映射 f 导出的 $<A, *>$ 上的一个关于运算"$*$"同余关系，则代数系统 $<A/R, \odot>$ 与代数系统 $<f(A), \cdot>$ 同构。

证明　定义 A/R 到 $f(A)$ 的函数 $g: \forall x \in A, g([x]_R) = f(x)$。

首先证明 g 是 A/R 到 $f(A)$ 的双射函数。对于 $\forall x, y \in A$，如果 $[x]_R \neq [y]_R$，那么 $<x, y> \notin R$，从而 $f(x) \neq f(y)$。因为 $g([x]_R) = f(x), g([y]_R) = f(y)$，所以 $g([x]_R) \neq g([y]_R)$。由此，g 是 A/R 到 $f(A)$ 的单射函数。

由于 f 是 A 到 $f(A)$ 的满射函数。所以，对于 $f(A)$ 中任意元素 z，在 A 中必有元素 w，使得 $f(w) = z$。所以，在 A/R 中必有元素 $[w]_R$，使得 $g([w]_R) = f(w) = z$。由此，g 是 A/R 到 $f(A)$ 的满射函数。

综上述知，g 是 A/R 到 $f(A)$ 的双射函数。

又由于，$g([x]_R \odot [y]_R) = g([x * y]_R) = f(x * y) = f(x) \cdot f(y) = g([x]_R) \cdot g([y]_R)$，所以，代数系统 $<A/R, \odot>$ 与代数系统 $<f(A), \cdot>$ 同构。证毕。

由定理 6.5 和定理 6.6 可知：给定代数系统 $<A, *>$ 上的同态映射 f，可导出 $<A, *>$ 上的同余关系 R，由这个同余关系 R，可导出 $<A, *>$ 到 $<A/R, \odot>$ 的同态映射 g，并且以 f 的同态像与 g 的同态像分别为载体的代数系统 $<f(A), *>$ 和代数系统 $<A/R, \odot>$ 同构。

例如，对于代数系统 $<\mathbf{N}_6, \oplus_6>$ 和代数系统 $<\mathbf{N}_9, \oplus_9>$，以及 $\mathbf{N}_6$ 到 $\mathbf{N}_9$ 的函数 $f: f(0) = f(3) = 0, f(1) = f(4) = 3, f(2) = f(5) = 6$，容易验证 f 是代数系统 $<\mathbf{N}_6, \oplus_6>$ 到代数系统 $<\mathbf{N}_9, \oplus_9>$ 的同态映射。由 f 导出的代数系统 $<\mathbf{N}_6, \oplus_6>$ 关于运算"$\oplus_6$"的同余关系 R 的同余类为：$[0] = \{0, 3\}, [1] = \{1, 4\}$ 和 $[2] = \{2, 5\}$。由该同余关系可得到代数系统 $<\mathbf{N}_6, \oplus_6>$ 的商代数 $(\mathbf{N}_6/R, \odot)$。在这里，同余关系 R 可导出代数系统 $<\mathbf{N}_6, \oplus_6>$ 和代数系统 $<\mathbf{N}_6/R, \odot>$ 的同态映射 $g: \forall x \in \mathbf{N}_6, g(x) = [x]_R$。代数系统 $<\mathbf{N}_6/R, \odot>$ 和代数系统 $<f(\mathbf{N}_6), \oplus_9>$ 同构，其中，$f(\mathbf{N}_6) = \{0, 3, 6\}$，如图 6.6 所示。

$$
\begin{array}{c|ccc}
\odot & [0] & [1] & [2] \\
\hline
[0] & [0] & [1] & [2] \\
{[1]} & [1] & [2] & [0] \\
{[2]} & [2] & [0] & [1]
\end{array}
\qquad
\begin{array}{c|ccc}
\oplus_9 & 0 & 3 & 6 \\
\hline
0 & 0 & 3 & 6 \\
3 & 3 & 6 & 0 \\
6 & 6 & 0 & 3
\end{array}
$$

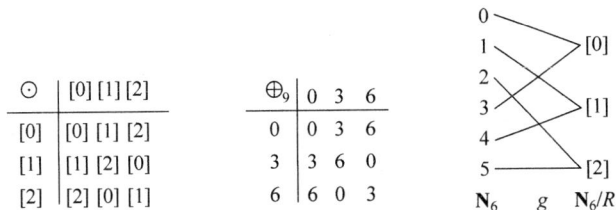

图 6.6 同态映射与同余关系

6.4 代数系统的应用

离散事件动态系统(discrete event dynamic system)是以计算机技术、通信技术、信息处理技术、机器人技术等为背景的一类人造系统,其典型例子如计算机通信网络、交通管理系统、柔性制造系统、军事指挥自动化系统等。在这类系统中,对系统行为演化起决定作用的是大量的离散事件,而不是连续时间变量,所遵循的是一些复杂的人为规则,而不是物理学定理。离散事件动态系统的建模、分析及控制是其理论研究和工业应用需要解决的主要问题。下面以缓存区容量为无限的一类串行生产线作为对象,来讨论代数系统在离散事件动态系统建模与分析方面的应用。

极大代数(maximum algebra)是 $\mathbf{R} \cup \{-\infty\}$ 上含有加法"$\oplus$"和乘法"$\otimes$"两个二元代数运算的代数系统。极大代数有标量和矩阵两种形式。对于标量极大代数$<\mathbf{R} \cup \{-\infty\}, \oplus, \otimes>$,代数运算的定义如下:$\forall x, y \in \mathbf{R} \cup \{-\infty\}$,$x \oplus y = \max\{x, y\}$,$x \otimes y = x + y$。

显然,在 $\mathbf{R} \cup \{-\infty\}$ 上,运算"$\oplus$"和"$\otimes$"都满足交换律、结合律,运算"$\otimes$"对运算"$\oplus$"都满足分配律,关于运算"$\otimes$"的幺元为 $e = 0$,零元为 $\theta = -\infty$,关于运算"$\oplus$"的幺元为 $e' = -\infty$。

对于矩阵极大代数$<(\mathbf{R} \cup \{-\infty\})^n \times (\mathbf{R} \cup \{-\infty\})^m, \oplus, \otimes>$,代数运算的定义如下:$\forall A \in (\mathbf{R} \cup \{-\infty\})^n \times (\mathbf{R} \cup \{-\infty\})^m, B \in (\mathbf{R} \cup \{-\infty\})^n \times (\mathbf{R} \cup \{-\infty\})^m, C \in (\mathbf{R} \cup \{-\infty\})^m \times (\mathbf{R} \cup \{-\infty\})^r (n, m, r \in \mathbf{Z}^+)$,有

$$
(A \oplus B)_{ij} = A_{ij} \oplus B_{ij} = \max\{A_{ij}, B_{ij}\}
$$

$$
(A \otimes B)_{ij} = \sum_{l=1}^{m} {}_{\oplus} (A_{il} \otimes B_{lj}) = \max_{1 \leqslant l \leqslant m}\{A_{il} + B_{lj}\}
$$

显然,在$(\mathbf{R} \cup \{-\infty\})^n \times (\mathbf{R} \cup \{-\infty\})^m$上,运算"$\otimes$"对运算"$\oplus$"都满足分配律,关于运算"$\otimes$"的幺元为 $e = E$,零元为 $\theta = \Theta$,关于运算"$\oplus$"的幺元为 $e' = \Theta$:

$$
E_{ij} = \begin{cases} 0 & i = j \\ -\infty & i \neq j \end{cases}
$$

$$
\Theta_{ij} = -\infty
$$

考察由 n 个机床 $P_1, P_2, \cdots, P_n$ 加工 m 种工件 $T_1, T_2, \cdots, T_m$ 的缓存区容量为无限的串行生产线。假定每种工件 $T_i(i = 1, 2, \cdots, m)$ 都要经过 n 个机床 $P_1, P_2, \cdots, P_n$,而每个机床 $P_j(j = 1, 2, \cdots, n)$ 都要对 m 种工件 $T_1, T_2, \cdots, T_m$ 依次加工。在串行生产线中,机床对工件的加工称为"加工活动";机床和工件构成加工活动的共享资源,工件的投放和机床的投入运行称为资源的输入,工件的加工完毕或机床的退出运行称为资源的输出。因而,系统中总

共有 $m \cdot n$ 个独立的加工活动,分别有 $(m+n)$ 个资源输入和 $(m+n)$ 个资源输出。串行生产线的加工过程可以是单个批次性的,也可以是多个批次性的。对于多个批次性的加工过程,需要引入符号 $k(k=1,2,\cdots)$ 来表示所属的批次。

对串行生产线加工过程的建模,归结为推导反映加工过程的系统变量间的逻辑和时间关系,即"状态方程"和"输出方程"。因此,需要首先对系统的变量(状态变量、输入变量和输出变量)和参量(加工时间)等加以定义。依据串行生产线中机床对工件的加工过程的特点,可以引入如下各类变量的定义:

状态变量 x_{ij}:在一个批次加工中,机床 $P_j(j=1,2,\cdots,n)$ 加工工件 $T_i(i=1,2,\cdots,m)$ 的加工活动的最早开始时间。

输入变量 u_l:在一个批次加工中,第 l 个资源投入其第一个加工活动的时间($l=1,2,\cdots,m+n$),资源的序号按先机床后工件排序。

输出变量 y_l:在一个批次加工中,第 l 个资源在加工过程中完全释放的最早时间($l=1,2,\cdots,m+n$),资源的序号按先机床后工件排序。

基于上述变量的定义,可以在系统变量(状态、输入和输出)与系统资源(机床和工件)之间建立如表6.1所示的对应关系。对应关系表直观地反映出了各个状态变量、输入变量和输出变量在串行生产线加工过程中所对应的加工活动。

表6.1   系统变量与机床加工工件的加工活动间的对应关系

	$u_1(P_1)$	$u_2(P_2)$	$\cdots$	$u_n(P_n)$	
$u_{n+1}(T_1)$	x_{11}	x_{12}	$\cdots$	x_{1n}	$y_{n+1}(T_1)$
$u_{n+2}(T_2)$	x_{21}	x_{22}	$\cdots$	x_{2n}	$y_{n+2}(T_2)$
$\vdots$	$\vdots$	$\vdots$	$\vdots$	$\vdots$	$\vdots$
$u_{n+m}(T_m)$	x_{m1}	x_{m2}	$\cdots$	x_{mn}	$y_{n+m}(T_m)$
	$y_1(P_1)$	$y_2(P_2)$	$\cdots$	$y_n(P_n)$	

相应地,对于系统参量,可引入如下定义:

系统参量 t_{ij}:在一个批次加工中,机床 $P_j(j=1,2,\cdots,n)$ 加工工件 $T_i(i=1,2,\cdots,m)$ 所需要的时间。

串行生产线建模的依据是机床加工工件的加工活动得以开始进行的条件和加工过程应满足的时间-逻辑规则:

【机床加工工件的条件】

机床 $P_j(j=1,2,\cdots,n)$ 加工工件 $T_i(i=1,2,\cdots,m)$ 的加工活动得以开始进行,当且仅当"机床 P_j 处于可以利用的状态"和"工件 T_i 处于准备加工状态"同时满足。

【加工的时间-逻辑规则】

规则1:$i=1$ 和 $j=1$ 情况。对工件 T_1 和机床 P_1,机床加工工件的条件为:
$$x_{11} = \max\{u_1,u_{n+1}\} = u_1 \oplus u_{n+1}$$

规则2:$i=1$ 和 $j\neq1$ 情况。对工件 T_1 和机床 $P_j(j=2,3,\cdots,n)$,机床加工工件的条件为"机床 P_{j-1} 加工完工件 T_1 和机床 P_j 可以投入",即
$$x_{1j} = \max\{u_j,x_{1(j-1)}+t_{1(j-1)}\} = u_j \oplus (x_{1(j-1)} \otimes t_{1(j-1)})$$

规则3:$i\neq1$ 和 $j=1$ 情况。对工件 $T_i(i=2,3,\cdots,n)$ 和机床 P_1,机床加工工件的条件

为"机床 P_1 加工完工件 T_{i-1} 和工件 T_i 可以投入",即

$$x_{i1} = \max \{u_{n+i}, x_{(i-1)1} + t_{(i-1)1}\} = u_{n+i} \oplus (x_{(i-1)1} \otimes t_{(i-1)1})$$

规则 4：$i \neq 1$ 和 $j \neq 1$ 情况。对工件 $T_i(i=2,3,\cdots,n)$ 和机床 $P_j(j=2,3,\cdots,n)$，机床加工工件的条件为"机床 P_j 加工完工件 T_{i-1} 和工件 T_i 在机床 P_{j-1} 上加工完毕",即

$$x_{ij} = \max \{x_{(i-1)j} + t_{(i-1)j}, x_{i(j-1)} + t_{i(j-1)}\} = (x_{(i-1)j} \otimes t_{(i-1)j}) \oplus (x_{i(j-1)} \otimes t_{i(j-1)})$$

由此，可以得出如下系统模型（用 k 表示加工的批次，$k=1,2,\cdots$）。

【状态方程】

$$x_{11}(k) = u_1(k) \oplus u_{n+1}(k)$$
$$x_{1j}(k) = \max \{u_j, x_{1(j-1)} + t_{1(j-1)}\} = u_j(k) \oplus (x_{1(j-1)}(k) \otimes t_{1(j-1)}(k)) \quad (j=2,3,\cdots,n)$$
$$x_{21}(k) = u_{n+2}(k) \oplus (x_{11}(k) \otimes t_{11}(k))$$
$$x_{2j}(k) = (x_{1j}(k) \otimes t_{1j}(k)) \oplus (x_{2(j-1)}(k) \otimes t_{2(j-1)}(k)) \quad (j=2,3,\cdots,n)$$
$$\vdots$$
$$x_{m1}(k) = u_{n+m}(k) \oplus (x_{(m-1)1}(k) \otimes t_{(m-1)1}(k))$$
$$x_{mj}(k) = (x_{(m-1)j}(k) \otimes t_{(m-1)j}(k)) \oplus (x_{m(j-1)}(k) \otimes t_{m(j-1)}(k)) \quad (j=2,3,\cdots,n)$$

【输出方程】

$$y_j(k) = x_{mj}(k) + t_{mj}(k) = x_{mj}(k) \otimes t_{mj}(k) \quad (j=1,2,\cdots,n)$$
$$y_{n+i}(k) = x_{in}(k) + t_{in}(k) = x_{in}(k) \otimes t_{in}(k) \quad (i=1,2,\cdots,m)$$

进一步地，引入如下向量：

状态向量：$X = [x_{11}, x_{12}, \cdots, x_{1n}, x_{21}, x_{22}, \cdots, x_{2n}, \cdots, x_{m1}, x_{m2}, \cdots, x_{mn}]^{\mathrm{T}}$。

输入向量：$U = [u_1, u_2, \cdots, u_n, x_{n+1}, x_{n+2}, \cdots, x_{n+m}]^{\mathrm{T}}$。

输出向量：$Y = [y_1, y_2, \cdots, y_n, y_{n+1}, y_{n+2}, \cdots, y_{n+m}]^{\mathrm{T}}$。

可以得出串行生产线的"线性"模型：

$$X(k) = (A \otimes X(k)) \oplus (B \otimes U(k))$$
$$Y(k) = C \otimes X(k)$$

基于上述"线性"模型，可以得到串行生产线的闭环系统"线性"模型，进而，实施串行生产线中离散事件行为的分析和评价。

习题

1. 对于集合 $A = \{1,2,3,4,5,6,7,8,9,10\}$，判断下面定义的运算"$*$"是否为集合 A 上的代数运算。

① $x * y = x - y$；

② $x * y = x + y - x \cdot y$；

③ $x * y = (x+y)/2$；

④ $x * y = 2^{x \cdot y}$；

⑤ $x * y = \min \{x, y\}$；

⑥ $x * y = \max \{x, y\}$；

⑦ $x * y = x$；

⑧ $x*y=\gcd(x,y)$，$\gcd(x,y)$ 是 x 和 y 的最大公约数；

⑨ $x*y=\text{lcm}(x,y)$，$\text{lcm}(x,y)$ 是 x 和 y 的最小公倍数；

⑩ $x*y=$ 质数 p 的个数，其中 $x\leqslant p\leqslant y$。

2. 判断数的加、减、乘、除是否是下列集合上的代数运算。

① 实数集 $\mathbf{R}$；

② 非零实数集 $\mathbf{R}-\{0\}$；

③ 整数集 $\mathbf{Z}$；

④ 正整数集 $\mathbf{Z}^+$；

⑤ 自然数集 $\mathbf{N}$；

⑥ 集合 $A=\{2n+1\,|\,n\in\mathbf{Z}\}$；

⑦ 集合 $B=\{2n\,|\,n\in\mathbf{Z}\}$；

⑧ 集合 $C=\{x\,|\,x$ 为质数$\}$；

⑨ 集合 $D=\{x\,|\,1\leqslant x\leqslant 80,x\in\mathbf{R}\}$；

⑩ 集合 $E=\{x\,|\,9\leqslant x^2\leqslant 900,x\in\mathbf{Z}\}$。

3. 给出题 1 中集合 A 上的代数运算的运算表。

4. 对于集合 $A=\{1,2,3,4\}$ 上的代数运算"$*$"：$x*y=x\cdot y-y$ 和"$\cdot$"：$x\cdot y=\max\{x,y\}$，试列写出代数运算"$*$"和"$\cdot$"的运算表。

5. 给出集合 $\mathbf{N}_6=\{0,1,2,3,4,5\}$ 上模 6 加法"$\oplus_6$"和模 6 乘法"$\otimes_6$"的运算表。

6. 对于集合 $A=\{a,b,c,d\}$ 上的代数运算"$*$"和"$\cdot$"（见图 6.7），集合 $S_1=\{b,d\}$，$S_2=\{b,c\}$ 和 $S_3=\{a,c,d\}$，试判断 $<S_1,*,\cdot>$，$<S_2,*,\cdot>$ 和 $<S_3,*,\cdot>$ 是否为代数系统 $<A,*,\cdot>$ 的子代数系统，并求出 $<A,*,\cdot>$ 的所有子代数。

$*$	a	b	c	d
a	a	b	c	d
b	b	b	d	d
c	c	d	c	d
d	d	d	d	d

$\cdot$	a	b	c	d
a	a	a	b	a
b	a	b	a	b
c	a	a	c	c
d	a	b	d	d

图 6.7　运算表

7. 设 $<A,*>$ 是代数系统，代数运算"$*$"是可结合的，如果集合 A 中任意元素 a 和 b，有 $a*b=b*a\Rightarrow a=b$，证明代数运算"$*$"满足等幂律。

8. 设 $<A,*>$ 是代数系统，其中 $A=\{a,b,c,d\}$，代数运算"$*$"是可结合的，且 $b=a^2$，$c=b^2,d=c^2$，证明代数运算"$*$"满足交换律。

9. 证明代数系统 $<\mathbf{N}_k,\oplus_k,\otimes_k>$ 中代数运算 $\otimes_k$ 对代数运算 $\oplus_k$ 是可分配的。

10. 对于代数系统 $<\mathbf{Z}^+,*,\#>$，其中 $x\#y=x^y$，$x*y=x\cdot y$，证明代数运算"$\#$"对"$*$"不满足分配律。

11. 设 $<A,*>$ 是代数系统，代数运算"$*$"是可结合的和可交换的。试证明：对于 A 中任意元素 a 和 b，以及任意正整数 n，$(a*b)^n=a^n*b^n$。

12. 对于如图 6.8 所示的集合 $A=\{a,b,c,d\}$ 上的代数运算"$*$"，试判断代数运算"$*$"是否可交换，是否存在幺元，哪些元素是可逆的，并给出它们的逆元。

*	a	b	c	d
a	a	b	c	d
b	b	c	d	a
c	c	d	a	b
d	d	a	b	c

*	a	b	c	d
a	a	a	a	a
b	a	b	c	d
c	d	c	a	b
d	d	d	c	d

图 6.8　运算表

13. 分析题6代数系统$<A,*,\cdot>$中运算"$*$"和"$\cdot$"的性质,并给出关于各自代数运算的幺元、零元、逆元、等幂元、可消去元。

14. 试构造一个代数系统$<A,*>$,使得代数运算"$*$"满足交换律和结合律,且除幺元外,每个元素都有逆元。

15. 对于题1中集合A上的代数运算,分析各代数运算所具有的性质以及关于各代数运算的特殊元素。

16. 给出$<\mathbf{N}_6,\otimes_6>$中的所有等幂元。

17. 给出$<\mathbf{N}_{11},\otimes_{11}>$中的幺元和各元素的逆元。

18. 对于正整数集$\mathbf{Z}^+$上的代数运算"$*$":$x*y=\gcd(x,y)$,$\gcd(x,y)$是x和y的最大公约数,给出代数系统$<\mathbf{Z}^+,*>$中的等幂元、幺元和零元。

19. 集合$A=\{a,b,c,d\}$上的代数运算"$*$"由图6.9给出,试证明代数系统$<A,*>$和代数系统$<\mathbf{N}_4,\oplus_4>$同构。

20. 设集合$B=\{a,b\}$的幂集为$P(B)$,集合$\mathbf{N}_4$上的代数运算"$*$"由图6.10运算表给出,证明代数系统$<P(B),\bigcup>$和代数系统$<\mathbf{N}_4,*>$同构。

*	a	b	c	d
a	a	b	c	d
b	b	c	d	a
c	c	d	a	b
d	d	a	b	c

图 6.9　运算表

*	0	1	2	3
0	0	1	2	3
1	1	1	3	3
2	2	3	2	3
3	3	3	3	3

图 6.10　运算表

21. 分别给出$<\mathbf{N}_5,\oplus_5>$,$<\mathbf{N}_5,\otimes_5>$的两种自同构。

22. 对于图6.11给出的集合$A=\{e,a,b,c\}$上的代数运算"$*$"和"$\#$",证明代数系统$<A,*>$和代数系统$<A,\#>$同构。

*	e	a	b	c
e	e	a	b	c
a	a	b	c	e
b	b	c	e	a
c	c	e	a	b

#	e	a	b	c
e	e	a	b	c
a	a	c	e	b
b	b	e	c	a
c	c	b	a	e

图 6.11　运算表

23. 设$f=\{<0,0>,<1,1>,<2,2>,<3,0>,<4,1>,<5,2>\}$是$\mathbf{N}_6$到$\mathbf{N}_3$的函数,证明$f$是$<\mathbf{N}_6,\oplus_6>$到$<\mathbf{N}_3,\oplus_3>$的同态映射。

24. 设 $\mathbf{Z}^+$ 是正整数集合,$\mathbf{E}^+$ 是正偶数集合,f 是 $\mathbf{Z}^+$ 到 $\mathbf{E}^+$ 的函数,且有 $f(k)=2k$ $(k=1,2,\cdots)$,证明 f 是 $<\mathbf{Z}^+,+>$ 到 $<\mathbf{E}^+,+>$ 的同态映射。

25. 设 f 是代数系统 $<A,*>$ 到代数系统 $<B,\#>$ 的满同态映射,证明:如果 $<A,*>$ 含有零元,则 $<B,\#>$ 也含有零元。

26. 设 g 是代数系统 $<A,*>$ 到代数系统 $<B,\#>$ 的满同态映射,举例说明:$<f(A),\#>$ 中的幺元(零元、元素的逆元),可能不是 $<B,\#>$ 中的幺元(零元、元素的逆元)。

27. 设 f 和 g 分别是代数系统 $<A,*>$ 到代数系统 $<B,\#>$,代数系统 $<B,\#>$ 到代数系统 $<C,\cdot>$ 的同态映射,证明:复合函数 $f\circ g$ 是代数系统 $<A,*>$ 到代数系统 $<C,\cdot>$ 的同态映射。

28. 判断下列关系 R,是否是 $<\mathbf{Z},+>$ 上的同余关系。

① xRy 当且仅当 $x\geqslant y$;

② xRy 当且仅当 $((x<0)\wedge(y<0))\vee((x\geqslant0)\wedge(y\geqslant0))$;

③ xRy 当且仅当 $|x-y|<0$;

④ xRy 当且仅当 $(x=y=0)\vee(x\neq0\wedge y\neq0)$。

29. 判断代数系统 $<\mathbf{N}_6,\oplus_6>$ 上 $\mathbf{N}_6$ 中的模 2 同余关系、模 3 同余关系、模 5 同余关系是否为 $\mathbf{N}_6$ 上关于运算"$\oplus_6$"的同余关系,并给出同余关系所对应的 $<\mathbf{N}_6,\oplus_6>$ 的商代数系统。

30. 给出代数系统 $<\mathbf{N}_{12},\oplus_{12}>$ 到代数系统 $<\mathbf{N}_3,\oplus_3>$ 的一个同态映射,并依此同态映射求解出 $\mathbf{N}_{12}$ 上关于运算"$\oplus_{12}$"的一个同余关系,以及代数系统 $<\mathbf{N}_{12},\oplus_{12}>$ 的商代数。

第7章 典型代数系统

7.1 半群和群

7.1.1 半群

半群和独异点都是含有一个二元运算的代数系统,独异点是半群的一种特殊情形。

定义 7.1 对于代数系统 $<S,*>$,如果二元运算"$*$"满足结合律,则称它为**半群**(semigroup)。对于半群 $<S,*>$,如果集合 S 为有限集合,则称 $<S,*>$ 为**有限半群**(finite semigroup);如果集合 S 为无限集合,则称 $<S,*>$ 为**无限半群**(infinite semigroup)。

例如,代数系统 $<\mathbf{R},+>$,$<\mathbf{R},\times>$,$<\mathbf{Z},+>$,$<\mathbf{Z},\times>$,$<\mathbf{N}_k,\oplus_k>$ 和 $<\mathbf{N}_k,\otimes_k>$ 都是半群;代数系统 $<\mathbf{R},+>$,$<\mathbf{R},\times>$,$<\mathbf{Z},+>$ 和 $<\mathbf{Z},\times>$ 都是无限半群,而代数系统 $<\mathbf{N}_k,\oplus_k>$ 和 $<\mathbf{N}_k,\otimes_k>$ 都是有限半群。代数系统 $<\mathbf{R},->$,$<\mathbf{R}-\{0\},\div>$ 和 $<\mathbf{Z},->$ 都不是半群,因为代数运算"$-$"和"$\div$"都不满足结合律。

例 7.1 对于实数集合 $\mathbf{R}$ 上的代数运算"$*$": $x*y=2(x+y+1)+x\cdot y$,判断代数系统 $<\mathbf{R},*>$ 是否为半群。

解 对于 $\forall x,y,z\in\mathbf{R}$,有

$$
\begin{aligned}
(x*y)*z &= (2(x+y+1)+x\cdot y)*z = 2((2(x+y+1)+x\cdot y)\\
&\quad +z+1)+(2(x+y+1)+x\cdot y)\cdot z\\
&= 4(x+y+z)+2(x\cdot y+x\cdot z+y\cdot z)+x\cdot y\cdot z+6\\
x*(y*z) &= x*(2(y+z+1)+y\cdot z) = 2(x+(2(y+z+1)+y\cdot z)+1)\\
&\quad +x\cdot(2(y+z+1)+y\cdot z)\\
&= 4(x+y+z)+2(x\cdot y+x\cdot z+y\cdot z)+x\cdot y\cdot z+6
\end{aligned}
$$

所以

$$(x*y)*z=x*(y*z)$$

即代数运算"$*$"在 $\mathbf{R}$ 上满足结合律。从而,代数系统 $<\mathbf{R},*>$ 是半群。

例 7.2 对于集合 $A=\{1,2,3,4,5\}$ 上的代数运算"$\#$": $x\#y=\max\{x,y\}$,判断代数系统 $<A,\#>$ 是否为半群。

解 对于 $\forall x,y,z\in A$,有

$$(x\#y)\#z=(\max\{x,y\})\#z=\max\{\max\{x,y\},z\}=\max\{x,y,z\}$$

$$x \# (y \# z) = x \# (\max \{y, z\}) = \max \{x, \max \{y, z\}\} = \max \{x, y, z\}$$

所以

$$(x \# y) \# z = x \# (y \# z)$$

即代数运算"#"在 A 上是可结合的。从而,代数系统 $<A, \#>$ 是半群。

例 7.3 设 $<A, *>$ 是半群,且对于 $\forall x, y \in A$,如果 $x \neq y$,则必有 $x * y \neq y * x$,试证明:

① A 中每个元素都是等幂元;

② 对于 $\forall x, y \in A$,都有 $x * y * x = x$;

③ 对于 $\forall x, y, z \in A$,都有 $x * y * z = x * z$。

证明 由已知条件"对于 $\forall x, y \in A$,如果 $x \neq y$,则必有 $x * y \neq y * x$。"得出:对于 $\forall x, y \in A$,如果 $x * y = y * x$,则必有 $x = y$。

① 对于 $\forall a \in A$,由代数运算"$*$"满足结合律,知 $(a * a) * a = a * (a * a)$。从而,$a * a = a$,即 A 中任意元素是等幂元。

② 对于 $\forall x, y \in A$,由代数运算"$*$"满足结合律以及①,知

$$(x * y * x) * x = (x * y) * (x * x) = (x * y) * x = x * y * x$$
$$x * (x * y * x) = (x * x) * (y * x) = x * (y * x) = x * y * x$$

从而

$$(x * y * x) * x = x * (x * y * x)$$

因此,根据题设可得

$$x * y * x = x$$

③ 对于 $\forall x, y, z \in A$,由代数运算"$*$"满足结合律以及①、②,知

$$(x * y * z) * (x * z) = (x * y) * (z * x * z) = (x * y) * z = x * y * z$$
$$(x * z) * (x * y * z) = (x * z * x) * (y * z) = x * (y * z) = x * y * z$$

从而

$$(x * y * z) * (x * z) = (x * z) * (x * y * z)$$

因此,根据题设可得

$$(x * y * z) = (x * z)$$

证毕。

半群具有如下一些重要性质:

性质 1 有限半群 $<S, *>$ 中必含有幂等元。

性质 2 如果 f 为半群 $<S, *>$ 到代数系统 $<T, \circ>$ 的同态映射,则 $<f(S), \circ>$ 也是半群。

证明（性质 1）

由 $<S, *>$ 为有限半群,知 S 为有限集合。不妨设 S 中有 n 个元素。在 S 中任取 1 个元素 a,考察如下 $n+1$ 个元素:$a, a^2, a^3, \cdots, a^n, a^{n+1}$。

由代数运算的封闭性知,这些元素都属于 S,但 S 中仅有 n 个元素,所以,这些元素中至少有两个元素相同,不妨设为 $a^i = a^{i+k}$ （$1 \leqslant k \leqslant n$）。下面分别讨论。

当 $k = i$ 时,则有 $a^i = a^{i+i} = a^i * a^i$,所以 a^i 是幂等元。

当 $k > i$ 时,则 $k - i > 0$,有 $a^i = a^{i+k} = a^i * a^k$,$a^{k-i} * a^i = a^{k-i} * a^i * a^k = a^k * a^k$,又

$a^{k-i}*a^i=a^k$，所以 a^k 是等幂元。

当 $k<i$ 时，则 $k-i<0$，有 $a^i=a^{i+k}=a^i*a^k$，$a^i*a^k=(a^i*a^k)*a^k=a^i*a^{2k}$，又 $a^i=a^i*a^k$，所以 $a^i=a^i*a^{2k}$，重复此过程可得 $a^i=a^i*a^{3k}$，$a^i=a^i*a^{4k}$，$\cdots$，$a^i=a^i*a^{pk}$（p 为任意正整数）。取适当的 p，使得 $pk>i$，即 $pk-i>0$，从而，$a^{pk-i}*a^i=a^{pk-i}*a^i*a^{pk}=a^{pk}*a^{pk}$，又 $a^{pk-i}*a^i=a^{pk}$，所以 a^{pk} 是等幂元。

综上述知，有限半群必有等幂元。

（性质 2）

设 f 为半群 $<S,*>$ 到代数系统 $<T,\circ>$ 的同态映射，那么，对于 $\forall x,y,z\in S$，有

$$(x*y)*z=x*(y*z)$$
$$f((x*y)*z)=f(x*(y*z))$$
$$f((x*y)*z)=f(x*y)\circ f(z)=(f(x)\circ f(y))\circ f(z)$$
$$f(x*(y*z))=f(x)\circ f(y*z)=f(x)\circ(f(y)\circ f(z))$$

从而

$$(f(x)\circ f(y))\circ f(z)=f(x)\circ(f(y)\circ f(z))$$

即 $f(S)$ 上的代数运算“$\circ$”是可结合的，所以，$<f(S),\circ>$ 是半群。证毕。

定义 7.2　对于半群 $<S,*>$，如果非空集合 $B\subseteq S$ 且代数系统 $<B,*>$ 也是半群，则称代数系统 $<B,*>$ 为半群 $<S,*>$ 的**子半群**(sub-semigroup)。

例如，代数系统 $<\mathbf{R},+>$ 是半群，$\mathbf{Z}\subseteq\mathbf{R}$ 且代数系统 $<\mathbf{Z},+>$ 也是半群，所以，$<\mathbf{Z},+>$ 是半群 $<\mathbf{R},+>$ 的子半群；代数系统 $<\mathbf{R},\times>$ 是半群，$\mathbf{Z}\subseteq\mathbf{R}$ 且代数系统 $<\mathbf{Z},\times>$ 也是半群，所以，$<\mathbf{Z},\times>$ 是半群 $<\mathbf{R},\times>$ 的子半群。

例 7.4　对于半群 $<\mathbf{N}_7,\otimes_7>$ 和 $\mathbf{N}_7$ 的子集合 $B=\{0,1,6\}$，判断代数系统 $<B,\otimes_7>$ 是否为半群 $<\mathbf{N}_7,\otimes_7>$ 的子半群。

解　由于 $\mathbf{N}_7$ 上运算 $\otimes_7$ 是可交换的，且 $B\subseteq\mathbf{N}_7$，所以，$\forall x,y\in B,x\otimes_7 y=y\otimes_7 x$。

又因为

$$0\otimes_7(0\otimes_7 1)=0\otimes_7 0=0 \qquad (0\otimes_7 0)\otimes_7 1=0\otimes_7 1=0$$
$$0\otimes_7(0\otimes_7 6)=0\otimes_7 0=0 \qquad (0\otimes_7 0)\otimes_7 6=0\otimes_7 6=0$$
$$0\otimes_7(1\otimes_7 1)=0\otimes_7 1=0 \qquad (0\otimes_7 1)\otimes_7 1=0\otimes_7 1=0$$
$$0\otimes_7(1\otimes_7 6)=0\otimes_7 6=0 \qquad (0\otimes_7 1)\otimes_7 6=0\otimes_7 6=0$$
$$0\otimes_7(6\otimes_7 6)=0\otimes_7 1=0 \qquad (0\otimes_7 6)\otimes_7 6=0\otimes_7 6=0$$
$$1\otimes_7(0\otimes_7 0)=1\otimes_7 0=0 \qquad (1\otimes_7 0)\otimes_7 0=0\otimes_7 0=0$$
$$1\otimes_7(0\otimes_7 1)=1\otimes_7 0=0 \qquad (1\otimes_7 0)\otimes_7 1=0\otimes_7 1=0$$
$$1\otimes_7(0\otimes_7 6)=1\otimes_7 0=0 \qquad (1\otimes_7 0)\otimes_7 6=0\otimes_7 6=0$$
$$1\otimes_7(1\otimes_7 6)=1\otimes_7 6=6 \qquad (1\otimes_7 1)\otimes_7 6=1\otimes_7 6=6$$
$$1\otimes_7(6\otimes_7 6)=1\otimes_7 1=1 \qquad (1\otimes_7 6)\otimes_7 6=6\otimes_7 6=1$$
$$6\otimes_7(0\otimes_7 0)=6\otimes_7 0=0 \qquad (6\otimes_7 0)\otimes_7 0=0\otimes_7 0=0$$
$$6\otimes_7(0\otimes_7 1)=6\otimes_7 0=0 \qquad (6\otimes_7 0)\otimes_7 1=0\otimes_7 1=0$$
$$6\otimes_7(0\otimes_7 6)=6\otimes_7 0=0 \qquad (6\otimes_7 0)\otimes_7 6=0\otimes_7 6=0$$
$$6\otimes_7(1\otimes_7 1)=6\otimes_7 1=6 \qquad (6\otimes_7 1)\otimes_7 1=6\otimes_7 1=6$$

$$6 \otimes_7 (1 \otimes_7 6) = 6 \otimes_7 6 = 1 \qquad (6 \otimes_7 1) \otimes_7 6 = 6 \otimes_7 6 = 1$$

从而,对于 $\forall x,y,z \in A, x \otimes_7 (y \otimes_7 z) = (x \otimes_7 y) \otimes_7 z$ 成立。即运算"$\otimes_7$"在 B 上是可结合的。所以,代数系统 $<B, \otimes_7>$ 是半群,是半群 $<\mathbf{N}_7, \otimes_7>$ 的子半群。

定理 7.1 对于半群 $<S, *>$,如果非空集合 $B \subseteq S$ 且运算"$*$"在 B 上是封闭的,则代数系统 $<B, *>$ 为半群 $<S, *>$ 的子半群。

证明 设 $<S, *>$ 为半群,$B \subseteq S$ 且运算"$*$"在 B 上是封闭的,那么,对于 $\forall x,y,z \in B$,必有 $x * y \in B, y * z \in B, (x * y) * z \in B, x * (y * z) \in B$,且 $x,y,z \in S$,因此,$(x * y) * z = x * (y * z)$,即运算"$*$"在 B 上满足结合律。所以,代数系统 $<B, *>$ 是半群。从而,代数系统 $<B, *>$ 为半群 $<S, *>$ 的子半群。证毕。

例 7.5 对于半群 $<\mathbf{N}_8, \oplus_8>$ 和 $\mathbf{N}_8$ 的子集合 $A = \{0,2,4,6\}$,判断代数系统 $<A, \oplus_8>$ 是否为半群 $<\mathbf{N}_8, \oplus_8>$ 的子半群。

解 由于

$$0 \oplus_8 0 = 0 \in A \quad 0 \oplus_8 2 = 2 \in A \quad 0 \oplus_8 4 = 4 \in A \quad 0 \oplus_8 6 = 6 \in A$$
$$2 \oplus_8 0 = 2 \in A \quad 2 \oplus_8 2 = 4 \in A \quad 2 \oplus_8 4 = 6 \in A \quad 2 \oplus_8 6 = 0 \in A$$
$$4 \oplus_8 0 = 4 \in A \quad 4 \oplus_8 2 = 6 \in A \quad 4 \oplus_8 4 = 0 \in A \quad 4 \oplus_8 6 = 2 \in A$$
$$6 \oplus_8 0 = 6 \in A \quad 6 \oplus_8 2 = 0 \in A \quad 6 \oplus_8 4 = 2 \in A \quad 6 \oplus_8 6 = 4 \in A$$

所以,运算"$\oplus_8$"在 A 上满足封闭性,又 $A \subseteq \mathbf{N}_8$,从而,代数系统 $<A, \oplus_8>$ 是半群 $<\mathbf{N}_8, \oplus_8>$ 的子半群。

例 7.6 设 f 为半群 $<S, *>$ 到半群 $<T, \circ>$ 的同态映射,试证明:代数系统 $<f(S), \circ>$ 是半群 $<T, \circ>$ 的子半群。

证明 根据同态映射的定义知 $f(S) \subseteq T$。又由于代数运算"$\circ$"在集合 $f(S)$ 上满足封闭性,所以,由定理 7.1 知,代数系统 $<f(S), \circ>$ 是半群 $<T, \circ>$ 的子半群。证毕。

定义 7.3 对于代数系统 $<S, *>$,如果二元运算"$*$"满足结合律,且 S 中含有关于运算"$*$"的幺元,则称 $<S, *>$ 为**含幺半群**,或**独异点**(monoid)。

例如,代数系统 $<\mathbf{R}, +>$ 是半群,且含有幺元 0,所以,代数系统 $<\mathbf{R}, +>$ 是独异点;代数系统 $<\mathbf{R}, \times>$ 是半群,且含有幺元 1,所以,代数系统 $<\mathbf{R}, \times>$ 是独异点;代数系统 $<\mathbf{N}_k, \oplus_k>$ 是半群,且含有幺元 0,所以,代数系统 $<\mathbf{N}_k, \oplus_k>$ 是独异点;代数系统 $<\mathbf{N}_k, \otimes_k>$ 是半群,且含有幺元 1,所以,代数系统 $<\mathbf{N}_k, \otimes_k>$ 是独异点。

再如,由例 7.2 知,集合 $A = \{1,2,3,4,5\}$ 以及代数运算"$\#$": $x \# y = \max\{x,y\}$,构成的代数系统 $<A, \#>$ 是半群,集合 A 中元素 1 是关于运算"$\#$"的幺元,所以,代数系统 $<A, \#>$ 是独异点。

例 7.7 对于整数集 $\mathbf{Z}$,判断如下哪些运算"$*$"构成的代数系统 $<\mathbf{Z}, *>$ 是独异点。

① $x * y = x \cdot y + 1$;

② $x * y = y$;

③ $x * y = (x+1)(y+1) - 1$;

④ $x * y = x + y - 2$。

解 ① 对于 $\forall x,y,z \in \mathbf{Z}$,由于

$$(x * y) * z = (x \cdot y + 1) * z = (x \cdot y + 1) \cdot z + 1 = x \cdot y \cdot z + z + 1$$
$$x * (y * z) = x * (y \cdot z + 1) = x \cdot (y \cdot z + 1) + 1 = x \cdot y \cdot z + x + 1$$

所以，

$$(x * y) * z \neq x * (y * z)$$

即二元运算"$*$"不是 **Z** 上的可结合运算。从而，代数系统$<$**Z**$, *>$不是独异点。

② 对于 $\forall x, y, z \in$ **Z**，由于

$$(x * y) * z = y * z = z$$
$$x * (y * z) = x * z = z$$

所以，

$$(x * y) * z = x * (y * z)$$

即二元运算"$*$"是 **Z** 上的可结合运算。

但是，

$$x * e = e$$
$$e * x = x \neq x * e$$

即 **Z** 上不存在关于运算"$*$"的幺元。从而，代数系统$<$**Z**$, *>$不是独异点。

③ 对于 $\forall x, y, z \in$ **Z**，由于

$$(x * y) * z = ((x+1)(y+1)-1) * z = ((x+1)(y+1)-1+1)(z+1)-1$$
$$= (x+1)(y+1)(z+1)-1$$
$$x * (y * z) = x * ((y+1)(z+1)-1) = (x+1)((y+1)(z+1)-1+1)-1$$
$$= (x+1)(y+1)(z+1)-1$$

所以，

$$(x * y) * z = x * (y * z)$$

即二元运算"$*$"是 **Z** 上的可结合运算。

又由于

$$x * e = (x+1)(e+1)-1$$
$$e * x = (e+1)(x+1)-1$$

令$(x+1)(e+1)-1=x$，即 $x \cdot e + e = 0$，所以，$e=0$，即元素 0 是 **Z** 上关于运算"$*$"的幺元。从而，代数系统$<$**Z**$, *>$是独异点。

④ 对于 $\forall x, y, z \in$ **Z**，由于

$$(x * y) * z = (x+y-2) * z = x+y-2+z-2 = x+y+z-4$$
$$x * (y * z) = x * (y+z-2) = x+y+z-2-2 = x+y+z-4$$

所以，

$$(x * y) * z = x * (y * z)$$

即二元运算"$*$"是 **Z** 上的可结合运算。

又由于

$$x * e = x+e-2$$
$$e * x = e+x-2$$

令 $x+e-2=x$，由此，$e=2$。即有 $x*2=2*x$，所以，元素 2 是 **Z** 上关于运算"$*$"的幺元。从而，代数系统$<$**Z**$, *>$是独异点。

例 7.8 如果 f 为独异点$<S, *>$到代数系统$<T, \circ>$的同态映射，则$<f(S), \circ>$也是独异点。试证明。

证明 设 f 为独异点 $<S,*>$ 到代数系统 $<T,\circ>$ 的同态映射,那么,对于 $\forall x,y,z \in S$,有

$$(x*y)*z = x*(y*z)$$
$$f((x*y)*z) = f(x*(y*z))$$
$$f((x*y)*z) = f(x*y) \circ f(z) = (f(x) \circ f(y)) \circ f(z)$$
$$f(x*(y*z)) = f(x) \circ f(y*z) = f(x) \circ (f(y) \circ f(z))$$

从而,

$$(f(x) \circ f(y)) \circ f(z) = f(x) \circ (f(y) \circ f(z))$$

即 $f(S)$ 上的代数运算"$\circ$"是可结合的。

设 e 是 S 上关于运算"$*$"的幺元,那么 $x*e = e*x = x$,因此,$f(x*e) = f(e*x) = f(x) \circ f(e) = f(e) \circ f(x) = f(x)$,即 $f(e)$ 是 $f(S)$ 上关于运算"$\circ$"的幺元。

综上述知,$<f(S),\circ>$ 是独异点。证毕。

定义 7.4 对于独异点 $<S,*>$ 和集合 $B \subseteq S$,如果代数系统 $<B,*>$ 是独异点,且 S 上关于运算"$*$"的幺元也是 B 上关于运算"$*$"的幺元,则称代数系统 $<B,*>$ 为独异点 $<S,*>$ 的**子独异点**(sub-monoid)。

例如,代数系统 $<\mathbf{Z},+>$ 是独异点,自然数集 $\mathbf{N}$ 是整数集 $\mathbf{Z}$ 的子集合,$<\mathbf{N},+>$ 和 $<\mathbf{Z},+>$ 的幺元都为 0,所以,代数系统 $<\mathbf{N},+>$ 是独异点 $<\mathbf{Z},+>$ 的子独异点。

例 7.9 对于独异点 $<\mathbf{N}_7,\otimes_7>$ 和 $\mathbf{N}_7$ 的子集合 $A = \{0,1,2,4\}$,判断代数系统 $<A,\otimes_7>$ 是否为独异点 $<\mathbf{N}_7,\otimes_7>$ 的子独异点。

解 由于

$$0 \otimes_7 0 = 0 \in A \quad 0 \otimes_7 1 = 0 \in A \quad 0 \otimes_7 2 = 0 \in A \quad 0 \otimes_7 4 = 0 \in A$$
$$1 \otimes_7 0 = 0 \in A \quad 1 \otimes_7 1 = 1 \in A \quad 1 \otimes_7 2 = 2 \in A \quad 1 \otimes_7 4 = 4 \in A$$
$$2 \otimes_7 0 = 0 \in A \quad 2 \otimes_7 1 = 2 \in A \quad 2 \otimes_7 2 = 4 \in A \quad 2 \otimes_7 4 = 1 \in A$$
$$4 \otimes_7 0 = 0 \in A \quad 4 \otimes_7 1 = 4 \in A \quad 4 \otimes_7 2 = 1 \in A \quad 4 \otimes_7 4 = 2 \in A$$

所以,运算"$\otimes_7$"在 A 上满足封闭性,且元素 1 为 A 上关于运算"$\otimes_7$"的幺元,又 $A \subseteq \mathbf{N}_7$,从而,代数系统 $<A,\otimes_7>$ 是半群,即 A 上的运算"$\otimes_7$"满足结合律。所以,代数系统 $<A,\otimes_7>$ 是独异点。

又由于在独异点 $<\mathbf{N}_7,\otimes_7>$ 中,$\mathbf{N}_7$ 上关于运算"$\otimes_7$"的幺元为 1。所以,代数系统 $<A,\otimes_7>$ 是独异点 $<\mathbf{N}_7,\otimes_7>$ 的子独异点。

注意:独异点与其子独异点必须有相同的幺元。可能存在这种情况:代数系统 $<S,*>$ 是独异点,B 是 S 的子集,且代数系统 $<B,*>$ 也是独异点,但 B 上关于运算"$*$"的幺元和 S 上关于运算"$*$"的幺元不同,独异点 $<B,*>$ 就不是独异点 $<S,*>$ 的子独异点。

例 7.10 对于独异点 $<\mathbf{N}_{10},\otimes_{10}>$ 和 $\mathbf{N}_{10}$ 的子集合 $B = \{0,2,4,6,8\}$,判断代数系统 $<B,\otimes_{10}>$ 是否为独异点 $<\mathbf{N}_{10},\otimes_{10}>$ 的子独异点。

解 由于

$$0 \otimes_{10} 0 = 0 \in B \quad 0 \otimes_{10} 2 = 0 \in B \quad 0 \otimes_{10} 4 = 0 \in B \quad 0 \otimes_{10} 6 = 0 \in B \quad 0 \otimes_{10} 8 = 0 \in B$$
$$2 \otimes_{10} 0 = 0 \in B \quad 2 \otimes_{10} 2 = 4 \in B \quad 2 \otimes_{10} 4 = 8 \in B \quad 2 \otimes_{10} 6 = 2 \in B \quad 2 \otimes_{10} 8 = 6 \in B$$
$$4 \otimes_{10} 0 = 0 \in B \quad 4 \otimes_{10} 2 = 8 \in B \quad 4 \otimes_{10} 4 = 6 \in B \quad 4 \otimes_{10} 6 = 4 \in B \quad 4 \otimes_{10} 8 = 2 \in B$$

$6 \otimes_{10} 0 = 0 \in B \quad 6 \otimes_{10} 2 = 2 \in B \quad 6 \otimes_{10} 4 = 4 \in B \quad 6 \otimes_{10} 6 = 6 \in B \quad 6 \otimes_{10} 8 = 8 \in B$

$8 \otimes_{10} 0 = 0 \in B \quad 8 \otimes_{10} 2 = 6 \in B \quad 8 \otimes_{10} 4 = 2 \in B \quad 8 \otimes_{10} 6 = 8 \in B \quad 8 \otimes_{10} 8 = 4 \in B$

所以,运算"$\otimes_{10}$"在 B 上满足封闭性,且元素 6 为 B 上关于运算"$\otimes_{10}$"的幺元。又 $B \subseteq \mathbf{N}_{10}$,从而,代数系统 $<B, \otimes_{10}>$ 是半群,即 B 上的运算"$\otimes_{10}$"满足结合律。所以,代数系统 $<B, \otimes_{10}>$ 是独异点。

但是,在独异点 $<\mathbf{N}_{10}, \otimes_{10}>$ 中,$\mathbf{N}_{10}$ 上关于运算"$\otimes_{10}$"的幺元为 1,而 B 上关于运算"$\otimes_{10}$"的幺元为 6。所以,代数系统 $<B, \otimes_{10}>$ 不是独异点 $<\mathbf{N}_{10}, \otimes_{10}>$ 的子独异点。

例 7.11 举例说明:若 f 为独异点 $<S, *>$ 到独异点 $<T, \circ>$ 的同态映射,则 $<f(S), \circ>$ 虽然也是独异点,但不一定是 $<T, \circ>$ 的子独异点。

解 考察集合 $S = \{1,2,3,4,5,6\}$ 上的二元运算"$*$":$x * y = \max \{x, y\}$。显然,$<S, *>$ 为独异点。

如果取 S 的子集 $T = \{1,2,3,4\}$,易于判定 $<T, *>$ 也为独异点。

令 S 到 T 的函数 f 如下:

$$f(1) = f(2) = f(3) = 2$$
$$f(4) = f(5) = f(6) = 4$$

对于 S 中的任意元素 x 和 y,当 x 和 y 都小于等于 3 时,$x * y = \max \{x, y\}$ 也小于等于 3。那么,

$$f(x * y) = 2$$
$$f(x) * f(y) = \max \{f(x), f(y)\} = \max \{2, 2\} = 2$$

当 x 和 y 至少有一个元素大于等于 4 时,$x * y = \max \{x, y\}$ 也大于等于 4。那么,

$$f(x * y) = 4$$
$$f(x) * f(y) = \max \{f(x), f(y)\} = \max \{2, 4\} = 4$$

由此,

$$f(x * y) = f(x) * f(y)$$

所以,f 是独异点 $<S, *>$ 到独异点 $<T, *>$ 的同态映射。

此时,$f(S) = \{2, 4\}$,易知 $<f(S), *>$ 是独异点,$f(S)$ 上关于运算"$*$"的幺元是 2。但是,T 上关于运算"$*$"的幺元是 1,所以,$<f(S), *>$ 不是 $<T, *>$ 的子独异点。

7.1.2 群

群是一种极为重要的代数系统,它在许多科技领域以及其他数学分支都有广泛的应用。

定义 7.5 对于代数系统 $<G, *>$,如果运算"$*$"是可结合的,G 上存在关于运算"$*$"的幺元,$\forall x \in G$ 都有关于运算"$*$"的逆元 x^{-1},则称 $<G, *>$ 为**群**(group)。

例如,代数系统 $<\mathbf{R}, +>$ 是群,由于运算"$+$"是可结合的,元素 0 是关于运算"$+$"的幺元,任意实数 $a \in \mathbf{R}$ 关于运算"$+$"的逆元为 $-a$;代数系统 $<\mathbf{N}_k, \oplus_k>$ 是群,由于运算"$\oplus_k$"是可结合的,元素 0 是关于运算"$\oplus_k$"的幺元,0 关于运算"$\oplus_k$"的逆元为 0,任一其他元素 x 关于运算"$\oplus_k$"的逆元为 $k-x$;代数系统 $<\mathbf{R}, \times>$ 不是群,虽然运算"$\times$"是可结合的,元素 1 是关于运算"$\times$"的幺元,但是元素 0 没有逆元;代数系统 $<\mathbf{N}_k, \otimes_k>$ 不是群,虽然运算"$\otimes_k$"是可结合的,元素 1 是关于运算"$\otimes_k$"的幺元,但是元素 0 没有逆元。

例 7.12 判断下列代数系统是否为群。

① $<\mathbf{R}-\{0\}, \times>$;

② $<\mathbf{N}_7-\{0\}, \otimes_7>$;

③ $<\mathbf{N}_6-\{0\}, \otimes_6>$;

④ $<\mathbf{Z}, *>, \forall x, y \in \mathbf{Z}, x*y=x+y-2$。

解 ① 由于运算"$\times$"是可结合的,元素 1 是关于运算"$\times$"的幺元,并且,$\forall x \in \mathbf{R}-\{0\}$ 关于运算"$\times$"的逆元为 $1/x$。所以,代数系统 $<\mathbf{R}-\{0\}, \times>$ 是群。

② 只要 $\forall x, y \in \mathbf{N}_7-\{0\}$,满足 $x \otimes_7 y \neq 0$,那么,在 $\mathbf{N}_7-\{0\}$ 上运算"$\otimes_7$"满足封闭性。因为 7 是素数,x 和 y 都是小于 7 的正整数,所以 $x \cdot y$ 不可能是 7 的整数倍,于是,$x \otimes_7 y \neq 0$。由此,在 $\mathbf{N}_7-\{0\}$ 上运算"$\otimes_7$"是可结合的。

又由于

$1 \otimes_7 1 = 1 \quad 1 \otimes_7 2 = 2 \quad 1 \otimes_7 3 = 3 \quad 1 \otimes_7 4 = 4 \quad 1 \otimes_7 5 = 5 \quad 1 \otimes_7 6 = 6$

$2 \otimes_7 4 = 1 \quad 3 \otimes_7 5 = 1 \quad 6 \otimes_7 6 = 1$

所以,元素 1 是关于运算"$\otimes_7$"的幺元,元素 1 关于运算"$\otimes_7$"的逆元是 1,元素 2 关于运算"$\otimes_7$"的逆元是 4,元素 3 关于运算"$\otimes_7$"的逆元是 5,元素 4 关于运算"$\otimes_7$"的逆元是 2,元素 5 关于运算"$\otimes_7$"的逆元是 3,元素 6 关于运算"$\otimes_7$"的逆元是 6。

综上述知,$<\mathbf{N}_7-\{0\}, \otimes_7>$ 是群。

③ 由于 $3 \otimes_6 4 = 0$,所以运算"$\otimes_6$"不是 $\mathbf{N}_6-\{0\}$ 上的代数运算。由此,$<\mathbf{N}_6-\{0\}, \otimes_6>$ 不是一个代数系统,当然,也不是群。

④ 对于 $\forall x, y, z \in \mathbf{Z}$,有

$$(x*y)*z = (x+y-2)*z = x+y-2+z-2 = x+y+z-4$$
$$x*(y*z) = x*(y+z-2) = x+y+z-2-2 = x+y+z-4$$

所以,

$$(x*y)*z = x*(y*z)$$

即二元运算"$*$"是 $\mathbf{Z}$ 上的可结合运算。

由于 $x*e=e*x=x+e-2$,令 $x+e-2=x$,所以,$e=2$,即元素 2 是 $\mathbf{Z}$ 上关于运算"$*$"的幺元。

又 $v*x=x*v=x+v-2$,令 $x+v-2=2$,可得 $v=4-x$,即 x 的逆元为 $4-x$。从而,$<\mathbf{Z}, *>$ 是群。

$*$	e	a	b	c
e	e	a	b	c
a	a	e	c	b
b	b	c	e	a
c	c	b	a	e

图 7.1 运算"$*$"的运算表

例 7.13 对于代数系统 $<A, *>$,其中 $A=\{a, b, c, e\}$,运算"$*$"由如图 7.1 所示的运算表给出。证明代数系统 $<A, *>$ 是群。

证明 由图 7.1 知运算表关于主对角线元素对称,所以,A 上的运算"$*$"满足可交换性。同时容易验证,元素 e 是关于运算"$*$"的幺元,各元素的逆元分别为其自身。

又由运算表知

$$a*(a*b) = a*c = b \quad (a*a)*b = e*b = b$$
$$a*(a*c) = a*b = c \quad (a*a)*c = e*c = c$$

$$a * (a * e) = a * a = e \quad (a * a) * e = e * e = e$$
$$a * (b * b) = a * e = a \quad (a * b) * b = c * b = a$$
$$a * (b * c) = a * a = e \quad (a * b) * c = c * c = e$$
$$a * (b * e) = a * b = c \quad (a * b) * e = c * e = c$$
$$a * (c * c) = a * e = a \quad (a * c) * c = b * c = a$$
$$a * (c * e) = a * c = b \quad (a * c) * e = b * e = b$$
$$a * (e * e) = a * e = a \quad (a * e) * e = a * e = a$$
$$b * (a * c) = b * b = e \quad (b * a) * c = c * c = e$$
$$b * (a * e) = b * a = c \quad (b * a) * e = c * e = c$$
$$b * (b * c) = b * a = c \quad (b * b) * c = e * c = c$$
$$b * (b * e) = b * b = e \quad (b * b) * e = e * e = e$$
$$b * (c * c) = b * e = b \quad (b * c) * c = a * c = b$$
$$b * (c * e) = b * c = a \quad (b * c) * e = a * e = a$$
$$b * (e * e) = b * e = b \quad (b * e) * e = b * e = b$$
$$c * (a * e) = c * a = b \quad (c * a) * e = b * e = b$$
$$c * (b * e) = c * b = a \quad (c * b) * e = a * e = a$$
$$c * (c * e) = c * c = e \quad (c * c) * e = e * e = e$$

由此,对于 $\forall x, y, z \in A, x * (y * z) = (x * y) * z$ 成立,即二元运算"$*$"是可结合的,所以,代数系统 $<A, *>$ 是群。该群称为 Klein 四元(阶)群。

例 7.14 设 $<G_1, \lozenge>$ 和 $<G_2, \triangle>$ 都是群,"$*$"是定义在 $G_1 \times G_2$ 上的二元运算,且 $\forall x_1, x_2 \in G_1, \forall y_1, y_2 \in G_2$,有 $<x_1, y_1> * <x_2, y_2> = <x_1 \lozenge x_2, y_1 \triangle y_2>$,证明 $<G_1 \times G_2, *>$ 是群。

证明 对于 $<x_1, y_1> \in G_1 \times G_2$ 且 $<x_2, y_2> \in G_1 \times G_2$,必有 $x_1 \in G_1, x_2 \in G_1, y_1 \in G_2, y_2 \in G_2$。

由于,$x_1 \lozenge x_2 \in G_1$ 且 $y_1 \triangle y_2 \in G_2$,那么,$<x_1 \lozenge x_2, y_1 \triangle y_2> \in G_1 \times G_2$,又 $<x_1, y_1> * <x_2, y_2> = <x_1 \lozenge x_2, y_1 \triangle y_2>$,所以,代数运算"$*$"在 $G_1 \times G_2$ 上封闭。

对于 $\forall <x_1, y_1>, <x_2, y_2>, <x_3, y_3> \in G_1 \times G_2$,进行如下推导:

$$(<x_1, y_1> * <x_2, y_2>) * <x_3, y_3>$$
$$= <x_1 \lozenge x_2, y_1 \triangle y_2> * <x_3, y_3>$$
$$= <(x_1 \lozenge x_2) \lozenge x_3, (y_1 \triangle y_2) \triangle y_3>$$
$$= <x_1 \lozenge (x_2 \lozenge x_3), y_1 \triangle (y_2 \triangle y_3)>$$
$$= <x_1, y_1> * <(x_2 \lozenge x_3), (y_2 \triangle y_3)>$$
$$= <x_1, y_1> * (<x_2, y_2> * <x_3, y_3>)$$

所以,代数运算"$*$"在 $G_1 \times G_2$ 上满足结合性。

设 e_1 和 e_2 分别是群 $<G_1, \lozenge>$ 和 $<G_2, \triangle>$ 上的幺元,那么,

$$<x_1, y_1> * <e_1, e_2> = <x_1 \lozenge e_1, y_1 \triangle e_2> = <x_1, y_1>$$
$$<e_1, e_2> * <x_1, y_1> = <e_1 \lozenge x_1, e_2 \triangle y_1> = <x_1, y_1>$$

因此,$G_1 \times G_2$ 上关于运算"$*$"的幺元是 $<e_1, e_2>$。

设 x^{-1} 和 y^{-1} 分别是 $x \in G_1$ 和 $y \in G_2$ 关于运算"◊"和"△"的逆元,那么,

$$<x,y> * <x^{-1},y^{-1}> = <x◊x^{-1}, y△y^{-1}> = <e_1,e_2>$$
$$<x^{-1},y^{-1}> * <x,y> = <x^{-1}◊x, y^{-1}△y> = <e_1,e_2>$$

所以,任意 $<x,y> \in G_1 \times G_2$,必有逆元 $<x^{-1},y^{-1}> \in G_1 \times G_2$。

综上述知,$<G_1 \times G_2, *>$ 是群。证毕。

例 7.15   设 f 为群 $<S,*>$ 到代数系统 $<T,\circ>$ 的同态映射,证明 $<f(S),\circ>$ 是群。

证明   设 f 为群 $<S,*>$ 到代数系统 $<T,\circ>$ 的同态映射,根据同态的性质知集合 S 上的运算"$*$"满足结合律,所以 $f(S)$ 上的运算"$\circ$"满足结合律。

设元素 $e \in S$ 为 S 上关于运算"$*$"的幺元,那么 $f(e)$ 为 T 上关于运算"$\circ$"的幺元。

设元素 $x \in S$ 关于"$*$"的逆元为 x^{-1},那么元素 $f(x) \in f(S)$ 关于运算"$\circ$"的逆元为 $f(x^{-1})$。

综上述知,$<f(S),\circ>$ 是群。证毕。

定义 7.6   对于群 $<G,*>$,如果 G 为有限集合,则称 $<G,*>$ 为**有限群**(finite group),此时集合 G 中元素的个数称为群 G 的**阶数**(order),记为 $|G|$;否则,称 G 为**无限群**(infinite group)。

例如,Klein 四元(阶)群的阶数为 4;群 $<\mathbf{N}_7 - \{0\}, \otimes_7>$ 的阶数为 6;群 $<\mathbf{N}_k, \oplus_k>$ 的阶数为 k;群 $<\mathbf{R} - \{0\}, \times>$ 和群 $<\mathbf{R}, +>$ 都是无限群。

定义 7.7   对于群 $<G,*>$,如果 $a \in G$,满足 $a^n = e$(幺元)的最小正整数 n 称为 a 的**阶数**,简称为**阶**(order),记作 $|a| = n$,并称 a 是**有限阶元素**(finite order element)。若不存在这样的正整数,则称 a 是**无限阶元素**(infinite order element)。

例如,在群 $<\mathbf{R}, +>$ 中,幺元 0 的阶数为 1,其他元素都是无限阶元素;在群 $<\mathbf{N}_4, \oplus_4>$ 中,幺元 0 的阶数为 1,元素 1 的阶数为 4,元素 2 的阶数为 2,元素 3 的阶数为 4,因为 $0^1 = 0, 1 \oplus_4 1 \oplus_4 1 \oplus_4 1 = 0, 2 \oplus_4 2 = 0, 3 \oplus_4 3 \oplus_4 3 \oplus_4 3 = 0$。

例 7.16   求群 $<\mathbf{N}_6, \oplus_6>$ 中各元素的阶数。

解   在群 $<\mathbf{N}_6, \oplus_6>$ 中,0 是幺元,其阶数为 1。

考察元素 3 的阶数,易知,

$$3^2 = 3 \oplus_6 3 = 0$$
$$3^4 = 3 \oplus_6 3 \oplus_6 3 \oplus_6 3 = 0$$
$$3^6 = 3 \oplus_6 3 \oplus_6 3 \oplus_6 3 \oplus_6 3 \oplus_6 3 = 0$$
$$\vdots$$

由此可见,存在正整数 $k = 2, 4, 6, \cdots$,使得 $3^k = 0$,其中最小正整数为 2,所以,元素 3 的阶数为 2。

考察元素 2 的阶数,易知,

$$2^3 = 2 \oplus_6 2 \oplus_6 2 = 0$$
$$2^6 = 2 \oplus_6 2 \oplus_6 2 \oplus_6 2 \oplus_6 2 \oplus_6 2 = 0$$
$$2^9 = 2 \oplus_6 2 \oplus_6 2 \oplus_6 2 \oplus_6 2 \oplus_6 2 \oplus_6 2 \oplus_6 2 \oplus_6 2 = 0$$
$$\vdots$$

由此可见,存在正整数 $k = 3, 6, 9, \cdots$,使得 $2^k = 0$,其中最小正整数为 3,所以,元素 2 的阶数为 3。

考察元素 4 的阶数，易知，

$$4^3 = 4 \oplus_6 4 \oplus_6 4 = 0$$
$$4^6 = 4 \oplus_6 4 \oplus_6 4 \oplus_6 4 \oplus_6 4 \oplus_6 4 = 0$$
$$4^9 = 4 \oplus_6 4 \oplus_6 4 \oplus_6 4 \oplus_6 4 \oplus_6 4 \oplus_6 4 \oplus_6 4 \oplus_6 4 = 0$$
$$\vdots$$

由此可见，存在正整数 $k = 3, 6, 9, \cdots$，使得 $4^k = 0$，其中最小正整数为 3，所以，元素 4 的阶数为 3。

考察元素 1 的阶数，易知，

$$1^6 = 1 \oplus_6 1 \oplus_6 1 \oplus_6 1 \oplus_6 1 \oplus_6 1 = 0$$
$$1^{12} = 1 \oplus_6 1 \oplus_6 1 \oplus_6 1 \oplus_6 1 \oplus_6 1 \oplus_6 1 \oplus_6 1 \oplus_6 1 \oplus_6 1 \oplus_6 1 \oplus_6 1 = 0$$
$$\vdots$$

由此可见，存在正整数 $k = 6, 12, 18, \cdots$，使得 $1^k = 0$，其中最小正整数为 6，所以，元素 1 的阶数为 6。

考察元素 5 的阶数，易知，

$$5^6 = 5 \oplus_6 5 \oplus_6 5 \oplus_6 5 \oplus_6 5 \oplus_6 5 = 0$$
$$5^{12} = 5 \oplus_6 5 \oplus_6 5 \oplus_6 5 \oplus_6 5 \oplus_6 5 \oplus_6 5 \oplus_6 5 \oplus_6 5 \oplus_6 5 \oplus_6 5 \oplus_6 5 = 0$$
$$\vdots$$

由此可见，存在正整数 $k = 6, 12, 18, \cdots$，使得 $5^k = 0$，其中最小正整数为 6，所以，元素 5 的阶数为 6。

群有如下一些重要性质（对于群 $<G, *>$，$\forall x, y, a, b \in G$，m, n 和 r 为任意整数）：

性质 1 幺元是唯一的等幂元。

性质 2 G 中至少有 2 个元素时，不存在零元。

性质 3 如果 $a * b = b$ 或者 $b * a = b$，则 a 是关于运算"$*$"的幺元。

性质 4 任一元素都是可消去元。

性质 5 $(a * b)^{-1} = b^{-1} * a^{-1}$，$(a^n)^{-1} = (a^{-1})^n$。

性质 6 方程 $a * x = b$，$y * a = b$ 都有解且有唯一解。

性质 7 $|a| = |a^{-1}|$。

性质 8 有限群的每个元素都是有限阶元素，且其阶数不超过群的阶数 $|G|$。

性质 9 如果群 G 中元素 a 的阶数为 r，那么 $a^n = e$ 当且仅当 r 整除 n。

证明 （性质1）

设 $e, a \in G$ 分别是群 $<G, *>$ 的幺元和等幂元，并设 a 的逆元为 a^{-1}，那么，

$$a * a = a$$
$$a^{-1} * a = e$$
$$a^{-1} * a = a^{-1} * (a * a) = (a^{-1} * a) * a = e * a = a$$

从而，

$$a = e$$

由幺元的唯一性知，群中有唯一的等幂元，该等幂元就是幺元。

注意：在独异点中，除幺元外还可能有多个等幂元，如在$<\mathbf{N}_6,\otimes_6>$中，除幺元外，还有等幂元0、3、4。因此，可以把是否有唯一等幂元作为代数系统是群的必要条件。如果某个代数系统中有两个以上的等幂元，则此代数系统一定不是群。

（性质2）

由于根据逆元的性质"对于集合A上关于运算"$*$"的单位元e和零元θ，如果A中至少有两个元素，则零元θ无逆元"，即零元无逆元。

但是，群中任意元素均有逆元。所以，不存在零元。

（性质3）

设$a*b=b$，元素b的逆元为b^{-1}，那么，

$$b*b^{-1}=e$$
$$b*b^{-1}=(a*b)*b^{-1}=a*(b*b^{-1})=a*e=a$$

所以，$a=e$，即幺元为a。

同理，设$b*a=b$，元素b的逆元为b^{-1}，那么，

$$b^{-1}*b=e$$
$$b^{-1}*b=b^{-1}*(b*a)=(b^{-1}*b)*a=e*a=a$$

所以，$a=e$，即幺元为a。

该性质的意义在于：要验证群中元素a是否是幺元，只需要验证其中某一个元素，即可确定。而在一般代数系统中，必须对G中的所有元素进行验证。例如，在独异点$<\mathbf{N}_6,\otimes_6>$中，虽然$4\otimes_6 2=2$，但4不是$<\mathbf{N}_6,\otimes_6>$的幺元。

（性质4）

设$\forall x,y,a\in G$，且元素a的逆元为a^{-1}，那么，

如果$a*x=a*y$，则

$$a^{-1}*(a*x)=a^{-1}*(a*y)$$
$$a^{-1}*(a*x)=(a^{-1}*a)*x=e*x=x$$
$$a^{-1}*(a*y)=(a^{-1}*a)*y=e*y=y$$

所以，$x=y$，即元素a是左可消去的。

如果$x*a=y*a$，则

$$(x*a)*a^{-1}=(y*a)*a^{-1}$$
$$(x*a)*a^{-1}=x*(a*a^{-1})=x*e=x$$
$$(y*a)*a^{-1}=y*(a*a^{-1})=y*e=y$$

所以，$x=y$，即元素a是右可消去的。

综上述知，元素a是可消去的。

注意：半群、独异点中的元素都不一定满足消去律。例如，在独异点$<\mathbf{N}_8,\otimes_8>$中，虽然$2\otimes_8 4=6\otimes_8 4=0$，但$2\neq 6$。

（性质5）

由于

$$(a*b)*(b^{-1}*a^{-1})=a*(b*b^{-1})*a^{-1}=a*e*a^{-1}=a*a^{-1}=e$$
$$(b^{-1}*a^{-1})*(a*b)=b^{-1}*(a^{-1}*a)*b=b^{-1}*e*b=b^{-1}*b=e$$

所以，$a*b$的逆元为$b^{-1}*a^{-1}$，即$(a*b)^{-1}=b^{-1}*a^{-1}$。

下面用归纳法证明 $(a^{-1})^n * a^n = e$。

$i = 1$ 时，显然有 $(a^{-1}) * a = e$；

设 $i = k$ 时，$(a^{-1})^k * a^k = e$ 成立，那么，

$(a^{-1})^{k+1} * a^{k+1} = ((a^{-1})^k * a^{-1}) * (a * a^k) = (a^{-1})^k * (a^{-1} * a) * a^k = (a^{-1})^k * a^k = e$

下面再用归纳法证明 $a^n * (a^{-1})^n = e$。

$i = 1$ 时，显然有 $a * (a^{-1}) = e$；

设 $i = k$ 时，$a^k * (a^{-1})^k = e$ 成立，那么，

$a^{k+1} * (a^{-1})^{k+1} = (a^k * a) * (a^{-1} * (a^{-1})^k) = a^k * (a * a^{-1}) * (a^{-1})^k = a^k * (a^{-1})^k = e$

所以，a^n 的逆元为 $(a^{-1})^n$，即 $(a^n)^{-1} = (a^{-1})^n$。

(性质 6)

设 $a * x = b$，且元素 a 的逆元为 a^{-1}，那么，

$$a^{-1} * (a * x) = a^{-1} * b$$

$$a^{-1} * (a * x) = (a^{-1} * a) * x = e * x = x$$

所以，

$$x = a^{-1} * b$$

设 c 为 $a * x = b$ 的解，则 $a * c = b$，那么，

$$c = e * c = (a^{-1} * a) * c = a^{-1} * (a * c) = a^{-1} * b = x$$

即 $a * x = b$ 有唯一解 $x = a^{-1} * b$。

同理，设 $y * a = b$，且元素 a 的逆元为 a^{-1}，那么，

$$(y * a) * a^{-1} = b * a^{-1}$$

$$(y * a) * a^{-1} = y * (a * a^{-1}) = y * e = y$$

所以，

$$y = b * a^{-1}$$

设 c 为 $y * a = b$ 的解，则 $c * a = b$，那么，

$$c = c * e = c * (a * a^{-1}) = (c * a) * a^{-1} = b * a^{-1} = y$$

即 $y * a = b$ 有唯一解 $y = b * a^{-1}$。

(性质 7)

设元素 a 的阶为 n，由 $(a^{-1})^n = (a^n)^{-1} = e^{-1} = e$，可知 a^{-1} 的阶存在。设元素 a^{-1} 的阶为 t，由于 $(a^{-1})^n = (a^n)^{-1} = e^{-1} = e$，所以 $t \leqslant n$。又因为，$a^t = ((a^{-1})^t)^{-1} = e^{-1} = e$，所以 $n \leqslant t$。因此，$n = t$。

(性质 8)

设群 $<G, *>$ 的阶数为 $|G| = n$。

在 G 中任取一个元素 a，考察如下 $n+1$ 个元素

$$a, a^2, a^3, \cdots, a^n, a^{n+1}$$

由运算的封闭性知，这些元素都属于 G，但 G 中仅有 n 个元素。所以，这些元素中至少有两个元素相同，不妨设为

$$a^i = a^{i+k} = a^i * a^k (1 \leqslant k \leqslant n)$$

由性质 3 知，a^k 为幺元，即 $e = a^k$。由元素的阶数定义知 $|a| \leqslant k \leqslant n$。

由于对于任何元素都存在上述情形,所以,每个元素都是有限阶元素,且其阶数不超过群的阶数 $|G|$。

(性质 9)

设元素 a 的阶为 r。

先证充分性。设 $a^r = e$,r 整除 n,那么,

$$n = kr$$
$$a^n = a^{kr} = (a^r)^k = e^k = e$$

再证必要性。设 $a^n = e$,那么,

$$n = mr + k(n \text{ 除以 } r \text{ 的商为 } m, \text{余数为 } k)$$

因此,

$$0 \leqslant k < r$$

于是,

$$e = a^n = a^{mr+k} = a^{mr} * a^k = e^m * a^k = e * a^k = a^k$$

由 r 的最小性知 $k = 0$,$a^0 = e$,即 r 整除 n。证毕。

由半群、独异点、群的定义可知,独异点是含有幺元的半群,群是每个元素都有逆元的独异点。看起来,独异点比半群多了一个条件"含有幺元";群比独异点多了一个条件"每个元素都有逆元"。但在性质方面,半群与独异点差异甚小,而群与独异点之间有着较大差异。群是一个具有很多实用性质的代数系统。

定义 7.8 对于群 $<G, *>$,如果 H 为 G 的非空子集,且 $<H, *>$ 为群,则 $<H, *>$ 称为群 $<G, *>$ 的**子群**(subgroup),记作 $H \leqslant G$。

例如,代数系统 $<\mathbf{R}, +>$ 和 $<\mathbf{Z}, +>$ 都是群,$\mathbf{Z}$ 是 $\mathbf{R}$ 的子集,所以,$<\mathbf{Z}, +>$ 是 $<\mathbf{R}, +>$ 的子群。

注意:以幺元作为元素的集合 $\{e\}$ 和集合 G 本身都是 G 的子集,所以,$<\{e\}, *>$ 和 $<G, *>$ 都是 $<G, *>$ 的子群,并称这两个子群为**平凡子群**(trivial subgroup),$<G, *>$ 的其他子群称为 $<G, *>$ 的**非平凡子群**(nontrivial subgroup)。

例 7.17 设 $G = \{000, 001, 010, 011, 100, 101, 110, 111\}$,"$\oplus$"为 G 上的按位加运算,求群 $<G, \oplus>$ 的 2 阶子群和 4 阶子群。

解 G 中每个元素的逆元都是其自身,所以,除幺元 000 为 1 阶元素外,其他元素都有

$001^2 = 001 \oplus 001 = 000 \quad 010^2 = 010 \oplus 010 = 000 \quad 011^2 = 011 \oplus 011 = 000$

$100^2 = 100 \oplus 100 = 000 \quad 101^2 = 101 \oplus 101 = 000 \quad 110^2 = 110 \oplus 110 = 000$

$111^2 = 111 \oplus 111 = 000$

即 G 中的非幺元都是 2 阶元素。

若取 G 的子集 $A_1 = \{001, 001^2\} = \{001, 000\}$,那么,$<A_1, \oplus>$ 是群 $<G, \oplus>$ 的 2 阶子群。

同理,取如下 G 的子集:

$$A_2 = \{010, 010^2\} = \{010, 000\} \quad A_3 = \{011, 011^2\} = \{011, 000\}$$
$$A_4 = \{100, 100^2\} = \{100, 000\} \quad A_5 = \{101, 101^2\} = \{101, 000\}$$
$$A_6 = \{110, 110^2\} = \{110, 000\} \quad A_7 = \{111, 111^2\} = \{111, 000\}$$

那么,$<A_2, \oplus>$、$<A_3, \oplus>$、$<A_4, \oplus>$、$<A_5, \oplus>$、$<A_6, \oplus>$ 和 $<A_7, \oplus>$ 都是群 $<G, \oplus>$ 的 2 阶子群。

但是，G 中没有 4 阶元素，需要用别的方法来构造群 $<G, \oplus>$ 的 4 阶子群。在 G 中任取两个不同的非幺元 a 和 b，令 $B = \{000, a, b, a \oplus b\}$。

由于运算"$\oplus$"是可交换的，a 和 b 都是 2 阶元素，所以，

$$a \oplus a = b \oplus b = 000$$
$$a \oplus (a \oplus b) = (a \oplus a) \oplus b = 000 \oplus b = b$$
$$b \oplus (a \oplus b) = a \oplus (b \oplus b) = a \oplus 000 = a$$
$$(a \oplus b) \oplus (a \oplus b) = (a \oplus a) \oplus (b \oplus b) = 000$$

由此，运算"$\oplus$"在 B 上满足封闭性。

所以，$<B, \oplus>$ 是 $<G, \oplus>$ 的 4 阶子群。

因此，令

$$B_1 = \{000, 001, 010, 001 \oplus 010\} = \{000, 001, 010, 011\}$$
$$B_2 = \{000, 001, 100, 001 \oplus 100\} = \{000, 001, 100, 101\}$$
$$B_3 = \{000, 001, 110, 001 \oplus 110\} = \{000, 001, 110, 111\}$$
$$B_4 = \{000, 010, 101, 010 \oplus 101\} = \{000, 010, 101, 111\}$$
$$B_5 = \{000, 010, 110, 010 \oplus 110\} = \{000, 010, 110, 100\}$$
$$B_6 = \{000, 011, 100, 011 \oplus 100\} = \{000, 011, 100, 111\}$$
$$B_7 = \{000, 011, 101, 011 \oplus 101\} = \{000, 011, 101, 110\}$$

那么，$<B_1, \oplus>$，$<B_2, \oplus>$，$<B_3, \oplus>$，$<B_4, \oplus>$，$<B_5, \oplus>$，$<B_6, \oplus>$ 和 $<B_7, \oplus>$ 都是群 $<G, \oplus>$ 的 4 阶子群。

子群有如下一些重要性质：

性质 1　对于群 $<G, *>$ 的子群 $<H, *>$，群 $<G, *>$ 的幺元是子群 $<H, *>$ 的幺元。

性质 2　对于群 $<G, *>$，H 为 G 的非空子集，$<H, *>$ 为 $<G, *>$ 的子群的充分必要条件是：

① G 的幺元 $e \in H$；
② 若 $a, b \in H$，则 $a * b \in H$；
③ 若 $a \in H$，则 $a^{-1} \in H$。

性质 3　对于群 $<G, *>$，H 为 G 的非空子集，则 $<H, *>$ 为 $<G, *>$ 的子群的充分必要条件是 $\forall a, b \in H$，则 $a * b^{-1} \in H$。

性质 4　对于群 $<G, *>$，H 为 G 的有限非空子集，且 H 对运算"$*$"封闭，那么 $<H, *>$ 为 $<G, *>$ 的子群。

性质 5　对于群 $<G, *>$，$a \in G$，且 $|a| = k$，令 $A = \{a, a^2, \cdots, a^k\}$，那么 $<A, *>$ 为 $<G, *>$ 的 k 阶子群。

证明　（性质 1）

设 e 为群 $<G, *>$ 的幺元，e' 为子群 $<H, *>$ 的幺元。那么，对于 $\forall x \in H \subseteq G$，有

$$e' * x = x * e' = x$$
$$e * x = x * e = x$$

从而，

$$e' * x = e * x$$

根据群中任一元素都是可消去元的性质，知 $e' = e$，即子群 $<H, *>$ 的幺元为 e。

(性质 2)

先证必要性。根据群的性质和子群的性质 1,可以得出。

再证充分性。

由①知,$e \in H$ 为 $<H, *>$ 的幺元;

由②知,对于 $\forall a, b, c \in H$,则 $a * b \in H, b * c \in H, (a * b) * c \in H, a * (b * c) \in H$,由于 $a, b, c \in G$,所以,H 上的代数运算"$*$"满足结合律;

由③知,H 中任意元素存在逆元,所以,$<H, *>$ 为群,从而,$<H, *>$ 为 $<G, *>$ 的子群。

(性质 3)

先证必要性。对于 $\forall a, b \in H$,由于 $<H, *>$ 为 $<G, *>$ 的子群,所以,$b^{-1} \in H$。从而,$a * b^{-1} \in H$。

再证充分性。

因为 H 非空,必然存在 $a \in H$,所以 $a * a^{-1} \in H$,即 $e \in H$;

$\forall a \in H$,由 $e, a \in H$ 可得出 $e * a^{-1} \in H$,即 $a^{-1} \in H$;

$\forall a, b \in H$,那么 $b^{-1} \in H$,所以 $a * (b^{-1})^{-1} \in H$,即 $a * b \in H$。

由性质 2 知,$<H, *>$ 为 $<G, *>$ 的子群。

(性质 4)

设 H 中含有 n 个元素。在 H 中任取一个元素 a,考察如下 $n+1$ 个元素

$$a, a^2, a^3, \cdots, a^n, a^{n+1}$$

由运算的封闭性知,这些元素都属于 H,但 H 中仅有 n 个元素,所以这些元素中至少有两个元素相同,不妨设为

$$a^i = a^{i+k} = a^i * a^k (1 \leqslant k \leqslant n)$$

由群的性质知,a^k 为 G 上关于运算"$*$"的幺元,即 $e = a^k$,当然,也是 H 上关于运算"$*$"的幺元。

如果 $k=1$,即 $a^k = a$,则 a 为幺元,a 的逆元为其自身,所以 $a^{-1} \in H$;

如果 $k>1$,即 $a^k = e$,则 $a * a^{k-1} = a^{k-1} * a = e$,$a$ 的逆元为 a^{k-1},即 $a^{-1} = a^{k-1}$;

综上述并由性质 2 知,$<H, *>$ 为 $<G, *>$ 的子群。

(性质 5)

首先证明 $<A, *>$ 为 $<G, *>$ 的子群,为此只需证明运算"$*$"在 A 上满足封闭性。

对于 $\forall a^i, a^j \in A (1 \leqslant i \leqslant n, 1 \leqslant j \leqslant n)$,那么,$a^i * a^j = a^{i+j}$。

当 $i+j \leqslant k$ 时,$a^{i+j} \in A$;

当 $i+j > k$ 时,$a^{i+j} = a^{i+j-k+k} = a^{i+j-k} * a^k = a^{i+j-k} * e = a^{i+j-k} \in A$;

因此,运算"$*$"在 A 上满足封闭性。所以,由性质 4 知,$<A, *>$ 为 $<G, *>$ 的子群。

现在再证明 $<A, *>$ 的阶为 k,即需要证明 A 中 k 个元素各不相同。

用反证法,设 A 中有两个元素相同,不妨设 $a^i = a^{i+p}$,即 $a^i = a^i * a^p$,并且应有 $p < k$。由群的性质可知 $a^p = e$,这和 $|a| = k$ 矛盾。因此,$<A, *>$ 为 $<G, *>$ 的 k 阶子群。

定义 7.9 对于群 $<G, *>$ 的子群 $<H, *>$ 和元素 $a \in G$,集合 $aH = \{a * h | h \in H\}$ 称为子群 H 的**左陪集**(left coset),集合 $Ha = \{h * a | h \in H\}$ 称为子群 H 的**右陪集**(right coset)。如果左陪集 aH 和右陪集 Ha 相等,则称它们为子群的**陪集**(coset)。元素 a 为陪集 aH 或 Ha 的**代表元素**(representative element)。

例 7.18 对于群 $<\mathbf{N}_{12},\oplus_{12}>$，令 $\mathbf{N}_{12}$ 的子集 $A=\{0,4,8\}$，写出群 $<\mathbf{N}_{12},\oplus_{12}>$ 中各元素关于子群 $<A,\oplus_{12}>$ 的左陪集和右陪集。

解 群 $<\mathbf{N}_{12},\oplus_{12}>$ 中各元素关于子群 $<A,\oplus_{12}>$ 的左陪集和右陪集如下：

$$0A = \{0\oplus_{12}0,0\oplus_{12}4,0\oplus_{12}8\} = \{0,4,8\}$$
$$1A = \{1\oplus_{12}0,1\oplus_{12}4,1\oplus_{12}8\} = \{1,5,9\}$$
$$2A = \{2\oplus_{12}0,2\oplus_{12}4,2\oplus_{12}8\} = \{2,6,10\}$$
$$3A = \{3\oplus_{12}0,3\oplus_{12}4,3\oplus_{12}8\} = \{3,7,11\}$$
$$4A = \{4\oplus_{12}0,4\oplus_{12}4,4\oplus_{12}8\} = \{4,8,0\}$$
$$5A = \{5\oplus_{12}0,5\oplus_{12}4,5\oplus_{12}8\} = \{5,9,1\}$$
$$6A = \{6\oplus_{12}0,6\oplus_{12}4,6\oplus_{12}8\} = \{6,10,2\}$$
$$7A = \{7\oplus_{12}0,7\oplus_{12}4,7\oplus_{12}8\} = \{7,11,3\}$$
$$8A = \{8\oplus_{12}0,8\oplus_{12}4,8\oplus_{12}8\} = \{8,0,4\}$$
$$9A = \{9\oplus_{12}0,9\oplus_{12}4,9\oplus_{12}8\} = \{9,1,5\}$$
$$10A = \{10\oplus_{12}0,10\oplus_{12}4,10\oplus_{12}8\} = \{10,2,6\}$$
$$11A = \{11\oplus_{12}0,11\oplus_{12}4,11\oplus_{12}8\} = \{11,3,7\}$$
$$A0 = \{0\oplus_{12}0,4\oplus_{12}0,8\oplus_{12}0\} = \{0,4,8\}$$
$$A1 = \{0\oplus_{12}1,4\oplus_{12}1,8\oplus_{12}1\} = \{1,5,9\}$$
$$A2 = \{0\oplus_{12}2,4\oplus_{12}2,8\oplus_{12}2\} = \{2,6,10\}$$
$$A3 = \{0\oplus_{12}3,4\oplus_{12}3,8\oplus_{12}3\} = \{3,7,11\}$$
$$A4 = \{0\oplus_{12}4,4\oplus_{12}4,8\oplus_{12}4\} = \{4,8,0\}$$
$$A5 = \{0\oplus_{12}5,4\oplus_{12}5,8\oplus_{12}5\} = \{5,9,1\}$$
$$A6 = \{0\oplus_{12}6,4\oplus_{12}6,8\oplus_{12}6\} = \{6,10,2\}$$
$$A7 = \{0\oplus_{12}7,4\oplus_{12}7,8\oplus_{12}7\} = \{7,11,3\}$$
$$A8 = \{0\oplus_{12}8,4\oplus_{12}8,8\oplus_{12}8\} = \{8,0,4\}$$
$$A9 = \{0\oplus_{12}9,4\oplus_{12}9,8\oplus_{12}9\} = \{9,1,5\}$$
$$A10 = \{0\oplus_{12}10,4\oplus_{12}10,8\oplus_{12}10\} = \{10,2,6\}$$
$$A11 = \{0\oplus_{12}11,4\oplus_{12}11,8\oplus_{12}11\} = \{11,3,7\}$$

由上述可见，对于群 $<\mathbf{N}_{12},\oplus_{12}>$ 及其子群 $<A,\oplus_{12}>$，由 $\mathbf{N}_{12}$ 中的 12 个元素可以得到 12 个左陪集和 12 个右陪集。各个元素的左陪集和右陪集相等，所以称为陪集，这是因为 $\mathbf{N}_{12}$ 上的代数运算"$\oplus_{12}$"满足交换律。在这 12 个陪集中，仅有 4 个陪集是不相同的。这 4 个陪集具有如下特点：陪集中元素个数与子群中元素的个数相等；群中的每一个元素必属于某一个陪集；每一个陪集中的元素个数相同；不同陪集之间没有公共元素。

进一步分析发现：上述 4 个不同的陪集为元素构成的集合是集合 $\mathbf{N}_{12}$ 上的一个划分，每一个陪集就是一个块。由于每一块中有同样数目的元素，所以，$\mathbf{N}_{12}$ 中元素的个数应是陪集中元素个数的整数倍；由于子群的元素个数与其陪集的元素个数相等，所以，群 $<\mathbf{N}_{12},\oplus_{12}>$ 的元素个数应是其子群的元素个数的整数倍。

陪集对于研究群与子群的关系，以及子群的性质有着重要的意义。

陪集具有如下一些重要性质(设群$<G,*>$的子群$<H,*>$,$\forall a,b\in G$):

性质1   对于$\forall x\in H$,$xH=H=Hx$。

性质2 $|aH|=|H|$,$|Ha|=|H|$。

性质3 $a\in aH$且$\bigcup\limits_{a\in G}aH=G$。

性质4 $b\in aH\Leftrightarrow a^{-1}*b\in H\Leftrightarrow aH=bH$。

性质5   任意两陪集或相同或不相交。

性质6 $R=\{<a,b>|a^{-1}*b\in H\}$是$G$上的一个等价关系,且$[a]_R=aH$。

证明   (性质1)

对于$\forall x\in H$,有如下推导:

对于$\forall y\in H$,如果$x*y\in xH$,则由运算的封闭性知$x*y\in H$,故$xH\subseteq H$;

对于$\forall y\in H$,$x^{-1}*y\in H$,从而$x*(x^{-1}*y)\in xH$。由于$x*(x^{-1}*y)=(x*x^{-1})*y=e*y=y$,所以,$y\in xH$,故$H\subseteq xH$;

综上述知,$xH=H$。

同理,对于$\forall y\in H$,如果$y*x\in Hx$,则由运算的封闭性知$y*x\in H$,故$Hx\subseteq H$;

对于$\forall y\in H$,$y*x^{-1}\in H$,从而$(y*x^{-1})*x\in Hx$,由于$(y*x^{-1})*x=y*(x^{-1}*x)=y*e=y$,所以,$y\in Hx$,故$H\subseteq Hx$;

综上述知,$Hx=H$。

(性质2)

根据群中元素是可消去的,可得:对于$\forall h_1,h_2\in H,h_1\neq h_2$,如果$a*h_1=a*h_2$,那么$h_1=h_2$,矛盾。由此可见$aH$中元素个数和$H$中元素个数相等,即$|aH|=|H|$。

同理,如果$h_1*a=h_2*a$,那么$h_1=h_2$,矛盾。由此可见Ha中元素个数和H中元素个数相等,即$|Ha|=|H|$。

(性质3)

由于$<H,*>$为群$<G,*>$的子群,所以,G中关于运算"$*$"的幺元e也是H中关于运算"$*$"的幺元。从而,$a*e\in aH$,即$a\in aH$。

对于$\forall x\in G$,由$x\in xH$知$G\subseteq(\bigcup\limits_{a\in G}aH)$。

对于$\forall x\in(\bigcup\limits_{a\in G}aH)$,必有$\exists y\in G$使得$x\in yH$。进而,$\exists h\in H$使得$x=y*h$。根据运算的封闭性知$x=y*h\in G$。所以,$(\bigcup\limits_{a\in G}aH)\subseteq G$。

综上述知,$\bigcup\limits_{a\in G}aH=G$。

(性质4)

关于$b\in aH\Leftrightarrow a^{-1}*b\in H$,先证充分性。设$a^{-1}*b\in H$,那么,$\exists h\in H$使得$a^{-1}*b=h$。从而,$\exists h\in H$使得$b=(a*a^{-1})*b=a*(a^{-1}*b)=a*h$,即$b\in aH$。

再证必要性。设$b\in aH$,那么$\exists h\in H$使得$b=a*h$。从而,$\exists h\in H$使得$a^{-1}*b=a^{-1}*(a*h)=(a^{-1}*a)*h=h$,即$a^{-1}*b\in H$。

关于$b\in aH\Leftrightarrow aH=bH$,先证充分性。设$aH=bH$,则由$b\in bH$知,必然有$b\in aH$。

再证必要性。设 $b \in aH$，则 $\exists h \in H$，使得 $b = a * h$，即 $a = b * h^{-1}$。

对于 $\forall x \in bH$，$\exists h_1 \in H$ 使得 $x = b * h_1$，从而，$b * h_1 = (a * h) * h_1 = a * (h * h_1) \in aH$，所以 $bH \subseteq aH$。

再之，对于 $\forall x \in aH$，$\exists h_2 \in H$ 使得 $x = a * h_2$，从而，$a * h_2 = (b * h^{-1}) * h_2 = b * (h^{-1} * h_2) \in bH$。所以，$aH \subseteq bH$。

综上述知，$aH = bH$。

（性质 5）

只需证明若相交则相同。设 $aH \cap bH \neq \varnothing$，那么，$\exists h_1, h_2 \in H$，使得 $a * h_1 = b * h_2$，于是，
$$a = b * h_2 * h_1^{-1}$$
$$b = a * h_1 * h_2^{-1}$$

对于 $\forall x \in aH$，必然 $\exists h_3 \in H$，使得
$$x = a * h_3 = (b * h_2 * h_1^{-1}) * h_3 = b * (h_2 * h_1^{-1} * h_3) \in bH$$
因此，$aH \subseteq bH$；

对于 $\forall x \in bH$，必然 $\exists h_3 \in H$，使得
$$x = b * h_3 = (a * h_1 * h_2^{-1}) * h_3 = a * (h_1 * h_2^{-1} * h_3) \in aH$$
因此，$bH \subseteq aH$；

综上述知，$bH = aH$。

对于右陪集情形，可进行类似证明。

设 $Ha \cap Hb \neq \varnothing$，那么，$\exists h_1, h_2 \in H$，使得 $h_1 * a = h_2 * b$，于是，
$$a = h_1^{-1} * h_2 * b$$
$$b = h_2^{-1} * h_1 * a$$

对于 $\forall x \in Ha$，必然有 $\exists h_3 \in H$，使得
$$x = h_3 * a = h_3 * (h_1^{-1} * h_2 * b) = (h_3 * h_1^{-1} * h_2) * b \in Hb$$
因此，$Ha \subseteq Hb$；

对于 $\forall x \in Hb$，必然有 $\exists h_3 \in H$，使得
$$x = h_3 * b = h_3 * (h_2^{-1} * h_1 * a) = (h_3 * h_2^{-1} * h_1) * a \in Ha$$
因此，$Hb \subseteq Ha$；

综上述知，$Hb = Ha$。

（性质 6）

对于 $\forall a \in G$，由于 $a^{-1} * a = e \in H$，即 $<a, a> \in R$，所以，关系 R 满足自反性；

对于 $\forall <a, b> \in R$，则
$$a^{-1} * b \in H \Rightarrow (a^{-1} * b)^{-1} \in H \Rightarrow b^{-1} * a \in H \Rightarrow <b, a> \in R$$
所以，关系 R 满足对称性；

如果 $<a, x> \in R$ 且 $<x, b> \in R$，那么
$$a^{-1} * x \in H \wedge x^{-1} * b \in H \Rightarrow (a^{-1} * x) * (x^{-1} * b) \in H \Rightarrow a^{-1} * b \in H \Rightarrow <a, b> \in R$$
所以，关系 R 满足传递性；

综上述知，关系 R 是等价关系，并称为群 $<G, *>$ 上子群 $<H, *>$ 的左陪集等价关系。类似地，可以定义群 $<G, *>$ 上子群 $<H, *>$ 的右陪集等价关系。

对于 $\forall b\in[a]_R$，那么
$$<a,b>\in R\Rightarrow a^{-1}*b\in H\Rightarrow b\in aH$$
所以，$[a]_R\subseteq aH$；

对于 $\forall b\in aH$，那么
$$b\in aH\Rightarrow a^{-1}*b\in H\Rightarrow<a,b>\in R$$
所以，$aH\subseteq[a]_R$；

综上述知，$[a]_R=aH$。

定理 7.2 （拉格朗日定理）对于有限群 $<G,*>$ 的子群 $<H,*>$，$|G|/|H|$ 为整数（H 的阶整除 G 的阶）。

证明　设 $|G|=n,|H|=k,G=\{g_1,g_2,g_3,\cdots,g_n\}$，那么，根据陪集的性质知：$g_1H\cup g_2H\cup\cdots\cup g_nH=G,g_iH\cap g_jH=\varnothing$ 或 $g_iH=g_jH$ $(i\neq j)$，$|g_iH|=|H|=k$。

又设不同的左陪集个数为 p，那么 $k\cdot p=n$，即 $|G|/|H|$ 为整数。证毕。

例如，对于群 $<\mathbf{N}_{12},\oplus_{12}>$，令 $A=\{0,4,8\}$，易知 $<A,\oplus_{12}>$ 是群 $<\mathbf{N}_{12},\oplus_{12}>$ 的 3 阶子群，$12/3=4$ 为整数；群 $<\mathbf{N}_{12},\oplus_{12}>$ 的子群的阶只可能为 $1,2,3,4,6$ 或 12。

注意：拉格朗日定理可以作为判断一个代数系统是否是一个群的子群的必要条件，但它不是判断一个代数系统是否是一个群的子群的充分条件，即不能用来判别一个子代数系统"是子群"。

推论 1　对于 n 阶有限群 $<G,*>,a\in G,|a|=k$，则 n/k 为整数。

证明　由于 $|a|=k$，令 $A=\{a,a^2,\cdots,a^k\}$，那么，代数系统 $<A,*>$ 为 $<G,*>$ 的 k 阶子群。由拉格朗日定理知，n/k 为整数。证毕。

推论 2　对于 n 阶有限群 $<G,*>,a\in G,a^n=e$。

证明　设 $|a|=k$，那么 $n=k\cdot p,p$ 为整数，于是 $a^n=a^{k\cdot p}=(a^k)^p=e^p=e$，证毕。

例 7.19　求群 $<\mathbf{N}_{12},\oplus_{12}>$ 的 2 阶、3 阶、4 阶、6 阶子群。另外，群 $<\mathbf{N}_{12},\oplus_{12}>$ 存在 5 阶、7 阶、8 阶、9 阶和 11 阶子群吗？

解　在群 $<\mathbf{N}_{12},\oplus_{12}>$ 中，由于
$$2^6=0\qquad 3^4=0\qquad 4^3=0\qquad 6^2=0$$
所以，群 $<\mathbf{N}_{12},\oplus_{12}>$ 的各阶子群如下：

6 阶子群 $<A,\oplus_{12}>$，其中 $A=\{2,2^2,2^3,2^4,2^5,2^6\}=\{2,4,6,8,10,0\}$；

4 阶子群 $<B,\oplus_{12}>$，其中 $B=\{3,3^2,3^3,3^4\}=\{3,6,9,0\}$；

3 阶子群 $<C,\oplus_{12}>$，其中 $C=\{4,4^2,4^3\}=\{4,8,0\}$；

2 阶子群 $<D,\oplus_{12}>$，其中 $D=\{6,6^2\}=\{6,0\}$。

由于 $5,7,8,9,11$ 都不能整除群的阶数 12，所以，群 $<\mathbf{N}_{12},\oplus_{12}>$ 不存在 5 阶、7 阶、8 阶、9 阶和 11 阶子群。

例 7.20　证明 10 阶群必有 5 阶元素。

证明　设 $<G,*>$ 是 10 阶群，易知该群中的非幺元的阶数可能是 $2,5,10$。

首先证明 10 阶群中非幺元的阶数不可能都是 2。用反证法。如果 10 阶群中非幺元的阶数都是 2，那么，从群中任取两个非幺元素，即对于 $\forall a,b\in G$，令 $A=\{e,a,b,a*b\}$，则 $<A,*>$ 是 $<G,*>$ 的 4 阶子群。但 $<G,*>$ 不可能有 4 阶子群。矛盾。所以，10 阶群中非幺元的阶数不可能都是 2。

在$<G,*>$中取一个阶数不是2的非幺元a。如果a的阶数是5,得证。

如果a的阶数是10,令$b=a*a$,那么,$b*b*b*b*b=a^{10}=e$,显然,b是5阶元素。得证。

由前面可知,对于群$<G,*>$的子群$<H,*>$来说,H的左陪集aH未必等于右陪集Ha,但对于某些子群而言,却可能有$aH=Ha$(对任意$a\in G$),这是一种十分重要的子群,下面给出它的定义。

定义7.10　对于群$<G,*>$的子群$<H,*>$,如果$\forall g\in G$有$Hg=gH$,则称$<H,*>$为群$<G,*>$的**正规子群**(normal subgroup)或**正则子群**(regular subgroup)。

例如,在例7.18中,对于群$<\mathbf{N}_{12},\oplus_{12}>$,令$\mathbf{N}_{12}$的子集$A=\{0,4,8\}$,代数系统$<A,\oplus_{12}>$是$<\mathbf{N}_{12},\oplus_{12}>$的子群,且子群$<A,\oplus_{12}>$的所有左陪集和右陪集都相等。所以,代数系统$<A,\oplus_{12}>$是$<\mathbf{N}_{12},\oplus_{12}>$的正规子群。

注意: 正规子群虽然要求Hg和gH两个集合相等,但并不意味着g与H中的每个元素的运算是可交换的。

定理7.3　对于群$<G,*>$的子群$<H,*>$,$<H,*>$是群$<G,*>$的正规子群,当且仅当$\forall g\in G$和$\forall h\in H$,有$g*h*g^{-1}\in H$。

证明　先证充分性,即需证明$\forall g\in G$,有$Hg=gH$。

任取$g*h\in gH$,由$g*h*g^{-1}\in H$可知,$\exists h_1\in H$使得$g*h*g^{-1}=h_1$,从而,$g*h=h_1*g\in Hg$,即$gH\subseteq Hg$。

反之,任取$h*g\in Hg$,由$g^{-1}\in G$可得,$g^{-1}*h*(g^{-1})^{-1}=g^{-1}*h*g\in H$,从而,$\exists h_2\in H$使得$g^{-1}*h*g=h_2$,那么,$h*g=g*h_2\in gH$,即$Hg\subseteq gH$。

因此,$\forall g\in G$,有$Hg=gH$。

再证必要性。对于$\forall g\in G$和$\forall h\in H$,由$Hg=gH$可知,$\exists h_3\in H$使得$g*h=h_3*g$。那么,$g*h*g^{-1}=h_3*g*g^{-1}=h_3\in H$。证毕。

由陪集的性质可知,对于群$<G,*>$的子群$<H,*>$,子群$<H,*>$的左(右)陪集的全体构成G的划分,从而导出G上的一个等价关系。如果子群$<H,*>$为群$<G,*>$的正规子群,那么,正规子群的左陪集和右陪集相等,它们统称为陪集。在此情形下,导出的G上的等价关系有何特殊性呢? 事实上,群的正规子群会诱导出一个新的群,这个新的群比原来的群简单,却又保留了原来群的许多重要性质。

定理7.4　对于群$<G,*>$的正规子群$<H,*>$,正规子群$<H,*>$的陪集导出G上的同余关系,并且群$<G,*>$的商代数$<G/H,\odot>$为群。

证明　由陪集的性质知,$\forall a,b\in G$,$R=\{<a,b>|a^{-1}*b\in H\}$是$G$上的一个等价关系,且$[a]_R=aH$。

对于$\forall a_1,a_2,b_1,b_2\in G$,如果$<a_1,a_2>\in R$且$<b_1,b_2>\in R$,那么,$(a_1^{-1}*a_2)\in H$且$(b_1^{-1}*b_2)\in H$,从而,$(\exists h_1\in H)h_1=a_1^{-1}*a_2$且$(\exists h_2\in H)h_2=b_1^{-1}*b_2$。

由于$<H,*>$是$<G,*>$的正规子群,因此,对于$b_2\in G$,有$b_2H=Hb_2$,所以,对于$h_1\in H$,必然,$\exists h_3\in H$使得$b_2*h_3=h_1*b_2$,从而,

$$(a_1*b_1)^{-1}*(a_2*b_2)$$
$$=(b_1^{-1}*a_1^{-1})*(a_2*b_2)$$
$$=b_1^{-1}*(a_1^{-1}*a_2)*b_2$$

$$= b_1{}^{-1} * h_1 * b_2$$
$$= b_1{}^{-1} * b_2 * h_3$$
$$= h_2 * h_3 \in H$$

由此,$<a_1 * b_1, a_2 * b_2> \in R$。所以,$R$ 为 G 上关于运算"$*$"的同余关系,正规子群 $<H, *>$ 的陪集都是同余类,即 $\forall g \in G, [g]_R = gH = Hg$。

在商集 $G/H = \{gH$ 或 $Hg \mid g \in G\}$ 上定义二元运算:$\forall g_1, g_2 \in G, g_1 H \odot g_2 H = (g_1 * g_2)H$ 或 $Hg_1 \odot Hg_2 = H(g_1 * g_2)$。那么,$<G/H, \odot>$ 为群 $<G, *>$ 的商代数。

根据商代数的性质,由于 $<G, *>$ 是群,其中运算"$*$"是可结合的,存在关于运算"$*$"的幺元,每个元素存在关于运算"$*$"的逆元。所以,在商代数 $<G/H, \odot>$ 中,运算"$\odot$"是可结合的,存在关于运算"$\odot$"的幺元,每个元素存在关于运算"$\odot$"的逆元,即 $<G/H, \odot>$ 也是群,并称为**商群**(quotient group)。

定理 7.5 对于群 $<G, *>$ 的正规子群 $<H, *>$,群 $<G, *>$ 与它的商群 $<G/H, \odot>$ 同态。

证明 定义 G 到 G/H 的函数 f:$f(g) = gH, \forall g \in G$。显然,对于 $\forall x, y \in G$,有

$$f(x * y) = (x * y)H = xH \odot yH = f(x) * f(y)$$

所以,f 是 G 到 G/H 的同态映射,即群 $<G, *>$ 与其商群 $<G/H, \odot>$ 同态。证毕。

定理 7.6 设 f 是群 $<G_1, *_1>$ 到群 $<G_2, *_2>$ 的同态映射,那么,代数系统 $<\mathrm{Ker}(f), *_1>$ 是群 $<G_1, *_1>$ 的正规子群,其中,$\mathrm{Ker}(f)$ 为同态映射 f 的同态核。

证明 首先证明 $<\mathrm{Ker}(f), *_1>$ 是 $<G_1, *_1>$ 的子群。设 e' 是 G_2 上关于运算"$*_2$"的幺元,那么,$\mathrm{Ker}(f) = \{x \mid x \in G_1, f(x) = e'\}$。显然,$\mathrm{Ker}(f) \subseteq G_1$。

设 e 为 G_1 上关于运算"$*_1$"的幺元,由于 $f(e) = e'$,所以 $e \in \mathrm{Ker}(f)$。

对于 $\forall x, y \in \mathrm{Ker}(f)$,那么 $f(x) = f(y) = e', f(x *_1 y) = f(x) *_2 f(y) = e' *_2 e' = e'$,所以,$x *_1 y \in \mathrm{Ker}(f)$。

由于 $f(x^{-1}) = (f(x))^{-1} = (e')^{-1} = e'$,所以,$x^{-1} \in \mathrm{Ker}(f)$。

综上述知,$<\mathrm{Ker}(f), *_1>$ 是 $<G_1, *_1>$ 的子群。

接下来证明 $<\mathrm{Ker}(f), *_1>$ 是 $<G_1, *_1>$ 的正规子群。

对于 $\forall a \in G_1, \forall x \in \mathrm{Ker}(f)$,有

$$
\begin{aligned}
f(a^{-1} *_1 x *_1 a) &= f(a^{-1}) *_2 f(x) *_2 f(a) \\
&= f(a^{-1}) *_2 e' *_2 f(a) \\
&= f(a^{-1}) *_2 f(a) \\
&= f(a^{-1} *_1 a) = f(e) = e'
\end{aligned}
$$

故

$$a^{-1} *_1 x *_1 a \in \mathrm{Ker}(f)$$

所以,$\exists y \in \mathrm{Ker}(f)$,使得 $y = a^{-1} *_1 x *_1 a$,即 $x *_1 a = a *_1 y$。

同理有

$$
\begin{aligned}
f(a *_1 x *_1 a^{-1}) &= f(a) *_2 f(x) *_2 f(a^{-1}) \\
&= f(a) *_2 e' *_2 f(a^{-1})
\end{aligned}
$$

$$= f(a) *_2 f(a^{-1})$$
$$= f(a *_1 a^{-1}) = f(e) = e'$$

故

$$a *_1 x *_1 a^{-1} \in \mathrm{Ker}(f)$$

所以,$\exists y \in \mathrm{Ker}(f)$,使得 $y = a *_1 x *_1 a^{-1}$,即 $a *_1 x = y *_1 a$。

进一步地,对于 $\forall a \in G_1, \forall x \in \mathrm{Ker}(f)$,任取 $x *_1 a \in \mathrm{Ker}(f)a$,那么,$\exists y \in \mathrm{Ker}(f)$ 使得,$x *_1 a = a *_1 y \in a\mathrm{Ker}(f)$,所以,$\mathrm{Ker}(f)a \subseteq a\mathrm{Ker}(f)$。

任取 $a *_1 x \in a\mathrm{Ker}(f)$,那么,$\exists y \in \mathrm{Ker}(f)$ 使得 $a *_1 x = y *_1 a \in \mathrm{Ker}(f)a$,所以,$a\mathrm{Ker}(f) \subseteq \mathrm{Ker}(f)a$。

综上述知,$a\mathrm{Ker}(f) = \mathrm{Ker}(f)a$,即 $<\mathrm{Ker}(f), *_1>$ 是 $<G_1, *_1>$ 的正规子群。证毕。

定理 7.7　设 f 是群 $<G_1, *_1>$ 到群 $<G_2, *_2>$ 的同态映射,那么,商群 $<G_1/\mathrm{Ker}(f),$ $\odot>$ 与代数系统 $<f(G_1), *_2>$ 同构,其中 $f(G_1)$ 为 G_1 在 f 下的同态像。

证明　定义 $G_1/\mathrm{Ker}(f)$ 到 $f(G_1)$ 的函数 w: $w([a]_R) = f(a)$。

首先证明 w 是 $G_1/\mathrm{Ker}(f)$ 到 $f(G_1)$ 的双射函数。

对于任意 $[x]_R \in G_1/\mathrm{Ker}(f)$ 和任意 $[y]_R \in G_1/\mathrm{Ker}(f)$,如果 $[x]_R \neq [y]_R$,那么 $<x, y>$ $\notin R$,从而,$f(x) \neq f(y)$。由于 $w([x]_R) = f(x), w([y]_R) = f(y)$,所以 $w([x]_R) \neq w([y]_R)$。由此,w 是 $G_1/\mathrm{Ker}(f)$ 到 $f(G_1)$ 的单射函数。

由于 f 是 $<G_1, *_1>$ 到 $<f(G_1), *_2>$ 的满射函数。所以,对于 $f(G_1)$ 中任意元素 b,在 G_1 中必有元素 a,使得 $f(a) = b$。所以,在 $G_1/\mathrm{Ker}(f)$ 中必有元素 $[a]_R$,使得 $w([a]_R) = f(a) = b$。由此,w 是 $G_1/\mathrm{Ker}(f)$ 到 $f(G_1)$ 的满射函数。

综上述知,w 是 $G_1/\mathrm{Ker}(f)$ 到 $f(G_1)$ 的双射函数。

又由于

$$w([x]_R \odot [y]_R) = w([x *_1 y]_R) = f(x *_1 y) = f(x) *_2 f(y) = w([x]_R) *_2 w([y]_R)$$

所以,商群 $<G_1/\mathrm{Ker}(f), \odot>$ 与代数系统 $<f(G_1), *_2>$ 同构。证毕。

至此,对群、子群、群的同态、群的同余关建立了如下方面的联系:

设 f 是群 $<G_1, *_1>$ 到群 $<G_2, *_2>$ 的同态映射,那么,

① f 的同态像为载体的代数系统 $<f(G_1), *_2>$ 是群 $<G_2, *_2>$ 的子群;

② f 的同态核为载体的代数系统 $<\mathrm{Ker}(f), *_1>$ 是群 $<G_1, *_1>$ 的正规子群;

③ $<\mathrm{Ker}(f), *_1>$ 的陪集是同态映射 f 所导出的 $<G_1, *_1>$ 的同余关系的同余类;

④ 商群 $<G_1/\mathrm{Ker}(f), \odot>$ 与代数系统 $<f(G_1), *_2>$ 同构。

例 7.21　列写出群 $<\mathbf{N}_6, \oplus_6>$ 的 2 阶、3 阶商群。

解　由于代数运算"$\oplus_6$"在 $\mathbf{N}_6$ 上满足交换律,所以,群 $<\mathbf{N}_6, \oplus_6>$ 的子群都是正规子群。

令 $A_1 = \{0, 2, 4\}$,易知 $<A_1, \oplus_6>$ 是 $<\mathbf{N}_6, \oplus_6>$ 的 3 阶子群。子群 $<A_1, \oplus_6>$ 的陪集为同余类:

$$[0] = \{0, 2, 4\} \qquad [1] = \{1, 3, 5\}$$

由此可得,$<\mathbf{N}_6, \oplus_6>$ 的 2 阶商群 $<B_1, \odot_1>$,其中,$B_1 = \{\{0, 2, 4\}, \{1, 3, 5\}\}$,代数运算"$\odot_1$"由如图 7.2 所示的运算表给出。

令 $A_2 = \{0, 3\}$,易知 $<A_2, \oplus_6>$ 是 $<\mathbf{N}_6, \oplus_6>$ 的 2 阶子群。子群 $<A_2, \oplus_6>$ 的陪集为

同余类：

$$[0] = \{0,3\} \qquad [1] = \{1,4\} \qquad [2] = \{2,5\}$$

由此可得，群$<\mathbf{N}_6,\oplus_6>$的 3 阶商群$<B_2,\odot_2>$，其中，$B_2 = \{\{0,3\},\{1,4\},\{2,5\}\}$，代数运算"$\odot_2$"由如图 7.2 所示的运算表给出。

$\odot_1$	[0]	[1]
[0]	[0]	[1]
[1]	[1]	[0]

$\odot_2$	[0]	[1]	[2]
[0]	[0]	[1]	[2]
[1]	[1]	[2]	[0]
[2]	[2]	[0]	[1]

图 7.2   运算"$\odot_1$"和"$\odot_2$"的运算表

7.1.3   特殊群

群中有一些具有特殊的性质，人们对其进行了特别的定义。下面分别介绍三种特殊群：交换群、循环群和置换群。

定义 7.11   对于群$<G,*>$，如果运算"$*$"满足交换律，则称$<G,*>$为**交换群**（commutative group），或者称为**阿贝尔群**（Abel group）。

例如，加法运算"$+$"和乘法运算"$\times$"都满足交换律，因此，群$<\mathbf{R},+>$和群$<\mathbf{Z},+>$都是交换群；模 k 加法运算"$\oplus_k$"也满足交换律，因此，群$<\mathbf{N}_k,\oplus_k>$也是交换群。

定理 7.8   群$<G,*>$为交换群的充分必要条件是：对于$\forall x,y \in G$，有

$$(x*y)*(x*y) = (x*x)*(y*y)$$

证明   （必要性）设$<G,*>$为交换群，那么，

$$x*y = y*x$$

因此，

$$(x*y)*(x*y) = x*(y*x)*y = x*(x*y)*y = (x*x)*(y*y)$$

（充分性）对于$\forall x,y \in G$，有

$$(x*y)*(x*y) = (x*x)*(y*y)$$

因为，

$$(x*x)*(y*y) = x*(x*y)*y$$
$$(x*y)*(x*y) = x*(y*x)*y$$

由消去律可得

$$x*y = y*x$$

所以，$<G,*>$为交换群。证毕。

注意：交换群的子群的左陪集和右陪集必然相等，所以，交换群的子群都是正规子群。

定义 7.12   对于群$<G,*>$，如果存在元素$a \in G$，使得 G 的任何元素都可表示为a 的幂（约定 $a^0 = e$），即 $G = \{a^k | k \in \mathbf{Z}\}$，则称$<G,*>$为**循环群**（cyclic group），记为 $G = <a>$，并称元素 a 为该循环群的**生成元**（generating element）。具有有限个元素的循环群，称为**有限循环群**（finite cyclic group）；具有无限个元素的循环群，称为**无限循环群**（infinite cyclic group）。

例如，在群$<\mathbf{N}_5,\oplus_5>$中，由于 $1^1 = 1, 1^2 = 2, 1^3 = 3, 1^4 = 4, 1^5 = 0$，所以，元素 1 是群

$<\mathbf{N}_5,\oplus_5>$ 的生成元,群 $<\mathbf{N}_5,\oplus_5>$ 是循环群;在群 $<\mathbf{N}_7-\{0\},\otimes_7>$ 中,由于 $3^1=3,3^2=$ $2,3^3=6,3^4=4,3^5=5,3^6=1$,所以,元素 3 是群 $<\mathbf{N}_7-\{0\},\otimes_7>$ 的生成元,群 $<\mathbf{N}_7-\{0\},$ $\otimes_7>$ 是循环群;对于集合 $A=\{2^i\mid i\in\mathbf{Z}\}$,在普通乘运算下的代数系统 $<A,\times>$ 是无限循环群,该循环群的生成元是 2;群 $<\mathbf{Z},+>$ 是无限循环群,该循环群的生成元是 1 或 -1。

一般地,群 $<\mathbf{N}_k,\oplus_k>$ 都有生成元 1,群 $<\mathbf{N}_k,\oplus_k>$ 是循环群;当 k 为素数时,群 $<\mathbf{N}_k-\{0\},\otimes_k>$ 是循环群。

当然,并非所有群都有生成元。例如,$G=\{000,001,010,011,100,101,110,111\}$ 及 G 上的按位加运算"$\oplus$"组成的代数系统 $<G,\oplus>$ 是群,但不是循环群。因为 $<G,\oplus>$ 中,除幺元外,每一个元素都是 2 阶元素,所以,每一个非幺元的幂只能"生成"幺元和自身,由此可见 $<G,\oplus>$ 中不存在生成元。

定理 7.9 设 $<G,*>$ 是 n 阶群,$a\in G$ 是 G 的 n 阶元素,则 a 是群 $<G,*>$ 的生成元,$<G,*>$ 是循环群,且 $G=\{a^0,a,a^2,\cdots,a^{n-1}\}=\{a,a^2,a^3,\cdots,a^n\}$。

证明 考察元素 $a,a^2,a^3,\cdots,a^n$。由于 $a\in G$ 是 n 阶元素,所以,这 n 个元素各不相同,否则,若有 $a^i=a^{i+k}=a^i*a^k(k<n)$,由群的性质知 a^k 为幺元,即 $e=a^k$,这和 a 是 n 阶元素矛盾。因此,$a,a^2,a^3,\cdots,a^n$ 各不相同。

进而,G 中 n 个元素可分别用 $a,a^2,a^3,\cdots,a^n$ 中之一表示。故 a 是 $<G,*>$ 的生成元,$<G,*>$ 是循环群,且
$$G=\{a^0,a,a^2,\cdots,a^{n-1}\}=\{a,a^2,a^3,\cdots,a^n\}(约定\ a^0=e)$$
证毕。

定理 7.10 素数阶群必是循环群,且每一个非幺元都是生成元。

证明 设 $<G,*>$ 为 n 阶群,n 为素数,a 是 $<G,*>$ 的非幺元,那么,根据拉格朗日定理的推论知,元素 a 的阶数应整除群的阶数。由此,元素 a 的阶数必为 n。结合定理 7.9,可以得出:$<G,*>$ 是循环群,a 是其生成元。证毕。

定理 7.11 设 f 为循环群 $<S,*>$ 到代数系统 $<T,\circ>$ 的同态映射,则 $<f(S),\circ>$ 是循环群。

证明 由群的性质,知 $<f(S),\circ>$ 是群。现证明 $<f(S),\circ>$ 中含有生成元。

设 a 为 $<S,*>$ 的生成元,那么,对于 $\forall x\in S$,都有 $x=a^k$。

对于 $\forall y\in f(S)$ 有,$\exists x\in S$,使得 $f(x)=y$,从而有
$$f(a^k)=y$$
即
$$f(a*a*a*\cdots*a)=y$$
$$f(a)\circ f(a)\circ f(a)\circ\cdots\circ f(a)=(f(a))^k=y$$
由此可知,$f(a)$ 是 $<f(S),\circ>$ 的生成元,$<f(S),\circ>$ 是循环群。证毕。

循环群具有如下一些重要性质:

性质 1 循环群是交换群。

性质 2 对于生成元为 a 的 n 阶循环群,则有 $|a|=n$,且 n 阶循环群 $G=\{a^0,a,a^2,\cdots,a^{n-1}\}$ 同构于 $<\mathbf{N}_n,\oplus_n>$。

性质 3 生成元为 a 的无限循环群,有两个生成元 a 和 a^{-1},且 $G=\{a^0,a^{\pm1},a^{\pm2},\cdots,a^{\pm n},\cdots\}$ 并同构于 $<\mathbf{Z},+>$。

性质 4　循环群的子群都是循环群。

性质 5　对于生成元为 a 的 n 阶循环群，如果存在能整除 n 的正整数 k，那么该循环群有 k 阶循环子群，且仅有一个 k 阶循环子群。

证明　（性质 1）

对于循环群 $<G,*>$，生成元 $a \in G$，那么，$\forall x,y \in G, x=a^i, y=a^j (i,j \in \mathbf{Z})$，从而，

$$x * y = a^i * a^j = a^{i+j} = a^{j+i} = a^j * a^i = y * x$$

即运算"$*$"满足交换律，所以，循环群 $<G,*>$ 是交换群。

（性质 2）

用反证法。设生成元 a 的阶数为 k，且 $k \neq n$。由群的性质知，元素的阶数不会超过群的阶数，即 $k<n$。

由于 $a^k=e$，所以，

$$a^{k+1} = a^k * a = e * a = a$$
$$a^{k+2} = a^k * a^2 = e * a^2 = a^2$$
$$\vdots$$

由此可知 a 的幂仅能表示 G 中的 k 个元素，而不能表示 G 中的所有元素。这和 a 是 G 的生成元矛盾。

对于 $G=\{a^0, a, a^2, \cdots, a^{n-1}\}$ 和 $\mathbf{N}_n$，建立如下一一映射：

$$f(a^i) = i \quad (i = 0,1,2,\cdots,n-1)$$

由于 $f(a^i * a^j)=f(a^{i+j})$，如果 $i+j \geqslant n$，则 $f(a^{i+j})=f(a^{i+j-n+n})=f(a^{i+j-n} * a^n)=f(a^{i+j-n} * e)=f(a^{i+j-n})=i+j-n$；

如果 $i+j<n$，则 $f(a^{i+j})=i+j$。

又由于 $f(a^i) \oplus_n f(a^j)=i \oplus_n j$，

如果 $i+j \geqslant n$，则 $f(a^i) \oplus_n f(a^j)=i \oplus_n j=i+j-n$；

如果 $i+j<n$，则 $f(a^i) \oplus_n f(a^j)=i \oplus_n j=i+j$。

所以 $f(a^i * a^j)=f(a^i) \oplus_n f(a^j)$。

从而，f 为 $<G,*>$ 到 $<\mathbf{N}_n, \oplus_n>$ 的同构映射，即 n 阶循环群同构于 $<\mathbf{N}_n, \oplus_n>$。

（性质 3）

令 $A=\{a^0, a^{\pm 1}, a^{\pm 2}, \cdots, a^{\pm n}, \cdots\}$。

由于 $a \in G$，那么 $a^{-1} \in G$，从而，$a^k \in G$ 且 $(a^k)^{-1}=(a^{-1})^k=a^{-k} \in G$，所以，$A \subseteq G$；对于 $\forall x \in G$，必有 $x=a^k \in A$，所以，$G \subseteq A$。

综上述知，$G=A=\{a^0, a^{\pm 1}, a^{\pm 2}, \cdots, a^{\pm n}, \cdots\}$。

再证明 G 只有两个生成元 a 和 a^{-1}。

设 $G=<b>$，由 $a \in G$ 知，$\exists s \in \mathbf{Z}$，使得 $a=b^s$。又由 $b \in G$ 知，$\exists t \in \mathbf{Z}$，使得 $b=a^t$。所以，

$$a = b^s = (a^t)^s = a^{ts} = a^{ts-1} * a$$

由群的性质得

$$a^{ts-1} = e$$

由于 $<G,*>$ 为无限循环群，所以，$ts-1=0$，从而 $s=t=1$ 或 $s=t=-1$。因此，$b=a$ 或者 $b=-a$。

对于 $G = \{a^0, a^{\pm 1}, a^{\pm 2}, \cdots, a^{\pm n}, \cdots\}$ 和 $\mathbf{Z}$ 建立如下一一映射：

$$f(a^i) = i (i \in \mathbf{Z})$$

由于 $f(a^i * a^j) = f(a^{i+j}) = i+j$，$f(a^i) + f(a^j) = i+j$，所以，$f(a^i * a^j) = f(a^i) + f(a^j)$。

从而，f 为 $<G, *>$ 到 $<\mathbf{Z}, +>$ 的同构映射，即无限循环群同构于 $<\mathbf{Z}, +>$。

（性质4）

设 $<G, *>$ 为以 a 为生成元的循环群，$<H, *>$ 为其子群。当然，H 中元素均可表示为 a^k 的形式。

如果 $H = \{e\}$，显然 $H = <e>$，H 是循环群。

如果 $H \neq \{e\}$，那么 $\exists a^k \in H (k \neq 0)$。由于 H 为子群，必有 $(a^k)^{-1} = (a^{-1})^k = a^{-k} \in H$。不失一般性，可设 k 为正整数，并且它是 H 中元素的最小正整数指数。

现证 H 是由 a^k 生成的循环群。

对于 $\forall a^m \in H$，令 $m = pk + q$，其中 p 为 k 除 m 的商，q 为余数，$0 \leqslant q < k$。于是 $a^m = a^{pk+q} = a^{pk} * a^q$，$a^q = a^{-pk} * a^m$。

由于 $a^{pk} = (a^k)^p$，$a^{-pk} = (a^{-k})^p$ 且 $a^{pk} \in H$，$a^{-pk} \in H$，$a^m \in H$，故 $a^q \in H$。

又 k 为 H 中元素的最小正整数指数，结合 $0 \leqslant q < k$ 知，只有 $a^q = e$，即 $q = 0$，从而 $a^m = a^{pk} = (a^k)^p$。

综上述知，$<H, *>$ 为循环群。

（性质5）

设 $<G, *>$ 为以 a 为生成元的 n 阶循环群，$G = \{a, a^2, a^3, \cdots, a^n\}$。因为 k 能整除 n，所以可以令 $n = pk$，构造 $H = \{a^p, a^{2p}, a^{3p}, \cdots, a^{kp}\} \subseteq G$。

易见运算"$*$"对 H 封闭，所以，$<H, *>$ 是 $<G, *>$ 的子群。

又由于 $a^{ip} \neq a^{jp} (i \neq j)$（由于 $ip \leqslant n$，$jp \leqslant n$，从 G 可知道 a^{ip} 和 a^{jp} 必然不同），所以，$<H, *>$ 是 $<G, *>$ 的 k 阶循环子群。

再证明 $<G, *>$ 仅有一个 k 阶循环子群。设 $<A, *>$ 为 $<G, *>$ 的另外一个以 a^t 为生成元的 k 阶循环子群。

由于 a^t 是 k 阶循环群的生成元，所以 a^t 是 k 阶元，即 $(a^t)^k = a^{tk} = e$。

又由于 a 是 n 阶元素，$a^{pk} = a^n = e$，且 $n = pk$ 是满足该式的最小正整数，因此 $tk = mpk$，即 $t = mp$，$a^t = a^{mp}$，由此可知 $a^t \in H$。

由群的运算的封闭性质知，a^t 的幂也属于 H，而 A 中元素均可表示为 a^t 的形式，于是 A 中元素都属于 H，而 $|H| = |A| = k$，所以 $H = A$，即，$<G, *>$ 仅有一个 k 阶循环子群。证毕。

例7.22 证明8阶群必有4阶子群。

证明 设 $<G, *>$ 为8阶群，G 中除幺元为1阶元素外，其他元素的阶数可能为8，4和2。

如果 $<G, *>$ 中有8阶元素 a，则 a 是生成元，$<G, *>$ 是循环群，且 $G = \{a^0, a^1, a^2, a^3, a^4, a^5, a^6, a^7\}$。令 $A = \{a^0, a^2, a^4, a^6\}$，那么，$<A, *>$ 是 $<G, *>$ 的4阶子群。

如果 $<G, *>$ 中有4阶元素 a，则令 $A = \{a, a^2, a^3, a^4\}$，$<A, *>$ 是 $<G, *>$ 的4阶子群。

如果 $<G, *>$ 中既没有4阶元素也没有8阶元素，即 $<G, *>$ 中的每一个非幺元都是2阶元素。那么，$\forall x \in G$ 都有 $x * x = e$，从而 $x = x^{-1}$。

对于 $\forall x, y \in G$，必有 $(x^{-1} * y^{-1})^{-1} = x^{-1} * y^{-1} = x * y$，而 $(x^{-1} * y^{-1})^{-1} = (y^{-1})^{-1} * (x^{-1})^{-1} = y * x$，所以，$<G, *>$ 为交换群。

在此情形下，在 G 中任取两个非幺元 a 和 b，令 $A = \{e, a, b, a * b\}$。由于运算" $*$ "在 A 上封闭，所以，$<A, *>$ 是 $<G, *>$ 的 4 阶子群。证毕。

定义 7.13 对于有限集合 $S(|S| = n)$，集合 S 上的双射函数 $\pi: S \rightarrow S$ 称为一个 n 元置换（permutation）。由集合 S 上的所有 n 元置换组成的集合 S_n 为载体，函数的复合运算" $\circ$ "为代数运算组成的代数系统 $<S_n, \circ>$，称为 S 上的 n 次**对称群**（symmetry group）。$<S_n, \circ>$ 的任意子群称为 S 上的 n 次**置换群**（permutation group）。

例如，集合 $A = \{1, 2, 3\}$ 上的双射函数 $\pi: \pi(1) = 1, \pi(2) = 3, \pi(3) = 2$ 确定了一种对应关系，可以记作 $\pi = \begin{pmatrix} 1 & 2 & 3 \\ 1 & 3 & 2 \end{pmatrix}$。$\pi$ 就是 A 上的一个置换。易知，集合 A 上共有 6 种不同的置换，它们分别是：

$$\pi_1 = \begin{pmatrix} 1 & 2 & 3 \\ 1 & 2 & 3 \end{pmatrix} \quad \pi_2 = \begin{pmatrix} 1 & 2 & 3 \\ 1 & 3 & 2 \end{pmatrix} \quad \pi_3 = \begin{pmatrix} 1 & 2 & 3 \\ 2 & 1 & 3 \end{pmatrix}$$

$$\pi_4 = \begin{pmatrix} 1 & 2 & 3 \\ 2 & 3 & 1 \end{pmatrix} \quad \pi_5 = \begin{pmatrix} 1 & 2 & 3 \\ 3 & 1 & 2 \end{pmatrix} \quad \pi_6 = \begin{pmatrix} 1 & 2 & 3 \\ 3 & 2 & 1 \end{pmatrix}$$

由这 6 个置换为元素组成的集合记为 $S_3 = \{\pi_1, \pi_2, \pi_3, \pi_4, \pi_5, \pi_6\}$。当 $|A| = n$ 时，A 上的 $n!$ 个置换组成的集合为 S_n。

事实上，上述置换可列写成序偶集合的形式：

$\pi_1 = \{<1,1>, <2,2>, <3,3>\} \qquad \pi_2 = \{<1,1>, <2,3>, <3,2>\}$

$\pi_3 = \{<1,2>, <2,1>, <3,3>\} \qquad \pi_4 = \{<1,2>, <2,3>, <3,1>\}$

$\pi_5 = \{<1,3>, <2,1>, <3,2>\} \qquad \pi_6 = \{<1,3>, <2,2>, <3,1>\}$

在 S_3 上定义二元代数运算" $*$ "为函数的复合运算，即 $\pi_i * \pi_j = \pi_i \circ \pi_j$，并称为置换的合成运算。依据函数的复合运算定义，可以得出：

$$\pi_1 * \pi_1 = \pi_1 \circ \pi_1 = \{<1,1>, <2,2>, <3,3>\} = \begin{pmatrix} 1 & 2 & 3 \\ 1 & 2 & 3 \end{pmatrix} \circ \begin{pmatrix} 1 & 2 & 3 \\ 1 & 2 & 3 \end{pmatrix} = \begin{pmatrix} 1 & 2 & 3 \\ 1 & 2 & 3 \end{pmatrix}$$

$$\pi_1 * \pi_2 = \pi_1 \circ \pi_2 = \{<1,1>, <2,3>, <3,2>\} = \begin{pmatrix} 1 & 2 & 3 \\ 1 & 2 & 3 \end{pmatrix} \circ \begin{pmatrix} 1 & 2 & 3 \\ 1 & 3 & 2 \end{pmatrix} = \begin{pmatrix} 1 & 2 & 3 \\ 1 & 3 & 2 \end{pmatrix}$$

$$\pi_1 * \pi_3 = \pi_1 \circ \pi_3 = \{<1,2>, <2,1>, <3,3>\} = \begin{pmatrix} 1 & 2 & 3 \\ 1 & 2 & 3 \end{pmatrix} \circ \begin{pmatrix} 1 & 2 & 3 \\ 2 & 1 & 3 \end{pmatrix} = \begin{pmatrix} 1 & 2 & 3 \\ 2 & 1 & 3 \end{pmatrix}$$

$$\pi_1 * \pi_4 = \pi_1 \circ \pi_4 = \{<1,2>, <2,3>, <3,1>\} = \begin{pmatrix} 1 & 2 & 3 \\ 1 & 2 & 3 \end{pmatrix} \circ \begin{pmatrix} 1 & 2 & 3 \\ 2 & 3 & 1 \end{pmatrix} = \begin{pmatrix} 1 & 2 & 3 \\ 2 & 3 & 1 \end{pmatrix}$$

$$\pi_1 * \pi_5 = \pi_1 \circ \pi_5 = \{<1,3>, <2,1>, <3,2>\} = \begin{pmatrix} 1 & 2 & 3 \\ 1 & 2 & 3 \end{pmatrix} \circ \begin{pmatrix} 1 & 2 & 3 \\ 3 & 1 & 2 \end{pmatrix} = \begin{pmatrix} 1 & 2 & 3 \\ 3 & 1 & 2 \end{pmatrix}$$

$$\pi_1 * \pi_6 = \pi_1 \circ \pi_6 = \{<1,3>, <2,2>, <3,1>\} = \begin{pmatrix} 1 & 2 & 3 \\ 1 & 2 & 3 \end{pmatrix} \circ \begin{pmatrix} 1 & 2 & 3 \\ 3 & 2 & 1 \end{pmatrix} = \begin{pmatrix} 1 & 2 & 3 \\ 3 & 2 & 1 \end{pmatrix}$$

$$\pi_2 * \pi_1 = \pi_2 \circ \pi_1 = \{<1,1>, <2,3>, <3,2>\} = \begin{pmatrix} 1 & 2 & 3 \\ 1 & 3 & 2 \end{pmatrix} \circ \begin{pmatrix} 1 & 2 & 3 \\ 1 & 2 & 3 \end{pmatrix} = \begin{pmatrix} 1 & 2 & 3 \\ 1 & 3 & 2 \end{pmatrix}$$

$$\pi_2 * \pi_2 = \pi_2 \circ \pi_2 = \{<1,1>,<2,2>,<3,3>\} = \begin{pmatrix} 1 & 2 & 3 \\ 1 & 3 & 2 \end{pmatrix} \circ \begin{pmatrix} 1 & 2 & 3 \\ 1 & 3 & 2 \end{pmatrix} = \begin{pmatrix} 1 & 2 & 3 \\ 1 & 2 & 3 \end{pmatrix}$$

$$\pi_2 * \pi_3 = \pi_2 \circ \pi_3 = \{<1,2>,<2,3>,<3,1>\} = \begin{pmatrix} 1 & 2 & 3 \\ 1 & 3 & 2 \end{pmatrix} \circ \begin{pmatrix} 1 & 2 & 3 \\ 2 & 1 & 3 \end{pmatrix} = \begin{pmatrix} 1 & 2 & 3 \\ 2 & 3 & 1 \end{pmatrix}$$

$$\pi_2 * \pi_4 = \pi_2 \circ \pi_4 = \{<1,2>,<2,1>,<3,3>\} = \begin{pmatrix} 1 & 2 & 3 \\ 1 & 3 & 2 \end{pmatrix} \circ \begin{pmatrix} 1 & 2 & 3 \\ 2 & 3 & 1 \end{pmatrix} = \begin{pmatrix} 1 & 2 & 3 \\ 2 & 1 & 3 \end{pmatrix}$$

$$\pi_2 * \pi_5 = \pi_2 \circ \pi_5 = \{<1,3>,<2,2>,<3,1>\} = \begin{pmatrix} 1 & 2 & 3 \\ 1 & 3 & 2 \end{pmatrix} \circ \begin{pmatrix} 1 & 2 & 3 \\ 3 & 1 & 2 \end{pmatrix} = \begin{pmatrix} 1 & 2 & 3 \\ 3 & 2 & 1 \end{pmatrix}$$

$$\pi_2 * \pi_6 = \pi_2 \circ \pi_6 = \{<1,3>,<2,1>,<3,2>\} = \begin{pmatrix} 1 & 2 & 3 \\ 1 & 3 & 2 \end{pmatrix} \circ \begin{pmatrix} 1 & 2 & 3 \\ 3 & 2 & 1 \end{pmatrix} = \begin{pmatrix} 1 & 2 & 3 \\ 3 & 1 & 2 \end{pmatrix}$$

⋮

$$\pi_3 * \pi_3 = \pi_3 \circ \pi_3 = \{<1,1>,<2,2>,<3,3>\} = \begin{pmatrix} 1 & 2 & 3 \\ 2 & 1 & 3 \end{pmatrix} \circ \begin{pmatrix} 1 & 2 & 3 \\ 2 & 1 & 3 \end{pmatrix} = \begin{pmatrix} 1 & 2 & 3 \\ 1 & 2 & 3 \end{pmatrix}$$

⋮

$$\pi_4 * \pi_5 = \pi_4 \circ \pi_5 = \{<1,1>,<2,2>,<3,3>\} = \begin{pmatrix} 1 & 2 & 3 \\ 2 & 3 & 1 \end{pmatrix} \circ \begin{pmatrix} 1 & 2 & 3 \\ 3 & 1 & 2 \end{pmatrix} = \begin{pmatrix} 1 & 2 & 3 \\ 1 & 2 & 3 \end{pmatrix}$$

⋮

$$\pi_5 * \pi_4 = \pi_5 \circ \pi_4 = \{<1,1>,<2,2>,<3,3>\} = \begin{pmatrix} 1 & 2 & 3 \\ 3 & 1 & 2 \end{pmatrix} \circ \begin{pmatrix} 1 & 2 & 3 \\ 2 & 3 & 1 \end{pmatrix} = \begin{pmatrix} 1 & 2 & 3 \\ 1 & 2 & 3 \end{pmatrix}$$

⋮

$$\pi_6 * \pi_6 = \pi_6 \circ \pi_6 = \{<1,1>,<2,2>,<3,3>\} = \begin{pmatrix} 1 & 2 & 3 \\ 3 & 2 & 1 \end{pmatrix} \circ \begin{pmatrix} 1 & 2 & 3 \\ 3 & 2 & 1 \end{pmatrix} = \begin{pmatrix} 1 & 2 & 3 \\ 1 & 2 & 3 \end{pmatrix}$$

易于验证合成运算对 S_3 是封闭的。由于函数的复合运算满足结合律,所以,运算" $*$ "是可结合运算。

π_1 是 S_3 是上关于运算" $*$ "的幺元,所以,π_1 的逆元是 π_1;由于 $\pi_2 * \pi_2 = \pi_1$,$\pi_3 * \pi_3 = \pi_1$,$\pi_6 * \pi_6 = \pi_1$,所以 π_2,π_3,π_6 的逆元为其自身;又由于 $\pi_4 * \pi_5 = \pi_1$,$\pi_5 * \pi_4 = \pi_1$,所以 π_4 和 π_5 互为逆元。

综上述知,$<S_3,\circ>$ 是一个群,称为 3 次对称群。

在 3 次对称群 $<S_3,\circ>$ 中,取 S_3 的子集合 $A=\{\pi_1,\pi_2\}$ 和 $B=\{\pi_1,\pi_4,\pi_5\}$,那么,子群 $<A,\circ>$ 和子群 $<B,\circ>$ 都是 3 次置换群。

进一步分析可知:π_1 是 1 阶元素,π_2,π_3,π_6 是 2 阶元素,π_4,π_5 是 3 阶元素。$<S_3,\circ>$ 是一个 6 阶群,但 $<S_3,\circ>$ 中没有 6 阶元素,即没有生成元,所以,$<S_3,\circ>$ 不是循环群;同时,由于 $\pi_3 \circ \pi_4 = \pi_6$,$\pi_4 \circ \pi_3 = \pi_2$,即 $\pi_3 \circ \pi_4 \neq \pi_4 \circ \pi_3$,所以,$<S_3,\circ>$ 不是交换群。

例 7.23 构造一个 4 次置换群,使它是 4 阶循环群。

解 只要找出 4 次对称群 $<S_4,\circ>$ 的 4 阶元素 a,则令 $G=\{a,a^2,a^3,a^4\}$,那么,$<G,\circ>$ 为 4 阶循环群。

考察元素 $a=\begin{pmatrix} 1 & 2 & 3 & 4 \\ 2 & 3 & 4 & 1 \end{pmatrix}$,显然

$$a^2 = \begin{pmatrix} 1 & 2 & 3 & 4 \\ 2 & 3 & 4 & 1 \end{pmatrix} \circ \begin{pmatrix} 1 & 2 & 3 & 4 \\ 2 & 3 & 4 & 1 \end{pmatrix} = \begin{pmatrix} 1 & 2 & 3 & 4 \\ 3 & 4 & 1 & 2 \end{pmatrix}$$

$$a^3 = \begin{pmatrix} 1 & 2 & 3 & 4 \\ 3 & 4 & 1 & 2 \end{pmatrix} \circ \begin{pmatrix} 1 & 2 & 3 & 4 \\ 2 & 3 & 4 & 1 \end{pmatrix} = \begin{pmatrix} 1 & 2 & 3 & 4 \\ 4 & 1 & 2 & 3 \end{pmatrix}$$

$$a^4 = \begin{pmatrix} 1 & 2 & 3 & 4 \\ 4 & 1 & 2 & 3 \end{pmatrix} \circ \begin{pmatrix} 1 & 2 & 3 & 4 \\ 2 & 3 & 4 & 1 \end{pmatrix} = \begin{pmatrix} 1 & 2 & 3 & 4 \\ 1 & 2 & 3 & 4 \end{pmatrix}$$

由此可知，a 为 4 阶元素，从而得到 4 阶循环群 $<G, \circ>$。

定理 7.12   每一个 n 阶有限群同构于一个 n 次置换群。

证明从略。

例 7.24   对于群 $<\mathbf{N}_4, \oplus_4>$，构造一个与之同构的 4 次置换群。

解   群 $<\mathbf{N}_4, \oplus_4>$ 中代数运算"$\oplus_4$"的运算表如图 7.3 所示。

$\oplus_4$	0	1	2	3
0	0	1	2	3
1	1	2	3	0
2	2	3	0	1
3	3	0	1	2

$\circ$	a_0	a_1	a_2	a_3
a_0	a_0	a_1	a_2	a_3
a_1	a_1	a_2	a_3	a_0
a_2	a_2	a_3	a_0	a_1
a_3	a_3	a_0	a_1	a_2

图 7.3   运算"$\oplus_4$"和"$\circ$"的运算表

令 $A = \{0, 1, 2, 3\}$，以代数运算"$\oplus_4$"的运算表中各列元素构成 A 上的 4 种置换：

$$a_0 = \begin{pmatrix} 0 & 1 & 2 & 3 \\ 0 & 1 & 2 & 3 \end{pmatrix} \quad a_1 = \begin{pmatrix} 0 & 1 & 2 & 3 \\ 1 & 2 & 3 & 0 \end{pmatrix}$$

$$a_2 = \begin{pmatrix} 0 & 1 & 2 & 3 \\ 2 & 3 & 0 & 1 \end{pmatrix} \quad a_3 = \begin{pmatrix} 0 & 1 & 2 & 3 \\ 3 & 0 & 1 & 2 \end{pmatrix}$$

令 $B = \{a_0, a_1, a_2, a_3\}$，对于合成运算"$\circ$"，$<B, \circ>$ 是 4 次置换群。由"$\circ$"和"$\oplus_4$"的运算表容易验证，4 次置换群 $<B, \circ>$ 与群 $<\mathbf{N}_4, \oplus_4>$ 同构。

7.1.4   群的应用

在现代通信系统中，传输的数据或信息都有一定的基本单位，如汉语的一个字、英语中的一个字母、一个十进制数等，这些基本信息单位称为消息。然而，在实际通信系统中，需要把这些消息首先转换成由 0,1 组成的符号串，然后再进行传输。

$*$	0	1
0	0	1
1	1	0

图 7.4   运算"$*$"的运算表

用 $\mathbf{B}$ 表示 0 和 1 组成的集合，并定义其上的一个二元运算"$*$"，如图 7.4 所示，其实质上是异或运算，或模 2 加运算。显然，$<\mathbf{B}, *>$ 是一个群。进一步，令 $\mathbf{B}^m = \mathbf{B} \times \mathbf{B} \times \cdots \times \mathbf{B} \times \mathbf{B}$（集合 $\mathbf{B}$ 的 m 重笛卡儿积），定义 $\mathbf{B}^m$ 上的代数运算"$\oplus$"（称为按位加运算）：

$$<x_1, x_2, \cdots, x_m> \oplus <y_1, y_2, \cdots, y_m> = <x_1 * y_1, x_2 * y_2, \cdots, x_m * y_m>$$

那么，$<\mathbf{B}^m, \oplus>$ 也是一个群，且运算"$\oplus$"满足交换律，由此，$<\mathbf{B}^m, \oplus>$ 的子群都是正规子群。为表述方便，$\mathbf{B}^m$ 中的任意元素 $<x_1, x_2, \cdots, x_m>$ 用二进制 0-1 串 $x_1 x_2 \cdots x_m$ 表示，可用来

表示通信系统中传输的消息码字,并有

$$x_1 x_2 \cdots x_m \oplus y_1 y_2 \cdots y_m = (x_1 * y_1)(x_2 * y_2) \cdots (x_m * y_m)$$

通信系统总是设法将一个消息的编码 A(发送码字)从一个位置通过传输信道传输到另一个位置,在此位置接收到 A'(接收码字)。由于信道中各种噪声的影响,使得传输过程中 0 可能变成 1 或 1 可能变成 0,从而 $A' \neq A$。为了减少或克服这种噪声的影响,可通过引入一些冗余信息,即引入一个单射函数 $f: \mathbf{B}^m \rightarrow \mathbf{B}^n (n>m)$,将 $\mathbf{B}^m$ 中的一个元素(即一个消息码字)转换成 $\mathbf{B}^n$ 中的一个元素(即一个发送码字),然后进行传输。接收端在收到码字后进行解码,得到接收码字。函数 f 称为 (n,m) **编码函数**(coding function)。

例如,奇偶校验码编码函数 $f: \mathbf{B}^m \rightarrow \mathbf{B}^{m+1}$。对于任意 $\sigma = b_1 b_2 \cdots b_m \in \mathbf{B}^m$,有

$$f(\sigma) = b_1 b_2 \cdots b_m b_{m+1}$$

其中
$$b_{m+1} = \begin{cases} 0 & b_1 * b_2 * \cdots * b_m = 0 \\ 1 & b_1 * b_2 * \cdots * b_m = 1 \end{cases}$$

奇偶校验码编码函数能检测出 1 个错误。

编码函数的检错和纠错能力取决于码字之间的汉明距离(Hamming distance)。通常将一个码字中"1"的数目称为该码字的**重量**(weight),记为 $|w|$。例如,$\sigma = 0101001$,则 $|\sigma| = 3$。对于码字 $x \in \mathbf{B}^m$ 和 $y \in \mathbf{B}^m$,x 和 y 的相应码元之间不相同码元的个数称为 x 和 y 之间的**汉明距离**,记为 $d(x,y)$,即 $d(x,y) = |x \oplus y|$。例如,$x = 1101101$,$y = 1001001$,则 $d(x,y) = 2$。

定义 7.14 如果一个 (n,m) 编码函数 $f: \mathbf{B}^m \rightarrow \mathbf{B}^n$ 的值域

$$f(\mathbf{B}^m) = \operatorname{ran} f = \{f(\sigma) \mid \sigma \in \mathbf{B}^m\}$$

为载体的代数系统 $<f(\mathbf{B}^m), \oplus>$ 是 $<\mathbf{B}^n, \oplus>$ 的子群,则该编码函数所得码字称为**群码**(group code),或者 (n,m) 群码。群码中所有码字之间汉明距离的最小值,即 $\min\{d(f(x), f(y)) \mid x \in \mathbf{B}^m, y \in \mathbf{B}^m\}$,称为群码的**汉明距离**。

定理 7.13 群码的汉明距离是非零码字的最小重量,即 $\min\{|x| \mid x \in f(\mathbf{B}^m), x \neq 0\}$。

定理 7.14 如果一个 (n,m) 群码的汉明距离是 $t+1$,则该群码能检测出不超过 t 个错误。

定理 7.15 如果一个 (n,m) 群码的汉明距离是 $2t+1$,则该群码能纠正不超过 t 个错误。

定理 7.13、定理 7.14 和定理 7.15 的证明从略。感兴趣的读者可以参阅相关书目。

群码意味着就是要通过建立一个一一对应关系,在群 $<\mathbf{B}^n, \oplus>$ 中找出一个与群 $<\mathbf{B}^m, \oplus>$ 同构的子群。为了描述群码的构造过程,将代数运算"$\oplus$"推广至矩阵,并定义矩阵上的代数运算"$\otimes$":

$(x \oplus y)_{ij} = x_{ij} * y_{ij} (x \in \mathbf{B}^{m \times n}, y \in \mathbf{B}^{m \times n})$

$(x \otimes y)_{ij} = (x_{i1} \cdot y_{1j}) * (x_{i2} \cdot y_{2j}) * (x_{i3} \cdot y_{3j}) * \cdots * (x_{ir} \cdot y_{rj}) (x \in \mathbf{B}^{m \times r}, y \in \mathbf{B}^{r \times n})$

定理 7.16 对于 $x \in \mathbf{B}^m$ 和 $G \in \mathbf{B}^{m \times n} (n>m)$,$(n,m)$ 编码函数 $f(x) = x \otimes G$ 是 $<\mathbf{B}^m, \oplus>$ 到 $<\mathbf{B}^n, \oplus>$ 的一个单一同态映射,且 $<C, \oplus>$ 是 $<\mathbf{B}^n, \oplus>$ 的正规子群,其中 $C = \{f(x) \mid f(x) = x \otimes G, x \in \mathbf{B}^m\}$。

证明 对于 $\forall x \in \mathbf{B}^m$ 和 $\forall y \in \mathbf{B}^m$,有

$$f(x \oplus y) = (x \oplus y) \otimes G = (x \otimes G) \oplus (y \otimes G) = f(x) \oplus f(y)$$

且 f 是单射函数,所以,f 是 $<\mathbf{B}^m, \oplus>$ 到 $<\mathbf{B}^n, \oplus>$ 的一个单一同态映射。

对于 $\forall f(a) \in C$ 和 $\forall f(b) \in C$,有

$$f(a) \oplus f(b) = (a \otimes G) \oplus (b \otimes G) = (a \oplus b) \otimes G = f(a \oplus b) \in C$$

即运算"$\oplus$"在 C 上具有封闭性。

由于运算"$\oplus$"满足交换律,且 $<\mathbf{B}^m, \oplus>$ 是交换群,$0 = <0,0,\cdots,0>$ 是 $\mathbf{B}^m$ 上关于运算"$\oplus$"的幺元,那么,

$$f(a) \oplus f(0) = f(0) \oplus f(a) = f(a \oplus 0) = f(0 \oplus a) = f(a)$$

从而,$f(0)$ 是 C 上关于运算"$\oplus$"的幺元。

又由于 $f(a) \oplus f(a) = f(a \oplus a) = f(0)$,所以,任意元素 $f(a)$ 都是其自身的逆元。

综上述知,$<C, \oplus>$ 是 $<\mathbf{B}^n, \oplus>$ 的子群。又由于 $<\mathbf{B}^n, \oplus>$ 是交换群,所以,$<C, \oplus>$ 是 $<\mathbf{B}^n, \oplus>$ 的正规子群。证毕。

定理 7.16 是群码构建方法的理论基础,其中 G 称为群码的**生成矩阵**(generating matrix)。例如,对于奇偶校验码编码函数 $f: \mathbf{B}^m \to \mathbf{B}^{m+1}$,有

$$f(x) = x \otimes G = \begin{bmatrix} x_1 & x_2 & \cdots & x_m \end{bmatrix} \otimes \begin{bmatrix} 1 & 0 & \cdots & 0 & 1 \\ 0 & 1 & \cdots & 0 & 1 \\ \vdots & \vdots & \ddots & \vdots & \vdots \\ 0 & 0 & \cdots & 1 & 1 \end{bmatrix}_{m \times (m+1)}$$

奇偶校验码编码得到的码字形式为 $x_1 x_2 \cdots x_m y$。奇偶校验码编码函数的生成矩阵可简单表示为如下标准形式:

$$G = \begin{bmatrix} \mathbf{I}_{m \times m} & A_{m \times 1} \end{bmatrix}$$

其中,$\mathbf{I}_{m \times m}$ 为 $m \times m$ 的单位矩阵,$A_{m \times 1}$ 是元素全为 1 的 $m \times 1$ 矩阵。

如果生成矩阵标准形式为

$$G = \begin{bmatrix} A_{m \times (n-m)} & \mathbf{I}_{m \times m} \end{bmatrix}$$

那么,得到的码字形式为 $y_1 y_2 \cdots y_{n-m} x_1 x_2 \cdots x_m$。

下面考察群码的生成矩阵为 $G = \begin{bmatrix} A_{m \times (n-m)} & \mathbf{I}_{m \times m} \end{bmatrix}$ 的译码问题,由于

$$\begin{bmatrix} x_1 & x_2 & \cdots & x_m \end{bmatrix} \otimes G = \begin{bmatrix} y_1 & y_2 & \cdots & y_{n-m} & x_1 & x_2 & \cdots & x_m \end{bmatrix} = u$$

根据"$\otimes$"的运算规则,知

$$(x_1 \cdot a_{1j}) * (x_2 \cdot a_{2j}) * (x_3 \cdot a_{3j}) * \cdots * (x_m \cdot y_{mj}) = y_j \quad (j = 1, 2, \cdots, m)$$

即

$$((x_1 \cdot a_{1j}) * (x_2 \cdot a_{2j}) * (x_3 \cdot a_{3j}) * \cdots * (x_m \cdot y_{mj})) * y_j = 0 \quad (j = 1, 2, \cdots, m)$$

所以

$$\begin{bmatrix} \mathbf{I}_{(n-m) \times (n-m)} & (A_{m \times (n-m)})^{\tau} \end{bmatrix} \otimes u^{\tau} = H \otimes u^{\tau} = 0$$

其中,$H = \begin{bmatrix} \mathbf{I}_{(n-m) \times (n-m)} & (A_{m \times (n-m)})^{\tau} \end{bmatrix}$ 为 $(n-m) \times n$ 矩阵,称为**校验矩阵**(check matrix)。显然,由生成矩阵很容易得到相应的校验矩阵。一个码字必须满足 $H \otimes u^{\tau} = 0$,而非法码字却一定不满足。

由 $<C, \oplus>$ 是 $<\mathbf{B}^n, \oplus>$ 的正规子群知,$\mathbf{B}^n$ 中的任一元素属于且只属于 $<C, \oplus>$ 的一个陪集。对于 $\forall a \in \mathbf{B}^n$ 和 $\forall b \in \mathbf{B}^n$,如果 a 和 b 在同一陪集中,则 $\exists c_1 \in C$,$\exists c_2 \in C$ 和 $\exists v \in \mathbf{B}^n$,使得

$$a = c_1 \oplus v$$
$$b = c_2 \oplus v$$

且满足

$$H \otimes c_1{}^\tau = 0$$
$$H \otimes c_2{}^\tau = 0$$

由此

$$H \otimes a^\tau = H \otimes (c_1 \oplus v)^\tau = (H \otimes c_1{}^\tau) \oplus (H \otimes v^\tau) = H \otimes v^\tau$$
$$H \otimes b^\tau = H \otimes (c_2 \oplus v)^\tau = (H \otimes c_2{}^\tau) \oplus (H \otimes v^\tau) = H \otimes v^\tau$$

所以,$H \otimes a^\tau = H \otimes b^\tau$。

由上述知,如果 a,b 不是码字,则其与校验矩阵的运算结果不为 0；如果二者的运算结果相等,则属于同一陪集。根据陪集的性质,陪集中的任意元素都可以作为该陪集自身的代表元素。不妨取元素 a,则 $b = c_l \oplus a, c_l \in C$,类似地,对于陪集中的每个元素,都可找到唯一一个 c_l 与之对应,而二者的汉明距离即为陪集代表元素的重量,这是由于 $c_l \oplus b = c_l \oplus c_l \oplus a = a$。

考虑到最大似然译码法的运算规则,陪集代表元素应选取重量最小的码字,而不同的陪集应选取不同的陪集代表元素。这样,对于每个接收码字 b,首先判断其所在陪集的陪集代表元素 a,然后将该码字 b 与该陪集代表元素 a 进行运算,即 $b \oplus a = c_l \oplus a \oplus a = c_l$。

判断接收码字与陪集代表元素是否在同一陪集,需要用到 $H \otimes a^\tau = H \otimes b^\tau$,称为伴随式。具体的译码过程如下:

(1) 对接收码字 r 计算伴随式 $s = r \otimes H$ 或 $s^\tau = H \otimes r^\tau$；

(2) 找到相应的陪集代表元素 v；

(3) 输出译码后的码字 $c = r \otimes v$。

例如,(6,3)群码的校验矩阵为

$$H = \begin{bmatrix} 1 & 0 & 0 & 1 & 1 & 0 \\ 0 & 1 & 0 & 1 & 0 & 1 \\ 0 & 0 & 1 & 0 & 1 & 1 \end{bmatrix}$$

相应的码字及陪集如表 7.1 所示,其中虚线左边为陪集的代表元素。为了在译码表中找到某个接收码字,如 001110,可能要花费较长的时间,而按照上述译码方法,只需将其与 H 做运算,即

$$\begin{bmatrix} 1 & 0 & 0 & 1 & 1 & 0 \\ 0 & 1 & 0 & 1 & 0 & 1 \\ 0 & 0 & 1 & 0 & 1 & 1 \end{bmatrix} \otimes \begin{bmatrix} 0 \\ 0 \\ 1 \\ 1 \\ 1 \\ 0 \end{bmatrix} = \begin{bmatrix} 0 \\ 1 \\ 0 \end{bmatrix}$$

得到伴随式 (010),由表 7.1 知对应的陪集代表元素为 (010000),从而,所求码字为

$$001110 \otimes 010000 = 011110$$

表7.1　(6,3)群码的译码表

伴随式	码　字							
(000)	000000	011001	101010	110011	110100	101101	011110	000111
(011)	000001	011000	101011	110010	110101	101100	011111	000110
(101)	000010	011011	101000	110001	110110	101111	011100	000110
(110)	000100	011101	101110	110111	110000	101001	011010	000011
(001)	001000	010001	100010	111011	111100	100101	010110	001111
(010)	010000	001001	111010	100011	100100	111101	001110	010111
(100)	100000	111001	001010	010011	010100	001101	111110	100111
(111)	001100	010101	100110	111111	111000	100001	010010	001011

　　仔细考察伴随式和校验矩阵可以发现,大多数伴随式是校验矩阵的某一列,而且伴随式所对应的陪集代表元素中1所在的位置即为伴随式在校验矩阵所在的列。例如,伴随式(110),陪集代表元素为(000100),1所在的位置是从左至右的第4个,在$(110)^\tau$正是 H 中从左至右的第4列,这样一旦获得的伴随式在校验矩阵某列,则可以简单地将该位置中的码倒置:0变成1,1变成0。当然,如果伴随式不是校验矩阵的某列,如伴随式(111),则无法简单地判断。

7.2　环和域

7.2.1　环

　　许多代数系统中含有多个代数运算,例如,我们熟知的实数集合、整数集合上就有"加"和"乘"运算。这里对含有两个代数运算的代数系统进行讨论。

　　定义7.15　对于代数系统$<R,+,*>$,"+"和"*"是 R 上的二元代数运算,如果

　　① $<R,+>$ 是交换群;

　　② $<R,*>$ 是半群;

　　③ 运算"*"对运算"+"可分配。

则称$<R,+,*>$为一个**环**(ring),并称代数运算"+"为**加法**,称代数运算"*"为**乘法**,称$<R,+>$为**加法群**,称$<R,*>$为**乘法半群**。加法群$<R,+>$中关于运算"+"的幺元称为环的**零元**,记为0。加法群$<R,+>$中元素$a \in R$关于运算"+"的逆元a^{-1}用$-a$表示。

　　注意:在环$<R,+,*>$中,运算"+"和"*"是泛指的加法和乘法,不一定是普通加法和普通乘法,而且乘法运算的优先级高于加法运算。

　　例如,整数集 **Z**、有理数集 **Q**、实数集 **R**、复数集 **C** 和普通加法"+"、普通乘法"×"组成的代数系统$<Z,+,\times>$,$<Q,+,\times>$,$<R,+,\times>$,$<C,+,\times>$都是环,并分别称为整数环、有理数环、实数环和复数环;代数系统$<N_k,\oplus_k,\otimes_k>$是一个环。

　　例7.25　设$<Z,\sharp,*>$是代数系统,其中 **Z** 是整数集合,$x \sharp y = x+y-1$,$x*y=x+y-x\cdot y$,证明$<Z,\sharp,*>$是环。

　　证明　首先证明$<Z,\sharp>$是交换群。

　　对于$\forall x,y \in Z$,$x \sharp y = x+y-1$也是整数,所以运算"$\sharp$"在 **Z** 上是封闭的。

对于 $\forall x,y,z\in\mathbf{Z}$,由于

$$(x\sharp y)\sharp z=(x+y-1)\sharp z=x+y+z-2$$
$$x\sharp(y\sharp z)=x\sharp(y+z-1)=x+y+z-2$$
$$x\sharp y=x+y-1$$
$$y\sharp x=y+x-1=x+y-1$$

所以

$$(x\sharp y)\sharp z=x\sharp(y\sharp z)$$
$$x\sharp y=y\sharp x$$

由此可知,运算"$\sharp$"在 $\mathbf{Z}$ 上是可结合的、可交换的。

由于 $x\sharp e=e\sharp x=x+e-1$,令 $x\sharp e=e\sharp x=x+e-1=x$,可得 $e=1$。即 1 为关于运算"$\sharp$"的幺元。

由于 $x\sharp v=v\sharp x=x+v-1$,令 $x\sharp v=v\sharp x=x+v-1=e=1$,可得 $v=2-x$。即任意元素 $x\in\mathbf{Z}$ 关于运算"$\sharp$"的逆元为 $2-x$。从而,$<\mathbf{Z},\sharp>$ 是交换群。

再证明 $<\mathbf{Z},*>$ 是半群。

对于 $\forall x,y\in\mathbf{Z}$,$x*y=x+y-x\cdot y$ 也是整数,所以运算"$*$"在 $\mathbf{Z}$ 上是封闭的。

对于 $\forall x,y,z\in\mathbf{Z}$,由于

$$(x*y)*z=(x+y-x\cdot y)*z=x+y+z-x\cdot y-x\cdot z-y\cdot z+x\cdot y\cdot z$$
$$x*(y*z)=x*(y+z-y\cdot z)=x+y+z-x\cdot y-x\cdot z-y\cdot z+x\cdot y\cdot z$$

所以

$$(x*y)*z=x*(y*z)$$

由此可知,运算"$*$"在 $\mathbf{Z}$ 上是可结合的。从而,$<\mathbf{Z},*>$ 是半群。

现证明运算"$*$"对"$\sharp$"是可分配的。

对于 $\forall x,y,z\in\mathbf{Z}$,由于

$$x*(y\sharp z)=x*(y+z-1)=2x+y+z-x\cdot y-x\cdot z-1$$
$$(x*y)\sharp(x*z)=(x+y-x\cdot y)\sharp(x+z-x\cdot z)$$
$$=2x+y+z-x\cdot y-x\cdot z-1$$

所以

$$x*(y\sharp z)=(x*y)\sharp(x*z)$$

又由于运算"$\sharp$"在 $\mathbf{Z}$ 上是可结合的,从而,运算"$*$"对"$\sharp$"是可分配的。

综上述知,$<\mathbf{Z},\sharp,*>$ 是环。证毕。

环有如下一些重要性质:

性质 1 在环 $<R,+,*>$ 中,加法群 $<R,+>$ 中关于运算"$+$"的幺元是乘法半群 $<R,*>$ 关于运算"$*$"的零元。

性质 2 在环 $<R,+,*>$ 中,$\forall x,y,z\in R$,满足

$$x^{-1}*y=x*y^{-1}=(x*y)^{-1}$$
$$x^{-1}*y^{-1}=x*y$$
$$x*(y+z^{-1})=x*y+x*z^{-1}$$
$$(y+z^{-1})*x=y*x+z^{-1}*x$$

证明　（性质1）

设 θ 是加法群 $<R,+>$ 中关于运算"$+$"的幺元,那么,$\theta+\theta=\theta$。

由于运算"$*$"对于运算"$+$"可分配,所以,对于 $\forall x \in R$,有 $x*\theta=x*(\theta+\theta)=x*\theta+x*\theta$。

由 $<R,+>$ 是群知,$x*\theta$ 是 R 上关于运算"$+$"的幺元,于是有 $x*\theta=\theta$。

同理,对于 $\forall x \in R$,有 $\theta*x=(\theta+\theta)*x=\theta*x+\theta*x$。

由 $<R,+>$ 是群知,$\theta*x$ 是 R 上关于运算"$+$"的幺元,于是有 $\theta*x=\theta$。

综上述知,θ 是 R 上关于运算"$*$"的零元。

例如,在环 $<\mathbf{R},+,\times>$ 中,0 是 $<\mathbf{R},+>$ 中关于运算"$+$"的幺元,也是 $<\mathbf{R},\times>$ 中关于运算"$\times$"的零元；在环 $<\mathbf{N}_k,\oplus_k,\otimes_k>$ 中,0 是 $<\mathbf{N}_k,\oplus_k>$ 中关于运算"$\oplus_k$"的幺元,也是 $<\mathbf{N}_k,\otimes_k>$ 中关于运算"$\otimes_k$"的零元。

（性质2）

由于运算"$*$"对于运算"$+$"可分配,所以,对于 $\forall x,y \in R$,有

$$(x^{-1}*y)+(x*y)=(x^{-1}+x)*y=\theta*y=\theta$$

又由于 $<R,+>$ 是交换群,所以 $x^{-1}*y$ 是 $x*y$ 关于运算"$+$"的逆元,即 $x^{-1}*y=(x*y)^{-1}$。

同理,由于运算"$*$"对于运算"$+$"可分配,所以,对于 $\forall x,y \in R$,有

$$(x*y^{-1})+(x*y)=x*(y^{-1}+y)=x*\theta=\theta$$

又由于 $<R,+>$ 是交换群,所以,$x*y^{-1}$ 是 $x*y$ 关于运算"$+$"的逆元,即 $x*y^{-1}=(x*y)^{-1}$。

所以,$x^{-1}*y=x*y^{-1}=(x*y)^{-1}$。

进一步地,由上述结果可得

$$x^{-1}*y^{-1}=x*(y^{-1})^{-1}=x*y$$

由于运算"$*$"对于运算"$+$"可分配,所以,对于 $\forall x,y,z \in R$,有

$$x*(y+z^{-1})=x*y+x*z^{-1}$$
$$(y+z^{-1})*x=y*x+z^{-1}*x$$

如果将元素 $a \in R$ 关于运算"$+$"的逆元 a^{-1} 用 $-a$ 表示,θ 用 0 表示,则上述结论可写成：

$$x+(-x)=0$$
$$x*0=0$$
$$(-x)*y=x*(-y)=-(x*y)$$
$$(-x)*(-y)=x*y$$
$$x*(y+(-z))=x*y+x*(-z)$$
$$(y+(-z))*x=y*x+(-z)*x$$

如果将 $x+(-y)$ 记作 $x-y$,则有

$$x-x=0$$
$$x*(y-z)=x*y-x*z$$
$$(y-z)*x=y*x-z*x$$

例 7.26　对于环$<R,+,*>$,计算$(x-y)^2$和$(x+y)^2(\forall x,y\in R)$。

解
$$(x-y)^2=(x-y)*(x-y)$$
$$=(x+(-y))*(x+(-y))$$
$$=x*x+(-y)*x+x*(-y)+(-y)*(-y)$$
$$=x^2-x*y-y*x+y^2$$
$$(x+y)^2=(x+y)*(x+y)$$
$$=x*x+y*x+x*y+y*y$$
$$=x^2+x*y+y*x+y^2$$

下面介绍几种常用的特殊环。

定义 7.16　对于环$<R,+,*>$,如果乘法半群$<R,*>$中的运算"$*$"是可交换的,则称$<R,+,*>$为**交换环**(commutative ring);如果乘法半群$<R,*>$中存在关于运算"$*$"的幺元,则称$<R,+,*>$为**含幺环**(ring with unity)。

例如,环$<\mathbf{Z},+,\times>$和环$<\mathbf{R},+,\times>$都是交换环,也都是含幺环。又如,设A是以所有实系数多项式作为元素构成的集合,对于多项式的加法和乘法运算,容易验证$<A,+,\times>$是交换环,且是含幺环。

例 7.27　设$<R,+,*>$是环,如果乘法半群$<R,*>$中每个元素都是等幂元,证明$<R,+,*>$是可交换环。

证明　由题设条件知,乘法半群$<R,*>$中每个元素都是等幂元,所以对于$\forall x,y\in R$,有$(x+y)*(x+y)=(x+y)$。

由于运算"$*$"对于运算"$+$"可分配,所以,$(x*x)+(x*y)+(y*x)+(y*y)=(x+y)$。

而$x*x=x,y*y=y$,所以,$(x+y)+(x*y+y*x)=(x+y)$。

又由于$<R,+>$是群,因此有$(x*y+y*x)=\theta$。其中,θ是群$<R,+>$中关于运算"$+$"的幺元。这表明$x*y$和$y*x$互为逆元,即$x*y=-y*x$。

进一步地,
$$x*y=(x*y)*(x*y)$$
$$=(-y*x)*(-y*x)$$
$$=(y*x)*(y*x)$$
$$=(y*x)$$

由此,$<R,*>$上运算"$*$"满足交换律。所以,$<R,+,*>$是交换环。证毕。

定义 7.17　对于环$<R,+,*>$,如果乘法半群$<R,*>$中的所有非零元a和b满足$a*b\neq\theta$(环的零元),则称$<R,+,*>$为**无零因子环**(ring without zero divisor)。乘法半群$<R,*>$中满足$a*b=\theta$的非零元a和b称为$<R,*>$的**零因子**(zero divisor)。

例如,在环$<\mathbf{R},+,\times>$中,对于任意实数a和b,如果$a\neq0$和$b\neq0$,则$a\times b\neq0$,所以环$<\mathbf{R},+,\times>$是无零因子环,环$<\mathbf{Z},+,\times>$也是无零因子环。但是,在环$<\mathbf{N}_6,\oplus_6,\otimes_6>$中,由于$2\neq0$和$3\neq0$,而$2\otimes_63=0$,所以,环$<\mathbf{N}_6,\oplus_6,\otimes_6>$不是无零因子环。一般地,当且仅当$k$为素数时,$<\mathbf{N}_k,\oplus_k,\otimes_k>$才是无零因子环。

定理 7.17　环$<R,+,*>$是无零因子环当且仅当$<R,*>$中的运算"$*$"满足消去律,也即,$\forall x,y,z\in R,x\neq0$(环的零元),有$x*y=x*z\Rightarrow y=z$且$y*x=z*x\Rightarrow y=z$。

证明 (充分性)对于 $\forall x,y \in R, x*y=0$(环的零元)且 $x \neq 0$,那么,$x*y=0=x*0$,由消去律得 $y=0$,这表明了 $<R,*>$ 中不存在零因子。

(必要性)对于 $\forall x,y,z \in R, x \neq 0$,那么,由 $x*y=x*z$ 可以得出

$$x*y+(-x*z)=x*z+(-x*z)$$
$$x*y-x*z=x*z-x*z=0$$
$$x*(y-z)=0$$

又 $x \neq 0$,且 $<R,*>$ 中无零因子,所以,$y-z=0$,即 $y=z$。这表明左消去律成立。

同理,可证明右消去律也成立。证毕。

定义 7.18 如果环 $<R,+,*>$ 是无零因子环,乘法半群 $<R,*>$ 满足交换律且含有幺元,则称 $<R,+,*>$ 是**整环**(integral ring)。如果整环 $<R,+,*>$ 的载体 R 是有限集合,则称该整环为**有限整环**(finite integral ring);如果整环 $<R,+,*>$ 的载体 R 是无限集合,则称该整环为**无限整环**(infinite integral ring)。

例如,环 $<\mathbf{R},+,\times>$ 和环 $<\mathbf{Z},+,\times>$ 都是整环,环 $<\mathbf{N}_6,\oplus_6,\otimes_6>$ 不是整环。一般地,当 k 为素数时,$<\mathbf{N}_k,\oplus_k,\otimes_k>$ 是整环。

例 7.28 证明 $<\mathbf{Z}[x],+,\times>$ 是整环,其中 $\mathbf{Z}[x]$ 是所有的 x 的整系数多项式的集合,"+"和"×"分别是多项式的加法和乘法。

证明 容易证明 $<\mathbf{Z}[x],+>$ 是交换群,$<\mathbf{Z}[x],\times>$ 是可交换的含幺半群,其中,幺元是 1。在 $\mathbf{Z}[x]$ 中,显然乘法"×"对加法"+"满足分配律。

另一方面,对 $\mathbf{Z}[x]$ 中的任意多项式 $f(x)$ 和 $g(x)$,如果 $f(x)\times g(x)=0$,则必有 $f(x)=0$ 或 $g(x)=0$。因此,$<\mathbf{Z}[x],\times>$ 无零因子。所以,$<\mathbf{Z}[x],+,\times>$ 是整环。证毕。

例 7.29 对于整环 $<R,+,*>$ 和 $\forall x,y,z \in R$,证明:如果 $x \neq \theta$(环的零元)且 $x*y=x*z$,则必有 $y=z$。

证明 由于 $x*y=x*z$,所以,

$$x*y+(-x*z)=x*z+(-x*z)$$
$$x*y-x*z=x*z-x*z=\theta$$
$$x*(y-z)=\theta$$

又 $x \neq \theta$,且 $<R,*>$ 中无零因子,所以 $y-z=\theta$,即 $y=z$。证毕。

定义 7.19 对于环 $<R,+,*>$,如果 S 是 R 的非空子集,且 $<S,+,*>$ 是环,则称 $<S,+,*>$ 是 $<R,+,*>$ 的**子环**(subring)。

例如,环 $<\mathbf{Z},+,\times>$ 和环 $<\mathbf{Q},+,\times>$ 都是环 $<\mathbf{R},+,\times>$ 的子环;环 $<\{0\},+,\times>$ 和环 $<R,+,\times>$ 也是环 $<R,+,\times>$ 的子环,称为**平凡子环**(trivial subring)。

定理 7.18 设 $<R,+,*>$ 是环,S 是 R 的非空子集,如果 $\forall x,y \in S$ 满足 $x-y \in S$ 且 $x*y \in S$,则 $<S,+,*>$ 是 $<R,+,*>$ 的子环。

证明 由 $x-y \in S$ 知,$<S,+>$ 是群;由 $x*y \in S$ 知,$<S,*>$ 是半群。显然,S 上运算"+"满足交换律,且运算"*"对运算"+"满足分配律。因此,$<S,+,*>$ 是环,并且是 $<R,+,*>$ 的子环。证毕。

例 7.30 对于环 $<\mathbf{Z},+,\times>$,集合 $n\mathbf{Z}=\{nz|z \in \mathbf{Z}, n \in \mathbf{N}\}$,判定 $<n\mathbf{Z},+,\times>$ 是否是环 $<\mathbf{Z},+,\times>$ 的子环?

解 对于 $\forall nk_1, nk_2 \in n\mathbf{Z}$,有

$$nk_1 - nk_2 = n(k_1 - k_2) \in n\mathbf{Z}$$

$$nk_1 \times k_2 = n(k_1 nk_2) \in n\mathbf{Z}$$

又由于，$n\mathbf{Z} \subseteq \mathbf{Z}$。所以，由定理 7.18 知，$<n\mathbf{Z}, +, \times>$ 是环 $<\mathbf{Z}, +, \times>$ 的子环。

定义 7.20　对于环 $<R, +, *>$ 和环 $<S, \sharp, \bullet>$，函数 $f: R \to S$，如果 $\forall x, y \in R$ 满足 $f(x + y) = f(x) \sharp f(y)$ 且 $f(x * y) = f(x) \bullet f(y)$，则称函数 f 是环 $<R, +, *>$ 到环 $<S, \sharp, \bullet>$ 的**环同态映射**，环 $<S, \sharp, \bullet>$ 称为环 $<R, +, *>$ 的**环同态**。如果函数 f 是双射函数，则称 f 是环 $<R, +, *>$ 到环 $<S, \sharp, \bullet>$ 的**环同构映射**，并称环 $<S, \sharp, \bullet>$ 和环 $<R, +, *>$ 为**环同构**。

例 7.31　设环 $<S, +, *>$ 是环 $<R \times R, +, *>$ 的子环，其中 $S = \{<x, x> | x \in R\}$，代数运算 "+" 和 "$*$" 定义如下：

对于 $\forall x_1, y_1, x_2, y_2 \in R$，有

$$<x_1, y_1> + <x_2, y_2> = <x_1 + x_2, y_1 + y_2>$$

$$<x_1, y_1> * <x_2, y_2> = <x_1 * x_2, y_1 * y_2>$$

证明环 $<S, +, *>$ 是环 $<R \times R, +, *>$ 的环同态。

证明　令函数 $f: R \times R \to S$ 为 $f(<x, y>) = <x, x>$，

那么，对于 $\forall x, y \in R$，有

$$f(<x, x> + <y, y>) = f(<x + y, x + y>) = <x + y, x + y>$$
$$= <x, x> + <y, y> = f(<x, x>) + f(<y, y>)$$
$$f(<x, x> * <y, y>) = f(<x * y, x * y>) = <x * y, x * y>$$
$$= <x, x> * <y, y> = f(<x, x>) * f(<y, y>)$$

由此，f 是环 $<R \times R, +, *>$ 到环 $<S, +, *>$ 的同态映射，即环 $<S, +, *>$ 是环 $<R \times R, +, *>$ 的环同态。证毕。

7.2.2　域

对于环附加进一步的条件限制，便可得到另一个含有两个代数运算的代数结构。

定义 7.21　对于环 $<R, +, *>$，如果 $<R - \{0\}, *>$ 是交换群，则称 $<R, +, *>$ 为一个**域**（field）。如果域 $<R, +, *>$ 的载体 R 是有限集合，则称该域为**有限域**或**伽罗瓦域**（Galois field），并称集合 R 中元素的个数为有限域的**阶数**或**阶**（order）。

例如，环 $<\mathbf{R}, +, \times>$、环 $<\mathbf{Q}, +, \times>$ 和环 $<\mathbf{C}, +, \times>$ 都是域，并称为实数域、有理数域和复数域。但是，环 $<\mathbf{Z}, +, \times>$ 不是域，因为在整数集 $\mathbf{Z}$ 中整数没有关于乘法运算 "$\times$" 的逆元。再如，环 $<\mathbf{N}_7, \oplus_7, \otimes_7>$ 是域，并且为有限域。因为元素 1 和 6 关于运算 "$\otimes_7$" 的逆元分别是其自身，2 和 4、3 和 5 关于运算 "$\otimes_7$" 互为逆元。但是，环 $<\mathbf{N}_8, \oplus_8, \otimes_8>$ 不是域，因为它有零因子 $2 \otimes_8 4 = 0$。

注意：根据域的定义，$<R - \{0\}, *>$ 是交换群，那么，在 $<R, *>$ 中，运算 "$*$" 满足交换律和消去律，并含有关于运算 "$*$" 的幺元，所以，域必定是整环。

定理 7.19　有限整环必是域。

证明　设 $<R, +, *>$ 为有限整环。由域的定义可知，要证明整环 $<R, +, *>$ 是域，

只需证明$<R-\{0\},*>$是交换群即可。

由于$<R,*>$中无零因子,所以运算"$*$"在$R-\{0\}$上满足封闭性,由此可知$<R-\{0\},*>$是半群,且含有关于运算"$*$"的幺元、运算"$*$"满足交换律和消去律。

设$R-\{0\}$中含有n个元素,对于$\forall x \in R-\{0\}$,考察如下$n+1$个元素

$$x^1, x^2, \cdots, x^{n+1}$$

由运算的封闭性知,这些元素都属于$R-\{0\}$,但$R-\{0\}$中仅有n个元素,所以这些元素中至少有两个元素相同。不妨设为

$$x^i = x^{i+k} = x^i * x^k \quad (1 \leqslant k \leqslant n)$$

即

$$x^i * e = x^i * x^k \quad (1 \leqslant k \leqslant n)$$

由消去律可得$x^k = e$,其中e为$R-\{0\}$上关于运算"$*$"的幺元。

如果$k=1$,即$x^k = x$,则x为幺元,x的逆元为其自身,即$x^{-1} = x$;

如果$k>1$,即$x^k = e$,则$x * x^{k-1} = x^{k-1} * x = e$,$x$的逆元为$x^{k-1}$,即$x^{-1} = x^{k-1}$。由此,$R-\{0\}$中存在任意元素关于运算"$*$"的逆元。

综上述知,$<R-\{0\},*>$是交换群,即有限整环是域。证毕。

例如,当k为素数时,$<\mathbf{N}_k, \oplus_k, \otimes_k>$是整环。由于$\mathbf{N}_k$是有限集合,所以,当$k$为素数时,$<\mathbf{N}_k, \oplus_k, \otimes_k>$是域。

定理 7.20 对于任意素数p与正整数n,存在p^n阶域,记为$\mathrm{GF}(p^n)$。当$n=1$时,有限域$\mathrm{GF}(p)$也称为**素数域**(prime field)。

证明从略。

例如,代数系统$<\mathbf{N}_{23}, \oplus_{23}, \otimes_{23}>$,$<\mathbf{N}_7, \oplus_7, \otimes_7>$和$<\mathbf{N}_5, \oplus_5, \otimes_5>$都是有限域,也是**素数域**,可分别记为$\mathrm{GF}(23)$,$\mathrm{GF}(7)$和$\mathrm{GF}(5)$。

定义 7.22 对于有限域$\mathrm{GF}(p)$,如果$a \in \mathrm{GF}(p)$使得$\forall x \in \mathrm{GF}(p)$,$x \neq 0$满足$x = a^k$,则称元素$a$为$\mathrm{GF}(p)$的生成元。

例 7.32 求域$\mathrm{GF}(23)$的生成元。

解 对于$\mathrm{GF}(23)$,由于$\mathrm{GF}(23)$中关于乘法的幺元为1,零元为0,并且

$$5^0 = 1 \qquad\qquad 5^1 = 5 \qquad\qquad 5^2 = 5 \otimes_{23} 5 = 2$$

$$5^3 = 5^2 \otimes_{23} 5 = 10 \qquad 5^4 = 5^3 \otimes_{23} 5 = 4 \qquad 5^5 = 5^4 \otimes_{23} 5 = 20$$

$$5^6 = 5^5 \otimes_{23} 5 = 8 \qquad 5^7 = 5^6 \otimes_{23} 5 = 17 \qquad 5^8 = 5^7 \otimes_{23} 5 = 16$$

$$5^9 = 5^8 \otimes_{23} 5 = 11 \qquad 5^{10} = 5^9 \otimes_{23} 5 = 9 \qquad 5^{11} = 5^{10} \otimes_{23} 5 = 22$$

$$5^{12} = 5^{11} \otimes_{23} 5 = 18 \qquad 5^{13} = 5^{12} \otimes_{23} 5 = 21 \qquad 5^{14} = 5^{13} \otimes_{23} 5 = 13$$

$$5^{15} = 5^{14} \otimes_{23} 5 = 19 \qquad 5^{16} = 5^{15} \otimes_{23} 5 = 3 \qquad 5^{17} = 5^{16} \otimes_{23} 5 = 15$$

$$5^{18} = 5^{17} \otimes_{23} 5 = 6 \qquad 5^{19} = 5^{18} \otimes_{23} 5 = 7 \qquad 5^{20} = 5^{19} \otimes_{23} 5 = 12$$

$$5^{21} = 5^{20} \otimes_{23} 5 = 14 \qquad 5^{22} = 5^{21} \otimes_{23} 5 = 1$$

所以,元素5是域$\mathrm{GF}(23)$的生成元。

例 7.33 设$<F, +, \cdot>$为一个域,$F[x]$为以F中元素$a_i \in F(i=0,1,2,\cdots,n)$为系数构成的形如$a_0 + a_1 x + a_2 x^2 + \cdots + a_n x^n$的多项式集合,证明$F[x]$上多项式"加法"和"乘法"构成一个环。

证明 设$<F,+,\cdot>$为一个域，$F[x]=\{a_0+a_1x+a_2x+\cdots+a_nx^n\,|\,n\in\mathbf{N},a_i\in F,i=0,1,2,\cdots,n\}$，"$\oplus$"为多项式加法，"$\otimes$"为多项式乘法。那么，对于$\forall a(x)\in F[x],b(x)\in F[x]$，有

$$a(x)\oplus b(x)\in F[x]$$
$$a(x)\otimes b(x)\in F[x]$$

并且，在$F[x]$上，运算"$\oplus$"和"$\otimes$"满足结合律和交换律，运算"$\otimes$"对"$\oplus$"满足分配律。

0 次多项式 0 是$F[x]$上关于运算"$\oplus$"的幺元。

多项式$-a(x)$是多项式$a(x)$关于运算"$\oplus$"的逆元。

综上述知，$<F[x],\oplus,\otimes>$是一个环，并称为域$<F,+,\cdot>$上的**多项式环**（polymonial ring）。如果$<F,+,\cdot>$为有限域，则称$<F[x],\oplus,\otimes>$为有限域上的多项式环。证毕。

7.2.3 域的应用

信息安全是关系国计民生的重大问题，应用密码学作为实现网络信息安全的核心技术，在保障网络信息安全的应用中具有重要的意义。有限域在密码学中有着重要的作用。

椭圆曲线密码体制（elliptic curve cryptography）是迄今被实践证明安全有效的公钥密码体制之一。它的安全性基于椭圆曲线离散对数问题的难解性，即椭圆曲线离散对数问题被公认为要比整数分解问题和模 p 离散对数问题难解得多。

椭圆曲线离散对数问题：已知椭圆曲线 Q 和点 G，随即选择一个整数 d，容易计算 $Q=d\times G$，但是，给定 Q 和 G 计算 d 相对困难。

有限域 GF(p) 上的椭圆曲线是对于固定的 a 和 b，满足形如 $y^2\equiv x^3+ax+b$ (mod p) 的方程的所有点 (x,y) 以及一个无穷远点 O 的集合，其中 a,b,x 和 y 均在有限域 GF(p) 的载体 $\{0,1,2,\cdots,p-1\}$ 上取值，$u\equiv v$ (mod p) 表示 u 和 v 模 p 同余。这类椭圆曲线也可表示为 $E_p(a,b)$。

例如，有限域 GF(23) 上的一个椭圆曲线 $y^2\equiv x^3+x$ (mod 23)（即参数 $a=1,b=0$ 的情形），该椭圆曲线上共有如下 24 个点：

$(0,0)$　$(1,5)$　$(1,18)$　$(9,5)$　$(9,18)$　$(11,10)$　$(11,13)$

$(13,5)$　$(13,18)$　$(15,3)$　$(15,20)$　$(16,8)$　$(16,15)$　$(17,10)$

$(17,13)$　$(18,10)$　$(18,13)$　$(19,1)$　$(19,22)$　$(20,4)$

$(20,19)$　$(21,6)$　$(21,17)$　　无穷远点 O

用于密码学的椭圆曲线可分成有限域 GF(p) 和 GF(2^m) 两大类。一个有限域上的椭圆曲线只含有限个点。一个有限域上椭圆曲线所含有点（包括无穷远点）的数目 N 称为椭圆曲线的阶，椭圆曲线的阶 N 与安全性相关，N 越大，安全性越高。

如果有限域 GF(p) 上的椭圆曲线的非负整数参量 a 和 b 满足 $4a^3+27b^2$ (mod p)$\neq 0$，那么，该有限域椭圆曲线上所有的点都落在某一个区域内，这些点和无穷远点共同组成一个有限交换群，具有重要的"加法规则"属性，即有限域椭圆曲线上的任意两点相加，结果仍是该曲线上的点。

下面给出加法规则（设 P,Q,R,S 为曲线上的任意点，O 是无穷远点）：

规则 1 $O+O=O$。

规则 2 $P+O=P$。

规则 3   存在点 Q 满足 $P+Q=O$,并称之为 P 的逆点,记为 $-P$。如果点 P 为 (x,y),则点 $-P$ 为 $(x,-y)$,即,互逆的两点有相同的 x 坐标、相反的 y 坐标。在此基础上,可定义减法规则:$R-S=R+(-S)$。

规则 4 $P+Q=Q+P$。

规则 5 $P+(Q+R)=(P+Q)+R$。

规则 6   对于不同且不互逆的点 $P(x_1,y_1)$ 和 $Q(x_2,y_2)$,$x_1\neq x_2$,那么,

$$P(x_1,y_1)+Q(x_2,y_2)=S(x_3,y_3)$$

其中,$x_3=\lambda^2-x_1-x_2,y_3=\lambda(x_1-x_3)-y_1,\lambda=(y_2-y_1)/(x_2-x_1)$。

规则 7 $P(x_1,y_1)+P(x_1,y_1)=2P(x_1,y_1)=S(x_3,y_3)$,其中,$y_1\neq 0,x_3=\lambda^2-2x_1$,$y_3=\lambda(x_1-x_3)-y_1,\lambda=(3x_1^2+a)/(2y_1)$,$a$ 为椭圆曲线一次项的系数。

值得指出的是,上面给出的加法规则在复数、实数、有理数和有限域 GF(p) 上均有效。对于有限域 GF(p) 情形,加法规则得到的应是 mod p 的结果。

除加法规则外,椭圆曲线上的点还遵循如下标量乘规则:

$$mP=m\times P=P+P+P+\cdots+P\text{（共 }m\text{ 个 }P\text{）}$$

$$O\times P=O$$

$$(-n)\times P=n\times(-P)$$

对于椭圆曲线上的任意点 P,如果存在最小的正整数 n,使得 $nP=O$,其中 O 是无穷远点,则称 n 是点 P 的阶。任意点 P 的阶 n 总是存在的,而且,n 总是能整除椭圆曲线的阶 N。当且仅当 $k\equiv l\ (\text{mod }n)$ 时,$kP=lP$ 成立(k,l 均为整数)。

例如,考虑有限域 GF(23) 上的椭圆曲线 $y^2\equiv x^3+x+1\ (\text{mod }23)$,令 $P_1=(3,10),P_2=(9,7)$,点 $P_1+P_2,2P_1+P_2$ 和 $-P_1$ 计算如下:

该椭圆曲线中 $a=1,b=1$。

容易验证,该椭圆曲线上的点为:

$$(0,1)\quad(0,22)\quad(1,7)\quad(1,16)\quad(3,10)\quad(3,13)\quad(4,0)\quad(5,4)$$
$$(5,19)\quad(6,4)\quad(6,19)\quad(7,11)\quad(7,12)\quad(9,7)\quad(9,16)\quad(11,3)$$
$$(11,20)\quad(12,4)\quad(12,19)\quad(13,7)\quad(13,16)\quad(17,3)\quad(17,20)$$
$$(18,20)\quad(19,5)\quad(19,18)\quad\text{无穷远点 }O$$

① $\lambda=(y_2-y_1)/(x_2-x_1)=(7-10)/(9-3)=-1/2\ (\text{mod }23)=(-1\ \text{mod }23)/2=22/2=11$

$x_3=\lambda^2-x_1-x_2=11^2-3-9=109\ (\text{mod }23)=17$

$y_3=\lambda(x_1-x_3)-y_1=11(3-17)-10=-164\ (\text{mod }23)=20$

所以,$P_1+P_2=(17,20)$。

② $\lambda=(3x_1^2+a)/(2y_1)=(3\cdot 3^2+1)/(2\cdot 10)=(28\ \text{mod }23)/20=5/20\ (\text{mod }23)=(1\ \text{mod }23)/4=24/4=6$

$x_3=\lambda^2-2x_1=6^2-2\cdot 3=30\ \text{mod }23=7$

$y_3=\lambda(x_1-x_3)-y_1=6\cdot(3-7)-10=-34\ \text{mod }23=12$

所以，$2P_1=(7,12)$。

③$-P_1=(3\ \mathrm{mod}\ 23,-10\ \mathrm{mod}\ 23)=(3,13)$。

上述例子的计算过程表明，对于有限域上的运算不仅是模运算，而且可能涉及分数取模的运算。分数取模的运算一般采用如下两种方法：

方法一：是测试法，适用于模数较小的情形。先将分子、分母分别取模（有公约数时进行化简），得到形如 $b/a\ (\mathrm{mod}\ n)$ 的最简约分子式；然后求使得 $b+k\cdot n=a\cdot l$（k 为整数，$l\in\{0,1,2,\cdots,n-1\}$ 成立的 l，即 $b/a\ (\mathrm{mod}\ n)=l$。

方法二：是标准方法，适用于所有情形。$b/a\ (\mathrm{mod}\ n)=b\cdot a^{-1}(\mathrm{mod}\ n)$，$a\cdot a^{-1}(\mathrm{mod}\ n)=1\ \mathrm{mod}\ n$，即将除法运算转换为逆的乘法运算。这种方法可以先计算出最简约分子式，也可以直接计算。

有限域椭圆曲线密码的应用包括如下过程：系统的建立、密钥的生成、信息的加密、信息的解密。

（1）**系统的建立**。选取一个有限域 $\mathrm{GF}(p)$ 和定义在该域上的椭圆曲线及其上的一个拥有素数阶 n 的点 $G(x_G,y_G)$，这一有限域椭圆曲线的参数可以用 $T=(p,a,b,G,n,h)$，其中 $h=n/N$，即椭圆曲线的阶 N 与点 $G(x_G,y_G)$ 的阶 n 之比。这里，椭圆曲线参数 a 和 b、点 $G(x_G,y_G)$ 及其阶 n 都是公开信息。

在选定椭圆曲线的参数过程中，确定拥有素数阶 n 的点 $G(x_G,y_G)$ 通常是最困难、最耗时的工作。一种变通的方法是预先计算出一些满足条件的椭圆曲线供选用，或者使用一些标准中所推荐的椭圆曲线。

（2）**密钥的生成**。系统建成后，每个参与实体进行下列计算：

① 在区间 $[1,n-1]$ 中随机选取一个整数作为私钥；

② 计算 $P=d\times G$，即由私钥计算出公钥。

注意：实体的公开密钥是点 Q，实体的私钥是整数 d。离散对数的难解性保证了在已知公钥 Q 的情况下不能计算出私钥 d。

（3）**信息的加密**。当实体 Bob 发送消息给实体 Alice 时，执行下列操作：

① 查找 Alice 的公开密钥 P_A；

② 将消息 m 表示成椭圆曲线上的一个点 P_m；

③ 计算 $d_B\times P_A$；

④ 计算 $P_m+d_B\times P_A$；

⑤ 传送加密数据$(P_B,P_m+d_B\times P_A)$给 Alice。

（4）**信息的解密**。当实体 Alice 从 Bob 收到密文$(P_B,P_m+d_B\times P_A)$后，执行下列操作：

① 从密文$(P_B,P_m+d_B\times P_A)$中分离出 P_B；

② 计算 $d_A\times P_B$；

③ 通过计算$(P_m+d_B\times P_A)-d_A\times P_B=P_m+d_B\times d_A\times G-d_A\times d_B\times G=P_m$恢复出消息 P_m。

例如，建立有限域 $\mathrm{GF}(23)$ 上的椭圆曲线 $\mathrm{E}23(13,22)$：$y^2\equiv x^3+13x+22\ (\mathrm{mod}\ 23)$，$G=(10,5)$，$a=13$，$b=22$。

密钥的生成过程如下：

① 实体 Alice 选取的私钥为 7。

② 实体 Alice 的公钥为 $P_A = 7 \times G$。

先计算 $2 \times G$：

$$\lambda = (3x_1^2 + a)/(2y_1) = (3 \times 10^2 + 13)/(2 \times 5) = 313/10 \ (\text{mod } 23) = 6$$

$$x_3 = \lambda^2 - 2x_1 = 6^2 - 2 \times 10 = 16 \ \text{mod } 23 = 16$$

$$y_3 = \lambda(x_1 - x_3) - y_1 = 6 \times (10 - 16) - 5 = -41 \ \text{mod } 23 = 5$$

所以，$2 \times P_1 = (16, 5)$。

再计算 $4 \times G$：$4 \times G = 2 \times (2 \times G)$，即 $2 \times (16, 5)$。

$$\lambda = (3x_1^2 + a)/(2y_1) = (3 \times 16^2 + 13)/(2 \times 5) = 781/10 \ (\text{mod } 23) = 16$$

$$x_3 = \lambda^2 - 2x_1 = 16^2 - 2 \times 16 = 224 \ \text{mod } 23 = 17$$

$$y_3 = \lambda(x_1 - x_3) - y_1 = 16 \times (16 - 17) - 5 = -21 \ \text{mod } 23 = 2$$

所以，$4 \times G = (17, 2)$。

再计算 $3 \times G$：$3 \times G = G + 2 \times G$，即 $(10, 5) + (16, 5)$。

$$\lambda = (y_2 - y_1)/(x_2 - x_1) = (5 - 5)/(16 - 10) = 0$$

$$x_3 = \lambda^2 - x_1 - x_2 = 0^2 - 10 - 16 = -26 \ (\text{mod } 23) = 20$$

$$y_3 = \lambda(x_1 - x_3) - y_1 = 0(10 - 17) - 5 = -5 \ (\text{mod } 23) = 18$$

所以，$3 \times G = (20, 18)$。

最后计算 $7 \times G$：$7 \times G = 3 \times G + 4 \times G$，即 $(20, 18) + (17, 2)$。

$$\lambda = (y_2 - y_1)/(x_2 - x_1) = (2 - 18)/(17 - 20) = 16/3 \ (\text{mod } 23) = 13$$

$$x_3 = \lambda^2 - x_1 - x_2 = 13^2 - 20 - 17 = 132 \ (\text{mod } 23) = 17$$

$$y_3 = \lambda(x_1 - x_3) - y_1 = 13 \times (20 - 17) - 18 = 21 \ (\text{mod } 23) = 21$$

所以，$P_A = 7 \times G = (17, 21)$。

③ 实体 Bob 选取 13 作为他的私钥。

④ 实体 Bob 计算他的公钥：$P_B = d_B \times G = 13 \times (10, 5) = (16, 5)$。

信息的加密过程如下：

① 实体 Bob 得到 Alice 的公钥 $(17, 21)$。

② 实体 Bob 将消息 m 表为 $P_m = (11, 1)$。

③ 实体 Bob 计算：$d_B \times P_A = 13 \times (17, 21) = (20, 18)$。

④ 实体 Bob 计算：$P_m + d_B \times P_A = (11, 1) + (20, 18) = (18, 19)$。

⑤ 实体 Bob 传送加密数据 $((16, 5), (18, 19))$ 给 Alice。

信息的解密过程如下：

① 实体 Alice 分离出 $P_B = (16, 5)$。

② 实体 Alice 计算：$d_A \times P_B = 7 \times (16, 5) = (20, 18)$。

③ 实体 Alice 计算：$(P_m + d_B \times P_A) - d_A \times P_B = (18, 19) - (20, 18) = (18, 19) + (20, -18) = (11, 1)$。

由上可见消息 P_m 得以解密恢复。

7.3 格和布尔代数

7.3.1 格

格(lattice)是另外一种含有两个二元代数运算的代数系统。它有两种形式的定义,一种是从代数系统角度的定义,另一种是从偏序集角度的定义。

定义 7.23 对于非空集合 L 以及 L 上的二元代数运算"$\vee$"和"$\wedge$",如果二元代数运算"$\vee$"和"$\wedge$"满足交换律、结合律和吸收律,即对于 $\forall a,b,c \in L$,满足:

① $a \vee b = b \vee a, a \wedge b = b \wedge a$(交换律);

② $(a \vee b) \vee c = a \vee (b \vee c), (a \wedge b) \wedge c = a \wedge (b \wedge c)$(结合律);

③ $a \vee (a \wedge b) = a, a \wedge (a \vee b) = a$(吸收律)。

则称代数系统 $<L, \wedge, \vee>$ 为**格**(lattice),或**代数格**(algebraic lattice)。如果格 $<L, \wedge, \vee>$ 的载体 L 为有限集合,则称格 $<L, \wedge, \vee>$ 为**有限格**(finite lattice)。

例如,对于集合 A 的幂集 $P(A)$,集合的并运算"$\cup$"和交运算"$\cap$"在 $P(A)$ 上满足交换律、结合律、吸收律,所以,代数系统 $<P(A), \cap, \cup>$ 是一个格。

例 7.34 整数集合 $\mathbf{Z}$ 上的二元运算"$\vee$"和"$\wedge$"分别定义为取极大值和取极小值,即 $\forall a,b \in A, a \vee b = \max\{a,b\}, a \wedge b = \min\{a,b\}$。证明代数系统 $<\mathbf{Z}, \wedge, \vee>$ 是一个格。

证明 对于 $\forall a,b,c \in \mathbf{Z}$,根据运算"$\vee$"和"$\wedge$"的定义,有

$$a \vee b = \max\{a,b\} = \max\{b,a\} = b \vee a$$
$$a \wedge b = \min\{a,b\} = \min\{b,a\} = b \wedge a$$
$$(a \vee b) \vee c = \max\{\max\{a,b\},c\} = \max\{a,b,c\}$$
$$= \max\{a,\max\{b,c\}\} = a \vee (b \vee c)$$
$$(a \wedge b) \wedge c = \min\{\min\{a,b\},c\} = \min\{a,b,c\}$$
$$= \min\{a,\min\{b,c\}\} = a \wedge (b \wedge c)$$

显然,运算"$\vee$"和"$\wedge$"满足交换律和结合律。

由于

$$a \vee (a \wedge b) = \max\{a,\min\{a,b\}\}$$
$$a \wedge (a \vee b) = \min\{a,\max\{a,b\}\}$$

当 $a \leqslant b$ 时,

$$a \vee (a \wedge b) = \max\{a,\min\{a,b\}\} = \max\{a,a\} = a$$
$$a \wedge (a \vee b) = \min\{a,\max\{a,b\}\} = \min\{a,b\} = a$$

当 $a > b$ 时,

$$a \vee (a \wedge b) = \max\{a,\min\{a,b\}\} = \max\{a,b\} = a$$
$$a \wedge (a \vee b) = \min\{a,\max\{a,b\}\} = \min\{a,a\} = a$$

所以,运算"$\vee$"和"$\wedge$"满足吸收律。

综上述知,代数系统 $<\mathbf{Z}, \wedge, \vee>$ 是一个格。证毕。

例 7.35 集合 $A=\{1,3,6\}$ 和整除关系"$\leqslant$"构成一偏序集 $<A, \leqslant>$,定义集合 A 上的如下运算:$\forall a,b \in A, a \vee b = \sup\{a,b\}$(上确界),$a \wedge b = \inf\{a,b\}$(下确界)。证明代数系统

$<A,\wedge,\vee>$ 是一个格。

证明   首先给出该偏序集的哈斯图以及集合 A 上运算"$\wedge$"和"$\vee$"的运算表,如图 7.5 所示。

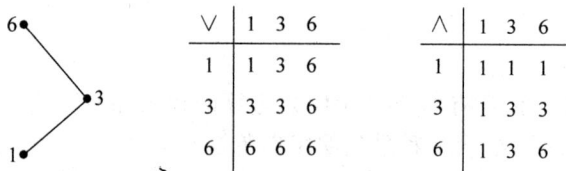

$\vee$	1	3	6
1	1	3	6
3	3	3	6
6	6	6	6

$\wedge$	1	3	6
1	1	1	1
3	1	3	3
6	1	3	6

图 7.5   偏序集中运算的运算表

从运算表可以看出,运算"$\wedge$"和"$\vee$"的运算表都是关于主对角线元素对称,所以,它们都满足交换律。

由于

$$(1 \vee 1) \vee 1 = 1 \vee 1 = 1 \quad 1 \vee (1 \vee 1) = 1 \vee 1 = 1 \quad (1 \vee 1) \vee 3 = 1 \vee 3 = 3$$
$$1 \vee (1 \vee 3) = 1 \vee 3 = 3 \quad (1 \vee 1) \vee 6 = 1 \vee 6 = 6 \quad 1 \vee (1 \vee 6) = 1 \vee 6 = 6$$
$$(1 \vee 3) \vee 1 = 3 \vee 1 = 3 \quad 1 \vee (3 \vee 1) = 1 \vee 3 = 3 \quad (1 \vee 3) \vee 3 = 3 \vee 3 = 3$$
$$1 \vee (3 \vee 3) = 1 \vee 3 = 3 \quad (1 \vee 3) \vee 6 = 3 \vee 6 = 6 \quad 1 \vee (3 \vee 6) = 1 \vee 6 = 6$$
$$(1 \vee 6) \vee 1 = 6 \vee 1 = 6 \quad 1 \vee (6 \vee 1) = 1 \vee 6 = 6 \quad (1 \vee 6) \vee 3 = 6 \vee 3 = 6$$
$$1 \vee (6 \vee 3) = 1 \vee 6 = 6 \quad (1 \vee 6) \vee 6 = 6 \vee 6 = 6 \quad 1 \vee (6 \vee 6) = 1 \vee 6 = 6$$
$$(3 \vee 3) \vee 1 = 3 \vee 1 = 3 \quad 3 \vee (3 \vee 1) = 3 \vee 3 = 3 \quad (3 \vee 3) \vee 3 = 3 \vee 3 = 3$$
$$3 \vee (3 \vee 3) = 3 \vee 3 = 3 \quad (3 \vee 3) \vee 6 = 3 \vee 6 = 6 \quad 3 \vee (3 \vee 6) = 3 \vee 6 = 6$$
$$(3 \vee 6) \vee 1 = 6 \vee 1 = 6 \quad 3 \vee (6 \vee 1) = 3 \vee 6 = 6 \quad (3 \vee 6) \vee 3 = 6 \vee 3 = 6$$
$$3 \vee (6 \vee 3) = 3 \vee 6 = 6 \quad (3 \vee 6) \vee 6 = 6 \vee 6 = 6 \quad 3 \vee (6 \vee 6) = 3 \vee 6 = 6$$
$$(6 \vee 6) \vee 1 = 6 \vee 1 = 6 \quad 6 \vee (6 \vee 1) = 6 \vee 6 = 6 \quad (6 \vee 6) \vee 3 = 6 \vee 3 = 6$$
$$6 \vee (6 \vee 3) = 6 \vee 6 = 6 \quad (6 \vee 6) \vee 6 = 6 \vee 6 = 6 \quad 6 \vee (6 \vee 6) = 6 \vee 6 = 6$$

因此,$\forall a,b,c \in A, (a \vee b) \vee c = a \vee (b \vee c)$,即运算"$\vee$"满足结合律。

同理,可知 $\forall a,b,c \in A, (a \wedge b) \wedge c = a \wedge (b \wedge c)$,即运算"$\wedge$"满足结合律。

又由于,

$$1 \vee (1 \wedge 3) = 1 \vee 1 = 1 \quad 1 \wedge (1 \vee 3) = 1 \wedge 3 = 1$$
$$1 \vee (1 \wedge 6) = 1 \vee 1 = 1 \quad 1 \wedge (1 \vee 6) = 1 \wedge 6 = 1$$
$$3 \vee (3 \wedge 1) = 3 \vee 1 = 3 \quad 3 \wedge (3 \vee 1) = 3 \wedge 3 = 3$$
$$3 \vee (3 \wedge 6) = 3 \vee 3 = 3 \quad 3 \wedge (3 \vee 6) = 3 \wedge 6 = 3$$
$$6 \vee (6 \wedge 1) = 6 \vee 1 = 6 \quad 6 \wedge (6 \vee 1) = 6 \wedge 6 = 6$$
$$6 \vee (6 \wedge 3) = 6 \vee 3 = 6 \quad 6 \wedge (6 \vee 3) = 6 \wedge 6 = 6$$

所以,$\forall a,b \in A, a \vee (a \wedge b) = a, a \wedge (a \vee b) = a$,即运算"$\vee$"和"$\wedge$"满足吸收律。

综上述知,代数系统 $<A,\wedge,\vee>$ 是一个格。证毕。

定义 7.24   如果偏序集 $<L,\leqslant>$ 中的任何两个元素构成的子集都有上确界和下确界,则称 $<L,\leqslant>$ 为**格**,或**偏序格**(partial order lattice)。

例 7.36   判断下列偏序集哪些是格。

① 集合 $A=\{1,2,3,4,6,12\}$ 以及整除关系；

② 集合 $A=\{2,3,4,5,8\}$ 以及大于等于关系"$\geqslant$"；

③ 集合 $A=\{2,3,6,12,24,36\}$ 以及整除关系；

④ 集合 $A=\{a,b,c\}$ 的幂集 $P(A)$ 以及包含关系"$\subseteq$"。

解 首先绘制各偏序集的哈斯图，如图 7.6 所示。

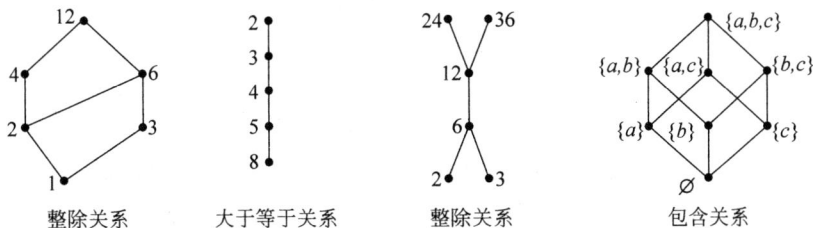

图 7.6　偏序集的哈斯图

从图 7.6 中可以看出，在偏序集①，②和④中，任意两个元素构成的子集都有上确界和下确界，所以，偏序集①，②和④都是一个格。

在偏序集③中，元素 24 和 36 构成的子集没有上确界，元素 2 和 3 构成的子集没有下确界，所以，偏序集③不是一个格。

定理 7.21 如果偏序集 $<A,\leqslant>$ 中的任何两个元素构成的子集都有上确界和下确界，定义 A 上的如下运算：$\forall a,b\in A$，$a\vee b=\sup\{a,b\}$（上确界），$a\wedge b=\inf\{a,b\}$（下确界），则代数系统 $<A,\wedge,\vee>$ 是一个格，并称为偏序集 $<A,\leqslant>$ 导出的格。

证明 由运算"$\wedge$"和"$\vee$"的定义知，显然它们都满足交换律。

现证明"$\wedge$"和"$\vee$"满足结合律。对于 $\forall a,x\in A$，如果 $a\vee x=\sup\{a,x\}$，那么，$a\leqslant a\vee x$ 且 $x\leqslant a\vee x$。于是，对于 $\forall a,b,c\in A$，有 $a\leqslant a\vee(b\vee c)$。又 $b\leqslant b\vee c,b\vee c\leqslant a\vee(b\vee c)$，由传递性可得 $b\leqslant a\vee(b\vee c)$。从而，$a\vee(b\vee c)$ 是 a 和 b 的上界，而 $a\vee b$ 是 a 和 b 的上确界，所以有 $a\vee b\leqslant a\vee(b\vee c)$。另外，又由 $c\leqslant b\vee c$，得到 $c\leqslant a\vee(b\vee c)$。从而，$a\vee(b\vee c)$ 是 $a\vee b$ 和 c 的上界，而 $(a\vee b)\vee c$ 是 $a\vee b$ 和 c 的上确界，所以，$(a\vee b)\vee c\leqslant a\vee(b\vee c)$。

由运算的定义知，$a\leqslant a\vee b$，那么 $a\leqslant(a\vee b)\vee c$。又 $b\leqslant a\vee b,a\vee b\leqslant(a\vee b)\vee c$，由传递性知 $b\leqslant(a\vee b)\vee c$。另外，由于 $c\leqslant(a\vee b)\vee c$，所以 $(a\vee b)\vee c$ 是 b 和 c 的上界，而 $b\vee c$ 是 b 和 c 的上确界，所以，$b\vee c\leqslant(a\vee b)\vee c$。从而，$(a\vee b)\vee c$ 是 a 和 $b\vee c$ 的上界，而 $a\vee(b\vee c)$ 是 a 和 $b\vee c$ 的上确界，所以，$a\vee(b\vee c)\leqslant(a\vee b)\vee c$。

从而，由偏序集的反对称性有 $(a\vee b)\vee c=a\vee(b\vee c)$。

同理，可证得 $(a\wedge b)\wedge c=a\wedge(b\wedge c)$。于是，运算"$\wedge$"和"$\vee$"满足结合律。

现证明"$\wedge$"和"$\vee$"满足吸收律。一方面，由运算定义知，$a\wedge x=\inf\{a,x\}$，必有 $a\wedge x\leqslant a$ 和 $a\wedge x\leqslant x$，故 $a\wedge(a\vee b)\leqslant a$。另一方面，由于 $a\leqslant a,a\leqslant a\vee b$，所以 a 是 a 和 $a\vee b$ 的下界，而 $a\wedge(a\vee b)$ 是 a 和 $a\vee b$ 的下确界，所以 $a\leqslant a\wedge(a\vee b)$，因此，由偏序集的反对称性有 $a\wedge(a\vee b)=a$。

同理，可证得 $a\vee(a\wedge b)=a$。于是，"$\wedge$"和"$\vee$"满足吸收律。

综上述知，代数系统 $<A,\wedge,\vee>$ 是一个格。证毕。

定理 7.22 对于格 $<A,\wedge,\vee>$，定义 A 上的二元关系 R 为：$<a,b>\in R$ 当且仅当

$a \lor b = b$，则 R 是 A 上的一个偏序关系，并称 $<A,R>$ 为格 $<A,\land,\lor>$ 导出的偏序集。

证明　由于 $a \lor a = a$，所以 $<a,a> \in R$，即 R 是自反的。

如果 $<a,b> \in R$ 且 $<b,a> \in R$，那么，$a \lor b = b$ 且 $b \lor a = a$，而 $a \lor b = b \lor a$，所以 $a = b$，即 R 是反对称的。

如果 $<a,b> \in R$ 且 $<b,c> \in R$，那么，$a \lor b = b$ 且 $b \lor c = c$，而 $a \lor c = a \lor (b \lor c) = (a \lor b) \lor c = b \lor c = c$，所以，$<a,c> \in R$，即 R 是传递的。

综上述知，R 是 A 上的偏序关系。证毕。

推论　如果格 $<A,\land,\lor>$ 导出的偏序集为 $<A,\leqslant>$，则由此偏序集 $<A,\leqslant>$ 导出的格就是 $<A,\land,\lor>$。

证明　设格 $<A,\land,\lor>$ 导出的偏序集为 $<A,\leqslant>$。只要证明在偏序集 $<A,\leqslant>$ 中，$\forall a,b \in A$，$a \lor b = \sup\{a,b\}$（上确界），$a \land b = \inf\{a,b\}$（下确界），即可证明偏序集 $<A,\leqslant>$ 导出的格为 $<A,\land,\lor>$。

由于，
$$a \lor (a \lor b) = (a \lor a) \lor b = a \lor b$$
$$b \lor (a \lor b) = a \lor (b \lor b) = a \lor b$$
所以 $a \leqslant a \lor b$，$b \leqslant a \lor b$，故 $a \lor b$ 是 a 和 b 的上界。

设 x 是 a 和 b 的任意一个上界，于是有 $a \leqslant x$ 且 $b \leqslant x$，即 $a \lor x = x$ 且 $b \lor x = x$。那么，
$$(a \lor x) \lor (b \lor x) = x \lor x = x$$
即
$$(a \lor b) \lor x = a \lor (b \lor x) = a \lor x = x$$
从而，$a \lor b \leqslant x$，所以，$a \lor b$ 是 a 和 b 的上确界。

同理，可证明 $a \land b$ 是 a 和 b 的下确界。

综上述，并由定理 7.21 知，偏序集 $<A,\leqslant>$ 导出的格就是 $<A,\land,\lor>$。证毕。

定理 7.23　对于有限集 A，偏序集 $<A,\leqslant>$ 为格的必要条件是 A 中存在最大元和最小元。

证明　设 $A = \{a_1,a_2,\cdots,a_n\}$，偏序集 $<A,\leqslant>$ 为格，定义运算：$\forall a,b \in A$，$a \lor b = \sup\{a,b\}$，$a \land b = \inf\{a,b\}$。那么，根据格 $<A,\land,\lor>$ 中运算的封闭性知：
$$a_1 \lor a_2 \lor \cdots \lor a_n \in A$$
$$a_1 \land a_2 \land \cdots \land a_n \in A$$
由此，A 中存在最大元和最小元。证毕。

例 7.37　判断图 7.7 给出的偏序集哪些是格。

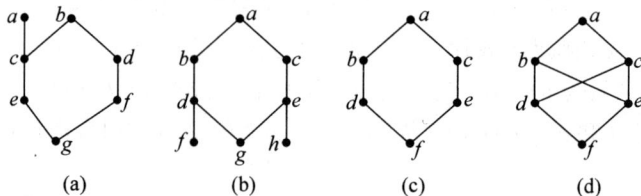

图 7.7　偏序集的哈斯图

解 图 7.7(a)中不存在最大元,图 7.7(b)中不存在最小元,所以偏序集①和②都不是格。

图 7.7(c)中存在最大元和最小元,并且任意两个元素的子集都有上确界和下确界,所以,偏序集③是格。

图 7.7(d)中存在最大元和最小元,但是,元素 d 和 e 有 3 个上界 a,b 和 c,这样元素 d 和 e 组成的子集没有上确界,所以,偏序集④不是一个格。

定义 7.25 对于格 $<L,\wedge,\vee>$ 以及非空集合 $S\subseteq L$,如果二元代数运算"$\vee$"和"$\wedge$"在 S 上具有封闭性,则称代数系统 $<S,\wedge,\vee>$ 是 $<L,\wedge,\vee>$ 的**子格**(sublattice)。

例 7.38 在自然数集合 $\mathbf{N}$ 上定义二元代数运算"$\sharp$"和"$*$"分别为最小公倍数和最大公约数,设 $S=\{3k\,|\,k\in\mathbf{N}\}\subseteq\mathbf{N}$,试证明 $<S,\sharp,*>$ 是 $<\mathbf{N},\sharp,*>$ 的子格。

证明 容易证明,二元运算"$\sharp$"和"$*$"在 $\mathbf{N}$ 上满足交换律、结合律和吸收律,所以, $<\mathbf{N},\sharp,*>$ 是一个格。

由于,对于任意 $3m\in S$ 和 $3n\in S$, $3m\sharp 3n=3(m\sharp n)\in S$, $3m*3n=3(m*n)\in S$,所以,二元运算"$\sharp$"和"$*$"在 S 上具有封闭性,从而,代数系统 $<S,\sharp,*>$ 是 $<\mathbf{N},\sharp,*>$ 的子格。证毕。

定义 7.26 对于格 $<L,\leqslant>$ 以及非空集合 $S\subseteq L$,如果 S 中任何两个元素构成的子集的上确界和下确界都是 S 中元素,则称 $<S,\leqslant>$ 是 $<L,\leqslant>$ 的**子格**(sublattice)。

例 7.39 对于如图 7.8 所示的偏序格 $<L,\leqslant>$,判断子集 $B_1=\{a,b,g,h\}$, $B_2=\{a,b,c,d\}$, $B_3=\{a,b,c,h\}$ 中哪些是 $<L,\leqslant>$ 的子格。

解 对于子集 $B_1=\{a,b,g,h\}$,由于,

$$\sup\{a,b\}=b\in B_1 \quad \inf\{a,b\}=a\in B_1$$
$$\sup\{a,g\}=g\in B_1 \quad \inf\{a,g\}=a\in B_1$$
$$\sup\{a,h\}=h\in B_1 \quad \inf\{a,h\}=a\in B_1$$
$$\sup\{b,g\}=h\in B_1 \quad \inf\{b,g\}=a\in B_1$$
$$\sup\{b,h\}=h\in B_1 \quad \inf\{b,h\}=b\in B_1$$
$$\sup\{g,h\}=h\in B_1 \quad \inf\{g,h\}=g\in B_1$$

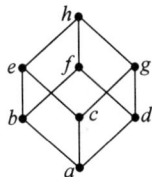

图 7.8 偏序集的哈斯图

所以, $<B_1,\leqslant>$ 是 $<L,\leqslant>$ 的子格。

对于子集 $B_2=\{a,b,c,d\}$、 $B_3=\{a,b,c,h\}$,由于,$\sup\{b,c\}=e\notin B_2$, $\sup\{b,c\}=e\notin B_3$,所以, $<B_2,\leqslant>$ 和 $<B_3,\leqslant>$ 都不是 $<L,\leqslant>$ 的子格。

定义 7.27 对于格 $<L,\wedge,\vee>$ 和格 $<S,*,\oplus>$,如果存在映射 $f:L\rightarrow S$,使得 $\forall a,b\in L$,满足 $f(a\wedge b)=f(a)*f(b)$ 且 $f(a\vee b)=f(a)\oplus f(b)$,则称 f 是从格 $<L,\wedge,\vee>$ 到格 $<S,*,\oplus>$ 的**格同态映射**,简称为**格同态**(lattice monomorphism)。若 f 是双射函数,则称 f 为**格同构映射**,简称为**格同构**(lattice isomorphism)。

例 7.40 试构造例 7.35 中格 $<A,\wedge,\vee>$ 的一个格同态。

解 我们知道 $<P(A),\bigcup,\bigcap>$ 也是一个格,构造映射 $f:A\rightarrow P(A)$ 如下: $\forall x\in A$, $f(x)=\{y\,|\,y\in A,y\leqslant x\}$,即 $f(1)=\{1\}$, $f(3)=\{1,3\}$, $f(6)=A$。

由于

$$f(1 \lor 1)=f(1)=\{1\} \qquad f(1) \bigcup f(1)=\{1\} \bigcup \{1\}=\{1\}$$
$$f(1 \lor 3)=f(3)=\{1,3\} \qquad f(1) \bigcup f(3)=\{1\} \bigcup \{1,3\}=\{1,3\}$$
$$f(1 \lor 6)=f(6)=\{1,3,6\} \qquad f(1) \bigcup f(6)=\{1\} \bigcup \{1,3,6\}=\{1,3,6\}$$
$$f(3 \lor 3)=f(3)=\{1,3\} \qquad f(3) \bigcup f(3)=\{1,3\} \bigcup \{1,3\}=\{1,3\}$$
$$f(3 \lor 6)=f(6)=\{1,3,6\} \qquad f(3) \bigcup f(6)=\{1,3\} \bigcup \{1,3,6\}=\{1,3,6\}$$
$$f(6 \lor 6)=f(6)=\{1,3,6\} \qquad f(6) \bigcup f(6)=\{1,3,6\} \bigcup \{1,3,6\}=\{1,3,6\}$$
$$f(1 \land 1)=f(1)=\{1\} \qquad f(1) \bigcap f(1)=\{1\} \bigcap \{1\}=\{1\}$$
$$f(1 \land 3)=f(1)=\{1\} \qquad f(1) \bigcap f(3)=\{1\} \bigcap \{1,3\}=\{1\}$$
$$f(1 \land 6)=f(1)=\{1\} \qquad f(1) \bigcap f(6)=\{1\} \bigcap \{1,3,6\}=\{1\}$$
$$f(3 \land 3)=f(3)=\{1,3\} \qquad f(3) \bigcap f(3)=\{1,3\} \bigcap \{1,3\}=\{1,3\}$$
$$f(3 \land 6)=f(3)=\{1,3\} \qquad f(3) \bigcap f(6)=\{1,3\} \bigcap \{1,3,6\}=\{1,3\}$$
$$f(6 \land 6)=f(6)=\{1,3,6\} \qquad f(6) \bigcap f(6)=\{1,3,6\} \bigcap \{1,3,6\}=\{1,3,6\}$$

因此，$\forall a,b \in A, f(a \land b)=f(a) \bigcap f(b), f(a \lor b)=f(a) \bigcup f(b)$ 成立。所以，f 是格 $<A, \land, \lor>$ 到格 $<P(A), \bigcup, \bigcap>$ 的一个格同态。

定义 7.28　对于格 $<L, \leqslant_1>$ 和格 $<S, \leqslant_2>$，如果存在映射 $f: L \rightarrow S$，使得 $\forall a,b \in L$，满足 $a \leqslant_1 b \Rightarrow f(a) \leqslant_2 f(b)$，则称 f 是从格 $<L, \leqslant_1>$ 到格 $<S, \leqslant_2>$ 的**序同态映射**，简称为**序同态**（order monomorphism）。若 f 是双射函数，则称 f 为**序同构映射**，简称为**序同构**（order isomorphism）。

例如，例 7.40 中格 $<A, \land, \lor>$ 对应偏序格 $<A, \leqslant>$，格 $<P(A), \bigcup, \bigcap>$ 对应于偏序格 $<P(A), \subseteq>$，由于，

$$1 \leqslant 1 \quad f(1) \subseteq f(1)$$
$$1 \leqslant 3 \quad f(1) \subseteq f(3)$$
$$1 \leqslant 6 \quad f(1) \subseteq f(6)$$
$$3 \leqslant 3 \quad f(3) \subseteq f(3)$$
$$3 \leqslant 6 \quad f(3) \subseteq f(6)$$
$$6 \leqslant 6 \quad f(6) \subseteq f(6)$$

由此，$\forall a,b \in A, a \leqslant b \Rightarrow f(a) \subseteq f(b)$ 成立。所以，f 是格 $<A, \leqslant>$ 到格 $<P(A), \subseteq>$ 的一个序同态。

定理 7.24　对于格 $<L, \land, \lor>$ 和格 $<S, *, \oplus>$，对应的偏序关系分别为 $\leqslant_1$ 和 $\leqslant_2$，如果 $f: L \rightarrow S$ 是格 $<L, \land, \lor>$ 到格 $<S, *, \oplus>$ 的格同态，则 f 是序同态，即 $\forall a,b \in L$，满足 $a \leqslant_1 b \Rightarrow f(a) \leqslant_2 f(b)$。

证明　对于 $\forall a,b \in L$，如果 $a \leqslant_1 b$，则 $a \lor b=b$。那么，$f(a \lor b)=f(b), f(a) \oplus f(b)=f(a \lor b)=f(b)$，因此 $f(a) \leqslant_2 f(b)$，即 f 是序同态。证毕。

例如，例 7.40 中 f 是格 $<A, \land, \lor>$ 到格 $<P(A), \bigcup, \bigcap>$ 的一个格同态，也是格 $<A, \land, \lor>$ 到格 $<P(A), \bigcup, \bigcap>$ 的一个序同态。

例 7.41　对于如图 7.9 所示的偏序格 $<L, \leqslant>$，其中 $L=\{a,b,c,d,e\}$，试构造 $<L, \leqslant>$ 的一个序同态 f，但 f 不是格同态。

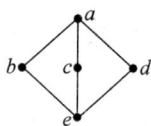

图 7.9　偏序集的哈斯图

解　已经知道 $<P(L), \subseteq>$ 也是一个格，构造映射 $f: L \rightarrow$

$P(L)$如下：$\forall x \in L, f(x) = \{y \mid y \in L, y \leqslant x\}$，即 $f(a) = L, f(b) = \{b,e\}, f(c) = \{c,e\}$，$f(d) = \{d,e\}, f(e) = \{e\}$。

由于

$$
\begin{array}{llll}
a \leqslant a & f(a) \subseteq f(a) & b \leqslant a & f(b) \subseteq f(a) \\
b \leqslant b & f(b) \subseteq f(b) & c \leqslant a & f(c) \subseteq f(a) \\
c \leqslant c & f(c) \subseteq f(c) & d \leqslant a & f(d) \subseteq f(a) \\
d \leqslant d & f(d) \subseteq f(d) & e \leqslant a & f(e) \subseteq f(a) \\
e \leqslant b & f(e) \subseteq f(b) & e \leqslant c & f(e) \subseteq f(c) \\
e \leqslant d & f(e) \subseteq f(d) & e \leqslant e & f(e) \subseteq f(e)
\end{array}
$$

因此，$\forall x, y \in L$，$x \leqslant y \Rightarrow f(x) \subseteq f(y)$ 成立。所以，f 是格$<L, \leqslant>$到格$<P(L), \subseteq>$的一个序同态。

又由于，$b \vee d = a, f(b \vee d) = f(a) = L, f(b) \bigcup f(d) = \{b,e\} \bigcup \{d,e\} = \{b,d,e\}$。由此，$f(b \vee d) \neq f(b) \bigcup f(d)$。所以，$f$ 不是格$<L, \wedge, \vee>$到格$<P(L), \bigcup, \bigcap>$的格同态。

定理 7.25　对于格$<L, \wedge, \vee>$和格$<S, *, \oplus>$，对应的偏序关系分别为$\leqslant_1$和$\leqslant_2$，双射 $f: L \rightarrow S$ 是格$<L, \wedge, \vee>$到格$<S, *, \oplus>$的格同构的充分必要条件是：$\forall a, b \in L$，$a \leqslant_1 b \Leftrightarrow f(a) \leqslant_2 f(b)$。

证明　设格$<L, \wedge, \vee>$和格$<S, *, \oplus>$的另一种表示形式为：格$<L, \leqslant_1>$和格$<S, \leqslant_2>$。

（必要性）设 f 是格$<L, \leqslant_1>$到格$<S, \leqslant_2>$的格同构，那么，$f(a \wedge b) = f(a) * f(b)$ 且 $f(a \vee b) = f(a) \oplus f(b)$。

对于 $\forall a, b \in L$，如果 $a \leqslant_1 b$，则 $a \vee b = b$。那么，$f(a) \oplus f(b) = f(a \vee b) = f(b)$，即 $f(a) \leqslant_2 f(b)$。

如果 $f(a) \leqslant_2 f(b)$，则 $f(b) = f(a) \oplus f(b)$。那么，$f(a \vee b) = f(a) \oplus f(b) = f(b)$，由 f 的双射性知 $a \vee b = b$，即 $a \leqslant_1 b$。

（充分性）设 f 是格$<L, \leqslant_1>$到格$<S, \leqslant_2>$的双射，且对于 $\forall a, b \in L$ 都有 $a \leqslant_1 b \Leftrightarrow f(a) \leqslant_2 f(b)$。令 $a \wedge b = c$，则 $c \leqslant_1 a$ 且 $c \leqslant_1 b$，进而有 $f(c) \leqslant_2 f(a)$ 且 $f(c) \leqslant_2 f(b)$。因此，$f(c) \leqslant_2 f(a) * f(b)$。

由 f 是格$<L, \leqslant_1>$到格$<S, \leqslant_2>$的双射知，必然存在 $d \in L$ 使得 $f(d) = f(a) * f(b)$。从而，$f(d) \leqslant_2 f(a)$ 且 $f(d) \leqslant_2 f(b)$，则有 $d \leqslant_1 a$ 且 $d \leqslant_1 b$。因此，$d \leqslant_1 (a \wedge b) = c$。进而有 $f(d) \leqslant_2 f(c)$。

又由于 $f(c) \leqslant_2 (f(a) * f(b)) = f(d)$，因此，$f(c) = f(d)$，即 $f(a \wedge b) = f(c) = f(d) = f(a) * f(b)$。

同理可证得 $f(a \vee b) = f(a) \oplus f(b)$。所以，$f: L \rightarrow S$ 是格$<L, \wedge, \vee>$到格$<S, *, \oplus>$的格同构。证毕。

7.3.2　特殊格

在格这一代数结构家族中，还有一些具有某种或某几种特殊性质的格，称之为特殊格。

定义 7.29　对于格$<L, \wedge, \vee>$，如果运算"$\wedge$"和"$\vee$"满足分配律，即 $\forall a, b, c \in L, a \vee (b \wedge c) = (a \vee b) \wedge (a \vee c), a \wedge (b \vee c) = (a \wedge b) \vee (a \wedge c)$，则称$<L, \wedge, \vee>$为**分配格**

(distributive lattice)。

注意：上述定义中两个分配等式只要一个成立，则另一个必然成立。因为，如 $a \wedge (b \vee c) = (a \wedge b) \vee (a \wedge c)$ 成立，那么，根据格中代数运算"$\wedge$"和"$\vee$"的性质有：$(a \vee b) \wedge (a \vee c) = ((a \vee b) \wedge a) \vee ((a \vee b) \wedge c) = a \vee ((a \vee b) \wedge c) = a \vee ((a \wedge c) \vee (b \wedge c)) = (a \vee (a \wedge c)) \vee (b \wedge c) = a \vee (b \wedge c)$。

例如，在格 $<P(A), \cap, \cup>$ 中，由于运算"$\cap$"和"$\cup$"满足分配律，所以，$<P(A), \cap, \cup>$ 是一个分配格。

分配格具有如下重要性质：

性质 1 对于分配格 $<A, \wedge, \vee>$，对于 $\forall a, b, c \in A$，如果 $a \vee b = a \vee c$ 且 $a \wedge b = a \wedge c$，则 $b = c$。

性质 2 如果 $<A, \leqslant>$ 是全序集，则 $<A, \leqslant>$ 是分配格。

证明 （性质 1）对于 $\forall a, b, c \in A$，由吸收律、题设条件、交换律和分配律，知

$$b = b \wedge (a \vee b) = b \wedge (a \vee c) = (b \wedge a) \vee (b \wedge c)$$
$$= (a \wedge c) \vee (b \wedge c) = c \wedge (a \vee b)$$
$$= c \wedge (a \vee c) = c$$

（性质 2）由于 $<A, \leqslant>$ 是全序集，所以 A 中任意两个元素都是有关系的。对于 $\forall a, b, c \in A$，分为如下两种情况进行讨论（见图 7.10）。

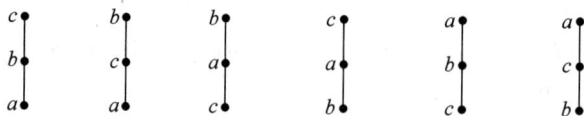

图 7.10 全序集中元素 a, b, c 的关系

当 $a \leqslant b$ 或 $a \leqslant c$ 时，$a \wedge (b \vee c) = a$，$(a \wedge b) \vee (a \wedge c) = a$，由此，$a \wedge (b \vee c) = (a \wedge b) \vee (a \wedge c)$。

当 $b \leqslant a$ 且 $c \leqslant a$ 时，$a \wedge (b \vee c) = b \vee c$，$(a \wedge b) \vee (a \wedge c) = b \vee c$，由此，$a \wedge (b \vee c) = (a \wedge b) \vee (a \wedge c)$。

所以，$<A, \leqslant>$ 是分配格。

例 7.42 分析如图 7.11 所示的偏序格哪些是分配格。

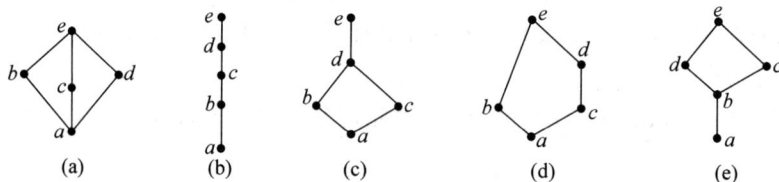

图 7.11 偏序格的哈斯图

解 在偏序格①中，$b \vee (c \wedge d) = b \vee a = b$，$(b \vee c) \wedge (b \vee d) = e \wedge e = e$，由此，运算不满足分配律，所以，偏序格①不是分配格。

在偏序格②中，由于该格对应于全序集，所以，偏序格②是分配格。

在偏序格③中，可以验证运算满足分配律，所以，偏序格③是分配格。

在偏序格④中，$c \vee (b \wedge d) = c \vee a = c$，$(c \vee b) \wedge (c \vee d) = e \wedge d = d$，由此，运算不满足分

配律,所以,偏序格④不是分配格。

在偏序格⑤中,可以验证运算满足分配律,所以,偏序格⑤是分配格。

定义 7.30 对于格$<A,\leqslant>$,如果存在元素$a\in A$,使得对$\forall x\in A$都有$x\leqslant a$,则称a为格的**全上界**,记为1;如果存在元素$b\in A$,使得对$\forall x\in A$都有$b\leqslant x$,则称a为格的**全下界**,记为0。如果格$<A,\leqslant>$具有全上界和全下界,则称格$<A,\leqslant>$为**有界格**(boundary lattice),并记为$<A,\leqslant,1,0>$。

例如,对于集合$A=\{1,2,3,4,6,12\}$以及整除关系"$\leqslant$",1是全下界,12是全上界,所以,格$<A,\leqslant>$是有界格。再如,如图7.11所示的偏序格都是有界格。

有界格具有如下重要性质:

性质 1 在有界格$<A,\leqslant,1,0>$中,$\forall a\in A$满足$a\vee 1=1,a\wedge 1=a,a\vee 0=a,a\wedge 0=0$。

性质 2 有限格必是有界格。

证明 (性质1)由运算"$\vee$"的封闭性知,$a\vee 1\in A$,又由于1是全上界,所以,$a\vee 1\leqslant 1$。又由运算"$\vee$"的定义知$1\leqslant a\vee 1$,由此,$a\vee 1=1$。

由全上界的定义知,必有$a\leqslant 1,a\leqslant a$,由此,$a\leqslant a\wedge 1$。又由运算"$\wedge$"的定义知$a\wedge 1\leqslant a$,所以,$a\wedge 1=a$。

同理,可证明$a\vee 0=a,a\wedge 0=0$。

(性质2)对于有限格$<A,\leqslant>$,不妨设$A=\{a_1,a_2,a_3,\cdots,a_n\}$,并令
$$1=a_1\vee a_2\vee a_3\vee\cdots\vee a_n$$
$$0=a_1\wedge a_2\wedge a_3\wedge\cdots\wedge a_n$$
由运算的封闭性知,$1\in A,0\in A$。

又由运算的定义知,$\forall a_i\in A$,有$a_i\leqslant 1,0\leqslant a_i$。

综上述知,1和0是$<A,\leqslant>$的全上界和全下界,所以,$<A,\leqslant>$是有界格。

定义 7.31 对于有界格$<A,\wedge,\vee,1,0>$,如果对$\forall a\in A$存在元素$b\in A$,使得$a\vee b=1$且$a\wedge b=0$,则称b是a的**补元**或**补**(complement)。任何元素都有补元的有界格,称为**有补格**(complemented lattice)或补格。

例 7.43 求如图7.12所示的有界格中元素的补元,并判定哪些是有补格。

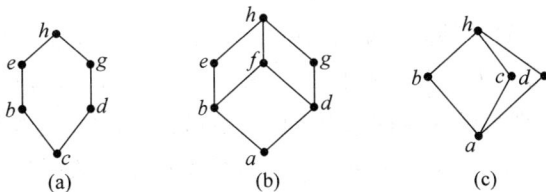

图 7.12 偏序格的哈斯图

解 在偏序格(a)中,h为全上界,c为全下界;元素c的补元为h,元素h的补元为c,元素b的补元为g和d,元素d的补元为b和e,元素e的补元为d和g,元素g的补元为b和e。所以,偏序格(a)是有补格。

在偏序格(b)中,h为全上界,a为全下界;元素a的补元为h,元素h的补元为a,元素b的补元为g,元素d的补元为e,元素e的补元为d和g,元素g的补元为b和e,元素f没有补元。所以,偏序格(b)不是有补格。

在偏序格(c)中，h 为全上界，a 为全下界；元素 a 的补元为 h，元素 h 的补元为 a，元素 b 的补元为 c 和 d，元素 c 的补元为 b 和 d，元素 d 的补元为 b 和 c。所以，偏序格(c)是有补格。

补元是格中一种特殊的元素，可以总结出补元的如下一些性质：

① 补元是相互的，即若 b 是 a 的补元，那么 a 是 b 的补元；

② 有界格中的元素，不一定都有补元，而有补元也不一定唯一；

③ 全上界 1 和全下界 0 互为补元且唯一。

例 7.44   设有界格 $<A,\wedge,\vee,1,0>$，运算"$\wedge$"和"$\vee$"满足分配律，试证明：如果 A 中元素存在补元，则补元唯一。

证明   对于 $a,b,c\in A$，设 b 和 c 是 a 的补元，那么，$a\vee b=1$，$a\wedge b=0$，$a\vee c=1$，$a\wedge c=0$。由此，$a\vee b=a\vee c$ 且 $a\wedge b=a\wedge c$。

根据题设条件知，有界格 $<A,\wedge,\vee,1,0>$ 是分配格（称为有界分配格），那么必有 $b=c$，即元素 a 有唯一补元。证毕。

7.3.3 布尔代数

布尔代数或布尔格也是一种特殊的格，由于其重要的应用地位，下面对它进行讨论。

定义 7.32   如果有补格 $<B,\wedge,\vee>$ 中的运算满足分配律，则称为**有补分配格**(complemented distributive lattice)，或者**布尔格**(Boolean lattice)，或者**布尔代数**(Boolean algebra)。如果布尔代数的载体是有限集合，则称此布尔代数为**有限布尔代数**(finite Boolean algebra)，否则，称为**无限布尔代数**(infinite Boolean algebra)。

注意：事实上，布尔代数中任意元素都存在唯一的补元，因为布尔代数是有界分配格。这样可以引入一个一元运算"$'$"代表其中的求补元运算，从而，一个布尔代数可以表示为 $<B,\wedge,\vee,',1,0>$。

例如，$<P(A),\cap,\cup>$ 是一个布尔代数，原因在于：

① $<P(A),\cap,\cup>$ 是一个分配格；

② 集合 A 是全上界 1，空集 $\varnothing$ 是全下界，$<P(A),\cap,\cup>$ 是一个有界格；

③ 任意元素 $x\in P(A)$ 的补元为集合 $(A-x)$，$<P(A),\cap,\cup>$ 是一个有补格。

再如，以命题公式集合 P 为载体的代数系统 $<P,\wedge,\vee,\neg,0,1>$ 是一个布尔代数，其中，"$\wedge$"、"$\vee$"和"$\neg$"分别为合取、析取、否定的真值运算，0,1 分别为假命题和真命题。

例 7.45   对于集合 $A=\{1,2,3,5,6,10,15,30\}$ 上的整除关系"$\leqslant$"，分析 $<A,\leqslant>$ 是否是一个布尔代数。

解   首先绘制该偏序集，得哈斯图如图 7.13 所示。

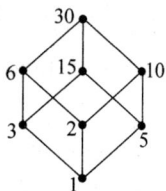

图 7.13 偏序集的哈斯图

由哈斯图可以看出：1 是全下界，30 是全上界，所以，$<A,\leqslant>$ 是一个有界格。同时，1 的补元是 30，30 的补元是 1，2 的补元是 15，3 的补元是 10，5 的补元是 6，6 的补元是 5，10 的补元是 3，15 的补元是 2，所以，$<A,\leqslant>$ 是一个有补格。

进一步，定义 A 上的运算"$\wedge$"和"$\vee$"：$\forall a,b\in A$，$a\vee b=\sup\{a,b\}$，$a\wedge b=\inf\{a,b\}$，可以验证运算"$\wedge$"和"$\vee$"满足分配

律(从略)。

综上述知，$<A, \leqslant>$是一个布尔代数。

从代数系统的角度来看，布尔代数$<B, \wedge, \vee, ', 1, 0>$是含有两个二元代数运算、一个一元代数运算和两个特殊元素的代数系统。反之，如果一个代数系统有两个二元代数运算、一个一元代数运算和两个特殊元素，那么这些代数运算以及特殊元素要满足哪些条件才能保证它是布尔代数呢？换言之，在布尔代数所满足的所有运算性质(如交换律、结合律、吸收律、分配律等)中，由于这些性质之间可能有相互联系，不是独立的。那么，从本质上刻画布尔代数的最小数目条件是哪些？

定义 7.33 对于代数系统$<B, \wedge, \vee, '>$，"$\wedge$"和"$\vee$"是B上的二元运算，"$'$"是B上的一元运算，如果满足：

① 交换律：$\forall a, b \in B, a \vee b = b \vee a, a \wedge b = b \wedge a$。

② 分配律：$\forall a, b, c \in B, a \vee (b \wedge c) = (a \vee b) \wedge (a \vee c), a \wedge (b \vee c) = (a \wedge b) \vee (a \wedge c)$。

③ 同一律：存在$0, 1 \in B$，对$\forall a \in B$，使得$a \vee 0 = a, a \wedge 1 = a$。

④ 补元律：对$\forall a \in B$，存在a'，使得$a \vee a' = 1, a \wedge a' = 0$。

则称$<B, \wedge, \vee, '>$为布尔代数，也可记为$<B, \wedge, \vee, ', 0, 1>$。

下面考察布尔代数的两个定义的等价性。只需要证明$<B, \wedge, \vee, '>$是个格，进而由分配律、同一律、补元律就可断定$<B, \wedge, \vee, '>$为有补分配格，因为同一律保证了有界，补元律保证了有补。$<B, \wedge, \vee>$已具有交换律，只需要证明满足吸收律、结合律。

(吸收律)对于$\forall a, b \in B$，有如下推导：

$$b \wedge 0 = (b \wedge 0) \vee 0 = (b \wedge 0) \vee (b \wedge b') = b \wedge (0 \vee b') = b \wedge b' = 0$$
$$a \wedge (a \vee b) = (a \vee 0) \wedge (a \vee b) = a \vee (0 \wedge b) = a \vee 0 = a$$

同理，可证得$a \vee (a \wedge b) = a$。

(结合律)仅考虑$a \wedge (b \wedge c) = (a \wedge b) \wedge c$的证明。

对于$\forall a, b, c \in B$，令$X = a \wedge (b \wedge c), Y = (a \wedge b) \wedge c$，那么

$$a \vee X = a \vee (a \wedge (b \wedge c)) = a$$
$$a \vee Y = a \vee ((a \wedge b) \wedge c) = (a \vee (a \wedge b)) \wedge (a \vee c) = a \wedge (a \vee c) = a$$

因此

$$a \vee X = a \vee Y$$

又由于

$$a' \vee X = a' \vee (a \wedge (b \wedge c)) = (a' \vee a) \wedge (a' \vee (b \wedge c))$$
$$= 1 \wedge (a' \vee (b \wedge c)) = a' \vee (b \wedge c)$$
$$a' \vee Y = a' \vee ((a \wedge b) \wedge c) = (a' \vee (a \wedge b)) \wedge (a' \vee c)$$
$$= ((a' \vee a) \wedge (a' \vee b)) \wedge (a' \vee c) = (1 \wedge (a' \vee b)) \wedge (a' \vee c)$$
$$= (a' \vee b) \wedge (a' \vee c) = a' \vee (b \wedge c)$$

所以

$$a' \vee X = a' \vee Y$$

进一步地，

$$(a \vee X) \wedge (a' \vee X) = (a \vee Y) \wedge (a' \vee Y) \Rightarrow$$
$$(a \wedge a') \vee X = (a \wedge a') \vee Y \Rightarrow$$

$$0 \vee X = 0 \vee Y \Rightarrow$$
$$X = Y$$

证毕。

例 7.46　图 7.14 给出了集合 $B=\{0,1\}$ 上的二元运算"$\wedge$"和"$\vee$"、一元运算"$'$"的运算表,试分析代数系统$<B,\wedge,\vee,'>$是否为一个布尔代数。

$\wedge$	0	1
0	0	0
1	0	1

$\vee$	0	1
0	0	1
1	1	1

	0	1
$'$	1	0

图 7.14　运算表

解　由于二元运算"$\wedge$"和"$\vee$"的运算表是主对角线对称,所以,它们都满足交换律。

由于,

$$0 \vee (0 \wedge 0) = 0 \vee 0 = 0 \quad (0 \vee 0) \wedge (0 \vee 0) = 0 \wedge 0 = 0$$
$$0 \vee (0 \wedge 1) = 0 \vee 0 = 0 \quad (0 \vee 0) \wedge (0 \vee 1) = 0 \wedge 1 = 0$$
$$0 \vee (1 \wedge 1) = 0 \vee 1 = 1 \quad (0 \vee 1) \wedge (0 \vee 1) = 1 \wedge 1 = 1$$
$$1 \vee (0 \wedge 0) = 1 \vee 0 = 1 \quad (1 \vee 0) \wedge (1 \vee 0) = 1 \wedge 1 = 1$$
$$1 \vee (1 \wedge 1) = 1 \vee 1 = 1 \quad (1 \vee 1) \wedge (1 \vee 1) = 1 \wedge 1 = 1$$

由此,$\forall a,b,c \in B, a \vee (b \wedge c) = (a \vee b) \wedge (a \vee c)$ 成立。

同理,可验证:$\forall a,b,c \in B, a \wedge (b \vee c) = (a \wedge b) \vee (a \wedge c)$。所以,二元运算"$\wedge$"和"$\vee$"满足分配律。

在 B 中,显然有 $0 \vee 0=0, 1 \vee 0=1, 0 \wedge 1=0, 1 \wedge 1=1$,所以,满足同一律。

在 B 中,0 和 1 互为补元,所以,满足补元律。

综上述知,$<B,\wedge,\vee,'>$是一个布尔代数。

布尔代数具有如下一些重要性质:

对于布尔代数$<B,\wedge,\vee,',0,1>$,有

① 每一个元素的补元是唯一的,因此,用 a' 来表示 a 的补元;

② $\forall a \in B, a''=(a')'=a$;

③ $\forall a,b \in B, (a \wedge b)'=a' \vee b', (a \vee b)'=a' \wedge b'$;

④ $\forall a,b \in B, a \leqslant b$ 当且仅当 $a \wedge b'=0$,当且仅当 $a' \vee b=1$。

证明　(性质①)设 $\forall a \in B, a$ 有两个补元 b 和 c,于是有 $a \vee b=1, a \wedge b=0, a \vee c=1, a \wedge c=0$,即 $a \vee b=a \vee c, a \wedge b=a \wedge c$。

根据分配格的性质有 $b=c$。由此,补元唯一。

(性质②)由补元的定义,知$(a')' \wedge a'=0, (a')' \vee a'=1$,又由补元的唯一性,可得 $a''=(a')'=a$。

(性质③)由于

$$(a \wedge b) \wedge (a' \vee b') = ((a \wedge b) \wedge a') \vee ((a \wedge b) \wedge b') = 0 \vee 0 = 0$$
$$(a \wedge b) \vee (a' \vee b') = (a \vee a' \vee b') \wedge (b \vee a' \vee b') = 1 \wedge 1 = 1$$

所以

$$(a \wedge b)' = a' \vee b'$$

同理可证得 $(a \vee b)' = a' \wedge b'$。

(性质④)如果 $a \leqslant b$,则 $a \vee b = b$,所以,$a \wedge b' = (a \wedge b') \vee (b \wedge b') = (a \vee b) \wedge b' = b \wedge b' = 0$。

如果 $a \wedge b' = 0$,则 $(a \wedge b')' = 1$,而 $(a \wedge b')' = a' \vee (b')' = a' \vee b$,所以 $a' \vee b = 1$。

另一方面,$a \vee b = (a \vee b) \wedge 1 = (a \vee b) \wedge (a' \vee b) = (a \wedge a') \vee b = 0 \vee b = b$,由此,$a \leqslant b$。证毕。

定义 7.34 对于布尔代数 $<B, \wedge, \vee, ', 0, 1>$ 以及非空集合 $S \subseteq B$,如果运算"$\wedge$", "$\vee$"和"$'$"在 S 上具有封闭性,且 $0 \in S, 1 \in S$,则称 $<S, \wedge, \vee, ', 0, 1>$ 是 $<B, \wedge, \vee, ', 0, 1>$ 的**子布尔代数**(sub-Boolean algebra)或**子布尔格**(sub-Boolean lattice)。

例 7.47 对于例 7.45 中布尔代数 $<A, \leqslant>$,判断子集 $S_1 = \{1, 3, 10, 30\}$,$S_2 = \{1, 3, 5, 15\}$,$S_3 = \{1, 2, 3, 30\}$ 为载体能否构成 $<A, \leqslant>$ 的子布尔代数。

解 布尔代数 $<A, \leqslant>$ 的全上界为 30,全下界为 1。定义 A 上的运算"$\wedge$"和"$\vee$": $\forall a, b \in A, a \vee b = \sup \{a, b\}, a \wedge b = \inf \{a, b\}$。

子集 S_1 上运算"$\wedge$","$\vee$"和"$'$"在具有封闭性,且 $30 \in S_1, 1 \in S_1$,所以,$<S_1, \leqslant>$ 是 $<A, \leqslant>$ 的一个子布尔代数。

子集 S_2 上运算"$\wedge$","$\vee$"是封闭的,但运算"$'$"不具有封闭性,因为 $3' = 10 \notin S_2$,所以,$<S_2, \leqslant>$ 不是 $<A, \leqslant>$ 的子布尔代数。

子集 S_3 上运算"$\vee$"不具有封闭性,因为 $2 \vee 3 = 6 \notin S_3$,所以,$<S_3, \leqslant>$ 不是 $<A, \leqslant>$ 的子布尔代数。

定义 7.35 对于布尔代数 $<B, \wedge, \vee, ', 0, 1>$ 和布尔代数 $<S, *, \oplus, \neg, \alpha, \beta>$,如果存在映射 $f: B \rightarrow S$,使得 $\forall a, b \in L$,满足 $f(a \wedge b) = f(a) * f(b)$,$f(a \vee b) = f(a) \oplus f(b)$,$f(a') = \neg f(a)$,$f(0) = \alpha$,$f(1) = \beta$,则称 f 是从布尔代数 $<B, \wedge, \vee, ', 0, 1>$ 到布尔代数 $<S, *, \oplus, \neg, \alpha, \beta>$ 的**布尔同态映射**,简称为**布尔同态**(Boolean monomorphism)。若 f 是双射函数,则称 f 为**布尔同构映射**,简称为**布尔同构**(Boolean isomorphism)。

例 7.48 试证明例 7.45 中布尔代数 $<A, \leqslant>$ 与代数系统 $<P(S), \cap, \cup, \sim, \varnothing, S>$ 同构,其中 $S = \{1, 2, 3\}$。

证明 构造双射函数 $f: A \rightarrow P(S)$ 如下:

$$f(1) = \varnothing \qquad f(3) = \{1\} \qquad f(2) = \{2\} \qquad f(5) = \{3\}$$
$$f(10) = \{2, 3\} \quad f(15) = \{1, 3\} \quad f(6) = \{1, 2\} \quad f(30) = \{1, 2, 3\}$$

容易验证,$\forall a, b \in L$,满足 $f(a \wedge b) = f(a) \cap f(b)$,$f(a \vee b) = f(a) \cup f(b)$,$f(a') = \sim f(a)$。所以,$f$ 是布尔代数 $<A, \leqslant>$ 到代数系统 $<P(S), \cap, \cup, \sim, \varnothing, S>$ 的一个同构映射,即布尔代数 $<A, \leqslant>$ 与代数系统 $<P(S), \cap, \cup, \sim, \varnothing, S>$ 同构。证毕。

为了研究有限布尔代数的结构,对布尔代数的载体中的一些特殊元素引入如下的定义 7.36。

定义 7.36 对于布尔代数 $<B, \wedge, \vee, ', 0, 1>$,如果元素 a 是元素 0 的一个覆盖,即 $\forall x \in B, 0 \leqslant x$ 且 $x \leqslant a$,都有 $x = a$,则称 a 是该布尔代数的一个**原子**(atom)。

例如,例 7.45 中布尔代数 $<A, \leqslant>$,元素 2, 3, 5 都是元素 1 的覆盖,所以,元素 2, 3, 5 都是布尔代数 $<A, \leqslant>$ 的原子。

原子具有如下一些性质：

对于布尔代数$<B,\wedge,\vee,',0,1>$,有

① 元素a是原子的充要条件是$a\neq 0$,且对B中的任何元素x,有$x\wedge a=a$或$x\wedge a=0$;

② 对于原子a和b,有$a=b$或$a\wedge b=0$;

③ 有限布尔代数中任意非0元素b,总有一个原子a,使得$a\leqslant b$;

④ 对于有限布尔代数中任意元素$b\in B$,设$A(b)=\{a\mid a\in B,a$是原子且$a\leqslant b\}=\{a_1,a_2,a_3,\cdots,a_m\}$,则$b=a_1\vee a_2\vee\cdots\vee a_m$且表达式唯一;

⑤ 若a是原子,则对于$\forall b,c\in B,a\leqslant b\vee c$的充要条件是$a\leqslant b$或$a\leqslant c$。

证明 （性质①）

先证必要性。设a是原子,显然$a\neq 0$。对于$\forall x\in B$,设$x\wedge a\neq a$,由于$x\wedge a\leqslant a$,那么,根据原子的定义,必有$x\wedge a=0$。

再证充分性。设$a\neq 0$,且对于$\forall x\in B,x\wedge a=a$或$x\wedge a=0$成立。如果$a$不是原子,那么必有$b\in B$,使得$0\leqslant b\leqslant a$。于是,$b\wedge a=b$。因为$b\neq 0,b\neq a$,所以,$b\wedge a=b$与前提（$\forall x\in B,x\wedge a=a$或$x\wedge a=0$）矛盾。因此$a$只能是原子。

（性质②）

若a和b是原子且$a\wedge b\neq 0$,则

$$0\leqslant b\wedge a\text{ 且 }a\wedge b\leqslant a\text{（因为 }a\text{ 是原子,所以 }a=a\wedge b\text{）}$$
$$0\leqslant b\wedge a\text{ 且 }a\wedge b\leqslant b\text{（因为 }b\text{ 是原子,所以 }b=a\wedge b\text{）}$$

所以,$a=b$。

（性质③）

对于$\forall b\in B,b\neq 0$,有如下推理：

若b是原子,必有$b\leqslant b$;

若b不是原子,则必然存在$b_1\in B,0\leqslant b_1$且$b_1\leqslant b$;

若b_1不是原子,则必然存在$b_2\in B,0\leqslant b_2$且$b_2\leqslant b_1$且$b_1\leqslant b$;

⋮

重复上面的讨论。因为B中元素有限,这一过程必将终止,并产生的元素序列满足：$0\leqslant b_r,\cdots,b_3\leqslant b_2,b_2\leqslant b_1,b_1\leqslant b$。即存在$b_r,b_r$为原子,且$0\leqslant b_r,b_r\leqslant b$。

（性质④）

令$c=a_1\vee a_2\vee\cdots\vee a_m$,要证$b=c$。

由于$a_i\leqslant b(i=1,2,\cdots,m)$,又$c$是$A(b)$中的最小上界,所以,$c\leqslant b$。

只要证明$b\wedge c'=0$,就可证明$b\leqslant c$。用反证法。

设$b\wedge c'\neq 0$,那么,存在原子a使得$0\leqslant a$且$a\leqslant b\wedge c'$,从而,必有$a\leqslant b$且$a\leqslant c'$。又由于$a\leqslant b,a$是原子,因此,$a\in A(b)$,从而,必有$a\leqslant c$。

由此,$a\leqslant c\wedge c'$,而$c\wedge c'=0$,因此,$a\leqslant 0$。这与a是原子矛盾。所以,$b\wedge c'=0$,即$b\leqslant c$。

综上述知,$b=c=a_1\vee a_2\vee\cdots\vee a_m$。

下面证明唯一性。设b也可以表示为$b=b_1\vee b_2\vee\cdots\vee b_n$,$S(b)=\{b_1,b_2,b_3,\cdots,b_n\}$,其中$b_1,b_2,b_3,\cdots,b_n$是原子。需证$S(b)=A(b)$。

对于$\forall x\in S(b)$,必有$x\leqslant b$,因此,$x\in A(b)$,即$S(b)\subseteq A(b)$。

对于$\forall x\in A(b)$,必有$x\leqslant b$,那么$x=x\wedge b=x\wedge(b_1\vee b_2\vee\cdots\vee b_n)=(x\wedge b_1)\vee(x\wedge b_2)\vee\cdots$

$\bigvee(x \wedge b_n)$。

由性质②知，必有 $b_k \in S(b)$，使得 $x = b_k$，否则，$x = 0$（与 x 是原子矛盾）。因此，$x \in S(b)$，即 $A(b) \subseteq S(b)$。

综上述知，$S(b) = A(b)$，即表达式唯一。

（性质⑤）

先证必要性。如果 a 是原子，且 $a \leqslant b \vee c$。不妨设 $a \leqslant b$ 不成立。那么，由性质②知，必有 $a \wedge b = 0$。进一步，由 $a \leqslant b \vee c$，可得 $a = a \wedge (b \vee c) = (a \wedge b) \vee (a \wedge c) = (a \wedge c)$。因此，$a \leqslant c$。

再证充分性。如果 $a \leqslant b$ 或 $a \leqslant c$，根据偏序关系"$\leqslant$"的定义，显然有 $a \leqslant b \vee c$。

下面给出有限布尔代数表示的定理 7.26。

定理 7.26　对于有限布尔代数 $<B, \wedge, \vee, ', 0, 1>$，令 $A = \{a | a \in B \text{ 且 } a \text{ 是原子}\}$，则 $<B, \wedge, \vee, ', 0, 1>$ 同构于布尔代数 $<P(A), \bigcap, \bigcup, \sim, \varnothing, A>$。

证明　构造 B 到 $P(A)$ 映射 f 为：$\forall x \in B, f(x) = A(x)$。

对于 $\forall x, y \in B$，如果 $f(x) = f(y)$，那么 $A(x) = A(y)$。由于 $x = \bigvee_{a \in A(x)} a$，$y = \bigvee_{a \in A(y)} a$，因此，$x = y$，即 f 是单射。

对于 $\forall x \in P(A)$，必有 $x \subseteq A$。令 $b = \bigvee_{a \in x} a$，那么 $b = \bigvee_{a \in A(b)} a$。由唯一性有 $x = A(b) = f(b)$。所以，f 是满射。

对于 $\forall x, y \in B$ 且 $x \neq 0, y \neq 0$，设 a 为任意原子，那么，$a \in A(x \wedge y) \Leftrightarrow a \leqslant x \wedge y \Leftrightarrow a \leqslant x$ 且 $a \leqslant y \Leftrightarrow a \in A(x)$ 且 $a \in A(y) \Leftrightarrow a \in A(x) \bigcap A(y)$，因此，$A(x \wedge y) = A(x) \bigcap A(y)$，即 $f(x \wedge y) = f(x) \bigcap f(y)$。

由于 $a \in A(x \vee y) \Leftrightarrow a \leqslant x \vee y \Leftrightarrow a \leqslant x$ 或 $a \leqslant y \Leftrightarrow a \in A(x)$ 或 $a \in A(y) \Leftrightarrow a \in A(x) \bigcup A(y)$，因此，$A(x \vee y) = A(x) \bigcup A(y)$，即 $f(x \wedge y) = f(x) \bigcup f(y)$。

由于 $a \in A(x') \Leftrightarrow a \wedge x = 0 \Leftrightarrow a \wedge x \neq x \Leftrightarrow a \leqslant x$ 不成立 $\Leftrightarrow a \notin A(x) \Leftrightarrow a \in \sim A(x)$，因此，$A(x') = \sim A(x)$，即 $f(x') = \sim f(x)$。

综上述知，f 是布尔代数 $<B, \wedge, \vee, ', 0, 1>$ 到布尔代数 $<P(A), \bigcap, \bigcup, \sim, \varnothing, A>$ 的一个同构映射，即布尔代数 $<B, \wedge, \vee, ', 0, 1>$ 同构于布尔代数 $<P(A), \bigcap, \bigcup, \sim, \varnothing, A>$。证毕。

推论 1　若有限布尔代数有 n 个原子，则它有 2^n 个元素。

推论 2　任何具有 2^n 个元素的布尔代数互相同构。

根据上述结论：有限布尔代数的元素个数必为 2 的幂；在同构意义下，仅存在一个 2^n 元的布尔代数。图 7.15 给出了 1 元、2 元、4 元、8 元布尔代数的哈斯图。

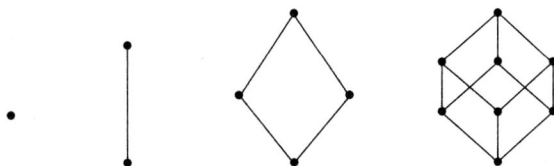

图 7.15　布尔代数的哈斯图

7.3.4 格的应用

模型检验(model checking)是一种自动验证有限状态系统正确性的形式化方法,在硬件电路设计、通信协议验证、实时和混合系统验证等得到了成功的应用。格是模型检验技术的重要理论基础。

在模型检验中,用户提供所要验证系统的模型(可能的行为)和需求分析的规格(要求的行为);计算机通过执行算法穷举搜索状态空间中的每一个状态,进而给出确认系统模型是否满足系统规格的结论。计算树逻辑是一种重要的系统行为规格语言,Kriple 结构是通常采用的一种系统模型。

计算树逻辑(computation tree logic,CTL)是一种时态逻辑(temporal logic),是经典数理逻辑的扩展形式。计算树逻辑通过引入**时态词**(算子):always($\square$)、sometimes($\lozenge$)、next($\circ$)和 until($\blacklozenge$),以及**路径量词** all($\mathbf{A}$)和 exist($\mathbf{E}$),从而能够对可能状态世界中的命题进行描述和演算。这些时态词和路径量词的具体含义如下:

$\square$:always 算子,$\square\phi$ 表示 ϕ 总是为真或者 ϕ 永远为真。

$\lozenge$:sometimes 算子,$\lozenge\phi$ 表示 ϕ 最终为真或者 ϕ 有时为真。

$\circ$:next 算子,$\circ\phi$ 表示 ϕ 在下一时刻为真。

$\blacklozenge$:until 算子,$\phi\blacklozenge\varphi$ 表示 ϕ 一直为真直到 φ 为真。

$\mathbf{A}$:all 量词,表示所有路径。

$\mathbf{E}$:exist 量词,表示某一路径。

定义 7.37 命题变元、命题常元、联结词、时态词、路径量词按照一定规则组成的符号串,称为**计算树逻辑公式**(computation tree logic formula),简称为 **CTL 公式**。CTL 公式按如下规则生成:

① 原子命题(命题常元或命题变元)是 CTL 公式;

② 如果 φ,ψ 是 CTL 公式,那么$(\neg\varphi)$,$(\varphi\wedge\psi)$,$(\varphi\vee\psi)$,$(\varphi\rightarrow\psi)$,$(\varphi\leftrightarrow\psi)$是 CTL 公式;

③ 如果 φ,ψ 是 CTL 公式,那么$(\mathbf{A}\circ\varphi)$,$(\mathbf{E}\circ\varphi)$,$(\mathbf{A}(\varphi\blacklozenge\psi))$,$(\mathbf{E}(\varphi\blacklozenge\psi))$,$(\mathbf{A}\lozenge\varphi)$,$(\mathbf{E}\lozenge\varphi)$,$(\mathbf{A}\square\varphi)$,$(\mathbf{E}\square\varphi)$是 CTL 公式;

④ 当且仅当有限次地使用①,②,③所组成的符号串是 CTL 公式。

通过 CTL 公式可以对所研究系统的可达性、安全性、活性等性质进行规格。可达性指可以到达某个状态或者出现某种情况;安全性指某些情况永远不会发生,即"坏的情况不会发生";活性指最终会到达某个状态或出现某种情况,即"好的情况最终会发生"。

定义 7.38 三元组 $M=<S,R,L>$ 称为 Kripke **模型**,或者 Kripke **结构**(Kripke structure),其中,S 是系统状态的非空集合;$R\subseteq S\times S$ 是状态集 S 上的二元关系(状态在时间上的先后关系);$L:S\rightarrow P(AP)$(AP 为原子命题集合,$P(AP)$是集合 AP 的幂集)是标记函数,它是对各状态的真值指派,即对每个 CTL 公式所包含的原子命题,指明它在每个可能状态中取真值还是假值。

Kripke 结构可以图形方式直观表示:状态用圆圈表示,状态之间的关系用有向弧线表示,标记函数标识在圆圈内,即每一圆圈内标注了该状态中成立的原子命题。例如,图 7.16 所示为由状态集$\{s_0,s_1,s_2\}$、二元关系 $R=\{<s_0,s_1>,<s_0,s_2>,<s_1,s_0>,<s_1,s_2>,<s_2,$

$s_2>$}以及标记 $L(s_0)=\{p,q\}$，$L(s_1)=\{q,r\}$ 和 $L(s_2)=\{r\}$ 所定义的 Kriple 结构的有向图。

基于 Kripke 结构模型，就可以考察 CTL 公式的解释或语义。在模型 M 的状态 s 中为真的公式 Φ，表示为 $M,s\vDash\Phi$ 或 $\vDash_s\Phi$；在模型 M 的所有状态中为真的公式 Φ，表示为 $M\vDash\Phi$ 或 $\vDash\Phi$，并称 $\vDash$ 为满足关系。

模型检验技术的重要理论基础是完全格上序同态的不动点原理，下面进行介绍。

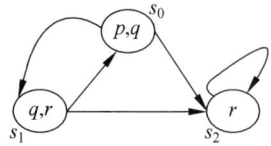

图 7.16 Kriple 结构的
有向图表示

定义 7.39 对于偏序集 $<S,\leqslant>$，如果 $\forall B\subseteq S$，存在 B 的最小上界和最大下界，那么称 $<S,\leqslant>$ 为**完全格**(completely lattice)。

例如，对于集合 $S=\{0,1,2\}$ 的幂集和关系"$\subseteq$"组成的偏序集 $<P(S),\subseteq>$，{{0,1},{0,2}} 的最小上界为{0,1,2}，最大下界为{0}；{{0},{1},{2}} 的最小上界为{0,1,2}，最大下界为空集 $\varnothing$；{{0},{1,2}} 的最小上界为{0,1,2}，最大下界为空集 $\varnothing$……容易验证，对于 $\forall B\subseteq P(S)$，都存在 B 的最小上界和最大下界，所以，$<P(S),\subseteq>$ 是一个完全格。

事实上，对于任一有限集合 S，$<P(S),\subseteq>$ 是一个完全格。因为对于 $P(S)$ 的任意两个子集 S_1 和 S_2，$S_1\cap S_2$ 和 $S_1\cup S_2$ 都有定义，$P(S)$ 的任一子集都存在最小上界和最大下界。格 $<P(S),\subseteq>$ 的全下界是空集 $\varnothing$，全上界是 S。

定义 7.40 对于偏序集 $<S,\leqslant>$，函数 $f:S\to S$，$\forall a\in S$，如果 $f(a)=a$，则称 a 为 f 的**不动点**(fixed point)。如果 a 是 f 的不动点，并且对于满足 $f(b)=b$ 的所有 $b\in S$ 都有 $a\leqslant b$，那么称 a 为 f 的**最小不动点**(minimal fixed point)；如果 a 是 f 的不动点，并且对于满足 $f(b)=b$ 的所有 $b\in S$ 都有 $b\leqslant a$，那么称 a 为 f 的**最大不动点**(maximum fixed point)。

定理 7.27 完全格上的任一序同态都有唯一的最大不动点和最小不动点。也即，如果完全格 $<S,\leqslant>$ 上的函数 $f:S\to S$ 满足 $\forall a,b\in S,a\leqslant b\Rightarrow f(a)\leqslant f(b)$，则 f 有唯一的最大不动点和最小不动点。

定理 7.27 的证明从略。

下面基于 Kripke 结构考察 CTL 公式的不动点性。对于 Kripke 结构 $M=<S,R,L>$ 和 CTL 公式 ϕ 和 φ，建立 M 上满足公式 ϕ 和 φ 的状态组成的集合：

$$[\phi]=\{s\in S\mid M,s\vDash\phi\}$$
$$[\varphi]=\{s\in S\mid M,s\vDash\varphi\}$$

并定义公式 ϕ 和 φ 之间的关系"$\leqslant$"：$\phi\leqslant\varphi$ 当且仅当 $[\phi]\subseteq[\varphi]$。

显然，关系"$\leqslant$"是 CTL 公式上的一个偏序关系，$<\text{CTL},\leqslant>$ 是一个偏序集。

根据集合的运算性质，$[\phi]\cap[\varphi]$ 和 $[\phi]\cup[\varphi]$ 分别是 $[\phi]$ 和 $[\varphi]$ 的一个下界和一个上界，并且有

$$[\phi]\cap[\varphi]=[\phi\wedge\varphi]$$
$$[\phi]\cup[\varphi]=[\phi\vee\varphi]$$

由于 CTL 公式集合在合取"$\wedge$"和析取"$\vee$"运算下封闭，任意 CTL 公式 ϕ 和 φ 都存在上、下界。所以，$<\text{CTL},\leqslant>$ 是一个完全格。格 $<\text{CTL},\leqslant>$ 的全下界是 false($[\text{false}]=\varnothing$)，全上界是 true($[\text{true}]=S$)。

如果定义了满足定理 7.27 的序同态 $f:\text{CTL}\to\text{CTL}$，那么满足 CTL 公式的状态求解问题就可以转换成为 f 的不动点计算。

定理 7.28　对于 Kripke 结构模型 $M=(S,R,L)$,有

① $[\mathbf{E}(\varphi \blacklozenge \psi)]$ 是函数 $f(z)=[\psi]\cup([\varphi]\cap\{s\in S\mid\exists u\in(R(s)\cap z)\})$ 的最小不动点;

② $[\mathbf{A}(\varphi \blacklozenge \psi)]$ 是函数 $f(z)=[\psi]\cup([\varphi]\cup\{s\in S\mid R(s)\subseteq z\})$ 的最小不动点;

③ $[\mathbf{E}\square\varphi]$ 是函数 $f(z)=[\varphi]\cap\{s\in S\mid\exists u\in(R(s)\cap z)\}$ 的最大不动点;

④ $[\mathbf{A}\square\varphi]$ 是函数 $f(z)=[\varphi]\cap\{s\in S\mid R(s)\subseteq z\}$ 的最大不动点;

⑤ $[\mathbf{E}\lozenge\varphi]$ 是函数 $f(z)=[\varphi]\cup\{s\in S\mid\exists u\in(R(s)\cap z)\}$ 的最小不动点;

⑥ $[\mathbf{A}\lozenge\varphi]$ 是函数 $f(z)=[\varphi]\cup\{s\in S\mid R(s)\subseteq z\}$ 的最小不动点。

其中,$R(s)=\{t\in S\mid<s,t>\in R\}$ 为状态 s 的所有直接后继状态组成的集合。

证明　下面仅对①进行证明。

首先证明函数 $f(z)=[\psi]\cup([\varphi]\cap\{s\in S\mid\exists u\in(R(s)\cap z)\})$ 是序同态。

对于任意 $z_1,z_2\in P(S)$,如果 $z_1\subseteq z_2$,那么有

$$f(z_1)=[\psi]\cup([\varphi]\cap\{s\in S\mid\exists u\in(R(s)\cap z_1)\})$$
$$f(z_2)=[\psi]\cup([\varphi]\cap\{s\in S\mid\exists u\in(R(s)\cap z_2)\})$$

显然,$f(z_1)\subseteq f(z_2)$。因此,$f(z)=[\psi]\cup([\varphi]\cap\{s\in S\mid\exists u\in(R(s)\cap z)\})$ 是序同态。又由于 $<P(S),\subseteq>$ 是完全格,因此,$f(z)$ 必然存在唯一的最大不动点和唯一的最小不动点。

接下来证明 $[\mathbf{E}(\varphi \blacklozenge \psi)]$ 是函数 $f(z)=[\psi]\cup([\varphi]\cap\{s\in S\mid\exists u\in(R(s)\cap z)\})$ 的最小不动点。

根据函数 $f(z)$ 的定义,有

$$f([\mathbf{E}(\varphi \blacklozenge \psi)])=[\psi]\cup([\varphi]\cap\{s\in S\mid\exists u\in(R(s)\cap[\mathbf{E}(\varphi \blacklozenge \psi)])\})$$

从语义角度,如果在当前状态 ψ 满足,那么在当前状态 $\mathbf{E}(\varphi \blacklozenge \psi)$ 满足;如果当前状态 φ 满足且下一个状态 $\mathbf{E}(\varphi \blacklozenge \psi)$ 满足,那么在当前状态和下一个状态 $\mathbf{E}(\varphi \blacklozenge \psi)$ 满足。因此

$$[\mathbf{E}(\varphi \blacklozenge \psi)]=[\psi]\cup([\varphi]\cap\{s\in S\mid\exists u\in(R(s)\cap[\mathbf{E}(\varphi \blacklozenge \psi)])\})$$

所以,$f([\mathbf{E}(\varphi \blacklozenge \psi)])=[\mathbf{E}(\varphi \blacklozenge \psi)]$,即 $[\mathbf{E}(\varphi \blacklozenge \psi)]$ 是序同态 f 的不动点。

最后证明 $[\mathbf{E}(\varphi \blacklozenge \psi)]=\cup_i f^i(\varnothing)$。

根据函数 f 的定义,可以得出

$$f^0(\varnothing)=\varnothing$$
$$f^1(\varnothing)=[\psi]\cup([\varphi]\cap\{s\in S\mid\exists u\in(R(s)\cap\varnothing)\})=[\psi]$$
$$f^2(\varnothing)=f(f(\varnothing))=[\psi]\cup([\varphi]\cap\{s\in S\mid\exists s'\in(R(s)\cap f^1(\varnothing))\})$$
$$=[\psi]\cup([\varphi]\cap\{s\in S\mid\exists u\in(R(s)\cap[\psi])\})$$

从上可看出,$f^2(\varnothing)$ 表示满足以下条件的所有状态:经过长度最多为 1 的路径后可以到达 $[\psi]$ 中某个状态,并且该路径上的状态满足 φ。

对路径长度 i 进行归纳论证,可以证明 $f^{i+1}(\varnothing)$ 表示满足以下条件的所有状态:经过长度最多为 i 的路径后可以到达 $[\psi]$ 中某个状态,并且该路径上的状态都满足 φ。

因此,$\cup_i f^i(\varnothing)$ 表示满足以下条件的所有状态:经过某条路径后可以到达 $[\psi]$ 中某个状态,并且该路径上的状态都满足 φ,即 $\cup_i f^i(\varnothing)=[\mathbf{E}(\varphi \blacklozenge \psi)]$。

综上述知,$[\mathbf{E}(\varphi \blacklozenge \psi)]$ 是函数 $f(z)=[\psi]\cup([\varphi]\cap\{s\in S\mid\exists u\in(R(s)\cap z)\})$ 的最小不动点,且 $[\mathbf{E}(\varphi \blacklozenge \psi)]=\cup_i f^i(\varnothing)$。证毕。

基于 CTL 公式的不动点原理,就可以设计出相应算法,来求出满足 $\mathbf{E}(\varphi \blacklozenge \psi)$,$\mathbf{A}(\varphi \blacklozenge \psi)$,$\mathbf{E}\square\varphi$,$\mathbf{A}\square\varphi$,$\mathbf{E}\lozenge\varphi$,$\mathbf{A}\lozenge\varphi$ 等 CTL 公式的所有状态。图 7.17 给出了计算 $\mathbf{E}(\varphi \blacklozenge \psi)$ 和 $\mathbf{A}(\varphi \blacklozenge \psi)$

的算法 $\mathrm{Sat_E}.( )$ 和 $\mathrm{Sat_A}.( )$ 的伪代码。

任意 CTL 公式都可以用原子命题和 $\neg\psi_1,\psi_1\wedge\psi_2,\mathbf{E}\circ\psi_1,\mathbf{E}(\psi_1\blacklozenge\psi_2),\mathbf{A}(\psi_1\blacklozenge\psi_2)$ 等 6 种基本形式进行表示,因此,对于待检验的 CTL 公式 φ,将其进行等价转换,应用上述定理和算法便可以完成模型检验。

```
States Satᴇ.(Formula φ, Formula ψ) {
        States Qold, Qnew; //Qold, Qnew 为状态集
        Qold = ∅;
        Qnew = Sat(ψ);
        while (Qold! = Qnew) {
                Qold = Qnew;
                Qnew = Sat(ψ) ∪ ( Sat(φ) ∩ {s| ∃u∈(R(s)∩Q new)} );
        };
        return (Qold);
}
States Satᴀ.(Formula φ, Formula ψ) {
        States Qold, Qnew;
        Qold = ∅;
        Qnew = Sat(ψ);
        while (Qold! = Qnew) {
                Qold = Qnew;
                Qnew = Sat(ψ) ∪ ( Sat(φ) ∩ {s|R(s)⊆Qnew} );
        }
        return (Qold);
}
States Sat(Formula φ) {
        if (φ = = true) return (S);
        if (φ = = false) return (∅);
        if (φ∈AP) return ({s|φ∈label(s)});
        if (φ = = ¬φ₁) return (S − Sat(φ₁));
        if (φ = = φ₁∧φ₂) return (Sat(φ₁)∩Sat(φ₂));
        if (φ = = E∘φ₁) return ({s∈S| ∃u∈(R(s)∩Sat(φ₁))});
        if (φ = = E(φ₁♦φ₂)) return (Satᴇᴜ(φ₁,φ₂));
        if (φ = = A(φ₁♦φ₂)) return (Satᴀᴜ(φ₁,φ₂));
}
```

图 7.17 算法伪代码

例如,考察如图 7.18 所示的 Kripke 结构 $M=(S,R,L)$,其中,$S=\{s_0,s_1,s_2,s_3\}$,$R=\{<s_0,s_1>,<s_1,s_2>,<s_2,s_1>,<s_3,s_2>\}$,$L(s_0)=\{p\}$,$L(s_1)=\{p\}$,$L(s_2)=\{q\}$,$L(s_3)=\varnothing$。对 CTL 公式 $\mathbf{E}(p\blacklozenge q)$ 进行检验。CTL 公式 $\mathbf{E}(p\blacklozenge q)$ 的模型检验执行过程如下:

图 7.18 Kripke 结构的例子

执行函数 $\text{Sat}(\mathbf{E}(p \blacklozenge q))$，该函数将调用 $\text{Sat}_{\mathbf{E}\blacklozenge}(p,q)$。

$\text{Sat}_{\mathbf{E}\blacklozenge}(p,q)$ 基于不动点计算满足 $\mathbf{E}(p \blacklozenge q)$ 的所有状态：

① 初始时 $Q_{new} = f(\varnothing) = \text{Sat}(q) = \{s_2\}$；

② 进行第一次循环后，

$$
\begin{aligned}
Q_{new} &= f^2(\varnothing) \\
&= \text{Sat}(q) \bigcup (\text{Sat}(p) \bigcap \{s \mid \exists u \in (R(s) \bigcap \{s_2\})\}) \\
&= \{s_2\} \bigcup (\{s_0, s_1\} \bigcap \{s_1, s_3\}) \\
&= \{s_2\} \bigcup \{s_1\} \\
&= \{s_1, s_2\}
\end{aligned}
$$

③ 进行第二次循环后，

$$
\begin{aligned}
Q_{new} &= f^3(\varnothing) \\
&= \text{Sat}(q) \bigcup (\text{Sat}(p) \bigcap \{s \mid \exists u \in (R(s) \bigcap \{s_1, s_2\})\}) \\
&= \{s_2\} \bigcup (\{s_0, s_1\} \bigcap \{s_0, s_1, s_2, s_3\}) \\
&= \{s_2\} \bigcup \{s_0, s_1\} \\
&= \{s_0, s_1, s_2\}
\end{aligned}
$$

④ 进行第三次循环后，

$$
\begin{aligned}
Q_{new} &= f^4(\varnothing) \\
&= \text{Sat}(q) \bigcup (\text{Sat}(p) \bigcap \{s \mid \exists u \in (R(s) \bigcap \{s_0, s_1, s_2\})\}) \\
&= \{s_2\} \bigcup (\{s_0, s_1\} \bigcap \{s_0, s_1, s_2, s_3\}) \\
&= \{s_2\} \bigcup \{s_0, s_1\} \\
&= \{s_0, s_1, s_2\} = f^3(\varnothing)
\end{aligned}
$$

综上述知，$\text{Sat}(\mathbf{E}(p \blacklozenge q)) = \{s_0, s_1, s_2\}$，即状态 s_0，s_1 和 s_2 处 CTL 公式 $\mathbf{E}(p \blacklozenge q)$ 都得到满足。

习题

1. 对于自然数集 $\mathbf{N}$，定义如下运算：$x * y = x + y$，$x \sharp y = x^y$。试问 $<\mathbf{N}, *>$、$<\mathbf{N}, \sharp>$ 是否为半群。

2. 设 $<\{a, b\}, \sharp>$ 为一个半群，且 $a \sharp a = b$，证明：$a \sharp b = b \sharp a$，$b \sharp b = b$。

3. 设 $<S, *>$ 是一个半群，且对于 $\forall x, y \in S$，如果 $x \neq y$，则 $x * y \neq y * x$，证明：

① S 中元素均为等幂元；

② 对于 $\forall x, y \in S$，$x * y * x = x$，$y * x * y = y$。

4. 设 $<A, \sharp>$ 是一个半群，试证明：如果 $\forall x, y, z \in A$ 满足 $x \sharp z = z \sharp x$，$y \sharp z = z \sharp y$，那么 $(x \sharp y) \sharp z = z \sharp (x \sharp y)$。

5. 对于半群 $<A, \sharp>$，如果 $\theta \in A$ 为左、右零元，则对于 $\forall x \in A$，$x \sharp \theta$，$\theta \sharp x$ 也分别为左、右零元。试证明。

6. 设 $<S, *>$ 是一个半群，S 为有限集合，证明 S 中存在等幂元。

7. 设 $<A, \sharp>$ 是一个半群，A 中存在元素 a，使得对于 $\forall x \in A$ 均有元素 u 和 v 满足

$a \sharp u = v \sharp a = x$。试证明$<A, \sharp>$是一个独异点。

8. 设$<S, *>$是一个含幺半群，DS是S中可消去元素组成的集合，试证明代数系统$<DS, *>$是半群$<S, *>$的一个子含幺半群。

9. 对于整数集$\mathbf{Z}$，定义运算$x * y = x + y - 2$。证明$<\mathbf{Z}, *>$是一个群。

10. 在集合$A = \mathbf{R} - \{0, 1\}$上定义如下函数：$f_1(x) = x, f_2(x) = 1/x, f_3(x) = 1 - x$，$f_4(x) = 1/(1-x), f_5(x) = x/(x-1), f_6(x) = (x-1)/x$，令$F = \{f_1, f_2, f_3, f_4, f_5, f_6\}$，$F$上的代数运算为函数的复合运算。试给出代数运算"。"的运算表，并验证$<F, \circ>$是一个群。

11. 对于群$<G, *>$，定义G上的运算"$\sharp$"：$\forall x, y \in G, x \sharp y = y * x$。证明$<G, \sharp>$也是群。

12. 对于群$<G, *>$，证明：如果$\forall x, y \in G, (x * y)^2 = x^2 * y^2$，则$x * y = y * x$。

13. 设$<G, *>$为群，定义集合$S = \{x \mid x \in G$且$\forall y \in G$满足$x * y = y * x\}$。证明$<S, *>$为$<G, *>$的一个子群。

14. 设$<H_1, *>$和$<H_2, *>$都是$<G, *>$的子群，证明：
① $<H_1 \bigcap H_2, *>$是$<G, *>$的子群；
② $<H_1 \bigcup H_2, *>$是$<G, *>$的子群。

15. 设$<G, *>$为群，H为G的非空子集。证明：$<H, *>$为$<G, *>$的子群，当且仅当$\forall x, y \in G$有$x * y^{-1} \in H$。

16. 设$<H_1, *>$和$<H_2, *>$都是$<G, *>$的子群，证明$<H_1 \bigcap H_2, *>$的任一左陪集必为H_1的一个左陪集和H_2的一个左陪集的交集。

17. 证明一个子群的左陪集中元素的逆元组成的集合是这个子群的一个右陪集。

18. 设$<H, *>$是$<G, *>$的子群，$<K, *>$是$<H, *>$的子群，证明：
① $<K, *>$是$<G, *>$的子群；
② $KH = HK = H$，其中，$KH = \{k * h \mid k \in K, h \in H\}$，$HK = \{h * k \mid k \in K, h \in H\}$。

19. 设$<H, *>$和$<K, *>$都是$<G, *>$的正规子群，证明$<H \bigcap K, *>$是$<G, *>$的正规子群。

20. 设$<H, *>$是$<G, *>$的子群，证明：H为正规子群，当且仅当对于$\forall g \in G, g^{-1} Hg \subseteq H$。

21. 对于群$<\mathbf{Z}, +>$，集合$H_1 = \{4x \mid x \in \mathbf{Z}\}$和$H_2 = \{12x \mid x \in \mathbf{Z}\}$，求商群$\mathbf{Z}/H_1$、$\mathbf{Z}/H_2$和$H_1/H_2$。

22. 求出$<\mathbf{N}_6, \oplus_6>$，$<\mathbf{N}_{12}, \oplus_{12}>$的所有子群。

23. 证明有限群中阶大于2的元素个数必为偶数。

24. 设$<G, *>$为群，$|G|$为偶数。证明G中必有二阶元素，且二阶元素的个数为奇数。

25. 设$<G, *>$为群，a为G中元素，定义G上的函数f为：$f(x) = a * x * a^{-1}$。证明f是$<G, *>$到$<G, *>$的同构映射。

26. 设$<G, *>$为群，f为G到G的一个同态映射，证明：对于$\forall x \in G, f(x)$的阶不大于元素x的阶。

27. 设群$<G, *>$中除单位元外任意元素的阶都为2，证明$<G, *>$是交换群。

28. 在群 $<G,*>$ 中，$\forall x,y\in G$ 满足 $(x*y)^2=x^2*y^2$，证明 $<G,*>$ 是交换群。

29. 一个质数阶的群必定是循环群，并且它的不同于幺元的每个元素均可作生成元。

30. 设 $<G,*>$ 是交换群，$<H,*>$ 和 $<K,*>$ 都是 $<G,*>$ 的有限子群，证明：当 $|H|$ 和 $|K|$ 互质时，$<G,*>$ 是 $|H|\cdot|K|$ 阶循环群。

31. 设 $<G,*>$ 是循环群，$<H,*>$ 是 $<G,*>$ 的正规子群，证明商群 $<G/H,\odot>$ 是一个循环群。

32. 设 $<G,*>$ 是 18 阶循环群，求 $<G,*>$ 的全部生成元和全部子群，并证明任何子群都是正规子群。

33. 设 $<G,*>$ 是 15 阶循环群，求 $<G,*>$ 的全部生成元和全部非平凡子群。

34. 设置换 $S=\begin{pmatrix}1&2&3&4&5\\2&4&3&5&1\end{pmatrix},T=\begin{pmatrix}1&2&3&4&5\\2&5&1&4&3\end{pmatrix}$，求 $S^2,S\circ T,T\circ S$ 和 $S\circ T^2$。

35. 证明对任意正整数 n，存在一个 n 次置换群恰为 n 阶循环群。

36. 对于群 $<\mathbf{R},+>$，定义 $\mathbf{R}$ 上的运算 "#" 为：$\forall x,y\in\mathbf{R},x\#y=0$。证明 $<\mathbf{R},+,\#>$ 是一个环。

37. 在整数集 $\mathbf{Z}$ 上定义运算 "⊕" 和 "⊗" 为：$\forall x,y\in\mathbf{Z},x\oplus y=x+y-1,x\otimes y=x+y-x\cdot y$。证明 $<\mathbf{R},\oplus,\otimes>$ 是一个环。

38. 设环 $<R,+,\#>$ 中 $<R,+>$ 为循环群，证明 $<R,+,\#>$ 是交换环。

39. 对于集合 $A=\{5x\,|x\in\mathbf{Z}\}$，判断 $<A,+,\times>$（"+" 和 "×" 分别为普通加法和普通乘法）是否为环以及是否为整环。

40. 设环 $<R,+,\cdot>$ 中，$\forall x,y\in R$，存在逆元 x^{-1} 和 y^{-1}，且 $x\cdot y=y\cdot x$，证明 $x\cdot y^{-1}=y^{-1}\cdot x$。

41. 判断下列集合和给定运算是否构成环、整环、域。

① $A=\{a+bi\,|a,b\in\mathbf{Z}\}$，其中 $i^2=-1$，运算为复数加法和乘法；

② $A=\{-1,0,1\}$，运算为普通加法和乘法；

③ M 为 2×2 整数矩阵的集合，运算为矩阵加法和乘法；

④ A 为非零有理数集合，运算为普通加法和乘法。

42. 证明如果 $<R,+,\#>$ 是整环，且 R 是有限集合，则 $<R,+,\#>$ 是域。

43. 设 $<F,+,\#>$ 是一个域，$F_1\subseteq F,F_2\subseteq F$，且 $<F_1,+,\#>$ 和 $<F_2,+,\#>$ 都是域，证明代数系统 $<F_1\cap F_2,+,\#>$ 是一个域。

44. 对于如下整除关系下的偏序集，判断哪些是格。

① $L=\{1,2,3,4,5\}$；

② $L=\{1,2,3,6,12\}$；

③ $L=\{1,2,3,4,6,12,18,36\}$；

④ $L=\{1,2^1,2^2,\cdots,2^n\},n\in\mathbf{N}$。

45. 图 7.19 给出了 6 个偏序集的哈斯图，判断哪些是格。

46. 对于格 $<L,\leqslant>$，设 a 和 b 是 L 中的元素，证明 $<S,\leqslant>$ 是 $<L,\leqslant>$ 的一个子格，其中 $S=\{x\,|x\in L,a\leqslant x,x\leqslant b\}$。

47. 对于集合 $A=\{1,2,3,4,6,12\}$ 和整除关系，判断 $<A,\leqslant>$ 是否是分配格。

48. 设 f 是格 $<L_1,\leqslant_1>$ 到格 $<L_2,\leqslant_2>$ 的格同态，证明 $<f(L_1),\leqslant_2>$ 是格 $<L_2,\leqslant_2>$

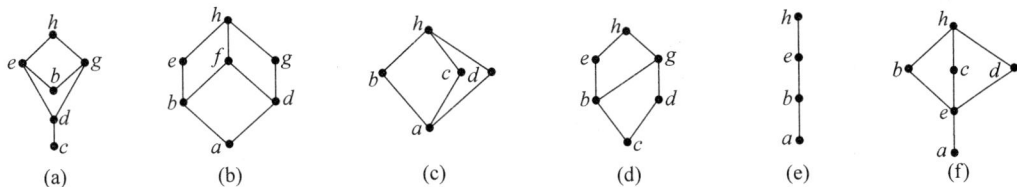

图 7.19 偏序集的哈斯图

的一个子格。

49. 证明：格$<L,\vee,\wedge>$是分配格，当且仅当$\forall x,y,z\in L,(a\wedge b)\vee(b\wedge c)\vee(c\wedge a)=(a\vee b)\wedge(b\vee c)\wedge(c\vee a)$。

50. 对于集合$A=\{1,2,3,4,6,12,36\}$和整除关系，判断$<A,\leqslant>$是否是有补格。

51. 证明：在有界分配格中，具有补元的所有元素组称的集合为载体构成一个子格。

52. 设$<L,\vee,\wedge>$是有补分配格，a和b是L中任意元素，证明：$b'\leqslant a'$当且仅当$a\wedge b'=0$当且仅当$a'\vee b=0$。

53. 设$<B,\wedge,\vee,',0,1>$是布尔代数，a和b是B中任意元素，证明：$a=b$当且仅当$(a\wedge b')\vee(a'\wedge b)=0$。

54. 图 7.20 给出了 4 个偏序集的哈斯图，判断哪些是有补格。

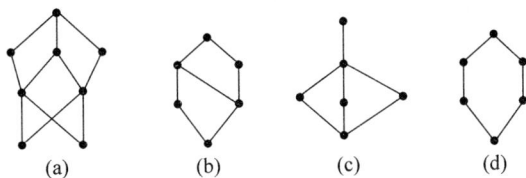

图 7.20 偏序集的哈斯图

55. 设$<B,\wedge,\vee,',0,1>$是布尔代数，定义B上的代数运算"$\oplus$"为：$\forall x,y\in B,a\oplus b=(a\wedge b')\vee(a'\wedge b)$。证明：$<B,\oplus>$为一个交换群，$<B,\oplus,\wedge>$为一个含幺交换环。

56. 设$<B,\wedge,\vee,',0,1>$是布尔代数，$a\in B$，定义B上的映射f为：$\forall x\in B,f(x)=x\vee a$。判定$f$是否是一个布尔同态，同时证明$<f(B),\wedge,\vee,',a,1>$是一个布尔代数。

57. 设P是所有命题组成的集合，"$\vee$"、"$\wedge$"和"$\neg$"分别是命题的析取、合取和否定联结词，证明代数系统$<P,\wedge,\vee,\neg>$是一个布尔代数。

58. 对于集合$A=\{1,2,3,4,6,12\}$和整除关系，给出$<A,\leqslant>$的所有元素个数大于等于 4 的子格的哈斯图。判断各子格是否是分配格，是否是有补格以及是否是布尔代数，并给出布尔代数的原子集合。

59. 对于集合$A=\{1,2,3,4,6,8,12,24\}$和整除关系，给出$<A,\leqslant>$的所有元素个数为5 的子格的哈斯图。判断各子格是否是分配格，是否是有补格以及是否是布尔代数，并给出布尔代数的原子集合。

60. 判断下列集合以及代数运算组成的代数系统的类型（半群、独异点、群、环、域、格、布尔代数），并说明理由。

① $A=\{-1,0,1\}$，运算为普通加法和乘法；

② $B=\{a_1,a_2,\cdots,a_n\}$，$\forall a_i,a_j\in B,a_i\sharp a_j=a_i(n\in \mathbf{Z},n\geqslant 2)$；

③ $C=\{0,1\}$，运算为普通乘法；

④ $D=\{1,2,5,7,10,14,35,70\}$，运算为求最小公倍数和求最大公约数；

⑤ $E=\{0,1,2\}$，运算为模 3 加法和模 3 乘法；

⑥ $E=\{0,1,2,3,4,5,6,7\}$，运算为模 8 加法和模 8 乘法。

第4篇

图论基础

图论(graph theory)的起源可以追溯到 18 世纪上半叶瑞士数学家欧拉(Leonhard Euler, 1707—1783)对哥尼斯堡七桥问题的思考和解决,但这门学科的真正形成和长足发展却是在 20 世纪。在这一历史过程中,一些独特的问题起了相当重要的作用。这些问题的独特性在于它们要么属于同人们的生产实践无甚联系的益智趣题,要么属于人们在生产实践中亟待解决的现实问题。正是这看似矛盾的统一体成为了这门学科发展的动力。

1735 年 8 月 26 日,欧拉向圣波得堡科学院提交了一篇名为《有关位置几何的一个问题的解》的论文,其中涉及的问题据他说在当时是广为人知的:在普鲁士的哥尼斯堡(第二次世界大战后划归前苏联,改称加里宁格勒)有两个称为奈发夫的岛,普雷格尔河的支流从岛的两旁流过,并且有七座桥横跨这两条支流。问能否设计一次散步,使得人们恰好走过每座桥一次。对此欧拉给出了否定的解答并在更一般的意义上进行了讨论。欧拉给出的最终结论是:"如果通注奇数座桥的地方不止两个,则满足要求的路线是找不到的。然而,如果只有两个地方通注奇数座桥,则可以从这两个地方之一出发,找出所要求的路线。最后,如果没有一个地方是通注奇数座桥的,则无论从哪里出发,所要求的路线总能实现。"这最后一条就是现在所称的欧拉定理的最初形态。然而,欧拉只是说明了定理条件的必要性。第一个完整的证明则是由德国数学家希尔霍采尔(Carl Hierholzer,1840—1871)在 1873 年发表的论文《论不重复且不间断地走遍一个线系的可能性》中给出的,而他似乎并不知道欧拉在此之前的工作。

1859 年,英国数学家哈密顿(William Rowan Hamilton,1805—1865)发明了一种游戏:用一个规则的实心十二面体的 20 个顶点标出世界著名的 20 个城市,要求游戏者找一条沿着各边通过每个顶点刚好一次的闭回路,即"绕行世界"。用图论的语言来说,游戏的目的是在十二面体的图中找出一个生成圈。这个问题后来就称为哈密顿问题。到目前为止,数学家还未能找到一个简单的判定哈密顿图的充分必要条件,以刻画出含有哈密顿通路或回路的图的特征。

1852 年,格思里(Francis Guthrie,1831—1899)在开展地图着色工作时,发现了一种有趣的现象:"看来,每幅地图都可以用四种颜色着色,使得有共同边界的国家都被着上不同的颜色。"1872 年,英国当时最著名的数学家凯莱(Arthur Cayley,1812—1895)正式向伦敦数学学会提出了这个问题,于是四色猜想成了世界数学界关注的问题。世界上许多一流的数学家都纷纷参加了四色猜想的大会战。1878 年到 1880 年两年间,著名律师兼数学家肯普(Alfred Bray Kempe,1849—1922)和泰特(Peter Guthrie Tait,1831—1901)两人分别提交了证明四色猜想的论文,宣布证明了四色定理(four color theorem)。但后来数学家赫伍德(Percy John Heawood,1861—1955)以自己的精确计算指出肯普的证明是错误的。不久,泰特的证明也被人们否定了。于是,人们开始认识到,这个貌似容易的题目,其实是一个可与费马猜想(Fermat guess)相媲美的难题。进入 20 世纪,科学家们对四色猜想的证明基本上是按照肯普的思路在进行。电子计算机问世以后,由于演算速度迅速提高,加之人机对话的出现,大大加快了对四色猜想证明的进程。1976 年,美国数学家阿佩尔(Kenneth Appel,1932—)与哈肯(Wolfgang Haken,1928—)在美国伊利诺伊大学的两台不同的电子计算机上,用了 1200 个小时,作了 100

几次判断,终于完成了四色定理的证明。不过不少数学家并不满足于计算机取得的成就,他们认为应该有一种简捷明快的书面证明方法。

1847 年,施陶特(Karl Georg Christian von Staudt,1798—1867)和基尔霍夫(Gustav Robert Kirchhoff,1798—1867)在各自的论文中首先使用了树(tree)的直观概念。但是,树的引入和这个概念的数学发展是由英国数学家凯莱于 1857 年提出的。凯莱注意到:通过观察从树中删除根结点的效果并检查剩下的根树,可以求出具有 n 条边的根树的数目。大约在同时,法国数学家约当(Camille Jordan,1838—1922)在对图进行的系统研究中,指出某些树具有一个或一些称为形心或双形心的特殊顶点,它们在自同构下不变。这项工作引起了凯莱的注意,他在 1881 年应用约当的结论给出了关于根树数目的结论的一个更完善的证明。

波兰人类学家柴卡诺乌斯基(Jan Czekanowski,1882—1965)在 1909—1928 年所做的关于各种分类模式的工作中发现了最小生成树问题(minimum spanning tree problem)。前捷克斯洛伐克数学家波乌卡(Otakar Borufvka,1899—1995)在 1926 年发表的《论某种极小问题》和《对解决与经济地建设电网有关的一个问题的贡献》两篇文章中,首先对该问题给以明确表述并设计出多项式时间算法。正如他的第二篇文章题目所揭示的,波乌卡的兴趣来自于西摩拉维亚电力公司在 20 世纪 20 年代初提出的一个问题,即如何最经济地建设一个电网。他将其抽象为:"在平面上(或空间中)有 n 个给定点,其相互间的距离都不同。我们希望用一个网将它们连起来,使得:任何两点要么直接相连要么通过其他的一些点相连;网的总长最短"。而他在第一篇文章中表述该问题时使用的则是代数语言。此后,求解最小生成树问题的算法被许多不同的人在不同的时间、不同的地点相互独立地重复发现。这其中以美国数学家克鲁斯卡尔(Joseph Kruskal,1928—2010)在 1956 年发表的《论图的最短生成子树和旅行推销员问题》中给出的一个算法和另一位美国数学家普利姆(Robert Clay Prim,1921—)在 1957 年发表的《最短连通网络及某些推广》中给出的一个算法最为著名。事实上,克鲁斯卡尔本人后来曾谈到:其工作本质上是对波乌卡给出的算法的简化,而普利姆算法则早在 1930 年就已为前捷克斯洛伐克数学家雅尼克(Vojtech Jarník,1897—1970)得到,1959 年该算法又被荷兰计算机专家和数学家狄克斯特拉(Edsger Wybe Dijkstra,1930—2002)重新发现。

美国数学家福特(Lester Randolph Ford,1927—)和富尔克森(Delbert Ray Fulkerson,1924—1976)在 1954 年提交的一份兰德公司研究报告称,运输网络中的最大流(max-flow)问题首先由哈里斯(T. Harris)提出:"考虑通过若干中间城市连接两个城市的一个铁路网络,其中该网络的每个连接都被赋予了代表其容量的一个数。假定一种稳定的状态条件,求从一个给定城市到另一个城市的一个最大流。"后来,福特和富尔克森又在他们 1962 年出版的《网络中的流》一书中对此作了更确切的说明。据说,两位作者是在 1955 年春从哈里斯那里得知该问题的。当时哈里斯正在与一位退休将军罗斯(F. S. Ross)研究如何给铁路交通流建立一个简化的模型,而最大流问题则是这一模型提出的中心课题。其研究成果是 1955 年 10 月 24 日提交给美国空军的一份秘密报告《铁路网容量的一种估计方法的基本原理》。然而,直到 1999 年该报告解密后人们才知道,哈里斯-罗斯报告要解决的问题实际上产生自前苏联西部地区和东欧地区的铁路网。他们所关心的也不是像福特和富尔克森所说寻找一个最大流,而是寻找这一铁路系统的最小截断。在哈里斯-罗斯报告提出后不久,福特和富尔克森给出了求最大流的所谓"标号法"。而此前他们已经证明了最大流最小截定理(max-flow min-cut theorem):"在一个网络中可获得的最大流值是所有拆分集的容量的最小值。"这里所说的拆分集是指弧的一个集合使得连接源点和汇点的每条链都与它相交。如果一个拆分集的真子集不是拆分集就称为截(cut),而拆分集的容量值是其中元素的容量之和。该定理刻画了最大流问题的解的特征。

许多现实世界的实际问题都可抽象为图的数学模型,如硬件电路设计与分析、电网络分析、数据的结构、程序设计、程序分析、物理系统模型、物流管理、交通调度等。这些复杂图模型的分析与综合,离不开图论基本知识的支撑。

第 8 章

图

8.1 图的概念与表示

8.1.1 基本概念

图是离散对象的直观抽象模型,现实世界中的许多问题都能够用图来直观描述,如前面讨论过的关系的关系图、偏序关系的哈斯图等。

定义 8.1 结点集合 $V=\{v_1,v_2,\cdots,v_n\}$ 和连接结点的边集合 $E=\{e_1,e_2,\cdots,e_m\}$ 组成的二元组 $G=<V,E>$ 称为**图**(graph)。图中结点集合的基数 n 称为图的**阶数**(order)。图 $G=<V,E>$ 称为 n **阶图**(n-order graph),或者 (n,m) 图。

例如,图 8.1 给出的都是图。图 8.1(a)表示二元组 $G_1=<V_1,E_1>$,它的结点集合为 $V_1=\{v_0,v_1,v_2,v_3,v_4,v_5\}$,边集合为 $E_1=\{e_1,e_2,e_3,e_4,e_5,e_6,e_7,e_8\}$,结点集合 V_1 的基数为 6,所以,图 G_1 是 6 阶图或 $(6,8)$ 图;图 8.1(b)表示二元组 $G_2=<V_2,E_2>$,它的结点集合为 $V_2=\{v_0,v_1,v_2,v_3,v_4,v_5,v_6\}$,边集合为 $E_2=\{e_1,e_2,e_3,e_4,e_5,e_6,e_7,e_8,e_9,e_{10}\}$,结点集合 V_2 的基数为 7,所以,图 G_2 是 7 阶图或 $(7,10)$ 图;图 8.1(c)表示二元组 $G_3=<V_3,E_3>$,它的结点集合为 $V_3=\{v_1,v_2,v_3,v_4,v_5,v_6\}$,边集合为 $E_3=\{e_1,e_2,e_3,e_4,e_5\}$,结点集合 V_3 的基数为 6,所以,图 G_3 是 6 阶图或 $(6,5)$ 图。

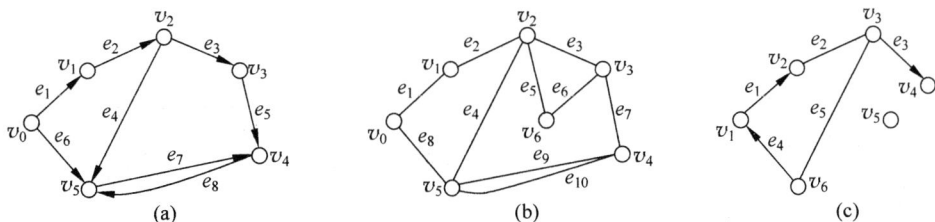

图 8.1 图的示例

为了对图中的边进行区别表示,引入如下无序序偶的定义。

定义 8.2 两个元素 x 和 y 无序排列成的二元组称为一个**无序对**或**无序序偶**(unordered couple),记作 (x,y)。对于集合 A 和 B,集合 A 中元素和集合 B 中元素组成的无序序偶的集合称为 A 和 B 的**无序积**(unordered product),记作 $A\&B$,形式化表示为: $A\&B=\{(x,y)\mid x\in A,y\in B\}$。

注意:无序序偶是和序偶相对应的一个概念。无序序偶中元素是无次序的,即 $(x,y)=$

(y,x)。由此,对于集合 A 和 B,$A\&B=B\&A$。

例如,对于集合 $A=\{1,2,3\}$ 和 $B=\{a,b\}$,$A\&B=\{(1,a),(1,b),(2,a),(2,b),(3,a),(3,b)\}=\{(a,1),(a,2),(a,3),(b,1),(b,2),(b,3)\}=\cdots$。

定义 8.3　从结点 u 到结点 v 的有方向的边,称为**有向边**(directed edge),用序偶 $<u,v>$ 表示,其中,结点 u 称为有向边的**始点**(initial node),结点 v 称为有向边的**终点**(terminal node),结点 u 和 v 也称为有向边的**端点**(end node);连接结点 u 到结点 v 的无方向的边,称为**无向边**(undirected edge),用无序序偶 (u,v) 表示,其中,结点 u 和 v 称为无向边的**端点**(end node)。以结点 u 为端点的边,称为结点 u 的**关联边**(incidence edge)。

例如,图 8.1(a)中所有边都是有向边,分别为 $e_1=<v_0,v_1>$,$e_2=<v_1,v_2>$,$e_3=<v_2,v_3>$,$e_4=<v_2,v_5>$,$e_5=<v_3,v_4>$,$e_6=<v_0,v_5>$,$e_7=<v_5,v_4>$,$e_8=<v_4,v_5>$。其中,有向边 e_7 的始点为结点 v_5,终点为结点 v_4,有向边 e_8 的始点为结点 v_4,终点为结点 v_5,结点 v_4 和 v_5 都是有向边 e_7 的端点,也都是有向边 e_8 的端点。

图 8.1(b)中所有边都是无向边,分别为 $e_1=(v_0,v_1)$,$e_2=(v_1,v_2)$,$e_3=(v_2,v_3)$,$e_4=(v_2,v_5)$,$e_5=(v_2,v_6)$,$e_6=(v_3,v_6)$,$e_7=(v_3,v_4)$,$e_8=(v_0,v_5)$,$e_9=(v_4,v_5)$,$e_{10}=(v_4,v_5)$。其中,结点 v_4 和 v_5 都是无向边 e_9 的端点,也都是无向边 e_{10} 的端点。

图 8.1(c)中边 e_1,e_3 和 e_4 是有向边,边 e_2 和 e_5 是无向边,分别为 $e_1=<v_1,v_2>$,$e_2=(v_2,v_3)$,$e_3=<v_3,v_4>$,$e_4=<v_6,v_1>$,$e_5=(v_3,v_6)$。其中,结点 v_5 不是任何边的端点,结点 v_2 是无向边 e_2 的端点,也是有向边 e_1 的终点和端点。

定义 8.4　连接结点 u 到结点 u 的边,称为结点 u 的**自环**(self-loop)。在结点 u 和结点 v 之间,具有相同始点和相同终点的多条有向边,或者连接结点 u 到结点 v 的多条无向边,称为**平行边**(pallel edge)或**重复边**,并称平行边的条数为边的**重数**(multiplicity)。

例如,在图 8.2(a)中,连接结点 v_1 到结点 v_1 的有向边 $e_2=<v_1,v_1>$ 是一个自环;连接结点 v_4 到结点 v_4 的无向边 $e_7=(v_4,v_4)$ 也是一个自环。在图 8.2(b)中,连接结点 v_2 到结点 v_3 的无向边 $e_2=e_3=e_4=(v_2,v_3)$ 是平行边,其重数为 3;连接结点 v_5 到结点 v_6 的无向边 $e_8=e_9=(v_5,v_6)$ 也是平行边,其重数是 2;在图 8.2(c)中,连接结点 v_2 到结点 v_2 的有向边 $e_1=<v_2,v_2>$ 是一个自环;连接结点 v_2 到结点 v_3 的有向边 $e_2=e_3=e_4=<v_2,v_3>$ 是平行边,其重数为 3;连接结点 v_5 到结点 v_6 的有向边 $e_8=<v_5,v_6>$ 和连接结点 v_6 到结点 v_5 的有向边 $e_9=<v_6,v_5>$ 不是平行边。

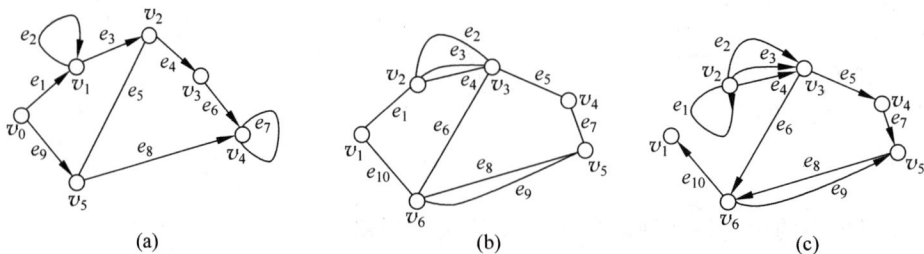

图 8.2　图的示例

定义 8.5　在图 $G=<V,E>$ 中,如果 $<u,v>\in E$ 或者 $(u,v)\in E$,则称结点 u **邻接到**结点 v,或者称结点 u 和结点 v 互为**邻接结点**(adjacent node)。没有邻接结点的结点称为**孤立结点**(isolated node)。具有公共端点的边称为**邻接边**(adjacent edge)。

注意：在图 $G=<V,E>$ 中，无向边用无序序偶表示，且 $(u,v)=(v,u)$。因此，如果 $(u,v)\in E$，则结点 u 邻接到结点 v，并且结点 v 邻接到结点 u。

例 8.1 求图 8.2(a)、图 8.2(b)和图 8.2(c)中各结点的邻接结点和各边的邻接边。

解 在图 8.2(a)中，结点 v_0 的邻接结点为 v_1 和 v_5，结点 v_0 邻接到结点 v_1 和 v_5；结点 v_1 的邻接结点为 v_0,v_1 和 v_2，结点 v_1 邻接到结点 v_1 和 v_2；结点 v_2 的邻接结点为 v_1,v_3 和 v_5，结点 v_2 邻接到结点 v_3 和 v_5；结点 v_3 的邻接结点为 v_2 和 v_4，结点 v_3 邻接到结点 v_4；结点 v_4 的邻接结点为 v_3,v_4 和 v_5，结点 v_4 邻接到结点 v_4；结点 v_5 的邻接结点为 v_0,v_2 和 v_4，结点 v_5 邻接到结点 v_2 和 v_4。

在图 8.2(a)中，边 e_1 的邻接边为 e_2,e_3 和 e_9，边 e_2 的邻接边为 e_1 和 e_3，边 e_3 的邻接边为 e_1,e_2,e_4 和 e_5，边 e_4 的邻接边为 e_3,e_5 和 e_6，边 e_5 的邻接边为 e_3,e_4,e_8 和 e_9，边 e_6 的邻接边为 e_4,e_7 和 e_8，边 e_7 的邻接边为 e_6 和 e_8，边 e_8 的邻接边为 e_5,e_6,e_7 和 e_9，边 e_9 的邻接边为 e_1,e_5 和 e_8。

在图 8.2(b)中，结点 v_1 的邻接结点为 v_2 和 v_6，结点 v_1 邻接到结点 v_2 和 v_6；结点 v_2 的邻接结点为 v_1 和 v_3，结点 v_2 邻接到结点 v_1 和 v_3，且结点 v_2 通过平行边 e_2,e_3 和 e_4 邻接到结点 v_3 共 3 次；结点 v_3 的邻接结点为 v_2,v_4 和 v_6，结点 v_3 邻接到结点 v_2,v_4 和 v_6，且结点 v_3 通过平行边 e_2,e_3 和 e_4 邻接到结点 v_2 共 3 次；结点 v_4 的邻接结点为 v_3 和 v_5，结点 v_4 邻接到结点 v_3 和 v_5；结点 v_5 的邻接结点为 v_4 和 v_6，结点 v_5 邻接到结点 v_4 和 v_6，且结点 v_5 通过平行边 e_8 和 e_9 邻接到结点 v_6 共 2 次；结点 v_6 的邻接结点为 v_1,v_3 和 v_5，结点 v_6 邻接到结点 v_1,v_3 和 v_5，且结点 v_6 通过平行边 e_8 和 e_9 邻接到结点 v_5 共 2 次。

在图 8.2(b)中，边 e_1 的邻接边为 e_2,e_3,e_4 和 e_{10}，边 e_2 的邻接边为 e_1,e_3,e_4,e_5 和 e_6，边 e_3 的邻接边为 e_1,e_2,e_4,e_5 和 e_6，边 e_4 的邻接边为 e_1,e_2,e_3,e_5 和 e_6，边 e_5 的邻接边为 e_2,e_3,e_4,e_6 和 e_7，边 e_6 的邻接边为 e_2,e_3,e_4,e_5,e_8,e_9 和 e_{10}，边 e_7 的邻接边为 e_5,e_8 和 e_9，边 e_8 的邻接边为 e_6,e_7,e_9 和 e_{10}，边 e_9 的邻接边为 e_6,e_7,e_8 和 e_{10}，边 e_{10} 的邻接边为 e_1,e_6,e_8 和 e_9。

在图 8.2(c)中，结点 v_1 的邻接结点为 v_6；结点 v_2 的邻接结点为 v_2 和 v_3，结点 v_2 邻接到结点 v_2 和 v_3，且结点 v_2 通过平行边 e_2,e_3 和 e_4 邻接到结点 v_3 共 3 次；结点 v_3 的邻接结点为 v_2,v_4 和 v_6，结点 v_3 邻接到结点 v_4 和 v_6；结点 v_4 的邻接结点为 v_3 和 v_5，结点 v_4 邻接到结点 v_5；结点 v_5 的邻接结点为 v_4 和 v_6，结点 v_5 邻接到结点 v_6；结点 v_6 的邻接结点为 v_1,v_3 和 v_5，结点 v_6 邻接到结点 v_1 和 v_5。

在图 8.2(c)中，边 e_1 的邻接边为 e_2,e_3 和 e_4，边 e_2 的邻接边为 e_1,e_3,e_4,e_5 和 e_6，边 e_3 的邻接边为 e_1,e_2,e_4,e_5 和 e_6，边 e_4 的邻接边为 e_1,e_2,e_3,e_5 和 e_6，边 e_5 的邻接边为 e_2,e_3,e_4,e_6 和 e_7，边 e_6 的邻接边为 e_2,e_3,e_4,e_5,e_8,e_9 和 e_{10}，边 e_7 的邻接边为 e_5,e_8 和 e_9，边 e_8 的邻接边为 e_6,e_7,e_9 和 e_{10}，边 e_9 的邻接边为 e_6,e_7,e_8 和 e_{10}，边 e_{10} 的邻接边为 e_6,e_8 和 e_9。

定义 8.6 含有平行边的图，称为**多重图**(multigraph)。既不含有平行边，又不含有自环的图，称为**简单图**(simple graph)。

例如，图 8.1(a)既不含有平行边，又不含有自环，它是一个简单图；图 8.1(b)含有平行边，它是一个多重图；图 8.1(c)既不含有平行边，又不含有自环，它是一个简单图；图 8.2(a)含有 2 个自环 $<v_1,v_1>$ 和 (v_4,v_4)，它不是一个简单图；图 8.2(b)含有平行边，它是一个多重图；图 8.2(c)含有自环和平行边，它不是一个简单图。

定义 8.7 所有边都是无向边的图称为**无向图**(undirected graph)，所有边都是无向边的简单图称为**无向简单图**(undirected simple graph)。所有边都是有向边的图称为**有向图**(directed graph),所有边都是有向边的简单图称为**有向简单图**(directed simple graph)。既含有有向边,又含有无向边的图,称为**混合图**(mixed graph)。

例如,图 8.1(a)的所有边都是有向边,它是一个有向图,也是一个有向简单图;图 8.1(b)的所有边都是无向边,且含有平行边,它是一个无向图,但不是一个无向简单图;图 8.1(c)既含有有向边,又含有无向边,它是一个混合图;图 8.2(a)既含有有向边,又含有无向边,它是一个混合图;图 8.2(b)的所有边都是无向边,且含有平行边,它是一个无向图,但不是一个无向简单图;图 8.2(c)的所有边都是有向边,且含有平行边和自环,它是一个有向图,但不是一个有向简单图。

定义 8.8　对于具有 n 个结点的无向简单图 $G=<V,E>$,如果任意两个结点之间都有边相连,则称 G 为**无向完全图**(undirected complete graph),简称为**完全图**,记为 K_n。对于具有 n 个结点的有向简单图 $G=<V,E>$,如果任意两个结点之间都有两条方向相反的有向边相连,则称 G 为**有向完全图**(directed complete graph)。

例如,图 8.3(a)、图 8.3(b)和图 8.3(c)分别为完全图 K_5,K_4 和 K_3;图 8.3(f)和图 8.3(g)都是有向完全图;图 8.3(d)不是完全图,因为不存在连接结点 v_1 和结点 v_3、结点 v_2 和结点 v_4 的边;图 8.3(e)不是完全图,因为不存在连接结点 v_2 和结点 v_4、结点 v_1 和结点 v_4、结点 v_1 和结点 v_3 的边;图 8.3(h)不是有向完全图,因为不存在结点 v_3 到结点 v_2、结点 v_4 到结点 v_1 的有向边。

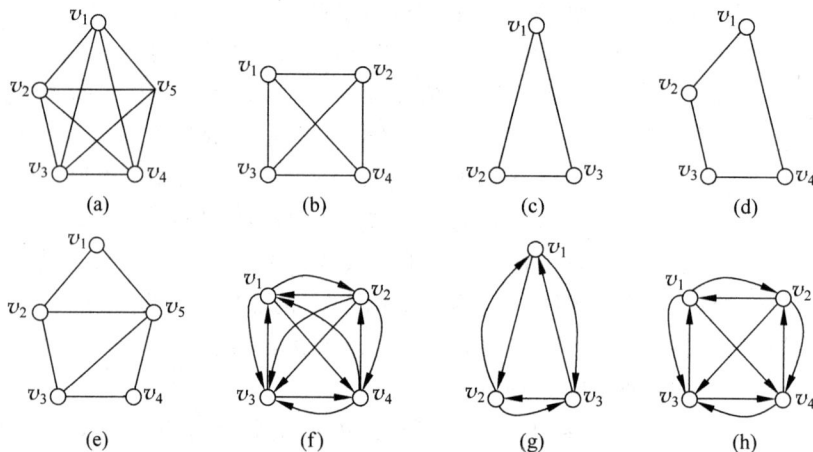

图 8.3　图的示例

定义 8.9　对于图 $G=<V,E>$ 和 $G_1=<V_1,E_1>$,如果 $V_1 \subseteq V$ 且 $E_1 \subseteq E$,则称图 G_1 是图 G 的**子图**(subgraph),记为 $G_1 \subseteq G$;如果 $G_1 \subseteq G$ 且 $G_1 \neq G$(即 $V_1 \subset V$ 或 $E_1 \subset E$),则称图 G_1 是图 G 的**真子图**(proper subgraph),记为 $G_1 \subset G$;如果 $G_1 \subseteq G$ 且 $V_1=V$,则称图 G_1 是图 G 的**生成子图**(spanning subgraph);对于结点集 V 的非空子集 $V' \subseteq V$,以 V' 为结点集、两个端点都在 V' 中的边的全体为边集的 G 的子图,称为结点集 V' 导出的**导出子图**(induced subgraph),记为 $G[V']$。对于边集 E 的非空子集 $E' \subseteq E$,以 E' 为边集、E' 中边的端点全体为结点集的 G 的子图,称为边集 E' 导出的**导出子图**,记为 $G[E']$。

例如,对于图 8.4 中图 G,图 G_1、图 G_2 和图 G_3 都是图 G 的子图,且是真子图;图 G_1 是

图 G 的结点集 $\{v_1,v_2,v_3,v_4\}$ 导出的导出子图,也是图 G 的边集 $\{(v_1,v_2),(v_2,v_3),(v_1,v_3),$
$(v_1,v_4),(v_3,v_4)\}$ 导出的导出子图;图 G_2 是图 G 的生成子图,也是图 G 的边集 $\{(v_1,v_2),$
$(v_1,v_5),(v_2,v_3),(v_4,v_5),(v_3,v_4)\}$ 导出的导出子图;图 G_3 是图 G 的边集 $\{(v_1,v_2),$
$(v_1,v_4),(v_2,v_3),(v_3,v_4)\}$ 导出的导出子图。

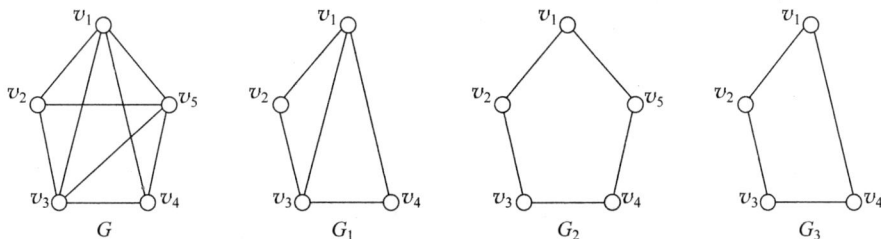

图 8.4　图的子图

定义 8.10　在图 $G=<V,E>$ 中,以结点 $v\in V$ 为端点的次数称为结点 v 的**度数**
(degree),简称**度**,记为 $\deg(v)$;在有向图 $G=<V,E>$ 中,以结点 $v\in V$ 为始点的边的数目
称为结点 v 的**出度**(out degree),记为 $\deg^+(v)$。以结点 $v\in V$ 为终点的边的数目称为结点
v 的**入度**(in-degree),记为 $\deg^-(v)$。显然有 $\deg(v)=\deg^+(v)+\deg^-(v)$。

例 8.2　求图 8.2(a)、图 8.2(b)和图 8.2(c)中各结点的度、出度和入度。

解　在图 8.2(a)中,有

$\deg(v_0)=2$　$\deg^+(v_0)=2$　$\deg^-(v_0)=0$

$\deg(v_1)=4$　$\deg^+(v_1)=2$　$\deg^-(v_1)=2$

$\deg(v_2)=3$

$\deg(v_3)=2$　$\deg^+(v_3)=1$　$\deg^-(v_3)=1$

$\deg(v_4)=4$

$\deg(v_5)=3$

在图 8.2(b)中,有

$\deg(v_1)=2$　$\deg(v_2)=4$　$\deg(v_3)=5$　$\deg(v_4)=2$　$\deg(v_5)=3$　$\deg(v_6)=4$

在图 8.2(c)中,有

$\deg(v_1)=1$　$\deg^+(v_1)=0$　$\deg^-(v_1)=1$

$\deg(v_2)=5$　$\deg^+(v_2)=4$　$\deg^-(v_2)=1$

$\deg(v_3)=5$　$\deg^+(v_3)=2$　$\deg^-(v_3)=3$

$\deg(v_4)=2$　$\deg^+(v_3)=1$　$\deg^-(v_3)=1$

$\deg(v_5)=3$　$\deg^+(v_3)=1$　$\deg^-(v_3)=2$

$\deg(v_6)=4$　$\deg^+(v_3)=2$　$\deg^-(v_3)=2$

定理 8.1(握手定理)　在图 $G=<V,E>$ 中,结点度数的总和等于边的数目的 2 倍,即

$$\sum_{v\in V}\deg(v)=2\cdot|E|$$

证明　因为每条边都有两个端点(自环的两个端点是同一个结点),所以,加上一条边就
使得结点的度数之和增加 2,因此结论成立。证毕。

这个结果是图论的第一个定理,它是由欧拉最先给出的。欧拉曾对此定理给出了这样

一个形象论断：如果许多人在见面时握了手，两只手握在一起，被握过的手的总次数为偶数。

例如：

在图 8.2(a)中，有 $\deg(v_0)+\deg(v_1)+\deg(v_2)+\deg(v_3)+\deg(v_4)+\deg(v_5)=2+4+3+2+4+3=18=2 \cdot |E|$。

在图 8.2(b)中，有 $\deg(v_1)+\deg(v_2)+\deg(v_3)+\deg(v_4)+\deg(v_5)+\deg(v_6)=2+4+5+2+3+4=20=2 \cdot |E|$。

在图 8.2(c)中，有 $\deg(v_1)+\deg(v_2)+\deg(v_3)+\deg(v_4)+\deg(v_5)+\deg(v_6)=1+5+5+2+3+4=20=2 \cdot |E|$。

推论   任意图中度数为奇数的结点个数为偶数。

证明   设 $G=<V,E>$ 为一个图，其中，$|V|=n$，$|E|=m$。令 $V_1=\{v|v\in V,\deg(v)$ 为奇数$\}$，$V_2=\{v|v\in V,\deg(v)$ 为偶数$\}$，则 $V_1 \bigcup V_2=V$，$V_1 \bigcap V_2=\varnothing$。

由握手定理可知

$$2m = \sum_{v \in V}\deg(v) = \sum_{v \in V_1}\deg(v) + \sum_{v \in V_2}\deg(v)$$

由于 $2m$ 和 $\sum_{v \in V_2}\deg(v)$ 都是偶数，所以，$\sum_{v \in V_1}\deg(v)$ 必是偶数。又由于 V_1 中结点的度数都是奇数，因此，$|V_1|$ 必为偶数。证毕。

例如，在图 8.2(a)中，结点 v_2 和 v_5 的度数为奇数，度数为奇数的结点总数为 2；在图 8.2(b)中，结点 v_3 和 v_5 的度数为奇数，度数为奇数的结点总数为 2；在图 8.2(c)中，结点 v_1，v_2，v_3 和 v_5 的度数为奇数，度数为奇数的结点总数为 4。

定理 8.2   在有向图 $G=<V,E>$ 中，结点的出度总和等于结点的入度总和，等于边的数目，即 $\sum_{v \in V}\deg^+(v) = \sum_{v \in V}\deg^-(v) = |E|$。

证明   设 $G=<V,E>$ 为一个有向图，其中，$|V|=n$，$|E|=m$。在有向图中，每一条有向边分别对出度、入度增加 1。所以，必有

$$\sum_{v \in V}\deg^+(v) = \sum_{v \in V}\deg^-(v)$$

由握手定理可知

$$2m = \sum_{v \in V}\deg(v) = \sum_{v \in V}\deg^+(v) + \sum_{v \in V}\deg^-(v)$$

$$= 2 \cdot \sum_{v \in V}\deg^+(v) = 2 \cdot \sum_{v \in V}\deg^-(v)$$

即

$$m = \sum_{v \in V}\deg^+(v) = \sum_{v \in V}\deg^-(v)$$

证毕。

例 8.3   求解下列各题。

① 图 G 中各结点的度数为 2,2,3,5,6（称为度数序列），该图中边的数目是多少？

② 已知两个序列为 4,2,3,5 和 3,2,6，它们分别能成为图中的结点的度数序列吗？

③ 设图 G 有 10 个结点，每个结点的度为 6，那么图 G 有多少条边？

解 ① 由握手定理知

$$2 \cdot m = 2 + 2 + 3 + 5 + 6 = 18$$
$$m = 9$$

所以,该图中边的数目 m 是 9。

② 在序列 4,2,3,5 中,度数为奇数的结点有 2 个,为偶数,满足握手定理,因而可以成为图中的结点的度数序列。

在序列 3,2,6 中,度数为奇数的结点只有 1 个,为奇数,不满足握手定理,因此不能成为图中的结点的度数序列。

③ 图 G 中结点的度数总和为 $10 \cdot 6 = 60$。由握手定理知

$$2 \cdot m = 60$$
$$m = 30$$

所以,图 G 有 30 条边。

定义 8.11 对于图 $G_1 = <V_1, E_1>$ 和 $G_2 = <V_2, E_2>$,如果存在双射函数 $f: V_1 \to V_2$,使得任意 $e = (u,v) \in E_1$ 或 $e = <u,v> \in E_1$,当且仅当 $e' = (f(u), f(v)) \in E_2$ 或 $e' = <f(u), f(v)> \in E_2$,并且 e 与 e' 的重数相同,则称图 G_1 和图 G_2 **同构**(isomorphism),记为 $G_1 \cong G_2$。

例如,在图 8.5 中,图 G_1 和图 G_2 同构,图 G_3 和图 G_4 同构。

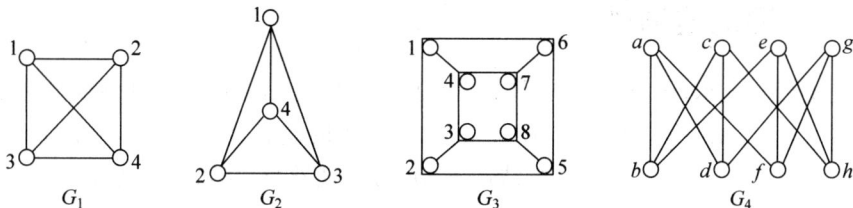

图 8.5 图的同构

事实上,判断任意两个图是否同构是一个非常困难的问题,到目前为止,还只能从定义出发来判断。图的同构有如下必要条件:

① 结点数目相同;

② 边数相同;

③ 度数相同的结点数目相同。

例 8.4 判断图 8.6 中 4 个图是否同构?

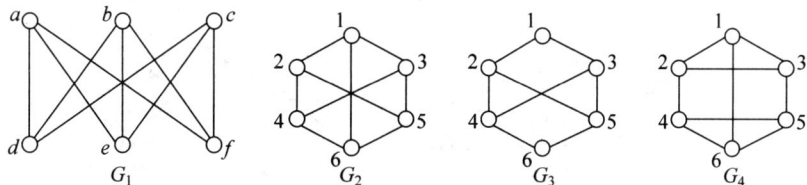

图 8.6 图的同构

解 图 8.6 中,图 G_1 和图 G_2 同构。

图 G_3 和图 G_1 不满足同构的必要条件②和③,所以,它们不是同构。

图 G_4 和图 G_1 满足同构的 3 个必要条件,却不是同构。

图 G_4 和图 G_3 不满足同构的必要条件②和③,所以,它们不是同构。

例 8.5 试给出 4 个结点 3 条边的所有可能非同构的无向简单图和 3 个结点 2 条边的所有可能非同构的有向简单图。

解 4 个结点 3 条边的所有可能非同构的无向简单图只有图 8.7(a)、图 8.7(b)和图 8.7(c)3 种情况。

3 个结点 2 条边的所有可能非同构的有向简单图只有图 8.7(d)、图 8.7(e)、图 8.7(f)和图 8.7(g)4 种情况。

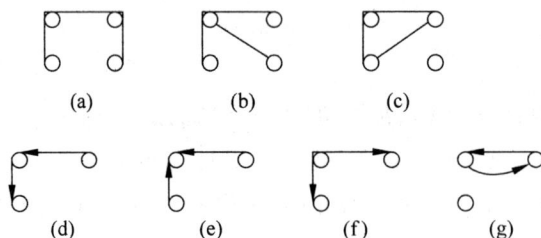

图 8.7 图的同构

8.1.2 图的连通性

图的连通性(connectiveness)是图的一个基本性质,是研究图的其他性质的基础。

定义 8.12 在无向图 $G=<V,E>$ 中,结点和边的交替序列 $v_{i0} e_{j1} v_{i1} e_{j2} v_{i2} \cdots e_{jp} v_{ip}$(其中,$v_{ik} \in V$,$e_{jk}=(v_{i(k-1)}, v_{ik}) \in E$)称为结点 v_{i0} 到 v_{ip} 的**通路**(path),简记为 $v_{i0} v_{i1} v_{i2} \cdots v_{ip}$。在有向图 $G=<V,E>$ 中,结点和边的交替序列 $v_{i0} e_{j1} v_{i1} e_{j2} v_{i2} \cdots e_{jp} v_{ip}$(其中,$v_{ik} \in V$,$e_{jk}=<v_{i(k-1)}, v_{ik}> \in E$)称为结点 v_{i0} 到 v_{ip} 的**通路**(path),简记为 $v_{i0} v_{i1} v_{i2} \cdots v_{ip}$。一条通路中所含有的边的总数称为该通路的**长度**(length)。不含有相同边的通路称为**简单通路**(simple path)。不含有相同结点的通路称为**基本通路**(basic path),或者**初级通路**。

例如,在图 8.8(a)中,$v_0 e_1 v_1 e_2 v_2 e_3 v_3 e_{11} v_6 e_{12} v_4 e_9 v_5$ 是一条结点 v_0 到 v_5 的通路,其长度为 6,该通路既是一条简单通路,又是一条基本通路;$v_1 e_2 v_2 e_3 v_3 e_{11} v_6 e_{12} v_4 e_9 v_5 e_4 v_2 e_2 v_1 e_1 v_0 e_8 v_5 e_9 v_4 e_{10} v_5$ 是一条结点 v_1 到 v_5 的通路,其长度为 11,该通路既不是一条简单通路,也不是一条基本通路;$v_5 e_8 v_0 e_1 v_1 e_2 v_2 e_3 v_3 e_7 v_4 e_{10} v_5 e_9 v_4 e_{12} v_6$ 是一条结点 v_5 到 v_6 的通路,其长度为 8,该通路是一条简单通路,但不是一条基本通路;$v_0 e_1 v_2 e_3 v_3 e_{11} v_6 e_{12} v_4 e_9 v_5$ 不是一条通路。

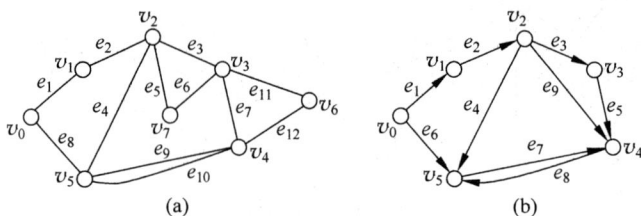

图 8.8 图的示例

再如,在图 8.8(b)中,$v_0 e_1 v_1 e_2 v_2 e_3 v_3 e_5 v_4 e_8 v_5$ 是一条结点 v_0 到 v_5 的通路,其长度为 5,该通路既是一条简单通路,又是一条基本通路;$v_1 e_2 v_2 e_3 v_3 e_5 v_4 e_8 v_5 e_7 v_4$ 一条结点 v_1 到 v_4 的通路,其长度为 5,该通路是一条简单通路,但不是一条基本通路;$v_5 e_8 v_4 e_9 v_2$ 不是一条通路。

定义 8.13 在图 $G = <V, E>$ 中,结点 u 到 v 的通路满足 $u = v$,则称该通路为经过结点 u 的**回路**(circuit)。不含有相同边的回路称为**简单回路**(simple circuit)。除结点 u 和 $v(u = v)$ 外,不含有相同结点的回路称为**基本回路**(basic circuit),或者**初级回路**。

例如,在图 8.8(a)中,$v_0 e_1 v_1 e_2 v_2 e_3 v_3 e_{11} v_6 e_{12} v_4 e_9 v_5 e_8 v_0$ 是一条经过结点 v_0 的回路,其长度为 7,该回路既是一条简单回路,又是一条基本回路;$v_1 e_2 v_2 e_3 v_3 e_{11} v_6 e_{12} v_4 e_9 v_5 e_4 v_2 e_2 v_1$ 是一条经过结点 v_1 的回路,其长度为 7,该通路既不是一条简单回路,也不是一条基本回路;$v_5 e_8 v_0 e_1 v_1 e_2 v_2 e_3 v_3 e_7 v_4 e_{10} v_5 e_9 v_4 e_{12} v_6 e_{11} v_3 e_6 v_7 e_5 v_2 e_4 v_5$ 是一条经过结点 v_5 的回路,其长度为 12,该通路是一条简单回路,但不是一条基本回路;$v_1 e_2 v_2 e_3 v_3 e_7 v_4 e_{10} v_5 e_9 v_4 e_{12} v_6 e_{11} v_3 e_6 v_7$,$v_0 e_1 v_1 e_2 v_2 e_3 v_3 e_{11} v_6 e_{12} v_4 e_9 v_5$ 都不是回路。

再如,在图 8.8(b)中,$v_5 e_7 v_4 e_8 v_5$ 是一条经过结点 v_5 的回路,其长度为 2,该回路既是一条简单回路,又是一条基本回路;$v_0 e_1 v_1 e_2 v_2 e_4 v_5 e_6 v_0$,$v_1 e_2 v_2 e_3 v_3 e_5 v_4 e_8 v_5 e_7 v_4$ 都不是回路。

注意:基本通路一定是简单通路,基本回路一定是简单回路,反之,则不然。

定理 8.3 在 n 阶图 $G = <V, E>$ 中,如果从结点 u 到结点 $v(u \neq v)$ 存在通路,则从结点 u 到结点 v 存在一条长度不大于 $n-1$ 的通路。

证明 设 $v_0 v_1 v_2 \cdots v_m$ 是 n 阶图 $G = <V, E>$ 中一条结点 v_0 到 v_m 的长度为 m 的通路。

如果 $m \leqslant n-1$,则存在所求通路。

如果 $m > n-1$,即,$m+1-n > 0$。由于图中只有 n 个结点,所以,必然有 $(m+1-n)$ 个结点在该通路中重复出现。

假设 v_i 是一个在通路中重复出现的结点,那么,必存在一条经过结点 v_i 的回路,如图 8.9 所示,设该回路为 $v_i v_{i1}$ $v_{i2} \cdots v_{ip} v_i (p \geqslant 1)$,则原通路 $v_0 v_1 v_2 \cdots v_m$ 可表示为 $v_0 v_1 v_2 \cdots$ $v_i v_{i1} v_{i2} \cdots v_{ip} v_i \cdots v_m$,显然,$v_0 v_1 v_2 \cdots v_i \cdots v_m$ 仍是一条结点 v_0 到 v_m 的通路,其长度为 $(m-p-1)$。这样使得原通路的长度至少减少 1。

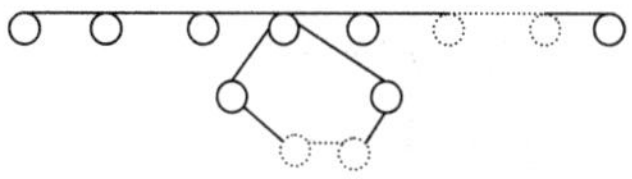

图 8.9 图的通路

如果所得到通路 $v_0 v_1 v_2 \cdots v_i \cdots v_m$ 仍含有重复出现的结点,则进行类似处理,重复上述过程,必然得到一条长度不大于 $n-1$ 的通路。证毕。

推论 在 n 阶图 $G = <V, E>$ 中,从结点 u 到结点 v 的任意基本通路的长度不大于 $n-1$。

证明 设 $v_0 v_1 v_2 \cdots v_m$ 是 n 阶图 $G = <V, E>$ 中一条结点 v_0 到 v_m 的长度为 m 的基本通路。

根据基本通路的定义,基本通路 $v_0 v_1 v_2 \cdots v_m$ 中不同的结点数目为 $m+1$。又由于 n 阶图含有 n 个不同结点,所以,$m+1 \leqslant n$,从而,$m \leqslant n-1$,即 v_0 到 v_m 的基本通路的长度不大于 $n-1$。证毕。

定理 8.4 在 n 阶图 $G = <V, E>$ 中,如果存在经过结点 u 的回路,则存在一条经过结点 u 的长度不大于 n 的回路。

推论 在 n 阶图 $G = <V, E>$ 中,从结点 u 到结点 u 的任意基本回路的长度不大于 n。

定理 8.4 及其推论可采用定理 8.3 及其推论的类似证明方法得到证明。这里证明从略。

定义 8.14　在图 $G=<V,E>$ 中,如果存在结点 u 到结点 v 的通路,则称结点 u 到结点 v 是**可达的**(accessible),或者结点 v 是结点 u 的**可达结点**(accessible node),或者结点 u 和结点 v 是**连通的**(connected)。

注意:约定结点 u 到结点 u 总是可达的。

例 8.6　求图 8.8(a)和图 8.8(b)中各结点的可达结点。

解　在图 8.8(a)中,各结点的可达结点如下:

结点 v_0 的可达结点有结点 $v_0,v_1,v_2,v_3,v_4,v_5,v_6$ 和 v_7;
结点 v_1 的可达结点有结点 $v_0,v_1,v_2,v_3,v_4,v_5,v_6$ 和 v_7;
结点 v_2 的可达结点有结点 $v_0,v_1,v_2,v_3,v_4,v_5,v_6$ 和 v_7;
结点 v_3 的可达结点有结点 $v_0,v_1,v_2,v_3,v_4,v_5,v_6$ 和 v_7;
结点 v_4 的可达结点有结点 $v_0,v_1,v_2,v_3,v_4,v_5,v_6$ 和 v_7;
结点 v_5 的可达结点有结点 $v_0,v_1,v_2,v_3,v_4,v_5,v_6$ 和 v_7;
结点 v_6 的可达结点有结点 $v_0,v_1,v_2,v_3,v_4,v_5,v_6$ 和 v_7;
结点 v_7 的可达结点有结点 $v_0,v_1,v_2,v_3,v_4,v_5,v_6$ 和 v_7。

在图 8.8(b)中,各结点的可达结点如下:

结点 v_0 的可达结点有结点 v_0,v_1,v_2,v_3,v_4 和 v_5;
结点 v_1 的可达结点有结点 v_1,v_2,v_3,v_4 和 v_5;
结点 v_2 的可达结点有结点 v_2,v_3,v_4 和 v_5;
结点 v_3 的可达结点有结点 v_3,v_4 和 v_5;
结点 v_4 的可达结点有结点 v_4 和 v_5;
结点 v_5 的可达结点有结点 v_4 和 v_5。

定义 8.15　在无向图 $G=<V,E>$ 中,如果任何两个结点都是连通的,则称 $G=<V,E>$ 是**连通图**(connected graph),或者 G 是**连通的**(connected)。

例如,图 8.10(a)是一个连通图;图 8.10(b)不是一个连通图,因为结点 v_2 和 v_3 不连通,结点 v_0 和结点 v_6 不连通等。

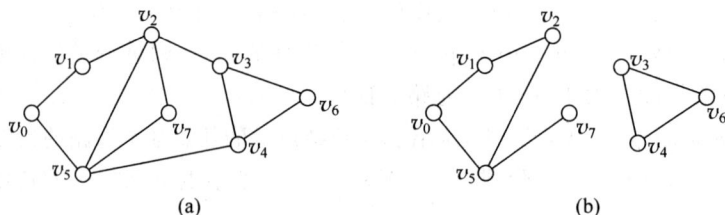

图 8.10　图的示例

例 8.7　对于无向图 $G=<V,E>$,证明可达结点之间定义的可达关系 R 是结点集合 V 上的一个等价关系。

证明　对于无向图 $G=<V,E>$,令

$$R=\{<u,v>\mid u\in V,v\in V,u \text{ 到 } v \text{ 可达}\}$$

对于 $\forall u\in V$,根据约定,u 到 u 可达,即 $<u,u>\in R$,满足自反性;

对于 $\forall u \in V, v \in V$，如果 $<u,v> \in R$，根据定义，u 到 v 可达。那么，在无向图中，必有 v 到 u 可达，即 $<v,u> \in R$，满足对称性；

对于 $\forall u,v,w \in V$，如果 $<u,v> \in R$ 且 $<v,w> \in R$，根据定义，u 到 v 可达且 v 到 w 可达。那么，在无向图中，必有 u 到 w 可达，即 $<u,w> \in R$，满足传递性。

综上述知，关系 R 是一个等价关系。证毕。

定义 8.16 在无向图 $G=<V,E>$ 中，结点之间的可达关系 R 的每个等价类导出的子图都称为图 G 的一个**连通分支**（connected component）。图 G 不同的连通分支的个数称为图 G 的**连通分支数**（the number of connected components），记为 $p(G)$。

例 8.8 求图 8.11 中各无向图的连通分支数。

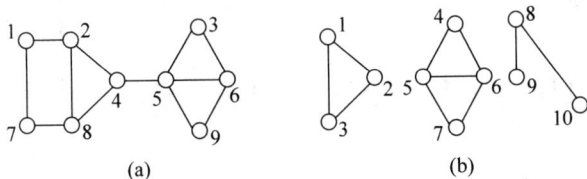

图 8.11 图的示例

解 图 8.11(a)中可达关系的等价类为
$$[1]=[2]=[3]=[4]=[5]=[6]=[7]=[8]=[9]=\{1,2,3,4,5,6,7,8,9\}$$
所以，图 8.10(a)的连通分支数是 1。

图 8.11(b)中可达关系的等价类为
$$[1]=[2]=[3]=\{1,2,3\}$$
$$[4]=[5]=[6]=[7]=\{4,5,6,7\}$$
$$[8]=[9]=[10]=\{8,9,10\}$$
所以，图 8.11(b)的连通分支数是 3。

定义 8.17 在有向图 $G=<V,E>$ 中，如果略去有向边的方向所得到的无向图是连通图，则称有向图 G 是**弱连通图**（weakly connected graph）或是**连通图**（connected graph），或者 G 是**弱连通的**（weakly connected）或是**连通的**（connected）；如果对于任意两个结点 $u \in V$ 和 $v \in V$，都有从 u 到 v 或从 v 到 u 的通路，则称有向图 G 是**单向连通图**（unilaterally connected graph），或者 G 是**单向连通的**（unilaterally connected）；如果对于任意两个结点 $u \in V$ 和 $v \in V$，都有从 u 到 v 和从 v 到 u 的通路，则称有向图 G 是**强连通图**（strongly connected graph），或者 G 是**强连通的**（strongly connected）。

注意：从定义 8.17 可以看出，若有向图 G 是强连通图，则它必是单向连通图，也是弱连通图；若有向图 G 是单向连通图，则它必是弱连通图。

例 8.9 判断图 8.12 中哪些是弱连通图、单向连通图或强连通图。

解 图 G_1 是弱连通图，图 G_2 是单向连通图、弱连通图，图 G_3 是强连通图、单向连通图、弱连通图，图 G_4 是弱连通图、单向连通图，图 G_5 是强连通图、单向连通图、弱连通图，图 G_6 是弱连通图，图 G_7 是单向连通图、弱连通图，图 G_8 不是连通图。

定理 8.5 有向图 $G=<V,E>$ 是强连通图的充分必要条件是 G 中存在一条经过所有结点至少一次的回路。

证明 充分性是显然的。

下面证明必要性。设 $V=\{v_1,v_2,\cdots,v_n\}$，由有向图是强连通图知，$\forall\, v_i,v_{i+1}\in V(i=1,2,\cdots,n-1)$，存在从 v_i 到 v_{i+1} 的通路。设 Γ_i 是 v_i 到 v_{i+1} 的通路，又因为存在从 v_n 到 v_1 的通路，设为 Γ_n。那么 $\Gamma_1,\Gamma_2,\cdots,\Gamma_{n-1},\Gamma_n$，构成一个回路，且该回路经过 V 中结点至少一次。证毕。

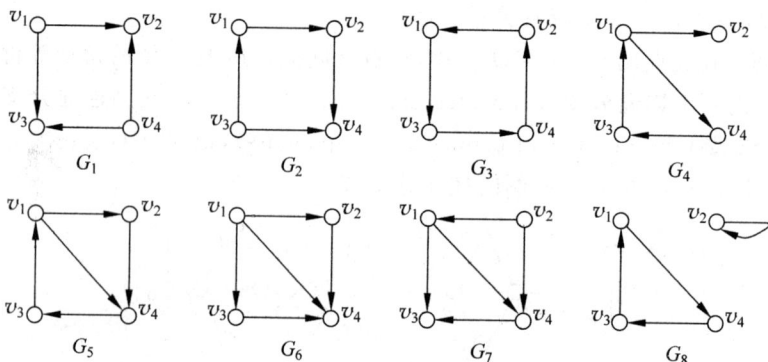

图 8.12　图的示例

定义 8.18　对于有向图 $G=<V,E>$ 的子图 G'，如果 G' 是弱连通的，且 G 的任意子图 $G''\supset G'$ 不是弱连通的，则称 G' 是 G 的**极大弱连通子图**（maximal weakly connected subgraph）或**弱连通分支**（weakly connected component）；如果 G' 是单向连通的，且 G 的任意子图 $G''\supset G'$ 不是单向连通的，则称 G' 是 G 的**极大单向连通子图**（maximal unilaterally connected subgraph）或**单向连通分支**（unilaterally connected component）；如果 G' 是强连通的，且 G 的任意子图 $G''\supset G'$ 不是强连通的，则称 G' 是 G 的**极大强连通子图**（maximal strongly connected subgraph）或**强连通分支**（strongly connected component）。

例 8.10　求图 8.13 中有向图的单向连通分支和强连通分支。

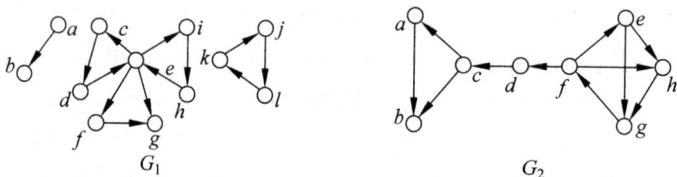

图 8.13　图的示例

解　图 G_1 中共有 6 个强连通分支，它们分别由 $V_1=\{a\}$，$V_2=\{b\}$，$V_3=\{c,d,e,i,h\}$，$V_4=\{f\}$，$V_5=\{g\}$，$V_6=\{j,k,l\}$ 导出。有 3 个单向连通分支，它们分别由 $V_7=\{a,b\}$，$V_8=\{c,d,e,i,h,f,g\}$，$V_9=\{j,k,l\}$ 导出。

图 G_2 中共有 5 个强连通分支，它们分别由 $V_1=\{e,f,g,h\}$，$V_2=\{d\}$，$V_3=\{c\}$，$V_4=\{a\}$，$V_5=\{b\}$ 导出。有 1 个单向连通分支，它们由 $V_6=\{a,b,c,d,e,f,g,h\}$ 导出。

8.1.3　图的操作

图作为一种离散对象，其上的操作有删除边、删除结点、收缩边。下面分别进行介绍。

（1）**删除边**：在图 $G=<V,E>$ 中，删除边 $e\in E$ 就是在边集中剔除元素 e，得到的图为

$G' = <V', E'>$，其中，$V' = V$，$E' = E - \{e\}$。

（2）**删除结点**：在图 $G = <V, E>$ 中，删除结点 $v \in V$ 就是在结点集中剔除元素 v，同时在边集中剔除所有以结点 v 为端点的边，得到的图为 $G' = <V', E'>$，其中，$V' = V - \{v\}$，$E' = E - \{e \mid e \in E, \text{且 } e \text{ 以 } v \text{ 为端点}\}$。

（3）**收缩边**：在图 $G = <V, E>$ 中，收缩边 $e \in E (e = (u, v) \text{ 或 } e = <u, v>)$ 就是在边集中剔除元素 e，同时在结点集中添加一个新的结点 w，并将 E 中以结点 u 或 v 为端点的边的端点用新的结点 w 来替换，得到的图为 $G' = <V', E'>$。

例如，图 8.14 分别给出了图 G 进行如下操作后得到的结果：删除边 $(2,8)$，删除结点 2，收缩边 $(2,8)$，删除边 $(2,4)$ 和结点 6，收缩边 $(1,7)$ 和删除边 $(3,6)$。

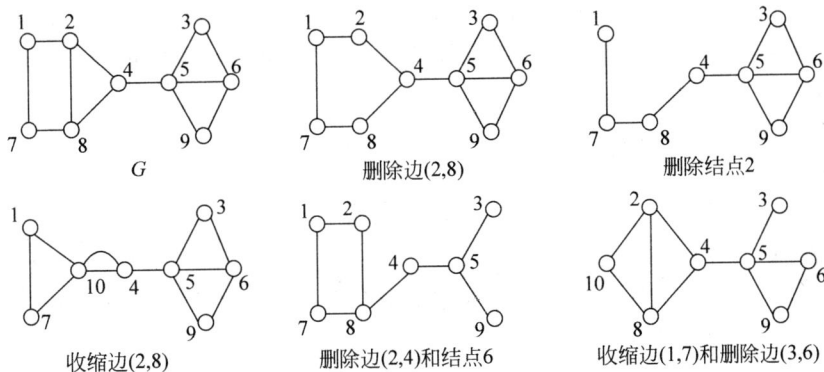

图 8.14 图的操作

再如，图 8.15 分别给出了图 G 进行如下操作后得到的结果：删除结点 v_4 和边 $<v_6, v_1>$，删除结点 v_1 和 v_4，删除边 $<v_5, v_1>$ 和收缩边 $<v_2, v_6>$，删除结点 v_3 和收缩边 $<v_6, v_1>$，收缩边 $<v_1, v_3>$ 和收缩边 $<v_6, v_4>$。

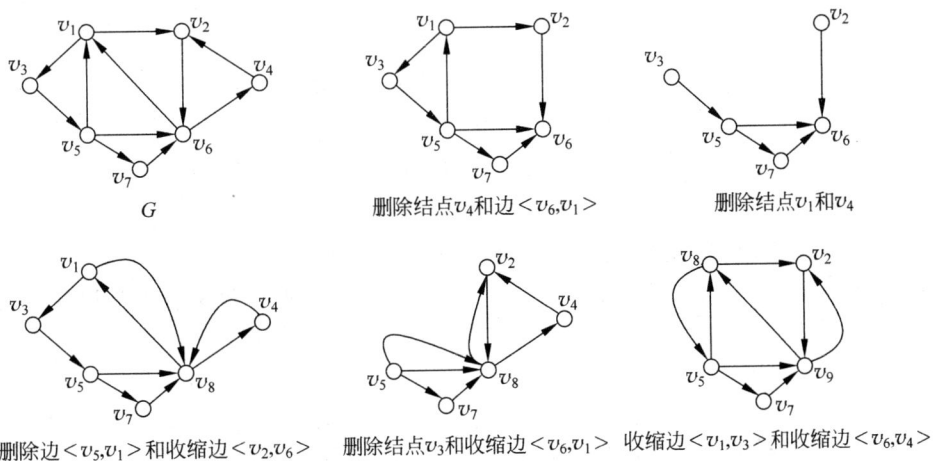

图 8.15 图的操作

8.1.4 图的表示

对于图 $G = <V, E>$，可以用小圆圈或圆点来表示结点，用由 u 指向 v 的有向线段

或曲线表示有向边 $<u,v>$，用连接 u 和 v 的无向线段或曲线表示无向边 (u,v)，图的这种表示方式称为**图形表示法**。也可以对图 $G=<V,E>$ 中的结点和边分别以集合的方式进行描述，并称之为**集合表示法**。在前面讨论图的相关内容中一直采用了这两种表示方法。

矩阵方法是图的另外一种表示方法，它不仅便于计算机存储和处理，而且可以充分利用矩阵的各种运算来研究图的结构和性质。

定义 8.19 对于无向图 $G=<V,E>$，其中，$V=\{v_1,v_2,\cdots,v_n\}$，$E=\{e_1,e_2,\cdots,e_m\}$，令 m_{ij} 为结点 v_i 作为边 e_j 的端点的次数，那么，矩阵 $(m_{ij})_{n\times m}$ 称为无向图 G 的**关联矩阵**（incidence matrix），记为 $\boldsymbol{M}(G)$。对于有向无自环图 $G=<V,E>$，其中，$V=\{v_1,v_2,\cdots,v_n\}$，$E=\{e_1,e_2,\cdots,e_m\}$，如果结点 v_i 是边 e_j 的始点，则 $m_{ij}=1$；如果结点 v_i 是边 e_j 的终点，则 $m_{ij}=-1$；如果结点 v_i 不是边 e_j 的端点，则 $m_{ij}=0$。那么，矩阵 $(m_{ij})_{n\times m}$ 称为有向图 G 的**关联矩阵**，记为 $\boldsymbol{M}(G)$。

例 8.11 求图 8.16 中各图的关联矩阵。

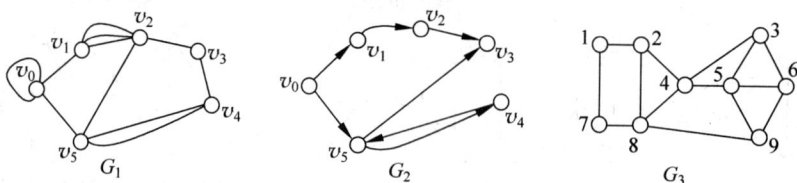

图 8.16 图的表示

解 对于图 G_1，将其中的边标记为 $e_1=(v_0,v_0)$，$e_2=(v_0,v_1)$，$e_3=(v_1,v_2)$，$e_4=(v_1,v_2)$，$e_5=(v_1,v_2)$，$e_6=(v_2,v_3)$，$e_7=(v_3,v_4)$，$e_8=(v_4,v_5)$，$e_9=(v_4,v_5)$，$e_{10}=(v_2,v_5)$，$e_{11}=(v_0,v_5)$，由此可得关联矩阵如下：

$$\boldsymbol{M}(G_1)=\begin{bmatrix} 2 & 1 & 0 & 0 & 0 & 0 & 0 & 0 & 0 & 0 & 1 \\ 0 & 1 & 1 & 1 & 1 & 0 & 0 & 0 & 0 & 0 & 0 \\ 0 & 0 & 1 & 1 & 1 & 1 & 0 & 0 & 0 & 1 & 0 \\ 0 & 0 & 0 & 0 & 0 & 1 & 1 & 0 & 0 & 0 & 0 \\ 0 & 0 & 0 & 0 & 0 & 0 & 1 & 1 & 1 & 0 & 0 \\ 0 & 0 & 0 & 0 & 0 & 0 & 0 & 1 & 1 & 1 & 1 \end{bmatrix}$$

对于图 G_2，将其中的边标记为 $e_1=<v_0,v_1>$，$e_2=<v_1,v_2>$，$e_3=<v_2,v_3>$，$e_4=<v_0,v_5>$，$e_5=<v_5,v_3>$，$e_6=<v_4,v_5>$，$e_7=<v_5,v_4>$，由此可得关联矩阵如下：

$$\boldsymbol{M}(G_2)=\begin{bmatrix} 1 & 0 & 0 & 1 & 0 & 0 & 0 \\ -1 & 1 & 0 & 0 & 0 & 0 & 0 \\ 0 & -1 & 1 & 0 & 0 & 0 & 0 \\ 0 & 0 & -1 & 0 & -1 & 0 & 0 \\ 0 & 0 & 0 & 0 & 0 & 1 & -1 \\ 0 & 0 & 0 & -1 & 1 & -1 & 1 \end{bmatrix}$$

对于图 G_3，将其中的边标记为 $e_1=(1,2)$，$e_2=(2,4)$，$e_3=(2,8)$，$e_4=(4,3)$，$e_5=(4,5)$，$e_6=(4,8)$，$e_7=(3,5)$，$e_8=(3,6)$，$e_9=(5,6)$，$e_{10}=(5,9)$，$e_{11}=(6,9)$，$e_{12}=(8,9)$，$e_{13}=$

$(7,8)$，$e_{14}=(1,7)$，由此可得关联矩阵如下：

$$M(G_3)=\begin{bmatrix}1&0&0&0&0&0&0&0&0&0&0&0&0&1\\1&1&1&0&0&0&0&0&0&0&0&0&0&0\\0&0&0&1&0&0&1&1&0&0&0&0&0&0\\0&1&1&1&1&1&0&0&0&0&0&0&0&0\\0&0&0&0&1&0&1&0&1&1&0&0&0&0\\0&0&0&0&0&0&0&1&1&0&1&0&0&0\\0&0&0&0&0&0&0&0&0&0&0&0&1&1\\0&0&1&0&0&1&0&0&0&0&0&1&1&0\\0&0&0&0&0&0&0&0&0&1&1&1&0&0\end{bmatrix}$$

定义 8.20　对于图 $G=<V,E>$，其中，$V=\{v_1,v_2,\cdots,v_n\}$，$E=\{e_1,e_2,\cdots,e_m\}$，令 a_{ij} 为结点 v_i 邻接到结点 v_j 的次数，那么，矩阵 $(a_{ij})_{n\times n}$ 称为图 G 的**邻接矩阵**（adjacent matrix），记为 $A(G)$。

例 8.12　求图 8.16 中各图的邻接矩阵。

解　根据邻接矩阵的定义，可以得出图 G_1，G_2 和 G_3 的邻接矩阵如下：

$$A(G_1)=\begin{bmatrix}1&1&0&0&0&1\\1&0&3&0&0&0\\0&3&0&1&0&1\\0&0&1&0&1&0\\0&0&0&1&0&2\\1&0&1&0&2&0\end{bmatrix}\qquad A(G_2)=\begin{bmatrix}0&1&0&0&0&1\\0&0&1&0&0&0\\0&0&0&1&0&0\\0&0&0&0&0&0\\0&0&0&0&0&1\\0&0&0&1&1&0\end{bmatrix}$$

$$A(G_3)=\begin{bmatrix}0&1&0&0&0&0&1&0&0\\1&0&0&1&0&0&0&1&0\\0&0&0&1&1&1&0&0&0\\0&1&1&0&1&0&0&1&0\\0&0&1&1&0&1&0&0&1\\0&0&1&0&1&0&0&0&1\\1&0&0&0&0&0&0&1&0\\0&1&0&1&0&0&1&0&1\\0&0&0&0&1&1&0&1&0\end{bmatrix}$$

例 8.13　求图 8.17 中各图的邻接矩阵。

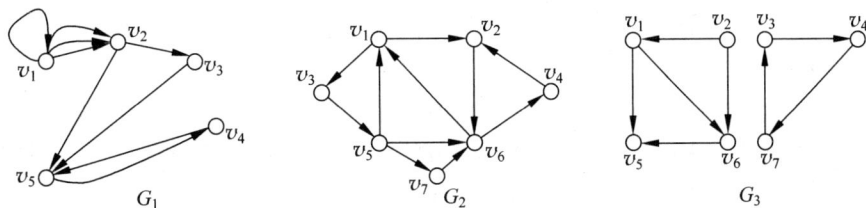

图 8.17　图的表示

解 根据邻接矩阵的定义,可以得出图 G_1,G_2 和 G_3 的邻接矩阵如下:

$$\mathbf{A}(G_1) = \begin{bmatrix} 1 & 3 & 0 & 0 & 0 \\ 0 & 0 & 1 & 0 & 1 \\ 0 & 0 & 0 & 0 & 1 \\ 0 & 0 & 0 & 0 & 1 \\ 0 & 0 & 0 & 1 & 0 \end{bmatrix} \quad \mathbf{A}(G_2) = \begin{bmatrix} 0 & 1 & 1 & 0 & 0 & 0 & 0 \\ 0 & 0 & 0 & 0 & 0 & 1 & 0 \\ 0 & 0 & 0 & 0 & 1 & 0 & 0 \\ 0 & 1 & 0 & 0 & 0 & 0 & 0 \\ 1 & 0 & 0 & 0 & 0 & 1 & 1 \\ 1 & 0 & 0 & 1 & 0 & 0 & 0 \\ 0 & 0 & 0 & 0 & 0 & 1 & 0 \end{bmatrix}$$

$$\mathbf{A}(G_3) = \begin{bmatrix} 0 & 0 & 0 & 0 & 1 & 1 & 0 \\ 1 & 0 & 0 & 0 & 0 & 1 & 0 \\ 0 & 0 & 0 & 1 & 0 & 0 & 0 \\ 0 & 0 & 0 & 0 & 0 & 0 & 1 \\ 0 & 0 & 0 & 0 & 0 & 0 & 0 \\ 0 & 0 & 0 & 0 & 1 & 0 & 0 \\ 0 & 0 & 1 & 0 & 0 & 0 & 0 \end{bmatrix}$$

定义 8.21 对于图 $G=<V,E>$,其中,$V=\{v_1,v_2,\cdots,v_n\}$,$E=\{e_1,e_2,\cdots,e_m\}$,如果结点 v_i 到结点 v_j 是可达的,则 $d_{ij}=1$;否则,$d_{ij}=0$。那么,矩阵 $(d_{ij})_{n\times n}$ 称为图 G 的**可达矩阵**(accessible matrix),记为 $\mathbf{D}(G)$。

例 8.14 求图 8.17 中各图的可达矩阵。

解 根据可达矩阵的定义,可以得出图 G_1、图 G_2 和图 G_3 的可达矩阵如下:

$$\mathbf{D}(G_1) = \begin{bmatrix} 1 & 1 & 1 & 1 & 1 \\ 0 & 1 & 1 & 1 & 1 \\ 0 & 0 & 1 & 1 & 1 \\ 0 & 0 & 0 & 1 & 1 \\ 0 & 0 & 0 & 1 & 1 \end{bmatrix} \quad \mathbf{D}(G_2) = \begin{bmatrix} 1 & 1 & 1 & 1 & 1 & 1 & 1 \\ 1 & 1 & 1 & 1 & 1 & 1 & 1 \\ 1 & 1 & 1 & 1 & 1 & 1 & 1 \\ 1 & 1 & 1 & 1 & 1 & 1 & 1 \\ 1 & 1 & 1 & 1 & 1 & 1 & 1 \\ 1 & 1 & 1 & 1 & 1 & 1 & 1 \\ 1 & 1 & 1 & 1 & 1 & 1 & 1 \end{bmatrix}$$

$$\mathbf{D}(G_3) = \begin{bmatrix} 1 & 0 & 0 & 0 & 1 & 1 & 0 \\ 1 & 1 & 0 & 0 & 1 & 1 & 0 \\ 0 & 0 & 1 & 1 & 0 & 0 & 1 \\ 0 & 0 & 1 & 1 & 0 & 0 & 1 \\ 0 & 0 & 0 & 0 & 1 & 0 & 0 \\ 0 & 0 & 0 & 0 & 1 & 1 & 0 \\ 0 & 0 & 1 & 1 & 0 & 0 & 1 \end{bmatrix}$$

8.2 赋权图

8.2.1 赋权图的定义

在利用图论解决实际问题的过程中,除了将实际问题描述为图外,有时还需要将一些附加信息赋予图的边或结点。

定义 8.22 对于图 $G=<V,E>$,其中,$V=\{v_1,v_2,\cdots,v_n\}$,$E=\{e_1,e_2,\cdots,e_m\}$,通过函数 $W:E\rightarrow \mathbf{R}$(实数集)对 G 中的任意边 $e=<v_i,v_j>$ 或 $e=(v_i,v_j)$ 标注一个属性 $w(v_i,v_j)$,所得到的图称为**赋权图**(weighted graph),记为 $G=<V,E,W>$。函数 W 称为图 G 的**权函数**(weighted function),$W(e)$ 称为边 e 上的**权**(weight),或者边 e 的**长度**(length),简记为 w_{ij}。

对于赋权图 $G=<V,E,W>$,可以将结点用小圆圈或圆点来表示,有向边 $<u,v>$ 用由 u 指向 v 的有向线段或曲线表示,无向边 (u,v) 用连接 u 和 v 的无向线段或曲线表示,边上的权用相应数字在对应线段或曲线上标注来表示,并称为赋权图的**图形表示法**。也可以对赋权图 $G=<V,E,W>$ 中的结点、边和权函数分别以集合的方式进行描述,并称为赋权图的**集合表示法**。

例如,图 8.18 所示就是两个赋权图。在赋权图 G_1 中,$w(v_1,v_2)=1,w(v_1,v_3)=4,w(v_2,v_3)=2,w(v_2,v_4)=7,w(v_2,v_5)=5,w(v_3,v_5)=1,w(v_4,v_5)=3,w(v_4,v_6)=2,w(v_5,v_6)=6$;在赋权图 G_2 中,$w(v_0,v_1)=1,w(v_0,v_5)=2,w(v_1,v_2)=2,w(v_2,v_3)=3,w(v_2,v_5)=3,w(v_3,v_4)=4,w(v_3,v_6)=2,w(v_4,v_6)=1,w(v_5,v_4)=3,w(v_6,v_5)=4$。

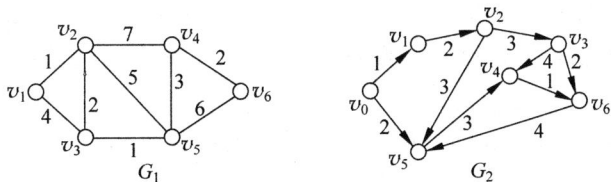

图 8.18 赋权图的表示

定义 8.23 对于赋权图 $G=<V,E,W>$,其中,$V=\{v_1,v_2,\cdots,v_n\}$,$E=\{e_1,e_2,\cdots,e_m\}$,$W:E\rightarrow \mathbf{R}$(实数集)。如果 $<v_i,v_j>\in E$ 或 $(v_i,v_j)\in E$,$w_{ij}=w(v_i,v_j)$(规定 $w_{ii}=0$);否则,$w_{ij}=\infty$。那么,矩阵 $(w_{ij})_{n\times n}$ 称为赋权图 G 的**边权矩阵**(weighted matrix),记为 $W(G)$。

例 8.15 求图 8.18 中各赋权图的边权矩阵。

解 根据边权矩阵的定义,可以得出图 G_1 和 G_2 的边权矩阵如下:

$$W(G_1)=\begin{bmatrix} 0 & 1 & 4 & \infty & \infty & \infty \\ 1 & 0 & 2 & 7 & 5 & \infty \\ 4 & 2 & 0 & \infty & 1 & \infty \\ \infty & 7 & \infty & 0 & 3 & 2 \\ \infty & 5 & 1 & 3 & 0 & 6 \\ \infty & \infty & \infty & 2 & 6 & 0 \end{bmatrix} \quad W(G_2)=\begin{bmatrix} 0 & 1 & \infty & \infty & \infty & 2 & \infty \\ \infty & 0 & 2 & \infty & \infty & \infty & \infty \\ \infty & \infty & 0 & 3 & \infty & 3 & \infty \\ \infty & \infty & \infty & 0 & 4 & \infty & 2 \\ \infty & \infty & \infty & \infty & 0 & \infty & 1 \\ \infty & \infty & \infty & 3 & 0 & \infty \\ \infty & \infty & \infty & \infty & 4 & 0 \end{bmatrix}$$

8.2.2 最短通路问题

最短通路问题对应于许多生产实际应用问题,如各种管道的铺设、线路的安排、运输网络的优化、通信网络的路由等。

在赋权图中,一条通路上所有边的长度的总和称为该**通路的长度**。结点 u 到结点 v 的所有通路中具有最小长度的通路称为 u 到 v 的**最短通路**,该最短通路的长度称为结点 u 到结点 v 的**距离**,记为 $d(u,v)$。显然,最短通路必然是一条简单通路。**最短通路问题**就是在赋权图中寻找一个结点到另一个结点的具有最小长度的通路。

例如,图 8.19 是一个描述城市 A,B,C,D,E 和 F 的公路交通图,图中的每一条边的权对应于各城市之间公路的长度。任意两个城市之间可能有多条公路,求出长度最小的公路具有实际的意义。这就对应于赋权图的最短通路问题。

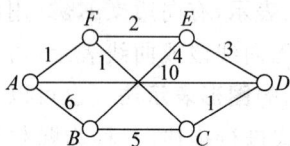

图 8.19 公路交通的赋权图

从图 8.19 知,A 到 D 的所有简单通路有:$AFED$ 长度为 6,$AFEBCD$ 长度为 13,$AFCD$ 长度为 3,$AFCBED$ 长度为 14,AD 长度为 10,$ABED$ 长度为 13,$ABEFCD$ 长度为 14,$ABCD$ 长度为 12,$ABCFED$ 长度为 17。

所以,A 到 D 的最短通路是 $AFCD$,A 到 D 的距离为 3。

上述问题的最短通路求解是通过列举出所有简单通路及其长度,然后从中选择具有最小长度的通路,得到问题的解,称之为**枚举法**(enumeration method)或**穷举法**。对于大规模复杂赋权图,这种方法显然是不现实的,也不易在计算机上实现。需要寻找合适的求解算法。

荷兰计算机科学家狄克斯特拉(Edsger Wybe Dijkstra,1930—2002)给出了求赋权图中给定结点到任意其他结点的最短通路的 Dijkstra 算法。该算法的基本思想是,寻求某一给定结点到结点集合的最短通路。

对于赋权图 $G=<V,E,W>$,其中,$V=\{v_1,v_2,\cdots,v_n\}$,$E=\{e_1,e_2,\cdots,e_m\}$,$W:E\to\mathbf{R}$(实数集)。设 $S\subseteq V,u\in V,V'=V-S$,$w_{ij}$ 为边 $<v_i,v_j>\in E$ 或 $(v_i,v_j)\in E$ 的权(约定:$w_{ii}=0$;如果不存在结点 v_i 到结点 v_j 的边,则 $w_{ij}=\infty$),定义结点 u 到结点集 V' 的距离为:

$$d(u,V')=\min_{v\in V'}\{d(u,v)\}$$

结点 u 到使得 $d(u,V')$ 成立的结点 v 的通路称为结点 u 到结点集 V' 的最短通路。不难看出,结点 u 到结点集 V' 的距离等价于:

$$d(u,V')=\min_{v\in V,x\in V'}\{d(u,v)+w(v,x)\}$$

该算法借助两个变量:L 表示从结点 u 到各个结点的通路的长度的当前最小值,S 表示已求得最短通路的结点集合。

Dijkstra 算法步骤如下:

① 初始化:$u=v_1$;$L(u)=0$;$L(v_i)=\infty(i=2,3,\cdots,n)$;$S=\varnothing$。

② 如果 $|S|=n$,转⑤。

③ 从 $V-S$ 中选取具有最小值 $L(v)$ 的 v,令 $S=S\bigcup\{v\}$。

④ 对于所有 $x\in V-S$,令 $L(x)=\min\{L(x),L(v)+w(v,x)\}$;转②。

⑤ 输出 u 到其他各个结点的最短通路的长度 $L(v)$。

例 8.16 对于图 8.18 中赋权图 G_1，求其中结点 v_1 到各结点的最短通路。

解 根据 Dijkstra 算法步骤，可得如表 8.1 所示的运算过程。

表 8.1 例 8.16 的运算过程

运算步	集合 S	辅助变量 $L(v)$					
		$L(v_1)$	$L(v_2)$	$L(v_3)$	$L(v_4)$	$L(v_5)$	$L(v_6)$
0	$\varnothing$	0	∞	∞	∞	∞	∞
1	$\{v_1\}$		1	4	∞	∞	∞
2	$\{v_1,v_2\}$			3	8	6	∞
3	$\{v_1,v_2,v_3\}$				8	4	∞
4	$\{v_1,v_2,v_3,v_5\}$				7		10
5	$\{v_1,v_2,v_3,v_5,v_4\}$						9
6	$\{v_1,v_2,v_3,v_5,v_4,v_6\}$						

从表 8.1 可知，结点 v_1 到 v_2 的最短通路为 v_1v_2，距离为 1；结点 v_1 到 v_3 的最短通路为 $v_1v_2v_3$，距离为 3；结点 v_1 到 v_4 的最短通路为 $v_1v_2v_3v_5v_4$，距离为 7；结点 v_1 到 v_5 的最短通路为 $v_1v_2v_3v_5$，距离为 4；结点 v_1 到 v_6 的最短通路为 $v_1v_2v_3v_5v_4v_6$，距离为 9。

例 8.17 对于图 8.18 中赋权图 G_2，求其中结点 v_0 到各结点的最短通路。

解 根据 Dijkstra 算法步骤，可得如表 8.2 所示的运算过程。

表 8.2 例 8.17 的运算过程

运算步	集合 S	辅助变量 $L(v)$						
		$L(v_0)$	$L(v_1)$	$L(v_2)$	$L(v_3)$	$L(v_4)$	$L(v_5)$	$L(v_6)$
0	$\varnothing$	0	∞	∞	∞	∞	∞	∞
1	$\{v_0\}$		1	∞	∞	∞	2	∞
2	$\{v_0,v_1\}$			3	∞	∞	2	∞
3	$\{v_0,v_1,v_5\}$			3	∞	5		∞
4	$\{v_0,v_1,v_5,v_2\}$				6	5		∞
5	$\{v_0,v_1,v_5,v_2,v_4\}$				6			6
6	$\{v_0,v_1,v_5,v_2,v_4,v_3\}$							6
7	$\{v_0,v_1,v_5,v_2,v_4,v_3,v_6\}$							

从表 8.2 可知，结点 v_0 到结点 v_1 的最短通路为 v_0v_1，距离为 1；结点 v_0 到结点 v_2 的最短通路为 $v_0v_1v_2$，距离为 3；结点 v_0 到结点 v_3 的最短通路为 $v_0v_1v_2v_3$，距离为 6；结点 v_0 到结点 v_4 的最短通路为 $v_0v_5v_4$，距离为 5；结点 v_0 到结点 v_5 的最短通路为 v_0v_5，距离为 2；结点 v_0 到结点 v_6 的最短通路为 $v_0v_5v_4v_6$，距离为 6。

8.3 欧拉图

8.3.1 欧拉图的定义

欧拉图（Euler graph）的概念是瑞士数学家欧拉在研究哥尼斯堡（Konigsberg）七桥问题

形成的。在当时的哥尼斯堡城有一条普莱格尔(Pregel)河,河中有两个小岛,并有七座桥将河中的两个小岛和河的两岸连接起来,如图 8.20(a)所示。当时那里的居民热衷于一个问题:一个散步者从任何一处陆地出发,怎样才能走遍每座桥一次且仅一次,最后又回到原出发地?

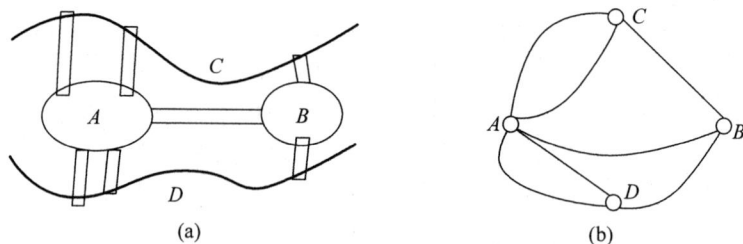

图 8.20   哥尼斯堡七桥问题

这个问题似乎不难,谁都想试着解决,但没有人成功。人们的失败使得欧拉引发猜想:也许这样的解是不存在的。欧拉于 1936 年证明了自己的猜想。为了证明这个问题,欧拉用 A,B,C,D 4 个结点代表陆地(小岛和河岸),用连接 2 个结点的一条弧线代表相应的桥,从而得到一个由 4 个结点和 7 条边组成的图,如图 8.20(b)所示。这样,原来的七桥问题便归结成:在图 8.20(b)中,从任何一个结点出发经过每条边一次且仅一次的通路是否存在。欧拉指出,从某结点出发再回到该结点,中间经过的结点总有进入该结点的一条边和离开该结点的一条边,而且起始结点与终止结点重合,因此,如果满足条件的通路存在,则图中每个结点关联的边必为偶数。由于在图 8.20(b)中每个结点关联的边的数目都是奇数,所以,七桥问题无解。

定义 8.24   对于图 $G=<V,E>$,其中,$V=\{v_1,v_2,\cdots,v_n\}$,$E=\{e_1,e_2,\cdots,e_m\}$,经过图中每条边一次且仅一次的通路称为**欧拉通路**(Euler path);经过图中每条边一次且仅一次的回路称为**欧拉回路**(Euler circuit)。含有欧拉通路的图称为**半欧拉图**(semi-Euler graph);含有欧拉回路的图称为**欧拉图**(Euler graph)。

例如,在图 8.21 中,$e_1e_2e_3e_4e_5$ 是图 G_1 的一条欧拉回路,所以图 G_1 是欧拉图;$e_1e_4e_5e_2e_3$ 是图 G_2 的一条欧拉通路,但图 G_2 中不存在欧拉回路,所以图 G_2 是半欧拉图;图

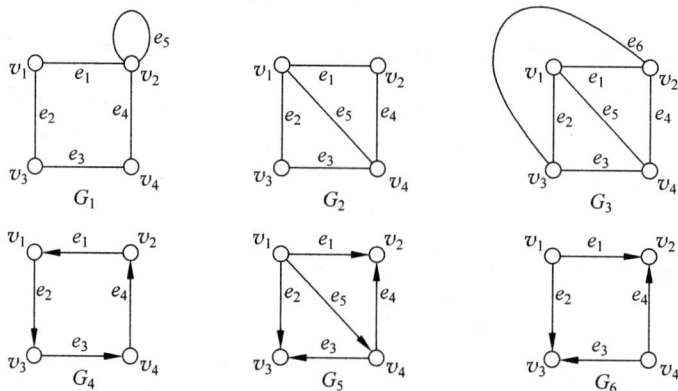

图 8.21   图的示例

G_3 中既不存在欧拉通路,又不存在欧拉回路,所以图 G_3 不是欧拉图,也不是半欧拉图; $e_1 e_2 e_3 e_4$ 是图 G_4 的一条欧拉回路,所以图 G_4 是欧拉图;图 G_5 中既不存在欧拉通路,又不存在欧拉回路,所以图 G_5 不是欧拉图,也不是半欧拉图;图 G_6 中既不存在欧拉通路,又不存在欧拉回路,所以图 G_6 不是欧拉图,也不是半欧拉图。

8.3.2 欧拉图的判定

判断一个图是否含有欧拉通路或欧拉回路,如果根据定义就需要考察所有边的全排列,这是不现实的,甚至是不可能的。下面介绍简单实用的判定定理。

定理 8.6 无向图 $G=\langle V,E\rangle$ 含有欧拉通路,当且仅当 G 是连通图且有零个或两个奇度数结点。

证明 对于图 $G=\langle V,E\rangle$,设 $V=\{v_1,v_2,\cdots,v_n\}$,$E=\{e_1,e_2,\cdots,e_m\}$。

(必要性)设图 G 中存在欧拉通路 $L=v_1 e_1 v_2 e_2 v_3 e_3 \cdots v_m e_m v_{m+1}$,由于 L 中含有 G 的所有边,所以 G 的 n 个结点均在通路 L 中出现,从而,任何两个结点都可以通过该欧拉通路连通,即图 G 是连通的。

对于欧拉通路中的任意结点 $v_k(1<k<m+1)$,该结点是边 e_{k-1} 和边 e_k 的端点,因而使得结点 v_k 获得度数 2。如果 v_k 在通路中重复出现 s 次,则 $\deg(v_k)=2s$。

对于欧拉通路中的起始结点 v_1 和终止结点 v_{m+1},如果两者不重合,则各自获得度数 1,如果还在通路中分别重复 s_1 次和 s_2 次,则各自的度数分变为 $\deg(v_1)=2s_1+1$,$\deg(v_{m+1})=2s_2+1$。从而,G 中有两个奇度数结点。

综上述知,图 G 是连通图且有零个或两个奇度数结点。

(充分性)如果图 G 是连通图且有零个或两个奇度数结点,则通过如下步骤构造一条欧拉通路:

① 如果有两个奇度数结点 v_0 和 v_t,则从其中一个结点(如 v_0)开始构造一条简单通路,即从 v_0 出发经过边 e_1 到结点 v_1,由于 $\deg(v_1)$ 是偶数,必可由结点 v_1 经过边 e_2 到结点 v_2,如此下去,每条边经过一次。由于图 G 是连通的,必可达到另一个奇度数结点 v_t,从而得到一条结点 v_0 到结点 v_t 的简单通路 L_1;如果没有奇度数结点,则从任意一个结点(如 v_0)出发,利用上述方法可以回到结点 v_0,从而得到一条简单回路 L_1。

② 如果 L_1 含有所有边,则它即为欧拉通路或欧拉回路;否则,删除图 G 中的 L_1 上的所有边,得到子图 G',则图 G' 中的任何结点的度数都是偶数。由于图 G 是连通的,所以图 G' 中至少存在一个 L_1 上的结点 v_k。在图 G' 中,以该结点 v_k 为起始结点,重复①的方法,得到一个简单回路 L_2。

③ 对于所得到的 $L_1=\langle V_1,E_1\rangle$ 和 $L_2=\langle V_2,E_2\rangle$,如果 $L_1\cup L_2=\langle V_1\cup V_2,E_1\cup E_2\rangle=G$,则得到欧拉通路或欧拉回路 $L_1\cup L_2$;否则,重复②的方法,删除图 G' 中的 L_2 上的所有边,得到子图 G'',从而得到一条简单回路 L_3,继续下去,直到得到欧拉通路或欧拉回路 $L_1\cup L_2\cup L_3\cdots$。由此,图 $G=\langle V,E\rangle$ 含有欧拉通路。证毕。

推论 无向图 $G=\langle V,E\rangle$ 含有欧拉回路,当且仅当图 G 是连通图且所有结点的度数都是偶数。

推论的证明从略。

例如,哥尼斯堡七桥问题对应图的结点度数为 $\deg(A)=5$,$\deg(B)=3$,$\deg(C)=3$,

$\deg(D)=3$,所有结点的度数都是奇数,不满足定理 8.6 的推论,所以,哥尼斯堡七桥问题无解。

再如,在图 8.21 所示图 G_1 中,$\deg(v_1)=2$,$\deg(v_2)=4$,$\deg(v_3)=2$,$\deg(v_4)=2$,满足定理 8.6 的推论,所以图 G_1 是欧拉图;在图 8.21 所示图 G_2 中,$\deg(v_1)=3$,$\deg(v_2)=2$,$\deg(v_3)=2$,$\deg(v_4)=3$,满足定理 8.6,但不满足其推论,所以图 G_2 是半欧拉图,但不是欧拉图;在图 8.21 所示图 G_3 中,$\deg(v_1)=3$,$\deg(v_2)=3$,$\deg(v_3)=3$,$\deg(v_4)=3$,既不满足定理 8.6,也不满足其推论,所以图 G_3 不是欧拉图,也不是半欧拉图。

定理 8.7　有向图 $G=<V,E>$ 含有欧拉通路,当且仅当图 G 是连通的,且除了两个结点以外,其余结点的入度和出度相等,而这两个例外的结点中一个结点的入度比出度大 1,另一个结点的入度比出度小 1。

推论　有向图 $G=<V,E>$ 含有欧拉回路,当且仅当图 G 是连通的,且所有结点的入度等于出度。

定理 8.7 及其推论可通过定理 8.6 的类似方法得到证明。这里从略。

例如,在如图 8.21 所示的图 G_4 中,$\deg^+(v_1)=1$,$\deg^-(v_1)=1$,$\deg^+(v_2)=1$,$\deg^-(v_2)=1$,$\deg^+(v_3)=1$,$\deg^-(v_3)=1$,$\deg^+(v_4)=1$,$\deg^-(v_4)=1$,满足定理 8.7 的推论,所以图 G_4 是欧拉图;在如图 8.21 所示的图 G_5 中,$\deg^+(v_1)=3$,$\deg^-(v_1)=0$,$\deg^+(v_2)=0$,$\deg^-(v_2)=2$,$\deg^+(v_3)=0$,$\deg^-(v_3)=2$,$\deg^+(v_4)=2$,$\deg^-(v_4)=1$,既不满足定理 8.7,也不满足定理 8.7 的推论,所以图 G_5 不是欧拉图,也不是半欧拉图;在如图 8.21 所示的图 G_6 中,$\deg^+(v_1)=2$,$\deg^-(v_1)=0$,$\deg^+(v_2)=0$,$\deg^-(v_2)=2$,$\deg^+(v_3)=0$,$\deg^-(v_3)=2$,$\deg^+(v_4)=2$,$\deg^-(v_4)=0$,既不满足定理 8.7,也不满足定理 8.7 的推论,所以图 G_6 不是欧拉图,也不是半欧拉图。

例 8.18　判断如图 8.22 所示的各图哪些是欧拉图或半欧拉图。

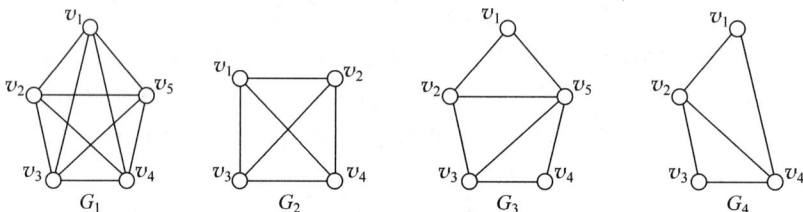

图 8.22　图的示例

解　在图 G_1 中,$\deg(v_1)=4$,$\deg(v_2)=4$,$\deg(v_3)=4$,$\deg(v_4)=4$,$\deg(v_5)=4$,满足定理 8.6 的推论,所以图 G_1 是欧拉图;在图 G_2 中,$\deg(v_1)=3$,$\deg(v_2)=3$,$\deg(v_3)=3$,$\deg(v_4)=3$,不满足定理 8.6,所以图 G_2 不是半欧拉图;在图 G_3 中,$\deg(v_1)=2$,$\deg(v_2)=3$,$\deg(v_3)=3$,$\deg(v_4)=2$,$\deg(v_5)=4$,满足定理 8.6,所以图 G_3 是半欧拉图;在图 G_4 中,$\deg(v_1)=2$,$\deg(v_2)=3$,$\deg(v_3)=2$,$\deg(v_4)=3$,满足定理 8.6,所以图 G_4 是半欧拉图。

对于图 $G=<V,E>$,可以方便地使用定理 8.6 的推论和定理 8.7 的推论来判断其是否含有欧拉回路,即是否是欧拉图。那么,如果已知一个图是欧拉图,怎样求出其中的欧拉回路呢?下面给出求欧拉图中欧拉回路的 **Fleury 算法**。

对于欧拉图 $G=<V,E>$,算法如下:

① 任选 V 中任一个结点 v_0 为起始结点,并令 $L_0 = v_0$。

② 设已选好的简单通路为 $L_i = v_0 e_1 v_1 e_2 v_2 e_3 \cdots e_i v_i$,按下述方法从 $E - \{e_1, e_2, e_3, \cdots, e_i\}$ 中选取边 e_{i+1}(G' 为从 G 中删除边集 $\{e_1, e_2, e_3, \cdots, e_i\}$ 得到的图):

(i) 结点 v_i 是边 e_{i+1} 的端点;

(ii) 除非无其他边可选取,否则删除边 e_{i+1} 不应该改变图 G' 的连通性。

③ 第②步无法进行时(所有的边已选择),算法终止。

例 8.19 求如图 8.22 所示的图 G_1 中的一条欧拉回路。

解 在图 G_1 中,令 $e_1 = (v_1, v_2), e_2 = (v_1, v_3), e_3 = (v_1, v_4), e_4 = (v_1, v_5), e_5 = (v_2, v_3),$ $e_6 = (v_2, v_4), e_7 = (v_2, v_5), e_8 = (v_3, v_4), e_9 = (v_3, v_5), e_{10} = (v_4, v_5)$。

根据 Fleury 算法,将结点 v_1 作为起始结点,那么,$L_0 = v_1$;

在边集 $E = \{e_1, e_2, e_3, e_4, e_5, e_6, e_7, e_8, e_9, e_{10}\}$ 中,结点 v_1 是边 e_1 的端点,且删除该边不改变图 G_1 的连通性,所以,选取边 e_1,得到 $L_1 = v_1 e_1 v_2$;

在边集 $E = \{e_1, e_2, e_3, e_4, e_5, e_6, e_7, e_8, e_9, e_{10}\} - \{e_1\} = \{e_2, e_3, e_4, e_5, e_6, e_7, e_8, e_9, e_{10}\}$ 中,结点 v_2 是边 e_5 的端点,且删除该边不改变图 G' 的连通性,所以,选取边 e_5,得到 $L_2 = v_1 e_1 v_2 e_5 v_3$;

在边集 $E = \{e_1, e_2, e_3, e_4, e_5, e_6, e_7, e_8, e_9, e_{10}\} - \{e_1, e_5\} = \{e_2, e_3, e_4, e_6, e_7, e_8, e_9, e_{10}\}$ 中,结点 v_3 是边 e_8 的端点,且删除该边不改变图 G' 的连通性,所以,选取边 e_8,得到 $L_3 = v_1 e_1 v_2 e_5 v_3 e_8 v_4$;

重复上述步骤,可以得出图 G_1 的一条欧拉回路为

$$L_{10} = v_1 e_1 v_2 e_5 v_3 e_8 v_4 e_{10} v_5 e_4 v_1 e_2 v_3 e_9 v_5 e_7 v_2 e_6 v_4 e_3 v_1$$

8.3.3 中国邮路问题

中国邮路问题(the Chinese Postman Problem)是欧拉图的一个典型应用,首先由我国数学家管梅谷于 1962 年提出,并给出了此问题一种求解方法。该问题是:邮递员从邮局出发在他的管辖区域内投递邮件,然后回到邮局。显然,邮递员必须走过他所管辖区域内的每一条街道至少一次。在此前提下,希望找到一条尽可能短的路线。一个理想的邮递路线当然是从邮局出发,走遍每条街一次且仅一次,最后回到邮局。但是这种理想路线不一定存在,因为所管辖街道的路线图不一定是欧拉图。

如果将这个问题抽象为图论问题,就是给定一个连通图,连通图的每条边的权值为对应街道的长度(距离),要在图中求一回路,使得回路的总权值最小。显然,如果图是欧拉图,只要求出图中的一条欧拉回路即可,Fleury 算法为解决此问题提供了切实可行的方法。

如果图不是欧拉图,那么,邮递员要完成任务就需要在某些街道上重复走若干次。如果重复走一次,就相当于在对应边增加一条平行边,这样原来的图就变成了多重图。如果能使得增加的平行边的总权值最小,那么就可以保证回路的总权值最小。于是,原来的问题就进一步转化为:在一个含有奇度数结点的赋权图中,增加一些平行边,使得新图不含有奇度数的结点,并且增加的边的总权值最小。

从图论角度,如果连通图不是欧拉图,那么,该图必有偶数个奇度数结点,并且,任意两个奇度数结点 u 和 v 之间必有一条通路。对这条通路上的每一条边增加一条平行边得到新

图 G'，则结点 u 和 v 在图 G' 中变成了偶度数结点，同时，这条通路上的其他结点的度数均增加 2，即通路上其他结点的度数的奇偶性不变，于是，图 G' 中奇度数结点的数目较之于图 G 中奇度数结点的数目减少 2。对于图 G'，重复上述过程，经过若干次后，可将 G 中所有奇度数结点变为偶度数结点，得到一个多重欧拉图 H。多重欧拉图 H 中的一条欧拉回路就相当于邮递员问题的一个可行解。

定理 8.8 对于赋权图 $G=<V,E,W>$，设 L 是一条包含赋权图 G 中所有边至少一次的回路，H 是由赋权图 G 构造而成的多重欧拉图，则 L 具有最小权值的充要条件是：

① 每条边至多重复一次；

② 在 H 的任意基本回路上，重复边的权值之和不超过该基本回路的总权值的一半。

证明 （必要性）首先，假设由赋权图 $G=<V,E,W>$ 构造的多重欧拉图 H 中某一条边的重复次数为 $k(k \geqslant 2)$，那么将此边的重复次数减少 2 所得到的图仍然是欧拉图，且新的欧拉图的权值总和小于原欧拉图的权值总和。

其次，如果在一个基本回路上，把原来重复一次的边都改为不重复，而把原来不重复的边都改为重复一次，这样基本回路上每个结点的度数改变为 0 或 2，因此不会改变原图是否为欧拉图的性质。如果一个基本回路中重复边的长度之和超过基本回路权值总和的一半，那么进行如上改变后重复边的长度之和减少，而欧拉图的性质不变。

（充分性）只要证明满足定理条件①和②的所有回路的权值总和都相等。因为这些回路要包含 G 的所有边，所以只要证明重复边的权重之和相等即可。

设 L_1 和 L_2 是满足条件①和②的回路，由于 L_1 和 L_2 可能有相同的重复边，为了比较它们中重复边的长度之和，只要比较 L_1 和 L_2 的不相同的重复边即可。令 L_1 和 L_2 中重复边的集合分别为 E_1 和 E_2，只要比较边集 E_1-E_2 和 E_2-E_1 的权值之和。考虑由边集 $(E_1-E_2) \cup (E_2-E_1)$ 所导出的子图 G'。

设 v 是图 G 的结点，如果 $\deg(v)$ 是奇数，那么，E_1 和 E_2 中均有奇数条边与结点 v 关联（因为 G 加入重复边后成为欧拉图，欧拉图中每个结点的度数都是偶数，而 E_1 和 E_2 是重复边的集合）；如果 $\deg(v)$ 是偶数，那么，E_1 和 E_2 中均有偶数条边与结点 v 关联。因此，在任何情况下，E_1 和 E_2 中与结点 v 关联的边数的奇偶性相同。

设 E_1 和 E_2 中分别有 y_1 和 y_2 条边与结点 v 关联，其中 y_0 条边同时属于 E_1 和 E_2，则边集 $(E_1-E_2) \cup (E_2-E_1)$ 中与结点 v 关联的边数为

$$(y_1 - y_0) + (y_2 - y_0) = y_1 + y_2 - 2y_0$$

由于 y_1 和 y_2 的奇偶性相同，所以，$(E_1-E_2) \cup (E_2-E_1)$ 中与结点 v 关联的边数为偶数，即图 G' 的每个连通分支是欧拉图。由此，可以将 G' 分解成若干个基本回路。在每一个基本回路上，由条件②知，属于 E_1 的边的权重之和与属于 E_2 的边的权重之和都不超过基本回路的一半。又因为基本回路上的边或者属于 E_1 或者属于 E_2，因此每个基本回路上 E_1-E_2 和 E_2-E_1 的权重之和相同。于是，L_1 和 L_2 的重复边的权重之和相等。证毕。

定理 8.8 的必要性的证明过程，实际上已经给出了最小权值回路的求解方法。对于任意图 G，首先，将它的全部奇度数结点两两配对，每对之间用重复边连接起来，使奇度数结点变为偶度数结点，从而，将 G 转化成为一个多重欧拉图；其次，对所有重复次数不小于 2 的重边成对地删除，得到的图仍然是欧拉图；最后，对每一个基本回路，分别检查重复边的权重之和是否超过基本回路权重之和的一半。如果超过，则把原来的重复边改为不重复边，把

不重复边改为重复边。反复进行以上过程,直到不能进行为止,最后得到多重欧拉图 H,则图 H 的欧拉回路就是包含 G 中每条边至少一次的最小权值回路。

例 8.20 对于如图 8.23 所示的邮递员所管辖区域街道图 G,求邮递员的最佳投递线路。

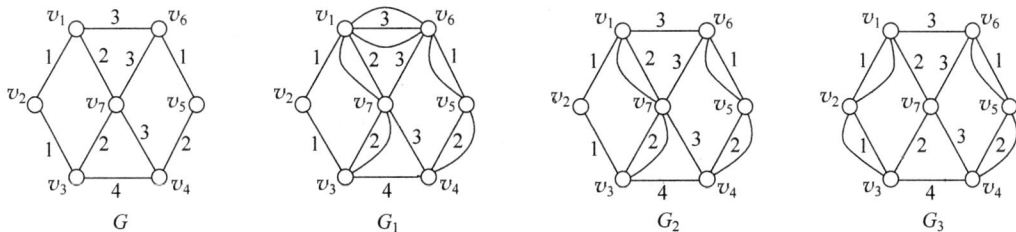

图 8.23 中国邮路问题

解 在图 G 中,$\deg(v_1)=3$,$\deg(v_2)=2$,$\deg(v_3)=3$,$\deg(v_4)=3$,$\deg(v_5)=2$,$\deg(v_6)=3$,$\deg(v_7)=4$。结点 v_1,v_3,v_4 和 v_6 是奇度数结点。所以,图 G 不是欧拉图。

将结点 v_1 和 v_4 配对,v_3 和 v_6 配对。对 v_1 到 v_4 的基本通路 $v_1v_6v_5v_4$,v_3 到 v_6 的基本通路 $v_3v_7v_1v_6$ 中的每条边,增加平行边,得到图 G_1。

在图 G_1 中,边 (v_1,v_6) 的重数大于 2,删除偶数条边,得到一个欧拉图 G_2。

在图 G_2 中,基本回路 $v_1v_2v_3v_7v_1$ 的权值总和是 6,而重复边的权值之和是 4,大于 $6/2=3$。因此,应给予调整。

在图 G_2 中,将重复边 (v_1,v_7) 和 (v_3,v_7) 改为不重复边,将不重复边 (v_1,v_2) 和 (v_3,v_2) 改为重复边,得到图 G_3。

在图 G_3 中,基本回路 $v_1v_2v_3v_7v_1$ 的权值总和是 6,重复边的权值之和是 2,小于 $6/2=3$;基本回路 $v_6v_5v_4v_7v_6$ 的权值总和是 9,重复边的权值之和是 3,小于 $9/2=4.5$;基本回路 $v_1v_2v_3v_4v_5v_6v_1$ 的权值总和是 12,重复边的权值之和是 5,小于 $12/2=6$。

因此,图 G_3 中的任意一条欧拉回路都可作为邮递员的投递线路。

8.4 哈密顿图

8.4.1 哈密顿图的定义

哈密顿图(Hamilton graph)的提出归于英国数学家哈密顿所发明的一个数学游戏:如图 8.24(a)所示,一个由 12 个正五边形面做成的正 12 面玩具,共有 20 个顶点,并以世界上 20 个著名城市命名,要求游戏者沿这个 12 面体的棱走遍每个城市一次且仅一次,最后回到出发点,这就是所谓的"周游世界"游戏。

上述"周游世界"游戏可以用图 8.24(b)来表示,图中的结点对应于各个顶点(城市),边对应于连接各个城市之间的棱。要完成"周游世界"的游戏,就是要求按照图示的结点标号行走,遍历所有结点一次且仅一次。也就是在图 8.24(b)中,寻找一条经过所有结点一次且仅一次的基本回路或基本通路。

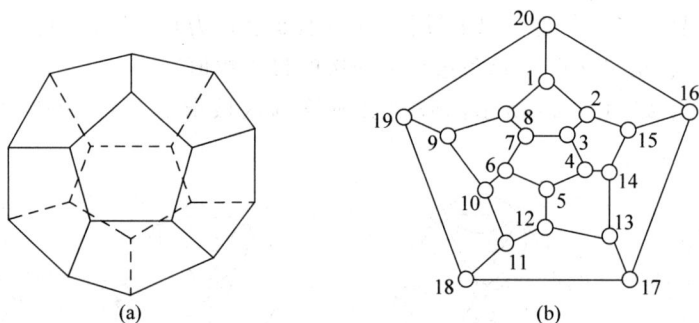

图 8.24   "周游世界"游戏

定义 8.25   对于图 $G=<V,E>$，其中，$V=\{v_1,v_2,\cdots,v_n\}$，$E=\{e_1,e_2,\cdots,e_m\}$，经过图中每一个结点一次且仅一次的通路称为**哈密顿通路**（Hamilton path）；经过图中每一个结点一次且仅一次的回路称为**哈密顿回路**（Hamilton circuit）。含有哈密顿通路的图称为**半哈密顿图**（semi-Hamilton graph）；含有哈密顿回路的图称为**哈密顿图**（Hamilton graph）。

例如，在如图 8.25 所示的各图中，$v_1v_2v_3v_4v_1$ 是图 G_1 的一条哈密顿回路，图 G_1 是哈密顿图；图 G_2 中既不存在哈密顿回路，也不存在哈密顿通路，图 G_2 不是哈密顿图；$v_1v_3v_5v_4v_2$ 是图 G_3 的一条哈密顿通路，但图中不存在哈密顿回路，图 G_3 是半哈密顿图，但不是哈密顿图；$v_1v_3v_4v_2v_1$ 是图 G_4 的一条哈密顿回路，图 G_4 是哈密顿图；$v_1v_3v_4v_2$ 是图 G_5 的一条哈密顿通路，但图中不存在哈密顿回路，图 G_5 是半哈密顿图，但不是哈密顿图；图 G_6 中既不存在哈密顿回路，也不存在哈密顿通路，图 G_6 不是哈密顿图。

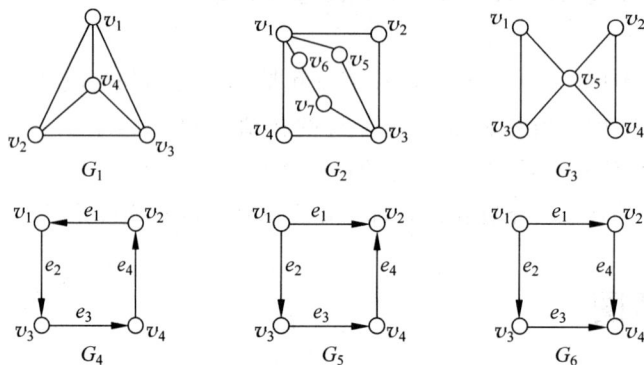

图 8.25   图的示例

8.4.2   哈密顿图的判定

哈密顿图是结点的遍历问题，欧拉图是边的遍历问题。判断一个图是否为哈密顿图要比判断它是否为欧拉图困难得多。到目前为止，还没有找到一个简单的判定哈密顿图的充分必要条件。下面介绍一些哈密顿通路、哈密顿回路存在的充分条件或必要条件。

定理 8.9   设无向图 $G=<V,E>$ 是哈密尔顿图，则对结点集 V 的任意非空子集 V_1，都有

$$p(G-V_1)\leqslant |V_1|$$

其中，$p(G-V_1)$ 是从图 G 中删除 V_1 中各结点及关联的边后所得的图的连通分支数。

证明 设 C 是哈密顿图 G 中的一条哈密顿回路，V_1 是 V 的任意非空子集，$G-V_1$ 是从图 G 中删除 V_1 中各结点及关联的边后所得的图，$C-V_1$ 是从图 C 中删除 V_1 中各结点及关联的边后所得的图，显然，C 是 G 的生成子图，$C-V_1$ 也是 $G-V_1$ 的生成子图。下面分两种情况讨论：

第一种情况，结点集 V_1 中结点在 C 中均相邻，删除 C 上 V_1 中各结点及关联边后，$C-V_1$ 仍是连通的，但已不是回路，因此，$p(C-V_1)=1 \leqslant |V_1|$；

第二种情况，结点集 V_1 中结点在 C 中存在 $r(2 \leqslant r \leqslant |V_1|)$ 个不相邻，删除 C 上 V_1 中各结点及关联边后，将 C 分为互不相邻的段，即 $p(C-V_1)=r \leqslant |V_1|$。

一般情况下，结点集 V_1 中结点在 C 中既有相邻的，又有不相邻的，因此，总有 $p(G-V_1) \leqslant |V_1|$。又由于 C 是 G 的生成子图，$C-V_1$ 也是 $G-V_1$ 的生成子图，故有 $p(G-V_1) \leqslant p(C-V_1) \leqslant |V_1|$。证毕。

定理 8.9 给出的是哈密顿图的必要条件，而不是充分条件。经常要应用定理 8.9 来判断某些图不是哈密顿图。例如，对于如图 8.25 所示的图 G_2，如果取 $V_1=\{v_1,v_3\}$，则 $p(G_2-V_1)=4>|V_1|=2$，因此，图 G_2 不是哈密顿图；如图 8.26 所示的图 G_1 对于结点集 V 的任意非空子集 V_1，都有 $p(G-V_1) \leqslant |V_1|$，但它不是哈密顿图；对于如图 8.26 所示的图 G_2，如果取 $V_1=\{v_2,v_6,v_7\}$，则 $p(G_2-V_1)=4>|V_1|=3$，因此，图 G_2 不是哈密顿图。

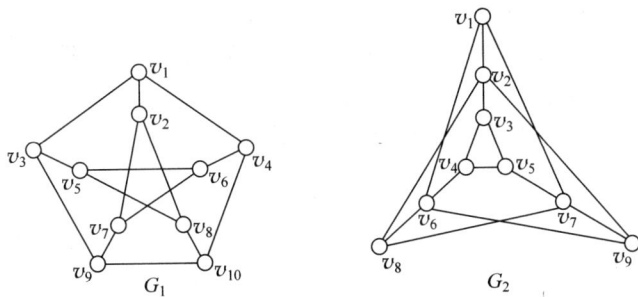

图 8.26 图的示例

推论 设无向图 $G=<V,E>$ 中含有哈密顿通路，则对结点集 V 的任意非空子集 V_1 都有

$$p(G-V_1) \leqslant |V_1|+1$$

证明 设 G 中存在从结点 u 到结点 v 的哈密顿通路，V_1 是 V 的任意非空子集，令 $G'=<V,E \cup \{(u,v)\}>$，易知 G' 为哈密顿图。由定理 8.9 知，$p(G'-V_1) \leqslant |V_1|$。

由于从图 $G'-V_1$ 中删除边 (u,v) 就是图 $G-V_1$，即 $G-V_1=G'-V_1-\{(u,v)\}$，所以，$p(G-V_1)=p(G'-V_1-\{(u,v)\}) \leqslant p(G'-V_1)+1 \leqslant |V_1|+1$。证毕。

定理 8.10 设 $G=<V,E>$ 是 $n(n \geqslant 3)$ 阶无向简单图，如果 G 中任意两个不相邻结点的度数之和都大于等于 $n-1$，则 G 中存在哈密顿通路。

证明 首先证明图 G 是连通的。用反证法。假设 G 不是连通的，则 G 至少有两个连通分支 G_1 和 G_2。设 G_1 和 G_2 分别有 n_1,n_2 个结点，那么，对于 G_1 中任意结点 v_1 和 G_2 中任意结点 v_2，必有 $\deg(v_1) \leqslant n_1-1,\deg(v_2) \leqslant n_2-1$。所以，$\deg(v_1)+\deg(v_2) \leqslant n_1-1+n_2-1=n-2<n-1$。与题设条件矛盾，所以，图 G 是连通的。

其次，证明图 G 中含有哈密顿通路。只要证明图 G 中的最长基本通路的长度为 $n-1$ 即可。假设最长基本通路为 $v_1 v_2 v_3 \cdots v_k$，$k<n$，即长度小于 $n-1$。如果 $v_1 v_2 v_3 \cdots v_k$ 是最长基本通路，那么，通路的起始结点 v_1 和终止结点 v_k 不再与通路以外的任何结点相邻，否则，可将通路以外相邻的结点加入该通路，从而延长了该通路。

现证明结点 $v_1, v_2, v_3, \cdots, v_k$ 在一条基本回路上。分两种情况讨论：

第一种情况，如果结点 v_1 和结点 v_k 相邻，则直接添加边，从而构成回路 $v_1 v_2 v_3 \cdots v_k v_1$。

第二种情况，如果结点 v_1 和 v_k 不相邻，则结点 $v_1, v_2, v_3, \cdots, v_{k-1}$ 中至少有 $r \geqslant 2$ 个与结点 v_1 相邻。否则，$\deg(v_1)=1$，又由于结点 v_k 最多与 $v_2, v_3, \cdots, v_{k-1}$ 共 $k-2$ 个结点相邻，即 $\deg(v_k) \leqslant k-2$，那么，$\deg(v_1)+\deg(v_k) \leqslant 1+k-2=k-1<n-1$。与题设条件矛盾。

设结点 v_1 相邻的结点为 $v_2, v_{i1}, v_{i2}, \cdots, v_{i(r-1)}$，则 $(r-1)$ 个结点 $v_{i1-1}, v_{i2-1}, \cdots, v_{i(r-1)-1}$ 中至少有一个结点与结点 v_k 相邻，否则，由于结点 v_1 和结点 v_k 不相邻，那么，与结点 v_k 相邻的结点至多有 $(k-1)-1-(r-1)$，即 $\deg(v_k) \leqslant (k-1)-1-(r-1)$。所以，$\deg(v_1)+\deg(v_k) \leqslant r+(k-1)-1-(r-1)=(k-1)<n-1$。与题设条件矛盾。

不妨设与结点 v_k 相邻的结点为 $v_{ij}(1 \leqslant j \leqslant r-1)$，则在通路 $v_1, v_2, v_3, \cdots, v_k$ 中删除边 (v_{ij-1}, v_{ij})，增加边 (v_1, v_{ij}) 和 (v_{ij-1}, v_k)，从而构成回路 $v_1 v_2 v_3 \cdots v_{ij-1} v_k v_{k-1} \cdots v_{ij} v_k$，如图 8.27(a)所示。

综上述知，结点 $v_1, v_2, v_3, \cdots, v_k$ 在一条基本回路上。

由于结点 $v_1, v_2, v_3, \cdots, v_k$ 所在的基本回路上的结点数 $k<n$，那么，必存在 G 上的某个结点 u 不在该回路上，但由于 G 是连通的，则结点 u 必与结点 $v_1, v_2, v_3, \cdots, v_k$ 所在的基本回路中的某个结点相邻接。从而，可以得到一条更长的基本通路，如图 8.27(b)所示。这与 $v_1 v_2 v_3 \cdots v_k$ 是最长基本通路矛盾。证毕。

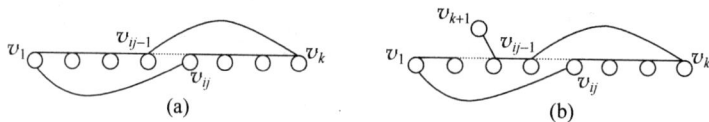

图 8.27　回路的构造与通路的延长

推论 1　设 $G=<V,E>$ 是 $n(n \geqslant 3)$ 阶无向简单图，如果 G 中任意两个不相邻结点的度数之和都大于等于 n，则 G 中存在哈密顿回路，即 G 为哈密顿图。

证明　由定理 8.10 知，图 G 中存在哈密顿通路，不妨设 $L=v_1 v_2 v_3 \cdots v_n$ 是 G 中的一条哈密顿通路。如果结点 v_1 和结点 v_n 相邻，那么，在该哈密顿通路 L 上增加边 (v_1, v_n) 就可以得到 G 中的一条哈密顿回路。如果结点 v_1 和结点 v_n 不相邻，那么，利用条件 $\deg(v_1)+\deg(v_2) \geqslant n$，采用定理 8.10 的类似证明方法，存在含有 L 上所有结点的基本回路，该基本回路就是 G 的一条哈密顿回路。证毕。

推论 2　设 $G=<V,E>$ 是 $n(n \geqslant 3)$ 阶无向简单图，如果 G 中任意结点 v，都有 $\deg(v) \geqslant n/2$，则 G 中存在哈密顿回路，即 G 为哈密顿图。

证明　对于图 G 中的任意两个不相邻结点 u 和 v，必有 $\deg(u) \geqslant n/2$，$\deg(v) \geqslant n/2$。显然，$\deg(u)+\deg(v) \geqslant n/2+n/2=n$。由推论 1 知，图 G 中存在哈密顿回路。证毕。

例 8.21　判断如图 8.28 所示的各图哪些是哈密顿图或半哈密顿图。

解 图 G_1 的阶数为 5,由于,

$$\deg(v_1) = \deg(v_2) = \deg(v_3) = \deg(v_4) = \deg(v_5) = 4 > 5/2$$

所以,图 G_1 是哈密顿图。

图 G_2 的阶数为 5,虽然,

$$\deg(v_1) = \deg(v_2) = \deg(v_3) = \deg(v_4) = \deg(v_5) = 2 < 5/2$$

但是,$v_1 v_2 v_3 v_4 v_5 v_1$ 是图 G_2 中的一条哈密顿回路,所以,图 G_2 是哈密顿图。

在图 G_3 中,取 $V_1 = \{v_1, v_6\}$,$p(G_3 - V_1) = 4 > |V_1| = 2$,所以,图 G_3 不是哈密顿图,也不是半哈密顿图。

在图 G_4 中,取 $V_1 = \{v_1, v_4, v_6, v_8, v_{10}\}$,$p(G_4 - V_1) = 6 > |V_1| = 5$,所以,图 G_4 不是哈密顿图,但是,基本通路 $v_5 v_1 v_2 v_6 v_{11} v_{10} v_7 v_4 v_3 v_8 v_9$ 是图 G_4 中的一条哈密顿通路,所以,图 G_4 是半哈密顿图。

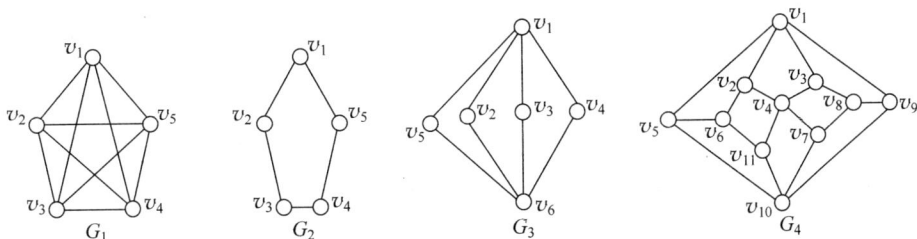

图 8.28 图的示例

8.4.3 货郎担问题

货郎担问题(the Salesman Problem)是与哈密顿图密切相关的一个应用问题:设有 n 个村镇,已知两两村镇之间的距离。一个货郎自某个村镇出发巡回售货,问这个货郎应该如何选择路线,使得经过每个村镇一次且一次,并且总的行程最短。从图论角度,就是求解赋权图的一条权值最小的哈密顿回路。如果两两村镇之间都有路,则就是求解赋权完全图的一条权值最小的哈密顿回路。

在 n 阶赋权完全图中,共有 $(n-1)!/2$ 种不同的哈密顿回路,也即,$n=4$ 时,有 3 种不同的哈密顿回路,$n=5$ 时,有 12 种,$n=6$ 时,有 60 种,$n=7$ 时,有 360 种,……$n=11$ 时,有 1 814 400 种,……由此可见,对所有可能的哈密顿回路进行枚举比较来求解货郎担问题是既不现实也不可行的。对于此问题,人们至今仍未找到求最优解的算法。实际应用中不得不采用求解次优解(近似解)的近似算法。

在设计近似算法时,往往需要对原问题增加一些限制,以便能够提高计算效率和近似效果。而这些限制又常常都是比较符合实际的。例如,我们可以对货郎担问题增加如下限制:

① 图 G 是无向图,且其边的权值为正数;

② 符合三角不等式,即任意结点 v_i, v_j 和 v_k 之间,两边之和的长度大于等于第三边。

这里介绍实际中经常使用的最邻近算法。对于 n 阶赋权完全图 $G = <V, E, W>$,求权值最小的哈密顿回路的近似解的最邻近算法步骤如下:

① 从结点集 V 中任选一个结点 v_0 作为起始结点,找一个与结点 v_0 最邻近的结点 v_s,即 $w(v_0, v_s) = \min\{w(v_0, v_i) \mid v_i \in V - \{v_0\}\}$,得到一条边 (v_0, v_s),$H = \{(v_0, v_s)\}$,$V' = \{v_0, v_s\}$。

② 设结点 v_x 是新添加到 H 中的结点,从不在 H 中的所有结点中,选一个与结点 v_x 最邻近的结点 v_y,即 $w(v_x,v_y)=\min\{w(v_x,v_k)\,|\,v_k\in V-V'\}$,得到一条边 (v_x,v_y),$H=H\bigcup\{(v_x,v_y)\}$,$V'=V'\bigcup\{v_y\}$;重复②,直到 $V'=V$。

③ 连接结点 v_0 和最后得到的结点 v_x,构成回路 $H=H\bigcup\{(v_x,v_0)\}$,H 就是一条赋权哈密顿回路。

例 8.22   设有一货郎住在村镇 a,为推销货物,他要访问村镇 b,c 和 d,这 4 个村镇之间的实际距离如图 8.29(a)所示,问他怎样安排售货路线,才能使他所走的路程较短。

解   按照"最邻近算法"的步骤,分别用粗实线在图 8.29(b)、图 8.29(c)和图 8.29(d)中给出中间计算结果。最后得到的售货路线是 $abcda$,距离为 48。但是,哈密顿回路 $abdca$ 具有最小权值,距离是 47。所以,最邻近算法求出的哈密顿回路未必具有最小权值,只是距离很接近最小权值的一个哈密顿回路。

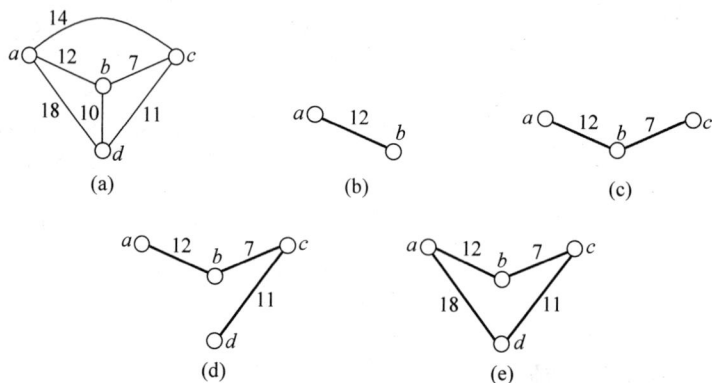

图 8.29   货郎担问题

例 8.23   求如图 8.30(a)所示的赋权图的一条最短哈密顿回路。

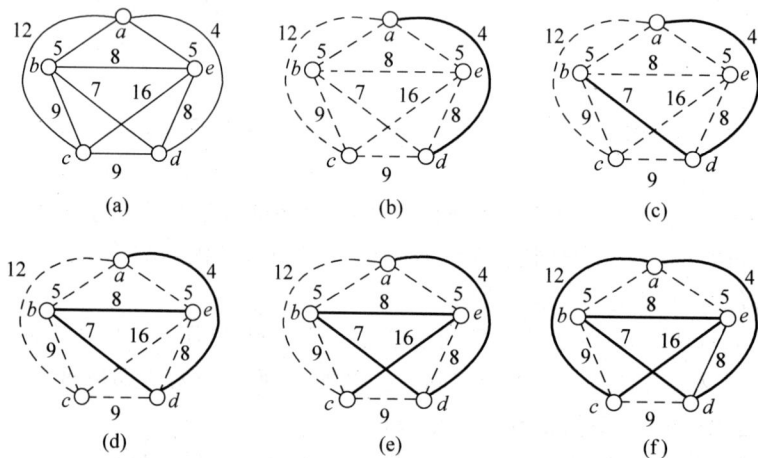

图 8.30   最短哈密顿回路问题

解   按照"最邻近算法"的步骤,以结点 a 为起始结点,最后得到的哈密顿回路是 $adbeca$,距离为 47。分别用粗实线在图 8.30(b)～图 8.30(f)中给出了中间计算结果。

以结点 b 为起始结点,最后得到的哈密顿回路是:$badecb$,距离为 42。

以结点 c 为起始结点,最后得到的哈密顿回路是:$cbadec$,距离为 42;或者 $cdaebc$,距离为 35;或者 $cdabec$,距离为 42。

以结点 d 为起始结点,最后得到的哈密顿回路是:$dabecd$,距离为 42;或者 $daebcd$,距离为 35。

以结点 e 为起始结点,最后得到的哈密顿回路是:$eadbce$,距离为 41。

事实上,图 8.30(a)所示赋权图的最短哈密顿回路的长度为 35,最长哈密顿回路的长度为 48。从上述结果可以看出,最邻近算法在选取不同的起始结点时,会得到不同的解,而且,有些情形下,解的误差很大。例如,在结点 a 为起始结点时,得到的哈密顿回路的长度几乎达到了最长哈密顿回路的长度。

8.5 二部图

8.5.1 二部图的定义

在日常生活和实际应用中,许多问题表示为图模型时,结点集合和边集合会体现出一些特殊的特征。二部图(bipartite graph)是任务指派、匹配等问题的直观模型,其中所有边的两个端点分别位于两个不同的结点子集中。

定义 8.26 对于无向图 $G=<V,E>$,其中,$V=\{v_1,v_2,\cdots,v_n\}$,$E=\{e_1,e_2,\cdots,e_m\}$,如果能将图 G 的结点集 V 划分成两个子集 V_1 和 $V_2(V_1\bigcup V_2=V,V_1\bigcap V_2=\varnothing)$,使得 G 中任何一条边的两个端点一个属于 V_1,另一个属于 V_2,则称 G 为**二部图**(bipartite graph),或**二分图**(bigraph),或**偶图**。V_1 和 V_1 称为互补结点子集。二部图通常记为 $G=<V_1,V_2,E>$。

注意:由定义 8.26 知,二部图中不存在两个端点全在 V_1 或 V_2 的边,所以,二部图中没有自回路。仅含有一个孤立结点的平凡图可看成特殊的二部图。

例如,在如图 8.31 所示的各图中,图 G_1 的结点集合 V 可分成子集 $V_1=\{v_1,v_2,v_3\}$ 和 $V_2=\{v_4,v_5,v_6,v_7\}$,图 G_1 是二部图;图 G_2 的结点集合 V 可分成子集 $V_1=\{v_1,v_2,v_3\}$ 和 $V_2=\{v_4,v_5\}$,图 G_2 是二部图;图 G_3 的结点集合 V 可分成子集 $V_1=\{v_1,v_2,v_3\}$ 和 $V_2=\{v_4,v_5,v_6\}$,图 G_3 是二部图;图 G_4 不是二部图;图 G_5 的结点集合 V 可分成子集 $V_1=\{v_1,v_4,v_5\}$ 和 $V_2=\{v_2,v_3,v_6\}$,图 G_5 是二部图;图 G_6 的结点集合 V 可分成子集 $V_1=\{v_1,v_2,v_3\}$ 和 $V_2=\{v_4,v_5,v_6\}$,图 G_6 是二部图。

定义 8.27 在二部图 $G=<V_1,V_2,E>$ 中,如果 V_1 中的每个结点与 V_2 中的每个结点都有且仅有一条边相关联,则二部图 G 称为**完全二部图**(complete bipartite graph),或**完全二分图**(complete bigraph),或**完全偶图**,记做 $K_{i,j}$,其中,$i=|V_1|,j=|V_2|$。

例如,在如图 8.31 所示的各图中,图 G_1 不是完全二部图;图 G_2 是完全二部图,记为 $K_{3,2}$;图 G_3 是完全二部图,记为 $K_{3,3}$;图 G_5 是完全二部图,记为 $K_{3,3}$;图 G_6 不是完全二部图。

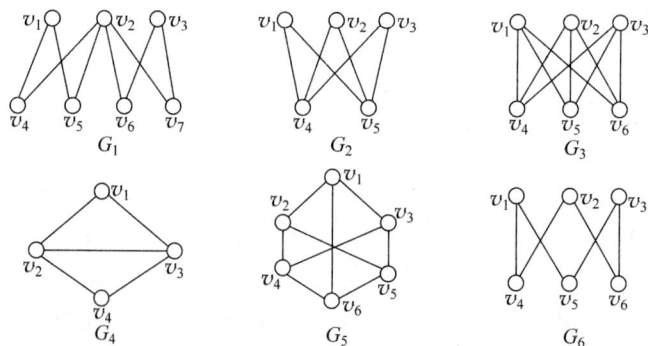

图 8.31 二部图的例子

8.5.2 二部图的判定

二部图中的一些可以直观地从图形表示中看出,而有些则不然。判断一个图是否为二部图已经有了较好的判别方法,即定理 8.11。

定理 8.11 无向图 $G=<V,E>$ 是二部图,当且仅当 G 中的所有回路的长度均为偶数。

证明 (必要性)对于二部图 $G=<V_1,V_2,E>$,设 $L=v_0v_1v_2\cdots v_kv_0$ 是 G 的一条回路,其长度为 $k+1$。又设 $v_0\in V_1$,则 $v_1\in V_2$,$v_2\in V_1$。依此类推,L 中标号为奇数的结点在结点子集 V_2 中,标号为偶数的结点在结点子集 V_1 中。又因为 $v_0\in V_1$,所以有 $v_k\in V_2$,故此 k 为奇数,L 的长度为偶数。

(充分性)设图 G 中每条回路的长度均为偶数,同时,G 是连通的。又设 $v_0\in V$,定义如下 V 的两个子集 V_1 和 V_2:

$V_1=\{v\mid v\in V$,结点 v_0 到结点 v 的最短长度通路的长度 $d(v_0,v)$ 为偶数$\}$

$V_2=\{v\mid v\in V$,结点 v_0 到结点 v 的最短长度通路的长度 $d(v_0,v)$ 为奇数$\}$

因为 G 是连通的,所以存在 v_0 到任何其他结点的通路,故 $d(v_0,v)$ 不是偶数就是奇数,且有 $V_1\bigcup V_2=V,V_1\bigcap V_2=\varnothing$。

下面证明 V_1 中任意两个结点不邻接。设 $v_i\in V_1$ 和 $v_j\in V_1$,且 v_i 和 v_j 邻接,因为 V_1 中 $d(v_0,v)$ 为偶数,则从结点 v_0 到结点 v_i 有一条长度为偶数的通路,从结点 v_0 到结点 v_j 也有一条长度为偶数的通路,这两条通路与边 (v_i,v_j) 就构成了一条回路,回路的长度为奇数,这与题设条件(图 G 中每条回路的长度均为偶数)矛盾。所以,V_1 中任意两个结点不邻接。

同理,可证明 V_2 中任意两个结点也不邻接。

综上述知,图 G 是二部图。证毕。

例如,在图 8.31 中,图 G_1,G_2,G_3,G_5 和 G_6 都满足定理 8.11,它们都是二部图;在图 G_4 中,存在回路 $v_1v_2v_3v_1$,其长度为 3,不满足定理 8.11,图 G_4 不是二部图。

8.5.3 匹配问题

匹配问题是与二部图密切相关的一个应用问题。它可以用来解决实际中的任务分配、人员指派、作业计划等问题。

定义 8.28 对于无向图 $G=<V,E>$，其中，$V=\{v_1,v_2,\cdots,v_n\}$，$E=\{e_1,e_2,\cdots,e_m\}$，任意两条边都不相邻的边集合 $E^*\subseteq E$ 称为 G 的**匹配**(match)，记为 M。如果匹配 M 中再加入任何一条边就不再是匹配，则称 M 为**极大匹配**(maximal matching)。边数最多的极大匹配称为**最大匹配**(maximum matching)。

例如，在如图 8.32 所示的图 G_1 中，$M_1=\{(v_1,v_5),(v_2,v_3)\}$，$M_2=\{(v_1,v_5),(v_3,v_4)\}$，$M_3=\{(v_1,v_2),(v_4,v_5)\}$，$M_4=\{(v_1,v_2),(v_3,v_4)\}$，$M_5=\{(v_1,v_5)\}$ 和 $M_6=\{(v_3,v_5)\}$ 都是图 G_1 的匹配，其中 M_1,M_2,M_3 和 M_4 都是图 G_1 的极大匹配，也都是图 G_1 的最大匹配。

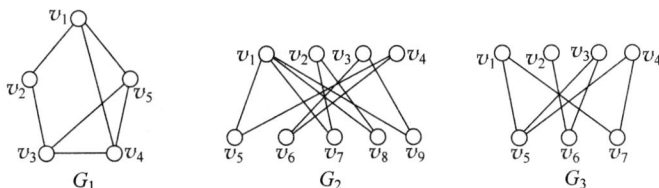

图 8.32 图的匹配

在如图 8.32 所示的图 G_2 中，$M_1=\{(v_1,v_5),(v_2,v_7),(v_3,v_9),(v_4,v_6)\}$，$M_2=\{(v_1,v_9),(v_4,v_6),(v_2,v_8)\}$，$M_3=\{(v_1,v_5),(v_3,v_6),(v_2,v_8)\}$，$M_4=\{(v_1,v_5),(v_3,v_6)\}$ 和 $M_5=\{(v_1,v_9),(v_2,v_8),(v_3,v_6),(v_4,v_5)\}$ 都是图 G_2 的匹配，其中 M_1 和 M_5 既都是图 G_2 的极大匹配也都是图 G_2 的最大匹配；M_2 和 M_3 都是图 G_2 的极大匹配，但不是最大匹配。$M_6=\{(v_1,v_7),(v_2,v_7)\}$ 不是图 G_2 的匹配。

在如图 8.32 所示的图 G_3 中，$M_1=\{(v_1,v_5),(v_2,v_6),(v_4,v_7)\}$，$M_2=\{(v_1,v_7),(v_3,v_6),(v_4,v_5)\}$，$M_3=\{(v_2,v_6),(v_3,v_5),(v_4,v_7)\}$，$M_4=\{(v_1,v_5),(v_3,v_6)\}$ 和 $M_5=\{(v_2,v_6)\}$ 都是图 G_3 的匹配，其中 M_1,M_2 和 M_3 都是图 G_3 的极大匹配也都是图 G_3 的最大匹配。$M_6=\{(v_1,v_5),(v_3,v_5),(v_4,v_7)\}$ 不是图 G_3 的匹配。

定义 8.29 对于二部图 $G=<V_1,V_2,E>$，设 M 为二部图 G 的最大匹配，如果 $|M|=\min\{|V_1|,|V_2|\}$，则称 M 为二部图 G 的**完全匹配**(complete matching)。如果 $|V_1|=|V_2|$，则称 M 为二部图 G 的**完美匹配**(perfect matching)。

例如，在如图 8.32 所示的图 G_2 中，$M_1=\{(v_1,v_5),(v_2,v_7),(v_3,v_9),(v_4,v_6)\}$ 和 $M_5=\{(v_1,v_9),(v_2,v_8),(v_3,v_6),(v_4,v_5)\}$ 都是图 G_2 的完全匹配；在如图 8.32 所示的图 G_3 中，$M_1=\{(v_1,v_5),(v_2,v_6),(v_4,v_7)\}$，$M_2=\{(v_1,v_7),(v_3,v_6),(v_4,v_5)\}$ 和 $M_3=\{(v_2,v_6),(v_3,v_5),(v_4,v_7)\}$ 都是图 G_3 的完全匹配；在如图 8.31 所示的图 G_6 中，$M_1=\{(v_1,v_4),(v_2,v_6),(v_3,v_5)\}$ 和 $M_2=\{(v_1,v_5),(v_3,v_6),(v_2,v_4)\}$ 都是图 G_6 的完美匹配。

注意：完全匹配必定是最大匹配，最大匹配和完全匹配都未必唯一。最大匹配总是存在，但完全匹配、完美匹配不一定存在。例如，在图 8.33 中，图 G_1 中不存在完全匹配，图 G_2 中不存在完美匹配，图 G_3 中不存在完美匹配。

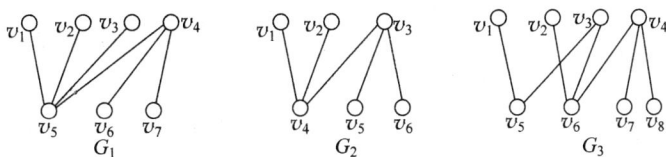

图 8.33 完全匹配和完美匹配

定理 8.12 二部图 $G=<V_1,V_2,E>$ 存在完全匹配,当且仅当 V_1 中任意 k 个结点至少与 V_2 中的 k 个结点相邻接 $(k=1,2,\cdots,|V_1|)(|V_1|\leqslant|V_2|)$。

证明 对于二部图 $G=<V_1,V_2,E>$ 的一个匹配 M,设 $|V_1|\leqslant|V_2|$。

(必要性)在二部图 G 中,如果结点 v 是匹配 M 中某条边的端点,则称结点 v 是匹配 M 饱和的,否则称结点 v 是匹配 M 非饱和的。假设 V_1 中每个结点关于匹配 M 饱和,并设 A 是 V_1 的子集,$N(A)$ 是所有与 A 中结点邻接的结点组成的集合,因为 A 的每个结点在 M 下与 $N(A)$ 中不同的结点配对,所以,$|N(A)|\geqslant|A|$,即 V_1 中任意 k 个结点至少与 V_2 中的 k 个结点相邻 $(k=1,2,\cdots,|V_1|)$。

(充分性)只要证明存在匹配 M 使得 V_1 中结点都是 M 饱和的即可。

在二部图 G 中,由属于 M 的边和不属于 M 的边交替出现组成的一个结点到另一个结点的通路称为交互通路。如果一条交互通路的起始结点和终止结点都是匹配 M 非饱和的,则称这条交互通路是可增广通路(规定两个端点都是非饱和结点的边是可增广通路)。对于可增广通路中不属于 M 的边改变为属于 M 的边,而属于 M 的边改为不属于 M 的边,这样得到一个新的匹配 M',匹配 M' 中边的条数比原来匹配 M 中的条数增加 1。

如果对于任意 $A\subseteq V_1$,$|N(A)|\geqslant|A|$。那么,可以按下列方法构造出匹配 M,使得 V_1 中结点都是 M 饱和的。先做任意一个初始匹配,如果该匹配已使得 V_1 中所有结点都是 M 饱和的,则定理得证。否则,V_1 中至少有一个结点 x 是 M 非饱和的。检查以结点 x 为起始结点,终止结点在 V_2 的交互通路。可能有如下情况:

第一种情况,没有任何一条交互通路可以到达 V_2 的 M 非饱和结点。这时,由于从结点 x 起始的一切交互通路的终止结点还是在 V_1 中,故存在 V_1 的一个子集 A,使得 $|N(A)|<|A|$。这与题设条件矛盾,所以这种情形不可能出现。

第二种情况,存在一条交互通路可以到达 V_2 的 M 非饱和结点。这时,这条交互通路是可增广通路,因而可以改变一下匹配使结点 x 成为饱和的。

重复以上过程,就可以找出使得 V_1 中结点全部是 M 饱和的匹配 M。证毕。

利用定理 8.12 来判断一个二部图是否存在完全匹配,需要计算 V_1 的所有子集的邻接结点集合。当 V_1 中元素较多时,计算就相当复杂。下面介绍一个判断二部图是否存在完全匹配的一个充分条件,该条件使用起来比较方便。

定理 8.13 在二部图 $G=<V_1,V_2,E>$ 中,如果 V_1 中每个结点的度数至少为 t 且 V_2 中每个结点的度数至多为 t(t 为正整数),则 G 中存在完全匹配。

证明 由于 V_1 中每个结点的度数至少为 t,所以 V_1 中 k 个结点至少是 tk 条边的端点 $(1\leqslant k\leqslant|V_1|)$。又由于 V_2 中每个结点的度数至多为 t,这 tk 条边至少以 V_2 中 k 个结点为端点,从而,V_1 中 k 个结点至少与 V_2 中 k 个结点相邻接。所以,满足定理 8.12,即 G 中存在完全匹配。证毕。

事实上,定理 8.12 的充分性证明过程已经给出了求解二部图最大匹配或完全匹配的算法。

例 8.24 某高校人才交流会上有 3 家公司 c_1,c_2 和 c_3 招聘计算机专业高级人才,有 5 位毕业生同学 s_1,s_2,s_3,s_4 和 s_5 投递了求职简历,他们的求职简历投递情况如下:

① s_1 和 s_2 向 c_1 投递简历;s_2,s_3,s_4 和 s_5 向 c_2 投递简历;s_3,s_4 和 s_5 向 c_3 投递简历。

② s_2 向 c_1 投递简历;s_1,s_2 和 s_3 向 c_2 投递简历;s_3,s_4 和 s_5 向 c_3 投递简历。

③ s_3 既向 c_1 投递简历,又向 c_2 投递简历;s_1,s_2,s_4 和 s_5 向 c_3 投递简历。

假设投递简历就能被聘用,且每家公司只招 1 人,那么在上述 3 种情况下,3 家公司能否成功招聘?

解 将 3 家公司和 5 位同学分别用图的结点表示,并且分为两组 V_1 和 V_2:
$$V_1 = \{c_1, c_2, c_3\} \quad V_2 = \{s_1, s_2, s_3, s_4, s_5\}$$
用边表示同学向公司投递简历的情况,如果同学 s_j 向公司 c_i 投递了简历,则引入边 $(c_i, s_j) \in E(i=1,2,3; j=1,2,3,4,5)$。绘制 3 种情况下的图形表示,分别如图 8.34 中的图 G_1,G_2 和 G_3 所示。显然,它们都是二部图。

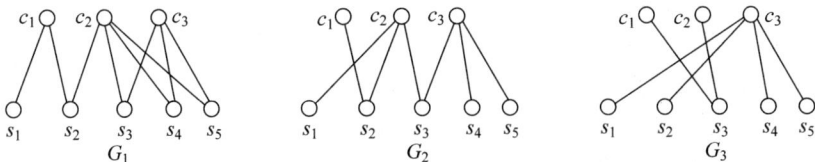

图 8.34 人才招聘问题

在图 G_1 中,结点集 V_1 中结点至少关联两条边,而结点集 V_2 中结点至多关联两条边,满足定理 8.13,所以,存在结点集 V_1 到结点集 V_2 的完全匹配,即 3 家公司都可成功招聘。

在图 G_2 中,结点集 V_1 中结点至少关联 1 条边,而结点集 V_2 中结点至多关联 2 条边,不满足定理 8.13。但是,考察结点集 V_1 的子集,$\{c_1\}$ 的邻接结点集为 $\{s_2\}$,$\{c_2\}$ 的邻接结点集为 $\{s_1, s_2, s_3\}$,$\{c_3\}$ 的邻接结点集为 $\{s_3, s_4, s_5\}$,$\{c_1, c_2\}$ 的邻接结点集为 $\{s_1, s_2, s_3\}$,$\{c_1, c_3\}$ 的邻接结点集为 $\{s_2, s_3, s_4, s_5\}$,$\{c_2, c_3\}$ 的邻接结点集为 $\{s_1, s_2, s_3, s_4, s_5\}$,$\{c_1, c_2, c_3\}$ 的邻接结点集为 $\{s_1, s_2, s_3, s_4, s_5\}$,满足定理 8.12,所以,存在结点集 V_1 到结点集 V_2 的完全匹配,即 3 家公司都可成功招聘。

在图 G_3 中,结点集 V_1 中结点至少关联 1 条边,而结点集 V_2 中结点至多是 2 条边的端点,不满足定理 8.13。同时,考察结点集 V_1 的子集,$\{c_1, c_2\}$ 的邻接结点集为 $\{s_3\}$,不满足定理 8.12,所以,不存在结点集 V_1 到结点集 V_2 的完全匹配,即 3 家公司不能同时完成招聘。

例 8.25 求如图 8.35(a) 所示的二部图 G 的完全匹配。

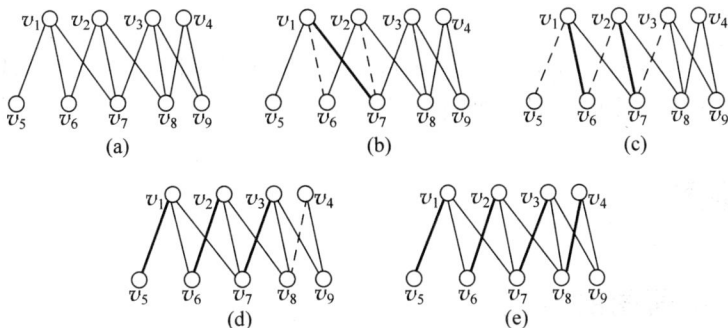

图 8.35 完全匹配问题

解 考察结点集 V_1 的子集,有

$\{v_1\}$ 的邻接结点集为 $\{v_5, v_6, v_7\}$;

$\{v_2\}$ 的邻接结点集为 $\{v_6,v_7,v_8\}$；

$\{v_3\}$ 的邻接结点集为 $\{v_7,v_8,v_9\}$；

$\{v_4\}$ 的邻接结点集为 $\{v_8,v_9\}$；

$\{v_1,v_2\}$ 的邻接结点集为 $\{v_5,v_6,v_7,v_8\}$；

$\{v_1,v_3\}$ 的邻接结点集为 $\{v_5,v_6,v_7,v_8,v_9\}$；

$\{v_1,v_4\}$ 的邻接结点集为 $\{v_5,v_6,v_7,v_8,v_9\}$；

$\{v_2,v_3\}$ 的邻接结点集为 $\{v_6,v_7,v_8,v_9\}$；

$\{v_2,v_4\}$ 的邻接结点集为 $\{v_6,v_7,v_8,v_9\}$；

$\{v_3,v_4\}$ 的邻接结点集为 $\{v_7,v_8,v_9\}$；

$\{v_1,v_2,v_3\}$ 的邻接结点集为 $\{v_5,v_6,v_7,v_8,v_9\}$；

$\{v_1,v_2,v_4\}$ 的邻接结点集为 $\{v_5,v_6,v_7,v_8,v_9\}$；

$\{v_1,v_3,v_4\}$ 的邻接结点集为 $\{v_5,v_6,v_7,v_8,v_9\}$；

$\{v_2,v_3,v_4\}$ 的邻接结点集为 $\{v_6,v_7,v_8,v_9\}$；

$\{v_1,v_2,v_3,v_4\}$ 的邻接结点集为 $\{v_5,v_6,v_7,v_8,v_9\}$。

满足定理 8.12，所以，存在结点集 V_1 到结点集 V_2 的完全匹配。

选择初始匹配 $M=\{(v_1,v_7)\}$，V_1 中结点 v_1 是 M 饱和的，结点 v_2,v_3 和 v_4 是 M 非饱和的。通路 $v_2v_7v_1v_6$ 是一条可增广通路，如图 8.35(b)所示。对于可增广通路 $v_2v_7v_1v_6$ 中不属于 M 的边改变为属于 M 的边，而属于 M 的边改为不属于 M 的边，这样得到一个新的匹配 $M=\{(v_1,v_6),(v_2,v_7)\}$。

在匹配 $M=\{(v_1,v_6),(v_2,v_7)\}$ 下，V_1 中结点 v_1 和 v_2 是 M 饱和的，结点 v_3 和 v_4 是 M 非饱和的。通路 $v_3v_7v_2v_6v_1v_5$ 是一条可增广通路，如图 8.35(c)所示。对于可增广通路 $v_3v_7v_2v_6v_1v_5$ 中不属于 M 的边改变为属于 M 的边，而属于 M 的边改为不属于 M 的边，这样得到一个新的匹配 $M=\{(v_1,v_5),(v_2,v_6),(v_3,v_7)\}$。

在匹配 $M=\{(v_1,v_5),(v_2,v_6),(v_3,v_7)\}$ 下，V_1 中结点 v_1,v_2 和 v_3 是 M 饱和的，结点 v_4 是 M 非饱和的。通路 v_4v_8 是一条可增广通路，如图 8.35(d)所示。对于可增广通路 v_4v_8 中不属于 M 的边改变为属于 M 的边，而属于 M 的边改为不属于 M 的边，这样得到一个新的匹配 $M=\{(v_1,v_5),(v_2,v_6),(v_3,v_7)\}\bigcup\{(v_4,v_8)\}=\{(v_1,v_5),(v_2,v_6),(v_3,v_7),(v_4,v_8)\}$。

在匹配 $M=\{(v_1,v_5),(v_2,v_6),(v_3,v_7),(v_4,v_8)\}$ 下，如图 8.35(e)所示，V_1 中所有结点都是 M 饱和的，所以，匹配 M 是一个完全匹配。

8.6 平面图

8.6.1 平面图的定义

在许多实际问题中，往往涉及图的平面性的研究。如单面印刷电路板和集成电路的布线、城市建筑与交通的管道铺设等。这些问题的求解都要用到平面图的理论。

定义 8.30 如果能把一个无向图 G 的所有结点和边画在同一平面上，使得任何两边除公共结点外没有其他交叉点，则称 G 为**平面图**(plane graph)。

例如,如图 8.36 所示图 G_1 和图 G_2 虽然外形上不同,图 G_1 的一些边在非结点处有交叉,而图 G_2 的一些边在非结点处没有交叉,但是,它们所表达的含义却是一样的。从表面上看,图 G_1 的一些边在非结点处有交叉,但不能断定它就不是平面图。由于图 G_1 和图 G_2 同构,所以,图 G_1 和图 G_2 都是平面图;对于图 G_3,无论怎么重画,如画成图 G_4,都无法避免一些边在非结点处有交叉,所以,图 G_3 和图 G_4 都不是平面图。

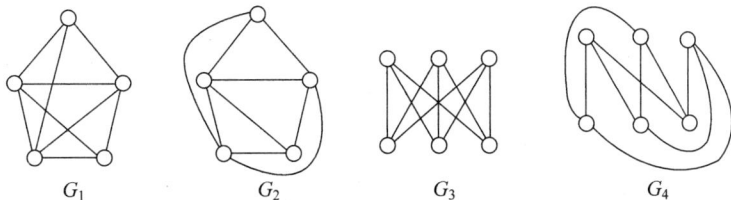

图 8.36 平面图

定义 8.31 在平面图 G 中,G 的边将 G 所在的平面划分成若干个区域。由图中的边所包围,内部不包含图的结点和边的区域称为 G 的一个**面**(surface)。其中面积无限的区域称为**无限面**(infinite surface)或**外部面**(outside surface),面积有限的区域称为**有限面**(finite surface)或**内部面**(inside surface)。包围每个面的所有边所构成的回路称为该面的**边界**(bound)。面 r 的边界的长度称为该面的**次数**(degree),记为 $D(r)$。

例 8.26 给出如图 8.37 所示的图的面、各面的边界及次数。

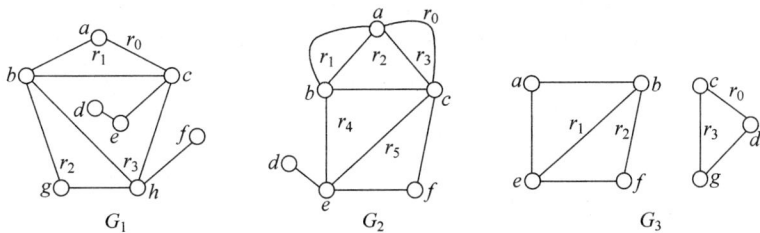

图 8.37 平面图

解 图 G_1 的面有 r_0,r_1,r_2 和 r_3。面 r_0 的边界为 $abghfhca$,$D(r_0)=7$;面 r_1 的边界为 $abca$,$D(r_1)=3$;面 r_2 的边界为 $bghb$,$D(r_2)=3$;面 r_3 的边界为 $cbhcedec$,$D(r_3)=7$。

图 G_2 的面有 r_0,r_1,r_2,r_3,r_4 和 r_5。面 r_0 的边界为 $abedefca$,$D(r_0)=7$;面 r_1 的边界为 aba,$D(r_1)=2$;面 r_2 的边界为 $abca$,$D(r_2)=3$;面 r_3 的边界为 aca,$D(r_3)=2$;面 r_4 的边界为 $becb$,$D(r_4)=3$;面 r_5 的边界为 $cefc$,$D(r_5)=3$。

图 G_3 的面有 r_0,r_1,r_2 和 r_3。面 r_0 的边界为 $abfeacgdc$,$D(r_0)=7$;面 r_1 的边界为 $abea$,$D(r_1)=3$;面 r_2 的边界为 $befb$,$D(r_2)=3$;面 r_3 的边界为 $cgdc$,$D(r_3)=3$。

定义 8.32 对于具有 n 个结点、m 条边和 r 个面的连通平面图 G,用以下的方法构造图 G^*:

① 在 G 的面 r_i 中设置 G^* 的一个结点 v_i,得到 G^* 的结点集 $\{v_1,v_2,\cdots,v_r\}$;

② 对于面 r_i 和 r_j 的公共边 e_k,连接对应于面 r_i 和 r_j 的结点 v_i 和 v_j,得到 G^* 的一个边 (v_i,v_j);对于仅在 G 的一个面 r_i 出现的边 e_k,在 r_i 对应的结点 v_i 处添加自环 (v_i,v_i)。则称图 G^* 为图 G 的**对偶图**(dual graph)。

注意：根据对偶图的定义，连通平面图 G 的对偶图 G^* 必为连通平面图。

例 8.27 给出如图 8.37 所示的图 G_2 和图 G_3 的对偶图。

解 根据定义 8.32，绘制图 G_2 和图 G_3 的对偶图，如图 8.38 所示虚线组成的图。

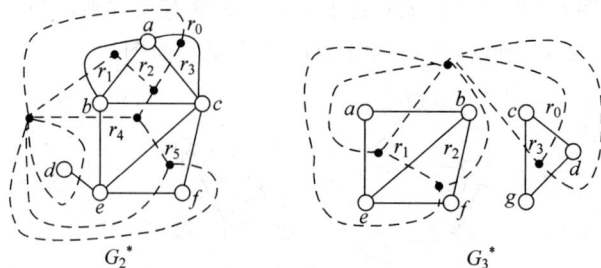

图 8.38 平面图的对偶图

8.6.2 平面图的判定

图的平面性是图的一个基本性质，判断哪些图是平面图，哪些不是平面图就显得相当重要。下面介绍平面图的一些判定条件。

定理 8.14 平面图中所有面的次数之和等于边的总数的 2 倍。

证明 在一个图中，任意一条边，可能作为公共边界的一条边被两个面分别计算一次，也可能作为一个面的边界被计算两次，这些都相当于边数的 2 倍。证毕。

例如，在如图 8.37 所示的图 G_1 中，面的次数之和为 $7+3+3+7=20$，边的总数为 10；在如图 8.37 所示的图 G_2 中，面的次数之和为 $7+2+3+2+3+3=20$，边的总数为 10；在如图 8.37 所示的图 G_3 中，面的次数之和为 $7+3+3+3=16$，边的总数为 8。

定理 8.15 设 G 为具有 n 个结点、m 条边和 r 个面的连通平面图，则有 $n-m+r=2$。

证明 对 G 的边数进行归纳论证。

若 $m=0$，由于 G 是连通图，故必有 $n=1$，此时图 G 为孤立结点，即 $r=1$。所以，$n-m+r=1-0+1=2$，定理成立。

若 $m=1$，这时有两种情况：

第一种情况，该边是自环，则 $n=1$，$r=2$，$n-m+r=1-1+2=2$；

第二种情况，该边不是自环，则 $n=2$，$r=1$，$n-m+r=2-1+1=2$。

所以，$m=1$ 时，定理成立。

假设边数为 $m-1$ 时，等式 $n-m+r=2$ 成立。

对于边数为 m 的连通图，即在原来有 $m-1$ 个边、n 个结点和 r 个面的图的基础上增加一条边，有如下两种情况：

第一种情况，增加了 1 个结点，由于图 G 是连通图，则无论该结点在外部面还是在内部面，都不会改变面的数目，那么，$n'-m'+r'=(n+1)-(m+1)+r=n-m+r=2$；

第二种情况，结点数目没发生变化，那么所增加的边或者是自环，或者是与原图中某一结点形成回路，这样增加了 1 个面，那么，$n'-m'+r'=n-(m+1)+(r+1)=n-m+r=2$。

所以，m 条边时，定理成立。证毕。

例如，在图 8.37 所示的图 G_1 中，$n=8$，$m=10$，$r=4$，$n-m+r=8-10+4=2$；在

图 8.37 所示的图 G_2 中,$n=6,m=10,r=6,n-m+r=6-10+6=2$;在图 8.37 所示的图 G_3 中,$n=7,m=8,r=4,n-m+r=7-8+4=3\neq2$,因为图 G_3 不是连通图。

推论 1 设 G 是一个 (n,m) 简单连通平面图,若 $m>1$,则有 $m\leqslant 3n-6$。

证明 设 G 有 r 个面,因为 G 是简单图,并且 $m>1$,所以 G 的每个面至少由 3 条边围成。从而,G 的所有面的次数之和大于等于 $3r$。

由定理 8.14 知,$2m\geqslant 3r$,即 $r\leqslant 2m/3$。

又由定理 8.15 知,$m=n+r-2\leqslant n+2m/3-2$,即 $m\leqslant 3n-6$。证毕。

推论 1 经常用来判断某些图不是平面图,即一个边数大于 1 的简单连通图,如果不满足 $m\leqslant 3n-6$,则该图一定不是平面图。但要注意的是,满足不等式 $m\leqslant 3n-6$ 的简单连通图未必是平面图。例如,对于完全图 K_5,因为它是一个简单连通图,$n=5,m=10,3n-6=15-6=9<m=10$,不满足推论 1,所以,完全图 K_5 不是平面图;对于完全二部图 $K_{3,3}$,$n=6,m=9,3n-6=18-6=12\geqslant m=9$,满足推论 1,但是,已经知道 $K_{3,3}$ 不是平面图。

推论 2 设 G 是一个 (n,m) 简单连通平面图,若每个面的次数至少为 $k(k\geqslant 3)$,则有 $m\leqslant k\cdot(n-2)/(k-2)$。

证明 设 G 有 r 个面,各面的次数之和为 T,由题设条件知:$T\geqslant r\cdot k$。又由定理 8.14 知,$T=2m$;由定理 8.15 知,$r=2-n+m$。从而,$2m\geqslant(2-n+m)\cdot k$,即 $(k-2)\cdot m\leqslant k\cdot(n-2)$。由题设条件 $k\geqslant 3$,所以,$m\leqslant k\cdot(n-2)/(k-2)$。证毕。

类似于推论 1,推论 2 经常用来判断某些图不是平面图,即一个简单连通图,若每个面的次数至少为 $k(k\geqslant 3)$,如果不满足 $m\leqslant k\cdot(n-2)/(k-2)$,则该图一定不是平面图。例如,对于完全二部图 $K_{3,3}$,$n=6,m=9$,每个面的次数至少为 $4,k\cdot(n-2)/(k-2)=4\cdot(6-2)/(4-2)=8<m=9$。不满足推论 2,所以,$K_{3,3}$ 不是平面图。

定理 8.16 设 G 为连通的简单平面图,则 G 中至少存在一个结点 $v,\deg(v)\leqslant 5$。

证明 对于图 G,如果 $|V|\leqslant 6$,结论显然成立。因而仅就 $|V|>7$ 来讨论。

如果图 G 中所有结点度数都大于等于 6,则由握手定理知,$2|E|\geqslant 6|V|$,即 $|E|\geqslant 3|V|$,这与定理 8.15 的推论 1 矛盾。所以,结论成立。证毕。

上面的定理和推论给出平面图的一些必要条件,可用来判定一个图不是平面图。目前还没有一个简便的方法来确定一个图是平面图。下面给出判断平面图的充分必要条件,但省略其复杂的证明。

定理 8.17 一个图是平面图的充分必要条件是它的任何子图都不可能收缩为 K_5 或 $K_{3,3}$。

推论 一个图不是平面图的充分必要条件是它存在一个能收缩为 K_5 或 $K_{3,3}$ 的子图。

例如,在图 8.39 的图 G_1 中,收缩边 $(v_i,u_i)(i=1,2,3,4,5)$,用结点 w_i 来代替,得到

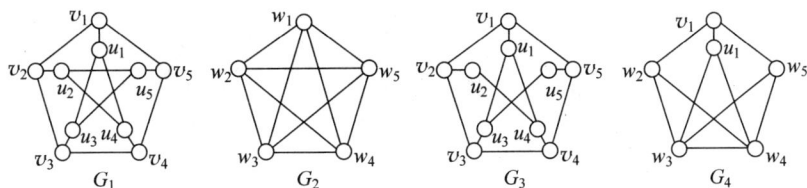

图 8.39 平面图的判定

图 G_2，即为图 K_5，所以，图 G_1 不是平面图；在图 8.39 的图 G_3 中，收缩边 (v_i, u_i) $(i=2,3,4,5)$，用结点 w_i 来代替，得到图 G_4，显然，图 $K_{3,3}$ 是的图 G_4 子图，所以，图 G_3 不是平面图。

定理 8.17 虽然给出了判断平面图的充分必要条件，理论结果是完善的，但实际上要用于判断比较复杂的图是否是平面图还是很困难的。

定理 8.18 设 G 为具有 n 个结点、m 条边和 r 个面的连通平面图，G^* 为 G 的对偶图，G^* 具有 n^* 个结点、m^* 条边和 r^* 个面，则有

① $n^* = r$；

② $m^* = m$；

③ $r^* = n$；

④ G^* 的结点 v^* 位于 G 的面 r 中，则 $\deg(v^*) = D(r)$。

证明 ①，②显然成立。

③ 由于 G^* 和 G 都是连通平面图，因而满足定理 8.15，即 $n-m+r=2$，$n^*-m^*+r^*=2$，于是，$r^*=2+m^*-n^*=2+m-r=n$。

④ 由于结点 v^* 对应于 G 的面 r，面 r 的次数 $D(r)$ 对应于面 r 的边界中的边的条数。如果面 r 的边界中的边是和其他面的公共边，则要有一条始于结点 v^* 的边横跨该公共边，对结点的度数增加 1；如果面 r 的边界中的边不是公共边，则要有一条始于结点 v^* 的自环穿越该边，对结点的度数增加 2。因此，$\deg(v^*)=D(r)$。证毕。

8.6.3 图的着色问题

图的着色问题起源于"四色猜想"：对平面上或球面上的世界地图用至多四种颜色着色，以使互相接壤的国家由不同的颜色来区分。这个问题的提法简单易懂，但时至今日还没有得到很好的解决。图的着色有两种类型：其一，图的边着色；其二，图的结点着色。前者要求邻接边着不同色，问题类似于二部图中的匹配；后者要求邻接结点着不同色，对于平面图情形，相当于给该图的对偶图的相邻局域着不同色。

定义 8.33 对于无环图 G 的每个结点涂上一种颜色，使得相邻结点涂不同的颜色，称为对图 G 的结点的一种**着色**（colouring）。若能用 k 种颜色给图 G 的结点着色，则称图 G 是 **k-可着色的**（k-colourable）。若图 G 是 **k-可着色的**，但不是 $(k-1)$-可着色的，则称图 G 是 **k-色图**（k-chromatic graph），并称这样的 k 为图 G 的**色素**（chromatic number），记为 $\gamma(G)$。

例如，如图 8.40 所示的图 G_1 是 2 可着色的，是一个 2-色图，其色素为 2；图 8.40 所示的图 G_2 是 3 可着色的，是一个 3-色图，其色素为 3；图 8.40 所示的图 G_3 是 2 可着色的，是一个 2-色图，其色素为 2。

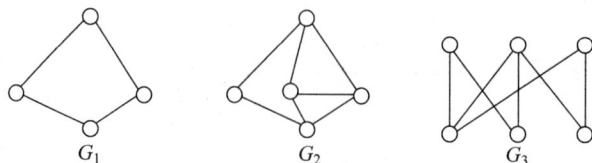

图 8.40 图的着色

注意：根据定义 8.33，可以容易得出如下结论：

① $\gamma(G)=1$ 当且仅当图 G 是仅含有一个孤立结点的平凡图；

② 对于完全图 K_n，$\gamma(K_n)=n$；

③ $\gamma(G)=2$ 当且仅当图 G 是一个二部图。

定理 8.19 对于无环图 G，设结点的最大度数为 $\delta(G)$，则 $\gamma(G)\leqslant\delta(G)+1$。

证明 对结点的数目 n 进行归纳论证。

当 $n=2$ 时，$\delta(G)\leqslant1$，图 G 是 2-可着色的，所以，$\gamma(G)\leqslant\delta(G)+1$ 成立。

假设对于 $(n-1)$ 个结点的图 G，结论成立。

考察具有 n 个结点的图 G'，从图 G' 中删除一个结点 v 及其关联边得到一个含有 $(n-1)$ 个结点的图 G。由归纳假设知，图 G 是 $(\delta(G)+1)$-可着色的。再将结点 v 及其关联边加到图 G 上，使其还原成图 G'。在图 G' 中，结点 v 的度数至多是 $\delta(G')$，结点 v 的相邻结点至多着上 $\delta(G')$ 种颜色，然后，结点 v 着上第 $(\delta(G')+1)$ 种颜色，因此，G' 是 $(\delta(G')+1)$-可着色的，即 $\gamma(G')\leqslant\delta(G')+1$。

综上述知，结论成立。证毕。

定理 8.19 给出的色素的上界是很弱的。已经证明，满足条件 $\gamma(G)=\delta(G)+1$ 的图 G 只有两类：长度为奇数的回路，或者完全图。

定理 8.20 任何简单连通平面图都是 5-可着色的。

证明 对结点的数目 n 进行归纳论证。

当图中结点数目小于等于 5 时，显然一定可以用 5 种颜色着色，即图是 5-可着色的。

假设任意具有 $(n-1)$ 个结点的简单连通平面图都是 5-可着色的。现证明具有 n 个结点的简单连通平面图都是 5-可着色的。

设图 G 是具有 n 个结点的简单连通平面图，由定理 8.16 知，图 G 中至少存在一个结点 $v_0\in V$，$\deg(v_0)\leqslant5$。在图 G 中删除结点 v_0，得到具有 $(n-1)$ 个结点的图 G'。由归纳假设知，图 G' 是 5-可着色的，因此只需证明：在图 G 中，结点 v_0 可用图 G' 中 5 种颜色中的一种着色，并且与其邻近结点的着色都不相同。

如果 $\deg(v_0)<5$，则与结点 v_0 邻近的结点最多为 4 个，所以可以用与结点 v_0 邻近的结点的不同颜色给结点 v_0 着色。

如果 $\deg(v_0)=5$，但与结点 v_0 邻近的结点的着色数最多为 4 个，这时仍然可以用与结点 v_0 邻近的结点的不同颜色给结点 v_0 着色。

如果 $\deg(v_0)=5$，且与结点 v_0 邻近的结点的着色数为 5 个，这时情况要复杂些。解决办法如下：

令 $V_{1,3}=\{v\,|\,v\in V-\{v_0\}$，且结点 v 着颜色①或颜色③$\}$，$G_{1,3}$ 为结点集 $V_{1,3}$ 的导出子图。

如果结点 v_1 和 v_3 属于不同的连通分支，则将 v_1 所在的连通分支中，对颜色①和颜色③互换，于是结点 v_1 涂颜色③（见图 8.41(a)），将颜色①留给结点 v_0 着色。

如果结点 v_1 和 v_3 属于同一个连通分支，此时，结点集 $V_{1,3}\cup\{v_0\}$ 的导出子图中含有经过结点 v_0 的回路 C，在回路 C 上除结点 v_0 外涂颜色①和颜色③的结点交替出现。再令 $V_{2,4}=\{v\,|\,v\in V-\{v_0\}$，且结点 v 着颜色②或颜色④$\}$，$G_{2,4}$ 为结点集 $V_{2,4}$ 的导出子图。

由于回路 C 的隔离，结点 v_2 和 v_4 必在 $G_{2,4}$ 的不同连通分支中。在结点 v_2 所在的连通分支中，对颜色②和颜色④互换（见图 8.41(b)），将颜色②留给结点 v_0 着色。

(a)

(b)

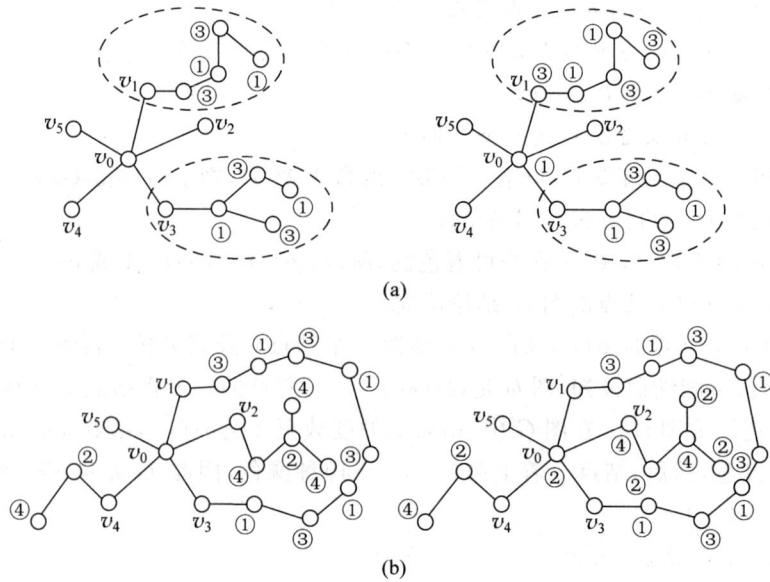

图 8.41　图的着色

综上述知,结论成立。证毕。

定理 8.21　任何简单连通平面图都是 4-可着色的。

注意:定理 8.21 至今仍未有简单的理论证明,目前只是花了大量的时间通过计算机得到了机器证明。

定义 8.34　对于连通平面图 G,如果删除其中任何一条边 $e \in E$,都不会改变图 G 的连通性,则称图 G 为**地图**(map)。

例如,如图 8.42 所示的图 G_1 是一个地图,图 G_2 和图 G_3 不是地图。

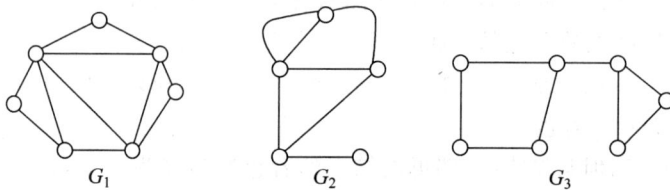

图 8.42　连通平面图

定义 8.35　对于地图 G 的每个面涂上一种颜色,使得边界至少有一条公共边的相邻面涂不同的颜色,称为对 G 的**面着色**(surface colouring)。若能用 k 种颜色给图 G 的面着色,则称 G 是 **k-面可着色的**(k-surface colourable)。若 G 是 k-面可着色的,但不是$(k-1)$-面可着色的,就称 k 为 G 的**面色素**(surface chromatic number),记为 $\gamma^*(G)$。

定理 8.22　地图 G 是 k-面可着色的,当且仅当它的对偶图 G^* 是 k-可着色的。

证明　(必要性)设 G 是 k-面可着色的,G^* 是 G 的对偶图。由于 G 是连通平面图,那么,G 的每个面中含有 G^* 的一个结点。如果结点 v_i^* 位于图 G 的面 r_i 内,将 G^* 的结点 v_i^* 涂面 r_i 的颜色。易知,如果结点 v_i^* 和结点 v_j^* 相邻近,则由于面 r_i 和面 r_j 的颜色不同,所以,结点 v_i^* 和结点 v_j^* 的颜色也不同。因而,G^* 是 k-可着色的。

（充分性）采用类似方法可以得到证明。证毕。

由定理 8.22 可知，地图的着色（面着色），等价于平面图的点着色。迄今为止，还没有一个可以确定任一图 G 是 k-可着色的简便方法。

韦尔奇·鲍威尔（Welch Powell）给出了一种对图着色的方法。步骤如下：

① 将图 G 中的结点按度数递减次序排列；

② 用第一种颜色对第一个结点着色，并将与已着色结点不邻接的结点也着第一种颜色；

③ 按排列次序，用第二种颜色对未着色的结点重复②，用第三种颜色继续以上做法，直到所有结点已着色。

例 8.28 对图 8.43 所给出的图进行着色。

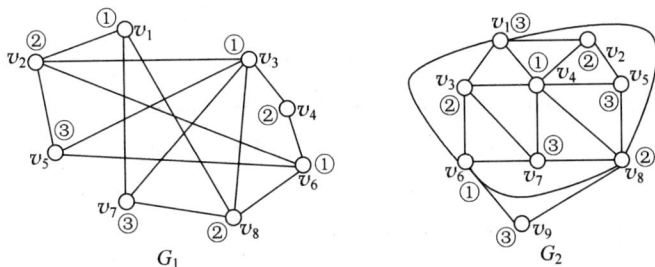

图 8.43 连通平面图的着色

解 在图 G_1 中，各结点按度数递减次序排列为：$v_3, v_2, v_6, v_8, v_1, v_5, v_7, v_4$。对结点 v_3 和与结点 v_3 不邻近的结点 v_6, v_1 着颜色①；对结点 v_2 和与结点 v_2 不邻近的结点 v_8, v_4 着颜色②；对结点 v_5 和与结点 v_5 不邻近的结点 v_7 着颜色③。由此，图 G_1 着色只需 3 种颜色。

在图 G_2 中，各结点按度数递减次序排列为：$v_4, v_8, v_1, v_6, v_7, v_3, v_2, v_5, v_9$。对结点 v_4 和与结点 v_4 不邻近的结点 v_6 着颜色①；对结点 v_8 和与结点 v_8 不邻近的结点 v_3, v_2 着颜色②；对结点 v_1 和与结点 v_1 不邻近的结点 v_7, v_5, v_9 着颜色③。由此，图 G_2 着色需要 3 种颜色。

例 8.29 对图 8.44 所给出的地图进行面着色。

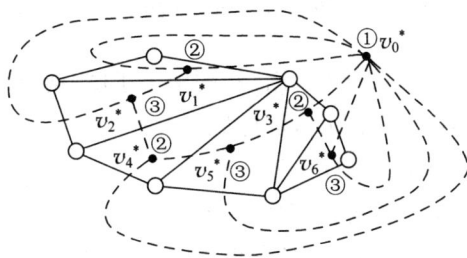

图 8.44 连通平面图的面着色

解 对于图 8.44 所给出的地图 G，首先得到其对偶图 G^*，然后对其对偶图中结点按度数递减次序排列：$v_0^*, v_1^*, v_2^*, v_3^*, v_4^*, v_5^*, v_6^*$。对结点 v_0^* 着颜色①；对结点 v_1^* 和与结点 v_1^* 不邻近的结点 v_3^*, v_4^* 着颜色②；对结点 v_2^* 和与结点 v_2^* 不邻近的结点 v_5^*, v_6^* 着颜色

③。由此,对偶图 G^* 的着色只需 3 种颜色。所以,地图 G 的面着色需要 3 种颜色。

平面图的着色不仅可以用于地图,还可以应用到其他许多领域。例如,印制电路板的分层问题。在设计印刷电路板时,要求导线不能相交。可以先将电路图画成一个图 G,如果图 G 是一个平面图,那么电路就可设计称单层印刷电路板;否则,需要设计成多层电路板。对于任意图 G,设计另一个图 G',图 G' 的结点与图 G 的边一一对应,如果图 G 的两条边交叉,则交叉的两条边对应的图 G' 的两个结点相邻,即结点之间存在一条边。在图 G' 中进行着色,图 G' 中颜色相同的结点一定不会相邻,也就是图 G 中对应的边不会交叉,这些边可放在同一个平面上。由此,图 G' 中颜色不同的结点对应的图 G 中的边在不同的平面上,这样图 G' 的色数就是需要设计的电路板的层数。

习题

1. 绘制如下的图,并指出哪些是无向图、有向图或混合图。

① $G=<\{v_1,v_2,v_3,v_4,v_5\},\{(v_1,v_2),(v_3,v_2),(v_4,v_5),(v_1,v_2),(v_5,v_2)\}>$;

② $G=<\{v_1,v_2,v_3,v_4,v_5\},\{<v_1,v_2>,<v_2,v_3>,<v_3,v_5>,<v_4,v_2>\}>$;

③ $G=<\{v_1,v_2,v_3,v_4,v_5\},\{(v_1,v_6),<v_4,v_3>,(v_3,v_2),(v_4,v_1),<v_1,v_5>\}>$;

④ $G=<\{v_1,v_2,v_3,v_4\},\{(v_1,v_2),(v_1,v_3),(v_2,v_1),(v_1,v_2),(v_3,v_3)\}>$;

⑤ $G=<\{v_1,v_2,v_3,v_4,v_5\},\{<v_1,v_5>,<v_2,v_2>,<v_2,v_3>,<v_3,v_4>\}>$;

⑥ $G=<\{v_1,v_2,v_3,v_4,v_5\},\{(v_1,v_1),<v_4,v_6>,(v_3,v_2),(v_5,v_1),<v_1,v_5>\}>$。

2. 判断题 1 中图哪些是简单图、多重图、有向简单图或无向简单图。

3. 求如图 8.45 所示的图中各结点的邻接结点和各边的邻接边。

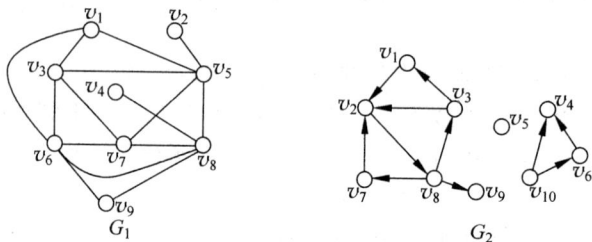

图 8.45 图的示例

4. 分别给出如图 8.45 所示的图 G_1、图 G_2 的两个子图,两个生成子图。

5. 对于如图 8.45 所示的无向图 G_1,进行如下求解:

① 结点集 $\{v_2,v_3,v_6\}$ 的导出子图;

② 结点集 $\{v_1,v_3,v_7,v_8,v_5\}$ 的导出子图;

③ 边集 $\{(v_1,v_3),(v_8,v_9),(v_6,v_3)\}$ 的导出子图;

④ 边集 $\{(v_3,v_5),(v_2,v_5),(v_6,v_7),(v_8,v_9)\}$ 的导出子图。

6. 对于如图 8.45 所示的有向图 G_2,进行如下求解:

① 结点集 $\{v_1,v_3,v_6\}$ 的导出子图;

② 结点集 $\{v_2,v_3,v_5,v_9\}$ 的导出子图;

③ 边集$\{<v_1,v_2>,<v_8,v_9>\}$的导出子图；

④ 边集$\{<v_3,v_1>,<v_2,v_8>,<v_6,v_4>,<v_8,v_9>\}$的导出子图。

7. 求如图 8.45 所示的图 G_1 中各结点的度数。

8. 求如图 8.45 所示的图 G_2 中各结点的出度、入度及度数。

9. 求解下列各题。

① 图 G 中各结点的度数为 4,2,3,7,6(称为度数序列)，该图中边的数目是多少？

② 已知两个序列为 4,8,3,9 和 3,2,6,4，它们能成为一个图中的结点的度数序列吗？

③ 设图 G 有 10 个结点，度数为 6 和 2 的结点分别有 5 个和 4 个，那么图 G 至少有多少条边？

10. 设无向图 G 有 12 条边，度数为 3 的结点有 6 个，其余结点的度数均小于 3，问图 G 中至少有多少个结点？为什么？

11. 证明在具有 $n(n\geqslant2)$ 个结点的简单无向图中，至少有两个结点的度数相同。

12. 判断图 8.46 中图 G_1 和图 G_2，图 G_3 和图 G_4 是否同构。

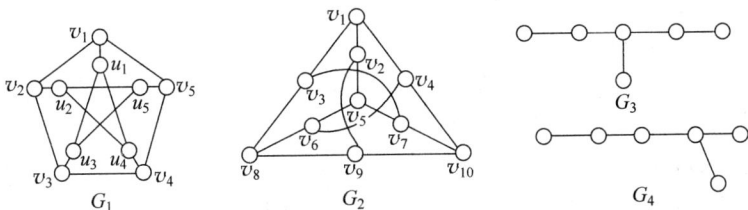

图 8.46 图的示例

13. 画出 4 阶无向完全图 K_4 的所有非同构子图，并指出哪些是生成子图。

14. 证明所有(4,2)无向简单图中至少有两个是同构的。

15. 对于图 8.45 中的图 G_1，求

① 从结点 v_1 到结点 v_9 的所有简单通路；

② 从结点 v_1 到结点 v_9 的所有基本通路；

③ 所有简单回路、所有基本回路。

16. 对于图 8.45 中的图 G_2，求

① 从结点 v_1 到结点 v_7 的所有简单通路；

② 从结点 v_3 到结点 v_2 的所有基本通路；

③ 所有简单回路、所有基本回路。

17. 设无向图中有两个奇度数结点，证明该两个奇度数结点必连通。

18. 证明：如果 n 阶简单无向图 G 中任一对结点的度数之和都大于$(n-1)$，则图 G 是连通图。

19. 设有 a,b,c,d,e,f,g 共 7 个人，它们分别会讲如下各种语言：a 会讲英语，b 会讲英语和汉语，c 会讲英语、西班牙语和俄语，d 会讲日语和汉语，e 会讲德语和西班牙语，f 会讲法语、日语和俄语，g 会讲法语和德语。试问在这 7 个人中，是否任意两个都能交谈(必要时可以借助他人翻译)。

20. 判断图 8.47 中各图，哪些是弱连通图，哪些是单向连通图，哪些是强连通图。

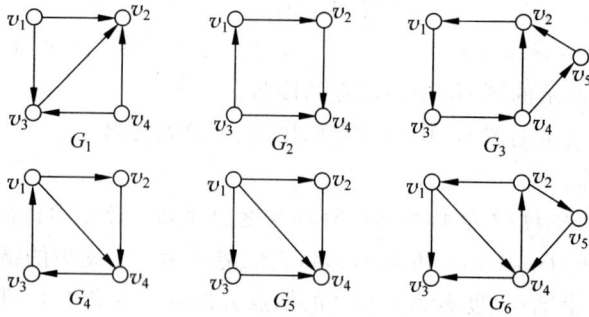

图 8.47   有向图的示例

21. 对于图 8.46 中图 G_1 的边添加方向,分别使其成为强连通图、单向连通图、弱连通图。

22. 求图 8.45 中图 G_2 的强连通分支、弱连通分支、单向连通分支。

23. 对图 8.45 中的图 G_1 进行如下操作,给出操作后的图。

① 删除结点 $\{v_1, v_3, v_4, v_5, v_8\}$;

② 删除边 $\{(v_3, v_1), (v_7, v_3), (v_4, v_8)\}$;

③ 删除结点 $\{v_1, v_5, v_9\}$ 和删除边 $\{(v_7, v_3), (v_6, v_7)\}$;

④ 删除结点 $\{v_1, v_5, v_9\}$ 和收缩边 $\{(v_4, v_8), (v_3, v_7)\}$;

⑤ 删除边 $\{(v_4, v_8), (v_3, v_7)\}$ 和收缩边 $\{(v_1, v_3), (v_5, v_7)\}$;

⑥ 删除结点 $\{v_4, v_8\}$、删除边 $\{(v_1, v_3), (v_5, v_7)\}$ 和收缩边 $\{(v_1, v_5), (v_3, v_6)\}$。

24. 对图 8.45 中的图 G_2 进行如下操作,给出操作后的图。

① 删除结点 $\{v_1, v_3, v_5, v_8\}$;

② 删除边 $\{<v_1, v_2>, <v_8, v_9>, <v_6, v_4>\}$;

③ 删除结点 $\{v_1, v_5, v_9\}$ 和删除边 $\{<v_3, v_2>, <v_8, v_3>, <v_{10}, v_6>\}$;

④ 删除结点 $\{v_1, v_5, v_9\}$ 和收缩边 $\{<v_2, v_8>, <v_{10}, v_4>\}$;

⑤ 删除边 $\{<v_2, v_8>, <v_{10}, v_4>\}$ 和收缩边 $\{<v_1, v_2>, <v_8, v_9>, <v_6, v_4>\}$;

⑥ 删除结点 $\{v_3\}$、删除边 $\{<v_2, v_8>, <v_{10}, v_4>\}$ 和收缩边 $\{<v_8, v_3>, <v_{10}, v_6>\}$。

25. 求图 8.45 中图 G_1 的关联矩阵、邻接矩阵、可达矩阵。

26. 求图 8.45 中图 G_2 的关联矩阵、邻接矩阵、可达矩阵。

27. 求图 8.48 中结点 v_1 到其他各结点的最短通路。

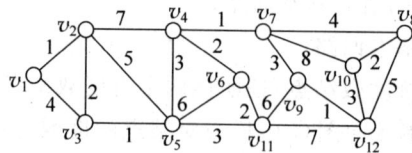

图 8.48   赋权图的示例

28. 求图 8.49 中结点 v_0 到其他各结点的最短通路。

29. 判断图 8.50 所给出的图,哪些是欧拉图或半欧拉图。

30. 给出简单欧拉图,使其结点数 n 和边数 m 分别满足下列条件:

① 结点数 n 和边数 m 都为奇数;

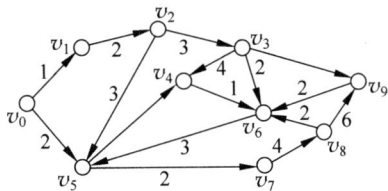

图 8.49 赋权图的示例

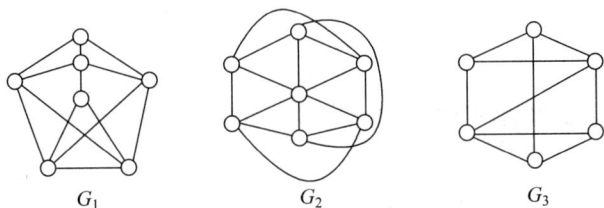

G_1 G_2 G_3

图 8.50 欧拉图的判定

② 结点数 n 和边数 m 都为偶数；

③ 结点数 n 为奇数，边数 m 为偶数；

④ 结点数 n 为偶数，边数 m 为奇数。

31. 对于无向完全图 K_n，n 为何值时，K_n 仅存在欧拉通路而不存在欧拉回路？

32. 无向完全图 K_n 中哪些是欧拉图？为什么？

33. 对于具有 k 个奇度数结点的无向连通图，至少要在 G 中添加多少条边才能使 G 具有欧拉回路？为什么？

34. 对于如图 8.51 所示的邮递员所辖局域街道图 G，求邮递员的最佳投递线路。

35. 对于题 19 中 7 个人，可否将他们安排在圆桌旁，使得每个人均能与他身边的人交谈。

36. 判断图 8.52 所给出的图，哪些是哈密顿图或半哈密顿图。

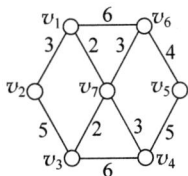

图 8.51 街区交通图

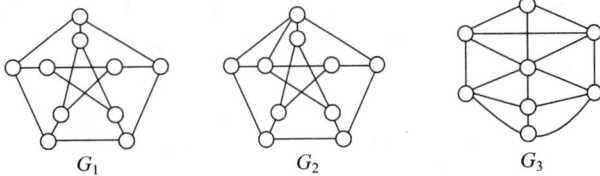

图 8.52 哈密顿图的判定

37. 绘制满足如下条件的图：

① 含有欧拉回路和哈密顿回路；

② 含有欧拉回路，但没有哈密顿回路；

③ 含有哈密顿回路，但没有欧拉回路；

④ 既没有哈密顿回路，也没有欧拉回路。

38. 某同学家乡在城市 A，准备暑假期间从家乡 A 出发到景点 B，C 和 D 去旅游，然后

回到家乡 A,图 8.53 给出了个景点之间的交通道路图,该同学如何走行程最短?

39. 对于图 8.54 给出的城镇路线图,怎样安排售货路线才能使货郎所走的路程较短?

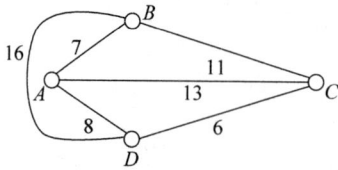

图 8.53   旅游景点交通图

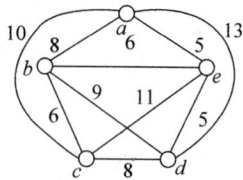

图 8.54   城镇交通图

40. 判断图 8.55 给出的图哪些是二部图,并给出二部图的互补结点集。

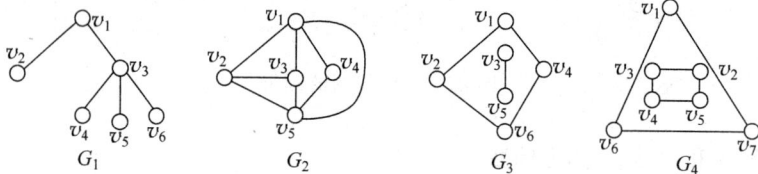

图 8.55   二部图的判定

41. 证明:如果(n,m)简单图 G 是二部图,则 $m\leqslant n^2/4$。

42. 某大学生联谊会上,共有大学 A 的同学 n 人,大学 B 的同学 n 人。已知大学 A 的同学至少认识两位大学 B 的同学,而大学 B 的同学至多认识两位大学 A 的同学,问能否将大学 A 的同学和大学 B 的同学配对,使得每对中的同学彼此相识。

43. 某中学有 5 位教师赵、王、孙、李和周,要承担语文、数学、物理、化学、英语共 5 门课程。已知赵熟悉数学、物理和化学,王熟悉语文、数学、物理和英语,孙、李和周都只熟悉数学和物理。问能否安排他们 5 人每人只上一门自己熟悉的课程,使得每门课程都有教师上课。

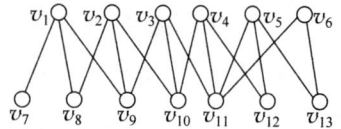

图 8.56   完全匹配问题

44. 求如图 8.56 所示的二部图 G 的最大匹配和完全匹配。

45. 证明如图 8.57 所示的各图都是平面图。

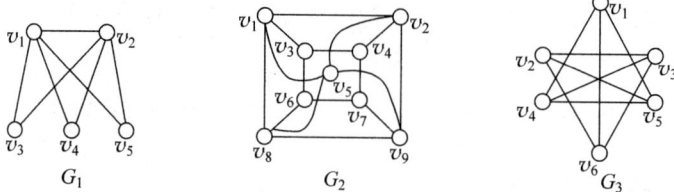

图 8.57   平面图的判定

46. 求如图 8.58 所示的各图的面及面的次数。

47. 求如图 8.58 所示的平面图 G_1 和图 G_2 的对偶图。

48. 证明边数小于 30 条的简单平面图中至少有一个度数小于 4 的结点。

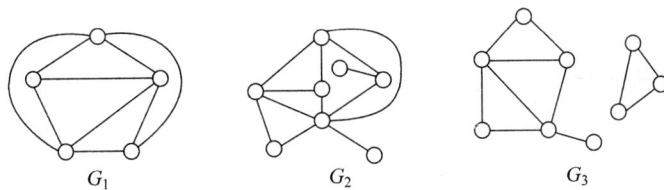

图 8.58　平面图

49. 对如图 8.59 所示的图进行着色。

50. 对如图 8.60 所示的图进行面着色。

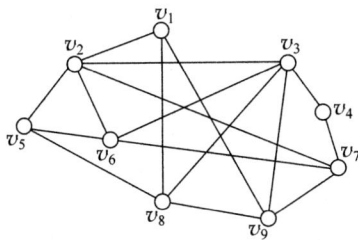

图 8.59　平面图的着色

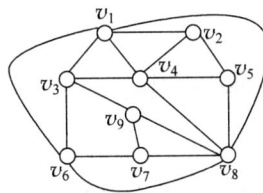

图 8.60　平面图的面着色

第9章

树

9.1 无向树

9.1.1 基本概念

无向树是图论中的重要概念之一,现实世界中的许多问题都能够用无向树模型来直观描述,如计算机科学中的数据结构、化学的分子结构、生物学中的组织机构等。

定义 9.1 连通且不含有回路的无向图称为**无向树**(undirected tree),简称为**树**(tree),常用 T 表示树。每个连通分支都是树的无向图称为**森林**(forest)。在树 T 中,度数为 1 的结点称为**叶结点**(leaf node),简称为叶;度数大于 1 的结点称为**内部结点**(interior node),或者**分支结点**(branch node),简称为**分支点**。

例如,在图 9.1 中,图 G_1 是一个连通图且没有回路,所以,图 G_1 是一棵树,其中结点 v_1,v_4,v_5 和 v_6 是叶结点,结点 v_2 和 v_3 是分支结点;图 G_2 是一个连通图且没有回路,所以,图 G_2 是一棵树,其中结点 v_1,v_4,v_5,v_6 和 v_7 是叶结点,结点 v_2 和 v_3 是分支结点;图 G_3 不是一个连通图,但每一个连通分支都没有回路,所以,图 G_3 是一个森林,其中结点 v_1,v_3,v_6,v_7,v_8,v_2 和 v_9 是叶结点,结点 v_4 和 v_5 是分支结点;图 G_4 是一个连通图,但有一个回路 $v_2 v_4 v_5 v_2$,所以,图 G_4 不是树。

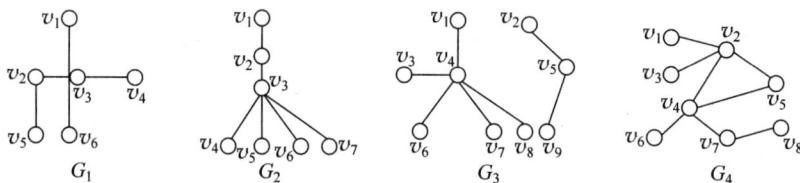

图 9.1 树的示例

由树的定义知,树中没有自环且无重复边,所以,树必然是简单图。树有许多性质,有些性质既是树的必要条件,又是树的充分条件。下面给出树的一些性质。

定理 9.1 对于树 $T=<V,E>$,$|V|=n$,$|E|=m$,下列性质成立且相互等价。

① T 中无回路且 $m=n-1$;

② T 是连通图且 $m=n-1$;

③ T 中无回路,但 T 中任何不相邻结点之间增加一条边,就得到唯一的一条基本回路;

④ T 是连通图,但删去任何一条边后,所得到的图不连通;

⑤ T 中每对结点之间有唯一的一条基本通路。

证明 （1）由树的定义来推证性质①。由树的定义可知，T 中无回路。

对结点数 n 进行归纳论证。

当 $n=1$ 时，$m=0$，则 $m=n-1$ 成立。

设 $n=k$ 时，成立。那么，当 $n=k+1$ 时，因为树是连通且无回路，所以至少有一个度数为 1 的结点 v，否则，如果所有结点的度数都至少为 2，那么必然存在回路，这与树的定义矛盾。从树中删除结点 v 和以结点 v 为端点的边，则得到 k 个结点的树 T^*。根据假设，T^* 有 $(k-1)$ 条边。现将结点 v 和以结点 v 为端点的边添加到 T^* 上还原成树 T，则 T 有 $(k+1)$ 个结点和 k 条边，故 $m=n-1$ 成立。

（2）由性质①来推证性质②。

采用反证法。若 T 不是连通图，设 T 有 k 个连通分支 $T_1, T_2, \cdots, T_k (k \geqslant 2)$，其结点数分别为 $n_1, n_2, \cdots, n_k$，边数分别为 $m_1, m_2, \cdots, m_k$，则有

$$\sum_{i=1}^{k} n_i = n \quad \sum_{i=1}^{k} m_i = m$$

因此，有

$$m = \sum_{i=1}^{k} m_i = \sum_{i=1}^{k} (n_i - 1) = n - k < n - 1$$

这与 $m=n-1$ 矛盾，故 T 是连通图且 $m=n-1$。

（3）由性质②来推证性质③。

对结点数进行归纳论证。

当 $n=2$ 时，$m=n-1=1$，由 T 的连通性质，T 没有回路。如果两个结点之间增加一条边，就只能得到唯一的一个基本回路。

假设 $n=k$ 时，命题成立。则当 $n=k+1$ 时，因为 T 是连通的并有 $(n-1)$ 条边，所以每个结点的度数都至少为 1，且至少有一个结点的度数为 1。否则，如果每个结点的度数都至少为 2，那么必然会有结点的总度数 $2m \geqslant 2n$，即 $m \geqslant n$。这与 $m=n-1$ 矛盾，所以，至少有一个结点 v 的度数为 1。

删除结点 v 及其关联的边，得到图 T^*，由假设知，图 T^* 无回路。现将结点 v 及其关联的边添加到图 T^*，则还原成 T，所以，T 没有回路。

在连通图 T 中，任意两个结点 v_i 和 v_j 之间必存在一条通路，且是基本通路。如果这条基本通路不唯一，则 T 中必有回路，这与已知条件矛盾。进一步地，如果在连通图 T 中，增加一条边 (v_i, v_j)，则边 (v_i, v_j) 与 T 中结点 v_i 和 v_j 之间的一条基本通路，构成一个基本回路，且该基本回路必定是唯一的。否则，当删除边时，T 中必有回路，这与已知条件矛盾。

（4）由性质③来推证性质④。

如果 T 不是连通图，则存在两个结点 v_i 和 v_j，在结点 v_i 和 v_j 之间没有通路，如果增加边 (v_i, v_j)，不产生回路，这与性质③矛盾，因此，T 是连通图。

因为 T 中没有回路，所以删除任意一条边，所得到的图必定不是连通图。

（5）由性质④来推证性质⑤。

在连通图 T 中，任意两个结点 v_i 和 v_j 之间必存在一条通路，且是基本通路。如果这条

基本通路不唯一,则 T 中必有回路,删除回路上任意一条边,图仍然是连通的,这与性质④矛盾。所以,T 中任意每对结点之间有唯一的一条基本通路。

（6）由性质⑤来推证树的定义。

T 中任意每对结点之间有唯一的一条基本通路,所以,T 是连通图。

如果 T 中有回路,那么回路上任意一对结点之间有两条基本通路,这与题设条件矛盾。所以,图是连通的且无回路,是树。证毕。

例如,在图 9.1 中,图 G_1 含有 6 个结点和 5 条边,$6-5=1$；图 G_2 含有 7 个结点和 6 条边,$7-6=1$；图 G_3 含有 9 个结点和 7 条边,$9-7=2\neq1$；图 G_4 含有 8 个结点和 8 条边,$8-8=0\neq1$。

定理 9.2　设 $T=<V,E>$ 为 $n(n\geqslant2)$ 阶树,则 T 至少有 2 个叶结点。

证明　设 T 是 (n,m) 图,$n\geqslant2$,有 k 个叶结点,其余结点度数大于等于 2,那么

$$\sum_{i=1}^{n}\deg(v_i)\geqslant 2(n-k)+k=2n-k$$

而

$$\sum_{i=1}^{n}\deg(v_i)=2m=2(n-1)=2n-2$$

所以,$2n-2\geqslant2n-k$,即 $k\geqslant2$。证毕。

例如,在图 9.1 中,树 G_1 含有 4 个叶结点,树 G_2 含有 5 个叶结点。

例 9.1　已知树 T 中有度数为 4,3 和 2 的分支结点各 1 个,其余结点均为叶结点,求树 T 中叶结点的数目。

解　设树 T 中叶结点的数目为 x,则树 T 的结点数目为 $(x+3)$。

由树的性质知,树 T 中边的数目为 $(x+3)-1=x+2$。

由握手定理知,$2(x+2)=4\cdot1+3\cdot1+2\cdot1+x\cdot1$。

可以解出 $x=5$。

例 9.2　画出所有非同构的 6 阶树。

解　设所求树的结点数目为 n,边的数目为 m。由题设条件知,$n=6$。

由树的性质知,$m=n-1=5$ 且 $1\leqslant\deg(v_i)\leqslant5(i=1,2,\cdots,6)$。

由握手定理知,$2m=10=\sum_{i=1}^{n}\deg(v_i)$。

将度数 10 分配给 6 个结点,满足上述条件的方案有如下 5 种：

① 1,1,1,1,1,5；

② 1,1,1,1,2,4；

③ 1,1,1,1,3,3；

④ 1,1,1,2,2,3；

⑤ 1,1,2,2,2,2。

显然,不同的度数方案对应的树不是同构的。同时,还应该注意,同一种度数方案可能对应多种非同构的树。在以上度数方案中,方案④对应 2 种非同构的树,由度数 3 结点是否位于两个度数 2 结点之间而确定；其余 4 种度数方案各对应 1 种非同构树。所得 6 种非同构树如图 9.2 所示。

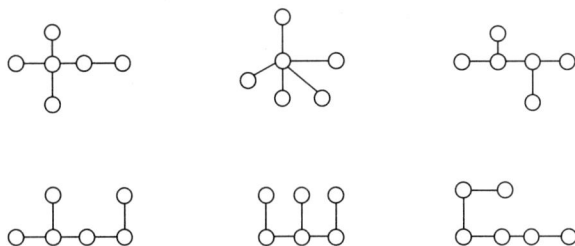

图 9.2 非同构 6 阶树

在利用树解决实际问题的过程中,除了将实际问题描述为树外,有时还需要将一些附加信息赋予树的边或结点。

定义 9.2 对于树 $T=<V,E>$,其中,$V=\{v_1,v_2,\cdots,v_n\}$,$E=\{e_1,e_2,\cdots,e_m\}$,通过函数 $W:E\to \mathbf{R}$(实数集) 对 T 中的任意边 $e=(v_i,v_j)$ 标注一个属性 $w(v_i,v_j)$,所得到的树称为**边赋权树**(edge weighted tree),简称为**赋权树**(weighted tree),记为 $T=<V,E,W>$。并称函数 W 为图 G 的**权函数**(weighted function),$W(e)$ 称为边 e 上的**权**(weight),简记为 w_{ij};树 T 中所有边的权的总和,即 $\sum\limits_{e\in E}W(e)$,称为赋权树 T 的**权值**。

例如,如图 9.3 所示就是两个赋权树。在赋权树 T_1 中,$w(v_1,v_2)=2,w(v_1,v_5)=3,w(v_5,v_4)=2,w(v_5,v_9)=5,w(v_5,v_6)=2,w(v_4,v_8)=1,w(v_6,v_3)=1,w(v_6,v_7)=3,w(v_6,v_{10})=1$,赋权树 T_1 的权值为 $2+3+2+5+2+1+1+3+1=20$。

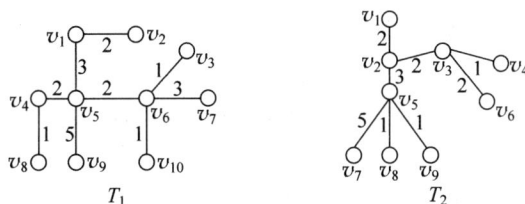

图 9.3 赋权树

在赋权树 T_2 中,$w(v_1,v_2)=2,w(v_2,v_3)=2,w(v_2,v_5)=3,w(v_3,v_4)=1,w(v_3,v_6)=2,w(v_5,v_7)=5,w(v_5,v_8)=1,w(v_5,v_9)=1$,赋权树 T_2 的权值为 $2+2+3+1+2+5+1+1=17$。

9.1.2 生成树

有些图不一定是树,但它的子图却可能是树。具有树特征的生成子图对于实际问题的研究有着重要的意义。

定义 9.3 对于无向连通图 $G=<V,E>$,如果 $T=<V,E^*>$ 是 G 的生成子图并且为树,则称 T 是 G 的**生成树**(spanninng tree)。生成树 T 中的边,即 $e\in E^*$,称为 T 的**树枝**(branch);图 G 中不属于 T 的边,即 $e\in E-E^*$,称为 T 的**弦**(chord);T 的所有弦导出的 G 的子图称为 T 的**余树**(complement tree)。

例如,在图 9.4 中,图 G 是一个无向连通图,图 G_1,G_2 和 G_3 是图 G 的生成子图,并且是图 G 的生成树,图 G_4,G_5 和 G_6 分别是生成树 G_1,G_2 和 G_3 的余树。从图中可以看出,余树

G_4 和 G_6 中含有回路,它们都不是树;余树 G_5 是一棵树。

注意:一个无向连通图的生成树不一定唯一,生成树的余树不一定是树,也不一定连通。

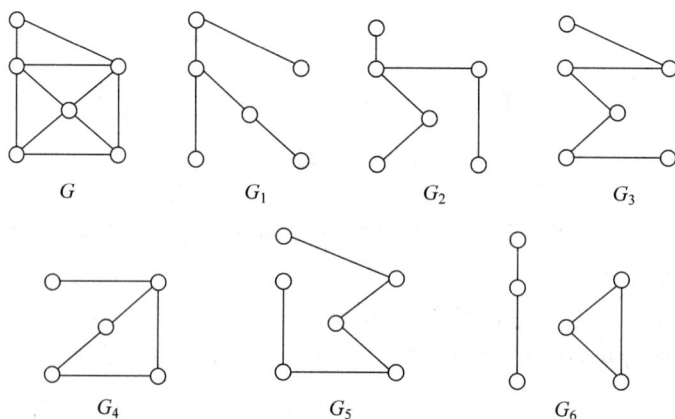

图 9.4 生成树与余树

定理 9.3 任何无向连通图都存在生成树。

证明 如果无向连通图 G 中无回路,则 G 是一棵树,于是,G 本身就是 G 的生成树。

如果无向连通图 G 中有回路 C,则回路 C 中任意删除一条边,不影响图的连通性。若所得到的图中还有回路,则在此回路中再删去一条边,继续这一过程,直到所得图中无回路为止。设最后得到的图是 T,则 T 是 G 的生成树。证毕。

推论 1 设无向连通图 G 中有 n 个结点和 m 条边,则 $m \geqslant n-1$。

证明 由定理 9.3 知,G 中存在生成树 T,且生成树 T 的树枝数为 $m' = n-1$。因此,$m \geqslant m' = n-1$。证毕。

推论 2 设无向连通图 G 中有 n 个结点和 m 条边,T 是 G 的生成树,T^* 是 T 的余树,则 T^* 中有 $(m-n+1)$ 条边。

证明 由定理 9.3 知,G 中存在生成树 T,且生成树 T 的树枝数为 $m' = n-1$。设 T^* 是 T 的余树,那么,T^* 中的边的数目为:$m-m' = m-n+1$。证毕。

例如,在图 9.4 中,余树 G_4,G_5 和 G_6 的边数都是 5。

定理 9.3 的证明给出了通过删除无向连通图中回路的边来找出生成树的简单方法。下面通过例子来说明如何求解无向连通图的生成树。

例 9.3 给出图 9.5 中无向连通图 G 的生成树。

解 图 G 是连通的,但它含有回路,因此它不是树。删除边 e_1 就消除了一个回路,而且所得到的子图仍然是连通的并且仍然包含图 G 的所有结点。

接着,删除边 e_3 就消除了第二个回路,再删除边 e_5 和边 e_9 就得到一个没有回路的子图,该子图仍然是连通的并且仍然包含图 G 的所有结点,所以,它是图 G 的一个生成树。

采用类似方法,选取不同的回路中的边进行删除,可以得到图 G 的其他生成树 G_2,G_3 和 G_4。

例 9.4 求图 9.5 中无向连通图 G 的各生成树的弦。

解 生成树 G_1 的弦有 e_1,e_3,e_5 和 e_9;

生成树 G_2 的弦有 e_1, e_8, e_5 和 e_7;

生成树 G_3 的弦有 e_1, e_4, e_8 和 e_9;

生成树 G_4 的弦有 e_1, e_2, e_5 和 e_6。

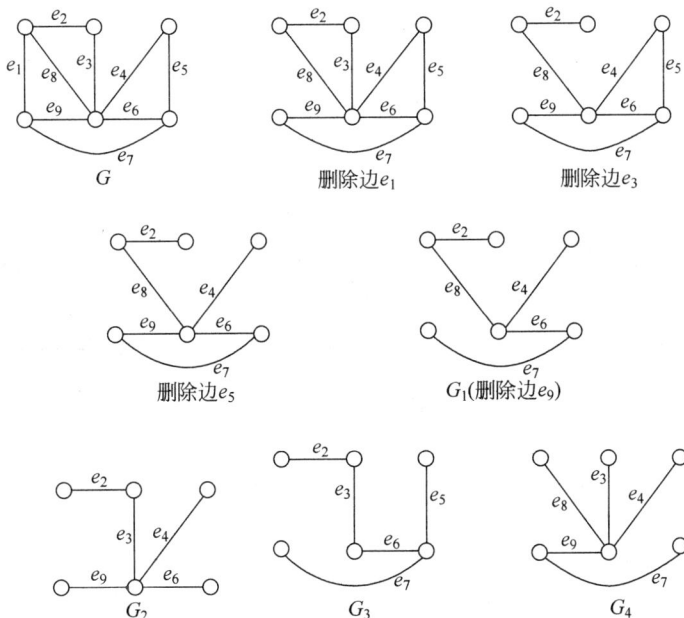

图 9.5 图的生成树求解

9.1.3 最小生成树问题

工程技术及科学管理等领域的许多优化问题,如居民小区的煤气管道铺设、联系若干城镇的通信线路架设、集成电路的布线等,常常可转化为求无向连通图的最小生成树问题。一个无向图的生成树不一定是唯一的,同样地,一个赋权图的最小生成树也不一定唯一。

定义 9.4 对于无向连通赋权图 $G=<V,E,W>$,权值最小的赋权生成树称为图 G 的**最小生成树**(minimum spanning tree)。

一个实际问题是:欲架设连接 n 个村镇的电话线,每个村镇设一个交换站。已知由 i 村到 j 村的线路 $e=(v_i,v_j)$ 的造价为 $w(e)=w_{ij}$,要保证任意两个村镇均可通话,请设计一个方案,使铺设线路的总造价最低。这个问题的数学模型就是:求已知赋权图的最小生成树。

最小生成树问题的求解方法有多种,这里主要介绍两种:避圈法和破圈法。

避圈法:将赋权图中的边按照权递增的顺序进行排列,每步从未选择过的边中选择一条权最小的边,使之与已选择的边不构成回路,如此持续进行,直到找出 $n-1$ 条边为止,即得到 G 的一个最小生成树。

破圈法:将赋权图中的边按照权递减的顺序进行排列,每步从未删除的边中选择一条回路,将回路上权最大的边删除,如此持续进行,直到剩下 $n-1$ 条边为止,即得到 G 的一个最小生成树。

例 9.5　用避圈法求图 9.6 中无向连通赋权图 G 的最小生成树。

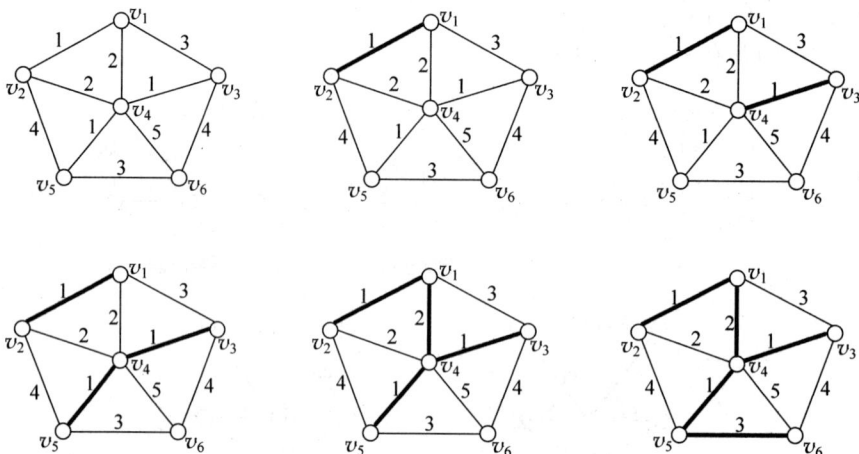

图 9.6　最小生成树的避圈法求解

解　将所有边按权递增顺序进行排列：$(v_1,v_2),(v_3,v_4),(v_4,v_5),(v_1,v_4),(v_2,v_4),$ $(v_1,v_3),(v_5,v_6),(v_2,v_5),(v_3,v_6),(v_4,v_6)$。

首先选择边权最小的边 (v_1,v_2)，其权为 1；

在剩余的边中，边 (v_3,v_4) 和边 (v_4,v_5) 都具有最小权 1，选择边 (v_3,v_4)；

在剩余的边中，边 (v_4,v_5) 具有最小权 1，选择边 (v_4,v_5)；

在剩余的边中，边 (v_1,v_4) 和边 (v_2,v_4) 都具有最小权 2，选择边 (v_1,v_4)；

在剩余的边中，边 (v_2,v_4) 具有最小权 2，但是，它会构成回路，不能选取；

在剩余的边中，边 (v_1,v_3) 和边 (v_5,v_6) 都具有最小权 3，但是，边 (v_1,v_3) 会构成回路，所以不能选取该边，只能选择边 (v_5,v_6)。

至此，已选择边的数目为 $5=6-1$。求解完毕。图中粗实线所示就是求得的最小生成树，其权值为：$1+1+1+2+3=8$。

例 9.6　用破圈法求例 9.5 中无向连通赋权图 G 的最小生成树。

解　将所有边按权递减顺序进行排列：$(v_4,v_6),(v_2,v_5),(v_3,v_6),(v_1,v_3),(v_5,v_6),$ $(v_1,v_4),(v_2,v_4),(v_1,v_2),(v_3,v_4),(v_4,v_5)$。

首先删除边权最大的边 (v_4,v_6)，其权为 5；

在剩余的边中，边 (v_2,v_5) 和边 (v_3,v_6) 都具有最大权 4，删除边 (v_2,v_5)；

在剩余的边中，边 (v_3,v_6) 具有最大权 4，删除边 (v_3,v_6)；

在剩余的边中，边 (v_1,v_3) 和边 (v_5,v_6) 都具有最大权 3，删除边 (v_1,v_3)；

在剩余的边中，边 (v_5,v_6) 具有最大权 3，但是，它不在任何回路中，不能删除；

在剩余的边中，边 (v_1,v_4) 和边 (v_2,v_4) 都具有最大权 2，删除边 (v_1,v_4)。

至此，剩余边的数目为 $5=6-1$。求解完毕。图 9.7 给出了求解过程。最小生成树的权值为：$1+1+1+2+3=8$。

例 9.7　某新建城区，要铺设供应居民住宅小区 A,B,C,D,E,F 和 G 的煤气管道，各个居民住宅小区之间铺设煤气管道的费用由如图 9.8 所示的赋权图给出，试给出费用最省的煤气管道铺设方案，使煤气能供应到各个住宅小区。

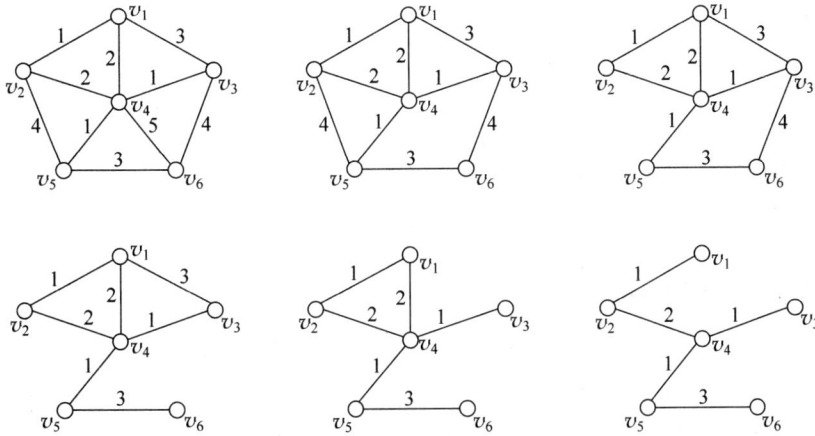

图 9.7　最小生成树的破圈法求解

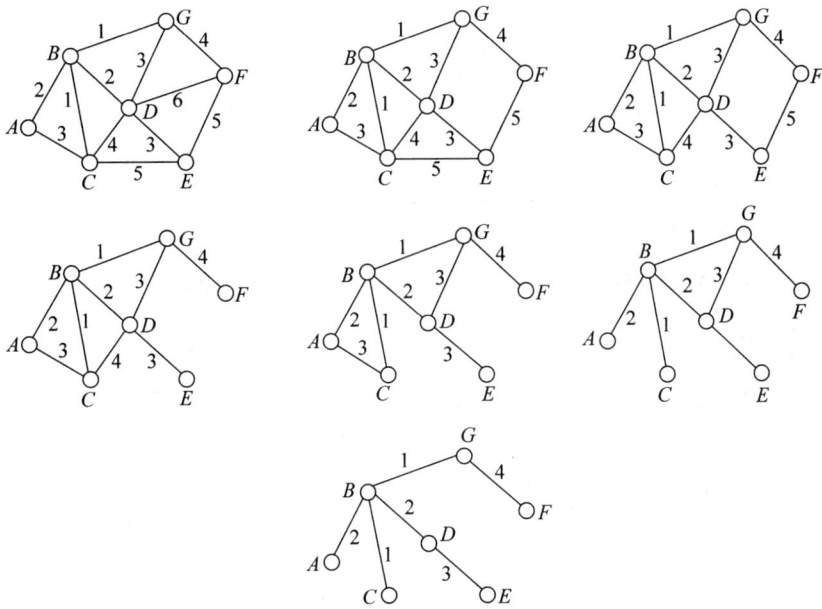

图 9.8　煤气管道铺设方案求解

解 将所有边按权递减顺序进行排列：$(D,F),(C,E),(E,F),(C,D),(G,F),$
$(A,C),(D,E),(D,G),(A,B),(B,D),(B,G),(B,C)$。

首先删除边权最大的边 (D,F)，其权为 6；

在剩余的边中，边 (C,E) 和 (E,F) 都具有最大权 5，删除边 (C,E)；

在剩余的边中，边 (E,F) 具有最大权 5，删除边 (E,F)；

在剩余的边中，边 (C,D) 和 (G,F) 都具有最大权 4，删除边 (C,D)；

在剩余的边中，边 (G,F) 具有最大权 4，但是，它不在任何回路中，不能删除；

在剩余的边中，边 $(A,C),(D,E)$ 和 (D,G) 都具有最大权 3，删除边 (A,C)；

在剩余的边中，边 (D,E) 和 (D,G) 都具有最大权 3，边 (D,E) 不在任何回路，只能删除边(D,G)。

至此,剩余边的数目为 $6=7-1$。求解完毕。图 9.8 给出了求解过程。最小生成树的权值,即最小费用为:$1+1+2+2+3+4=13$。

9.2 有向树

9.2.1 基本概念

对于有向图,也有无向图中树的类似概念,它是基于无向图中树的概念进行定义的。

定义 9.5　如果略去有向图中所有有向边的方向所得到的无向图是一棵树,则称该有向图为**有向树**(directed tree)。在有向树 T 中,入度为 1、出度为 0 的结点称为**叶结点**(leaf node),简称为**叶**;入度为 0 的结点称为**根结点**(root node),简称为**根**;除叶结点和根结点之外的其余结点称为**内部结点**(interior node),或者**分支结点**(branch node),简称为**分支点**。

例如,在图 9.9 中,图 G_1 在略去所有有向边的方向后是一个连通且无回路的无向图,所以,图 G_1 是一棵有向树,其中结点 v_2,v_5 和 v_8 是叶结点,结点 v_3,v_6 和 v_9 是根结点,结点 v_1,v_4 和 v_7 是分支结点;图 G_2 在略去所有有向边的方向后是一个连通且无回路的无向图,所以,图 G_2 是一棵有向树,其中结点 v_5,v_7,v_8,v_9,v_{10} 和 v_{11} 是叶结点,结点 v_1 是根结点,结点 v_2,v_3,v_4 和 v_6 是分支结点;图 G_3 在略去所有有向边的方向后是一个连通无向图,但含有回路,所以,图 G_3 不是一棵有向树,尽管其中不含有任何有向回路。

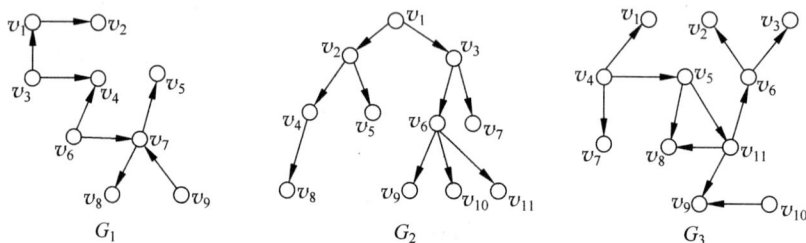

图 9.9　有向树的示例

由有向树的定义知,有向树中没有自环且无重复边,所以,有向树必然是有向简单图。树的性质仍然适用于有向树,下面给出有向树的一些性质(对于有向树 $T=<V,E>$,$|V|=n$,$|E|=m$):

① T 中无回路;

② T 是连通图;

③ $m=n-1$;

④ 删去 T 中任何一条边后,所得到的图不连通。

考察图 9.9 中的各有向图,不难发现:图 G_1 和图 G_2 都满足上述性质;在图 G_3 中,删除边 $<v_5,v_8>$ 所得到的图仍然是连通图,所以图 G_3 不是一棵有向树。

9.2.2 根树

根树是一类特殊的有向树,在数据结构、数据库中有着极其重要的作用。

定义 9.6 如果有向树 T 中,只有 1 个结点的入度为 0,其余结点的入度均为 1,则称此有向树 T 为**根树**(root tree)。在根树 T 中,根结点称为**树根**(tree root),叶结点称为**树叶**(tree leaf);从树根到任意结点 v 的通路的长度称为结点 v 的**层数**(level order),记作 $l(v)$;结点的最大层数称为**树高**(tree height),记作 $h(T)$。

例如,图 9.9 中的图 G_2 就是一棵根树,其中,结点 v_1 为树根,结点 v_5,v_7,v_8,v_9,v_{10} 和 v_{11} 为树叶;各结点的层数为 $l(v_1)=0,l(v_2)=l(v_3)=1,l(v_4)=l(v_5)=l(v_6)=l(v_7)=2,l(v_8)=l(v_9)=l(v_{10})=l(v_{11})=3$;树高为 $h(T)=3$。

例 9.8 判断图 9.10 中各图是否为根树,给出根树的树根、树叶、各结点的层数及树高。

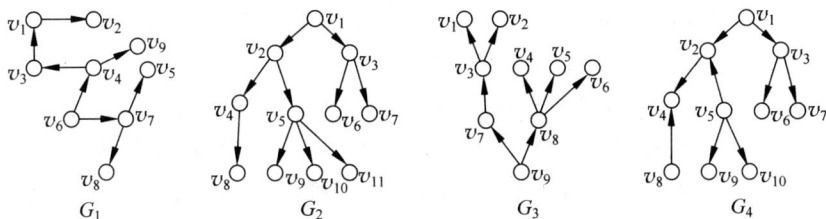

图 9.10 根树的示例

解 有向图 G_1 是一棵根树,结点 v_6 为树根,结点 v_2,v_5,v_8 和 v_9 为树叶。各结点的层数为:$l(v_1)=3,l(v_2)=4,l(v_3)=2,l(v_4)=1,l(v_5)=2,l(v_6)=0,l(v_7)=1,l(v_8)=l(v_9)=2$。树高为 $h(T)=4$。

有向图 G_2 是一棵根树,结点 v_1 为树根,结点 v_6,v_7,v_8,v_9,v_{10} 和 v_{11} 为树叶。各结点的层数为:$l(v_1)=0,l(v_2)=l(v_3)=1,l(v_4)=l(v_5)=l(v_6)=l(v_7)=2,l(v_8)=l(v_9)=l(v_{10})=l(v_{11})=3$。树高为 $h(T)=3$。

有向图 G_3 是一棵根树,结点 v_9 为树根,结点 v_1,v_2,v_4,v_5 和 v_6 为树叶。各结点的层数为:$l(v_1)=l(v_2)=3,l(v_3)=l(v_4)=l(v_5)=l(v_6)=2,l(v_7)=l(v_8)=1,l(v_9)=0$。树高为 $h(T)=3$。

有向图 G_4 是一棵有向树,但不是一棵根树,因为结点 v_1,v_5 和 v_8 都是根结点。

在根树中,总可以将树根放在最上方,然后按照结点的层数,逐渐向下递增,对其进行重画。这样,所有有向边的方向都向下方或向斜下方。如果略去有向边的箭头,并不影响根树的含义。这样,就得到根树的简化画法。

例如,图 9.10 中的根树 G_1,G_2 和 G_3 可以简化画为图 9.11 所示的各根树。

定义 9.7 在根树 $T=<V,E>$ 中,如果结点 u 邻接结点 v,即 $<u,v>\in E$,则称结点 u 为结点 v 的**父辈结点**(father node),简称为**父亲**,称结点 v 为结点 u 的**儿子结点**(son node),简称为**儿子**。具有相同父辈结点的结点称为**兄弟结点**(brother node),简称为**兄弟**;如果存在结点 u 到结点 $v(u\neq v)$ 的通路,则称结点 u 为结点 v 的**祖辈结点**(ancestor node),简称为**祖先**,称结点 v 为结点 u 的**后代结点**(descendant node),简称为**后代**。

例如,在如图 9.11 所示的图 G_1 中,结点 v_6 是结点 v_4 和结点 v_7 的父亲,结点 v_4 和结点 v_7 是结点 v_6 的儿子。结点 v_4 和结点 v_7 具有相同的父亲,所以,结点 v_4 和结点 v_7 是兄弟;结点 v_1,v_3,v_4 和 v_6 都是结点 v_2 的祖先;结点 $v_1,v_2,v_3,v_4,v_5,v_7,v_8$ 和 v_9 都是结点 v_6 的后代。

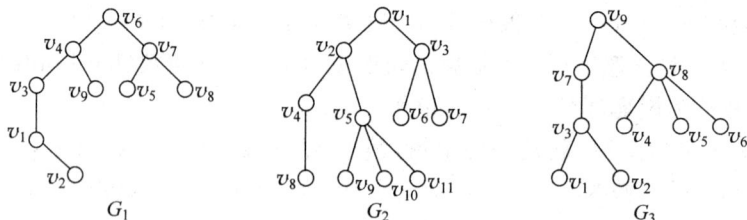

图 9.11 根树的简化画法

定义 9.8 在根树 T 中,任意结点 u 及其所有后代结点组成的结点集合所导出的子图,称为 T 的以结点 u 为树根的**根子树**(root sub-tree),简称为**子树**(sub-tree)。

例 9.9 求图 9.10 中根树 G_2 的所有子树。

解 根树 G_2 的以结点 v_1 为树根的子树就是根树 G_2 自身;以结点 v_2 为树根的子树为根树 T_1;以结点 v_3 为树根的子树为根树 T_2;以结点 v_4 为树根的子树为根树 T_3;以结点 v_5 为树根的子树为根树 T_4;以结点 v_6,v_7,v_8,v_9,v_{10} 和 v_{11} 为树根的子树都是平凡图(仅含有 1 个结点)。如图 9.12 所示。

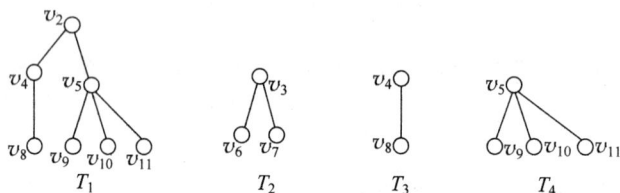

图 9.12 子树

定义 9.9 如果根树 T 中具有相同层数的所有结点都规定了次序,则称 T 为**有序根树**(ordered root tree),简称为**有序树**。

例如,在如图 9.11 所示的根树 G_1 中,可以规定:层数都是 1 的结点 v_4 和结点 v_7 的次序是依据角标从小到大;层数都是 2 的结点 v_3,v_5,v_8 和 v_9 的次序是依据角标从小到大。这样根树 G_1 就是一棵有序树。也可以规定:层数相同的结点依照图上所画位置,从左到右的次序,即层数都是 1 的结点 v_4 和结点 v_7 的次序是 v_4,v_7,层数都是 2 的结点 v_3,v_5,v_8 和 v_9 的次序是 v_3,v_9,v_5,v_8,这样根树 G_1 也成为了一棵有序树。

定义 9.10 对于根树 $T=<V,E>$,设 $V_0=\{v_1,v_2,\cdots,v_t\}$ 是根树的叶结点集合,通过函数 $W:V_0\rightarrow \mathbf{R}$(实数集)对 V_0 中的任意结点 v 标注一个属性 $w(v)$,所得到的根树 T^* 称为**叶赋权树**(leaf weighted tree)。并称函数 W 为根树 T 的**叶权函数**(leaf weighted function),$w(v)$ 称为叶结点 v 的**权**(weight)。树 T 中所有叶结点的权及其层数的乘积的总和,即 $\sum_{v\in V_0} w(v)\cdot l(v)$,称为叶赋权树 T^* 的**权值**,记为 $w(T^*)$,其中 $l(v)$ 是叶结点 v 的层数。

例如,如果对如图 9.11 所示的根树 G_1 中的叶结点进行标注 $w(v_2)=2,w(v_9)=3,$ $w(v_5)=6,w(v_8)=1$,那么,标注后的根树 G_1 是一棵叶赋权树,其权值为 $2\times4+3\times2+6\times$ $2+1\times2=28$;如果对如图 9.11 所示的根树 G_2 中的叶结点进行标注 $w(v_6)=2,w(v_7)=3,$ $w(v_8)=6,w(v_9)=1,w(v_{10})=2,w(v_{11})=3$,那么,标注后的根树 G_2 是一棵叶赋权树,其权值为 $2\times2+3\times2+6\times3+1\times3+2\times3+3\times3=46$。

对根树中的结点进行访问是根树的一种重要操作。依次对根树中的每个结点访问一次且仅访问一次,称为根树的**遍历**(traversing)。根树的遍历有三种方式,下面分别进行介绍。

定义 9.11 设 T 是以结点 v 为根的有序树。若 T 只含有结点 v,则访问结点 v。否则,假定 $T_1,T_2,\cdots,T_n$ 分别是以 v 的从左向右的儿子为根的子树,首先访问结点 v,接着前序遍历 T_1,然后前序遍历 T_2,依此类推,直到前序遍历了 T_n 为止。这种遍历根树结点的方法称为**前序遍历**(preorder traversal)。

例 9.10 给出图 9.11 中根树的前序遍历。

解 根树 G_1 有多个结点,根结点是结点 v_6,结点 v_4 和 v_7 是儿子。首先,访问结点 v_6。

接着前序遍历以结点 v_4 为树根的子树。以结点 v_4 为树根的子树含有多个结点,儿子结点是结点 v_3 和 v_9。在这里,首先访问结点 v_4。

接着前序遍历以结点 v_3 为树根的子树。结点 v_3 为树根的子树含有多个结点,仅有 1 个儿子 v_1。访问结点 v_3。

接着前序遍历以结点 v_1 为树根的子树。结点 v_1 为树根的子树含有多个结点,仅有 1 个儿子 v_2。访问结点 v_1。

前序遍历以结点 v_2 为树根的子树。结点 v_2 为树根的子树仅有 1 个结点,访问结点 v_2。

然后,前序遍历以结点 v_9 为树根的子树。该子树仅含有 1 个结点,访问结点 v_9。

其次,前序遍历以结点 v_7 为树根的子树。该子树含有多个结点,儿子结点是结点 v_5 和 v_8。首先访问结点 v_7。

接着,前序遍历以结点 v_5 为树根的子树。该子树仅含有 1 个结点,访问结点 v_5。

然后,前序遍历以结点 v_8 为树根的子树。该子树仅含有 1 个结点,访问结点 v_8。

综上述知,根树 G_1 的前序遍历为:$v_6\to v_4\to v_3\to v_1\to v_2\to v_9\to v_7\to v_5\to v_8$。

同理可得,根树 G_2 的前序遍历为:$v_1\to v_2\to v_4\to v_8\to v_5\to v_9\to v_{10}\to v_{11}\to v_3\to v_6\to v_7$。

根树 G_3 的前序遍历为:$v_9\to v_7\to v_3\to v_1\to v_2\to v_8\to v_4\to v_5\to v_6$。

定义 9.12 设 T 是以结点 v 为根的有序树。若 T 只含有结点 v,则访问结点 v。否则,假定 $T_1,T_2,\cdots,T_n$ 分别是以 v 的从左向右的儿子为根的子树,首先中序遍历 T_1,接着访问结点 v,然后中序遍历 T_2,依此类推,直到中序遍历了 T_n 为止。这种遍历根树结点的方法称为**中序遍历**(inorder traversal)。

例 9.11 给出图 9.11 中根树的中序遍历。

解 根树 G_1 含有多个结点,其根结点是结点 v_6,儿子结点是结点 v_4 和 v_7。首先,中序遍历以结点 v_4 为树根的子树。以结点 v_4 为树根的子树含有多个结点,儿子结点是结点 v_3 和 v_9。接着中序遍历以结点 v_3 为树根的子树。结点 v_3 为树根的子树含有多个结点,仅有 1 个儿子 v_1。然后,中序遍历以结点 v_1 为树根的子树。结点 v_1 为树根的子树含有多个结点,仅有 1 个儿子 v_2。中序遍历以结点 v_2 为树根的子树。结点 v_2 为树根的子树仅含有 1 个结点,访问结点 v_2。

访问结点 v_1。

访问结点 v_3。

访问结点 v_4。

中序遍历以结点 v_9 为树根的子树。结点 v_9 为树根的子树仅含有 1 个结点,访问结点 v_9。

访问结点 v_6。

中序遍历以结点 v_7 为树根的子树。结点 v_7 为树根的子树含有多个结点,儿子结点是结点 v_5 和 v_8。接着中序遍历以结点 v_5 为树根的子树。结点 v_5 为树根的子树仅含有 1 个结点,访问结点 v_5。

访问结点 v_7。

中序遍历以结点 v_8 为树根的子树。结点 v_8 为树根的子树仅含有 1 个结点,访问结点 v_8。

综上述知,根树 G_1 的中序遍历为:$v_2 \rightarrow v_1 \rightarrow v_3 \rightarrow v_4 \rightarrow v_9 \rightarrow v_6 \rightarrow v_5 \rightarrow v_7 \rightarrow v_8$。

同理可得,根树 G_2 的中序遍历为:$v_8 \rightarrow v_4 \rightarrow v_2 \rightarrow v_9 \rightarrow v_5 \rightarrow v_{10} \rightarrow v_{11} \rightarrow v_1 \rightarrow v_6 \rightarrow v_3 \rightarrow v_7$。

根树 G_3 的中序遍历为:$v_1 \rightarrow v_3 \rightarrow v_2 \rightarrow v_7 \rightarrow v_9 \rightarrow v_4 \rightarrow v_8 \rightarrow v_5 \rightarrow v_6$。

定义 9.13 设 T 是以结点 v 为根的有序树。若 T 只含有结点 v,则访问结点 v。否则,假定 $T_1, T_2, \cdots, T_n$ 分别是以 v 的从左向右的儿子为根的子树,首先后序遍历 T_1,接着后序遍历 $T_2, \cdots$,直到后序遍历 T_n,最后访问结点 v 为止。这种遍历根树结点的方法称为**后序遍历**(postorder traversal)。

例 9.12 给出图 9.11 中根树的后序遍历。

解 根树 G_1 含有多个结点,其根结点是结点 v_6,儿子结点是结点 v_4 和 v_7。首先,后序遍历以结点 v_4 为树根的子树。以结点 v_4 为树根的子树含有多个结点,儿子结点是结点 v_3 和 v_9。接着后序遍历以结点 v_3 为树根的子树。结点 v_3 为树根的子树含有多个结点,仅有 1 个儿子 v_1。后序遍历以结点 v_1 为树根的子树。结点 v_1 为树根的子树含有多个结点,仅有 1 个儿子 v_2。后序遍历以结点 v_2 为树根的子树。结点 v_2 为树根的子树仅含有 1 个结点,访问结点 v_2。

访问结点 v_1。

访问结点 v_3。

后序遍历以结点 v_9 为树根的子树。结点 v_9 为树根的子树仅含有 1 个结点,访问结点 v_9。

访问结点 v_4。

后序遍历以结点 v_7 为树根的子树。该子树含有多个结点,儿子结点是结点 v_5 和 v_8。接着后序遍历以结点 v_5 为树根的子树。该子树仅含有 1 个结点,访问结点 v_5。

后序遍历以结点 v_8 为树根的子树。该子树仅含有 1 个结点,访问结点 v_8。

访问结点 v_7。

访问结点 v_6。

综上述知,根树 G_1 的后序遍历为:$v_2 \rightarrow v_1 \rightarrow v_3 \rightarrow v_9 \rightarrow v_4 \rightarrow v_5 \rightarrow v_8 \rightarrow v_7 \rightarrow v_6$。

同理可得,根树 G_2 的后序遍历为:$v_8 \rightarrow v_4 \rightarrow v_9 \rightarrow v_{10} \rightarrow v_{11} \rightarrow v_5 \rightarrow v_2 \rightarrow v_6 \rightarrow v_7 \rightarrow v_3 \rightarrow v_1$。

根树 G_3 的后序遍历为:$v_1 \rightarrow v_2 \rightarrow v_3 \rightarrow v_7 \rightarrow v_4 \rightarrow v_5 \rightarrow v_6 \rightarrow v_8 \rightarrow v_9$。

9.2.3 二叉树

在根树中,如果对每个分支结点的儿子结点的数目进行规范定义,就可以得到一类特殊的根树。下面进行介绍。

定义 9.14 在根树 T 中,如果每个分支结点至多有 m 个儿子,则称 T 为 **m 元树**(m-tuple tree);如果每个分支结点都恰好有 m 个儿子,则称 T 为 **m 元正则树**(m-tuple regular tree);如果 m 元树是有序的,则称为 **m 元有序树**(m-tuple ordered tree);如果 m 元正则树是有序的,则称为 **m 元有序正则树**(m-tuple ordered regular tree);所有树叶的层数都为树高的 m 元正则树称为 **m 元完全正则树**(m-tuple complete regular tree);所有树叶的层数都为树高的 m 元有序正则树 T 称为 **m 元有序完全正则树**(m-tuple ordered complete regular tree)。

定义 9.15 在根树 T 中,如果每个分支结点至多有两个儿子,则称 T 为**二元树或二叉树**(binary tree);如果每个分支结点都恰好有两个儿子,则称 T 为**二元正则树或二叉正则树**(binary regular tree);如果二元树是有序的,则称为**二元有序树或二叉有序树**(ordered binary tree);如果二元正则树是有序的,则称为**二元有序正则树或二叉有序正则树**(ordered binary regular tree);所有树叶的层数都为树高的二元正则树称为**二元完全正则树或二叉完全正则树**(binary complete regular tree);所有树叶的层数都为树高的二元有序正则树称为**二元有序完全正则树或二叉有序完全正则树**(ordered binary complete regular tree)。

例如,在图 9.13 中,根树 T_1 是一棵 3 元树;根树 T_2 是一棵二叉树,也是一棵二叉正则树,但不是二叉完全正则树;根树 T_3 是一棵 3 元树,也是一棵 3 元正则树;根树 T_4 是一棵 4 元树。

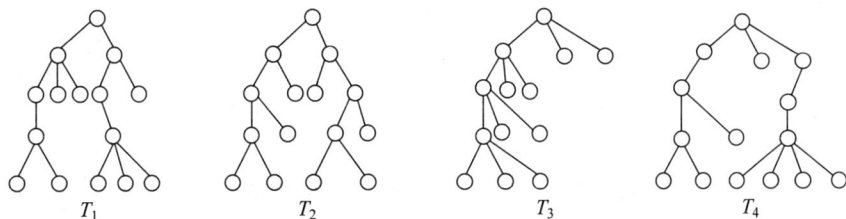

图 9.13 m 元树

二叉树具有如下一些性质:

① 满足层数 $l(v)=i$ 的结点数目至多 2^i 个;

② 高度 $h(T)=k$ 的二叉树的结点数目至多 $2^{k+1}-1$ 个;

③ 如果叶结点的个数为 n_1,出度为 2 的结点个数为 n_2,则 $n_1=n_2+1$。

证明 ① 二叉完全正则树是二叉树中含有结点数目最多的一种二叉树。只要证明二叉完全正则树中满足层数 $l(v)=i$ 的结点数目为 2^i 个即可。

对层数进行归纳论证。

显然,$l(v)=1$,结点总数为 $2=2^1$。

假设,$l(v)=i$ 时,结点总数为 2^i。$l(v)=i+1$ 时,结点总数为 $2 \cdot 2^i=2^{i+1}$。命题成立。

综上述知,满足层数 $l(v)=i$ 的结点数目至多 2^i 个。

② 对高度进行归纳论证。

显然,$h(T)=1$,结点总数为 $3=2^{1+1}-1$。

假设,$h(T)=k$ 时,结点总数为 $2^{k+1}-1$。$h(T)=k+1$ 时,满足 $l(v)=k$ 的结点总数为 2^k。所以,二叉完全正则树中的结点总数为 $2^{k+1}-1+2 \cdot 2^k=2 \cdot 2^{k+1}-1=2^{k+1+1}-1$。命题成立。

综上述知,高度 $h(T)=k$ 的二叉树的结点数目至多 $2^{k+1}-1$ 个。

③ 设二叉树中结点总数为 n,边的总数为 m,出度为 1 的结点总数为 n_3,则 $m=n-1$,又 $n=n_1+n_2+n_3$,$m=2n_2+n_3$,因此 $2n_2+n_3=n_1+n_2+n_3-1$。从而,$n_1=n_2+1$。证毕。

例如,在图 9.13 的二叉正则树 T_2 中,满足层数 $l(v)=1$ 的结点数目为 $2 \leqslant 2$ 个,满足层数 $l(v)=2$ 的结点数目为 $4 \leqslant 4$ 个,满足层数 $l(v)=3$ 的结点数目为 $4 \leqslant 8$ 个,满足层数 $l(v)=4$ 的结点数目为 $4 \leqslant 16$ 个,性质①成立;二叉正则树 T_2 的结点总数为 $1+2+4+4+4=15 \leqslant 2^{4+1}-1=31$,性质②成立;二叉正则树 T_2 中的叶结点总数为 8 个,出度为 2 的结点总数为 7,显然,$8=7+1$,性质③成立。

9.2.4　最优树问题

在二叉树中,如果给定叶结点的集合及其相应的权,那么,所得到的叶赋权树的权值会随着二叉树的不同而不同。如何从这些叶赋权树中寻找一棵具有最小权值的二叉赋权树是一个有意义的问题,即最优树问题。最优树问题在前缀码设计中有着重要的应用。

定义 9.16　在所有叶结点赋权 $w_1,w_2,\cdots,w_t$ 的二叉树中,权值最小的二叉树称为**最优二叉树**,简称为**最优树**(optimal tree),又称为**哈夫曼树**(Huffman tree)。

引理　设 T 是一棵赋权 $w_1 \leqslant w_2 \leqslant \cdots \leqslant w_t$ 的最优树,则赋最小权 w_1 和 w_2 的树叶 v_1 和 v_2 是兄弟,且以它们为儿子的分支点的层数最大。

证明　设结点 v 是最优树 T 中离树根最远的分支点,即具有最大层数的分支点,结点 v 的两个儿子 v_a 和 v_b 都是树叶,分别赋权为 w_a 和 w_b。并且从树根到结点 v_a 和 v_b 的通路长度分别是 l_a 和 l_b,$l_a=l_b$。故有 $l_a \geqslant l_1$,$l_b \geqslant l_2$。

现将 w_a 和 w_b 分别与 w_1 和 w_2 交换,得到一个新的赋权二叉树,记为 T^*,则

$$w(T) = w_1l_1+w_2l_2+\cdots+w_al_a+w_bl_b+\cdots$$
$$w(T^*) = w_al_1+w_bl_2+\cdots+w_1l_a+w_2l_b+\cdots$$

于是

$$w(T)-w(T^*) = (w_1-w_a)l_1+(w_2-w_b)l_2+(w_a-w_1)l_a+(w_b-w_2)l_b$$
$$= (w_1-w_a)(l_1-l_a)+(w_1-w_b)(l_2-l_b) \geqslant 0$$

即

$$w(T) \geqslant w(T^*)$$

又因 T 是叶结点赋权 $w_1,w_2,\cdots,w_t$ 的最优树,应有 $w(T) \leqslant w(T^*)$。因此,$w(T)=w(T^*)$。从而可知 T^* 是将权 w_1 和 w_2 分别与 w_a 和 w_b 对调得到的最优树。所以,$l_a=l_1$,$l_b=l_2$,即赋权 w_1 和 w_2 的树叶是兄弟,且以它们为儿子的分支点层数最大。证毕。

定理 9.4　设 T 是一棵赋权 $w_1 \leqslant w_2 \leqslant \cdots \leqslant w_t$ 的最优树,如果将 T 中赋权为 w_1 和 w_2

的树叶去掉,并以它们的父亲作树叶,且赋权 $w_1 + w_2$,得到新的赋权树 T^*,则 T^* 是赋权为 $w_1 + w_2, w_3, \cdots, w_t$ 的最优树。

证明 设赋权为 w_1 和 w_2 的树叶的父亲的层数为 l,那么,由题意知

$$w(T) = w(T^*) - (w_1 + w_2) \cdot l + w_1 \cdot (l+1) + w_2 \cdot (l+1)$$
$$= w(T^*) + (w_1 + w_2)$$

如果 T^* 不是最优树,则必有另一棵赋权为 $w_1 + w_2, w_3, \cdots, w_t$ 的最优树 T'。令 T' 中赋权 $w_1 + w_2$ 的树叶生出两个儿子,分别赋权为 w_1 和 w_2,得到新的树 T'',则

$$w(T'') = w(T') + (w_1 + w_2)$$

因为 T' 是赋权为 $w_1 + w_2, w_3, \cdots, w_t$ 的最优树,所以

$$w(T') \leqslant w(T^*)$$

如果 $w(T') < w(T^*)$,则必有 $w(T'') < w(T)$,这与 T 是赋权 $w_1 \leqslant w_2 \leqslant \cdots \leqslant w_t$ 的最优树矛盾。

所以,T^* 是赋权为 $w_1 + w_2, w_3, \cdots, w_t$ 的最优树。证毕。

基于定理 9.4,哈夫曼(David A. Huffman,1925—1999)给出了求最优树的 Huffman 算法,其基本思想是:从一棵树叶赋权为 $w_1 + w_2, w_3, \cdots, w_n$ 的最优树可以得到一棵树叶赋权为 $w_1, w_2, w_3, \cdots, w_n$ 的最优树($w_1 \leqslant w_2 \leqslant \cdots \leqslant w_n$)。因此,求一棵有 n 个树叶的最优树可转化为求一棵有 $n-1$ 个树叶的最优树,求一棵有 $n-1$ 个树叶的最优树又可转化为求一棵有 $n-2$ 个树叶的最优树,依此类推,最后可转化为一棵有两个树叶的最优树。由于仅有两个树叶的二叉完全正则树是唯一的,所以,它一定是最优树。于是最优树问题得到了解决。

Huffman 算法步骤如下:

令 $S = \{w_1, w_2, \cdots, w_t\}$,$w_1 \leqslant w_2 \leqslant \cdots \leqslant w_t$,$w_i$ 是树叶 v_i 所赋的权。

① 在 S 中选取两个最小的权 w_i 和 w_j,使它们对应的结点 v_i 和 v_j 做兄弟,得到一分支点 v_r,使其赋权 $w_r = w_i + w_j$;

② 从 S 中去掉 w_i 和 w_j,再加入 w_r;

③ 若 S 中只有一个元素,则停止,否则转①。

例 9.13 求树叶赋权为 $4, 2, 3, 5, 1$ 的最优树。

解 首先把树叶由小到大排列为:$1, 2, 3, 4, 5$。

然后,将最小赋权 1 和 2 的两个树叶合并成一个树叶,并赋权为 $1 + 2 = 3$;

再将合并的树叶与未处理的树叶中最小赋权 3 和 3 的两个树叶合并成一个树叶,并赋权为 $3 + 3 = 6$;

同样,再将合并的树叶与未处理的树叶中最小赋权 4 和 5 的两个树叶合并成一个树叶,并赋权为 $4 + 5 = 9$;

最后,只留下两个树叶,将它们合并后即得到最优树。

图 9.14 给出了整个求解过程的示意图。

所求得的最优树的权值为:$1 \times 3 + 2 \times 3 + 3 \times 2 + 4 \times 2 + 5 \times 2 = 33$。

例 9.14 求树叶赋权为 $1, 3, 3, 4, 6, 9, 10$ 的最优树。

解 首先,将最小赋权 1 和 3 的两个树叶合并成一个树叶,并赋权为 $1 + 3 = 4$。

再将合并的树叶与未处理的树叶中最小赋权 3 和 4 的两个树叶合并成一个树叶,并赋

权为 $3+4=7$；

同样，再将合并的树叶与未处理的树叶中最小赋权 4 和 6 的两个树叶合并成一个树叶，并赋权为 $4+6=10$；

再将合并的树叶与未处理的树叶中最小赋权 7 和 9 的两个树叶合并成一个树叶，并赋权为 $7+9=16$；

再将合并的树叶与未处理的树叶中最小赋权 10 和 10 的两个树叶合并成一个树叶，并赋权为 $10+10=20$；

最后，只留下两个树叶，将它们合并后即得到最优树。

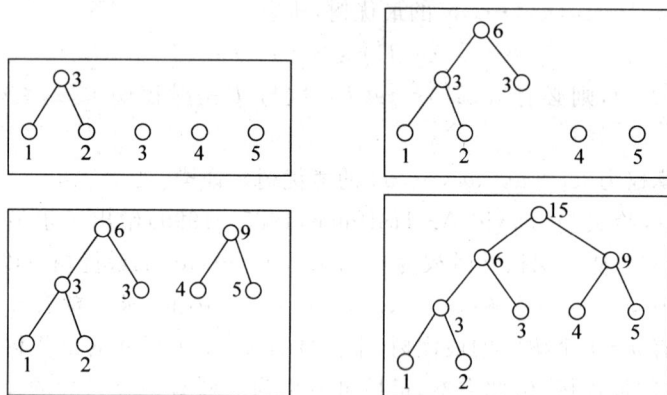

图 9.14　最优树的求解

图 9.15 给出了整个求解过程的示意图。所求得的最优树的权值为：

$$1\times4+3\times4+3\times3+4\times3+6\times3+9\times2+10\times2=93$$

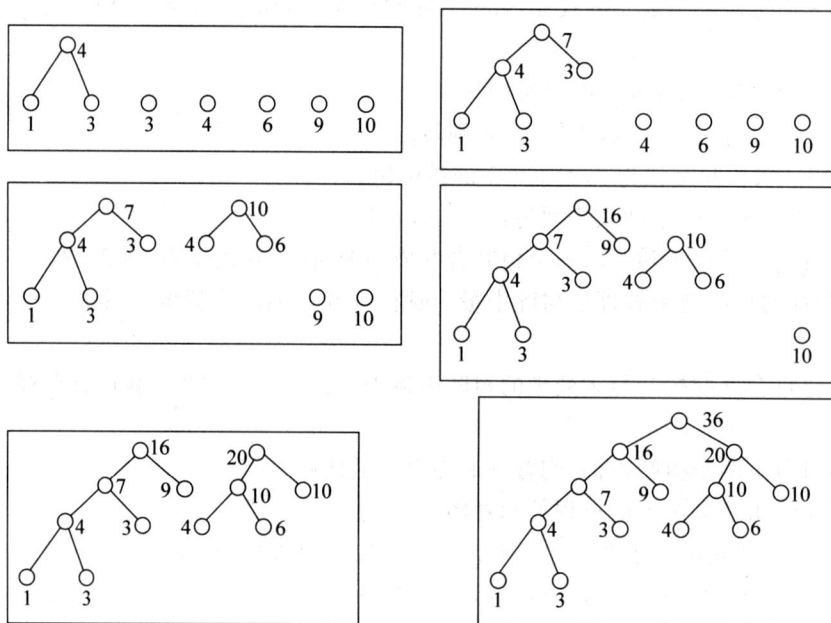

图 9.15　最优树的求解

在通信系统中,信息是通过 0 和 1 编码序列进行传输的。假设所传输的信息都是由 26 个英文字母组成的符号串,那么,只要用长度为 5 的字符串就可表达 26 个英文字母中的不同字母。这样,通信系统的发送端只要发送对应于英文字母串的 0-1 编码串信息,在接收端,将接收到得 0-1 串分成长度为 5 的序列并进行译码,就可以得到相应的信息。

事实上,字母在信息中出现的频繁程度是不一样的,例如,字母"e"和"t"在单词中出现的频率要远远大于字母"q"和"z"在单词中出现的频率。因此,人们希望能用较短的字符串表示出现较频繁的字母,这样就可以缩短信息字符串的总长度,显然,实现这一想法是很有价值的。对于发送端来说,发送长度不同的字符串并无困难,但在接收端,怎样才能准确无误地将收到的字符串分割为长度不一的序列,即接收端如何译码是一个问题。例如,用 00 表示"t",用 01 表示"e",用 0001 表示"y",那么,当接收到字符串 0001 时,如何判断信息是"te"还是"y"呢? 为了解决这个问题,引入前缀码的概念。

定义 9.17 设 $\alpha=a_1a_2\cdots a_n$ 是长度为 n 的符号串,称符号串 $a_1,a_1a_2,a_1a_2a_3,\cdots,a_1a_2\cdots a_{n-1}$ 分别为符号串 α 的长度为 $1,2,3,\cdots,(n-1)$ 的**前缀**(prefix);对于符号串集合 $A=\{\alpha_1, \alpha_2,\cdots,\alpha_m\}$,如果 A 中任意两个不同的符号串 α_i 和 α_j 互不为前缀,则称 A 为一组**前缀码**(prefix code)。仅含有两个符号的前缀码称为**二元前缀码**(2-tuple prefix code)。

例如,$\{0,10,110,1110,1111\}$ 是前缀码;$\{00,001,011\}$ 不是前缀码,因为符号串 00 是符号串 001 的前缀。

二元前缀码与二叉正则树有一一对应关系。在一棵二叉正则树中,将每个结点和它的左儿子之间的边标记为 0,和它右儿子之间的边标记为 1;将树根到每个树叶的通路所经过的边的标记序列作为树叶的标记(见图 9.16)。由于每个树叶的标记是和它祖辈结点相关的标记,而不可能是任何其他树叶的标记,所以,这些树叶的标记就是前缀码。例如,图 9.16(a)对应的前缀码是 $\{0000,0001,001,100,101,01,11\}$。相反地,如果给定二元前缀码,也可以找出对应的二叉树。例如,前缀码 $\{0010,0011,1010,1011,000,100,01,11\}$ 对应的二叉树为图 9.16(b)。

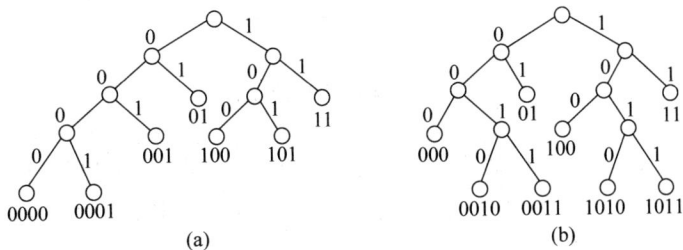

图 9.16 前缀码与二叉树

如果已知要传输的符号的频率,可将各个符号出现的频率作为叶结点的权,用哈夫曼算法求一棵最优树 T。由最优树产生的前缀码称为**最佳前缀码**(optimal prefix code)或**哈夫曼码**(Huffman code)。用这样的前缀码传输对应的符号可以使传输的 0-1 码长度最省。

假设要传输的信息仅含有 6 个英文字母"a","b","c","d","e"和"f"。随机抽取 1000 个字母发现,字母"a"出现 50 次,字母"b"出现 60 次,字母"c"出现 150 次,字母"d"出现 200 次,字母"e"出现 240 次,字母"f"出现 300 次。

从前缀码和二叉树的对应关系,可以得出用以表示 6 个英文字母的前缀码有多种。图 9.17(a) 和图 9.17(b) 是含有 6 个树叶的二叉树。由图 9.17(a) 所确定的英文字母"a","b","c","d","e"和"f"前缀码分别为 0000,0001,001,010,011 和 1。容易知道,在这个前缀码中,如果令 $w(T)$ 表示这 1000 个字母共需要二进制数码(0 或 1)的个数,则

$$w(T) = 4 \times 50 + 4 \times 60 + 3 \times 150 + 3 \times 200 + 3 \times 240 + 1 \times 300 = 2510$$

由图 9.17(b) 所确定的英文字母"a","b","c","d","e"和"f"前缀码分别为 000,001,010,011,10 和 11。容易知道,在这个前缀码中,表示 1000 个字母共需要二进制数码(0 或 1)的个数为

$$w(T) = 3 \times 50 + 3 \times 60 + 3 \times 150 + 3 \times 200 + 2 \times 240 + 2 \times 300 = 2460$$

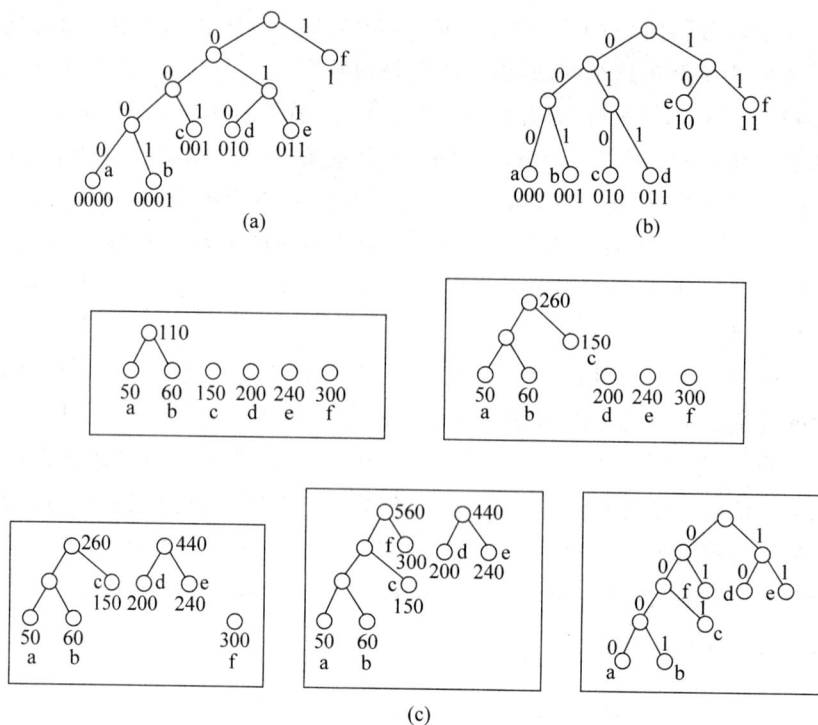

(a)　　　　(b)

(c)

图 9.17　英文字母的前缀码

从上述不难看出,前缀码的码字所含二进制数码的个数就是树根到码字所代表的字母所对应的树叶的通路长度,所以,任何具有 6 个树叶的二叉树所确定的前缀码,用以表达 1000 个字母总共需要的二进制数码的个数为

$$w(T) = l_a \cdot w_a + l_b \cdot w_b + l_c \cdot w_c + l_d \cdot w_d + l_e \cdot w_e + l_f \cdot w_f$$

其中 l_a, l_b, l_c, l_d, l_e 和 l_f 分别是树根到树叶 a, b, c, d, e 和 f 的通路的长度,即树叶 a, b, c, d, e 和 f 的层数。显然,$w(T)$ 是叶结点分别赋权 w_a, w_b, w_c, w_d, w_e 和 w_f 的赋权二叉树的权值。由此可见,对于给定出现频率的字母,最优树所确定的前缀码将会实现最短长度信息编码。

对于 6 个英文字母问题,通过求解最优树(见图 9.17(c)),所得到的英文字母"a","b","c","d","e"和"f"前缀码分别为 0000,0001,001,10,11 和 01。该前缀码表示 1000 个字母

共需要二进制数码(0 或 1)的个数为

$$w(T) = 4 \times 50 + 4 \times 60 + 3 \times 150 + 2 \times 200 + 2 \times 240 + 2 \times 300 = 2370$$

该编码长度少于前面两种前缀码。

例 9.15 假设在通信过程中十进制数 0,1,2,3,4,5,6,7,8,9 出现的频率分别为 20%, 15%,10%,10%,10%,5%,10%,5%,10%,5%,求：传输它们的最佳前缀码,用最佳前缀码传输 10000 个按照给定频率出现的数字需多少个二进制码,较之于用等长二进制码能节省多少个二进制码。

解 构造一棵叶结点赋权为 20,15,10,10,10,5,10,5,10,5 的最优树。构造过程如图 9.18 所示。

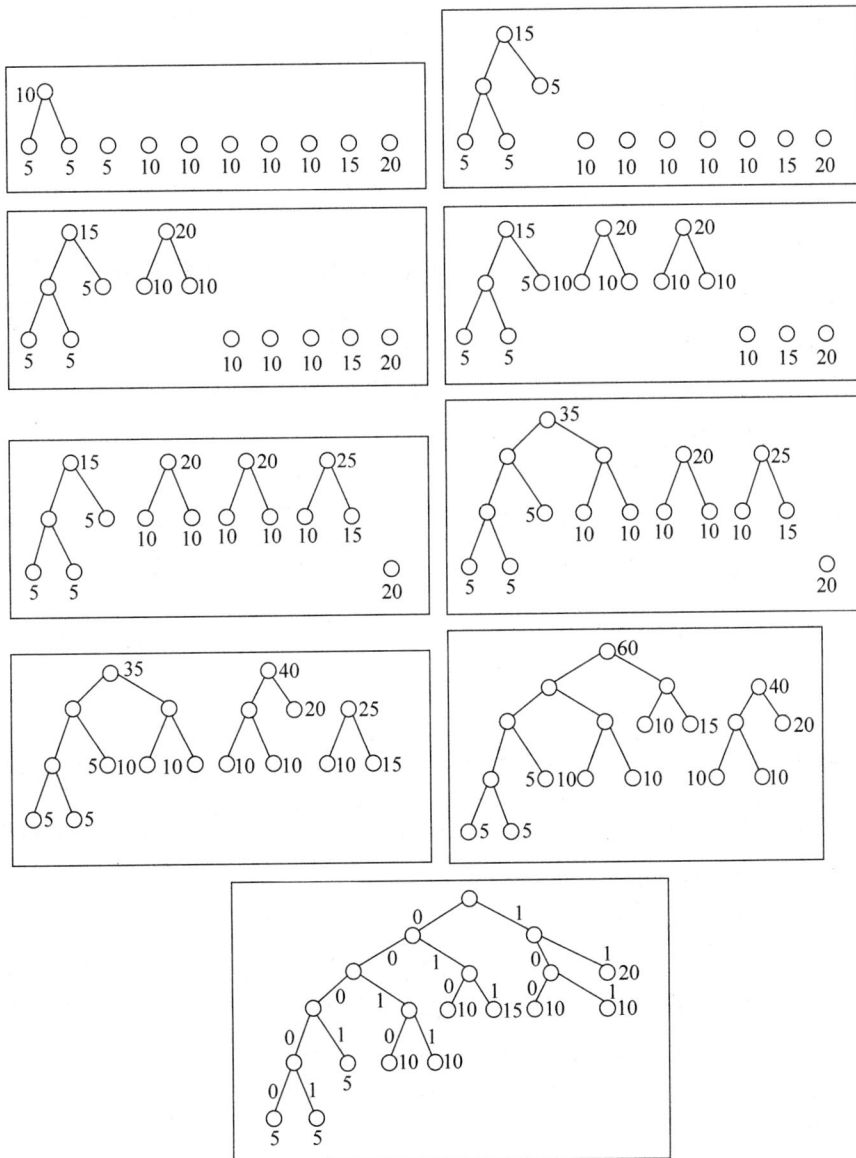

图 9.18 十进制数的最佳前缀码

由最优树可以确定十进制数 0,1,2,3,4,5,6,7,8,9 的最佳前缀编码分别为 11,011,101,100,010,0001,0011,00001,0010,00000。

用最佳前缀码传输 10000 个按照给定频率出现的数字需要的二进制码为

$$(2 \times 20\% + 3 \times (15\% + 10\% + 10\% + 10\%)) + 4 \times (5\% + 10\% + 10\%)$$
$$+ 5 \times (5\% + 5\%)) \times 10000 = 4000 + 13500 + 10000 + 5000 = 32500(个)$$

用等长码传输 10 个数字的二进制编码的码长为 4，那么，传输 10000 个数字需要 40000 个二进制码，所以，用最佳前缀码传输节省的二进制码的个数为

$$40000 - 32500 = 7500(个)$$

习题

1. 画出所有非同构的 5 阶无向树。

2. 画出所有非同构的 7 阶无向树。

3. 无向树中有 7 个叶结点，3 个度数为 3 的结点，其余结点度数都为 4，求度数为 4 的结点个数。

4. 一棵树有 2 个度数为 2 的结点，1 个度数为 3 的结点，3 个度数为 4 的结点，其余全是叶结点，求度数为 1 的结点个数。

5. 一棵树有 n_2 个度数为 2 的结点，有 n_3 个度数为 3 的结点，……有 n_k 个度数为 k 的结点，其余结点都是度数为 1 的结点，求该树中叶结点的个数。

6. 证明 n 阶树的所有结点度数之和为 $2n-2$。

7. 证明所有树都是二部图。

8. 判断下面几组数中哪些可以为无向树的结点度数序列，并且对于那些是无向树的结点度数序列，给出 2 个非同构的无向树。

① 1,1,2,3,4,4；

② 1,1,1,1,1,1,3,4,4；

③ 1,1,1,2,2；

④ 1,1,1,1,1,3,4。

9. 设无向图 G 是具有 5 个连通分支的一个森林，问增加多少条边才能使其成为树。

10. 对于正整数 $d_1,d_2,d_3,\cdots,d_n(n \geqslant 2)$，如果 $\sum_{i=1}^{n} d_i = 2n-2$，则存在结点度数序列为 $d_1,d_2,d_3,\cdots,d_n$ 的树。试证明。

11. 说明结点数大于等于 2 的无向树，至少有 2 个叶结点。

12. 设 T 是无向树，T 中有 t 个叶结点，证明 T 中任意一个分支点 v_i，都有 $\deg(v_i) \leqslant t$。

13. 求如图 9.19 所示的无向图的所有非同构生成树。

14. 求如图 9.19 所示的无向图的所有非同构生成树的余树。

15. 证明：T 是 n 阶连通无向图 G 的生成树，当且仅当 T 是 G 的连通生成子图，且 T 有 $(n-1)$ 条边。

16. 用避圈法求如图 9.20 所示的各赋权图的最小生成树。

17. 用破圈法求如图 9.20 所示的各赋权图的最小生成树。

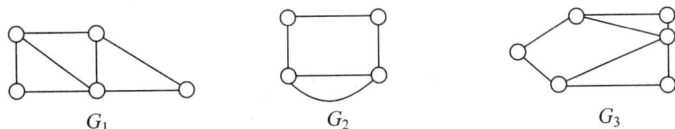

图 9.19 无向图的生成树

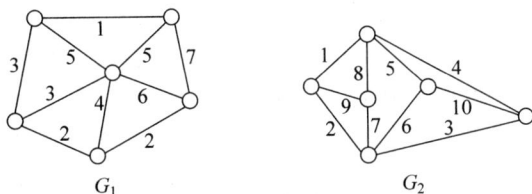

图 9.20 最小生成树求解

18. 连通无回路有向图一定是有向树吗？举例说明。

19. 有向树一定是强连通图吗？举例说明。

20. 画出 4 阶所有非同构的根树，并说明它们是几元树。

21. 设 T 是 $r(r\geqslant2)$ 元正则树，p 和 t 分别是分支点数目和树叶数目，证明 $t=(r-1)p+1$。

22. 求树高为 h 的 r 元完全正则树的树叶数目和分支点数目。

23. 求树高为 h 的二叉完全正则树的结点数目、边的数目及树叶的数目。

24. 证明二叉正则树的边的总数为 $2(t-1)$，其中 t 为叶结点的数目。

25. 证明二叉正则树有奇数个结点。

26. 给出公式 $(p\vee(\neg p\wedge q))\wedge((\neg p\rightarrow q)\wedge\neg r)$ 的根树表示。

27. 给出图 9.21 中根树的前序遍历、中序遍历和后序遍历。

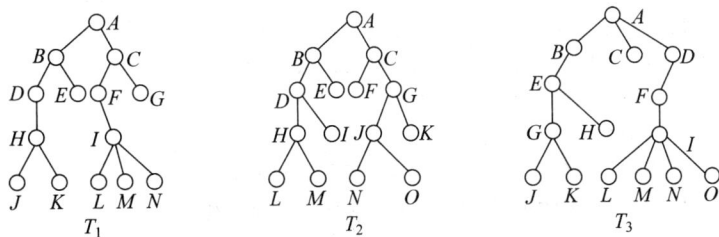

图 9.21 根树的遍历

28. 求一个叶赋权为 $3,4,5,6,7,8,9$ 的最优树，并计算出它的权。

29. 给出前缀码 $\{0010,1010,1011,000,01,11\}$ 所对应的一个二叉树。

30. 设 7 个字母"a"、"b"、"c"、"d"、"e"、"f"、"g"在通信中出现的频率分别为 35%、20%、15%、10%、10%、5% 和 5%，用哈夫曼算法求传输它们的前缀码。指出每个字母对应的编码，并计算传输 10^n 个按上述频率出现的字母需要多少个二进制数字。

参 考 文 献

[1] Cohen Guy, Moller Pierre, Quadrat Jean-Pierre, Viot Michel. Algebraic Tools for the Performance Evaluation of Discrete Event Systems. Proceedings of the IEEE, 1989, 77(1): 39-58.

[2] Edmund M Clarke, Orna Grumberg, Doron A Peled. Model Checking. MIT Press, 1999.

[3] Edmund M Clarke, Emerson E A, Sistla A P. Automatic verification of finite-state concurrent systems using temporal logic specifications. ACM Transactions on Programming Languages and Systems, 1986, 8(2): 244-263.

[4] John A Dossey, Albert D Otto, Lawrence E Spence, Charles Vanden Eynden. Discrete Mathematics (Fifth Edition), Addison Wesley, 2005.

[5] Kenneth H Rosen. Discrete Mathematics and Its Applications(Sixth Edition). McGraw-Hill Higher Education, 2006.

[6] Michael R A Huth, Mark D Ryan. Logic in Computer Science: Modelling and Reasoning about Systems. Cambridge University Press, 2000.

[7] Noga Alon, Andy Liu. An Application of Set Theory to Coding Theory. Mathematics Magazine, 1989, 62(4): 233-237.

[8] Ronald L Graham, Donald E Knuth, Oren Patashn. Concrete Mathematics: A Foundation for Computer Science(second edition). Addison Wesley, 2002.

[9] Susanna S Epp. Discrete Mathematics with Applications(Third Edition). Thomoson Learing, 2004.

[10] 贾可荣,袁景凌,高志华.离散数学.北京:清华大学出版社,2007.

[11] 蔡自兴,徐光佑.人工智能及其应用.北京:清华大学出版社,2010.

[12] 蔡英,刘均梅.离散数学.西安:西安电子科技大学出版社,2003.

[13] 傅彦,顾小丰,王庆先,刘启和.离散数学及其应用.北京:高等教育出版社,2007.

[14] 古天龙,徐周波.有序二叉决策图及应用.北京:科学出版社,2009.

[15] 古天龙.软件开发的形式化方法.北京:高等教育出版社,2005.

[16] 古天龙,蔡国永.网络协议的形式化分析与设计.北京:电子工业出版社,2003.

[17] 耿素云,屈婉玲.离散数学.北京:北京大学出版社,2002.

[18] 胡正国,吴健,邓正宏.程序设计方法学.北京:国防工业出版社,2003.

[19] 景晓军,孙松林,高玉芳.离散数学.北京:北京邮电大学出版社,2006.

[20] 胡向东,魏琴芳.应用密码学.北京:电子工业出版社,2006.

[21] 李盘林,李丽双,赵铭伟,李洋,王春立.离散数学.北京:高等教育出版社,2005.

[22] 刘爱民.离散数学.北京:北京邮电大学出版社,2004.

[23] 屈婉玲,耿素云,张立昂.离散数学.北京:清华大学出版社,2005.

[24] 邵学才,叶秀明.离散数学.北京:电子工业出版社,2001.

[25] 史忠植,王文杰.人工智能.北京:国防工业出版社,2007.

[26] 孙吉贵,杨凤杰,欧阳丹彤,李占山.离散数学.北京:高等教育出版社,2002.

[27] 王珊,萨师煊.数据库系统概论.北京:高等教育出版社,2006.

[28] 王元元,张桂芸.计算机科学中的离散结构.北京:机械工业出版社,2004.

[29] 魏长华,王光明,魏媛媛.离散数学及其应用.武汉:武汉大学出版社,2006.

[30] 杨文龙,古天龙.软件工程.北京:电子工业出版社,2004.

[31] 郑大钟,赵千川.离散事件动态系统.北京:清华大学出版社,2001.

图 书 资 源 支 持

感谢您一直以来对清华版图书的支持和爱护。为了配合本书的使用,本书提供配套的资源,有需求的读者请扫描下方的"书圈"微信公众号二维码,在图书专区下载,也可以拨打电话或发送电子邮件咨询。

如果您在使用本书的过程中遇到了什么问题,或者有相关图书出版计划,也请您发邮件告诉我们,以便我们更好地为您服务。

我们的联系方式:

地　　址:北京市海淀区双清路学研大厦 A 座 714

邮　　编:100084

电　　话:010-83470236　010-83470237

客服邮箱:2301891038@qq.com

QQ:2301891038(请写明您的单位和姓名)

资源下载:关注公众号"书圈"下载配套资源。

资源下载、样书申请

书圈　　　　　　获取最新书目　　　　　　观看课程直播